체크업

# 소방시설관리사
1차 필기 이론 + 예상문제

**3과목** 소방관계법규

북스케치

저희 북스케치는 오류 없는 책을 만들기 위해 노력하고 있으나, 미처 발견하지 못한 잘못된 내용이 있을 수 있습니다. 학습하시다 문의 사항이 생기실 경우, 북스케치 이메일(booksk@booksk.co.kr)로 교재 이름, 페이지, 문의 내용 등을 보내주시면 확인 후 성실히 답변 드리도록 하겠습니다.

또한, 출간 후 발견되는 정오 사항은 북스케치 홈페이지(www.booksk.co.kr)의 도서정오표 게시판에 신속히 게재하도록 하겠습니다.

좋은 콘텐츠와 유용한 정보를 전하는 '간직하고 싶은 수험서'를 만들기 위해 늘 노력하겠습니다.

# 소방시설관리사
## 1차 필기 이론+예상문제 3과목
# 소방관계법규

| | |
|---|---|
| **초판발행** | 2025년 03월 30일 |
| **편저자** | 김종상 |
| **펴낸곳** | 북스케치 |
| **출판등록** | 제2022-000047호 |
| **주소** | 경기도 파주시 광인사길 193, 2층 |
| **전화** | 070 - 4821 - 5514 |
| **팩스** | 0303 - 0955 - 3012 |
| **학습문의** | booksk@booksk.co.kr |
| **홈페이지** | www.booksk.co.kr |
| **ISBN** | 979 - 11 - 94041 - 28 - 3 |

이 책은 저작권법의 보호를 받습니다.
수록된 내용은 무단으로 복제, 인용, 사용할 수 없습니다.
Copyright©booksk, 2025 Printed in Korea

# 머리말

본 교재는 소방시설관리사시험의 최신 트렌드에 맞추어 기초이론 및 응용력 향상에 중점을 두고 구성되었으며, 단순한 문제풀이 위주의 내용이 아닌 변형된 문제가 출제되더라도 쉽게 풀 수 있도록 서술되어 있어 탄탄한 기초 실력을 키워줄 것입니다.

또한 이 교재는 스터디채널 소방시설관리사 강의 교재로서의 전문성과 착실한 기초 이론의 정립으로 소방시설관리사 합격의 나침반이 될 것입니다.

**본서의 특징**
1. 본 교재와 더불어 동영상 강의와 연계하면 기초실력 향상에 도움이 됩니다.
2. 스터디채널 홈페이지에서 소방시설관리사 유료강의에서 다양한 자료 및 기출문제를 제공합니다.
3. 최근 출제문제에 대한 다각도의 접근으로 쉽게 문제를 풀 수 있는 응용력을 키워 줄 것입니다.
4. 교재만으로 해결이 어려운 부분은 스터디채널 강의 게시판을 통해 문의 답변을 제공합니다.

부족하지만 심혈을 기울여 쓴 본 교재가 수험생 여러분의 합격에 일조할 수 있는 수험서가 되기를 간절히 바라며, 다시 한 번 합격의 영광을 위해 불철주야 공부에 매진하고 있는 수험생 여러분께 가슴으로부터 우러나오는 격려와 애정을 표현하면서 수험생 여러분의 합격을 진심으로 기원합니다.

마지막으로 이 책의 출판과 강의를 위해 많은 도움을 주신 북스케치와 스터디채널 직원 분들에게 진심으로 감사드립니다.

소방시설관리사 **김종상**

# 시험 GUIDE

- 자 격 증 : **소방시설관리사**
- 영 문 명 : **Fire Facilities Manager**
- 관련부서 : 소방청
- 시행기관 : 한국산업인력공단
- 응시자격
    1. **아래 각호에 어느 하나에 해당하는 자**
        1) 소방기술사 · 위험물기능장 · 건축사 · 건축기계설비기술사 · 건축사 · 전기설비기술사 또는 공조냉동기계기술사
        2) 소방설비기사 자격을 취득한 후 2년 이상 소방청장이 정하여 고시하는 소방에 관한 실무경력(이해 "소방실무경력"이라 함)이 있는 자
        3) 소방설비산업기사 자격을 취득한 후 3년 이상 소방실무경력이 있는 자
        4) 「국가과학기술 경쟁력 강화를 위한 이공계지원 특별법」 제2조 제1호에 따른 이공계(이하 "이공계"라 한다) 분야를 전공한 사람으로서 다음 각 목의 어느 하나에 해당하는 사람
            가. 이공계 분야의 박사학위를 취득한 사람
            나. 이공계 분야의 석사학위를 취득한 후 2년 이상 소방실무경력이 있는 사람
            다. 이공계 분야의 학사학위를 취득한 후 3년 이상 소방실무경력이 있는 사람
        5) 소방안전공학(소방방재공학, 안전공학을 포함)분야를 전공한 후 다음 각 목의 어느 하나에 해당하는 사람
            가. 해당 분야의 석사학위 이상을 취득한 사람
            나. 2년 이상 소방실무경력이 있는 사람
        6) 위험물산업기사 또는 위험물기능사 자격을 취득한 후 3년 이상 소방실무경력이 있는 자
        7) 소방공무원으로 5년 이상 근무한 경력이 있는 자
        8) 소방안전 관련 학과의 학사학위를 취득한 후 3년이상 소방실무경력이 있는 사람
        9) 산업안전기사 자격을 취득한 후 3년 이상 소방실무경력이 있는 자
        10) 다음 각목의 어느 하나에 해당하는 사람
            가. 특급 소방안전관리대상물의 소방안전관리자로 2년이상 근무한 실무경력이 있는 사람
            나. 1급 소방안전관리대상물의 소방안전관리자로 3년이상 근무한 실무경력이 있는 사람
            다. 2급 소방안전관리대상물의 소방안전관리자로 5년이상 근무한 실무경력이 있는 사람
            라. 3급 소방안전관리대상물의 소방안전관리자로 7년이상 근무한 실무경력이 있는 사람
            마. 10년 이상 소방실무경력이 있는 사람

# 시험 GUIDE

※ 응시자격 경력 산정 서류심사 기준일은 원서접수 마감일임
※ 부정행위자로 처분을 받은 자에 대해서는 그 처분이 있는 날로부터 2년간 응시제한

## 2. 결격사유

1. 피성년후견인
2. 「소방시설 설치 및 관리에 관한 법률」, 「화재의 예방 및 안전관리에 관한 법률」, 「소방기본법」, 「소방시설공사업법」 또는 「위험물안전관리법」에 따른 금고 이상의 형의 선고를 받고 그 집행이 종료(집행이 종료된 것으로 보는 경우를 포함한다)되거나 집행이 면제된 날부터 2년이 지나지 아니한 사람
3. 「소방시설 설치 및 관리에 관한 법률」, 「화재의 예방 및 안전관리에 관한 법률」, 「소방기본법」, 「소방시설공사업법」 또는 「위험물안전관리법」에 따른 금고 이상의 형의 집행유예의 선고를 받고 그 유예기간중에 있는 사람
4. 자격이 취소된 날부터 2년이 지나지 아니한 사람

## - 시험과목 및 방법

| 구분 | 교시 | 시험과목 | 시험시간 | 문항수 | 시험방법 |
|---|---|---|---|---|---|
| 제1차 시험 | 1 | 1. 소방안전관리론(연소 및 소화·화재예방관리·건축물소방 안전기준·인원수용 및 피난계획에 관한 부분에 한함) 및 연소속도·구획화재·연소생성물·연기의 생성 및 이동에 관한 부분에 한함.<br>2. 소방수리학·약제화학 및 소방전기(소방관련 전기공사 재료 및 전기제어에 관한 부분에 한함)<br>3. 소방관련법령(「소방기본법」, 동법 시행령 및 동법시행규칙, 「소방시설공사업법」, 동법 시행령 및 동법시행규칙, 「화재의 예방 및 안전관리에 관한 법률」, 동법 시행령 및 동법시행규칙, 「소방시설 설치 및 관리에 관한 법률」, 동법 시행령 및 동법 시행규칙, 「다중이용업소의 안전관리에 관한 특별법」, 동법 시행령 및 동법 시행규칙)<br>4. 위험물의 성상 및 시설기준<br>5. 소방시설의 구조원리(고장진단 및 정비를 포함) | 09:30 ~ 11:35(125분) | 과목별 25문항 (총 125문항) | 객관식 4지 택일형 |
| 제2차 시험 | 1 | 소방시설의 점검실무 행정(점검절차 및 점검기구 사용법) | 09:30 ~ 11:00(90분) | 과목별 3문항 (총 6문항) | 논술형 |
| | 2 | 소방시설의 설계 및 시공 | 11:50 ~ 13:20(90분) | | |

# 시험 GUIDE

## - 합격기준

| 구분 | 합격결정기준 |
|---|---|
| 제1차 시험 | 매 과목 100점을 만점으로 하여 매 과목 40점 이상, 전 과목 평균 60점 이상 득점한 자 |
| 제2차 시험 | 시험과목별 5인의 채점위원이 각각 채점하는 독립 5심제이며, 최고점수와 최저점서를 제외한 점수가 채점위원 1명당 100점을 만점으로 하여 매 과목 평균 40점 이상 전 과목 평균 60점 이상 득점한 자 |

## - 면제 대상자

### 과목 일부 면제자

| 번호 | 자격 | 1차 시험 면제 과목 | 2차 시험 면제 과목 |
|---|---|---|---|
| 1 | 소방기술사 자격을 취득한 후 15년 이상 소방실무경력이 있는 자 | 소방수리학 · 약제화학 및 소방전기(소방관련 전기공사 재료 및 전기제어에 관한 부분에 한함) | |
| 2 | 소방공무원으로 15년 이상 근무한 경력이 있는 사람으로서 5년 이상 소방청장이 정하여 고시하는 소방 관련 업무 경력이 있는 자 | 소방관련법령 | |
| 3 | 소방기술사 · 위험물기능장 · 건축사 · 건축기계설비기술사 · 건축전기설비기술사 · 공조냉동기계기술사 | | 소방시설의 설계 및 시공 |
| 4 | 소방공무원으로 5년 이상 근무한 경력이 있는 자 | | 소방시설의 점검실무 행정 |
| 5 | 소방공무원으로 5년 이상 근무한 경력이 있는 자로서 소방기술사 · 위험물기능장 · 건축사 · 건축기계설비기술사 · 건축전기설비기술사 · 공조냉동기계기술사 | | 한 과목 선택하여 응시 가능 |

※ 1, 2호(또는 3, 4호) 모두에 해당하는 사람은 본인이 선택한 한 과목만 면제받을 수 있음

### 전년도 제1차 시험 합격에 의한 면제자
제1차 시험에 합격한 자에 대하여는 다음 회의 시험에 한하여 제1차 시험을 면제함

# Contents

## 이론 소방관계법규

**Chapter 01 소방기본법**

- ❶ 목 적 ········································································· 3
- ❷ 정 의 ········································································· 3
- ❸ 소방기관의 설치 ···················································· 4
- ❹ 119 종합상황실 설치와 운영 ······························ 4
- ❺ 소방기술민원센터의 설치 및 운영 ··················· 6
- ❻ 소방박물관 및 소방체험관 ································· 6
- ❼ 소방업무에 관한 종합계획의 수립, 시행 등 ···· 7
- ❽ 소방의날 ·································································· 8
- ❾ 소방력의 기준 ························································ 8
- ❿ 소방장비등에 대한 국고보조 ····························· 8
- ⓫ 소방용수시설 및 비상소화장치 ························· 9
- ⓬ 소방용수시설 및 지리에 대한 조사 ················ 12
- ⓭ 소방업무의 응원 ·················································· 12
- ⓮ 소방력의 동원 ······················································ 13
- ⓯ 소방지원활동 ······················································· 14
- ⓰ 생활안전활동 ······················································· 14
- ⓱ 소방교육 및 훈련 ················································ 15
- ⓲ 소방안전교육사 [2년마다 1회시행] ··············· 16
- ⓳ 한국119청소년단 ················································ 16
- ⓴ 소방자동차 전용구역 설치대상 ······················· 17
- ㉑ 소방자동차 전용구역의 설치 기준 · 방법 ······ 17
- ㉒ 소방신호 ································································ 18
- ㉓ 화재등의 통지 ······················································ 19
- ㉔ 소방자동차 우선통행 및 사이렌 ······················ 19
- ㉕ 소방대 긴급통행 ·················································· 19
- ㉖ 소방활동구역 ······················································· 20
- ㉗ 소방활동 종사명령 ············································· 20
- ㉘ 강제처분 등 ·························································· 20
- ㉙ 피난명령 ································································ 21
- ㉚ 긴급조치 ································································ 21
- ㉛ 소방용수시설 사용금지등 ································ 22
- ㉜ 화재의 조사 ·························································· 22
- ㉝ 구조대 및 구급대의 편성과 운영에 관하여는 별도의 법률로 정한다. 22
- ㉞ 의용소방대의 설치 및 운영에 관하여는 별도의 법률로 정한다. 21
- ㉟ 소방산업의 육성, 진흥 및 지원 등 ················· 22
- ㊱ 한국소방안전원 ··················································· 23

# Contents

㊲ 손실보상 ………………………………………… 25
㊳ 벌 칙 …………………………………………… 26

## Chapter 02
### 소방시설공사업법

❶ 목 적 …………………………………………… 28
❷ 소방시설업의 종류……………………………… 28
❸ 소방시설업의 등록 …………………………… 28
❹ 등록의 결격사유………………………………… 32
❺ 헐어 못쓰거나 분실한 경우 재발급신청 …… 32
❻ 변경신고………………………………………… 32
❼ 휴・폐업신고 …………………………………… 33
❽ 지위승계신고 …………………………………… 33
❾ 소방시설업의 운영……………………………… 34
❿ 등록취소와 영업정지등 ……………………… 34
⓫ 과징금처분 ……………………………………… 34
⓬ 소방시설업자가 하자보수보증기간동안 보관하여야 하는 서류 … 35
⓭ 성능위주설계 …………………………………… 35
⓮ 착공신고 ………………………………………… 35
⓯ 완공검사………………………………………… 38
⓰ 공사의 하자보수 등 …………………………… 38
⓱ 감리의 업무 …………………………………… 38
⓲ 감리의 종류, 방법, 대상[대통령령] ………… 39
⓳ 감리지정대상 특정소방대상물 ……………… 39
⓴ 감리자의 지정 ………………………………… 40
㉑ 감리원 세부 배치기준 ………………………… 40
㉒ 감리원 배치기준………………………………… 41
㉓ 감리결과 통보 및 보고 ……………………… 42
㉔ 감리원 기술등급………………………………… 42
㉕ 하도급 …………………………………………… 44
㉖ 도급계약의 해지………………………………… 44
㉗ 시공능력 평가 및 방염처리능력평가 ……… 44
㉘ 소방기술경력 등의 인정 등 ………………… 44
㉙ 소방기술자 실무교육 : 2년마다 1회 ……… 45
㉚ 소방기술자 배치기준 ………………………… 45
㉛ 청 문 …………………………………………… 47
㉜ 벌 칙 …………………………………………… 47

## Chapter 03
### 화재의 예방 및 안전관리에 관한 법률

❶ 목 적 …………………………………………… 49
❷ 용어정의………………………………………… 49
❸ 화재의 예방 및 안전관리에 관한 기본계획 수립・시행………… 49
❹ 화재안전조사 …………………………………… 51
❺ 화재의 예방조치등 …………………………… 53
❻ 불을 사용하는 설비의 관리기준 등 ………… 54

❼ 특수가연물의 종류 ································ 56
❽ 특수가연물의 저장 취급기준 ················ 57
❾ 화재예방강화지구 지정 ························ 59
❿ 화재위험경보 ········································ 60
⓫ 특정소방대상물의 소방안전관리 ·········· 60
⓬ 건설현장 소방안전관리 ························ 65
⓭ 소방안전관리자 교육 ···························· 65
⓮ 피난유도 안내정보의 제공 ···················· 66
⓯ 소방안전 특별관리시설물의 안전관리 ········ 66
⓰ 화재예방안전진단 ································ 67
⓱ 소방훈련등 ············································ 68
⓲ 특정소방대상물의 관계인에 대한 소방안전교육 ········ 69
⓳ 벌 칙 ···················································· 69

## Chapter 04
### 소방시설 설치 및 관리에 관한 법률

❶ 목 적 ···················································· 71
❷ 용어정의 ·············································· 71
❸ 건축허가등의 동의 ································ 82
❹ 내진설계기준 ········································ 84
❺ 성능위주설계 ········································ 84
❻ 주택에 설치하는 소방시설 ···················· 85
❼ 차량용소화기 비치대상 차량 ················ 85
❽ 특정소방대상물의 관계인이 특정소방대상물의 규모, 용도 및 수용인원등을 고려하여 갖추어야 하는 소방시설의 종류 ······ 86
❾ 내용연수 ·············································· 95
❿ 수용인원 산정 ······································ 95
⓫ 임시소방시설 ········································ 96
⓬ 소방시설 기준 적용의 특례기준 ············ 97
⓭ 소방시설 설치면제 기준 ························ 99
⓮ 소방시설을 설치하지 않을 수 있는 특정소방대상물 및 소방시설의 범위 ···· 102
⓯ 소방기술심의위원회 ···························· 102
⓰ 방 염 ·················································· 104
⓱ 소방시설의 자체점검 등 ······················ 106
⓲ 점검인력 배치기준 ······························ 110
⓳ 점검장비 ············································ 112
⓴ 자체점검 결과 조치 ···························· 113
㉑ 자체점검 결과의 게시(시행규칙 제25조) ·········· 114
㉒ 우수 소방대상물에 대한 포상 : 소방청장이 선정 ········ 114
㉓ 소방시설관리사 ·································· 114
㉔ 소방시설관리업 ·································· 117
㉕ 과징금 ················································ 119
㉖ 소방용품의 형식승인, 성능인증 등 ······ 119
㉗ 청 문 ·················································· 120

# Contents

## Chapter 05
### 위험물안전관리법
### [시행규칙 별표 제외]

㉘ 벌 칙 ································································· 120
㉙ 과태료 ······························································· 122

❶ 목 적 ································································· 125
❷ 용어정의 ···························································· 125
❸ 적용제외 ···························································· 130
❹ 국가의 책무 ······················································· 130
❺ 지정수량 미만인 위험물의 저장, 취급 ············· 131
❻ 위험물의 저장 및 취급의 제한 ························ 131
❼ 위험물시설의 설치 및 변경 ····························· 132
❽ 군용위험물시설의 설치 및 변경에 대한 특례 ······· 132
❾ 탱크안전성능검사 ············································· 133
❿ 완공검사 ···························································· 134
⓫ 제조소등 설치자의 지위승계 ··························· 135
⓬ 제조소등의 폐지 ··············································· 135
⓭ 제조소등 설치허가의 취소와 사용정지 등 ······ 135
⓮ 과징금 처분 ······················································· 136
⓯ 위험물안전관리 ················································· 136
⓰ 탱크시험자의 등록 등 ····································· 138
⓱ 예방규정등 ························································ 139
⓲ 정기점검 및 정기검사(정밀정기검사, 중간정기검사) ············ 141
⓳ 자체소방대 ························································ 143
⓴ 위험물의 운반 등 ············································· 145
㉑ 안전교육 ···························································· 147
㉒ 청 문 ································································· 147
㉓ 벌 칙 ································································· 148

## Chapter 06
### 다중이용업소의
### 안전관리에 관한 특별법

❶ 목 적 ································································· 150
❷ 용어정의 ···························································· 150
❸ 다중이용업소의 종류(시행령 제2조) ··············· 151
❹ 안전관리기본계획의 수립, 시행 등 ················· 153
❺ 집행계획의 수립, 시행 등 ································ 154
❻ 관련행정기관의 통보사항 및 확인사항 ··········· 155
❼ 소방안전교육 ···················································· 156
❽ 다중이용업소의 안전관리기준등 ····················· 158
❾ 비상구 추락방지 ··············································· 168
❿ 다중이용업의 실내장식물 ································ 168
⓫ 영업장의 내부구획 ··········································· 168
⓬ 피난안내도 및 피난안내영상물 ······················· 169
⓭ 안전시설등에 대한 정기점검 ··························· 171
⓮ 화재배상책임보험 ············································· 174
⓯ 화재위험평가 ···················································· 176
⓰ 벌 칙 ································································· 177

# Contents

## 예상문제 소방관계법규

- 소방기본법 예상문제 …………………………………………… 183
- 소방시설공사업법 예상문제 …………………………………… 243
- 화재예방법 예상문제 …………………………………………… 305
- 소방시설법 예상문제 …………………………………………… 355
- 위험물안전관리법 예상문제 …………………………………… 417
- 다중이용업소법 예상문제 ……………………………………… 463

# MEMO

# 이론 PART

# 소방관계법규

# 소방관계법규

# CHAPTER 01 소방기본법

## 1 목적

이 법은 화재를 예방·경계하거나 진압하고 화재, 재난·재해, 그 밖의 위급한 상황에서의 구조·구급 활동 등을 통하여 국민의 생명·신체 및 재산을 보호함으로써 공공의 안녕 및 질서 유지와 복리증진에 이바지함을 목적으로 한다.

## 2 정의

① "소방대상물"이란 건축물, 차량, 선박(「선박법」 제1조의2제1항에 따른 선박으로서 항구에 매어둔 선박만 해당한다), 선박 건조 구조물, 산림, 그 밖의 인공 구조물 또는 물건을 말한다.
   **제외** 운항중인 선박, 비행중인 비행기등
② "관계지역"이란 소방대상물이 있는 장소 및 그 이웃 지역으로서 화재의 예방·경계·진압, 구조·구급 등의 활동에 필요한 지역을 말한다.
③ "관계인"이란 소방대상물의 소유자·관리자 또는 점유자를 말한다.
④ "소방본부장"이란 특별시·광역시·특별자치시·도 또는 특별자치도(이하 "시·도"라 한다)에서 화재의 예방·경계·진압·조사 및 구조·구급 등의 업무를 담당하는 부서의 장을 말한다.

> **Reference**
> - 소방사 – 소방교 – 소방장 – 소방위 – 소방경 – 소방령 – 소방정 – 소방준감 – 소방감 – 소방정감 – 소방총감
> - 119안전센터장 – 소방서장 – 소방본부장 – 소방청장

⑤ "소방대(消防隊)"란 화재를 진압하고 화재, 재난·재해, 그 밖의 위급한 상황에서 구조·구급 활동 등을 하기 위하여 다음 각 목의 사람으로 구성된 조직체를 말한다.
   ㉠ 「소방공무원법」에 따른 소방공무원
   ㉡ 「의무소방대설치법」 제3조에 따라 임용된 의무소방원(義務消防員)

ⓒ 「의용소방대 설치 및 운영에 관한 법률」에 따른 의용소방대원(義勇消防隊員)
⑥ "소방대장(消防隊長)"이란 소방본부장 또는 소방서장 등 화재, 재난ㆍ재해, 그 밖의 위급한 상황이 발생한 현장에서 소방대를 지휘하는 사람을 말한다.

## 3 소방기관의 설치

① 소방기관의 설치 – 대통령령[별도법률 - 지방소방기관 설치에 관한 규정]
② 소방업무(예방ㆍ경계ㆍ진압 및 조사, 소방안전교육ㆍ홍보와 화재, 재난ㆍ재해, 그밖의 위급한 상황에서의 구조ㆍ구급)를 수행하는 소방본부장 또는 소방서장은 그 소재지를 관할하는 특별시장ㆍ광역시장ㆍ특별자치시장ㆍ도지사 또는 특별자치도지사(이하 "시ㆍ도지사"라 한다)의 지휘와 감독을 받는다.
③ ②에도 불구하고 소방청장은 화재 예방 및 대형 재난 등 필요한 경우 시ㆍ도 소방본부장 및 소방서장을 지휘ㆍ감독할 수 있다.
④ 시ㆍ도에서 소방업무를 수행하기 위하여 시ㆍ도지사 직속으로 소방본부를 둔다.

## 4 119 종합상황실 설치와 운영

① 종합상황실 설치운영권자 : 소방청장, 소방본부장 및 소방서장
② 119 종합상황실의 설치ㆍ운영에 필요한 사항은 행정안전부령으로 정한다.
[소방청, 소방본부, 소방서에 각각 설치운영, 24시간 운영체제구축, 유무선통신시설 등]
③ 종합상황실 실장의 업무
ⓐ 화재, 재난ㆍ재해 그 밖에 구조ㆍ구급이 필요한 상황(이하 "재난상황"이라 한다)의 발생의 신고접수
ⓑ 접수된 재난상황을 검토하여 가까운 소방서에 인력 및 장비의 동원을 요청하는 등의 사고수습
ⓒ 하급소방기관에 대한 출동지령 또는 동급 이상의 소방기관 및 유관기관에 대한 지원요청
ⓓ 재난상황의 전파 및 보고
ⓔ 재난상황이 발생한 현장에 대한 지휘 및 피해현황의 파악
ⓕ 재난상황의 수습에 필요한 정보수집 및 제공
④ 상부 종합상황실 보고사항
ⓐ 다음 각목의 1에 해당하는 화재

ⓐ 사망자가 5인 이상 발생하거나 사상자가 10인 이상 발생한 화재
ⓑ 이재민이 100인 이상 발생한 화재
ⓒ 재산피해액이 50억원 이상 발생한 화재
ⓓ 관공서ㆍ학교ㆍ정부미도정공장ㆍ문화유산ㆍ지하철 또는 지하구의 화재
ⓔ 관광호텔, 층수(「건축법 시행령」 제119조제1항제9호의 규정에 의하여 산정한 층수를 말한다. 이하 이 목에서 같다)가 11층 이상인 건축물, 지하상가, 시장, 백화점,「위험물안전관리법」제2조제2항의 규정에 의한 지정수량의 3천배 이상의 위험물의 제조소ㆍ저장소ㆍ취급소, 층수가 5층 이상이거나 객실이 30실 이상인 숙박시설, 층수가 5층 이상이거나 병상이 30개 이상인 종합병원ㆍ정신병원ㆍ한방병원ㆍ요양소, 연면적 1만5천제곱미터 이상인 공장 또는 소방기 본법 시행령(이하 "영"이라 한다) 제4조제1항 각 목에 따른 화재경계지구에서 발생한 화재
ⓕ 철도차량, 항구에 매어둔 총 톤수가 1천톤 이상인 선박, 항공기, 발전소 또는 변전소에서 발생한 화재
ⓖ 가스 및 화약류의 폭발에 의한 화재
ⓗ 「다중이용업소의 안전관리에 관한 특별법」제2조에 따른 다중이용업소의 화재
ⓛ 「긴급구조대응활동 및 현장지휘에 관한 규칙」에 의한 통제단장의 현장지휘가 필요한 재난상황
ⓒ 언론에 보도된 재난상황
ⓔ 그 밖에 소방청장이 정하는 재난상황

⑤ 소방정보통신망 구축ㆍ운영
㉠ 소방청장 및 시ㆍ도지사는 119종합상황실 등의 효율적 운영을 위하여 소방정보통신망을 구축ㆍ운영할 수 있다.
㉡ 소방청장 및 시ㆍ도지사는 소방정보통신망의 안정적 운영을 위하여 소방정보통신망의 회선을 이중화할 수 있다. 이 경우 이중화된 각 회선은 서로 다른 사업자로부터 제공받아야 한다.
㉢ 소방정보통신망의 구축 및 운영에 필요한 사항은 행정안전부령으로 정한다.
  ⓐ 법 제4조의2제1항에 따른 소방정보통신망(이하 "소방정보통신망"이라 한다)은 회선수, 구간별 용도 및 속도 등을 고려하여 설계ㆍ구축해야 한다.
  ⓑ 법 제4조의2제2항 전단에 따라 소방정보통신망의 회선을 이중화한 경우 하나의 회선에 장애가 발생하면 다른 회선으로 즉시 전환되도록 구축ㆍ운영해야 한다.
  ⓒ 소방청장 및 시ㆍ도지사는 소방정보통신망이 안정적으로 운영될 수 있도록 연 1회 이상 소방정보통신망을 주기적으로 점검ㆍ관리해야 한다.

ⓓ 위 규정한 사항 외에 소방정보통신망의 속도, 점검 주기 등에 관한 세부 사항은 소방청장이 정한다.

## 5 소방기술민원센터의 설치 및 운영

① 소방기술민원센터 설치운영권자 : 소방청장, 소방본부장
② 소방기술민원센터의 설치·운영에 필요한 사항은 대통령령으로 정한다.
③ 소방기술민원센터는 센터장을 포함하여 18명 이내로 구성한다.
④ 소방기술민원센터의 업무
　㉠ 소방시설, 소방공사와 위험물 안전관리 등과 관련된 법령해석 등의 민원(이하 "소방기술민원"이라 한다)의 처리
　㉡ 소방기술민원과 관련된 질의회신집 및 해설서 발간
　㉢ 소방기술민원과 관련된 정보시스템의 운영·관리
　㉣ 소방기술민원과 관련된 현장 확인 및 처리
　㉤ 그 밖에 소방기술민원과 관련된 업무로서 소방청장 또는 소방본부장이 필요하다고 인정하여 지시하는 업무
⑤ 소방청장 또는 소방본부장은 소방기술민원센터의 업무수행을 위하여 필요하다고 인정하는 경우에는 관계 기관의 장에게 소속 공무원 또는 직원의 파견을 요청할 수 있다.
⑥ ①부터 ⑤까지에서 규정한 사항 외에 소방기술민원센터의 설치·운영에 필요한 사항은 소방청에 설치하는 경우에는 소방청장이 정하고, 소방본부에 설치하는 경우에는 해당 특별시·광역시·특별자치시·도 또는 특별자치도(이하 "시·도"라 한다)의 규칙으로 정한다.

## 6 소방박물관 및 소방체험관

① 소방박물관 설립운영권자 : 소방청장
② 소방체험관 설립운영권자 : 시·도지사
③ 소방박물관 설립운영에 관하여 필요한 사항 : 행정안전부령
④ 소방체험관 설립운영에 관하여 필요한 사항 : 행정안전부령으로 정하는 바에 따라 시·도의 조례로 정함.
⑤ 소방청장은 법 제5조제2항의 규정에 의하여 소방박물관을 설립·운영하는 경우에는 소방박물관에 소방박물관장 1인과 부관장 1인을 두되, 소방박물관장은 소방공무원중

에서 소방청장이 임명한다.
⑥ 소방박물관에는 그 운영에 관한 중요한 사항을 심의하기 위하여 7인 이내의 위원으로 구성된 운영위원회를 둔다.
⑦ 소방체험관의 기능
  ㉠ 재난 및 안전사고 유형에 따른예방, 대처, 대응 등에 관한 체험교육(이하 "체험교육"이라 한다)의 제공
  ㉡ 체험교육 프로그램의 개발 및 국민 안전의식 향상을 위한 홍보·전시
  ㉢ 체험교육 인력의 양성 및 유관기관·단체 등과의 협력
  ㉣ 그 밖에 체험교육을 위하여 시·도지사가 필요하다고 인정하는 사업의 수행

## 7 소방업무에 관한 종합계획의 수립, 시행 등

① 소방업무에 관한 종합계획 수립 시행 : 소방청장(5년마다)
② 종합계획 포함사항
  ㉠ 소방서비스의 질 향상을 위한 정책의 기본방향
  ㉡ 소방업무에 필요한 체계의 구축, 소방기술의 연구·개발 및 보급
  ㉢ 소방업무에 필요한 장비의 구비
  ㉣ 소방전문인력 양성
  ㉤ 소방업무에 필요한 기반조성
  ㉥ 소방업무의 교육 및 홍보(제21조에 따른 소방자동차의 우선 통행 등에 관한 홍보를 포함한다)
  ㉦ 그 밖에 소방업무의 효율적 수행을 위하여 필요한 사항으로서 대통령령으로 정하는 사항

 Reference

▨ 시행령 제1조의3 제2항(대통령으로 정하는 사항)
  1. 재난·재해 환경 변화에 따른 소방업무에 필요한 대응 체계 마련
  2. 장애인, 노인, 임산부, 영유아 및 어린이 등 이동이 어려운 사람을 대상으로 한 소방활동에 필요한 조치

③ 세부계획 수립 시행 : 시·도지사(매년마다)
④ 소방청장은 소방업무의 체계적 수행을 위하여 필요한 경우 시·도지사가 제출한 세부계획의 보완 또는 수정을 요청할 수 있다.

⑤ 소방청장은 「소방기본법」(이하 "법"이라 한다) 제6조제1항에 따른 소방업무에 관한 종합계획을 관계 중앙행정기관의 장과의 협의를 거쳐 계획 시행 전년도 10월 31일까지 수립해야 한다.
⑥ 특별시장·광역시장·특별자치시장·도지사 또는 특별자치도지사는 법 제6조제4항에 따른 종합계획의 시행에 필요한 세부계획을 계획 시행 전년도 12월 31일까지 수립하여 소방청장에게 제출해야 한다.

## 8 소방의 날

① 소방의 날 : 매년 11월 9일
② 소방의 날 행사에 관하여 필요한 사항 : 소방청장 또는 시·도지사가 따로 정하여 시행할 수 있다.

## 9 소방력의 기준

① 소방력 : 인력, 장비, 용수
② 소방력의 기준 : 행정안전부령으로 정함[소방력기준에 관한 규칙]
③ 시·도지사는 관할구역의 소방력을 확충하기 위하여 필요한 계획을 수립하여 시행해야 한다.
④ 소방자동차 등 소방장비의 분류·표준화와 그 관리 등에 필요한 사항은 따로 법률에서 정한다.[소방장비관리법]

## 10 소방장비등에 대한 국고보조

① 국가는 소방장비의 구입 등 시·도의 소방업무에 필요한 경비의 일부를 보조한다.
② 보조 대상사업의 범위와 기준보조율은 대통령령으로 정한다.
③ 국고보조 대상사업의 범위
  ㉠ 다음 각 목의 소방활동장비와 설비의 구입 및 설치
    ⓐ 소방자동차
    ⓑ 소방헬리콥터 및 소방정
    ⓒ 소방전용통신설비 및 전산설비
    ⓓ 그 밖에 방화복 등 소방활동에 필요한 소방장비

ⓒ 소방관서용 청사의 건축(「건축법」 제2조제1항제8호에 따른 건축을 말한다)
　　**제외** 평상복, 소방관서내 사무용집기, 소방용수시설, 소방서 직원숙소등
④ 국고보조 소방활동장비 및 설비의 종류와 규격은 행정안전부령으로 정한다.

## 11 소방용수시설 및 비상소화장치

① 시·도지사는 소방활동에 필요한 소화전(消火栓)·급수탑(給水塔)·저수조(貯水槽)(이하 "소방용수시설"이라 한다)를 설치하고 유지·관리해야 한다.
② 시·도지사는 제21조제1항에 따른 소방자동차의 진입이 곤란한 지역 등 화재발생 시에 초기 대응이 필요한 지역으로서 대통령령으로 정하는 지역에 소방호스 또는 호스릴 등을 소방용수시설에 연결하여 화재를 진압하는 시설이나 장치(이하 "비상소화장치"라 한다)를 설치하고 유지·관리할 수 있다.
③ 소방용수시설과 비상소화장치의 설치기준은 행정안전부령으로 정한다.
④ 소방용수시설 설치기준
　㉠ 공통기준
　　ⓐ 주거지역·상업지역 및 공업지역 : 수평거리 100[m] 이하
　　ⓑ 그 외의 지역에 설치하는 경우 : 수평거리 140[m] 이하
　㉡ 소방용수시설별 설치기준
　　ⓐ 소화전의 설치기준 : 상수도와 연결하여 지하식 또는 지상식의 구조로 하고, 소방용호스와 연결하는 소화전의 연결금속구의 구경은 65[mm]로 할 것
　　ⓑ 급수탑의 설치기준 : 급수배관의 구경은 100[mm] 이상으로 하고, 개폐밸브는 지상에서 1.5[m] 이상 1.7[m] 이하의 위치에 설치하도록 할 것
　　ⓒ 저수조의 설치기준
　　　㉮ 지면으로부터의 낙차가 4.5[m] 이하일 것
　　　㉯ 흡수부분의 수심이 0.5[m] 이상일 것
　　　㉰ 소방펌프자동차가 쉽게 접근할 수 있도록 할 것
　　　㉱ 흡수에 지장이 없도록 토사 및 쓰레기 등을 제거할 수 있는 설비를 갖출 것
　　　㉲ 흡수관의 투입구가 사각형의 경우에는 한 변의 길이가 60[cm] 이상, 원형의 경우에는 지름이 60[cm] 이상일 것
　　　㉳ 저수조에 물을 공급하는 방법은 상수도에 연결하여 자동으로 급수되는 구조일 것
　㉢ 비상소화장치의 구성 : 비상소화장치함, 소화전, 소방호스, 관창
　㉣ 비상소화장치의 설치대상지역

ⓐ 법 제13조제1항에 따라 지정된 화재경계지구

ⓑ 시·도지사가 법 제10조제2항에 따른 비상소화장치의 설치가 필요하다고 인정하는 지역

㉤ 비상소화장치의 설치기준 : 행정안전부령

ⓐ 비상소화장치는 비상소화장치함, 소화전, 소방호스(소화전의 방수구에 연결하여 소화용수를 방수하기 위한 도관으로서 호스와 연결금속구로 구성되어 있는 소방용릴호스 또는 소방용고무내장호스를 말한다), 관창(소방호스용 연결금속구 또는 중간연결금속구 등의 끝에 연결하여 소화용수를 방수하기 위한 나사식 또는 차입식 토출기구를 말한다)을 포함하여 구성할 것

ⓑ 소방호스 및 관창은 「소방시설 설치 및 관리에 관한 법률」 제37조제5항에 따라 소방청장이 정하여 고시하는 형식승인 및 제품검사의 기술기준에 적합한 것으로 설치할 것

ⓒ 비상소화장치함은 「소방시설 설치 및 관리에 관한 법률」 제40조제4항에 따라 소방청장이 정하여 고시하는 성능인증 및 제품검사의 기술기준에 적합한 것으로 설치할 것

ⓓ 비상소화장치의 설치기준에 관한 세부 사항은 소방청장이 정한다.

■ 소방기본법 시행규칙 [별표 2] <개정 2020. 2. 20.>

## 소방용수표지(제6조제1항 관련)

1. 지하에 설치하는 소화전 또는 저수조의 경우 소방용수표지는 다음 각 목의 기준에 따라 설치한다.
    가. 맨홀 뚜껑은 지름 648밀리미터 이상의 것으로 할 것. 다만, 승하강식 소화전의 경우에는 이를 적용하지 않는다.
    나. 맨홀 뚜껑에는 "소화전·주정차금지" 또는 "저수조·주정차금지"의 표시를 할 것
    다. 맨홀뚜껑 부근에는 노란색 반사도료로 폭 15센티미터의 선을 그 둘레를 따라 칠할 것
2. 지상에 설치하는 소화전, 저수조 및 급수탑의 경우 소방용수표지는 다음 각 목의 기준에 따라 설치한다.
    가. 규격

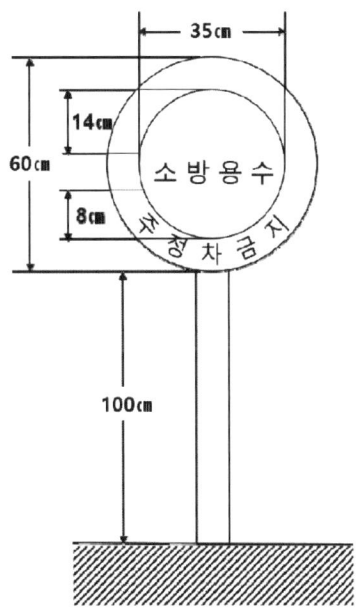

   나. 안쪽 문자는 흰색, 바깥쪽 문자는 노란색으로, 안쪽 바탕은 붉은색, 바깥쪽 바탕은 파란색으로 하고, 반사재료를 사용해야 한다.
   다. 가목의 규격에 따른 소방용수표지를 세우는 것이 매우 어렵거나 부적당한 경우에는 그 규격 등을 다르게 할 수 있다.

### 12 소방용수시설 및 지리에 대한 조사

① 소방본부장 또는 소방서장은 원활한 소방활동을 위하여 다음 각호의 조사를 월 1회 이상 실시해야 한다.
　㉠ 법 제10조의 규정에 의하여 설치된 소방용수시설에 대한 조사
　㉡ 소방대상물에 인접한 도로의 폭·교통상황, 도로주변의 토지의 고저·건축물의 개황 그 밖의 소방활동에 필요한 지리에 대한 조사
② ①㉠의 조사는 별지 제2호서식에 의하고, ①㉡의 조사는 별지 제3호서식에 의하되, 그 조사결과를 2년간 보관해야 한다.

### 13 소방업무의 응원

① 소방본부장이나 소방서장은 소방활동을 할 때에 긴급한 경우에는 이웃한 소방본부장 또는 소방서장에게 소방업무의 응원(應援)을 요청할 수 있다.
② ①에 따라 소방업무의 응원 요청을 받은 소방본부장 또는 소방서장은 정당한 사유없이 그 요청을 거절하여서는 아니 된다.
③ ①에 따라 소방업무의 응원을 위하여 파견된 소방대원은 응원을 요청한 소방본부장 또는 소방서장의 지휘에 따라야 한다.
④ 시·도지사는 ①에 따라 소방업무의 응원을 요청하는 경우를 대비하여 출동 대상지역 및 규모와 필요한 경비의 부담 등에 관하여 필요한 사항을 행정안전부령으로 정하는 바에 따라 이웃하는 시·도지사와 협의하여 미리 규약(規約)으로 정해야 한다.
⑤ 시·도지사들간의 상호응원협정 사항
　㉠ 다음 각목의 소방활동에 관한 사항
　　ⓐ 화재의 경계·진압활동
　　ⓑ 구조·구급업무의 지원
　　ⓒ 화재조사활동
　㉡ 응원출동대상지역 및 규모
　㉢ 다음 각목의 소요경비의 부담에 관한 사항
　　ⓐ 출동대원의 수당·식사 및 의복의 수선
　　ⓑ 소방장비 및 기구의 정비와 연료의 보급
　　ⓒ 그 밖의 경비
　㉣ 응원출동의 요청방법
　㉤ 응원출동훈련 및 평가

## 14 소방력의 동원

① 소방청장은 해당 시·도의 소방력만으로는 소방활동을 효율적으로 수행하기 어려운 화재, 재난·재해, 그 밖의 구조·구급이 필요한 상황이 발생하거나 특별히 국가적 차원에서 소방활동을 수행할 필요가 인정될 때에는 각 시·도지사에게 행정안전부령으로 정하는 바에 따라 소방력을 동원할 것을 요청할 수 있다.

② ①에 따라 동원 요청을 받은 시·도지사는 정당한 사유 없이 요청을 거절하여서는 아니 된다.

③ 소방청장은 시·도지사에게 ①에 따라 동원된 소방력을 화재, 재난·재해 등이 발생한 지역에 지원·파견하여 줄 것을 요청하거나 필요한 경우 직접 소방대를 편성하여 화재진압 및 인명구조 등 소방에 필요한 활동을 하게 할 수 있다.

④ ①에 따라 동원된 소방대원이 다른 시·도에 파견·지원되어 소방활동을 수행할 때에는 특별한 사정이 없으면 화재, 재난·재해 등이 발생한 지역을 관할하는 소방본부장 또는 소방서장의 지휘에 따라야 한다. 다만, 소방청장이 직접 소방대를 편성하여 소방활동을 하게 하는 경우에는 소방청장의 지휘에 따라야 한다.

⑤ ③ 및 ④에 따른 소방활동을 수행하는 과정에서 발생하는 경비 부담에 관한 사항, ③ 및 ④에 따라 소방활동을 수행한 민간 소방 인력이 사망하거나 부상을 입었을 경우의 보상주체·보상기준 등에 관한 사항, 그 밖에 동원된 소방력의 운용과 관련하여 필요한 사항은 대통령령으로 정한다.

> **Reference**
>
> **시행령 제2조의3**(소방력의 동원)
> ① 법 제11조의2제3항 및 제4항에 따라 동원된 소방력의 소방활동 수행 과정에서 발생하는 경비는 화재, 재난·재해 또는 그 밖의 구조·구급이 필요한 상황이 발생한 특별시·광역시·도 또는 특별자치도(이하 "시·도"라 한다)에서 부담하는 것을 원칙으로 하되, 구체적인 내용은 해당 시·도가 서로 협의하여 정한다.
> ② 법 제11조의2제3항 및 제4항에 따라 동원된 민간 소방 인력이 소방활동을 수행하다가 사망하거나 부상을 입은 경우 화재, 재난·재해 또는 그 밖의 구조·구급이 필요한 상황이 발생한 시·도가 해당 시·도의 조례로 정하는 바에 따라 보상한다.
> ③ 제1항 및 제2항에서 규정한 사항 외에 법 제11조의2에 따라 동원된 소방력의 운용과 관련하여 필요한 사항은 소방청장이 정한다.

### 15 소방지원활동

① 소방청장·소방본부장 또는 소방서장은 공공의 안녕질서 유지 또는 복리증진을 위하여 필요한 경우 소방활동 외에 다음 각 호의 활동(이하 "소방지원활동"이라 한다)을 하게 할 수 있다.
② 소방지원활동의 종류
    ㉠ 산불에 대한 예방·진압 등 지원활동
    ㉡ 자연재해에 따른 급수·배수 및 제설 등 지원활동
    ㉢ 집회·공연 등 각종 행사 시 사고에 대비한 근접대기 등 지원활동
    ㉣ 화재, 재난·재해로 인한 피해복구 지원활동
    ㉤ 삭제 <2015.7.24.>
    ㉥ 그 밖에 행정안전부령으로 정하는 활동
        ⓐ 군·경찰 등 유관기관에서 실시하는 훈련지원 활동
        ⓑ 소방시설 오작동 신고에 따른 조치활동
        ⓒ 방송제작 또는 촬영 관련 지원활동
③ 소방지원활동 등의 기록관리
    ㉠ 소방대원은 법 제16조의2제1항에 따른 소방지원활동 및 법 제16조의3제1항에 따른 생활안전활동(이하 "소방지원활동등"이라 한다)을 한 경우 별지 제3호의2서식의 소방지원활동등 기록지에 해당 활동상황을 상세히 기록하고, 소속 소방관서에 3년간 보관해야 한다.
    ㉡ 소방본부장은 소방지원활동등의 상황을 종합하여 연 2회 소방청장에게 보고해야 한다.

### 16 생활안전활동

① 소방청장·소방본부장 또는 소방서장은 신고가 접수된 생활안전 및 위험제거 활동(화재, 재난·재해, 그 밖의 위급한 상황에 해당하는 것은 제외한다)에 대응하기 위하여 소방대를 출동시켜 다음 각 호의 활동(이하 "생활안전활동"이라 한다)을 하게 해야 한다.
② 생활안전활동의 종류
    ㉠ 붕괴, 낙하 등이 우려되는 고드름, 나무, 위험 구조물 등의 제거활동
    ㉡ 위해동물, 벌등의 포획 및 퇴치 활동
    ㉢ 끼임, 고립 등에 따른 위험제거 및 구출 활동

    ㉣ 단전사고 시 비상전원 또는 조명의 공급
    ㉤ 그 밖에 방치하면 급박해질 우려가 있는 위험을 예방하기 위한 활동
  ③ 누구든지 정당한 사유 없이 ①에 따라 출동하는 소방대의 생활안전활동을 방해하여서는 아니 된다. ⇨ 생활안전활동 방해 100만원 이하의 벌금

## 17 소방교육 및 훈련

① 소방청장, 소방본부장 또는 소방서장은 소방업무를 전문적이고 효과적으로 수행하기 위하여 소방대원에게 필요한 교육·훈련을 실시해야 한다.
② 다음 각 호 대상으로 소방안전교육 및 훈련을 실시할 수 있다.
  ㉠ 「영유아보육법」 제2조에 따른 어린이집의 영유아
  ㉡ 「유아교육법」 제2조에 따른 유치원의 유아
  ㉢ 「초·중등교육법」 제2조에 따른 학교의 학생
  ㉣ 「장애인복지법」 제58조에 따른 장애인복지시설에 거주하거나 해당시설을 이용하는 장애인
③ 소방대원에 대한 교육 및 훈련 [2년마다 1회, 2주 이상]

| 종 류 | 교육·훈련을 받아야 할 대상자 |
| --- | --- |
| 가. 화재진압훈련 | 1) 화재진압업무를 담당하는 소방공무원<br>2) 「의무소방대설치법 시행령」 제20조제1항제1호에 따른 임무를 수행하는 의무소방원<br>3) 「의용소방대 설치 및 운영에 관한 법률」 제3조에 따라 임명된 의용소방대원 |
| 나. 인명구조훈련 | 1) 구조업무를 담당하는 소방공무원<br>2) 「의무소방대설치법 시행령」 제20조제1항제1호에 따른 임무를 수행하는 의무소방원<br>3) 「의용소방대 설치 및 운영에 관한 법률」 제3조에 따라 임명된 의용소방대원 |
| 다. 응급처치훈련 | 1) 구급업무를 담당하는 소방공무원<br>2) 「의무소방대설치법」 제3조에 따라 임용된 의무소방원<br>3) 「의용소방대 설치 및 운영에 관한 법률」 제3조에 따라 임명된 의용소방대원 |
| 라. 인명대피훈련 | 1) 소방공무원<br>2) 「의무소방대설치법」 제3조에 따라 임용된 의무소방원<br>3 「의용소방대 설치 및 운영에 관한 법률」 제3조에 따라 임명된 의용소방대원 |
| 마. 현장지휘훈련 | 소방공무원 중 다음의 계급에 있는 사람<br>1) 소방정  2) 소방령  3) 소방경  4) 소방위 |

소방관계법규

### 18 소방안전교육사 [2년마다 1회시행]

① 소방청장이 실시한 시험에 합격한 사람에게 소방안전교육사 자격을 부여한다.
② 소방안전교육사 시험의 응시자격, 시험방법, 시험과목, 시험위원, 그 밖에 소방안전교육사 시험의 실시에 필요한 사항은 대통령령으로 정한다.
③ 1차시험과 2차시험으로 구분
　㉠ 제1차 시험 : 소방학개론, 구급·응급처치론, 재난관리론 및 교육학개론 중 응시자가 선택하는 3과목
　㉡ 제2차 시험 : 국민안전교육 실무
④ 응시 결격사유
　㉠ 피성년후견인
　㉡ 금고 이상의 실형을 선고받고 그 집행이 끝나거나(집행이 끝난 것으로 보는 경우를 포함한다) 집행이 면제된 날부터 2년이 지나지 아니한 사람
　㉢ 금고 이상의 형의 집행유예를 선고받고 그 유예기간 중에 있는 사람
　㉣ 법원의 판결 또는 다른 법률에 따라 자격이 정지되거나 상실된 사람
⑤ 소방안전교육사 배치기준

| 배치대상 | 배치기준(단위 : 명) | 비고 |
|---|---|---|
| 1. 소방청 | 2 이상 | |
| 2. 소방본부 | 2 이상 | |
| 3. 소방서 | 1 이상 | |
| 4. 한국소방안전원 | 본원 : 2 이상 시·도지부 : 1 이상 | |
| 5. 한국소방산업기술원 | 2 이상 | |

### 19 한국119청소년단

① 청소년에게 소방안전에 관한 올바른 이해와 안전의식을 함양시키기 위하여 한국119청소년단을 설립한다.
② 한국119청소년단은 법인으로 하고, 그 주된 사무소의 소재지에 설립등기를 함으로써 성립한다.
③ 국가나 지방자치단체는 한국119청소년단에 그 조직 및 활동에 필요한 시설·장비를 지원할 수 있으며, 운영경비와 시설비 및 국내외 행사에 필요한 경비를 보조할 수 있다.
④ 개인·법인 또는 단체는 한국119청소년단의 시설 및 운영 등을 지원하기 위하여 금전

이나 그 밖의 재산을 기부할 수 있다.
⑤ 이 법에 따른 한국119청소년단이 아닌 자는 한국119청소년단 또는 이와 유사한 명칭을 사용할 수 없다.
⑥ 한국119청소년단의 정관 또는 사업의 범위·지도·감독 및 지원에 필요한 사항은 행정안전부령으로 정한다.
⑦ 한국119청소년단에 관하여 이 법에서 규정한 것을 제외하고는「민법」중 사단법인에 관한 규정을 준용한다.

> **Reference**
>
> **시행규칙 제9조의6**(한국119청소년단의 사업 범위 등)
> ① 법 제17조의6에 따른 한국119청소년단의 사업 범위는 다음 각 호와 같다.
>   1. 한국119청소년단 단원의 선발·육성과 활동 지원
>   2. 한국119청소년단의 활동·체험 프로그램 개발 및 운영
>   3. 한국119청소년단의 활동과 관련된 학문·기술의 연구·교육 및 홍보
>   4. 한국119청소년단 단원의 교육·지도를 위한 전문인력 양성
>   5. 관련 기관·단체와의 자문 및 협력사업
>   6. 그 밖에 한국119청소년단의 설립목적에 부합하는 사업
> ② 소방청장은 한국119청소년단의 설립목적 달성 및 원활한 사업 추진 등을 위하여 필요한 지원과 지도·감독을 할 수 있다.
> ③ 제1항 및 제2항에서 규정한 사항 외에 한국119청소년단의 구성 및 운영 등에 필요한 사항은 한국119청소년단 정관으로 정한다.

## 20 소방자동차 전용구역 설치대상

법 제21조의2제1항에서 "대통령령으로 정하는 공동주택"이란 다음 각 호의 주택을 말한다.
①「건축법 시행령」별표 1 제2호가목의 아파트 중 세대수가 100세대 이상인 아파트
②「건축법 시행령」별표 1 제2호라목의 기숙사 중 3층 이상의 기숙사

## 21 소방자동차 전용구역의 설치 기준·방법

① 제7조의12에 따른 공동주택의 건축주는 소방자동차가 접근하기 쉽고 소방활동이 원활하게 수행될 수 있도록 각 동별 전면 또는 후면에 소방자동차 전용구역(이하 "전용구역"이라 한다)을 1개소 이상 설치해야 한다. 다만, 하나의 전용구역에서 여러 동에 접근하여 소방활동이 가능한 경우로서 소방청장이 정하는 경우에는 각 동별로 설치하지 아니할 수 있다.

② 전용구역의 설치 방법은 별표 2의5와 같다.

> **Reference**
>
> ▨ **시행령 [별표 2의5] [비고]**
>   1. 전용구역 노면표지의 외곽선은 빗금무늬로 표시하되, 빗금은 두께를 30센티미터로 하여 50센티미터 간격으로 표시한다.
>   2. 전용구역 노면표지 도료의 색채는 황색을 기본으로 하되, 문자(P, 소방차 전용)는 백색으로 표시한다.
>
> ▨ **시행령 제7조의 14 [전용구역 방해행위의 기준]**
>   1. 전용구역에 물건 등을 쌓거나 주차하는 행위
>   2. 전용구역의 앞면, 뒷면 또는 양 측면에 물건 등을 쌓거나 주차하는 행위. 다만, 「주차장 법」 제19조에 따른 부설주차장의 주차구획 내에 주차하는 경우는 제외한다.
>   3. 전용구역 진입로에 물건 등을 쌓거나 주차하여 전용구역으로의 진입을 가로막는 행위
>   4. 전용구역 노면표지를 지우거나 훼손하는 행위
>   5. 그 밖의 방법으로 소방자동차가 전용구역에 주차하는 것을 방해하거나 전용구역으로 진입하는 것을 방해하는 행위

## 22 소방신호

① 화재예방, 소방활동 또는 소방훈련을 위하여 사용되는 소방신호의 종류와 방법은 행정안전부령으로 정한다.
② 소방신호의 종류
  ㉠ 경계신호 : 화재예방상 필요하다고 인정되거나 「화재의 예방 및 안전관리에 관한 법률」 제20조의 규정에 의한 화재위험 경보시 발령
  ㉡ 발화신호 : 화재가 발생한 때발령
  ㉢ 해제신호 : 소화활동이 필요없다고 인정되는 때 발령
  ㉣ 훈련신호 : 훈련상 필요하다고 인정되는 때 발령
③ 소방신호

| 종별 \ 신호방법 | 타종신호 | 사이렌신호 |
| --- | --- | --- |
| 경계신호 | 1타와 연2타를 반복 | 5초 간격을 두고 30초씩 3회 |
| 발화신호 | 난타 | 5초 간격을 두고 5초씩 3회 |
| 해제신호 | 상당한 간격을 두고 1타씩 반복 | 1분간 1회 |
| 훈련신호 | 연3타 반복 | 10초 간격을 두고 1분씩 3회 |

## 23 화재등의 통지

다음 각 호의 어느 하나에 해당하는 지역 또는 장소에서 화재로 오인할 만한 우려가 있는 불을 피우거나 연막(煙幕) 소독을 하려는 자는 시·도의 조례로 정하는 바에 따라 관할 소방본부장 또는 소방서장에게 신고해야 한다. ⇨ 신고하지 아니하여 오인신고, 출동하게 한 자 : 20만원 이하 과태료
① 시장지역
② 공장·창고가 밀집한 지역
③ 목조건물이 밀집한 지역
④ 위험물의 저장 및 처리시설이 밀집한 지역
⑤ 석유화학제품을 생산하는 공장이 있는 지역
⑥ 그 밖에 시·도의 조례로 정하는 지역 또는 장소

## 24 소방자동차 우선통행 및 사이렌

① 모든 차와 사람은 소방자동차(지휘를 위한 자동차와 구조·구급차를 포함한다. 이하 같다)가 화재진압 및 구조·구급 활동을 위하여 출동을 할 때에는 이를 방해하여서는 아니 된다.
② 소방자동차가 화재진압 및 구조·구급 활동을 위하여 출동하거나 훈련을 위하여 필요할 때에는 사이렌을 사용할 수 있다.
③ 모든 차와 사람은 소방자동차가 화재진압 및 구조·구급 활동을 위하여 제2항에 따라 사이렌을 사용하여 출동하는 경우에는 다음 각 호의 행위를 하여서는 아니 된다.
　㉠ 소방자동차에 진로를 양보하지 아니하는 행위
　㉡ 소방자동차 앞에 끼어들거나 소방자동차를 가로막는 행위
　㉢ 그 밖에 소방자동차의 출동에 지장을 주는 행위
④ ③의 경우를 제외하고 소방자동차의 우선 통행에 관하여는 「도로교통법」에서 정하는 바에 따른다.

## 25 소방대 긴급통행

소방대는 화재, 재난·재해, 그 밖의 위급한 상황이 발생한 현장에 신속하게 출동하기 위하여 긴급할 때에는 일반적인 통행에 쓰이지 아니하는 도로·빈터 또는 물 위로 통행할 수 있다.

## 26 소방활동구역

① 소방대장은 화재, 재난·재해, 그 밖의 위급한 상황이 발생한 현장에 소방활동구역을 정하여 소방활동에 필요한 사람으로서 대통령령으로 정하는 사람 외에는 그 구역에 출입하는 것을 제한할 수 있다.

② 경찰공무원은 소방대가 ①에 따른 소방활동구역에 있지 아니하거나 소방대장의 요청이 있을 때에는 ①에 따른 조치를 할 수 있다.

③ 소방활동구역 출입자
   ㉠ 소방활동구역 안에 있는 소방대상물의 소유자·관리자 또는 점유자
   ㉡ 전기·가스·수도·통신·교통의 업무에 종사하는 사람으로서 원활한 소방활동을 위하여 필요한 사람
   ㉢ 의사·간호사 그 밖의 구조·구급업무에 종사하는 사람
   ㉣ 취재인력 등 보도업무에 종사하는 사람
   ㉤ 수사업무에 종사하는 사람
   ㉥ 그 밖에 소방대장이 소방활동을 위하여 출입을 허가한 사람

## 27 소방활동 종사명령

① 소방본부장, 소방서장 또는 소방대장은 화재, 재난·재해, 그 밖의 위급한 상황이 발생한 현장에서 소방활동을 위하여 필요할 때에는 그 관할구역에 사는 사람 또는 그 현장에 있는 사람으로 하여금 사람을 구출하는 일 또는 불을 끄거나 불이 번지지 아니하도록 하는 일을 하게 할 수 있다.

② ①에 따른 명령에 따라 소방활동에 종사한 사람은 시·도지사로부터 소방활동의 비용을 지급받을 수 있다. 다만, 다음 각 호의 어느 하나에 해당하는 사람의 경우에는 그러하지 아니하다.
   ㉠ 소방대상물에 화재, 재난·재해, 그 밖의 위급한 상황이 발생한 경우 그 관계인
   ㉡ 고의 또는 과실로 화재 또는 구조·구급 활동이 필요한 상황을 발생시킨 사람
   ㉢ 화재 또는 구조·구급 현장에서 물건을 가져간 사람

## 28 강제처분 등

① 소방본부장, 소방서장 또는 소방대장은 사람을 구출하거나 불이 번지는 것을 막기 위하여 필요할 때에는 화재가 발생하거나 불이 번질 우려가 있는 소방대상물 및 토지

를 일시적으로 사용하거나 그 사용의 제한 또는 소방활동에 필요한 처분을 할 수 있다.
   ⇨ 3년 이하 징역 또는 3,000만원 이하의 벌금
② 소방대상물 또는 토지 외의 소방대상물과 토지에 대하여 ①에 따른 처분을 할 수 있다.
   ⇨ 300만원 이하의 벌금
③ 소방자동차의 통행과 소방활동에 방해가 되는 주차 또는 정차된 차량 및 물건 등을 제거하거나 이동시킬 수 있다. ⇨ 300만원 이하의 벌금

## 29 피난명령

① 소방본부장, 소방서장 또는 소방대장은 화재, 재난·재해, 그 밖의 위급한 상황이 발생하여 사람의 생명을 위험하게 할 것으로 인정할 때에는 일정한 구역을 지정하여 그 구역에 있는 사람에게 그 구역 밖으로 피난할 것을 명할 수 있다.
   ⇨ 피난명령 거부 방해 100만원 이하 벌금
② 소방본부장, 소방서장 또는 소방대장은 ①에 따른 명령을 할 때 필요하면 관할 경찰서장 또는 자치경찰단장에게 협조를 요청할 수 있다.

## 30 긴급조치

① 소방본부장, 소방서장 또는 소방대장은 화재 진압 등 소방활동을 위하여 필요할 때에는 소방용수 외에 댐·저수지 또는 수영장 등의 물을 사용하거나 수도(水道)의 개폐장치 등을 조작할 수 있다.
② 소방본부장, 소방서장 또는 소방대장은 화재 발생을 막거나 폭발 등으로 화재가 확대되는 것을 막기 위하여 가스·전기 또는 유류 등의 시설에 대하여 위험물질의 공급을 차단하는 등 필요한 조치를 할 수 있다.

> **Reference**
>
> **명령권자**
> 1. **소방청장, 소방본부장, 소방서장** : 종합상황실 설치, 소방활동, 소방지원활동, 생활안전활동, 소송지원, 소방교육 및 훈련(공무원, 초중등, 유아), 화재발생 시 피난 및 행동방법 홍보
> 2. **소방본부장 또는 소방서장** : 시·도지사의 지휘와 감독을 받음, 소방업무 응원요청
> 3. **소방청장** : 소방박물관 설립, 종합계획 5년마다 수립, 명예직 소방대원 위촉, 소방력 동원요청, 화재경계지구 지정요청, 소방안전교육사 자격부여, 국제화사업 추진, 안전원 인가 및 승인, 안전원 업무감독
> 4. **소방대장** : 소방활동구역 설정
> 5. **소방본부장, 소방서장 또는 소방대장** : 소방활동종사명령, 강제처분명령, 피난명령, 긴급조치명령, 소방활동종사명령

**소방관계법규**

### ③① 소방용수시설 사용금지등

누구든지 다음 각 호의 어느 하나에 해당하는 행위를 하여서는 아니 된다.
① 정당한 사유 없이 소방용수시설 또는 비상소화장치를 사용하는 행위
② 정당한 사유 없이 손상·파괴, 철거 또는 그 밖의 방법으로 소방용수시설 또는 비상소화장치의 효용을 해치는 행위
③ 소방용수시설 또는 비상소화장치의 정당한 사용을 방해하는 행위 ⇨ 5년 이하의 징역 또는 5,000만원 이하의 벌금

### ③② 화재의 조사에 관하여는 별도의 법률로 정한다.

### ③③ 구조대 및 구급대의 편성과 운영에 관하여는 별도의 법률로 정한다.

### ③④ 의용소방대의 설치 및 운영에 관하여는 별도의 법률로 정한다.

### ③⑤ 소방산업의 육성, 진흥 및 지원 등

① 국가는 소방산업(소방용 기계·기구의 제조, 연구·개발 및 판매 등에 관한 일련의 산업을 말한다. 이하 같다)의 육성·진흥을 위하여 필요한 계획의 수립 등 행정상·재정상의 지원시책을 마련해야 한다.
② 소방산업과 관련된 기술개발 등의 지원
  ㉠ 국가는 소방산업과 관련된 기술(이하 "소방기술"이라 한다)의 개발을 촉진하기 위하여 기술개발을 실시하는 자에게 그 기술개발에 드는 자금의 전부나 일부를 출연하거나 보조할 수 있다.
  ㉡ 국가는 우수소방제품의 전시·홍보를 위하여 「대외무역법」 제4조제2항에 따른 무역전시장 등을 설치한 자에게 다음 각 호에서 정한 범위에서 재정적인 지원을 할 수 있다.
    ⓐ 소방산업전시회 운영에 따른 경비의 일부
    ⓑ 소방산업전시회 관련 국외 홍보비
    ⓒ 소방산업전시회 기간 중 국외의 구매자 초청 경비
③ 소방기술의 연구·개발사업 수행

㉠ 국가는 국민의 생명과 재산을 보호하기 위하여 다음 각 호의 어느 하나에 해당하는 기관이나 단체로 하여금 소방기술의 연구·개발사업을 수행하게 할 수 있다.
  ⓐ 국공립 연구기관
  ⓑ 「과학기술분야 정부출연연구기관 등의 설립·운영 및 육성에 관한 법률」에 따라 설립된 연구기관
  ⓒ 「특정연구기관 육성법」 제2조에 따른 특정연구기관
  ⓓ 「고등교육법」에 따른 대학·산업대학·전문대학 및 기술대학
  ⓔ 「민법」이나 다른 법률에 따라 설립된 소방기술 분야의 법인인 연구기관 또는 법인 부설 연구소
  ⓕ 「기초연구진흥 및 기술개발지원에 관한 법률」 제14조의2제1항에 따라 인정받은 기업부설연구소
  ⓖ 「소방산업의 진흥에 관한 법률」 제14조에 따른 한국소방산업기술원
  ⓗ 그 밖에 대통령령으로 정하는 소방에 관한 기술개발 및 연구를 수행하는 기관·협회
㉡ 국가가 ㉠에 따른 기관이나 단체로 하여금 소방기술의 연구·개발사업을 수행하게 하는 경우에는 필요한 경비를 지원해야 한다.
④ 소방기술 및 소방산업의 국제화사업
  ㉠ 국가는 소방기술 및 소방산업의 국제경쟁력과 국제적 통용성을 높이는 데에 필요한 기반 조성을 촉진하기 위한 시책을 마련해야 한다.
  ㉡ 소방청장은 소방기술 및 소방산업의 국제경쟁력과 국제적 통용성을 높이기 위하여 다음 각 호의 사업을 추진해야 한다.
    ⓐ 소방기술 및 소방산업의 국제 협력을 위한 조사·연구
    ⓑ 소방기술 및 소방산업에 관한 국제 전시회, 국제 학술회의 개최 등 국제 교류
    ⓒ 소방기술 및 소방산업의 국외시장 개척
    ⓓ 그 밖에 소방기술 및 소방산업의 국제경쟁력과 국제적 통용성을 높이기 위하여 필요하다고 인정하는 사업

## 36 한국소방안전원

① 한국소방안전원의 설립 등
  ㉠ 소방기술과 안전관리기술의 향상 및 홍보, 그 밖의 교육·훈련 등 행정기관이 위탁하는 업무의 수행과 소방 관계 종사자의 기술 향상을 위하여 한국소방안전원(이하 "안전원"이라 한다)을 소방청장의 인가를 받아 설립한다.
  ㉡ ㉠에 따라 설립되는 안전원은 법인으로 한다.

ⓒ 안전원에 관하여 이 법에 규정된 것을 제외하고는 「민법」 중 재단법인에 관한 규정을 준용한다.

② 교육계획의 수립 및 평가 등
  ㉠ 안전원의 장(이하 "안전원장"이라 한다)은 소방기술과 안전관리의 기술향상을 위하여 매년 교육 수요조사를 실시하여 교육계획을 수립하고 소방청장의 승인을 받아야 한다.
  ㉡ 안전원장은 소방청장에게 해당 연도 교육결과를 평가·분석하여 보고하여야 하며, 소방청장은 교육평가 결과를 ㉠의 교육계획에 반영하게 할 수 있다.
  ㉢ 안전원장은 ㉡의 교육결과를 객관적이고 정밀하게 분석하기 위하여 필요한 경우 교육 관련 전문가로 구성된 위원회를 운영할 수 있다.
  ㉣ ㉢에 따른 위원회의 구성·운영에 필요한 사항은 대통령령으로 정한다.

③ 안전원의 업무
  안전원은 다음 각 호의 업무를 수행한다.
  ㉠ 소방기술과 안전관리에 관한 교육 및 조사·연구
  ㉡ 소방기술과 안전관리에 관한 각종 간행물 발간
  ㉢ 화재 예방과 안전관리의식 고취를 위한 대국민 홍보
  ㉣ 소방업무에 관하여 행정기관이 위탁하는 업무
  ㉤ 소방안전에 관한 국제협력
  ㉥ 그 밖에 회원에 대한 기술지원 등 정관으로 정하는 사항

④ 회원의 관리
  안전원은 소방기술과 안전관리 역량의 향상을 위하여 다음 각 호의 사람을 회원으로 관리할 수 있다.
  ㉠ 「소방시설 설치 및 관리에 관한 법률」, 「소방시설공사업법」 또는 「위험물안전관리법」에 따라 등록을 하거나 허가를 받은 사람으로서 회원이 되려는 사람
  ㉡ 「화재의 예방 및 안전관리에 관한 법률」, 「소방시설공사업법」 또는 「위험물안전관리법」에 따라 소방안전관리자, 소방기술자 또는 위험물안전관리자로 선임되거나 채용된 사람으로서 회원이 되려는 사람
  ㉢ 그 밖에 소방 분야에 관심이 있거나 학식과 경험이 풍부한 사람으로서 회원이 되려는 사람

⑤ 안전원의 정관
  ㉠ 안전원의 정관에는 다음 각 호의 사항이 포함되어야 한다.
    ⓐ 목적
    ⓑ 명칭

ⓒ 주된 사무소의 소재지
ⓓ 사업에 관한 사항
ⓔ 이사회에 관한 사항
ⓕ 회원과 임원 및 직원에 관한 사항
ⓖ 재정 및 회계에 관한 사항
ⓗ 정관의 변경에 관한 사항
ⓛ 안전원은 정관을 변경하려면 소방청장의 인가를 받아야 한다.

## 37 손실보상

① 소방청장 또는 시 · 도지사는 다음 각 호의 어느 하나에 해당하는 자에게 ③의 손실보상심의위원회의 심사 · 의결에 따라 정당한 보상을 해야 한다.
  ㉠ 생활안전활동에 따른 조치로 인하여 손실을 입은 자
  ㉡ 소방활동종사명령에 따른 소방활동 종사로 인하여 사망하거나 부상을 입은 자
  ㉢ 강제처분명령에 따른 처분으로 인하여 손실을 입은 자. 다만, 같은조 제3항(차량강제처분)에 해당하는 경우로서 법령을 위반하여 소방자동차의 통행과 소방활동에 방해가 된 경우는 제외한다.
  ㉣ 긴급조치명령에 따른 조치로 인하여 손실을 입은 자
  ㉤ 그 밖에 소방기관 또는 소방대의 적법한 소방업무 또는 소방활동으로 인하여 손실을 입은 자
② ①에 따라 손실보상을 청구할 수 있는 권리는 손실이 있음을 안 날부터 3년, 손실이 발생한 날부터 5년간 행사하지 아니하면 시효의 완성으로 소멸한다.
③ 소방청장 또는 시·도지사는 ①에 따른 손실보상청구 사건을 심사 · 의결하기 위하여 손실보상심의위원회를 구성 · 운영할 수 있다.
④ 소방청장 또는 시·도지사는 손실보상심의위원회의 구성 목적을 달성하였다고 인정하는 경우에는 손실보상심의위원회를 해산할 수 있다.
⑤ ①에 따른 손실보상의 기준, 보상금액, 지급절차 및 방법, ③에 따른 손실보상심의위원회의 구성 및 운영, 그 밖에 필요한 사항은 대통령령으로 정한다.

## 소방관계법규

### 38 벌칙

① 5년 이하의 징역 또는 5,000만원 이하의 벌금
  ㉠ 소방활동 방해
    ⓐ 위력(威力)을 사용하여 출동한 소방대의 화재진압·인명구조 또는 구급활동을 방해하는 행위
    ⓑ 소방대가 화재진압·인명구조 또는 구급활동을 위하여 현장에 출동하거나 현장에 출입하는 것을 고의로 방해하는 행위
    ⓒ 출동한 소방대원에게 폭행 또는 협박을 행사하여 화재진압·인명구조 또는 구급활동을 방해하는 행위
    ⓓ 출동한 소방대의 소방장비를 파손하거나 그 효용을 해하여 화재진압·인명구조 또는 구급활동을 방해하는 행위
  ㉡ 소방자동차의 출동을 방해한 사람
  ㉢ 사람을 구출하는 일 또는 불을 끄거나 불이 번지지 아니하도록 하는 일을 방해한 사람
  ㉣ 정당한 사유 없이 소방용수시설 또는 비상소화장치를 사용하거나 소방용수시설 또는 비상소화장치의 효용을 해치거나 그 정당한 사용을 방해한 사람
② 3년 이하의 징역 또는 3,000만원 이하의 벌금 : 강제처분방해
③ 300만원 이하의 벌금 : ② 외의 대상물 강제처분방해, 주차된 차량 강제처분방해
④ 100만원 이하의 벌금
  ㉠ 정당한 사유 없이 소방대의 생활안전활동을 방해한 자
  ㉡ 정당한 사유 없이 소방대가 현장에 도착할 때까지 사람을 구출하는 조치 또는 불을 끄거나 불이 번지지 아니하도록 하는 조치를 하지 아니한 사람(관계인)
  ㉢ 피난 명령을 위반한 사람
  ㉣ 긴급조치 : 정당한 사유 없이 물의 사용이나 수도의 개폐장치의 사용 또는 조작을 하지 못하게 하거나 방해한 자
  ㉤ 긴급조치 : 가스차단 등의 조치를 정당한 사유 없이 방해한 자
⑤ 500만원 이하의 과태료
  ㉠ 제19조제1항을 위반하여 화재 또는 구조구급이 필요한 상황을 거짓으로 알린 사람
  ㉡ 정당한 사유 없이 제20조제2항을 위반하여 화재, 재난·재해, 그 밖의 위급한 상황을 소방본부, 소방서 또는 관계 행정기관에 알리지 아니한 관계인
⑥ 200만원 이하의 과태료
  ㉠ 제17조의6 제5항을 위반하여 한국119청소년단 또는 이와 유사한 명칭을 사용한 자

ⓛ 제21조제3항을 위반하여 소방자동차의 출동에 지장을 준 자
　　ⓒ 제23조제1항을 위반하여 소방활동구역을 출입한 사람[100만원]
　　ⓔ 제44조의3을 위반하여 한국소방안전원 또는 이와 유사한 명칭을 사용한 자
⑦ 100만원 이하의 과태료 : 전용구역에 차를 주차하거나 전용구역에의 진입을 가로막는 등의 방해행위를 한 자에게는 100만원 이하의 과태료를 부과한다.
⑧ 20만원 이하의 과태료 : 제19조제2항에 따른 신고를 하지 아니하여 소방자동차를 출동하게 한 자에게는 20만원 이하의 과태료를 부과한다. (관할본부장 또는 서장이 부과 징수)

# 소방시설공사업법

## 1 목적

이 법은 소방시설공사 및 소방기술의 관리에 필요한 사항을 규정함으로써 소방시설업을 건전하게 발전시키고 소방기술을 진흥시켜 화재로부터 공공의 안전을 확보하고 국민경제에 이바지함을 목적으로 한다.

## 2 소방시설업의 종류

① 소방시설설계업
② 소방시설공사업
③ 소방공사감리업
④ 방염처리업(섬유류방염업, 합성수지류방염업, 합판목재류방염업)

## 3 소방시설업의 등록

① 특정소방대상물의 소방시설공사등을 하려는 자는 업종별로 자본금(개인 : 자산 평가액), 기술인력 등 대통령령으로 정하는 요건을 갖추어 "시·도지사"에게 소방시설업을 등록해야 한다.
② ①에 따른 소방시설업의 업종별 영업범위는 대통령령으로 정한다.
③ ①에 따른 소방시설업의 등록신청과 등록증·등록수첩의 발급·재발급 신청, 그 밖에 소방시설업 등록에 필요한 사항은 행정안전부령으로 정한다.
④ 지방공사나 지방공단이 다음 각 호의 요건을 모두 갖춘 경우에는 시·도지사에게 등록을 하지 아니하고 자체 기술인력을 활용하여 설계·감리를 할 수 있다.
　㉠ 주택의 건설·공급을 목적으로 설립되었을 것
　㉡ 설계·감리 업무를 주요 업무로 규정하고 있을 것
⑤ 최초 소방시설업등록신청시 15일 이내에 발급 [서류보완기간 : 10일]

## 1. 소방시설설계업

| 항목<br>업종별 | | 기술인력 | 영업범위 |
|---|---|---|---|
| 전문 소방시설 설계업 | | 가. 주된 기술인력 : 소방기술사 1명 이상<br>나. 보조기술인력 : 1명 이상 | 모든 특정소방대상물에 설치되는 소방시설의 설계 |
| 일반 소방 시설 설계업 | 기계 분야 | 가. 주된 기술인력 : 소방기술사 또는 기계분야 소방설비기사 1명 이상<br>나. 보조기술인력 : 1명 이상 | 가. 아파트에 설치되는 기계분야 소방시설(제연설비는 제외한다)의 설계<br>나. 연면적 3만제곱미터(공장의 경우에는 1만제곱미터) 미만의 특정소방대상물(제연설비가 설치되는 특정소방대상물은 제외한다)에 설치되는 기계분야 소방시설의 설계<br>다. 위험물제조소등에 설치되는 기계분야 소방시설의 설계 |
| | 전기 분야 | 가. 주된 기술인력 : 소방기술사 또는 전기분야 소방설비기사 1명 이상<br>나. 보조기술인력 : 1명 이상 | 가. 아파트에 설치되는 전기분야 소방시설의 설계<br>나. 연면적 3만제곱미터(공장의 경우에는 1만제곱미터) 미만의 특정소방대상물에 설치되는 전기분야 소방시설의 설계<br>다. 위험물제조소등에 설치되는 전기분야 소방시설의 설계 |

## 2. 소방시설공사업

| 항목<br>업종별 | | 기술인력 | 자본금<br>(자산평가액) | 영업범위 |
|---|---|---|---|---|
| 전문 소방시설 공사업 | | 가. 주된 기술인력 : 소방기술사 또는 기계분야와 전기 분야의 소방설비기사 각 1명(기계분야 및 전기분야의 자격을 함께 취득한 사람 1명) 이상<br>나. 보조기술인력 : 2명 이상 | 가. 법인 : 1억원 이상<br>나. 개인 : 자산평가액 1억원 이상 | 특정소방대상물에 설치되는 기계분야 및 전기분야 소방시설의 공사·개설·이전 및 정비 |
| 일반 소방 시설 공사업 | 기계 분야 | 가. 주된 기술인력 : 소방기술사 또는 기계분야소방설비 기사 1명 이상<br>나. 보조기술인력 : 1명 이상 | 가. 법인 : 1억원 이상<br>나. 개인 : 자산평가액 1억원 이상 | 가. 연면적 1만제곱미터 미만의 특정소방대상물에 설치되는 기계분야 소방시설의 공사·개설·이전 및 정비<br>나. 위험물제조소등에 설치되는 기계 분야 소방시설의 공사·개설·이전 및 정비 |
| | 전기 분야 | 가. 주된 기술인력 : 소방기술사 또는 전기분야소방설비 기사 1명 이상<br>나. 보조기술인력 : 1명 이상 | 가. 법인 : 1억원 이상<br>나. 개인 : 자산평가액 1억원 이상 | 가. 연면적 1만제곱미터 미만의 특정소방대상물에 설치되는 전기분야 소방시설의 공사·개설·이전·정비<br>나. 위험물제조소등에 설치되는 전기분야 소방시설의 공사·개설·이전·정비 |

## 3. 소방공사감리업

| 업종별 \ 항목 | 기술인력 | 영업범위 |
|---|---|---|
| 전문 소방공사 감리업 | 가. 소방기술사 1명 이상<br>나. 기계분야 및 전기분야의 특급 감리원 각 1명(기계분야 및 전기분야의 자격을 함께 가지고 있는 사람이 있는 경우에는 그에 해당하는 사람 1명. 이하 다목부터 마목까지에서 같다) 이상<br>다. 기계분야 및 전기분야의 고급 감리원 이상의 감리원 각 1명 이상<br>라. 기계분야 및 전기분야의 중급 감리원 이상의 감리원 각 1명 이상<br>마. 기계분야 및 전기분야의 초급 감리원 이상의 감리원 각 1명 이상 | 모든 특정소방대상물에 설치되는 소방시설공사 감리 |
| 일반 소방공사 감리업 - 기계분야 | 가. 기계분야 특급 감리원 1명 이상<br>나. 기계분야 고급 감리원 또는 중급 감리원 이상의 감리원 1명 이상<br>다. 기계분야 초급 감리원 이상의 감리원 1명 이상 | 가. 연면적 3만제곱미터(공장의 경우에는 1만제곱 미터) 미만의 특정소방대상물(제연설비가 설치되는 특정소방대상물은 제외한다)에 설치되는 기계분야 소방시설의 감리<br>나. 아파트에 설치되는 기계분야 소방시설(제연설비는 제외한다)의 감리<br>다. 위험물제조소등에 설치되는 기계분야 소방시설의 감리 |
| 일반 소방공사 감리업 - 전기분야 | 가. 전기분야 특급 감리원 1명 이상<br>나. 전기분야 고급 감리원 또는 중급 감리원 이상의 감리원 1명 이상<br>다. 전기분야 초급 감리원 이상의 감리원 1명 이상 | 가. 연면적 3만제곱미터(공장의 경우에는 1만제곱 미터) 미만의 특정소방대상물에 설치되는 전기분야 소방시설의 감리<br>나. 아파트에 설치되는 전기분야 소방시설의 감리<br>다. 위험물제조소등에 설치되는 전기분야 소방시설의 감리 |

## 4. 방염처리업

| 업종별 \ 항목 | 실험실 | 방염처리시설 및 시험기기 | 영업범위 |
|---|---|---|---|
| 섬유류 방염업 | 1개 이상 갖출 것 | 부표에 따른 섬유류 방염업의 방염처리시설 및 시험기기를 모두 갖추어야 한다. | 커튼·카펫 등 섬유류를 주된 원료로 하는 방염대상물품을 제조 또는 가공 공정에서 방염처리 |
| 합성수지류 방염업 | | 부표에 따른 합성수지류 방염업의 방염처리시설 및 시험기기를 모두 갖추어야 한다. | 합성수지류를 주된 원료로 하는 방염 대상물품을 제조 또는 가공 공정에서 방염처리 |
| 합판·목재류 방염업 | | 부표에 따른 합판·목재류 방염업의 방염처리시설 및 시험기기를 모두 갖추어야 한다. | 합판 또는 목재류를 제조·가공 공정 또는 설치 현장에서 방염처리 |

⑥ 필요서류
   ㉠ 신청인(외국인을 포함하되, 법인의 경우에는 대표자를 포함한 임원을 말한다)의 성명, 주민등록번호 및 주소지 등의 인적사항이 적힌 서류
   ㉡ 등록기준 중 기술인력에 관한 사항을 확인할 수 있는 다음 각 목의 어느 하나에 해당하는 서류(이하 "기술인력 증빙서류"라 한다)
      ⓐ 국가기술자격증
      ⓑ 법 제28조제2항에 따라 발급된 소방기술 인정 자격수첩(이하 "자격수첩"이라 한다) 또는 소방기술자 경력수첩(이하 "경력수첩"이라 한다)
   ㉢ 영 제2조제2항에 따라 소방청장이 지정하는 금융회사 또는 소방산업공제조합에 출자·예치·담보한 금액 확인서(이하 "출자·예치·담보 금액 확인서"라 한다) 1부(소방시설공사업만 해당한다). 다만, 소방청장이 지정하는 금융회사 또는 소방산업공제조합에 해당 금액을 확인할 수 있는 경우에는 그 확인으로 갈음할 수 있다.
   ㉣ 다음 각목의 어느 하나에 해당하는 자가 신청일 전 최근 90일 이내에 작성한 자산평가액 또는 소방청장이 정하여 고시하는 바에 따라 작성된 기업진단 보고서(소방시설공사업만 해당한다)
      ⓐ 「공인회계사법」 제7조에 따라 금융위원회에 등록한 공인회계사
      ⓑ 「세무사법」 제6조에 따라 기획재정부에 등록한 세무사
      ⓒ 「건설산업기본법」 제49조제2항에 따른 전문경영진단기관
   ㉤ 신청인(법인인 경우에는 대표자를 말한다)이 외국인인 경우에는 법 제5조 각 호의 어느 하나에 해당하는 사유와 같거나 비슷한 사유에 해당하지 아니함을 확인할 수 있는 서류로서 다음 각 목의 어느 하나에 해당하는 서류
      ⓐ 해당 국가의 정부나 공증인(법률에 따른 공증인의 자격을 가진 자만 해당한다), 그 밖의 권한이 있는 기관이 발행한 서류로서 해당 국가에 주재하는 우리나라 영사가 확인한 서류
      ⓑ 「외국공문서에 대한 인증의 요구를 폐지하는 협약」을 체결한 국가의 경우에는 해당 국가의 정부나 공증인(법률에 따른 공증인의 자격을 가진 자만 해당한다), 그 밖의 권한이 있는 기관이 발행한 서류로서 해당 국가의 아포스티유(Apostille) 확인서 발급 권한이 있는 기관이 그 확인서를 발급한 서류
⑦ 다음에 해당하는 서류는 협회확인사항[전자정부법 이용, 서류확인]
   ㉠ 법인등기사항 전부증명서(법인인 경우만 해당한다)
   ㉡ 사업자등록증(개인인 경우만 해당한다)
   ㉢ 「출입국관리법」 제88조제2항에 따른 외국인등록 사실증명(외국인인 경우만 해당한다)

> 소방관계법규

ㄹ「국민연금법」제16조에 따른 국민연금가입자 증명서(이하 "국민연금가입자 증명서"라 한다) 또는「국민건강보험법」제11조에 따라 건강보험의 가입자로서 자격을 취득하고 있다는 사실을 확인할 수 있는 증명서("건강보험자격취득 확인서"라 한다)

## 4 등록의 결격사유

① 피성년후견인
② 삭제 <2015. 7. 20.>
③ 이 법,「소방기본법」,「화재의 예방 및 안전관리에 관한 법률」,「소방시설 설치 및 관리에 관한 법률」또는「위험물안전관리법」에 따른 금고 이상의 실형을 선고받고 그 집행이 끝나거나(집행이 끝난 것으로 보는 경우를 포함한다) 면제된 날부터 2년이 지나지 아니한 사람
④ 이 법,「소방기본법」,「화재예방 및 안전관리에 관한 법률」,「소방시설 설치 및 관리에 관한 법률」또는「위험물안전관리법」에 따른 금고 이상의 형의 집행유예를 선고받고 그 유예기간 중에 있는 사람
⑤ 등록하려는 소방시설업 등록이 취소(제1호에 해당하여 등록이 취소된 경우는 제외한다)된 날부터 2년이 지나지 아니한 자
⑥ 법인의 대표자가 ①부터 ⑤까지의 규정에 해당하는 경우 그 법인
⑦ 법인의 임원이 ③부터 ⑤까지의 규정에 해당하는 경우 그 법인

## 5 헐어 못쓰거나 분실한 경우 재발급신청

3일 이내 재발급

## 6 변경신고

① 소방시설업자는 제4조에 따라 등록한 사항 중 행정안전부령으로 정하는 중요 사항을 변경할 때에는 행정안전부령으로 정하는 바에 따라 시·도지사에게 신고해야 한다. [변경일로부터 30일 이내]
② 변경신고 중요사항
  ㉠ 상호(명칭) 또는 영업소 소재지
  ㉡ 대표자

ⓒ 기술인력
③ 변경신고 및 필요서류
　㉠ 상호(명칭) 또는 영업소 소재지가 변경된 경우 : 소방시설업 등록증 및 등록수첩
　㉡ 대표자가 변경된 경우 : 다음 각 목의 서류
　　ⓐ 소방시설업 등록증 및 등록수첩
　　ⓑ 변경된 대표자의 성명, 주민등록번호 및 주소지 등의 인적사항이 적힌 서류
　　ⓒ 외국인인 경우에는 제2조제1항제5호 각 목의 어느 하나에 해당하는 서류
　㉢ 기술인력이 변경된 경우 : 다음 각 목의 서류
　　ⓐ 소방시설업 등록수첩
　　ⓑ 기술인력 증빙서류
　　ⓒ 삭제 <2014. 9. 2.>
④ 변경신고한 경우 재발급신청 : 5일 이내 재발급[타시도 변경의 경우 7일 이내]

## 7 휴·폐업신고

소방시설업자는 소방시설업을 휴업·폐업 또는 재개업하는 때에는 행정안전부령으로 정하는 바에 따라 시·도지사에게 신고해야 한다. [30일 이내]

## 8 지위승계신고

① 소방시설업자의 지위를 승계한 자는 행정안전부령으로 정하는 바에 따라 시·도지사에게 신고해야 한다. [승계일로부터 30일 이내]

>  Reference
>
> ▨ **지위승계**
>   1. 소방시설업자가 사망한 경우 그 상속인
>   2. 소방시설업자가 그 영업을 양도한 경우 그 양수인
>   3. 법인인 소방시설업자가 다른 법인과 합병한 경우 합병 후 존속하는 법인이나 합병으로 설립되는 법인

② 지위승계신고한 경우 재발급신청 : 10일 이내 재발급[7일 이내 시·도지사 보고, 3일 이내 협회경유 후 발급]

소방관계법규

### 9 소방시설업의 운영

① 소방시설업자는 다른 자에게 자기의 성명이나 상호를 사용하여 소방시설공사 등을 수급 또는 시공하게 하거나 소방시설업의 등록증 또는 등록수첩을 다른 자에게 빌려 주어서는 아니 된다. [300만원 이하의 벌금, 6개월 이하의 영업정지]
② 영업정지처분이나 등록취소처분을 받은 소방시설업자는 그 날부터 소방시설공사 등을 하여서는 아니된다. 다만, 소방시설의 착공신고가 수리(受理)되어 공사를 하고 있는 자로서 도급계약이 해지되지 아니한 소방시설공사업자 또는 소방공사감리업자가 그 공사를 하는 동안이나 제4조제1항에 따라 방염처리업을 등록한 자(이하 "방염처리업자"라 한다)가 도급을 받아 방염 중인 것으로서 도급계약이 해지되지 아니한 상태에서 그 방염을 하는 동안에는 그러하지 아니하다.
③ 소방시설업자는 다음 각 호의 어느 하나에 해당하는 경우에는 소방시설공사 등을 맡긴 특정소방대상물의 관계인에게 지체 없이 그 사실을 알려야 한다.
㉠ 제7조에 따라 소방시설업자의 지위를 승계한 경우
㉡ 제9조제1항에 따라 소방시설업의 등록취소처분 또는 영업정지처분을 받은 경우
㉢ 휴업하거나 폐업한 경우

### 10 등록취소와 영업정지등

① 시·도지사는 소방시설업자가 영업정지 및 취소사유에 해당하면 행정안전부령으로 정하는 바에 따라 그 등록을 취소하거나 6개월 이내의 기간을 정하여 시정이나 그 영업의 정지를 명할 수 있다.
② 등록취소사유
㉠ 거짓이나 그 밖의 부정한 방법으로 등록한 경우
㉡ 제5조 각 호의 등록 결격사유에 해당하게 된 경우
㉢ 제8조제2항을 위반하여 영업정지 기간 중에 소방시설공사등을 한 경우

### 11 과징금처분

① 처분권자 : 시·도지사
② 영업정지처분에 갈음하여 부과·징수
③ 최대 2억원

## 12 소방시설업자가 하자보수보증기간 동안 보관하여야 하는 서류

① 소방시설설계업 : 별지 제10호서식의 소방시설 설계기록부 및 소방시설 설계도서
② 소방시설공사업 : 별지 제11호서식의 소방시설공사 기록부
③ 소방공사감리업 : 별지 제12호서식의 소방공사 감리기록부, 별지 제13호서식의 소방공사 감리일지 및 소방시설의 완공 당시 설계도서

## 13 성능위주설계

① 성능위주설계를 할 수 있는 자의 자격, 기술인력 및 자격에 따른 설계의 범위와 그 밖에 필요한 사항은 대통령령으로 정한다.
② 자격등 : 전문소방시설설계업을 등록한 자, 소방기술사 2명 이상
③ 성능위주설계대상[소방시설법]
   ㉠ 연면적 20만제곱미터 이상인 특정소방대상물. 다만, 별표 2 제1호가목에 따른 아파트등(이하 "아파트등"이라 한다)은 제외한다.
   ㉡ 50층 이상(지하층은 제외한다)이거나 지상으로부터 높이가 200미터 이상인 아파트등
   ㉢ 30층 이상(지하층을 포함한다)이거나 지상으로부터 높이가 120미터 이상인 특정소방대상물(아파트등은 제외한다)
   ㉣ 연면적 3만제곱미터 이상인 특정소방대상물로서 다음 각 목의 어느 하나에 해당하는 특정소방대상물
      ⓐ 별표 2 제6호나목의 철도 및 도시철도 시설
      ⓑ 별표 2 제6호다목의 공항시설
   ㉤ 별표 2 제16호의 창고시설 중 연면적 10만제곱미터 이상인 것 또는 지하층의 층수가 2개 층 이상이고 지하층의 바닥면적의 합계가 3만제곱미터 이상인 것
   ㉥ 하나의 건축물에 「영화 및 비디오물의 진흥에 관한 법률」 제2조제10호에 따른 영화상영관이 10개 이상인 특정소방대상물
   ㉦ 「초고층 및 지하연계 복합건축물 재난관리에 관한 특별법」 제2조제2호에 따른 지하연계 복합건축물에 해당하는 특정소방대상물
   ㉧ 별표 2 제27호의 터널 중 수저(水底)터널 또는 길이가 5천미터 이상인 것

## 14 착공신고

① 공사업자는 대통령령으로 정하는 소방시설공사를 하려면 행정안전부령으로 정하는 바

에 따라 그 공사의 내용, 시공 장소, 그 밖에 필요한 사항을 소방본부장이나 소방서장에게 신고해야 한다.

② 공사업자가 ①에 따라 신고한 사항 가운데 행정안전부령으로 정하는 중요한 사항을 변경하였을때에는 행정안전부령으로 정하는 바에 따라 변경신고를 하여야 한다. 이 경우 중요한 사항에 해당하지 아니하는 변경 사항은 다음 각 호의 어느 하나에 해당하는 서류에 포함하여 소방본부장이나 소방서장에게 보고하여야 한다.

㉠ 제14조(완공검사) 제1항 또는 제2항에 따른 완공검사 또는 부분완공검사를 신청하는 서류

㉡ 제20조(공사감리 결과의 통보 등)에 따른 공사감리 결과보고서

③ 소방본부장 또는 소방서장은 제1항 또는 제2항 전단에 따른 착공신고 또는 변경신고를 받은 날부터 2일 이내에 신고수리 여부를 신고인에게 통지하여야 한다.

④ 소방본부장 또는 소방서장이 제3항에서 정한 기간 내에 신고수리 여부 또는 민원 처리 관련 법령에 따른 처리기간의 연장을 신고인에게 통지하지 아니하면 그 기간(민원처리 관련 법령에 따라 처리기간이 연장 또는 재연장된 경우에는 해당 처리기간을 말한다)이 끝난 날의 다음 날에 신고를 수리한 것으로 본다.

⑤ 착공신고대상

㉠ 모든 특정소방대상물에 신설하는 공사 : 전체 소방시설[제외되는 사항 정리필요] 제연설비(소방용 외의 용도와 겸용되는 제연설비를 「건설산업기본법 시행령」 별표 1에 따른 기계설비공사업자가 공사하는 경우는 제외한다), 소화용수설비(소화용수설비를 「건설산업기본법 시행령」 별표 1에 따른 기계설비공사업자 또는 상·하수도설비공사업자가 공사하는 경우는 제외한다) 비상방송설비(소방용 외의 용도와 겸용되는 비상방송설비를 「정보통신공사업법」에 따른 정보통신공사업자가 공사하는 경우는 제외한다), 비상콘센트설비(비상콘센트설비를 「전기공사업법」에 따른 전기공사업자가 공사하는 경우는 제외한다) 또는 무선통신보조설비(소방용 외의 용도와 겸용되는 무선통신보조설비를 「정보통신공사업법」에 따른 정보통신공사업자가 공사하는 경우는 제외한다) and 「단독경보형감지기, 누전경보기, 가스누설경보기, 자동화재속보설비제외」

㉡ 모든 특정소방대상물에 다음 각 목의 어느 하나에 해당하는 설비 또는 구역 등을 증설하는 공사

ⓐ 옥내·옥외소화전설비

ⓑ 스프링클러설비·간이스프링클러설비 또는 물분무등소화설비의 방호구역, 자동화재탐지설비의 경계구역, 제연설비의 제연구역(소방용 외의 용도와 겸용되는 제연설비를 「건설산업기본법 시행령」 별표 1에 따른 기계설비공사업자가

공사하는 경우는 제외한다), 연결살수설비의 살수구역, 연결송수관설비의 송수구역, 비상콘센트설비의 전용회로, 연소방지설비의 살수구역
  ⓒ 전부 또는 일부를 개설(改設), 이전(移轉) 또는 정비(整備)하는 공사. 다만, 고장 또는 파손 등으로 인하여 작동시킬 수 없는 소방시설을 긴급히 교체하거나 보수하여야 하는 경우에는 신고하지 않을 수 있다.
    ⓐ 수신반(受信盤)
    ⓑ 소화펌프
    ⓒ 동력(감시)제어반
⑥ 착공신고 서류
  ㉠ 공사업자의 소방시설공사업 등록증 사본 1부 및 등록수첩 사본 1부
  ㉡ 해당 소방시설공사의 책임시공 및 기술관리를 하는 기술인력의 기술등급을 증명하는 서류 사본 1부
  ㉢ 법 제21조의3제2항에 따라 체결한 소방시설공사 계약서 사본 1부
  ㉣ 설계도서(설계설명서를 포함한다) 1부. 다만, 영 제4조제3호에 해당하는 소방시설공사인 경우 또는 「소방시설 설치 및 관리에 관한 법률 시행규칙」 제3조제2항에 따라 건축허가등의 동의요구서에 첨부된 서류 중 설계도서가 변경되지 않은 경우에는 설계도서를 첨부하지 않을 수 있다.
  ㉤ 소방시설공사를 하도급하는 경우 다음 각 목의 서류
    ⓐ 제20조제1항 및 별지 제31호서식에 따른 소방시설공사등의 하도급통지서 사본 1부
    ⓑ 하도급대금 지급에 관한 다음의 어느 하나에 해당하는 서류
      ㉮ 「하도급거래 공정화에 관한 법률」 제13조의2에 따라 공사대금 지급을 보증한 경우에는 하도급대금 지급보증서 사본 1부
      ㉯ 「하도급거래 공정화에 관한 법률」 제13조의2제1항 각호 외의 부분 단서 및 같은 법 시행령 제8조제1항에 따라 보증이 필요하지 않거나 보증이 적합하지 않다고 인정되는 경우에는 이를 증빙하는 서류 사본 1부
⑦ 착공신고사항 중 중요한 사항 변경사항들[변경일로부터 30일 이내 소방본부장 또는 소방서장에게 신고]
  ㉠ 시공자
  ㉡ 설치되는 소방시설의 종류
  ㉢ 책임시공 및 기술관리 소방기술자
⑧ 착공신고의 변경신고를 받은 경우 2일 이내에 공사현장에 배치되는 기술자 내용기재 발급. 7일 이내 협회에 통보

## 15 완공검사

① 공사업자는 소방시설공사를 완공하면 소방본부장 또는 소방서장의 완공검사를 받아야 한다.
② 공사감리자가 지정되어 있는 경우에는 공사감리 결과보고서로 완공검사를 갈음하되, 대통령령으로 정하는 특정소방대상물의 경우에는 소방본부장이나 소방서장이 소방시설공사가 공사감리 결과보고서대로 완공되었는지를 현장에서 확인할 수 있다.
③ 현장확인 소방대상물
　㉠ 문화 및 집회시설, 종교시설, 판매시설, 노유자(老幼者)시설, 수련시설, 운동시설, 숙박시설, 창고시설, 지하상가 및 「다중이용업소의 안전관리에 관한 특별법」에 따른 다중이용업소
　㉡ 다음 각 목의 어느 하나에 해당하는 설비가 설치되는 특정소방대상물
　　ⓐ 스프링클러설비등
　　ⓑ 물분무등소화설비(호스릴 방식의 소화설비는 제외한다)
　㉢ 연면적 1만제곱미터 이상이거나 11층 이상인 특정소방대상물(아파트는 제외한다)
　㉣ 가연성가스를 제조·저장 또는 취급하는 시설 중 지상에 노출된 가연성가스탱크의 저장용량 합계가 1천톤 이상인 시설

## 16 공사의 하자보수 등

① 하자보수 보증기간
　㉠ 피난기구, 유도등, 유도표지, 비상경보설비, 비상조명등, 비상방송설비 및 무선통신보조설비 : 2년
　㉡ 자동소화장치, 옥내소화전설비, 스프링클러설비, 간이스프링클러설비, 물분무등소화설비, 옥외소화전설비, 자동화재탐지설비, 상수도소화용수설비 및 소화활동설비(무선통신보조설비는 제외한다), 비상콘센트설비 : 3년
② 관계인은 ①에 따른 기간에 소방시설의 하자가 발생하였을 때에는 공사업자에게 그 사실을 알려야 하며, 통보를 받은 공사업자는 3일 이내에 하자를 보수하거나 보수 일정을 기록한 하자보수계획을 관계인에게 서면으로 알려야 한다.

## 17 감리의 업무

① 소방시설등의 설치계획표의 적법성 검토

② 소방시설등 설계도서의 적합성(적법성과 기술상의 합리성을 말한다. 이하 같다) 검토
③ 소방시설등 설계 변경 사항의 적합성 검토
④ 「소방시설 설치 및 관리에 관한 법률」 제2조제1항제7호의 소방용품의 위치·규격 및 사용 자재의 적합성 검토
⑤ 공사업자가 한 소방시설등의 시공이 설계도서와 화재안전기준에 맞는지에 대한 지도·감독
⑥ 완공된 소방시설등의 성능시험
⑦ 공사업자가 작성한 시공 상세 도면의 적합성 검토
⑧ 피난시설 및 방화시설의 적법성 검토
⑨ 실내장식물의 불연화(不燃化)와 방염 물품의 적법성 검토

## 18 감리의 종류, 방법, 대상[대통령령]

① 상주공사감리[연면적 3만제곱미터 이상(아파트 제외), 지하층 포함 16층 이상으로서 500세대 이상 아파트]
② 일반공사감리[상주공사감리대상 아닌 것]
③ 일반공사감리 시 주1회 방문, 14일 이내 부득이한 사유로 없는 경우 업무대행자 지정, 주2회 방문

## 19 감리지정대상 특정소방대상물

① 옥내소화전설비를 신설·개설 또는 증설할 때
② 스프링클러설비등(캐비닛형 간이스프링클러설비는 제외한다)을 신설·개설하거나 방호·방수 구역을 증설할 때
③ 물분무등소화설비(호스릴 방식의 소화설비는 제외한다)를 신설·개설하거나 방호·방수 구역을 증설할 때
④ 옥외소화전설비를 신설·개설 또는 증설할 때
⑤ 자동화재탐지설비를 신설 또는 개설할 때
⑤의2. 비상방송설비를 신설 또는 개설할 때
⑥ 통합감시시설을 신설 또는 개설할 때
⑦ 소화용수설비를 신설 또는 개설할 때
⑧ 다음 각 목에 따른 소화활동설비에 대하여 각 목에 따른 시공을 할 때
　㉠ 제연설비를 신설·개설하거나 제연구역을 증설할 때

ⓛ 연결송수관설비를 신설 또는 개설할 때
  ⓒ 연결살수설비를 신설·개설하거나 송수구역을 증설할 때
  ⓔ 비상콘센트설비를 신설·개설하거나 전용회로를 증설할 때
  ⓜ 무선통신보조설비를 신설 또는 개설할 때
  ⓗ 연소방지설비를 신설·개설하거나 살수구역을 증설할 때

## 20 감리자의 지정

대통령령으로 정하는 특정소방대상물의 관계인이 특정소방대상물에 대하여 자동화재탐지설비, 옥내소화전설비 등 대통령령으로 정하는 소방시설을 시공할 때에는 소방시설공사의 감리를 위하여 감리업자를 공사감리자로 지정해야 한다 — 미지정 관계인[1년 이하 징역 또는 1,000만원 이하의 벌금]

## 21 감리원 세부 배치기준

① 영 별표 3에 따른 상주 공사감리 대상인 경우
  ㉠ 기계분야의 감리원 자격을 취득한 사람과 전기분야의 감리원 자격을 취득한 사람 각 1명 이상을 감리원으로 배치할 것. 다만, 기계분야 및 전기분야의 감리원 자격을 함께 취득한 사람이 있는 경우에는 그에 해당하는 사람 1명 이상을 배치할 수 있다.
  ㉡ 소방시설용 배관(전선관을 포함한다. 이하 같다)을 설치하거나 매립하는 때부터 소방시설 완공검사증명서를 발급받을 때까지 소방공사감리현장에 감리원을 배치할 것
② 영 별표 3에 따른 일반 공사감리 대상인 경우
  ㉠ 기계분야의 감리원 자격을 취득한 사람과 전기분야의 감리원 자격을 취득한 사람 각 1명 이상을 감리원으로 배치할 것. 다만, 기계분야 및 전기분야의 감리원 자격을 함께 취득한 사람이 있는 경우에는 그에 해당하는 사람 1명 이상을 배치할 수 있다.
  ㉡ 별표 3에 따른 기간 동안 감리원을 배치할 것
  ㉢ 감리원은 주 1회 이상 소방공사감리현장에 배치되어 감리할 것
  ㉣ 1명의 감리원이 담당하는 소방공사감리현장은 5개 이하(자동화재탐지설비 또는 옥내소화전설비 중 어느 하나만 설치하는 2개의 소방공사감리현장이 최단 차량주행거리로 30킬로미터 이내에 있는 경우에는 1개의 소방공사감리현장으로 본다)로서 감리현장 연면적의 총 합계가 10만제곱미터 이하일 것. 다만, 일반 공사감리 대상인 아파트의 경우에는 연면적의 합계에 관계없이 1명의 감리원이 5개 이내의 공사현장을 감리할 수 있다.

## 22 감리원 배치기준

### ① 감리원의 배치기준

| 감리원의 배치기준 | | 소방시설공사 현장의 기준 |
|---|---|---|
| 책임감리원 | 보조감리원 | |
| 1. 행정안전부령으로 정하는 특급감리원 중 소방기술사 | 행정안전부령으로 정하는 초급감리원 이상의 소방공사 감리원 (기계분야 및 전기분야) | 가. 연면적 20만제곱미터 이상인 특정소방대상물의 공사 현장<br>나. 지하층을 포함한 층수가 40층 이상인 특정소방대상물의 공사 현장 |
| 2. 행정안전부령으로 정하는 특급감리원 이상의 소방공사 감리원 (기계분야 및 전기분야) | 행정안전부령으로 정하는 초급감리원 이상의 소방공사 감리원 (기계분야 및 전기분야) | 가. 연면적 3만제곱미터 이상 20만제곱미터 미만인 특정소방대상물(아파트는 제외한다)의 공사 현장<br>나. 지하층을 포함한 층수가 16층 이상 40층 미만인 특정소방대상물의 공사 현장 |
| 3. 행정안전부령으로 정하는 고급감리원 이상의 소방공사 감리원 (기계분야 및 전기분야) | 행정안전부령으로 정하는 초급감리원 이상의 소방공사 감리원 (기계분야 및 전기분야) | 가. 물분무등소화설비(호스릴 방식의 소화설비는 제외한다) 또는 제연설비가 설치되는 특정소방대상물의 공사 현장<br>나. 연면적 3만제곱미터 이상 20만제곱미터 미만인 아파트의 공사 현장 |
| 4. 행정안전부령으로 정하는 중급감리원 이상의 소방공사 감리원(기계분야 및 전기분야) | | 연면적 5천제곱미터 이상 3만제곱미터 미만인 특정소방대상물의 공사 현장 |
| 5. 행정안전부령으로 정하는 초급감리원 이상의 소방공사 감리원(기계분야 및 전기분야) | | 가. 연면적 5천제곱미터 미만인 특정소방대상물의 공사 현장<br>나. 지하구의 공사 현장 |

**비고**

가. "책임감리원"이란 해당 공사 전반에 관한 감리업무를 총괄하는 사람을 말한다.
나. "보조감리원"이란 책임감리원을 보좌하고 책임감리원의 지시를 받아 감리업무를 수행하는 사람을 말한다.
다. 소방시설공사 현장의 연면적 합계가 20만제곱미터 이상인 경우에는 20만제곱미터를 초과하는 연면적에 대하여 10만제곱미터(20만제곱미터를 초과하는 연면적이 10만제곱미터에 미달하는 경우에는 10만제곱미터로 본다)마다 보조감리원 1명 이상을 추가로 배치해야 한다.
라. 위 표에도 불구하고 상주 공사감리에 해당하지 않는 소방시설의 공사에는 보조감리원을 배치하지 않을 수 있다.
마. 특정 공사 현장이 2개 이상의 공사 현장 기준에 해당하는 경우에는 해당 공사 현장 기준에 따라 배치해야 하는 감리원을 각각 배치하지 않고 그 중 상위 등급 이상의 감리원을 배치할 수 있다.

소방관계법규

② 소방공사 감리원의 배치기간
　㉠ 감리업자는 ①의 기준에 따른 소방공사 감리원을 상주 공사감리 및 일반 공사감리로 구분하여 소방시설공사의 착공일부터 소방시설 완공검사증명서 발급일까지의 기간 중 행정안전부령으로 정하는 기간 동안 배치한다.
　㉡ 감리업자는 ㉠에도 불구하고 시공관리, 품질 및 안전에 지장이 없는 경우로서 다음의 어느 하나에 해당하여 발주자가 서면으로 승낙하는 경우에는 해당 공사가 중단된 기간 동안 감리원을 공사현장에 배치하지 않을 수 있다.
　　ⓐ 민원 또는 계절적 요인 등으로 해당 공정의 공사가 일정 기간 중단된 경우
　　ⓑ 예산의 부족 등 발주자(하도급의 경우에는 수급인을 포함한다. 이하 이 목에서 같다)의 책임 있는 사유 또는 천재지변 등 불가항력으로 공사가 일정기간 중단된 경우
　　ⓒ 발주자가 공사의 중단을 요청하는 경우

## 23 감리결과 통보 및 보고

① 감리업자는 공사가 완료된 날부터 7일 이내에 서면으로 관계인, 도급인, 공사를 감리한 건축사에게 통보
② 감리업자는 공사가 완료된 날부터 7일 이내에 소방본부장 또는 소방서장에게 감리결과보고서 제출

## 24 감리원 기술등급

| 구 분 | 기계분야 | 전기분야 |
|---|---|---|
| 특급 감리원 | • 소방기술사 자격을 취득한 사람 | |
| 특급 감리원 | • 소방설비기사 기계분야 자격을 취득한 후 8년 이상 소방 관련 업무를 수행한 사람<br>• 소방설비산업기사 기계분야 자격을 취득한 후 12년 이상 소방 관련 업무를 수행한 사람 | • 소방설비기사 전기분야 자격을 취득한 후 8년 이상 소방 관련 업무를 수행한 사람<br>• 소방설비산업기사 전기분야 자격을 취득한 후 12년 이상 소방 관련 업무를 수행한 사람 |
| 고급 감리원 | • 소방설비기사 기계분야 자격을 취득한 후 5년 이상 소방 관련 업무를 수행한 사람<br>• 소방설비산업기사 기계분야 자격을 취득한 후 8년 이상 소방 관련 업무를 수행한 사람 | • 소방설비기사 전기분야 자격을 취득한 후 5년 이상 소방 관련 업무를 수행한 사람<br>• 소방설비산업기사 전기분야 자격을 취득한 후 8년 이상 소방 관련 업무를 수행한 사람 |

| 구 분 | 기계분야 | 전기분야 |
|---|---|---|
| 중급<br>감리원 | • 소방설비기사 기계분야 자격을 취득한 후 3년 이상 소방 관련 업무를 수행한사람<br>• 소방설비산업기사 기계분야 자격을 취득한 후 6년 이상 소방 관련 업무를 수행한 사람<br>• 초급감리원을 취득한 후 5년 이상 기계분야 소방감리업무를 수행한 사람 | • 소방설비기사 전기분야 자격을 취득한 후 3년 이상 소방 관련 업무를 수행한 사람<br>• 소방설비산업기사 전기분야 자격을 취득한 후 6년 이상 소방 관련 업무를 수행한 사람<br>• 초급감리원을 취득한 후 5년 이상 전기분야 소방감리업무를 수행한 사람 |
| 초급<br>감리원 | • 제1호나목1)에 해당하는 학과 학사학위를 취득한 후 1년 이상 소방 관련 업무를 수행한 사람<br>• 「고등교육법」 제2조제1호부터 제6호까지의 규정 중 어느 하나에 해당하는 학교에서 제1호나목1)에 해당하는 학과 전문학사학위를 취득한 후 3년 이상 소방 관련 업무를 수행한 사람<br>• 고등학교 소방학과를 졸업한 후 4년 이상 소방 관련 업무를 수행한 사람<br>• 소방공무원으로서 3년 이상 근무한 경력이 있는 사람<br>• 5년 이상 소방 관련 업무를 수행한 사람 | |
| | • 소방설비기사 기계분야 자격을 취득한 후 1년 이상 소방 관련 업무를 수행한 사람<br>• 소방설비산업기사 기계분야 자격을 취득한 후 2년 이상 소방 관련 업무를 수행한 사람<br>• 제1호나목3)부터 6)까지의 규정 중 어느 하나에 해당하는 학과 학사학위를 취득한 후 1년 이상 소방 관련 업무를 수행한 사람<br>• 「고등교육법」 제2조제1호부터 제6호까지의 규정 중 어느 하나에 해당하는 학교에서 제1호나목3)부터 6)까지의 규정에 해당하는 학과 전문학사학위를 취득한 후 3년 이상 소방 관련 업무를 수행한 사람 | • 소방설비기사 전기분야 자격을 취득한 후 1년이상 소방 관련 업무를 수행한 사람<br>• 소방설비산업기사 전기분야 자격을 취득한 후 2년 이상 소방 관련 업무를 수행한 사람<br>• 제1호나목2)에 해당하는 학과 학사학위를 취득한 후 1년 이상 소방 관련 업무를 수행한 사람<br>• 「고등교육법」 제2조제1호부터 제6호까지의 규정 중 어느 하나에 해당하는 학교에서 제1호나목2)에 해당하는 학과 전문학사학위를 취득한 후 3년 이상 소방 관련 업무를 수행한 사람 |

**비고**

1. 동일한 기간에 수행한 경력이 두 가지 이상의 자격 기준에 해당하는 경우에는 하나의 자격 기준에 대해서만 그 기간을 인정하고 기간이 중복되지 아니하는 경우에는 각각의 기간을 경력으로 인정한다.
   이 경우 동일 기술등급의 자격 기준별 경력기간을 해당 경력기준기간으로 나누어 합한 값이 1 이상이면 해당 기술등급의 자격 기준을 갖춘 것으로 본다.
2. 소방 관련 업무를 수행한 경력으로서 위 표에서 정한 국가기술자격 취득 전의 경력은 그 경력의 50퍼센트만 인정한다.

### 25 하도급

① 시공의 경우 1차에 한하여 하도급할 수 있다.
② 법 제22조제1항 단서에서 "대통령령으로 정하는 경우"란 소방시설공사업과 다음 각 호의 어느 하나에 해당하는 사업을 함께하는 소방시설공사업자가 소방시설공사와 해당 사업의 공사를 함께 도급받은 경우를 말한다.
　㉠「주택법」제4조에 따른 주택건설사업
　㉡「건설산업기본법」제9조에 따른 건설업
　㉢「전기공사업법」제4조에 따른 전기공사업
　㉣「정보통신공사업법」제14조에 따른 정보통신공사업

### 26 도급계약의 해지

특정소방대상물의 관계인 또는 발주자는 해당 도급계약의 수급인이 다음의 어느 하나에 해당하는 경우에는 도급계약을 해지할 수 있다.
① 소방시설업이 등록취소되거나 영업정지된 경우
② 소방시설업을 휴업하거나 폐업한 경우
③ 정당한 사유 없이 30일 이상 소방시설공사를 계속하지 아니하는 경우
④ 제22조의2제2항에 따른 요구에 정당한 사유 없이 따르지 아니하는 경우

### 27 시공능력 평가 및 방염처리능력평가

소방청장이 실시

### 28 소방기술경력 등의 인정 등

① 소방기술경력수첩 등 인정자 : 소방청장
② 소방청장은 자격수첩 또는 경력수첩을 발급받은 사람이 다음의 어느 하나에 해당하는 경우에는 행정안전부령으로 정하는 바에 따라 그 자격을 취소하거나 6개월 이상 2년 이하의 기간을 정하여 그 자격을 정지시킬 수 있다. 다만, ㉠과 ㉡에 해당하는 경우에는 그 자격을 취소해야 한다.
　㉠ 거짓이나 그 밖의 부정한 방법으로 자격수첩 또는 경력수첩을 발급받은 경우
　㉡ 제27조제2항을 위반하여 자격수첩 또는 경력수첩을 다른 사람에게 빌려준 경우

ⓒ 제27조제3항을 위반하여 동시에 둘 이상의 업체에 취업한 경우
ⓓ 이 법 또는 이 법에 따른 명령을 위반한 경우
③ ②에 따라 자격이 취소된 사람은 취소된 날부터 2년간 자격수첩 또는 경력수첩을 발급받을 수 없다.

## 29 소방기술자 실무교육 : 2년마다 1회

한국소방안전원의 장은 소방기술자에 대한 실무교육을 실시하려면 교육일정 등 교육에 필요한 계획을 수립하여 소방청장에게 보고한 후 교육 10일 전까지 교육대상자에게 알려야 한다.

## 30 소방기술자 배치기준

1. 소방기술자의 배치기준

| 소방기술자의 배치기준 | 소방시설공사 현장의 기준 |
| --- | --- |
| 1. 행정안전부령으로 정하는 특급 기술자인 소방기술자 (기계분야 및 전기분야) | 가. 연면적 20만제곱미터 이상인 특정소방대상물의 공사 현장<br>나. 지하층을 포함한 층수가 40층 이상인 특정소방대상물의 공사 현장 |
| 2. 행정안전부령으로 정하는 고급 기술자 이상의 소방기술자(기계 분야 및 전기 분야) | 가. 연면적 3만제곱미터 이상 20만제곱미터 미만인 특정소방대상물(아파트는 제외한다)의 공사 현장<br>나. 지하층을 포함한 층수가 16층 이상 40층 미만인 특정소방대상물의 공사 현장 |
| 3. 행정안전부령으로 정하는 중급 기술자 이상의 소방기술자(기계 분야 및 전기 분야) | 가. 물분무등소화설비(호스릴 방식의 소화설비는 제외한다) 또는 제연설비가 설치되는 특정소방대상물의 공사 현장<br>나. 연면적 5천제곱미터 이상 3만제곱미터 미만인 특정소방대상물(아파트는 제외한다)의 공사 현장<br>다. 연면적 1만제곱미터 이상 20만제곱미터 미만인 아파트의 공사현장 |
| 4. 행정안전부령으로 정하는 초급 기술자 이상의 소방기술자(기계 분야 및 전기 분야) | 가. 연면적 1천제곱미터 이상 5천제곱미터 미만인 특정소방대상물(아파트는 제외한다)의 공사 현장<br>나. 연면적 1천제곱미터 이상 1만제곱미터 미만인 아파트의 공사 현장<br>다. 지하구(地下溝)의 공사 현장 |
| 5. 법 제28조제2항에 따라 자격수첩을 발급받은 소방기술자 | 연면적 1천제곱미터 미만인 특정소방대상물의 공사 현장 |

비고
가. 다음의 어느 하나에 해당하는 기계분야 소방시설공사의 경우에는 소방기술자의 배치기준에 따른 기계분야의 소방기술자를 공사 현장에 배치해야 한다.
  1) 옥내소화전설비, 스프링클러설비등, 물분무등소화설비 또는 옥외소화전설비의 공사
  2) 상수도소화용수설비, 소화수조·저수조 또는 그 밖의 소화용수설비의 공사
  3) 제연설비, 연결송수관설비, 연결살수설비 또는 연소방지설비의 공사

4) 기계분야 소방시설에 부설되는 전기시설의 공사. 다만, 비상전원, 동력회로, 제어회로, 기계분야의 소방시설을 작동하기 위해 설치하는 화재감지기에 의한 화재감지장치 및 전기신호에 의한 소방시설의 작동장치의 공사는 제외한다.

나. 다음의 어느 하나에 해당하는 전기분야 소방시설공사의 경우에는 소방기술자의 배치기준에 따른 전기분야의 소방기술자를 공사 현장에 배치해야 한다.
   1) 비상경보설비, 시각경보기, 자동화재탐지설비, 비상방송설비, 자동화재속보설비 또는 통합감시시설의 공사
   2) 비상콘센트설비 또는 무선통신보조설비의 공사
   3) 기계분야 소방시설에 부설되는 전기시설 중 가목4) 단서의 전기시설 공사

다. 가목 및 나목에도 불구하고 기계분야 및 전기분야의 자격을 모두 갖춘 소방기술자가 있는 경우에는 소방시설공사를 분야별로 구분하지 않고 그 소방기술자를 배치할 수 있다.

라. 가목 및 나목에도 불구하고 소방공사감리업자가 감리하는 소방시설공사가 다음의 어느 하나에 해당하는 경우에는 소방기술자를 소방시설공사 현장에 배치하지 않을 수 있다.
   1) 소방시설의 비상전원을 「전기공사업법」에 따른 전기공사업자가 공사하는 경우
   2) 상수도소화용수설비, 소화수조ㆍ저수조 또는 그 밖의 소화용수설비를 「건설산업기본법 시행령」 별표 1에 따른 기계설비공사업자 또는 상ㆍ하수도설비공사업자가 공사하는 경우
   3) 소방 외의 용도와 겸용되는 제연설비를 「건설산업기본법 시행령」 별표 1에 따른 기계설비공사업자가 공사하는 경우
   4) 소방 외의 용도와 겸용되는 비상방송설비 또는 무선통신보조설비를 「정보통신공사업법」에 따른 정보통신공사업자가 공사하는 경우

마. 공사업자는 다음의 경우를 제외하고는 1명의 소방기술자를 2개의 공사 현장을 초과하여 배치해서는 안된다. 다만, 연면적 3만제곱미터 이상의 특정소방대상물(아파트는 제외한다)이거나 지하층을 포함한 층수가 16층 이상으로서 500세대 이상인 아파트에 대한 소방시설공사의 경우에는 1개의 공사 현장에만 배치해야 한다.
   1) 건축물의 연면적이 5천제곱미터 미만인 공사 현장에만 배치하는 경우. 다만, 그 연면적의 합계는 2만제곱미터를 초과해서는 안 된다.
   2) 건축물의 연면적이 5천제곱미터 이상인 공사 현장 2개 이하와 5천제곱미터 미만인 공사 현장에 같이 배치하는 경우. 다만, 5천제곱미터 미만의 공사 현장의 연면적의 합계는 1만제곱미터를 초과해서는 안 된다.

바. 특정 공사 현장이 2개 이상의 공사 현장 기준에 해당하는 경우에는 해당 공사 현장 기준에 따라 배치해야하는 소방기술자를 각각 배치하지 않고 그 중 상위 등급 이상의 소방기술자를 배치할 수 있다.

## 2. 소방기술자의 배치기간

가. 공사업자는 제1호에 따른 소방기술자를 소방시설공사의 착공일부터 소방시설 완공검사증명서 발급일까지 배치한다.

나. 공사업자는 가목에도 불구하고 시공관리, 품질 및 안전에 지장이 없는 경우로서 다음의 어느 하나에 해당하여 발주자가 서면으로 승낙하는 경우에는 해당 공사가 중단된 기간 동안 소방기술자를 공사 현장에 배치하지 않을 수 있다.
   1) 민원 또는 계절적 요인 등으로 해당 공정의 공사가 일정 기간 중단된 경우
   2) 예산의 부족 등 발주자(하도급의 경우에는 수급인을 포함한다. 이하 이목에서 같다)의 책임있는 사유 또는 천재지변 등 불가항력으로 공사가 일정기간 중단된 경우
   3) 발주자가 공사의 중단을 요청하는 경우

## 31 청 문

① 소방시설업 등록취소처분 이나 영업정지처분 청문권자 : 시·도지사
② 소방기술인정자격취소처분 청문권자 : 소방청장

## 32 벌 칙

① 3년 이하의 징역 또는 3,000만원 이하의 벌금
  ㉠ 소방시설업 등록을 하지 아니하고 영업을 한 자
  ㉡ 부정한 청탁을 받고 재물 또는 재산상의 이익을 취득하거나, 부정한 청탁을 하면서 재물 또는 재산상의 이익을 제공한 자
② 1년 이하의 징역 또는 1,000만원 이하의 벌금
  ㉠ 영업정지처분을 받고 그 영업정지 기간에 영업을 한 자
  ㉡ 불법으로(화재안전기준 위반) 설계나 시공을 한 자
  ㉢ 불법으로(규정을 위반) 감리를 하거나 거짓으로 감리한 자
  ㉣ 공사감리자를 지정하지 아니한 자
  ㉣의2. 공사업자에 대한 시정요구 이행하지 않거나 그 사실 보고를 거짓으로 한 자
  ㉣의3. 공사감리 결과의 통보 또는 공사감리 결과보고서의 제출을 거짓으로 한 자
  ㉤ 해당 소방시설업자가 아닌 자에게 소방시설공사등을 도급한 자
  ㉥ 제3자에게 소방시설공사 시공을 하도급한 자
  ㉦ 법 또는 명령을 따르지 아니하고 업무를 수행한 자(기술자)
③ 300만원이하의 벌금
  ㉠ 등록증이나 등록수첩을 다른 자에게 빌려준 자
  ㉡ 소방시설공사 현장에 감리원을 배치하지 아니한 자
  ㉢ 감리업자의 보완 요구에 따르지 아니한 자
  ㉣ 공사감리 계약을 해지하거나 대가 지급을 거부하거나 지연시키거나 불이익을 준 자
  ㉤ 자격수첩 또는 경력수첩을 빌려 준 사람
  ㉥ 동시에 둘 이상의 업체에 취업한 사람
  ㉦ 관계인의 정당한 업무를 방해하거나 업무상 알게 된 비밀을 누설한 사람
④ 100만원 이하의 벌금
  ㉠ 감독권자의 명령을 위반하여 보고 또는 자료 제출을 하지 아니하거나 거짓으로 한 자
  ㉡ 감독규정을 위반하여 정당한 사유 없이 관계 공무원의 출입 또는 검사·조사를 거부·방해 또는 기피한 자

⑤ 200만원 이하의 과태료
  ㉠ 제6조, 제6조의2제1항, 제7조제1항 및 제2항, 제13조제1항 및 제2항 전단, 제17조 제2항을 위반하여 신고를 하지 아니하거나 거짓으로 신고한 자
  ㉡ 관계인에게 지위승계, 행정처분 또는 휴업·폐업의 사실을 거짓으로 알린 자
  ㉢ 제8조제4항을 위반하여 관계 서류를 보관하지 아니한 자
  ㉣ 소방기술자를 공사 현장에 배치하지 아니한 자
  ㉤ 완공검사를 받지 아니한 자
  ㉥ 3일 이내에 하자를 보수하지 아니하거나 하자보수계획을 관계인에게 거짓으로 알린 자
  ㉦ 감리 관계 서류를 인수·인계하지 아니한 자
  ㉧ 감리원배치통보 및 변경통보를 하지 아니하거나 거짓으로 통보한 자
  ㉨ 제20조의2를 위반하여 방염성능기준 미만으로 방염을 한 자
  ㉩ 도급계약 체결 시 의무를 이행하지 아니한 자
  ㉪ 하도급 등의 통지를 하지 아니한 자
  ㉫ 자료제출을 거짓으로 한 자
  ㉬ 명령을 위반하여 보고 또는 자료 제출을 하지 아니하거나 거짓으로 보고 또는 자료 제출한 자

# 화재의 예방 및 안전관리에 관한 법률

## 1 목 적

이 법은 화재의 예방과 안전관리에 필요한 사항을 규정함으로써 화재로부터 국민의 생명·신체 및 재산을 보호하고 공공의 안전과 복리 증진에 이바지함을 목적으로 한다.

## 2 용어정의

① "예방"이란 화재의 위험으로부터 사람의 생명·신체 및 재산을 보호하기 위하여 화재발생을 사전에 제거하거나 방지하기 위한 모든 활동을 말한다.
② "안전관리"란 화재로 인한 피해를 최소화하기 위한 예방, 대비, 대응 등의 활동을 말한다.
③ "화재안전조사"란 소방청장, 소방본부장 또는 소방서장(이하 "소방관서장"이라 한다)이 소방대상물, 관계지역 또는 관계인에 대하여 소방시설등(「소방시설 설치 및 관리에 관한 법률」 제2조제1항제2호에 따른 소방시설등을 말한다. 이하 같다)이 소방 관계 법령에 적합하게 설치·관리되고 있는지, 소방대상물에 화재의 발생 위험이 있는지 등을 확인하기 위하여 실시하는 현장조사·문서열람·보고요구 등을 하는 활동을 말한다.
④ "화재예방강화지구"란 특별시장·광역시장·특별자치시장·도지사 또는 특별자치도지사(이하 "시·도지사"라 한다)가 화재발생 우려가 크거나 화재가 발생할 경우 피해가 클 것으로 예상되는 지역에 대하여 화재의 예방 및 안전관리를 강화하기 위해 지정·관리하는 지역을 말한다.
⑤ "화재예방안전진단"이란 화재가 발생할 경우 사회·경제적으로 피해 규모가 클 것으로 예상되는 소방대상물에 대하여 화재위험요인을 조사하고 그 위험성을 평가하여 개선대책을 수립하는 것을 말한다.

## 3 화재의 예방 및 안전관리에 관한 기본계획 수립·시행

① 소방청장은 화재예방정책을 체계적·효율적으로 추진하고 이에 필요한 기반 확충을 위하여 화재의 예방 및 안전관리에 관한 기본계획(이하 "기본계획"이라 한다)을 5년마다 수립·시행해야 한다.

② 기본계획은 대통령령으로 정하는 바에 따라 소방청장이 관계 중앙행정기관의 장과 협의하여 수립한다.
③ 기본계획 포함사항
　㉠ 화재예방정책의 기본목표 및 추진방향
　㉡ 화재의 예방과 안전관리를 위한 법령·제도의 마련 등 기반 조성
　㉢ 화재의 예방과 안전관리를 위한 대국민 교육·홍보
　㉣ 화재의 예방과 안전관리 관련 기술의 개발·보급
　㉤ 화재의 예방과 안전관리 관련 전문인력의 육성·지원 및 관리
　㉥ 화재의 예방과 안전관리 관련 산업의 국제경쟁력 향상
　㉦ 그 밖에 대통령령으로 정하는 화재의 예방과 안전관리에 필요한 사항

> 1. 화재발생 현황
> 2. 소방대상물의 환경 및 화재위험특성변화 추세 등 화재예방정책의 여건 변화에 관한 사항
> 3. 소방시설의 설치·관리 및 화재안전기준의 개선에 관한 사항
> 4. 계절별, 시기별, 소방대상물별 화재예방대책의 추진 및 평가 등에 관한 사항
> 5. 그 밖에 화재의 예방 및 안전관리에 관련하여 소방청장이 필요하다고 인정하는 사항

④ 소방청장은 기본계획을 시행하기 위하여 매년 시행계획을 수립·시행.
⑤ 소방청장은 제1항 및 제4항에 따라 수립된 기본계획과 시행계획을 관계 중앙행정기관의 장과 시·도지사에게 통보해야 한다.
⑥ 제5항에 따라 기본계획과 시행계획을 통보받은 관계 중앙행정기관의 장과 시·도지사는 소관 사무의 특성을 반영한 세부시행계획을 수립·시행하고 그 결과를 소방청장에게 통보해야 한다.
⑦ 소방청장은 기본계획 및 시행계획을 수립하기 위하여 필요한 경우에는 관계 중앙행정기관의 장 또는 시·도지사에게 관련 자료의 제출을 요청할 수 있다. 이 경우 자료제출을 요청받은 관계 중앙행정기관의 장 또는 시·도지사는 특별한 사유가 없으면 이에 따라야 한다.
⑧ 제1항부터 제7항까지에서 규정한 사항 외에 기본계획, 시행계획 및 세부시행계획의 수립·시행에 필요한 사항은 대통령령으로 정한다.

 Reference

▨ 실태조사
① 소방청장은 기본계획 및 시행계획의 수립·시행에 필요한 기초자료를 확보하기 위하여 다음 각 호의 사항에 대하여 실태조사를 할 수 있다. 이 경우 관계 중앙행정기관의 장의 요청이 있는 때에는 합동으로 실태조사를 할 수 있다.

> 1. 소방대상물의 용도별·규모별 현황
> 2. 소방대상물의 화재의 예방 및 안전관리 현황
> 3. 소방대상물의 소방시설등 설치·관리 현황
> 4. 그 밖에 기본계획 및 시행계획의 수립·시행을 위하여 필요한 사항
> ② 소방청장은 소방대상물의 현황 등 관련 정보를 보유·운용하고 있는 관계 중앙행정기관의 장, 지방자치단체의 장, 「공공기관의 운영에 관한 법률」 제4조에 따른 공공기관(이하 "공공기관"이라 한다)의 장 또는 관계인 등에게 제1항에 따른 실태조사에 필요한 자료의 제출을 요청할 수 있다. 이 경우 자료 제출을 요청받은 자는 특별한 사유가 없으면 이에 따라야 한다.
> ③ 제1항에 따른 실태조사의 방법 및 절차 등에 필요한 사항은 행정안전부령으로 정한다.

## 4 화재안전조사

① 화재안전조사권자 : 소방청장, 소방본부장, 소방서장[소방관서장]
② 화재안전조사 실시사유
  ㉠ 「소방시설 설치 및 관리에 관한 법률」 제22조에 따른 자체점검이 불성실하거나 불완전하다고 인정되는 경우
  ㉡ 화재예방강화지구 등 법령에서 화재안전조사를 하도록 규정되어 있는 경우
  ㉢ 화재예방안전진단이 불성실하거나 불완전하다고 인정되는 경우
  ㉣ 국가적 행사 등 주요 행사가 개최되는 장소 및 그 주변의 관계 지역에 대하여 소방안전관리 실태를 조사할 필요가 있는 경우
  ㉤ 화재가 자주 발생하였거나 발생할 우려가 뚜렷한 곳에 대한 조사가 필요한 경우
  ㉥ 재난예측정보, 기상예보 등을 분석한 결과 소방대상물에 화재의 발생 위험이 크다고 판단되는 경우
  ㉦ ㉠부터 ㉥까지에서 규정한 경우 외에 화재, 그 밖의 긴급한 상황이 발생할 경우 인명 또는 재산 피해의 우려가 현저하다고 판단되는 경우
③ 화재안전조사 대상 선정권자 : 소방청장, 소방본부장, 소방서장
④ 화재안전조사단 : 소방관서장은 화재안전조사를 효율적으로 수행하기 위하여 대통령령으로 정하는 바에 따라 소방청에는 중앙화재안전조사단을, 소방본부 및 소방서에는 지방화재안전조사단을 편성하여 운영할 수 있다.
⑤ 화재안전조사위원회 구성권자 : 소방청장, 소방본부장, 소방서장
⑥ 화재안전조사위원회 구성
  ㉠ 화재안전조사위원회(이하 "위원회"라 한다)는 위원장 1명을 포함하여 7명 이내의 위원으로 성별을 고려하여 구성한다.

ⓒ 위원장 : 소방관서장
　　　ⓒ 위원회의 위원은 다음 각 호의 어느 하나에 해당하는 사람 중에서 소방관서장이 임명하거나 위촉한다.
　　　　ⓐ 과장급 직위 이상의 소방공무원
　　　　ⓑ 소방기술사
　　　　ⓒ 소방시설관리사
　　　　ⓓ 소방 관련 분야의 석사 이상 학위를 취득한 사람
　　　　ⓕ 소방 관련 법인 또는 단체에서 소방 관련 업무에 5년 이상 종사한 사람
　　　　ⓖ 「소방공무원 교육훈련규정」 제3조제2항에 따른 소방공무원 교육훈련기관, 「고등교육법」 제2조의 학교 또는 연구소에서 소방과 관련한 교육 또는 연구에 5년 이상 종사한 사람
　⑦ 화재안전조사시 합동조사반 편성 기관
　　　㉠ 관계 중앙행정기관 또는 지방자치단체
　　　㉡ 「소방기본법」 제40조에 따른 한국소방안전원(이하 "안전원"이라 한다)
　　　㉢ 「소방산업의 진흥에 관한 법률」 제14조에 따른 한국소방산업기술원(이하 "기술원"이라 한다)
　　　㉣ 화재로 인한 재해보상과 보험가입에 관한 법률」 제11조에 따른 한국화재보험협회(이하 "화재보험협회"라 한다)
　　　㉤ 「고압가스 안전관리법」 제28조에 따른 한국가스안전공사(이하 "가스안전공사"라 한다)
　　　㉥ 「전기안전관리법」 제30조에 따른 한국전기안전공사(이하 "전기안전공사"라 한다)
　　　㉦ 그 밖에 소방청장이 정하여 고시하는 소방 관련 법인 또는 단체
　⑧ 화재안전조사 통보
　　소방관서장은 화재안전조사를 실시하려는 경우 사전에 법 제8조제2항 각 호 외의 부분 본문에 따라 조사대상, 조사기간 및 조사사유 등 조사계획을 소방청, 소방본부 또는 소방서(이하 "소방관서"라 한다)의 인터넷 홈페이지나 법 제16조제3항에 따른 전산시스템을 통해 7일 이상 공개해야 한다.(조사 3일 전 연기신청 가능)
　⑨ 통보예외사항 / 해가 진 뒤나 뜨기 전 조사 / 개인주거 승낙없이 조사할 수 있는 사항
　　　㉠ 화재가 발생할 우려가 뚜렷하여 긴급하게 조사할 필요가 있는 경우
　　　㉡ ㉠ 외에 화재안전조사의 실시를 사전에 통지하거나 공개하면 조사목적을 달성할 수 없다고 인정되는 경우
　⑩ 연기신청사유
　　　㉠ 「재난 및 안전관리 기본법」 제3조제1호에 해당하는 재난이 발생한 경우
　　　㉡ 관계인의 질병, 사고, 장기출장의 경우

ⓒ 권한 있는 기관에 자체점검기록부, 교육·훈련일지 등 화재안전조사에 필요한 장부·서류 등이 압수되거나 영치(領置)되어 있는 경우
ⓔ 소방대상물의 증축·용도변경 또는 대수선 등의 공사로 화재안전조사를 실시하기 어려운 경우
⑪ 화재안전조사결과 조치명령권자 : 소방청장, 소방본부장, 소방서장
⑫ 조치명령 내용 : 관계인에게 그 소방대상물의 개수(改修)·이전·제거, 사용의 금지 또는 제한, 사용폐쇄, 공사의 정지 또는 중지, 그 밖의 필요한 조치를 명할 수 있다.
⑬ 조치명령으로 손실을 입은 자가 있는 경우 보상 : 소방청장, 시·도지사

## 5 화재의 예방조치등

① 화재예방강화지구 및 이에 준하는 대통령령으로 정하는 장소[제조소등, 가스저장소, 석유가스저장소, 판매소, 수소연료공급시설, 화약류등]에서는 다음 각호의 행위를 해서는 안된다.
  ㉠ 모닥불, 흡연 등 화기의 취급
  ㉡ 풍등 등 소형열기구 날리기
  ㉢ 용접·용단 등 불꽃을 발생시키는 행위
  ㉣ 그 밖에 대통령령으로 정하는 화재 발생 위험이 있는 행위
    ※ 다만, 다음의 안전조치등을 한 경우 그러하지 아니하다.
      1. 「국민건강증진법」 제9조제4항 각 호 외의 부분 후단에 따라 설치한 흡연실 등 법령에 따라 지정된 장소에서 화기 등을 취급하는 경우
      2. 소화기 등 소방시설을 비치 또는 설치한 장소에서 화기 등을 취급하는 경우
      3. 「산업안전보건기준에 관한 규칙」 제241조의2제1항에 따른 화재감시자 등 안전요원이 배치된 장소에서 화기 등을 취급하는 경우
      4. 그 밖에 소방관서장과 사전 협의하여 안전조치를 한 경우
② 예방조치명령
  소방관서장은 화재 발생 위험이 크거나 소화 활동에 지장을 줄 수 있다고 인정되는 행위나 물건에 대하여 행위 당사자나 그 물건의 소유자, 관리자 또는 점유자에게 다음 각 호의 명령을 할 수 있다. 다만, ㉡ 및 ㉢에 해당하는 물건의 소유자, 관리자 또는 점유자를 알 수 없는 경우 소속 공무원으로 하여금 그 물건을 옮기거나 보관하는 등 필요한 조치를 하게 할 수 있다.
  ㉠ ①의 ㉠~㉣의 어느 하나에 해당하는 행위의 금지 또는 제한
  ㉡ 목재, 플라스틱 등 가연성이 큰 물건의 제거, 이격, 적재 금지 등
  ㉢ 소방차량의 통행이나 소화 활동에 지장을 줄 수 있는 물건의 이동
③ 보관기관 및 보관기관 경과 후 처리

㉠ 소방관서장은 법 제17조제2항 각 호 외의 부분 단서에 따라 옮긴 물건 등(이하 "옮긴물건등"이라 한다)을 보관하는 경우에는 그날부터 14일 동안 해당 소방관서의 인터넷 홈페이지에 그 사실을 공고해야 한다.
㉡ 옮긴물건등의 보관기간은 ㉠에 따른 공고기간의 종료일 다음 날부터 7일까지로 한다.
㉢ 소방관서장은 ㉡에 따른 보관기간이 종료된 때에는 보관하고 있는 옮긴물건등을 매각해야 한다. 다만, 보관하고 있는 옮긴물건 등이 부패·파손 또는 이와 유사한 사유로 정해진 용도로 계속 사용할 수 없는 경우에는 폐기할 수 있다.
㉣ 소방관서장은 보관하던 옮긴물건등을 ㉢ 본문에 따라 매각한 경우에는 지체없이 「국가재정법」에 따라 세입조치를 해야 한다.

## 6 불을 사용하는 설비의 관리기준 등

■ 화재의 예방 및 안전관리에 관한 법률 시행령 [별표 1]

**보일러 등의 설비 또는 기구 등의 위치·구조 및 관리와 화재예방을 위하여
불을 사용할 때 지켜야 하는 사항**(제18조제2항 관련)

1. 보일러
  가. 가연성 벽·바닥 또는 천장과 접촉하는 증기기관 또는 연통의 부분은 규조토 등 난연성 또는 불연성 단열재로 덮어씌워야 한다.
  나. 경유·등유 등 액체연료를 사용할 때에는 다음 사항을 지켜야 한다.
    1) 연료탱크는 보일러 본체로부터 수평거리 1미터 이상의 간격을 두어 설치할 것
    2) 연료탱크에는 화재 등 긴급상황이 발생하는 경우 연료를 차단할 수 있는 개폐밸브를 연료탱크로부터 0.5미터 이내에 설치할 것
    3) 연료탱크 또는 보일러 등에 연료를 공급하는 배관에는 여과장치를 설치할 것
    4) 사용이 허용된 연료 외의 것을 사용하지 않을 것
    5) 연료탱크가 넘어지지 않도록 받침대를 설치하고, 연료탱크 및 연료탱크 받침대는 「건축법 시행령」 제2조제10호에 따른 불연재료(이하 "불연재료"라 한다)로 할 것
  다. 기체연료를 사용할 때에는 다음 사항을 지켜야 한다.
    1) 보일러를 설치하는 장소에는 환기구를 설치하는 등 가연성 가스가 머무르지 않도록 할 것
    2) 연료를 공급하는 배관은 금속관으로 할 것
    3) 화재 등 긴급 시 연료를 차단할 수 있는 개폐밸브를 연료용기 등으로부터 0.5미터 이내에 설치할 것
    4) 보일러가 설치된 장소에는 가스누설경보기를 설치할 것
  라. 화목(火木) 등 고체연료를 사용할 때에는 다음 사항을 지켜야 한다.
    1) 고체연료는 보일러 본체와 수평거리 2미터 이상 간격을 두고 보관하거나 불연재료로 된 별도의 구획된 공간에 보관할 것
    2) 연통은 천장으로부터 0.6미터 떨어지고, 연통의 배출구는 건물 밖으로 0.6미터 이상 나오도록 설치할 것

3) 연통의 배출구는 보일러 본체보다 2미터 이상 높게 설치할 것
4) 연통이 관통하는 벽면, 지붕 등은 불연재료로 처리할 것
5) 연통재질은 불연재료로 사용하고 연결부에 청소구를 설치할 것
마. 보일러 본체와 벽·천장 사이의 거리는 0.6미터 이상이어야 한다.
바. 보일러를 실내에 설치하는 경우에는 콘크리트바닥 또는 금속 외의 불연재료로 된 바닥 위에 설치해야 한다.

2. 난로
   가. 연통은 천장으로부터 0.6미터 이상 떨어지고, 연통의 배출구는 건물 밖으로 0.6미터 이상 나오게 설치해야 한다.
   나. 가연성 벽·바닥 또는 천장과 접촉하는 연통의 부분은 규조토 등 난연성 또는 불연성의 단열재로 덮어씌워야 한다.
   다. 이동식난로는 다음의 장소에서 사용해서는 안 된다. 다만, 난로가 쓰러지지 않도록 받침대를 두어 고정시키거나 쓰러지는 경우 즉시 소화되고 연료의 누출을 차단할 수 있는 장치가 부착된 경우에는 그렇지 않다.
      1) 「다중이용업소의 안전관리에 관한 특별법」 제2조제1항제4호에 따른 다중이용업소
      2) 「학원의 설립·운영 및 과외교습에 관한 법률」 제2조제1호에 따른 학원
      3) 「학원의 설립·운영 및 과외교습에 관한 법률 시행령」 제2조제1항제4호에 따른 독서실
      4) 「공중위생관리법」 제2조제1항제2호에 따른 숙박업, 같은 항 제3호에 따른 목욕장업 및 같은 항 제6호에 따른 세탁업의 영업장
      5) 「의료법」 제3조제2항제1호에 따른 의원·치과의원·한의원, 같은 항 제2호에 따른 조산원 및 같은 항 제3호에 따른 병원·치과병원·한방병원·요양병원·정신병원·종합병원
      6) 「식품위생법 시행령」 제21조제8호에 따른 식품접객업의 영업장
      7) 「영화 및 비디오물의 진흥에 관한 법률」 제2조제10호에 따른 영화상영관
      8) 「공연법」 제2조제4호에 따른 공연장
      9) 「박물관 및 미술관 진흥법」 제2조제1호에 따른 박물관 및 같은 조 제2호에 따른 미술관
      10) 「유통산업발전법」 제2조제7호에 따른 상점가
      11) 「건축법」 제20조에 따른 가설건축물
      12) 역·터미널

3. 건조설비
   가. 건조설비와 벽·천장 사이의 거리는 0.5미터 이상이어야 한다.
   나. 건조물품이 열원과 직접 접촉하지 않도록 해야 한다.
   다. 실내에 설치하는 경우에 벽·천장 및 바닥은 불연재료로 해야 한다.

4. 가스·전기시설
   가. 가스시설의 경우 「고압가스 안전관리법」, 「도시가스사업법」 및 「액화석유가스의 안전관리 및 사업법」에서 정하는 바에 따른다.
   나. 전기시설의 경우 「전기사업법」 및 「전기안전관리법」에서 정하는 바에 따른다.

5. 불꽃을 사용하는 용접·용단 기구
   용접 또는 용단 작업장에서는 다음 각 목의 사항을 지켜야 한다. 다만, 「산업안전보건법」 제38조의 적용을 받는 사업장에는 적용하지 않는다.
   가. 용접 또는 용단 작업장 주변 반경 5미터 이내에 소화기를 갖추어 둘 것
   나. 용접 또는 용단 작업장 주변 반경 10미터 이내에는 가연물을 쌓아두거나 놓아두지 말 것. 다만, 가연물의 제거가 곤란하여 방화포 등으로 방호조치를 한 경우는 제외한다.

6. 노·화덕설비
  가. 실내에 설치하는 경우에는 흙바닥 또는 금속 외의 불연재료로 된 바닥에 설치해야 한다.
  나. 노 또는 화덕을 설치하는 장소의 벽·천장은 불연재료로 된 것이어야 한다.
  다. 노 또는 화덕의 주위에는 녹는 물질이 확산되지 않도록 높이 0.1미터 이상의 턱을 설치해야 한다.
  라. 시간당 열량이 30만킬로칼로리 이상인 노를 설치하는 경우에는 다음의 사항을 지켜야 한다.
    1)「건축법」제2조제1항제7호에 따른 주요구조부(이하 "주요구조부"라 한다)는 불연재료 이상으로 할 것
    2) 창문과 출입구는「건축법 시행령」제64조에 따른 60분+ 방화문 또는 60분 방화문으로 설치할 것
    3) 노 주위에는 1미터 이상 공간을 확보할 것
7. 음식조리를 위하여 설치하는 설비
  「식품위생법 시행령」제21조제8호에 따른 식품접객업 중 일반음식점 주방에서 조리를 위하여 불을 사용하는 설비를 설치하는 경우에는 다음 각 목의 사항을 지켜야 한다.
  가. 주방설비에 부속된 배출덕트(공기 배출통로)는 0.5밀리미터 이상의 아연도금강판 또는 이와 같거나 그 이상의 내식성 불연재료로 설치할 것
  나. 주방시설에는 동물 또는 식물의 기름을 제거할 수 있는 필터 등을 설치할 것
  다. 열을 발생하는 조리기구는 반자 또는 선반으로부터 0.6미터 이상 떨어지게 할 것
  라. 열을 발생하는 조리기구로부터 0.15미터 이내의 거리에 있는 가연성 주요구조부는 단열성이 있는 불연재료로 덮어 씌울 것

비고
1. "보일러"란 사업장 또는 영업장 등에서 사용하는 것을 말하며, 주택에서 사용하는 가정용 보일러는 제외한다.
2. "건조설비"란 산업용 건조설비를 말하며, 주택에서 사용하는 건조설비는 제외한다.
3. "노·화덕설비"란 제조업·가공업에서 사용되는 것을 말하며, 주택에서 조리용도로 사용되는 화덕은 제외한다.
4. 보일러, 난로, 건조설비, 불꽃을 사용하는 용접·용단기구 및 노·화덕설비가 설치된 장소에는 소화기 1개 이상을 갖추어 두어야 한다.

## 7 특수가연물의 종류

| 품 명 | 수 량 |
|---|---|
| 면화류 | 200킬로그램 이상 |
| 나무껍질 및 대팻밥 | 400킬로그램 이상 |
| 넝마 및 종이부스러기 | 1,000킬로그램 이상 |
| 사류(絲類) | 1,000킬로그램 이상 |
| 볏짚류 | 1,000킬로그램 이상 |
| 가연성 고체류 | 3,000킬로그램 이상 |
| 석탄·목탄류 | 10,000킬로그램 이상 |
| 가연성 액체류 | 2세제곱미터 이상 |

| | 목재가공품 및 나무부스러기 | 10세제곱미터 이상 |
|---|---|---|
| 고무류 · 플라스틱류 | 발포시킨 것 | 20세제곱미터 이상 |
| | 그 밖의 것 | 3,000킬로그램 이상 |

비고
1. "면화류"란 불연성 또는 난연성이 아닌 면상(綿狀) 또는 팽이모양의 섬유와 마사(麻絲) 원료를 말한다.
2. 넝마 및 종이부스러기는 불연성 또는 난연성이 아닌 것(동물 또는 식물의 기름이 깊이 스며들어 있는 옷감·종이 및 이들의 제품을 포함한다)으로 한정한다.
3. "사류"란 불연성 또는 난연성이 아닌 실(실부스러기와 솜털을 포함한다)과 누에고치를 말한다.
4. "볏짚류"란 마른 볏짚·북데기와 이들의 제품 및 건초를 말한다. 다만, 축산용도로 사용하는 것은 제외한다.
5. "가연성 고체류"란 고체로서 다음 각 목에 해당하는 것을 말한다.
   가. 인화점이 섭씨 40도 이상 100도 미만인 것
   나. 인화점이 섭씨 100도 이상 200도 미만이고, 연소열량이 1그램당 8킬로칼로리 이상인 것
   다. 인화점이 섭씨 200도 이상이고 연소열량이 1그램당 8킬로칼로리 이상인 것으로서 녹는점(융점)이 100도 미만인 것
   라. 1기압과 섭씨 20도 초과 40도 이하에서 액상인 것으로서 인화점이 섭씨 70도 이상 섭씨 200도 미만이거나 나목 또는 다목에 해당하는 것
6. 석탄·목탄류에는 코크스, 석탄가루를 물에 갠 것, 마세크탄(조개탄), 연탄, 석유코크스, 활성탄 및 이와 유사한 것을 포함한다.
7. "가연성 액체류"란 다음 각 목의 것을 말한다.
   가. 1기압과 섭씨 20도 이하에서 액상인 것으로서 가연성 액체량이 40중량퍼센트 이하이면서 인화점이 섭씨 40도 이상 섭씨 70도 미만이고 연소점이 섭씨 60도 이상인 것
   나. 1기압과 섭씨 20도에서 액상인 것으로서 가연성 액체량이 40중량퍼센트 이하이고 인화점이 섭씨 70도 이상 섭씨 250도 미만인 것
   다. 동물의 기름과 살코기 또는 식물의 씨나 과일의 살에서 추출한 것으로서 다음의 어느 하나에 해당하는 것
      1) 1기압과 섭씨 20도에서 액상이고 인화점이 250도 미만인 것으로서 「위험물안전관리법」 제20조제1항에 따른 용기기준과 수납·저장기준에 적합하고 용기외부에 물품명·수량 및 "화기엄금" 등의 표시를 한 것
      2) 1기압과 섭씨 20도에서 액상이고 인화점이 섭씨 250도 이상인 것
8. "고무류·플라스틱류"란 불연성 또는 난연성이 아닌 고체의 합성수지제품, 합성수지반제품, 원료합성수지 및 합성수지 부스러기(불연성 또는 난연성이 아닌 고무제품, 고무반제품, 원료고무 및 고무부스러기를 포함한다)를 말한다. 다만, 합성수지의 섬유·옷감·종이 및 실과 이들의 넝마와 부스러기는 제외한다.

## 8 특수가연물의 저장 취급기준

① 특수가연물의 저장·취급 기준
특수가연물은 다음 각 목의 기준에 따라 쌓아 저장해야 한다. 다만, 석탄·목탄류를 발전용(發電用)으로 저장하는 경우는 제외한다.

㉠ 품명별로 구분하여 쌓을 것
㉡ 다음의 기준에 맞게 쌓을 것

| 구 분 | 살수설비를 설치하거나 방사능력 범위에 해당 특수가연물이 포함되도록 대형수동식소화기를 설치하는 경우 | 그 밖의 경우 |
| --- | --- | --- |
| 높이 | 15미터 이하 | 10미터 이하 |
| 쌓는 부분의 바닥면적 | 200제곱미터(석탄·목탄류의 경우에는 300제곱미터) 이하 | 50제곱미터(석탄·목탄류의 경우에는 200제곱미터) 이하 |

㉢ 실외에 쌓아 저장하는 경우 쌓는 부분이 대지경계선, 도로 및 인접 건축물과 최소 6미터 이상 간격을 둘 것. 다만, 쌓는 높이보다 0.9미터 이상 높은 「건축법 시행령」 제2조제7호에 따른 내화구조(이하 "내화구조"라 한다) 벽체를 설치한 경우는 그렇지 않다.
㉣ 실내에 쌓아 저장하는 경우 주요구조부는 내화구조이면서 불연재료여야 하고, 다른 종류의 특수가연물과 같은 공간에 보관하지 않을 것. 다만, 내화구조의 벽으로 분리하는 경우는 그렇지 않다.
㉤ 쌓는 부분 바닥면적의 사이는 실내의 경우 1.2미터 또는 쌓는 높이의 1/2 중 큰값 이상으로 간격을 두어야 하며, 실외의 경우 3미터 또는 쌓는 높이 중 큰 값 이상으로 간격을 둘 것

② 특수가연물 표지
㉠ 특수가연물을 저장 또는 취급하는 장소에는 품명, 최대저장수량, 단위부피당 질량 또는 단위체적당 질량, 관리책임자 성명·직책, 연락처 및 화기취급의 금지표시가 포함된 특수가연물 표지를 설치해야 한다.
㉡ 특수가연물 표지의 규격은 다음과 같다.
ⓐ 특수가연물 표지는 한 변의 길이가 0.3미터 이상, 다른 한변의 길이가 0.6미터 이상인 직사각형으로 할 것
ⓑ 특수가연물 표지의 바탕은 흰색으로, 문자는 검은색으로 할 것. 다만, "화기엄금" 표시 부분은 제외한다.
ⓒ 특수가연물 표지 중 화기엄금 표시 부분의 바탕은 붉은색으로, 문자는 백색으로 할 것
㉢ 특수가연물 표지는 특수가연물을 저장하거나 취급하는 장소 중 보기 쉬운 곳에 설치해야 한다.

## 9 화재예방강화지구 지정

① 시·도지사는 다음의 어느 하나에 해당하는 지역을 화재예방강화지구로 지정하여 관리할 수 있다.
  ㉠ 시장지역
  ㉡ 공장·창고가 밀집한 지역
  ㉢ 목조건물이 밀집한 지역
  ㉣ 노후·불량건축물이 밀집한 지역
  ㉤ 위험물의 저장 및 처리 시설이 밀집한 지역
  ㉥ 석유화학제품을 생산하는 공장이 있는 지역
  ㉦ 「산업입지 및 개발에 관한 법률」 제2조제8호에 따른 산업단지
  ㉧ 소방시설·소방용수시설 또는 소방출동로가 없는 지역
  ㉨ 「물류시설의 개발 및 운영에 관한 법률」 제2조제6호에 따른 물류단지
  ㉩ 그 밖에 ㉠부터 ㉨까지에 준하는 지역으로서 소방관서장이 화재예방강화지구로 지정할 필요가 있다고 인정하는 지역

② ①에도 불구하고 시·도지사가 화재예방강화지구로 지정할 필요가 있는 지역을 화재예방강화지구로 지정하지 아니하는 경우 소방청장은 해당 시·도지사에게 해당 지역의 화재예방강화지구 지정을 요청할 수 있다.

③ 소방관서장은 대통령령으로 정하는 바에 따라 ①에 따른 화재예방강화지구 안의 소방대상물의 위치·구조 및 설비 등에 대하여 화재안전조사를 연 1회 이상 실시해야 한다.

④ 소방관서장은 법 제18조제5항에 따라 화재예방강화지구 안의 관계인에 대하여 소방에 필요한 훈련 및 교육을 연 1회 이상 실시할 수 있다.

⑤ 소방관서장은 ④에 따라 훈련 및 교육을 실시하려는 경우에는 화재예방강화지구 안의 관계인에 게 훈련 또는 교육 10일 전까지 그 사실을 통보해야 한다.

⑥ 시·도지사는 법 제18조제6항에 따라 다음의 사항을 행정안전부령으로 정하는 화재예방강화지구 관리대장에 작성하고 관리해야 한다.
  ㉠ 화재예방강화지구의 지정 현황
  ㉡ 화재안전조사의 결과
  ㉢ 법 제18조제4항에 따른 소화기구, 소방용수시설 또는 그 밖에 소방에 필요한 설비(이하 "소방설비등"이라 한다)의 설치(보수, 보강을 포함한다) 명령 현황
  ㉣ 법 제18조제5항에 따른 소방훈련 및 교육의 실시 현황
  ㉤ 그 밖에 화재예방 강화를 위하여 필요한 사항

소방관계법규

## ⑩ 화재위험경보

소방관서장은「기상법」제13조, 제13조의2 및 제13조의4에 따른 기상현상 및 기상영향에 대한 예보·특보·태풍예보에 따라 화재의 발생 위험이 높다고 분석·판단되는 경우에는 행정안전부령으로 정하는 바에 따라 화재에 관한 위험경보를 발령하고 그에 따른 필요한 조치를 할 수 있다.

## ⑪ 특정소방대상물의 소방안전관리

① 특정소방대상물에 대하여 소방안전관리 업무를 수행하기 위하여 소방안전관리자를 선임하여야 하는자 : 관계인
② 소방안전관리자 및 소방안전관리보조자 선임
  완공일, 증축완공일, 용도변경사실 건축물관리대장에 기재한 날, 경매등의 경우 해당 권리를 취득한 날 또는 관할소방서장으로부터 소방안전관리자 선임안내를 받은 날, 해임한 날, 소방안전관리업무대행이 끝난 날로부터 30일 이내 선임, 선임일로부터 14일 이내 신고
③ 소방안전관리대상물의 범위와 선임대상별 자격 및 인원기준

---

■ 화재의 예방 및 안전관리에 관한 법률 시행령 [별표 4]

**소방안전관리자를 선임해야 하는 소방안전관리대상물의 범위와
소방안전관리자의 선임 대상별 자격 및 인원기준**(제25조제1항 관련)

1. 특급 소방안전관리대상물
  가. 특급 소방안전관리대상물의 범위
    「소방시설 설치 및 관리에 관한 법률 시행령」별표 2의 특정소방대상물 중 다음의 어느 하나에 해당하는 것
    1) 50층 이상(지하층은 제외한다)이거나 지상으로부터 높이가 200 미터 이상인 아파트
    2) 30층 이상(지하층을 포함한다)이거나 지상으로부터 높이가 120미터 이상인 특정소방대상물(아파트는 제외한다)
    3) 2)에 해당하지 않는 특정소방대상물로서 연면적이 10만제곱미터 이상인 특정소방대상물(아파트는 제외한다)
  나. 특급 소방안전관리대상물에 선임해야 하는 소방안전관리자의 자격
    다음의 어느 하나에 해당하는 사람으로서 특급 소방안전관리자 자격증을 발급받은 사람
    1) 소방기술사 또는 소방시설관리사의 자격이 있는 사람
    2) 소방설비기사의 자격을 취득한 후 5년 이상 1급 소방안전관리대상물의 소방안전관리자로 근무한 실무경력(법제 24조제3항에 따라 소방안전관리자로 선임되어 근무한 경력은 제외한다. 이하 이 표에서 같다)이 있는 사람

3) 소방설비산업기사의 자격을 취득한 후 7년 이상 1급 소방안전관리대상물의 소방안전관리자로 근무한 실무경력이 있는 사람
4) 소방공무원으로 20년 이상 근무한 경력이 있는 사람
5) 소방청장이 실시하는 특급 소방안전관리대상물의 소방안전관리에 관한 시험에 합격한 사람

다. 선임인원 : 1명 이상

2. 1급 소방안전관리대상물
　가. 1급 소방안전관리대상물의 범위
　　「소방시설 설치 및 관리에 관한 법률 시행령」 별표 2의 특정소방대상물 중 다음의 어느 하나에 해당하는 것(제1호에 따른 특급 소방안전관리대상물은 제외한다)
　　1) 30층 이상(지하층은 제외한다)이거나 지상으로부터 높이가 120 미터 이상인 아파트
　　2) 연면적 1만5천제곱미터 이상인 특정소방대상물(아파트 및 연립주택은 제외한다)
　　3) 2)에 해당하지 않는 특정소방대상물로서 지상층의 층수가 11층 이상인 특정소방대상물(아파트는 제외한다)
　　4) 가연성 가스를 1천톤 이상 저장·취급하는 시설
　나. 1급 소방안전관리대상물에 선임해야 하는 소방안전관리자의 자격
　　다음의 어느 하나에 해당하는 사람으로서 1급 소방안전관리자 자격증을 발급받은 사람 또는 제1호에 따른 특급 소방안전관리대상물의 소방안전관리자 자격증을 발급받은 사람
　　1) 소방설비기사 또는 소방설비산업기사의 자격이 있는 사람
　　2) 소방공무원으로 7년 이상 근무한 경력이 있는 사람
　　3) 소방청장이 실시하는 1급 소방안전관리대상물의 소방안전관리에 관한 시험에 합격한 사람
　다. 선임인원 : 1명 이상

3. 2급 소방안전관리대상물
　가. 2급 소방안전관리대상물의 범위
　　「소방시설 설치 및 관리에 관한 법률 시행령」 별표 2의 특정소방대상물 중 다음의 어느 하나에 해당하는 것(제1호에 따른 특급 소방안전관리대상물 및 제2호에 따른 1급 소방안전관리대상물은 제외한다)
　　1) 「소방시설 설치 및 관리에 관한 법률 시행령」 별표 4 제1호다목에 따라 옥내소화전설비를 설치해야 하는 특정소방대상물, 같은 호 라목에 따라 스프링클러설비를 설치해야 하는 특정소방대상물 또는 같은 호 바목에 따라 물분무등소화설비[화재안전기준에 따라 호스릴(hose reel) 방식의 물분무등소화설비만을 설치할 수 있는 특정소방대상물은 제외한다]를 설치해야 하는 특정소방대상물
　　2) 가스 제조설비를 갖추고 도시가스사업의 허가를 받아야 하는 시설 또는 가연성 가스를 100톤 이상 1천톤 미만 저장·취급하는 시설
　　3) 지하구
　　4) 「공동주택관리법」 제2조제1항제2호의 어느 하나에 해당하는 공동주택(「소방시설 설치 및 관리에 관한 법률 시행령」 별표 4 제1호다목 또는 라목에 따른 옥내소화전설비 또는 스프링클러설비가 설치된 공동주택으로 한정한다)
　　5) 「문화유산의 보존 및 활용에 관한 법률」 제23조에 따라 보물 또는 국보로 지정된 목조건축물
　나. 2급 소방안전관리대상물에 선임해야 하는 소방안전관리자의 자격
　　다음의 어느 하나에 해당하는 사람으로서 2급 소방안전관리자 자격증을 발급받은 사람,

제1호에 따른 특급 소방안전관리대상물 또는 제2호에 따른 1급 소방안전관리대상물의 소방안전관리자 자격증을 발급받은 사람
  1) 위험물기능장·위험물산업기사 또는 위험물기능사 자격이 있는 사람
  2) 소방공무원으로 3년 이상 근무한 경력이 있는 사람
  3) 소방청장이 실시하는 2급 소방안전관리대상물의 소방안전관리에 관한 시험에 합격한 사람
  4) 「기업활동 규제완화에 관한 특별조치법」 제29조, 제30조 및 제32조에 따라 소방안전관리자로 선임된 사람(소방안전관리자로 선임된 기간으로 한정한다)
  다. 선임인원 : 1명 이상
4. 3급 소방안전관리대상물
  가. 3급 소방안전관리대상물의 범위
    「소방시설 설치 및 관리에 관한 법률 시행령」 별표 2의 특정소방대상물 중 다음의 어느 하나에 해당하는 것(제1호에 따른 특급 소방안전관리대상물, 제2호에 따른 1급 소방안전관리 대상물 및 제3호에 따른 2급 소방안전관리대상물은 제외한다)
    1) 「소방시설 설치 및 관리에 관한 법률 시행령」 별표 4 제1호마목에 따라 간이스프링클러 설비(주택전용 간이스프링클러설비는 제외한다)를 설치해야 하는 특정소방대상물
    2) 「소방시설 설치 및 관리에 관한 법률 시행령」 별표 4 제2호다목에 따른 자동화재탐지설비를 설치해야 하는 특정소방대상물
  나. 3급 소방안전관리대상물에 선임해야 하는 소방안전관리자의 자격
    다음의 어느 하나에 해당하는 사람으로서 3급 소방안전관리자 자격증을 발급받은 사람 또는 제1호부터 제3호까지의 규정에 따라 특급 소방안전관리대상물, 1급 소방안전관리대상물 또는 2급 소방안전관리대상물의 소방안전관리자 자격증을 발급받은 사람
    1) 소방공무원으로 1년 이상 근무한 경력이 있는 사람
    2) 소방청장이 실시하는 3급 소방안전관리대상물의 소방안전관리에 관한 시험에 합격한 사람
    3) 「기업활동 규제완화에 관한 특별조치법」 제29조, 제30조 및 제32조에 따라 소방안전관리자로 선임된 사람(소방안전관리자로 선임된 기간으로 한정한다)
  다. 선임인원 : 1명 이상

비고
1. 동·식물원, 철강 등 불연성 물품을 저장·취급하는 창고, 위험물 저장 및 처리시설 중 제조소 등과 지하구는 특급 소방안전관리대상물 및 1급 소방안전관리대상물에서 제외한다.
2. 이 표 제1호에 따른 특급 소방안전관리대상물에 선임해야 하는 소방안전관리자의 자격을 산정할 때에는 동일한 기간에 수행한 경력이 두 가지 이상의 자격기준에 해당하는 경우 하나의 자격기준에 대해서만 그 기간을 인정하고 기간이 중복되지 않는 소방안전관리자 실무경력의 경우에는 각각의 기간을 실무경력으로 인정한다. 이 경우 자격기준별 실무경력 기간을 해당 실무경력 기준기간으로 나누어 합한 값이 1 이상이면 선임자격을 갖춘 것으로 본다.

④ 소방안전관리보조자를 추가로 선임해야 하는 소방안전관리대상물의 범위와 같은 조 제4항에 따른 소방안전관리보조자의 선임 대상별 자격 및 인원기준

■ 화재의 예방 및 안전관리에 관한 법률 시행령 [별표 5]

## 소방안전관리보조자를 선임해야 하는 소방안전관리대상물의 범위와
## 선임 대상별 자격 및 인원기준(제25조제2항 관련)

1. 소방안전관리보조자를 선임해야 하는 소방안전관리대상물의 범위
   별표 4에 따라 소방안전관리자를 선임해야 하는 소방안전관리대상물 중 다음 각 목의 어느 하나에 해당하는 소방안전관리대상물
   가. 「건축법 시행령」 별표 1 제2호가목에 따른 아파트 중 300세대 이상인 아파트
   나. 연면적이 1만5천제곱미터 이상인 특정소방대상물(아파트 및 연립주택은 제외한다)
   다. 가목 및 나목에 따른 특정소방대상물을 제외한 특정소방대상물 중 다음의 어느 하나에 해당하는 특정소방대상물
      1) 공동주택 중 기숙사
      2) 의료시설
      3) 노유자 시설
      4) 수련시설
      5) 숙박시설(숙박시설로 사용되는 바닥면적의 합계가 1천500제곱미터 미만이고 관계인이 24시간 상시 근무하고 있는 숙박시설은 제외한다)
2. 소방안전관리보조자의 자격
   가. 별표 4에 따른 특급 소방안전관리대상물, 1급 소방안전관리대상물, 2급 소방안전관리대상물 또는 3급 소방안전관리대상물의 소방안전관리자 자격이 있는 사람
   나. 「국가기술자격법」 제2조제3호에 따른 국가기술자격의 직무분야 중 건축, 기계제작, 기계장비설비·설치, 화공, 위험물, 전기, 전자 및 안전관리에 해당하는 국가기술자격이 있는 사람
   다. 「공공기관의 소방안전관리에 관한 규정」 제5조제1항제2호나목에 따른 강습교육을 수료한 사람
   라. 법 제34조제1항제1호에 따른 강습교육 중 이 영 제33조제1호부터 제4호까지에 해당하는 사람을 대상으로 하는 강습교육을 수료한 사람
   마. 소방안전관리대상물에서 소방안전 관련 업무에 2년 이상 근무한 경력이 있는 사람
3. 선임인원
   가. 제1호가목에 따른 소방안전관리대상물의 경우에는 1명. 다만, 초과되는 300세대마다 1명 이상을 추가로 선임해야 한다.
   나. 제1호나목에 따른 소방안전관리대상물의 경우에는 1명. 다만, 초과되는 연면적 1만5천제곱미터(특정소방대상물의 방재실에 자위소방대가 24시간 상시 근무하고 「소방장비관리법 시행령」 별표 1 제1호가목에 따른 소방자동차 중 소방펌프차, 소방물탱크차, 소방화학차 또는 무인방수차를 운용하는 경우에는 3만제곱미터로 한다)마다 1명 이상을 추가로 선임해야 한다.
   다. 제1호다목에 따른 소방안전관리대상물의 경우에는 1명. 다만, 해당 특정소방대상물이 소재하는 지역을 관할하는 소방서장이 야간이나 휴일에 해당 특정소방대상물이 이용되지 않는다는 것을 확인한 경우에는 소방안전관리보조자를 선임하지 않을 수 있다.

⑤ 소방안전관리자의 업무사항

특정소방대상물(소방안전관리대상물은 제외한다)의 관계인과 소방안전관리대상물의 소방안전관리자는 다음의 업무를 수행한다. 다만, ㉠·㉡·㉤ 및 ㉾의 업무는 소방안전관리대상물의 경우에만 해당한다.

- ㉠ 제36조에 따른 피난계획에 관한 사항과 대통령령으로 정하는 사항이 포함된 소방계획서의 작성 및 시행
- ㉡ 자위소방대(自衛消防隊) 및 초기대응체계의 구성, 운영 및 교육
- ㉢ 「소방시설 설치 및 관리에 관한 법률」 제16조에 따른 피난시설, 방화구획 및 방화시설의 관리
- ㉣ 소방시설이나 그 밖의 소방 관련 시설의 관리
- ㉤ 제37조에 따른 소방훈련 및 교육
- ㉥ 화기(火氣) 취급의 감독
- ㉾ 행정안전부령으로 정하는 바에 따른 소방안전관리에 관한 업무수행에 관한 기록·유지(㉢·㉣ 및 ㉥의 업무를 말한다)
- ㉧ 화재발생 시 초기대응
- ㉨ 그 밖에 소방안전관리에 필요한 업무

⑥ 소방안전관리자 정보의 게시
- ㉠ 소방안전관리대상물의 명칭 및 등급
- ㉡ 소방안전관리자의 성명 및 선임일자
- ㉢ 소방안전관리자의 연락처
- ㉣ 소방안전관리자의 근무 위치(화재 수신기 또는 종합방재실을 말한다)

⑦ 관리의 권원이 분리된 특정소방대상물 소방안전관리

다음의 어느 하나에 해당하는 특정소방대상물로서 그 관리의 권원(權原)이 분리되어 있는 특정소방대상물의 경우 그 관리의 권원별 관계인은 대통령령으로 정하는바에 따라 제24조제1항에 따른 소방안전관리자를 선임해야 한다.

- ㉠ 복합건축물(지하층을 제외한 층수가 11층 이상 또는 연면적 3만제곱미터 이상인 건축물)
- ㉡ 지하가(지하의 인공구조물 안에 설치된 상점 및 사무실, 그 밖에 이와 비슷한 시설이 연속하여 지하도에 접하여 설치된 것과 그 지하도를 합한 것을 말한다)
- ㉢ 그 밖에 대통령령으로 정하는 특정소방대상물[판매시설 중 도매시장, 소매시장 및 전통시장]

## 12 건설현장 소방안전관리

① 「소방시설 설치 및 관리에 관한 법률」 제15조제1항에 따른 공사시공자가 화재발생 및 화재피해의 우려가 큰 대통령령으로 정하는 특정소방대상물(이하 "건설현장 소방안전관리대상물"이라 한다)을 신축·증축·개축·재축·이전·용도변경 또는 대수선하는 경우에는 제24조제1항에 따른 소방안전관리자로서 제34조에 따른 교육을 받은 사람을 소방시설공사 착공 신고일부터 건축물 사용승인일(「건축법」 제22조에 따라 건축물을 사용할 수 있게 된 날을 말한다)까지 소방안전관리자로 선임하고 행정안전부령으로 정하는 바에 따라 소방본부장 또는 소방서장에게 신고해야 한다.
  ㉠ 신축·증축·개축·재축·이전·용도변경 또는 대수선을 하려는 부분의 연면적의 합계가 1만5천제곱미터 이상인 것
  ㉡ 신축·증축·개축·재축·이전·용도변경 또는 대수선을 하려는 부분의 연면적이 5천제곱미터 이상인 것으로서 다음의 어느 하나에 해당하는 것
    ⓐ 지하층의 층수가 2개층 이상인 것
    ⓑ 지상층의 층수가 11층 이상인 것
    ⓒ 냉동창고, 냉장창고 또는 냉동·냉장창고

## 13 소방안전관리자 교육

① 강습교육
  ㉠ 소방안전관리자의 자격을 인정받으려는 사람으로서 대통령령으로 정하는 사람
  ㉡ 업무대행자를 감독하는 자가 소방안전관리자로 선임되고자 하는 사람
  ㉢ 건설현장 소방안전관리자로 선임되고자 하는 사람
② 실무교육
  ㉠ 제24조제1항에 따라 선임된 소방안전관리자 및 소방안전관리보조자
  ㉡ 업무대행자를 감독하는 자로서 선임된 소방안전관리자
③ 강습교육의 실시
  소방청장은 강습교육을 실시하려는 경우에는 강습교육 실시 20일 전까지 일시·장소, 그 밖에 강습교육 실시에 필요한 사항을 인터넷 홈페이지에 공고해야 한다.
④ 실무교육의 실시
  ㉠ 소방청장은 법 제34조제1항제2호에 따른 실무교육(이하 "실무교육"이라 한다)의 대상·일정·횟수 등을 포함한 실무교육의 실시 계획을 매년 수립·시행해야 한다.

ⓒ 소방청장은 실무교육을 실시하려는 경우에는 실무교육 실시 30일 전까지 일시·장소, 그 밖에 실무교육 실시에 필요한 사항을 인터넷 홈페이지에 공고하고 교육대상자에게 통보해야 한다.

ⓒ 소방안전관리자는 소방안전관리자로 선임된 날부터 6개월 이내에 실무교육을 받아야 하며, 그 이후에는 2년마다(최초 실무교육을 받은 날을 기준일로 하여 매 2년이 되는 해의 기준일과 같은 날 전까지를 말한다) 1회 이상 실무교육을 받아야 한다. 다만, 소방안전관리 강습교육 또는 실무교육을 받은 후 1년 이내에 소방안전관리자로 선임된 사람은 해당 강습교육을 수료하거나 실무교육을 이수한 날에 실무교육을 이수한 것으로 본다.

ⓔ 소방안전관리보조자는 그 선임된 날부터 6개월(영 별표 5 제2호마목에 따라 소방안전관리보조자로 지정된 사람의 경우 3개월을 말한다) 이내에 실무교육을 받아야 하며, 그 이후에는 2년마다(최초 실무교육을 받은 날을 기준일로 하여 매 2년이 되는 해의 기준일과 같은 날 전까지를 말한다) 1회 이상 실무교육을 받아야 한다. 다만, 소방안전관리자 강습교육 또는 실무교육이나 소방안전관리보조자 실무 교육을 받은 후 1년 이내에 소방안전관리보조자로 선임된 사람은 해당 강습교육을 수료하거나 실무교육을 이수한 날에 실무교육을 이수한 것으로 본다.

## 14 피난유도 안내정보의 제공

피난유도 안내정보는 다음의 어느 하나의 방법으로 제공한다.
① 연 2회 피난안내 교육을 실시하는 방법
② 분기별 1회 이상 피난안내방송을 실시하는 방법
③ 피난안내도를 층마다 보기 쉬운 위치에 게시하는 방법
④ 엘리베이터, 출입구 등 시청이 용이한 장소에 피난안내영상을 제공하는 방법

## 15 소방안전 특별관리시설물의 안전관리

① 소방안전 특별관리시설물 : 화재 등 재난이 발생할 경우 사회·경제적으로 피해가 큰 시설을 말한다.
② 소방안전 특별관리시설물의 안전관리의 주체 : 소방청장
③ 소방안전 특별관리시설물의 대상
  ㉠ 「공항시설법」 제2조제7호의 공항시설
  ㉡ 「철도산업발전기본법」 제3조제2호의 철도시설

ⓒ 「도시철도법」 제2조제3호의 도시철도시설
㉑ 「항만법」 제2조제5호의 항만시설
㉒ 「문화유산의 보존 및 활용에 관한 법률」 제2조제3항의 지정문화재인 시설(시설이 아닌 지정문화재를 보호하거나 소장하고 있는 시설을 포함한다)
㉓ 「산업기술단지 지원에 관한 특례법」 제2조제1호의 산업기술단지
㉔ 「산업입지 및 개발에 관한 법률」 제2조제8호의 산업단지
㉕ 「초고층 및 지하연계 복합건축물 재난관리에 관한 특별법」 제2조제1호 및 제2호의 초고층 건축물 및 지하연계복합건축물
㉖ 영화상영관 중 수용인원 1,000명 이상인 영화상영관
㉗ 전력용 및 통신용 지하구
㉘ 「한국석유공사법」 제10조제1항제3호의 석유비축시설
㉙ 「한국가스공사법」 제11조제1항제2호의 천연가스 인수기지 및 공급망
㉚ 전통시장으로서 대통령령으로 정하는 전통시장(점포 500개 이상)
㉛ 그 밖에 대통령령으로 정하는 시설물(발전소, 물류창고 10만제곱미터 이상, 가스공급시설)

④ 소방안전 특별관리기본계획을 수립시행권자 : 소방청장[년마다 시·도지사와 사전협의]
[특별관리기본계획 포함 사항]
㉠ 화재예방을 위한 중기·장기 안전관리정책
㉡ 화재예방을 위한 교육·홍보 및 점검·진단
㉢ 화재대응을 위한 훈련
㉣ 화재대응 및 사후조치에 관한 역할 및 공조체계
㉤ 그 밖에 화재 등의 안전관리를 위하여 필요한 사항

## 16 화재예방안전진단

대통령령으로 정하는 소방안전 특별관리시설물의 관계인은 화재의 예방 및 안전관리를 체계적·효율적으로 수행하기 위하여 대통령령으로 정하는 바에 따라 「소방기본법」 제40조에 따른 한국소방안전원(이하 "안전원"이라 한다) 또는 소방청장이 지정하는 화재예방안전진단기관(이하 "진단기관"이라 한다)으로부터 정기적으로 화재예방안전진단을 받아야 한다.

소방관계법규

> **시행령 제43조(화재예방안전진단의 대상)** 법 제41조제1항에서 "대통령령으로 정하는 소방안전특별관리시설물"이란 다음 각 호의 시설을 말한다.
> 1. 법 제40조제1항제1호에 따른 공항시설 중 여객터미널의 연면적이 1천제곱미터 이상인 공항시설
> 2. 법 제40조제1항제2호에 따른 철도시설 중 역 시설의 연면적이 5천제곱미터 이상인 철도시설
> 3. 법 제40조제1항제3호에 따른 도시철도시설 중 역사 및 역 시설의 연면적이 5천제곱미터 이상인 도시철도시설
> 4. 법 제40조제1항제4호에 따른 항만시설 중 여객이용시설 및 지원시설의 연면적이 5천제곱미터 이상인 항만시설
> 5. 법 제40조제1항제10호에 따른 전력용 및 통신용 지하구 중 「국토의 계획 및 이용에 관한 법률」 제2조제9호에 따른 공동구
> 6. 법 제40조제1항제12호에 따른 천연가스 인수기지 및 공급망 중 「소방시설 설치 및 관리에 관한 법률 시행령」 별표 2 제17호나목에 따른 가스시설
> 7. 제41조제2항제1호에 따른 발전소 중 연면적이 5천제곱미터 이상인 발전소
> 8. 제41조제2항제3호에 따른 가스공급시설 중 가연성 가스 탱크의 저장용량의 합계가 100톤 이상이거나 저장용량이 30톤 이상인 가연성 가스 탱크가 있는 가스공급시설

## 17 소방훈련등

① 소방안전관리대상물의 관계인은 그 장소에 근무하거나 거주하는 사람 등(이하 이 조에서 "근무자등"이라 한다)에게 소화·통보·피난 등의 훈련(이하 "소방훈련"이라 한다)과 소방안전관리에 필요한 교육을 하여야 하고, 피난훈련은 그 소방대상물에 출입하는 사람을 안전한 장소로 대피시키고 유도하는 훈련을 포함해야 한다. 이 경우 소방훈련과 교육의 횟수 및 방법 등에 관하여 필요한 사항은 행정안전부령으로 정한다. [연 1회 이상 실시, 특급 및 1급은 소방기관과 합동실시, 결과기록은 2년간 보관, 특급 및 1급은 훈련 및 교육실시일로부터 30일 이내에 결과서를 소방본부장 또는 소방서장에게 제출]

② 불시 소방훈련 교육대상[교육 10일전까지 통지]
  ㉠ 「소방시설 설치 및 관리에 관한 법률 시행령」 별표 2 제7호에 따른 의료시설
  ㉡ 「소방시설 설치 및 관리에 관한 법률 시행령」 별표 2 제8호에 따른 교육연구시설
  ㉢ 「소방시설 설치 및 관리에 관한 법률 시행령」 별표 2 제9호에 따른 노유자 시설
  ㉣ 그 밖에 화재 발생 시 불특정 다수의 인명피해가 예상되어 소방본부장 또는 소방서장이 소방훈련·교육이 필요하다고 인정하는 특정소방대상물

## 18 특정소방대상물의 관계인에 대한 소방안전교육

① 교육권자 : 소방본부장, 소방서장
② 교육 10일 전까지 대상자에게 통보
③ 대상
  ㉠ 소화기 또는 비상경보설비가 설치된 공장·창고 등의 특정소방대상물
  ㉡ 그 밖에 관할 소방본부장 또는 소방서장이 화재에 대한 취약성이 높다고 인정하는 특정소방대상물

## 19 벌 칙

### (1) 벌칙(제50조)

① 다음 각 호의 어느 하나에 해당하는 자는 3년 이하의 징역 또는 3천만원 이하의 벌금에 처한다.
  ㉠ 제14조제1항 및 제2항에 따른 조치명령을 정당한 사유 없이 위반한 자
  ㉡ 제28조제1항 및 제2항에 따른 명령을 정당한 사유 없이 위반한 자
  ㉢ 제41조제5항에 따른 보수·보강 등의 조치명령을 정당한 사유 없이 위반한 자
  ㉣ 거짓이나 그 밖의 부정한 방법으로 제42조제1항에 따른 진단기관으로 지정을 받은 자
② 다음 각 호의 어느 하나에 해당하는 자는 1년 이하의 징역 또는 1천만원 이하의 벌금에 처한다.
  ㉠ 제12조제2항을 위반하여 관계인의 정당한 업무를 방해하거나, 조사업무를 수행하면서 취득한 자료나 알게 된 비밀을 다른 사람 또는 기관에게 제공 또는 누설하거나 목적 외의 용도로 사용한 자
  ㉡ 제30조제4항을 위반하여 자격증을 다른 사람에게 빌려 주거나 빌리거나 이를 알선한 자
  ㉢ 제41조제1항을 위반하여 진단기관으로부터 화재예방안전진단을 받지 아니한 자
③ 다음 각 호의 어느 하나에 해당하는 자는 300만원 이하의 벌금에 처한다.
  ㉠ 제7조제1항에 따른 화재안전조사를 정당한 사유 없이 거부·방해 또는 기피한 자
  ㉡ 제17조제2항 각 호의 어느 하나에 따른 명령을 정당한 사유 없이 따르지 아니하거나 방해한 자
  ㉢ 제24조제1항·제3항, 제29조제1항 및 제35조제1항·제2항을 위반하여 소방안전관리자, 총괄소방안전관리자 또는 소방안전관리보조자를 선임하지 아니한 자

ⓔ 제27조제3항을 위반하여 소방시설·피난시설·방화시설 및 방화구획 등이 법령에 위반된 것을 발견하였음에도 필요한 조치를 할 것을 요구하지 아니한 소방안전관리자
　　ⓜ 제27조제4항을 위반하여 소방안전관리자에게 불이익한 처우를 한 관계인
　　ⓑ 제41조제6항 및 제48조제3항을 위반하여 업무를 수행하면서 알게 된 비밀을 이 법에서 정한 목적 외의 용도로 사용하거나 다른 사람 또는 기관에 제공하거나 누설한 자

## (2) 과태료(제52조)

① 다음 각 호의 어느 하나에 해당하는 자에게는 300만원 이하의 과태료를 부과한다.
　㉠ 정당한 사유 없이 제17조제1항 각 호의 어느 하나에 해당하는 행위를 한 자
　㉡ 제24조제2항을 위반하여 소방안전관리자를 겸한 자
　㉢ 제24조제5항에 따른 소방안전관리업무를 하지 아니한 특정소방대상물의 관계인 또는 소방안전관리대상물의 소방안전관리자
　㉣ 제27조제2항을 위반하여 소방안전관리업무의 지도·감독을 하지 아니한 자
　㉤ 제29조제2항에 따른 건설현장 소방안전관리대상물의 소방안전관리자의 업무를 하지 아니한 소방안전관리자
　㉥ 제36조제3항을 위반하여 피난유도 안내정보를 제공하지 아니한 자
　㉦ 제37조제1항을 위반하여 소방훈련 및 교육을 하지 아니한 자
　㉧ 제41조제4항을 위반하여 화재예방안전진단 결과를 제출하지 아니한 자
② 다음 각 호의 어느 하나에 해당하는 자에게는 200만원 이하의 과태료를 부과한다.
　㉠ 제17조제4항에 따른 불을 사용할 때 지켜야 하는 사항 및 같은 조 제5항에 따른 특수가연물의 저장 및 취급 기준을 위반한 자
　㉡ 제18조제4항에 따른 소방설비등의 설치 명령을 정당한 사유 없이 따르지 아니한 자
　㉢ 제26조제1항을 위반하여 기간 내에 선임신고를 하지 아니하거나 소방안전관리자의 성명 등을 게시하지 아니한 자
　㉣ 제29조제1항을 위반하여 기간 내에 선임신고를 하지 아니한 자
　㉤ 제37조제2항을 위반하여 기간 내에 소방훈련 및 교육 결과를 제출하지 아니한 자
③ 제34조제1항제2호를 위반하여 실무교육을 받지 아니한 소방안전관리자 및 소방안전관리보조자에게는 100만원 이하의 과태료를 부과한다.
④ ①부터 ③까지에 따른 과태료는 대통령령으로 정하는 바에 따라 소방청장, 시·도지사, 소방본부장 또는 소방서장이 부과·징수한다.

# 소방시설 설치 및 관리에 관한 법률

## 1 목 적

이 법은 특정소방대상물 등에 설치하여야 하는 소방시설등의 설치·관리와 소방용품 성능관리에 필요한 사항을 규정함으로써 국민의 생명·신체 및 재산을 보호하고 공공의 안전과 복리 증진에 이바지함을 목적으로 한다.

## 2 용어정의

① "소방시설"이란 소화설비, 경보설비, 피난구조설비, 소화용수설비, 그 밖에 소화활동설비로서 대통령령으로 정하는 것을 말한다.
② "소방시설등"이란 소방시설과 비상구(非常口), 그 밖에 소방 관련 시설로서 대통령령으로 정하는 것을 말한다. [방화문, 방화셔터]
③ "특정소방대상물"이란 건축물등의 규모·용도 및 수용인원 등을 고려하여 소방시설을 설치하여야 하는 소방대상물로서 대통령령으로 정하는 것을 말한다.
④ "화재안전성능"이란 화재를 예방하고 화재발생 시 피해를 최소화하기 위하여 소방대상물의 재료, 공간 및 설비 등에 요구되는 안전성능을 말한다.
⑤ "성능위주설계"란 건축물 등의 재료, 공간, 이용자, 화재 특성 등을 종합적으로 고려하여 공학적 방법으로 화재 위험성을 평가하고 그 결과에 따라 화재안전성능이 확보될 수 있도록 특정소방대상물을 설계하는 것을 말한다.
⑥ "화재안전기준"이란 소방시설 설치 및 관리를 위한 다음 각 목의 기준을 말한다.
　㉠ 성능기준 : 화재안전 확보를 위하여 재료, 공간 및 설비 등에 요구되는 안전성능으로서 소방청장이 고시로 정하는 기준
　㉡ 기술기준 : ㉠에 따른 성능기준을 충족하는 상세한 규격, 특정한 수치 및 시험방법 등에 관한 기준으로서 행정안전부령으로 정하는 절차에 따라 소방청장의 승인을 받은 기준
⑦ "소방용품"이란 소방시설등을 구성하거나 소방용으로 사용되는 제품 또는 기기로서

대통령령으로 정하는 것을 말한다.
⑧ "무창층(無窓層)"이란 지상층 중 다음의 요건을 모두 갖춘 개구부(건축물에서 채광·환기·통풍 또는 출입 등을 위하여 만든 창·출입구, 그 밖에 이와 비슷한 것을 말한다. 이하 같다)의 면적의 합계가 해당 층의 바닥면적(「건축법 시행령」 제119조제1항제3호에 따라 산정된 면적을 말한다. 이하 같다)의 30분의 1 이하가 되는 층을 말한다.
  ⊙ 크기는 지름 50센티미터 이상의 원이 통과할 수 있을 것
  ⓒ 해당 층의 바닥면으로부터 개구부 밑부분까지의 높이가 1.2미터 이내일 것
  ⓒ 도로 또는 차량이 진입할 수있는 빈터를 향할 것
  ⓔ 화재 시 건축물로부터 쉽게 피난할 수 있도록 창살이나 그 밖의 장애물이 설치되지 않을 것
  ⓜ 내부 또는 외부에서 쉽게 부수거나 열 수 있을 것
⑨ "피난층"이란 곧바로 지상으로 갈 수 있는 출입구가 있는 층을 말한다.

■ 소방시설 설치 및 관리에 관한 법률 시행령 [별표 1] [ 시행일 : 2023. 12. 1.] 제2호마목

### 소방시설(제3조 관련)

1. 소화설비 : 물 또는 그 밖의 소화약제를 사용하여 소화하는 기계·기구 또는 설비로서 다음 각 목의 것
   가. 소화기구
       1) 소화기
       2) 간이소화용구 : 에어로졸식 소화용구, 투척용 소화용구, 소공간용 소화용구 및 소화약제 외의 것을 이용한 간이소화용구
       3) 자동확산소화기
   나. 자동소화장치
       1) 주거용 주방자동소화장치
       2) 상업용 주방자동소화장치
       3) 캐비닛형 자동소화장치
       4) 가스자동소화장치
       5) 분말자동소화장치
       6) 고체에어로졸자동소화장치
   다. 옥내소화전설비[호스릴(hose reel) 옥내소화전설비를 포함한다]
   라. 스프링클러설비등
       1) 스프링클러설비
       2) 간이스프링클러설비(캐비닛형 간이스프링클러설비를 포함한다)
       3) 화재조기진압용 스프링클러설비
   마. 물분무등소화설비
       1) 물분무소화설비
       2) 미분무소화설비
       3) 포소화설비

            4) 이산화탄소소화설비
            5) 할론소화설비
            6) 할로겐화합물 및 불활성기체(다른 원소와 화학반응을 일으키기 어려운 기체를 말한다. 이하 같다) 소화설비
            7) 분말소화설비
            8) 강화액소화설비
            9) 고체에어로졸소화설비
        바. 옥외소화전설비
2. 경보설비 : 화재발생 사실을 통보하는 기계·기구 또는 설비로서 다음 각 목의 것
    가. 단독경보형 감지기
    나. 비상경보설비
        1) 비상벨설비
        2) 자동식사이렌설비
    다. 자동화재탐지설비
    라. 시각경보기
    마. 화재알림설비
    바. 비상방송설비
    사. 자동화재속보설비
    아. 통합감시시설
    자. 누전경보기
    차. 가스누설경보기
3. 피난구조설비 : 화재가 발생할 경우 피난하기 위하여 사용하는 기구 또는 설비로서 다음 각 목의 것
    가. 피난기구
        1) 피난사다리
        2) 구조대
        3) 완강기
        4) 간이완강기
        5) 그 밖에 화재안전기준으로 정하는 것
    나. 인명구조기구
        1) 방열복, 방화복(안전모, 보호장갑 및 안전화를 포함한다)
        2) 공기호흡기
        3) 인공소생기
    다. 유도등
        1) 피난유도선
        2) 피난구유도등
        3) 통로유도등
        4) 객석유도등
        5) 유도표지
    라. 비상조명등 및 휴대용비상조명등
4. 소화용수설비 : 화재를 진압하는 데 필요한 물을 공급하거나 저장하는 설비로서 다음 각 목의 것
    가. 상수도소화용수설비

나. 소화수조·저수조, 그 밖의 소화용수설비
5. 소화활동설비 : 화재를 진압하거나 인명구조활동을 위하여 사용하는 설비로서 다음 각 목의 것
   가. 제연설비
   나. 연결송수관설비
   다. 연결살수설비
   라. 비상콘센트설비
   마. 무선통신보조설비
   바. 연소방지설비

■ 소방시설 설치 및 관리에 관한 법률 시행령[별표 2] [시행일 : 2024. 12. 1.] 제1호나목, 제1호다목

## 특정소방대상물(제5조 관련)

1. 공동주택
   가. 아파트등 : 주택으로 쓰는 층수가 5층 이상인 주택
   나. 연립주택 : 주택으로 쓰는 1개 동의 바닥면적(2개 이상의 동을 지하주차장으로 연결하는 경우에는 각각의 동으로 본다) 합계가 660㎡를 초과하고, 층수가 4개 층 이하인 주택
   다. 다세대주택 : 주택으로 쓰는 1개 동의 바닥면적(2개 이상의 동을 지하주차장으로 연결하는 경우에는 각각의 동으로 본다) 합계가 660㎡ 이하이고, 층수가 4개 층 이하인 주택
   라. 기숙사 : 학교 또는 공장 등의 학생 또는 종업원 등을 위하여 쓰는 것으로서 1개 동의 공동취사시설 이용 세대 수가 전체의 50퍼센트 이상인 것(「교육기본법」 제27조제2항에 따른 학생 복지주택 및 「공공주택 특별법」 제2조제1호의3에 따른 공공매입임대주택 중 독립된 주거의 형태를 갖추지 않은 것을 포함한다)
2. 근린생활시설
   가. 슈퍼마켓과 일용품(식품, 잡화, 의류, 완구, 서적, 건축자재, 의약품, 의료기기 등) 등의 소매점으로서 같은 건축물(하나의 대지에 두 동 이상의 건축물이 있는 경우에는 이를 같은 건축물로 본다. 이하 같다)에 해당 용도로 쓰는 바닥면적의 합계가 1천㎡ 미만인 것
   나. 휴게음식점, 제과점, 일반음식점, 기원(棋院), 노래연습장 및 단란주점(단란주점은 같은 건축물에 해당 용도로 쓰는 바닥면적의 합계가 150㎡ 미만인 것만 해당한다)
   다. 이용원, 미용원, 목욕장 및 세탁소(공장에 부설된 것과 「대기환경보전법」, 「물환경보전법」 또는 「소음·진동관리법」에 따른 배출시설의 설치허가 또는 신고의 대상인 것은 제외한다)
   라. 의원, 치과의원, 한의원, 침술원, 접골원(接骨院), 조산원, 산후조리원 및 안마원 (「의료법」 제82조제4항에 따른 안마시술소를 포함한다)
   마. 탁구장, 테니스장, 체육도장, 체력단련장, 에어로빅장, 볼링장, 당구장, 실내낚시터, 골프연습장, 물놀이형 시설(「관광진흥법」 제33조에 따른 안전성검사의 대상이 되는 물놀이형 시설을 말한다. 이하 같다), 그 밖에 이와 비슷한 것으로서 같은 건축물에 해당 용도로 쓰는 바닥면적의 합계가 500㎡ 미만인 것
   바. 공연장(극장, 영화상영관, 연예장, 음악당, 서커스장, 「영화 및 비디오물의 진흥에 관한 법률」 제2조제16호가목에 따른 비디오물감상실업의 시설, 같은 호 나목에 따른 비디오물소극장업의 시설, 그 밖에 이와 비슷한 것을 말한다. 이하 같다) 또는 종교집회장[교회, 성당, 사찰, 기도원, 수도원, 수녀원, 제실(祭室), 사당, 그 밖에 이와 비슷한 것을 말한다. 이

하 같다]로서 같은 건축물에 해당 용도로 쓰는 바닥면적의 합계가 300㎡ 미만인 것
　사. 금융업소, 사무소, 부동산중개사무소, 결혼상담소 등 소개업소, 출판사, 서점, 그 밖에 이와 비슷한 것으로서 같은 건축물에 해당 용도로 쓰는 바닥면적의 합계가 500㎡ 미만인 것
　아. 제조업소, 수리점, 그 밖에 이와 비슷한 것으로서 같은 건축물에 해당 용도로 쓰는 바닥면적의 합계가 500㎡ 미만인 것(「대기환경보전법」, 「물환경보전법」 또는 「소음·진동관리법」에 따른 배출시설의 설치허가 또는 신고의 대상인 것은 제외한다)
　자. 「게임산업진흥에 관한 법률」 제2조제6호의2에 따른 청소년게임제공업 및 일반게임제공업의 시설, 같은 조 제7호에 따른 인터넷컴퓨터게임시설제공업의 시설 및 같은 조 제8호에 따른 복합유통게임제공업의 시설로서 같은 건축물에 해당 용도로 쓰는 바닥면적의 합계가 500㎡ 미만인 것
　차. 사진관, 표구점, 학원(같은 건축물에 해당 용도로 쓰는 바닥면적의 합계가 500㎡ 미만인 것만 해당하며, 자동차학원 및 무도학원은 제외한다), 독서실, 고시원(「다중이용업소의 안전 관리에 관한 특별법」에 따른 다중이용업 중 고시원업의 시설로서 독립된 주거의 형태를 갖추지 않은 것으로서 같은 건축물에 해당 용도로 쓰는 바닥면적의 합계가 500㎡ 미만인 것을 말한다), 장의사, 동물병원, 총포판매사, 그 밖에 이와 비슷한 것
　카. 의약품 판매소, 의료기기 판매소 및 자동차영업소로서 같은 건축물에 해당 용도로 쓰는 바닥 면적의 합계가 1천㎡ 미만인 것
3. 문화 및 집회시설
　가. 공연장으로서 근린생활시설에 해당하지 않는 것
　나. 집회장 : 예식장, 공회당, 회의장, 마권(馬券) 장외 발매소, 마권 전화투표소, 그 밖에 이와 비슷한 것으로서 근린생활시설에 해당하지 않는 것
　다. 관람장 : 경마장, 경륜장, 경정장, 자동차 경기장, 그 밖에 이와 비슷한 것과 체육관 및 운동장으로서 관람석의 바닥면적의 합계가 1천㎡ 이상인 것
　라. 전시장 : 박물관, 미술관, 과학관, 문화관, 체험관, 기념관, 산업전시장, 박람회장, 견본주택, 그 밖에 이와 비슷한 것
　마. 동·식물원 : 동물원, 식물원, 수족관, 그 밖에 이와 비슷한 것
4. 종교시설
　가. 종교집회장으로서 근린생활시설에 해당하지 않는 것
　나. 가목의 종교집회장에 설치하는 봉안당(奉安堂)
5. 판매시설
　가. 도매시장 : 「농수산물 유통 및 가격안정에 관한 법률」 제2조제2호에 따른 농수산물도매시장, 같은 조 제5호에 따른 농수산물공판장, 그 밖에 이와 비슷한 것(그 안에 있는 근린생활시설을 포함한다)
　나. 소매시장 : 시장, 「유통산업발전법」 제2조제3호에 따른 대규모점포, 그 밖에 이와 비슷한 것(그 안에 있는 근린생활시설을 포함한다)
　다. 전통시장 : 「전통시장 및 상점가 육성을 위한 특별법」 제2조제1호에 따른 전통시장(그 안에 있는 근린생활시설을 포함하며, 노점형시장은 제외한다)
　라. 상점 : 다음의 어느 하나에 해당하는 것(그 안에 있는 근린생활시설을 포함한다)
　　1) 제2호가목에 해당하는 용도로서 같은 건축물에 해당 용도로 쓰는 바닥면적 합계가 1천㎡ 이상인 것
　　2) 제2호자목에 해당하는 용도로서 같은 건축물에 해당 용도로 쓰는 바닥면적 합계가 500㎡ 이상인 것
6. 운수시설

가. 여객자동차터미널
나. 철도 및 도시철도 시설[정비창(整備廠) 등 관련 시설을 포함한다]
다. 공항시설(항공관제탑을 포함한다)
라. 항만시설 및 종합여객시설
7. 의료시설
　가. 병원 : 종합병원, 병원, 치과병원, 한방병원, 요양병원
　나. 격리병원 : 전염병원, 마약진료소, 그 밖에 이와 비슷한 것
　다. 정신의료기관
　라. 「장애인복지법」 제58조제1항제4호에 따른 장애인 의료재활시설
8. 교육연구시설
　가. 학교
　　1) 초등학교, 중학교, 고등학교, 특수학교, 그 밖에 이에 준하는 학교 : 「학교시설사업 촉진법」 제2조제1호나목의 교사(校舍)(교실·도서실 등 교수·학습활동에 직접 또는 간접적으로 필요한 시설물을 말하되, 병설유치원으로 사용되는 부분은 제외한다. 이하 같다), 체육관, 「학교급식법」 제6조에 따른 급식시설, 합숙소(학교의 운동부, 기능선수 등이 집단으로 숙식하는 장소를 말한다. 이하 같다)
　　2) 대학, 대학교, 그 밖에 이에 준하는 각종 학교 : 교사 및 합숙소
　나. 교육원(연수원, 그 밖에 이와 비슷한 것을 포함한다)
　다. 직업훈련소
　라. 학원(근린생활시설에 해당하는 것과 자동차운전학원·정비학원 및 무도학원은 제외한다)
　마. 연구소(연구소에 준하는 시험소와 계량계측소를 포함한다)
　바. 도서관
9. 노유자 시설
　가. 노인 관련 시설 : 「노인복지법」에 따른 노인주거복지시설, 노인의료복지시설, 노인여가복지시설, 주·야간보호서비스나 단기보호서비스를 제공하는 재가노인복지시설(「노인장기요양 보험법」에 따른 장기요양기관을 포함한다), 노인보호전문기관, 노인일자리지원기관, 학대 피해노인 전용쉼터, 그 밖에 이와 비슷한 것
　나. 아동 관련 시설 : 「아동복지법」에 따른 아동복지시설, 「영유아보육법」에 따른 어린이집, 「유아교육법」에 따른 유치원[제8호가목1)에 따른 학교의 교사 중 병설유치원으로 사용되는 부분을 포함한다], 그 밖에 이와 비슷한 것
　다. 장애인 관련 시설 : 「장애인복지법」에 따른 장애인 거주시설, 장애인 지역사회재활시설(장애인 심부름센터, 한국수어통역센터, 점자도서 및 녹음서 출판시설 등 장애인이 직접 그 시설 자체를 이용하는 것을 주된 목적으로 하지 않는 시설은 제외한다), 장애인 직업재활시설, 그 밖에 이와 비슷한 것
　라. 정신질환자 관련 시설 : 「정신건강증진 및 정신질환자 복지서비스 지원에 관한 법률」에 따른 정신재활시설(생산품판매시설은 제외한다), 정신요양시설, 그 밖에 이와 비슷한 것
　마. 노숙인 관련 시설 : 「노숙인 등의 복지 및 자립지원에 관한 법률」 제2조제2호에 따른 노숙인 복지시설(노숙인일시보호시설, 노숙인자활시설, 노숙인재활시설, 노숙인요양시설 및 쪽방 상담소만 해당한다), 노숙인종합지원센터 및 그 밖에 이와 비슷한 것
　바. 가목부터 마목까지에서 규정한 것 외에 「사회복지사업법」에 따른 사회복지시설 중 결핵환자 또는 한센인 요양시설 등 다른 용도로 분류되지 않는 것
10. 수련시설
　가. 생활권 수련시설 : 「청소년활동 진흥법」에 따른 청소년수련관, 청소년문화의집, 청소년특

화시설, 그 밖에 이와 비슷한 것
  나. 자연권 수련시설 : 「청소년활동 진흥법」에 따른 청소년수련원, 청소년야영장, 그 밖에 이와 비슷한 것
  다. 「청소년활동 진흥법」에 따른 유스호스텔
11. 운동시설
  가. 탁구장, 체육도장, 테니스장, 체력단련장, 에어로빅장, 볼링장, 당구장, 실내낚시터, 골프연습장, 물놀이형 시설, 그 밖에 이와 비슷한 것으로서 근린생활시설에 해당하지 않는 것
  나. 체육관으로서 관람석이 없거나 관람석의 바닥면적이 1천㎡ 미만인 것
  다. 운동장 : 육상장, 구기장, 볼링장, 수영장, 스케이트장, 롤러스케이트장, 승마장, 사격장, 궁도장, 골프장 등과 이에 딸린 건축물로서 관람석이 없거나 관람석의 바닥면적이 1천㎡ 미만인 것
12. 업무시설
  가. 공공업무시설 : 국가 또는 지방자치단체의 청사와 외국공관의 건축물로서 근린생활시설에 해당하지 않는 것
  나. 일반업무시설 : 금융업소, 사무소, 신문사, 오피스텔[업무를 주로 하며, 분양하거나 임대하는 구획 중 일부의 구획에서 숙식을 할 수 있도록 한 건축물로서 「건축법 시행령」 별표 1 제14호나목2)에 따라 국토교통부장관이 고시하는 기준에 적합한 것을 말한다], 그 밖에 이와 비슷한 것으로서 근린생활시설에 해당하지 않는 것
  다. 주민자치센터(동사무소), 경찰서, 지구대, 파출소, 소방서, 119안전센터, 우체국, 보건소, 공공도서관, 국민건강보험공단, 그 밖에 이와 비슷한 용도로 사용하는 것
  라. 마을회관, 마을공동작업소, 마을공동구판장, 그 밖에 이와 유사한 용도로 사용되는 것
  마. 변전소, 양수장, 정수장, 대피소, 공중화장실, 그 밖에 이와 유사한 용도로 사용되는 것
13. 숙박시설
  가. 일반형 숙박시설 : 「공중위생관리법 시행령」 제4조제1호에 따른 숙박업의 시설
  나. 생활형 숙박시설 : 「공중위생관리법 시행령」 제4조제2호에 따른 숙박업의 시설
  다. 고시원(근린생활시설에 해당하지 않는 것을 말한다)
  라. 그 밖에 가목부터 다목까지의 시설과 비슷한 것
14. 위락시설
  가. 단란주점으로서 근린생활시설에 해당하지 않는 것
  나. 유흥주점, 그 밖에 이와 비슷한 것
  다. 「관광진흥법」에 따른 유원시설업(遊園施設業)의 시설, 그 밖에 이와 비슷한 시설(근린생활시설에 해당하는 것은 제외한다)
  라. 무도장 및 무도학원
  마. 카지노영업소
15. 공장
  물품의 제조·가공[세탁·염색·도장(塗裝)·표백·재봉·건조·인쇄 등을 포함한다] 또는 수리에 계속적으로 이용되는 건축물로서 근린생활시설, 위험물 저장 및 처리 시설, 항공기 및 자동차 관련 시설, 자원순환 관련 시설, 묘지 관련 시설 등으로 따로 분류되지 않는 것
16. 창고시설(위험물 저장 및 처리 시설 또는 그 부속용도에 해당하는 것은 제외한다)
  가. 창고(물품저장시설로서 냉장·냉동 창고를 포함한다)
  나. 하역장
  다. 「물류시설의 개발 및 운영에 관한 법률」에 따른 물류터미널
  라. 「유통산업발전법」 제2조제15호에 따른 집배송시설

17. 위험물 저장 및 처리 시설
    가. 제조소등
    나. 가스시설 : 산소 또는 가연성 가스를 제조·저장 또는 취급하는시설 중지상에 노출된 산소 또는 가연성 가스 탱크의 저장용량의 합계가 100톤 이상이거나 저장용량이 30톤 이상인 탱크가 있는 가스시설로서 다음의 어느 하나에 해당하는 것
        1) 가스 제조시설
            가)「고압가스 안전관리법」제4조제1항에 따른 고압가스의 제조허가를 받아야 하는 시설
            나)「도시가스사업법」제3조에 따른 도시가스사업허가를 받아야 하는 시설
        2) 가스 저장시설
            가)「고압가스 안전관리법」제4조제5항에 따른 고압가스 저장소의 설치허가를 받아야 하는 시설
            나)「액화석유가스의 안전관리 및 사업법」제8조제1항에 따른 액화석유가스 저장소의 설치 허가를 받아야 하는 시설
        3) 가스 취급시설
            「액화석유가스의 안전관리 및 사업법」제5조에 따른 액화석유가스 충전사업 또는 액화석유가스 집단공급사업의 허가를 받아야 하는 시설
18. 항공기 및 자동차 관련 시설(건설기계 관련 시설을 포함한다)
    가. 항공기 격납고
    나. 차고, 주차용 건축물, 철골 조립식 주차시설(바닥면이 조립식이 아닌 것을 포함한다) 및 기계장치에 의한 주차시설
    다. 세차장
    라. 폐차장
    마. 자동차 검사장
    바. 자동차 매매장
    사. 자동차 정비공장
    아. 운전학원·정비학원
    자. 다음의 건축물을 제외한 건축물의 내부(「건축법 시행령」제119조제1항제3호다목에 따른 필로티와 건축물의 지하를 포함한다)에 설치된 주차장
        1)「건축법 시행령」별표 1 제1호에 따른 단독주택
        2)「건축법 시행령」별표 1 제2호에 따른 공동주택 중 50세대 미만인 연립주택 또는 50세대 미만인 다세대주택
    차.「여객자동차 운수사업법」,「화물자동차 운수사업법」및「건설기계관리법」에 따른 차고 및 주기장(駐機場)
19. 동물 및 식물 관련 시설
    가. 축사[부화장(孵化場)을 포함한다]
    나. 가축시설 : 가축용 운동시설, 인공수정센터, 관리사(管理舍), 가축용 창고, 가축시장, 동물검역소, 실험동물 사육시설, 그 밖에 이와 비슷한 것
    다. 도축장
    라. 도계장
    마. 작물 재배사(栽培舍)
    바. 종묘배양시설
    사. 화초 및 분재 등의 온실
    아. 식물과 관련된 마목부터 사목까지의 시설과 비슷한 것(동·식물원은 제외한다)

20. 자원순환 관련 시설
    가. 하수 등 처리시설
    나. 고물상
    다. 폐기물재활용시설
    라. 폐기물처분시설
    마. 폐기물감량화시설
21. 교정 및 군사시설
    가. 보호감호소, 교도소, 구치소 및 그 지소
    나. 보호관찰소, 갱생보호시설, 그 밖에 범죄자의 갱생·보호·교육·보건 등의 용도로 쓰는 시설
    다. 치료감호시설
    라. 소년원 및 소년분류심사원
    마. 「출입국관리법」 제52조제2항에 따른 보호시설
    바. 「경찰관 직무집행법」 제9조에 따른 유치장
    사. 국방·군사시설(「국방·군사시설 사업에 관한 법률」 제2조제1호가목부터 마목까지의 시설을 말한다)
22. 방송통신시설
    가. 방송국(방송프로그램 제작시설 및 송신·수신·중계시설을 포함한다)
    나. 전신전화국
    다. 촬영소
    라. 통신용 시설
    마. 그 밖에 가목부터 라목까지의 시설과 비슷한 것
23. 발전시설
    가. 원자력발전소
    나. 화력발전소
    다. 수력발전소(조력발전소를 포함한다)
    라. 풍력발전소
    마. 전기저장시설[20킬로와트시(kWh)를 초과하는 리튬·나트륨·레독스플로우 계열의 2차 전지를 이용한 전기저장장치의 시설을 말한다. 이하 같다]
    바. 그 밖에 가목부터 마목까지의 시설과 비슷한 것(집단에너지 공급시설을 포함한다)
24. 묘지 관련 시설
    가. 화장시설
    나. 봉안당(제4호나목의 봉안당은 제외한다)
    다. 묘지와 자연장지에 부수되는 건축물
    라. 동물화장시설, 동물건조장(乾燥葬)시설 및 동물 전용의 납골시설
25. 관광 휴게시설
    가. 야외음악당
    나. 야외극장
    다. 어린이회관
    라. 관망탑
    마. 휴게소
    바. 공원·유원지 또는 관광지에 부수되는 건축물
26. 장례시설

가. 장례식장[의료시설의 부수시설(「의료법」 제36조제1호에 따른 의료기관의 종류에 따른 시설을 말한다)은 제외한다]
　　　나. 동물 전용의 장례식장
27. 지하가
　　지하의 인공구조물 안에 설치되어 있는 상점, 사무실, 그 밖에 이와 비슷한 시설이 연속하여 지하도에 면하여 설치된 것과 그 지하도를 합한 것
　　　가. 지하상가
　　　나. 터널 : 차량(궤도차량용은 제외한다) 등의 통행을 목적으로 지하, 수저 또는 산을 뚫어서 만든 것
28. 지하구
　　　가. 전력·통신용의 전선이나 가스·냉난방용의 배관 또는 이와 비슷한 것을 집합수용하기 위하여 설치한 지하 인공구조물로서 사람이 점검 또는 보수를 하기 위하여 출입이 가능한 것 중 다음의 어느 하나에 해당하는 것
　　　　1) 전력 또는 통신사업용 지하 인공구조물로서 전력구(케이블 접속부가 없는 경우는 제외한다) 또는 통신구 방식으로 설치된 것
　　　　2) 1)외의 지하 인공구조물로서 폭이 1.8m 이상이고 높이가 2m 이상이며 길이가 50m 이상인 것
　　　나. 「국토의 계획 및 이용에 관한 법률」 제2조제9호에 따른 공동구
29. 국가유산
　　　가. 「문화유산의 보존 및 활용에 관한 법률」에 따른 지정문화유산 중 건축물
　　　나. 「자연유산의 보존 및 활용에 관한 법률」에 따른 천연기념물 등 중 건축물
30. 복합건축물
　　　가. 하나의 건축물이 제1호부터 제27호까지의 것 중 둘 이상의 용도로 사용되는 것. 다만, 다음의 어느 하나에 해당하는 경우에는 복합건축물로 보지 않는다.
　　　　1) 관계 법령에서 주된 용도의 부수시설로서 그 설치를 의무화하고 있는 용도 또는 시설
　　　　2) 「주택법」 제35조제1항제3호 및 제4호에 따라 주택 안에 부대시설 또는 복리시설이 설치되는 특정소방대상물
　　　　3) 건축물의 주된 용도의 기능에 필수적인 용도로서 다음의 어느 하나에 해당하는 용도
　　　　　가) 건축물의 설비(제23호마목의 전기저장시설을 포함한다), 대피 또는 위생을 위한 용도, 그 밖에 이와 비슷한 용도
　　　　　나) 사무, 작업, 집회, 물품저장 또는 주차를 위한 용도, 그 밖에 이와 비슷한 용도
　　　　　다) 구내식당, 구내세탁소, 구내운동시설 등 종업원후생복리시설(기숙사는 제외한다) 또는 구내소각시설의 용도, 그 밖에 이와 비슷한 용도
　　　나. 하나의 건축물이 근린생활시설, 판매시설, 업무시설, 숙박시설 또는 위락시설의 용도와 주택의 용도로 함께 사용되는 것

비고
1. 내화구조로 된 하나의 특정소방대상물이 개구부 및 연소 확대 우려가 없는 내화구조의 바닥과 벽으로 구획되어 있는 경우에는 그 구획된 부분을 각각 별개의 특정소방대상물로 본다. 다만, 제9조에 따라 성능위주설계를 해야 하는 범위를 정할 때에는 하나의 특정소방대상물로 본다.
2. 둘 이상의 특정소방대상물이 다음 각 목의 어느 하나에 해당되는 구조의 복도 또는 통로(이하 이 표에서 "연결통로"라 한다)로 연결된 경우에는 이를 하나의 특정소방대상물로 본다.
　　가. 내화구조로 된 연결통로가 다음의 어느 하나에 해당되는 경우
　　　1) 벽이 없는 구조로서 그 길이가 6m 이하인 경우

2) 벽이 있는 구조로서 그 길이가 10m 이하인 경우. 다만, 벽 높이가 바닥에서 천장까지의 높이의 2분의 1 이상인 경우에는 벽이 있는 구조로 보고, 벽 높이가 바닥에서 천장까지의 높이의 2분의 1 미만인 경우에는 벽이 없는 구조로 본다.
  나. 내화구조가 아닌 연결통로로 연결된 경우
  다. 컨베이어로 연결되거나 플랜트설비의 배관 등으로 연결되어 있는 경우
  라. 지하보도, 지하상가, 지하가로 연결된 경우
  마. 자동방화셔터 또는 60분+ 방화문이 설치되지 않은 피트(전기설비 또는 배관설비 등이 설치되는 공간을 말한다)로 연결된 경우
  바. 지하구로 연결된 경우
3. 제2호에도 불구하고 연결통로 또는 지하구와 특정소방대상물의 양쪽에 다음 각 목의 어느 하나에 해당하는 시설이 적합하게 설치된 경우에는 각각 별개의 특정소방대상물로 본다.
  가. 화재 시 경보설비 또는 자동소화설비의 작동과 연동하여 자동으로 닫히는 자동방화셔터 또는 60분+ 방화문이 설치된 경우
  나. 화재 시 자동으로 방수되는 방식의 드렌처설비 또는 개방형 스프링클러헤드가 설치된 경우
4. 위 제1호부터 제30호까지의 특정소방대상물의 지하층이 지하가와 연결되어 있는 경우 해당 지하층의 부분을 지하가로 본다. 다만, 다음 지하가와 연결되는 지하층에 지하층 또는 지하가에 설치된 자동방화셔터 또는 60분+ 방화문이 화재 시 경보설비 또는 자동소화설비의 작동과 연동하여 자동으로 닫히는 구조이거나 그 윗부분에 드렌처설비가 설치된 경우에는 지하가로 보지 않는다.

---

■ 소방시설 설치 및 관리에 관한 법률 시행령 [별표 3]

## **소방용품**(제6조 관련)

1. 소화설비를 구성하는 제품 또는 기기
   가. 별표 1 제1호가목의 소화기구(소화약제 외의 것을 이용한 간이소화용구는 제외한다)
   나. 별표 1 제1호나목의 자동소화장치
   다. 소화설비를 구성하는 소화전, 관창(菅槍), 소방호스, 스프링클러헤드, 기동용 수압개폐장치, 유수제어밸브 및 가스관선택밸브
2. 경보설비를 구성하는 제품 또는 기기
   가. 누전경보기 및 가스누설경보기
   나. 경보설비를 구성하는 발신기, 수신기, 중계기, 감지기 및 음향장치(경종만 해당한다)
3. 피난구조설비를 구성하는 제품 또는 기기
   가. 피난사다리, 구조대, 완강기(지지대를 포함한다) 및 간이완강기(지지대를 포함한다)
   나. 공기호흡기(충전기를 포함한다)
   다. 피난구유도등, 통로유도등, 객석유도등 및 예비 전원이 내장된 비상조명등
4. 소화용으로 사용하는 제품 또는 기기
   가. 소화약제[별표 1 제1호나목2) 및 3)의 자동소화장치와 같은 호 마목 3)부터 9)까지의 소화설비용만 해당한다]
   나. 방염제(방염액·방염도료 및 방염성물질을 말한다)
5. 그 밖에 행정안전부령으로 정하는 소방 관련 제품 또는 기기

## 3 건축허가등의 동의

① 관할건축허가 행정기관이 관할 소방본부장 또는 소방서장에게 건축허가 동의
이 경우 5일 이내 회신(특급 : 10일 이내), 서류보완 4일
② 건축허가 동의시 제출서류
　㉠ 건축허가신청서 및 건축허가서 또는 건축·대수선·용도변경신고서 등 건축허가 등을 확인할 수 있는 서류의 사본
　㉡ 설계도서
　　ⓐ 건축물 설계도서
　　　㉮ 건축물 개요 및 배치도
　　　㉯ 주단면도 및 입면도(立面圖 : 물체를 정면에서 본 대로 그린 그림을 말한다. 이하 같다)
　　　㉰ 층별 평면도(용도별 기준층 평면도를 포함한다. 이하 같다)
　　　㉱ 방화구획도(창호도를 포함한다)
　　　㉲ 실내·실외 마감재료표
　　　㉳ 소방자동차 진입 동선도 및 부서 공간 위치도(조경계획을 포함한다)
　　ⓑ 소방시설 설계도서
　　　㉮ 소방시설(기계·전기 분야의 시설을 말한다)의 계통도(시설별 계산서를 포함한다)
　　　㉯ 소방시설별 층별 평면도
　　　㉰ 실내장식물 방염대상물품 설치 계획(「건축법」 제52조에 따른 건축물의 마감재료는 제외한다)
　　　㉱ 소방시설의 내진설계 계통도 및 기준층 평면도(내진 시방서 및 계산서 등 세부 내용이 포함된 상세 설계도면은 제외한다)
　㉢ 소방시설 설치계획표
　㉣ 임시소방시설 설치계획서
　㉤ 소방시설설계업등록증과 소방시설을 설계한 기술인력자의 기술자격증 사본
　㉥ 소방시설설계계약서 사본
③ 건축허가 동의 대상물의 범위(대통령령)
　㉠ 연면적(「건축법 시행령」 제119조제1항제4호에 따라 산정된 면적을 말한다. 이하 같다)이 400제곱미터 이상인 건축물이나 시설. 다만, 다음 기준의 어느 하나에 해당하는 건축물이나 시설은 해당 기준에서 정한 기준 이상인 건축물이나 시설로 한다.

ⓐ 「학교시설사업 촉진법」 제5조의2제1항에 따라 건축등을 하려는 학교시설 : 100제곱미터
ⓑ 별표 2의 특정소방대상물 중 노유자(老幼者) 시설 및 수련시설 : 200제곱미터
ⓒ 「정신건강증진 및 정신질환자 복지서비스 지원에 관한 법률」 제3조제5호에 따른 정신의료기관(입원실이 없는 정신건강의학과 의원은 제외하며, 이하 "정신의료기관"이라 한다) : 300제곱미터
ⓓ 「장애인복지법」 제58조제1항제4호에 따른 장애인 의료재활시설(이하 "의료재활시설"이라 한다) : 300제곱미터
ⓒ 지하층 또는 무창층이 있는 건축물로서 바닥면적이 150제곱미터(공연장의 경우에는 100제곱미터) 이상인 층이 있는 것
ⓒ 차고 · 주차장 또는 주차 용도로 사용되는 시설로서 다음의 어느 하나에 해당하는 것
ⓐ 차고 · 주차장으로 사용되는 바닥면적이 200제곱미터 이상인 층이 있는 건축물이나 주차시설
ⓑ 승강기 등 기계장치에 의한 주차시설로서 자동차 20대 이상을 주차할 수 있는 시설
ⓔ 층수(「건축법 시행령」 제119조제1항제9호에 따라 산정된 층수를 말한다. 이하 같다)가 6층 이상인 건축물
ⓜ 항공기 격납고, 관망탑, 항공관제탑, 방송용 송수신탑
ⓗ 별표 2의 특정소방대상물 중 의원(입원실이 있는 것으로 한정한다) · 조산원 · 산후조리원, 위험물 저장 및 처리 시설, 발전시설 중 풍력발전소 · 전기저장시설, 지하구(地下溝)
ⓢ ㉠의 ⓑ에 해당하지 않는 노유자 시설 중 다음 각 목의 어느 하나에 해당하는 시설. 다만, ⓐ의 ㉯ 및 ⓑ부터 ⓕ까지의 시설 중 「건축법 시행령」 별표 1의 단독주택 또는 공동주택에 설치되는 시설은 제외한다.
ⓐ 별표 2 제9호가목에 따른 노인 관련 시설 중 다음의 어느 하나에 해당하는 시설
㉮ 「노인복지법」 제31조제1호에 따른 노인주거복지시설, 같은 조 제2호에 따른 노인의료복지시설 및 같은 조 제4호에 따른 재가노인복지시설
㉯ 「노인복지법」 제31조제7호에 따른 학대피해노인 전용쉼터
ⓑ 「아동복지법」 제52조에 따른 아동복지시설(아동상담소, 아동전용시설 및 지역아동센터는 제외한다)
ⓒ 「장애인복지법」 제58조제1항제1호에 따른 장애인 거주시설
ⓓ 정신질환자 관련 시설(「정신건강증진 및 정신질환자 복지서비스 지원에 관한 법률」 제27조제1항제2호에 따른 공동생활가정을 제외한 재활훈련시설과 같은 법

시행령 제16조제3호에 따른 종합시설 중 24시간 주거를 제공하지 않는 시설은 제외한다)
- ⓔ 별표 2 제9호마목에 따른 노숙인 관련 시설 중 노숙인자활시설, 노숙인재활시설 및 노숙인요양시설
- ⓕ 결핵환자나 한센인이 24시간 생활하는 노유자 시설
- ⓞ 「의료법」 제3조제2항제3호라목에 따른 요양병원(이하 "요양병원"이라 한다). 다만, 의료재활시설은 제외한다.
- ⓩ 별표 2의 특정소방대상물 중 공장 또는 창고시설로서 「화재의 예방 및 안전관리에 관한 법률 시행령」 별표 2에서 정하는 수량의 750배 이상의 특수가연물을 저장·취급하는 것
- ⓩ 별표 2 제17호나목에 따른 가스시설로서 지상에 노출된 탱크의 저장용량의 합계가 100톤 이상인 것

④ 건축허가 동의 제외대상
- ㉠ 별표 4에 따라 특정소방대상물에 설치되는 소화기구, 자동소화장치, 누전경보기, 단독경보형감지기, 가스누설경보기 및 피난구조설비(비상조명등은 제외한다)가 화재안전기준에 적합한 경우 해당 특정소방대상물
- ㉡ 건축물의 증축 또는 용도변경으로 인하여 해당 특정소방대상물에 추가로 소방시설이 설치되지 않는 경우 해당 특정소방대상물
- ㉢ 「소방시설공사업법 시행령」 제4조에 따른 소방시설공사의 착공신고 대상에 해당하지 않는 경우 해당 특정소방대상물

## 4 내진설계기준

① 내진설계기준 대상설비 : 옥내소화전설비, 스프링클러설비 및 물분무등소화설비
② 내진설계기준 : 소방청장이 정하여 고시한다.

## 5 성능위주설계

① 성능위주설계 대상 특정소방대상물
- ㉠ 연면적 20만제곱미터 이상인 특정소방대상물. 다만, 별표 2 제1호가목에 따른 아파트등(이하 "아파트등"이라 한다)은 제외한다.
- ㉡ 50층 이상(지하층은 제외한다)이거나 지상으로부터 높이가 200미터 이상인 아파트등
- ㉢ 30층 이상(지하층을 포함한다)이거나 지상으로부터 높이가 120미터 이상인 특정

소방대상물(아파트등은 제외한다)
ⓔ 연면적 3만제곱미터 이상인 특정소방대상물로서 다음 각 목의 어느 하나에 해당하는 특정소방대상물
  ⓐ 별표 2 제6호나목의 철도 및 도시철도 시설
  ⓑ 별표 2 제6호다목의 공항시설
ⓓ 별표 2 제16호의 창고시설 중 연면적 10만제곱미터 이상인 것 또는 지하층의 층수가 2개 층 이상이고 지하층의 바닥면적의 합계가 3만제곱미터 이상인 것
ⓗ 하나의 건축물에「영화 및 비디오물의 진흥에 관한 법률」제2조제10호에 따른 영화상영관이 10개 이상인 특정소방대상물
ⓢ 「초고층 및 지하연계 복합건축물 재난관리에 관한 특별법」제2조제2호에 따른 지하연계 복합건축물에 해당하는 특정소방대상물
ⓞ 별표 2 제27호의 터널 중 수저(水底)터널 또는 길이가 5천미터 이상인 것

## 6 주택에 설치하는 소방시설

① 대상 : 단독주택, 공동주택(아파트 및 기숙사 제외)
② 설치 소방시설 : 소화기 및 단독경보형감지기
③ 주택용소방시설의 설치기준 및 자율적인 안전관리등에 관한 사항 : 시·도의 조례

## 7 차량용소화기 비치대상 차량

① 5인승 이상의 승용자동차
② 승합자동차
③ 화물자동차
④ 특수자동차

소방관계법규

 **특정소방대상물의 관계인이 특정소방대상물의 규모, 용도 및 수용인원 등을 고려하여 갖추어야 하는 소방시설의 종류**

■ 소방시설 설치 및 관리에 관한 법률 시행령 [별표 4]

### 특정소방대상물의 관계인이 특정소방대상물에 설치·관리해야하는 소방시설의 종류(제11조 관련)

1. 소화설비
   가. 화재안전기준에 따라 소화기구를 설치해야 하는 특정소방대상물은 다음의 어느 하나에 해당하는 것으로 한다.
      1) 연면적 33㎡ 이상인 것. 다만, 노유자 시설의 경우에는 투척용 소화용구 등을 화재안전 기준에 따라 산정된 소화기 수량의 2분의 1 이상으로 설치할 수 있다.
      2) 1)에 해당하지 않는 시설로서 가스시설, 발전시설 중 전기저장시설 및 문화유산
      3) 터널
      4) 지하구
   나. 자동소화장치를 설치해야 하는 특정소방대상물은 다음의 어느 하나에 해당하는 특정소 방대상물 중 후드 및 덕트가 설치되어 있는 주방이 있는 특정소방대상물로 한다. 이 경우 해당 주방에 자동소화장치를 설치해야 한다.
      1) 주거용 주방자동소화장치를 설치해야 하는 것 : 아파트등 및 오피스텔의 모든 층
      2) 상업용 주방자동소화장치를 설치해야 하는 것
         가) 판매시설 중 「유통산업발전법」 제2조제3호에 해당하는 대규모 점포에 입점해 있는 일반음식점
         나) 「식품위생법」 제2조제12호에 따른 집단급식소
      3) 캐비닛형 자동소화장치, 가스자동소화장치, 분말자동소화장치 또는 고체에어로졸자동 소화장치를 설치해야 하는 것 : 화재안전기준에서 정하는 장소
   다. 옥내소화전설비를 설치해야 하는 특정소방대상물은 다음의 어느 하나에 해당하는 것으로 한다. 다만, 위험물 저장 및 처리 시설 중 가스시설, 지하구 및 업무시설 중 무인변전소(방 재실 등에서 스프링클러설비 또는 물분무등소화설비를 원격으로 조정할 수 있는 무인변전 소로 한정한다)는 제외한다.
      1) 다음의 어느 하나에 해당하는 경우에는 모든 층
         가) 연면적 3천㎡ 이상인 것(지하가 중 터널은 제외한다)
         나) 지하층·무창층(축사는 제외한다)으로서 바닥면적이 600㎡ 이상인 층이 있는 것
         다) 층수가 4층 이상인 것 중 바닥면적이 600㎡ 이상인 층이 있는 것
      2) 1)에 해당하지 않는 근린생활시설, 판매시설, 운수시설, 의료시설, 노유자 시설, 업무시 설, 숙박시설, 위락시설, 공장, 창고시설, 항공기 및 자동차 관련 시설, 교정 및 군사시설 중 국방·군사시설, 방송통신시설, 발전시설, 장례시설 또는 복합건축물로서 다음의 어 느 하나에 해당하는 경우에는 모든 층
         가) 연면적 1천5백㎡ 이상인 것
         나) 지하층·무창층으로서 바닥면적이 300㎡ 이상인 층이 있는 것
         다) 층수가 4층 이상인 것 중 바닥면적이 300㎡ 이상인 층이 있는 것

3) 건축물의 옥상에 설치된 차고·주차장으로서 사용되는 면적이 200㎡ 이상인 경우 해당 부분
4) 지하가 중 터널로서 다음에 해당하는 터널
   가) 길이가 1천m 이상인 터널
   나) 예상교통량, 경사도 등 터널의 특성을 고려하여 행정안전부령으로 정하는 터널
5) 1) 및 2)에 해당하지 않는 공장 또는 창고시설로서「화재의 예방 및 안전관리에 관한 법률 시행령」별표 2에서 정하는 수량의 750배 이상의 특수가연물을 저장·취급하는 것

라. 스프링클러설비를 설치해야 하는 특정소방대상물(위험물 저장 및 처리 시설 중 가스시설 및 지하구는 제외한다)은 다음의 어느 하나에 해당하는 것으로 한다.
  1) 층수가 6층 이상인 특정소방대상물의 경우에는 모든 층. 다만, 다음의 어느 하나에 해당하는 경우는 제외한다.
     가) 주택 관련 법령에 따라 기존의 아파트등을 리모델링하는 경우로서 건축물의 연면적 및 층의 높이가 변경되지 않는 경우. 이 경우 해당 아파트등의 사용검사 당시의 소방시설의 설치에 관한 대통령령 또는 화재안전기준을 적용한다.
     나) 스프링클러설비가 없는 기존의 특정소방대상물을 용도변경하는 경우. 다만, 2)부터 6)까지 및 9)부터 12)까지의 규정에 해당하는 특정소방대상물로 용도변경하는 경우에는 해당 규정에 따라 스프링클러설비를 설치한다.
  2) 기숙사(교육연구시설·수련시설 내에 있는 학생 수용을 위한 것을 말한다) 또는 복합건축물로서 연면적 5천㎡ 이상인 경우에는 모든 층
  3) 문화 및 집회시설(동·식물원은 제외한다), 종교시설(주요구조부가 목조인 것은 제외한다), 운동시설(물놀이형 시설 및 바닥이 불연재료이고 관람석이 없는 운동시설은 제외한다)로서 다음의 어느 하나에 해당하는 경우에는 모든 층
     가) 수용인원이 100명 이상인 것
     나) 영화상영관의 용도로 쓰는 층의 바닥면적이 지하층 또는 무창층인 경우에는 500㎡ 이상, 그 밖의 층의 경우에는 1천㎡ 이상인 것
     다) 무대부가 지하층·무창층 또는 4층 이상의 층에 있는 경우에는 무대부의 면적이 300㎡ 이상인 것
     라) 무대부가 다) 외의 층에 있는 경우에는 무대부의 면적이 500㎡ 이상인 것
  4) 판매시설, 운수시설 및 창고시설(물류터미널로 한정한다)로서 바닥면적의 합계가 5천㎡ 이상이거나 수용인원이 500명 이상인 경우에는 모든 층
  5) 다음의 어느 하나에 해당하는 용도로 사용되는 시설의 바닥면적의 합계가 600㎡ 이상인 것은 모든 층
     가) 근린생활시설 중 조산원 및 산후조리원
     나) 의료시설 중 정신의료기관
     다) 의료시설 중 종합병원, 병원, 치과병원, 한방병원 및 요양병원
     라) 노유자 시설
     마) 숙박이 가능한 수련시설
     바) 숙박시설
  6) 창고시설(물류터미널은 제외한다)로서 바닥면적 합계가 5천㎡ 이상인 경우에는 모든 층
  7) 특정소방대상물의 지하층·무창층(축사는 제외한다) 또는 층수가 4층 이상인 층으로서 바닥면적이 1천㎡ 이상인 층이 있는 경우에는 해당 층
  8) 랙식 창고(rack warehouse) : 랙(물건을 수납할 수 있는 선반이나 이와 비슷한 것을 말한다. 이하 같다)을 갖춘 것으로서 천장 또는 반자(반자가 없는 경우에는 지붕의 옥내에 면하는 부분을 말한다)의 높이가 10m를 초과하고, 랙이 설치된 층의 바닥면적의 합계

가 1천5백㎡ 이상인 경우에는 모든 층
9) 공장 또는 창고시설로서 다음의 어느 하나에 해당하는 시설
    가)「화재의 예방 및 안전관리에 관한 법률 시행령」별표 2에서 정하는 수량의 1천 배 이상의 특수가연물을 저장·취급하는 시설
    나)「원자력안전법 시행령」제2조제1호에 따른 중·저준위방사성폐기물(이하 "중·저준위방사성폐기물"이라 한다)의 저장시설 중 소화수를 수집·처리하는 설비가 있는 저장시설
10) 지붕 또는 외벽이 불연재료가 아니거나 내화구조가 아닌 공장 또는 창고시설로서 다음의 어느 하나에 해당하는 것
    가) 창고시설(물류터미널로 한정한다) 중 4)에 해당하지 않는 것으로서 바닥면적의 합계가 2천5백㎡ 이상이거나 수용인원이 250명 이상인 경우에는 모든 층
    나) 창고시설(물류터미널은 제외한다) 중 6)에 해당하지 않는 것으로서 바닥면적의 합계가 2천5백㎡ 이상인 경우에는 모든 층
    다) 공장 또는 창고시설 중 7)에 해당하지 않는 것으로서 지하층·무창층 또는 층수가 4층 이상인 것 중 바닥면적이 500㎡ 이상인 경우에는 모든 층
    라) 랙식 창고 중 8)에 해당하지 않는 것으로서 바닥면적의 합계가 750㎡ 이상인 경우에는 모든 층
    마) 공장 또는 창고시설 중 9)가)에 해당하지 않는 것으로서 「화재의 예방 및 안전관리에 관한 법률 시행령」별표 2에서 정하는 수량의 500배 이상의 특수가연물을 저장·취급하는 시설
11) 교정 및 군사시설 중 다음의 어느 하나에 해당하는 경우에는 해당 장소
    가) 보호감호소, 교도소, 구치소 및 그 지소, 보호관찰소, 갱생보호시설, 치료감호시설, 소년원 및 소년분류심사원의 수용거실
    나)「출입국관리법」제52조제2항에 따른 보호시설(외국인보호소의 경우에는 보호대상자의 생활공간으로 한정한다. 이하 같다)로 사용하는 부분. 다만, 보호시설이 임차건물에 있는 경우는 제외한다.
    다)「경찰관 직무집행법」제9조에 따른 유치장
12) 지하가(터널은 제외한다)로서 연면적 1천㎡ 이상인 것
13) 발전시설 중 전기저장시설
14) 1)부터 13)까지의 특정소방대상물에 부속된 보일러실 또는 연결통로 등
마. 간이스프링클러설비를 설치해야 하는 특정소방대상물은 다음의 어느 하나에 해당하는 것으로 한다.
1) 공동주택 중 연립주택 및 다세대주택(연립주택 및 다세대주택에 설치하는 간이스프링클러설비는 화재안전기준에 따른 주택전용 간이스프링클러설비를 설치한다)
2) 근린생활시설 중 다음의 어느 하나에 해당하는 것
    가) 근린생활시설로 사용하는 부분의 바닥면적 합계가 1천㎡ 이상인 것은 모든 층
    나) 의원, 치과의원 및 한의원으로서 입원실이 있는 시설
    다) 조산원 및 산후조리원으로서 연면적 600㎡ 미만인 시설
3) 의료시설 중 다음의 어느 하나에 해당하는 시설
    가) 종합병원, 병원, 치과병원, 한방병원 및 요양병원(의료재활시설은 제외한다)으로 사용되는 바닥면적의 합계가 600㎡ 미만인 시설
    나) 정신의료기관 또는 의료재활시설로 사용되는 바닥면적의 합계가 300㎡ 이상 600㎡ 미만인 시설

다) 정신의료기관 또는 의료재활시설로 사용되는 바닥면적의 합계가 300㎡ 미만이고, 창살(철재ㆍ플라스틱 또는 목재 등으로 사람의 탈출 등을 막기 위하여 설치한 것을 말하며, 화재 시 자동으로 열리는 구조로 되어 있는 창살은 제외한다)이 설치된 시설
4) 교육연구시설 내에 합숙소로서 연면적 100㎡ 이상인 경우에는 모든 층
5) 노유자 시설로서 다음의 어느 하나에 해당하는 시설
  가) 제7조제1항제7호 각 목에 따른 시설[같은 호 가목 2) 및 같은 호 나목부터 바목까지의 시설 중 단독주택 또는 공동주택에 설치되는 시설은 제외하며, 이하 "노유자 생활시설"이라 한다]
  나) 가)에 해당하지 않는 노유자 시설로 해당 시설로 사용하는 바닥면적의 합계가 300㎡ 이상 600㎡ 미만인 시설
  다) 가)에 해당하지 않는 노유자 시설로 해당 시설로 사용하는 바닥면적의 합계가 300㎡ 미만이고, 창살(철재ㆍ플라스틱 또는 목재등으로 사람의 탈출등을 막기 위하여 설치한 것을 말하며, 화재 시 자동으로 열리는 구조로 되어 있는 창살은 제외한다)이 설치된 시설
6) 숙박시설로 사용되는 바닥면적의 합계가 300㎡ 이상 600㎡ 미만인 시설
7) 건물을 임차하여 「출입국관리법」 제52조제2항에 따른 보호시설로 사용하는 부분
8) 복합건축물(별표 2 제30호나목의 복합건축물만 해당한다)로서 연면적 1천㎡ 이상인 것은 모든 층
바. 물분무등소화설비를 설치해야 하는 특정소방대상물(위험물 저장 및 처리 시설 중 가스시설 및 지하구는 제외한다)은 다음의 어느 하나에 해당하는 것으로 한다.
1) 항공기 및 자동차 관련 시설 중 항공기 격납고
2) 차고, 주차용 건축물 또는 철골 조립식 주차시설. 이 경우 연면적 800㎡ 이상인 것만 해당한다.
3) 건축물의 내부에 설치된 차고ㆍ주차장으로서 차고 또는 주차의 용도로 사용되는 면적이 200㎡ 이상인 경우 해당 부분(50세대 미만 연립주택 및 다세대주택은 제외한다)
4) 기계장치에 의한 주차시설을 이용하여 20대 이상의 차량을 주차할 수 있는 시설
5) 특정소방대상물에 설치된 전기실ㆍ발전실ㆍ변전실(가연성 절연유를 사용하지 않는 변압기ㆍ전류차단기 등의 전기기기와 가연성 피복을 사용하지 않은 전선 및 케이블만을 설치한 전기실ㆍ발전실 및 변전실은 제외한다)ㆍ축전지실ㆍ통신기기실 또는 전산실, 그 밖에 이와 비슷한 것으로서 바닥면적이 300㎡ 이상인 것[하나의 방화구획 내에 둘 이상의 실(室)이 설치되어 있는 경우에는 이를 하나의 실로 보아 바닥면적을 산정한다]. 다만, 내화구조로 된 공정제어실 내에 설치된 주조정실로서 양압시설(외부 오염 공기 침투를 차단하고 내부의 나쁜 공기가 자연스럽게 외부로 흐를 수 있도록 한 시설을 말한다)이 설치되고 전기기기에 220볼트 이하인 저전압이 사용되며 종업원이 24시간 상주하는 곳은 제외한다.
6) 소화수를 수집ㆍ처리하는 설비가 설치되어 있지 않은 중ㆍ저준위방사성폐기물의 저장시설. 이 시설에는 이산화탄소소화설비, 할론소화설비 또는 할로겐화합물 및 불활성기체 소화설비를 설치해야 한다.
7) 지하가 중 예상 교통량, 경사도 등 터널의 특성을 고려하여 행정안전부령으로 정하는 터널. 이 시설에는 물분무소화설비를 설치해야 한다.
8) 국가유산 중 「문화유산의 보존 및 활용에 관한 법률」에 따른 지정문화유산(문화유산자료를 제외한다) 또는 「자연유산의 보존 및 활용에 관한 법률」에 따른 천연기념물등(자연유산자료를 제외한다)으로서 소방청장이 국가유산청장과 협의하여 정하는 것

사. 옥외소화전설비를 설치해야 하는 특정소방대상물(아파트등, 위험물 저장 및 처리 시설 중 가스시설, 지하구 및 지하가 중 터널은 제외한다)은 다음의 어느 하나에 해당하는 것으로 한다.
  1) 지상 1층 및 2층의 바닥면적의 합계가 9천㎡ 이상인 것. 이 경우 같은 구(區) 내의 둘 이상의 특정소방대상물이 행정안전부령으로 정하는 연소(延燒) 우려가 있는 구조인 경우에는 이를 하나의 특정소방대상물로 본다.
  2) 문화유산 중「문화유산의 보존 및 활용에 관한 법률」제23조에 따라 보물 또는 국보로 지정된 목조건축물
  3) 1)에 해당하지 않는 공장 또는 창고시설로서「화재의 예방 및 안전관리에 관한 법률 시행령」별표 2에서 정하는 수량의 750배 이상의 특수가연물을 저장·취급하는 것

2. 경보설비
  가. 단독경보형 감지기를 설치해야 하는 특정소방대상물은 다음의 어느 하나에 해당하는 것으로 한다. 이 경우 5)의 연립주택 및 다세대주택에 설치하는 단독경보형 감지기는 연동형으로 설치해야 한다.
    1) 교육연구시설 내에 있는 기숙사 또는 합숙소로서 연면적 2천㎡ 미만인 것
    2) 수련시설 내에 있는 기숙사 또는 합숙소로서 연면적 2천㎡ 미만인 것
    3) 다목7)에 해당하지 않는 수련시설(숙박시설이 있는 것만 해당한다)
    4) 연면적 400㎡ 미만의 유치원
    5) 공동주택 중 연립주택 및 다세대주택
  나. 비상경보설비를 설치해야 하는 특정소방대상물(모래·석재 등 불연재료 공장 및 창고시설, 위험물 저장 및 처리 시설 중 가스시설, 사람이 거주하지 않거나 벽이 없는 축사 등 동물 및 식물 관련 시설 및 지하구는 제외한다)은 다음의 어느 하나에 해당하는 것으로 한다.
    1) 연면적 400㎡ 이상인 것은 모든 층
    2) 지하층 또는 무창층의 바닥면적이 150㎡(공연장의 경우 100㎡) 이상인 것은 모든 층
    3) 지하가 중 터널로서 길이가 500m 이상인 것
    4) 50명 이상의 근로자가 작업하는 옥내 작업장
  다. 자동화재탐지설비를 설치해야 하는 특정소방대상물은 다음의 어느 하나에 해당하는 것으로 한다.
    1) 공동주택 중 아파트등·기숙사 및 숙박시설의 경우에는 모든 층
    2) 층수가 6층 이상인 건축물의 경우에는 모든 층
    3) 근린생활시설(목욕장은 제외한다), 의료시설(정신의료기관 및 요양병원은 제외한다), 위락시설, 장례시설 및 복합건축물로서 연면적 600㎡ 이상인 경우에는 모든 층
    4) 근린생활시설 중 목욕장, 문화 및 집회시설, 종교시설, 판매시설, 운수시설, 운동시설, 업무시설, 공장, 창고시설, 위험물 저장 및 처리 시설, 항공기 및 자동차 관련 시설, 교정 및 군사시설 중 국방·군사시설, 방송통신시설, 발전시설, 관광 휴게시설, 지하가(터널은 제외한다)로서 연면적 1천㎡ 이상인 경우에는 모든 층
    5) 교육연구시설(교육시설 내에 있는 기숙사 및 합숙소를 포함한다), 수련시설(수련시설 내에 있는 기숙사 및 합숙소를 포함하며, 숙박시설이 있는 수련시설은 제외한다), 동물 및 식물 관련 시설(기둥과 지붕만으로 구성되어 외부와 기류가 통하는 장소는 제외한다), 자원순환 관련 시설, 교정 및 군사시설(국방·군사시설은 제외한다) 또는 묘지 관련 시설로서 연면적 2천㎡ 이상인 경우에는 모든 층
    6) 노유자 생활시설의 경우에는 모든 층
    7) 6)에 해당하지 않는 노유자 시설로서 연면적 400㎡ 이상인 노유자 시설 및 숙박시설이

있는 수련시설로서 수용인원 100명 이상인 경우에는 모든 층
   8) 의료시설 중 정신의료기관 또는 요양병원으로서 다음의 어느 하나에 해당하는 시설
      가) 요양병원(의료재활시설은 제외한다)
      나) 정신의료기관 또는 의료재활시설로 사용되는 바닥면적의 합계가 300㎡ 이상인 시설
      다) 정신의료기관 또는 의료재활시설로 사용되는 바닥면적의 합계가 300㎡ 미만이고, 창살(철재·플라스틱 또는 목재 등으로 사람의 탈출 등을 막기 위하여 설치한 것을 말하며, 화재 시 자동으로 열리는 구조로 되어 있는 창살은 제외한다)이 설치된 시설
   9) 판매시설 중 전통시장
   10) 지하가 중 터널로서 길이가 1천m 이상인 것
   11) 지하구
   12) 3)에 해당하지 않는 근린생활시설 중 조산원 및 산후조리원
   13) 4)에 해당하지 않는 공장 및 창고시설로서「화재의 예방 및 안전관리에 관한 법률 시행령」별표 2에서 정하는 수량의 500배 이상의 특수가연물을 저장·취급하는 것
   14) 4)에 해당하지 않는 발전시설 중 전기저장시설
라. 시각경보기를 설치해야 하는 특정소방대상물은 다목에 따라 자동화재탐지설비를 설치해야하는 특정소방대상물 중 다음의 어느 하나에 해당하는 것으로 한다.
   1) 근린생활시설, 문화 및 집회시설, 종교시설, 판매시설, 운수시설, 의료시설, 노유자 시설
   2) 운동시설, 업무시설, 숙박시설, 위락시설, 창고시설 중 물류터미널, 발전시설 및 장례시설
   3) 교육연구시설 중 도서관, 방송통신시설 중 방송국
   4) 지하가 중 지하상가
마. 화재알림설비를 설치해야 하는 특정소방대상물은 판매시설 중 전통시장으로 한다.
바. 비상방송설비를 설치해야 하는 특정소방대상물(위험물 저장 및 처리 시설 중 가스시설, 사람이 거주하지 않거나 벽이 없는 축사 등 동물 및 식물 관련 시설, 지하가 중 터널 및 지하구는 제외한다)은 다음의 어느 하나에 해당하는 것으로 한다.
   1) 연면적 3천5백㎡ 이상인 것은 모든 층
   2) 층수가 11층 이상인 것은 모든 층
   3) 지하층의 층수가 3층 이상인 것은 모든 층
사. 자동화재속보설비를 설치해야 하는 특정소방내상물은 다음의 어느 하나에 해당하는 것으로 한다. 다만, 방재실 등 화재 수신기가 설치된 장소에 24시간 화재를 감시할 수 있는 사람이 근무하고 있는 경우에는 자동화재속보설비를 설치하지 않을 수 있다.
   1) 노유자 생활시설
   2) 노유자 시설로서 바닥면적이 500㎡ 이상인 층이 있는 것
   3) 수련시설(숙박시설이 있는 것만 해당한다)로서 바닥면적이 500㎡ 이상인 층이 있는 것
   4) 문화유산 중「문화유산의 보존 및 활용에 관한 법률」제23조에 따라 보물 또는 국보로 지정된 목조건축물
   5) 근린생활시설 중 다음의 어느 하나에 해당하는 시설
      가) 의원, 치과의원 및 한의원으로서 입원실이 있는 시설
      나) 조산원 및 산후조리원
   6) 의료시설 중 다음의 어느 하나에 해당하는 것
      가) 종합병원, 병원, 치과병원, 한방병원 및 요양병원(의료재활시설은 제외한다)
      나) 정신병원 및 의료재활시설로 사용되는 바닥면적의 합계가 500㎡ 이상인 층이 있는 것
   7) 판매시설 중 전통시장
아. 통합감시시설을 설치해야 하는 특정소방대상물은 지하구로 한다.

자. 누전경보기는 계약전류용량(같은 건축물에 계약 종류가 다른 전기가 공급되는 경우에는 그 중 최대계약전류용량을 말한다)이 100암페어를 초과하는 특정소방대상물(내화구조가 아닌 건축물로서 벽·바닥 또는 반자의 전부나 일부를 불연재료 또는 준불연재료가 아닌 재료에 철망을 넣어 만든 것만 해당한다)에 설치해야 한다. 다만, 위험물 저장 및 처리 시설 중 가스 시설, 지하가 중 터널 및 지하구의 경우에는 그렇지 않다.

차. 가스누설경보기를 설치해야 하는 특정소방대상물(가스시설이 설치된 경우만 해당한다)은 다음의 어느 하나에 해당하는 것으로 한다.
  1) 문화 및 집회시설, 종교시설, 판매시설, 운수시설, 의료시설, 노유자 시설
  2) 수련시설, 운동시설, 숙박시설, 창고시설 중 물류터미널, 장례시설

3. 피난구조설비

가. 피난기구는 특정소방대상물의 모든 층에 화재안전기준에 적합한 것으로 설치해야 한다. 다만, 피난층, 지상 1층, 지상 2층(노유자 시설 중 피난층이 아닌 지상 1층과 피난층이 아닌 지상 2층은 제외한다), 층수가 11층 이상인 층과 위험물 저장 및 처리시설 중 가스시설, 지하가 중 터널 및 지하구의 경우에는 그렇지 않다.

나. 인명구조기구를 설치해야 하는 특정소방대상물은 다음의 어느 하나에 해당하는 것으로 한다.
  1) 방열복 또는 방화복(안전모, 보호장갑 및 안전화를 포함한다), 인공소생기 및 공기호흡기를 설치해야 하는 특정소방대상물 : 지하층을 포함하는 층수가 7층 이상인 것 중 관광호텔 용도로 사용하는 층
  2) 방열복 또는 방화복(안전모, 보호장갑 및 안전화를 포함한다) 및 공기호흡기를 설치해야 하는 특정소방대상물 : 지하층을 포함하는 층수가 5층 이상인 것 중 병원 용도로 사용하는 층
  3) 공기호흡기를 설치해야 하는 특정소방대상물은 다음의 어느 하나에 해당하는 것으로 한다.
    가) 수용인원 100명 이상인 문화 및 집회시설 중 영화상영관
    나) 판매시설 중 대규모점포
    다) 운수시설 중 지하역사
    라) 지하가 중 지하상가
    마) 제1호바목 및 화재안전기준에 따라 이산화탄소소화설비(호스릴이산화탄소소화설비는 제외한다)를 설치해야 하는 특정소방대상물

다. 유도등을 설치해야 하는 특정소방대상물은 다음의 어느 하나에 해당하는 것으로 한다.
  1) 피난구유도등, 통로유도등 및 유도표지는 특정소방대상물에 설치한다. 다만, 다음의 어느 하나에 해당하는 경우는 제외한다.
    가) 동물 및 식물 관련 시설 중 축사로서 가축을 직접 가두어 사육하는 부분
    나) 지하가 중 터널
  2) 객석유도등은 다음의 어느 하나에 해당하는 특정소방대상물에 설치한다.
    가) 유흥주점영업시설(「식품위생법 시행령」 제21조제8호라목의 유흥주점영업 중 손님이 춤을 출 수 있는 무대가 설치된 카바레, 나이트클럽 또는 그 밖에 이와 비슷한 영업 시설만 해당한다)
    나) 문화 및 집회시설
    다) 종교시설
    라) 운동시설
  3) 피난유도선은 화재안전기준에서 정하는 장소에 설치한다.

라. 비상조명등을 설치해야 하는 특정소방대상물(창고시설 중 창고 및 하역장, 위험물 저장 및 처리 시설 중 가스시설 및 사람이 거주하지 않거나 벽이 없는 축사 등 동물 및 식물 관련

시설은 제외한다)은 다음의 어느 하나에 해당하는 것으로 한다.
  1) 지하층을 포함하는 층수가 5층 이상인 건축물로서 연면적 3천㎡ 이상인 경우에는 모든 층
  2) 1)에 해당하지 않는 특정소방대상물로서 그 지하층 또는 무창층의 바닥면적이 450㎡ 이상인 경우에는 해당 층
  3) 지하가 중 터널로서 그 길이가 500m 이상인 것
 마. 휴대용비상조명등을 설치해야 하는 특정소방대상물은 다음의 어느 하나에 해당하는 것으로 한다.
  1) 숙박시설
  2) 수용인원 100명 이상의 영화상영관, 판매시설 중 대규모점포, 철도 및 도시철도 시설 중 지하역사, 지하가 중 지하상가

4. 소화용수설비

 상수도소화용수설비를 설치해야 하는 특정소방대상물은 다음 각 목의 어느 하나에 해당하는 것으로 한다. 다만, 상수도소화용수설비를 설치해야 하는 특정소방대상물의 대지 경계선으로부터 180m 이내에 지름 75㎜ 이상인 상수도용 배수관이 설치되지 않은 지역의 경우에는 화재안전기준에 따른 소화수조 또는 저수조를 설치해야 한다.
 가. 연면적 5천㎡ 이상인 것. 다만, 위험물 저장 및 처리 시설 중 가스시설, 지하가 중 터널 또는 지하구의 경우에는 제외한다.
 나. 가스시설로서 지상에 노출된 탱크의 저장용량의 합계가 100톤 이상인 것
 다. 자원순환 관련 시설 중 폐기물재활용시설 및 폐기물처분시설

5. 소화활동설비

 가. 제연설비를 설치해야 하는 특정소방대상물은 다음의 어느 하나에 해당하는 것으로 한다.
  1) 문화 및 집회시설, 종교시설, 운동시설 중 무대부의 바닥면적이 200㎡ 이상인 경우에는 해당 무대부
  2) 문화 및 집회시설 중 영화상영관으로서 수용인원 100명 이상인 경우에는 해당 영화상영관
  3) 지하층이나 무창층에 설치된 근린생활시설, 판매시설, 운수시설, 숙박시설, 위락시설, 의료시설, 노유자 시설 또는 창고시설(물류터미널로 한정한다)로서 해당 용도로 사용되는 바닥면적의 합계가 1천㎡ 이상인 경우 해당 부분
  4) 운수시설 중 시외버스정류장, 철도 및 도시철도 시설, 공항시설 및 항만시설의 대기실 또는 휴게시설로서 지하층 또는 무창층의 바닥면적이 1천㎡ 이상인 경우에는 모든 층
  5) 지하가(터널은 제외한다)로서 연면적 1천㎡ 이상인 것
  6) 지하가 중 예상 교통량, 경사도 등 터널의 특성을 고려하여 행정안전부령으로 정하는 터널
  7) 특정소방대상물(갓복도형 아파트등은 제외한다)에 부설된 특별피난계단, 비상용 승강기의 승강장 또는 피난용 승강기의 승강장
 나. 연결송수관설비를 설치해야 하는 특정소방대상물(위험물 저장 및 처리 시설 중 가스시설 및 지하구는 제외한다)은 다음의 어느 하나에 해당하는 것으로 한다.
  1) 층수가 5층 이상으로서 연면적 6천㎡ 이상인 경우에는 모든 층
  2) 1)에 해당하지 않는 특정소방대상물로서 지하층을 포함하는 층수가 7층 이상인 경우에는 모든 층
  3) 1) 및 2)에 해당하지 않는 특정소방대상물로서 지하층의 층수가 3층 이상이고 지하층의 바닥면적의 합계가 1천㎡ 이상인 경우에는 모든 층
  4) 지하가 중 터널로서 길이가 1천m 이상인 것

다. 연결살수설비를 설치해야 하는 특정소방대상물(지하구는 제외한다)은 다음의 어느 하나에 해당하는 것으로 한다.
   1) 판매시설, 운수시설, 창고시설 중 물류터미널로서 해당 용도로 사용되는 부분의 바닥면적의 합계가 1천㎡ 이상인 경우에는 해당 시설
   2) 지하층(피난층으로 주된 출입구가 도로와 접한 경우는 제외한다)으로서 바닥면적의 합계가 150㎡ 이상인 경우에는 지하층의 모든 층. 다만, 「주택법 시행령」 제46조제1항에 따른 국민주택규모 이하인 아파트등의 지하층(대피시설로 사용하는 것만 해당한다)과 교육 연구시설 중 학교의 지하층의 경우에는 700㎡ 이상인 것으로 한다.
   3) 가스시설 중 지상에 노출된 탱크의 용량이 30톤 이상인 탱크시설
   4) 1) 및 2)의 특정소방대상물에 부속된 연결통로
라. 비상콘센트설비를 설치해야 하는 특정소방대상물(위험물 저장 및 처리 시설 중 가스시설 및 지하구는 제외한다)은 다음의 어느 하나에 해당하는 것으로 한다.
   1) 층수가 11층 이상인 특정소방대상물의 경우에는 11층 이상의 층
   2) 지하층의 층수가 3층 이상이고 지하층의 바닥면적의 합계가 1천㎡ 이상인 것은 지하층의 모든 층
   3) 지하가 중 터널로서 길이가 500m 이상인 것
마. 무선통신보조설비를 설치해야 하는 특정소방대상물(위험물 저장 및 처리 시설 중 가스시설은 제외한다)은 다음의 어느 하나에 해당하는 것으로 한다.
   1) 지하가(터널은 제외한다)로서 연면적 1천㎡ 이상인 것
   2) 지하층의 바닥면적의 합계가 3천㎡ 이상인 것 또는 지하층의 층수가 3층 이상이고 지하층의 바닥면적의 합계가 1천㎡ 이상인 것은 지하층의 모든 층
   3) 지하가 중 터널로서 길이가 500m 이상인 것
   4) 지하구 중 공동구
   5) 층수가 30층 이상인 것으로서 16층 이상 부분의 모든 층
바. 연소방지설비는 지하구(전력 또는 통신사업용인 것만 해당한다)에 설치해야 한다.

비고
1. 별표 2 제1호부터 제27호까지 중 어느 하나에 해당하는 시설(이하 이 호에서 "근린생활시설등"이라 한다)의 소방시설 설치기준이 복합건축물의 소방시설 설치기준보다 강화된 경우 복합건축물 안에 있는 해당 근린생활시설등에 대해서는 그 근린생활시설등의 소방시설 설치기준을 적용한다.
2. 원자력발전소 중 「원자력안전법」 제2조에 따른 원자로 및 관계시설에 설치하는 소방시설에 대해서는 「원자력안전법」 제11조 및 제21조에 따른 허가기준에 따라 설치한다.
3. 특정소방대상물의 관계인은 제8조제1항에 따른 내진설계 대상 특정소방대상물 및 제9조에 따른 성능위주설계 대상 특정소방대상물에 설치·관리해야 하는 소방시설에 대해서는 법 제7조에 따른 소방시설의 내진설계기준 및 법 제8조에 따른 성능위주설계의 기준에 맞게 설치·관리해야 한다.

> **시행규칙 제16조**(소방시설을 설치해야 하는 터널) ① 영 별표 4 제1호다목4)나)에서 "행정안전부령으로 정하는 터널"이란 「도로의 구조·시설 기준에 관한 규칙」 제48조에 따라 국토교통부장관이 정하는 도로의 구조 및 시설에 관한 세부 기준에 따라 옥내소화전설비를 설치해야 하는 터널을 말한다.

② 영 별표 4 제1호바목7) 전단에서 "행정안전부령으로 정하는 터널"이란 「도로의 구조 · 시설 기준에 관한 규칙」 제48조에 따라 국토교통부장관이 정하는 도로의 구조 및 시설에 관한 세부 기준에 따라 물분무소화설비를 설치해야 하는 터널을 말한다.

③ 영 별표 4 제5호가목6)에서 "행정안전부령으로 정하는 터널"이란 「도로의 구조 · 시설 기준에 관한 규칙」 제48조에 따라 국토교통부장관이 정하는 도로의 구조 및 시설에 관한 세부 기준에 따라 제연설비를 설치해야 하는 터널을 말한다.

**시행규칙 제17조**(연소 우려가 있는 건축물의 구조) 영 별표 4 제1호사목1) 후단에서 "행정안전부령으로 정하는 연소(延燒) 우려가 있는 구조"란 다음 각 호의기준에 모두 해당하는 구조를 말한다.

1. 건축물대장의 건축물 현황도에 표시된 대지경계선 안에 둘 이상의 건축물이 있는 경우
2. 각각의 건축물이 다른 건축물의 외벽으로부터 수평거리가 1층의 경우에는 6미터 이하, 2층 이상의 층의 경우에는 10미터 이하인 경우
3. 개구부(영 제2조제1호 각 목 외의 부분에 따른 개구부를 말한다)가 다른 건축물을 향하여 설치되어 있는 경우

## 9 내용연수

① 대상 : 분말형태의 소화약제를 사용하는 소화기
② 내용연수 : 10년

## 10 수용인원 산정

■ 소방시설 설치 및 관리에 관한 법률 시행령 [별표 7]

### 수용인원의 산정 방법(제17조 관련)

1. 숙박시설이 있는 특정소방대상물
   가. 침대가 있는 숙박시설 : 해당 특정소방대상물의 종사자 수에 침대 수(2인용 침대는 2개로 산정한다)를 합한 수
   나. 침대가 없는 숙박시설 : 해당 특정소방대상물의 종사자 수에 숙박시설 바닥면적의 합계를 3㎡로 나누어 얻은 수를 합한 수
2. 제1호 외의 특정소방대상물
   가. 강의실 · 교무실 · 상담실 · 실습실 · 휴게실 용도로 쓰는 특정소방대상물 : 해당 용도로 사용하는 바닥면적의 합계를 1.9㎡로 나누어 얻은 수
   나. 강당, 문화 및 집회시설, 운동시설, 종교시설 : 해당 용도로 사용하는 바닥면적의 합계를

4.6m²로 나누어 얻은 수(관람석이 있는 경우 고정식 의자를 설치한 부분은 그 부분의 의자 수로 하고, 긴 의자의 경우에는 의자의 정면너비를 0.45m로 나누어 얻은 수로 한다)
다. 그 밖의 특정소방대상물 : 해당 용도로 사용하는 바닥면적의 합계를 3m²로 나누어 얻은 수

비고
1. 위 표에서 바닥면적을 산정할 때에는 복도(「건축법 시행령」 제2조제11호에 따른 준불연재료 이상의 것을 사용하여 바닥에서 천장까지 벽으로 구획한 것을 말한다), 계단 및 화장실의 바닥면적을 포함하지 않는다.
2. 계산 결과 소수점 이하의 수는 반올림한다.

## 11 임시소방시설

① 임시소방시설을 설치하여야 하는 작업(대통령령으로 정하는 작업)
  ㉠ 인화성ㆍ가연성ㆍ폭발성 물질을 취급하거나 가연성 가스를 발생시키는 작업
  ㉡ 용접ㆍ용단(금속ㆍ유리ㆍ플라스틱 따위를 녹여서 절단하는 일을 말한다) 등 불꽃을 발생시키거나 화기(火氣)를 취급하는 작업
  ㉢ 전열기구, 가열전선 등 열을 발생시키는 기구를 취급하는 작업
  ㉣ 알루미늄, 마그네슘 등을 취급하여 폭발성 부유분진(공기 중에 떠다니는 미세한 입자를 말한다)을 발생시킬 수 있는 작업
  ㉤ 그 밖에 제1호부터 제4호까지와 비슷한 작업으로 소방청장이 정하여 고시하는 작업
② 임시소방시설의 종류 및 설치기준 등

■ 소방시설 설치 및 관리에 관한 법률 시행령 [별표 8] [시행일 : 2023. 7. 1.] 제1호라목, 제1호바목, 제1호사목, 제2호라목, 제2호바목, 제2호사목

**임시소방시설의 종류와 설치기준 등**(제18조제2항 및 제3항 관련)

1. 임시소방시설의 종류
  가. 소화기
  나. 간이소화장치 : 물을 방사(放射)하여 화재를 진화할 수 있는 장치로서 소방청장이 정하는 성능을 갖추고 있을 것
  다. 비상경보장치 : 화재가 발생한 경우 주변에 있는 작업자에게 화재사실을 알릴 수 있는 장치로서 소방청장이 정하는 성능을 갖추고 있을 것
  라. 가스누설경보기 : 가연성 가스가 누설되거나 발생된 경우 이를 탐지하여 경보하는 장치로서 법 제37조에 따른 형식승인 및 제품검사를 받은 것
  마. 간이피난유도선 : 화재가 발생한 경우 피난구 방향을 안내할 수 있는 장치로서 소방청장

이 정하는 성능을 갖추고 있을 것
    바. 비상조명등 : 화재가 발생한 경우 안전하고 원활한 피난활동을 할 수 있도록 자동 점등되는 조명장치로서 소방청장이 정하는 성능을 갖추고 있을 것
    사. 방화포 : 용접·용단 등의 작업 시 발생하는 불티로부터 가연물이 점화되는 것을 방지해 주는 천 또는 불연성 물품으로서 소방청장이 정하는 성능을 갖추고 있을 것
2. 임시소방시설을 설치해야 하는 공사의 종류와 규모
    가. 소화기 : 법 제6조제1항에 따라 소방본부장 또는 소방서장의 동의를 받아야 하는 특정소방대상물의 신축·증축·개축·재축·이전·용도변경 또는 대수선 등을 위한 공사 중 법제15조제1항에 따른 화재위험작업의 현장(이하 이 표에서 "화재위험작업현장"이라 한다)에 설치한다.
    나. 간이소화장치 : 다음의 어느 하나에 해당하는 공사의 화재위험작업현장에 설치한다.
        1) 연면적 3천㎡ 이상
        2) 지하층, 무창층 또는 4층 이상의 층. 이 경우 해당 층의 바닥면적이 600㎡ 이상인 경우만 해당한다.
    다. 비상경보장치 : 다음의 어느 하나에 해당하는 공사의 화재위험작업현장에 설치한다.
        1) 연면적 400㎡ 이상
        2) 지하층 또는 무창층. 이 경우 해당 층의 바닥면적이 150㎡ 이상인 경우만 해당한다.
    라. 가스누설경보기 : 바닥면적이 150㎡ 이상인 지하층 또는 무창층의 화재위험작업현장에 설치한다.
    마. 간이피난유도선 : 바닥면적이 150㎡ 이상인 지하층 또는 무창층의 화재위험작업현장에 설치한다.
    바. 비상조명등 : 바닥면적이 150㎡ 이상인 지하층 또는 무창층의 화재위험작업현장에 설치한다.
    사. 방화포 : 용접·용단 작업이 진행되는 화재위험작업현장에 설치한다.
3. 임시소방시설과 기능 및 성능이 유사한 소방시설로서 임시소방시설을 설치한 것으로 보는 소방시설
    가. 간이소화장지를 설치한 것으로 보는 소방시설 : 소방청장이 정하여 고시하는 기준에 맞는 소화기(연결송수관설비의 방수구 인근에 설치한 경우로 한정한다) [대형소화기를 연결송수관설비의 방수구 인근 장소에 6개 이상을 배치한 경우] 또는 옥내소화전설비
    나. 비상경보장치를 설치한 것으로 보는 소방시설 : 비상방송설비 또는 자동화재탐지설비
    다. 간이피난유도선을 설치한 것으로 보는 소방시설 : 피난유도선, 피난구유도등, 통로유도등 또는 비상조명등

## 12 소방시설 기준 적용의 특례기준

① 대통령령 또는 화재안전기준이 변경되어 그 기준이 강화되는 경우
  ㉠ 원칙 : 기존의 특정소방대상물(건축물의 신축·개축·재축·이전 및 대수선 중인 특정소방대상물을 포함한다)의 소방시설에 대하여는 변경 전의 대통령령 또는 화재안전기준을 적용한다.

ⓒ 예외 : 다음의 경우 강화된 기준을 적용한다.
　　ⓐ 다음 각 목의 소방시설 중 대통령령 또는 화재안전기준으로 정하는 것
　　　㉮ 소화기구
　　　㉯ 비상경보설비
　　　㉰ 자동화재탐지설비
　　　㉱ 자동화재속보설비
　　　㉲ 피난구조설비
　　ⓑ 다음 각 목의 특정소방대상물에 설치하는 소방시설 중 대통령령 또는 화재안전기준으로 정하는 것
　　　㉮ 「국토의 계획 및이용에 관한 법률」 제2조제9호에 따른 공동구
　　　㉯ 전력 및 통신사업용 지하구
　　　㉰ 노유자(老幼者) 시설
　　　㉱ 의료시설

> **시행령 제13조**(강화된 소방시설기준의 적용대상) 법 제13조제1항제2호 각 목 외의 부분에서 "대통령령으로 정하는 것"이란 다음 각 호의 소방시설을 말한다.
> 1. 「국토의 계획 및 이용에 관한 법률」 제2조제9호에 따른 공동구에 설치하는 소화기, 자동소화장치, 자동화재탐지설비, 통합감시시설, 유도등 및 연소방지설비
> 2. 전력 및 통신사업용 지하구에 설치하는 소화기, 자동소화장치, 자동화재탐지설비, 통합감시시설, 유도등 및 연소방지설비
> 3. 노유자 시설에 설치하는 간이스프링클러설비, 자동화재탐지설비 및 단독경보형감지기
> 4. 의료시설에 설치하는 스프링클러설비, 간이스프링클러설비, 자동화재탐지설비 및 자동화재속보설비

② 증축되는 경우
　㉠ 원칙 : 소방본부장이나 소방서장은 기존의 특정소방대상물이 증축되는 경우에는 대통령령으로 정하는 바에 따라 건물전체에 대하여 증축 당시의 소방시설의 설치에 관한 대통령령 또는 화재안전기준을 적용한다.
　㉡ 예외 : 다음의 경우 기존부분에 대하여는 증축당시의 기준을 적용하지 아니한다.
　　ⓐ 기존 부분과 증축 부분이 내화구조(耐火構造)로 된 바닥과 벽으로 구획된 경우
　　ⓑ 기존 부분과 증축 부분이 「건축법 시행령」 제46조제1항제2호에 따른 자동방화셔터(이하 "자동방화셔터"라 한다) 또는 같은 영 제64조제1항제1호에 따른 60분+ 방화문(이하 "60분+ 방화문"이라 한다)으로 구획되어 있는 경우
　　ⓒ 자동차 생산공장 등 화재 위험이 낮은 특정소방대상물 내부에 연면적 33제곱미터 이하의 직원 휴게실을 증축하는 경우

ⓓ 자동차 생산공장 등 화재 위험이 낮은 특정소방대상물에 캐노피(기둥으로 받치거나 매달아 놓은 덮개를 말하며, 3면 이상에 벽이 없는 구조의 것을 말한다)를 설치하는 경우
③ 용도가 변경되는 경우
㉠ 원칙 : 소방본부장이나 소방서장은 기존의 특정소방대상물이 용도가 변경되는 경우에는 대통령령으로 정하는바에 따라 용도변경되는 부분에 한하여 용도변경당시의 소방시설의 설치에 관한 대통령령 또는 화재안전기준을 적용한다.
㉡ 예외 : 다음의 경우 전체부분에 대하여는 용도변경당시의 기준을 적용하지 아니한다.[전체 그대로 둔다]
ⓐ 특정소방대상물의 구조·설비가 화재연소 확대 요인이 적어지거나 피난 또는 화재진압활동이 쉬워지도록 변경되는 경우
ⓑ 용도변경으로 인하여 천장·바닥·벽 등에 고정되어 있는 가연성 물질의 양이 줄어드는 경우

## 13 소방시설 설치면제 기준

■ 소방시설 설치 및 관리에 관한 법률 시행령 [별표 5]

**특정소방대상물의 소방시설 설치의 면제 기준**(제14조 관련)

| 설치가 면제되는 소방시설 | 설치가 면제되는 기준 |
| --- | --- |
| 1. 자동소화장치 | 자동소화장치(주거용 주방자동소화장치 및 상업용 주방자동소화장치는 제외한다)를 설치해야 하는 특정소방대상물에 물분무등 소화설비를 화재안전기준에 적합하게 설치한 경우에는 그 설비의 유효범위(해당 소방시설이 화재를 감지·소화 또는 경보할 수 있는 부분을 말한다. 이하 같다)에서 설치가 면제된다. |
| 2. 옥내소화전설비 | 소방본부장 또는 소방서장이 옥내소화전설비의 설치가 곤란하다고 인정하는 경우로서 호스릴 방식의 미분무소화설비 또는 옥외소화전설비를 화재안전기준에 적합하게 설치한 경우에는 그 설비의 유효범위에서 설치가 면제된다. |
| 3. 스프링클러설비 | 가. 스프링클러설비를 설치해야 하는 특정소방대상물(발전시설 중 전기저장시설은 제외한다)에 적응성 있는 자동소화장치 또는 물분무등소화설비를 화재안전기준에 적합하게 설치한 경우에는 그 설비의 유효범위에서 설치가 면제된다.<br>나. 스프링클러설비를 설치해야 하는 전기저장시설에 소화설비를 소방청장이 정하여 고시하는 방법에 따라 설치한 경우에는 그 설비의 유효범위에서 설치가 면제된다. |

| 설치가 면제되는 소방시설 | 설치가 면제되는 기준 |
| --- | --- |
| 4. 간이스프링클러 설비 | 간이스프링클러설비를 설치해야 하는 특정소방대상물에 스프링클러설비, 물분무소화설비 또는 미분무소화설비를 화재안전기준에 적합하게 설치한 경우에는 그 설비의 유효범위에서 설치가 면제된다. |
| 5. 물분무등소화설비 | 물분무등소화설비를 설치해야 하는 차고·주차장에 스프링클러설비를 화재안전기준에 적합하게 설치한 경우에는 그 설비의 유효범위에서 설치가 면제된다. |
| 6. 옥외소화전설비 | 옥외소화전설비를 설치해야 하는 문화유산인 목조건축물에 상수도소화 용수설비를 화재안전기준에서 정하는 방수압력·방수량·옥외소화전함 및 호스의 기준에 적합하게 설치한 경우에는 설치가 면제된다. |
| 7. 비상경보설비 | 비상경보설비를 설치해야 할 특정소방대상물에 단독경보형 감지기를 2개 이상의 단독경보형 감지기와 연동하여 설치한 경우에는 그 설비의 유효범위에서 설치가 면제된다. |
| 8. 비상경보설비 또는 단독경보형 감지기 | 비상경보설비 또는 단독경보형 감지기를 설치해야 하는 특정소방대상물에 자동화재탐지설비 또는 화재알림설비를 화재안전기준에 적합하게 설치한 경우에는 그 설비의 유효범위에서 설치가 면제된다. |
| 9. 자동화재탐지설비 | 자동화재탐지설비의 기능(감지·수신·경보기능을 말한다)과 성능을 가진 화재알림설비, 스프링클러설비 또는 물분무등소화설비를 화재안전기준에 적합하게 설치한 경우에는 그 설비의 유효범위에서 설치가 면제된다. |
| 10. 화재알림설비 | 화재알림설비를 설치해야 하는 특정소방대상물에 자동화재탐지설비를 화재안전기준에 적합하게 설치한 경우에는 그 설비의 유효범위에서 설치가 면제된다. |
| 11. 비상방송설비 | 비상방송설비를 설치해야 하는 특정소방대상물에 자동화재탐지설비 또는 비상경보설비와 같은 수준 이상의 음향을 발하는 장치를 부설한 방송설비를 화재안전기준에 적합하게 설치한 경우에는 그 설비의 유효범위에서 설치가 면제된다. |
| 12. 자동화재속보설비 | 자동화재속보설비를 설치해야 하는 특정소방대상물에 화재알림설비를 화재안전기준에 적합하게 설치한 경우에는 그 설비의 유효범위에서 설치가 면제된다. |
| 13. 누전경보기 | 누전경보기를 설치해야 하는 특정소방대상물 또는 그 부분에 아크경보기(옥내 배전선로의 단선이나 선로 손상 등으로 인하여 발생하는 아크를 감지하고 경보하는 장치를 말한다) 또는 전기 관련 법령에 따른 지락차단장치를 설치한 경우에는 그 설비의 유효범위에서 설치가 면제된다. |
| 14. 피난구조설비 | 피난구조설비를 설치해야 하는 특정소방대상물에 그 위치·구조 또는 설비의 상황에 따라 피난상 지장이 없다고 인정되는 경우에는 화재안전기준에서 정하는 바에 따라 설치가 면제된다. |
| 15. 비상조명등 | 비상조명등을 설치해야 하는 특정소방대상물에 피난구유도등 또는 통로유도등을 화재안전기준에 적합하게 설치한 경우에는 그 유도등의 유효범위에서 설치가 면제된다. |

| 설치가 면제되는 소방시설 | 설치가 면제되는 기준 |
|---|---|
| 16. 상수도소화용수설비 | 가. 상수도소화용수설비를 설치해야 하는 특정소방대상물의 각 부분으로부터 수평거리 140m 이내에 공공의 소방을 위한 소화전이 화재안전기준에 적합하게 설치되어 있는 경우에는 설치가 면제된다.<br>나. 소방본부장 또는 소방서장이 상수도소화용수설비의 설치가 곤란하다고 인정하는 경우로서 화재안전기준에 적합한 소화수조 또는 저수조가 설치되어 있거나 이를 설치하는 경우에는 그 설비의 유효범위에서 설치가 면제된다. |
| 17. 제연설비 | 가. 제연설비를 설치해야 하는 특정소방대상물[별표 4 제5호가목6)은 제외한다]에 다음의 어느 하나에 해당하는 설비를 설치한 경우에는 설치가 면제된다.<br>  1) 공기조화설비를 화재안전기준의 제연설비기준에 적합하게 설치하고 공기조화설비가 화재 시 제연설비기능으로 자동전환되는구조로 설치되어 있는 경우<br>  2) 직접 외부 공기와 통하는 배출구의 면적의 합계가 해당 제연구역[제연경계(제연설비의 일부인 천장을 포함한다)에 의하여 구획된 건축물 내의 공간을 말한다] 바닥면적의 100분의 1 이상이고, 배출구부터 각 부분까지의 수평거리가 30m 이내이며, 공기유입구가 화재안전기준에 적합하게(외부 공기를 직접 자연 유입할 경우에 유입구의 크기는 배출구의 크기 이상이어야 한다) 설치되어 있는 경우<br>나. 별표 4 제5호가목6)에 따라 제연설비를 설치해야 하는 특정소방대상물 중 노대(露臺)와 연결된 특별피난계단, 노대가 설치된 비상용 승강기의 승강장 또는 「건축법 시행령」 제91조제5호의 기준에 따라 배연설비가 설치된 피난용 승강기의 승강장에는 설치가 면제된다. |
| 18. 연결송수관설비 | 연결송수관설비를 설치해야 하는 소방대상물에 옥외에 연결송수구 및 옥내에 방수구가 부설된 옥내소화전설비, 스프링클러설비, 간이스프링클러설비 또는 연결살수설비를 화재안전기준에 적합하게 설치한 경우에는 그 설비의 유효범위에서 설치가 면제된다. 다만, 지표면에서 최상층 방수구의 높이가 70m 이상인 경우에는 설치해야 한다. |
| 19. 연결살수설비 | 가. 연결살수설비를 설치해야 하는 특정소방대상물에 송수구를 부설한 스프링클러설비, 간이스프링클러설비, 물분무소화설비 또는 미분무소화설비를 화재안전기준에 적합하게 설치한 경우에는 그 설비의 유효범위에서 설치가 면제된다.<br>나. 가스 관계 법령에 따라 설치되는 물분무장치 등에 소방대가 사용할 수 있는 연결송수구가 설치되거나 물분무장치 등에 6시간 이상 공급할 수 있는 수원(水源)이 확보된 경우에는 설치가 면제된다. |
| 20. 무선통신보조설비 | 무선통신보조설비를 설치해야 하는 특정소방대상물에 이동통신 구내 중계기 선로설비 또는 무선이동중계기(「전파법」 제58조의2에 따른 적합성평가를 받은 제품만 해당한다) 등을 화재안전기준의 무선통신보조설비기준에 적합하게 설치한 경우에는 설치가 면제된다. |
| 21. 연소방지설비 | 연소방지설비를 설치해야 하는 특정소방대상물에 스프링클러설비, 물분무소화설비 또는 미분무소화설비를 화재안전기준에 적합하게 설치한 경우에는 그 설비의 유효범위에서 설치가 면제된다. |

## 14 소방시설을 설치하지 않을 수 있는 특정소방대상물 및 소방시설의 범위

■ 소방시설 설치 및 관리에 관한 법률 시행령 [별표 6]

**소방시설을 설치하지 않을 수 있는 특정소방대상물 및 소방시설의 범위**
(제16조 관련)

| 구 분 | 특정소방대상물 | 설치하지 않을 수 있는 소방시설 |
|---|---|---|
| 1. 화재 위험도가 낮은 특정소방대상물 | 석재, 불연성금속, 불연성 건축재료 등의 가공공장·기계조립공장 또는 불연성 물품을 저장하는 창고 | 옥외소화전 및 연결살수설비 |
| 2. 화재안전기준을 적용하기 어려운 특정소방대상물 | 펄프공장의 작업장, 음료수 공장의 세정 또는 충전을 하는 작업장, 그 밖에 이와 비슷한 용도로 사용하는 것 | 스프링클러설비, 상수도 소화용 수설비 및 연결살수설비 |
| | 정수장, 수영장, 목욕장, 농예·축산·어류양식용 시설, 그 밖에 이와 비슷한 용도로 사용되는 것 | 자동화재탐지설비, 상수도 소화 용수설비 및 연결살수설비 |
| 3. 화재안전기준을 달리 적용해야 하는 특수한 용도 또는 구조를 가진 특정소방대상물 | 원자력발전소, 중·저준위방사성폐기물의 저장시설 | 연결송수관설비 및 연결살수설비 |
| 4.「위험물 안전관리법」제19조에 따른 자체소방대가 설치된 특정소방대상물 | 자체소방대가 설치된 제조소등에 부속된 사무실 | 옥내소화전설비, 소화용수설비, 연결살수설비 및 연결송수관설비 |

## 15 소방기술심의위원회

① 중앙소방기술심의위원회
   ㉠ 설치 : 소방청
   ㉡ 구성 : 위원장 포함 60명 이내
   ㉢ 위원장 : 소방청장이 위원 중 위촉(회의는 위원장과 위원장이 회의마다 지정하는 6명 이상 12명 이하로 구성)
   ㉣ 위원이 될 수 있는 자
      ⓐ 과장급 직위 이상의 소방공무원

ⓑ 소방기술사
ⓒ 소방시설관리사
ⓓ 석사 이상의 소방 관련 학위를 취득한 사람
ⓔ 소방 관련 법인 또는 단체에서 소방 관련 업무에 5년 이상 종사한 사람
ⓕ 소방공무원 교육기관, 대학교 또는 연구소에서 소방과 관련한 교육 또는 연구에 5년 이상 종사한 사람

㉱ 심의사항
ⓐ 화재안전기준에 관한 사항
ⓑ 소방시설의 구조 및 원리 등에서 공법이 특수한 설계 및 시공에 관한 사항
ⓒ 소방시설의 설계 및 공사감리의 방법에 관한 사항
ⓓ 소방시설공사의 하자를 판단하는 기준에 관한 사항
ⓔ 신기술, 신공법 등 검토, 평가에 고도의 기술이 필요한 경우로서 중앙위원회에 심의를 요청한 사항
ⓕ 그 밖에 소방기술 등에 관하여 대통령령으로 정하는 사항
[1. 연면적 10만제곱미터 이상의 특정소방대상물에 설치된 소방시설의 설계·시공·감리의 하자 유무에 관한 사항
2. 새로운 소방시설과 소방용품 등의 도입 여부에 관한 사항
3. 그 밖에 소방기술과 관련하여 소방청장이 심의에 부치는 사항]

② 지방소방기술심의위원회
㉠ 설치 : 시·도
㉡ 구성 : 위원장 포함 5명 이상 9명 이하
㉢ 위원장 : 시·도지사가 위원 중 위촉
㉣ 위원이 될 수 있는 자
ⓐ 해당 시·도 소속 소방공무원
ⓑ 소방기술사
ⓒ 소방시설관리사
ⓓ 석사 이상의 소방 관련 학위를 취득한 사람
ⓔ 소방 관련 법인 또는 단체에서 소방 관련 업무에 5년 이상 종사한 사람
ⓕ 소방공무원 교육기관, 대학교 또는 연구소에서 소방과 관련한 교육 또는 연구에 5년 이상 종사한 사람

㉱ 심의사항
ⓐ 소방시설에 하자가 있는지의 판단에 관한 사항
ⓑ 그 밖에 소방기술 등에 관하여 대통령령으로 정하는 사항

[1. 연면적 10만제곱미터 미만의 특정소방대상물에 설치된 소방시설의 설계·시공·감리의 하자 유무에 관한 사항
2. 소방본부장 또는 소방서장이 화재안전기준 또는 위험물 제조소등의 시설기준의 적용에 관하여 기술검토를 요청하는 사항
3. 그 밖에 소방기술과 관련하여 시·도지사가 심의에 부치는 사항]

## 16 방염

① 방염성능기준 이상의 실내장식물등을 설치하여야 하는 특정소방대상물의 종류
  ㉠ 근린생활시설 중 의원, 조산원, 산후조리원, 체력단련장, 공연장 및 종교집회장
  ㉡ 건축물의 옥내에 있는 시설로서 다음 각 목의 시설
    ⓐ 문화 및 집회시설
    ⓑ 종교시설
    ⓒ 운동시설(수영장은 제외한다)
  ㉢ 의료시설
  ㉣ 교육연구시설 중 합숙소
  ㉤ 노유자시설
  ㉥ 숙박이 가능한 수련시설
  ㉦ 숙박시설
  ㉧ 방송통신시설 중 방송국 및 촬영소
  ㉨ 다중이용업소
  ㉩ ㉠부터 ㉨까지의 시설에 해당하지 않는 것으로서 층수가 11층 이상인 것(아파트는 제외한다)
② 방염대상물품의 종류
  ㉠ 제조 또는 가공 공정에서 방염처리를 한 물품(합판·목재류의 경우에는 설치 현장에서 방염처리를 한 것을 포함한다)으로서 다음 각 목의 어느 하나에 해당하는 것
    ⓐ 창문에 설치하는 커튼류(블라인드를 포함한다)
    ⓑ 카펫, 벽지류(두께가 2밀리미터 미만인 종이벽지는 제외한다)
    ⓒ 전시용 합판 또는 섬유판, 무대용 합판 또는 섬유판(합판·목재류의 경우 불가피하게 설치 현장에서 방염처리한 것을 포함한다)
    ⓓ 암막·무대막(영화상영관에 설치하는 스크린과 가상체험 체육시설업에 설치하는 스크린을 포함한다)
    ⓔ 섬유류 또는 합성수지류 등을 원료로 하여 제작된 소파·의자(단란주점영업,

유흥주점영업 및 노래연습장업의 영업장에 설치하는 것으로 한정한다)
ⓛ 건축물 내부의 천장이나 벽에 부착하거나 설치하는 것으로서 다음 각 목의 어느 하나에 해당하는 것. 다만, 가구류(옷장, 찬장, 식탁, 식탁용 의자, 사무용 책상, 사무용 의자, 계산대 및 그 밖에 이와 비슷한 것을 말한다. 이하 이 조에서 같다)와 너비 10센티미터 이하인 반자돌림대 등과 「건축법」 제52조에 따른 내부마감재료는 제외한다.
  ⓐ 종이류(두께 2밀리미터 이상인 것을 말한다)·합성수지류 또는 섬유류를 주원료로 한 물품
  ⓑ 합판이나 목재
  ⓒ 공간을 구획하기 위하여 설치하는 간이 칸막이(접이식 등 이동 가능한 벽체나 천장 또는 반자가 실내에 접하는 부분까지 구획하지 아니하는 벽체를 말한다)
  ⓓ 흡음(吸音)이나 방음(防音)을 위하여 설치하는 흡음재(흡음용 커튼을 포함한다) 또는 방음재(방음용 커튼을 포함한다)

③ 방염성능기준(대통령령)
  ㉠ 버너의 불꽃을 제거한 때부터 불꽃을 올리며 연소하는 상태가 그칠 때까지 시간은 20초 이내일 것 [잔염시간 : 20초 이내]
  ㉡ 버너의 불꽃을 제거한 때부터 불꽃을 올리지 아니하고 연소하는 상태가 그칠 때까지 시간은 30초 이내일 것 [잔진시간 : 30초 이내]
  ㉢ 탄화(炭化)한 면적은 50제곱센티미터 이내, 탄화한 길이는 20센티미터 이내일 것
  ㉣ 불꽃에 의하여 완전히 녹을 때까지 불꽃의 접촉 횟수는 3회 이상일 것
  ㉤ 소방청장이 정하여 고시한 방법으로 발연량(發煙量)을 측정하는 경우 최대연기밀도는 400 이하일 것

④ 방염성능기준 이상 권장물품의 종류 : 소방본부장 또는 소방서장은 ②에 따른 물품 외에 다음의 어느 하나에 해당하는 물품의 경우에는 방염처리된 물품을 사용하도록 권장할 수 있다.
  ㉠ 다중이용업소, 의료시설, 노유자시설, 숙박시설 또는 장례식장에서 사용하는 침구류·소파 및 의자
  ㉡ 건축물 내부의 천장 또는 벽에 부착하거나 설치하는 가구류

⑤ 방염성능검사
  ㉠ 방염성능검사권자 : 소방청장
  ㉡ 방염대상물품 중 설치현장에서 방염처리를 하는 합판, 목재에 대한 방염성능검사권자 : 시·도지사

⑥ 방염처리능력평가 : 소방청장이 실시

소방관계법규

### 17 소방시설의 자체점검 등

① 소방시설등에 대한 자체점검은 다음과 같이 구분한다.
　㉠ 작동점검 : 소방시설등을 인위적으로 조작하여 소방시설이 정상적으로 작동하는지를 소방청장이 정하여 고시하는 소방시설등 작동점검표에 따라 점검하는 것을 말한다.
　㉡ 종합점검 : 소방시설등의 작동점검을 포함하여 소방시설등의 설비별 주요 구성부품의 구조기준이 화재안전기준과 「건축법」 등 관련 법령에서 정하는 기준에 적합한 지 여부를 소방청장이 정하여 고시하는 소방시설등 종합점검표에 따라 점검하는 것을 말하며, 다음과 같이 구분한다.
　　ⓐ 최초점검 : 법 제22조제1항제1호에 따라 소방시설이 새로 설치되는 경우 「건축법」 제22조에 따라 건축물을 사용할 수 있게 된 날부터 60일 이내 점검하는 것을 말한다.
　　ⓑ 그 밖의 종합점검 : 최초점검을 제외한 종합점검을 말한다.

② 점검대상 및 시기, 점검자자격

| 대 상 | | 횟수 · 시기 | | 점검자 |
|---|---|---|---|---|
| 작동<br>점검 | 모든 특정소방대상물<br>[3급이상에 해당]<br><제외 대상><br>1. 특급소방안전관리대상물<br>(종합점검만 연 2회)<br>2. 소방안전관리대상물에 속하지 않는 대상물<br>3. 위험물 제조소등 | • 원칙 : 연 1회 | | 관계인<br>(자탐,간이만해당) |
| | | 종합<br>점검 대상<br>× | 안전관리 대상물의 사용 승인일이 속하는 달의 말일까지 | 소방안전관리자<br>(기술사,관리사) |
| | | 종합<br>점검 대상<br>○ | 종합실시월로부터 6개월이 되는 달에 실시 | 관리업자[관리사]<br>(자탐, 간이는 특급점검자가능) |
| 종합<br>점검 | 최초<br>점검 | 3급이상대상중 최초사용승인 건축물 | 사용승인일로부터 60일이내 | 소방안전<br>관리자<br>(기술사, 관리사)<br><br>관리업자<br>[관리사] |
| | 그밖<br>점검 | 스프링클러설비가 설치된 특정소방대상물 | • 원칙 : 연 1회<br>(최초사용승인해 다음해부터 사용 승인일이 속하는 달의 말일까지)<br><br>예 학교 : 1~6월이 사용승인일인 경우 6월 말일까지<br><br>• 특급 소방안전관리대상물<br>: 연2회 (반기별 1회) | | |
| | | 물분무등소화설비가 설치된 연면적 5,000[㎡] 이상인 특정소방대상물 | | | |
| | | 연면적 2,000[㎡] 이상 다중이용업소 (9종) | | | |
| | | 옥내소화전설비 또는 자동화재탐지설비가 설치된 연면적 1,000[㎡] 이상 공공기관(소방대 제외) | | | |
| | | 제연설비가 설치된 터널 | | | |

[점검대상 및 시기 그 외 기타사항]

4. 제1호에도 불구하고 「공공기관의 소방안전관리에 관한 규정」 제2조에 따른 공공기관의 장은 공공기관에 설치된 소방시설등의 유지·관리상태를 맨눈 또는 신체감각을 이용하여 점검하는 외관점검을 월 1회 이상 실시(작동점검 또는 종합점검을 실시한 달에는 실시하지 않을 수 있다)하고, 그 점검 결과를 2년간 자체 보관해야 한다. 이 경우 외관점검의 점검자는 해당 특정소방대상물의 관계인, 소방안전관리자 또는 관리업자(소방시설관리사를 포함하여 등록된 기술인력을 말한다)로 해야 한다.

5. 제1호 및 제4호에도 불구하고 공공기관의 장은 해당 공공기관의 전기시설물 및 가스시설에 대하여 다음 각 목의 구분에 따른 점검 또는 검사를 받아야 한다.
   가. 전기시설물의 경우 : 「전기사업법」 제63조에 따른 사용전검사
   나. 가스시설의 경우 : 「도시가스사업법」 제17조에 따른 검사, 「고압가스 안전관리법」 제16조의2 및 제20조제4항에 따른 검사 또는 「액화석유가스의 안전관리 및 사업법」 제37조 및 제44조제2항·제4항에 따른 검사

6. 공동주택(아파트등으로 한정한다) 세대별 점검방법은 다음과 같다.
   가. 관리자(관리소장, 입주자대표회의 및 소방안전관리자를 포함한다. 이하 같다) 및 입주민(세대 거주자를 말한다)은 2년 이내 모든 세대에 대하여 점검을 해야 한다.
   나. 가목에도 불구하고 아날로그감지기 등 특수감지기가 설치되어 있는 경우에는 수신기에서 원격 점검할 수 있으며, 점검할 때마다 모든 세대를 점검해야 한다. 다만, 자동화재탐지설비의 선로 단선이 확인되는 때에는 단선이 난 세대 또는 그 경계구역에 대하여 현장점검을 해야 한다.
   다. 관리자는 수신기에서 원격 점검이 불가능한 경우 매년 작동점검만 실시하는 공동주택은 1회 점검 시 마다 전체 세대수의 50퍼센트 이상, 종합점검을 실시하는 공동주택은 1회 점검 시 마다 전체 세대수의 30퍼센트 이상 점검하도록 자체점검 계획을 수립·시행해야 한다.
   라. 관리자 또는 해당 공동주택을 점검하는 관리업자는 입주민이 세대 내에 설치된 소방시설등을 스스로 점검할 수 있도록 소방청 또는 사단법인 한국소방시설관리협회의 홈페이지에 게시되어 있는 공동주택 세대별 점검 동영상을 입주민이 시청할 수 있도록 안내하고, 점검서식(별지 제36호서식 소방시설 외 관점검표를 말한다)을 사전에 배부해야 한다.
   마. 입주민은 점검서식에 따라 스스로 점검하거나 관리자 또는 관리업자로 하여금 대신 점검하게 할 수 있다. 입주민이 스스로 점검한 경우에는 그 점검 결과를 관

바. 관리자는 관리업자로 하여금 세대별 점검을 하고자 하는 경우에는 사전에 점검 일정을 입주민에게 사전에 공지하고 세대별 점검 일자를 파악하여 관리업자에게 알려주어야 한다. 관리업자는 사전 파악된 일정에 따라 세대별 점검을 한 후 관리자에게 점검 현황을 제출해야 한다.

사. 관리자는 관리업자가 점검하기로 한 세대에 대하여 입주민의 사정으로 점검을 하지 못한 경우 입주민이 스스로 점검할 수 있도록 다시 안내해야 한다. 이 경우 입주민이 관리업자로 하여금 다시 점검받기를 원하는 경우 관리업자로 하여금 추가로 점검하게 할 수 있다.

아. 관리자는 세대별 점검현황(입주민 부재 등 불가피한 사유로 점검을 하지 못한 세대 현황을 포함한다)을 작성하여 자체점검이 끝난 날부터 2년간 자체 보관해야 한다.

비고
1. 신축·증축·개축·재축·이전·용도변경 또는 대수선 등으로 소방시설이 새로 설치된 경우에는 해당 특정소방대상물의 소방시설 전체에 대하여 실시한다.
2. 작동점검 및 종합점검(최초점검은 제외한다)은 건축물 사용승인 후 그 다음 해부터 실시한다.
3. 특정소방대상물이 증축·용도변경 또는 대수선 등으로 사용승인일이 달라지는 경우 사용승인일이 빠른 날을 기준으로 자체점검을 실시한다.

③ **점검결과보고서의 제출**
㉠ 관리업자 또는 소방안전관리자로 선임된 소방시설관리사 및 소방기술사(이하 "관리업자등"이라 한다)는 자체점검을 실시한 경우에는 법 제22조제1항 각 호 외의 부분 후단에 따라 그 점검이 끝난 날부터 10일 이내에 별지 제9호서식의 소방시설등 자체점검 실시결과 보고서(전자문서로 된 보고서를 포함한다)에 소방청장이 정하여 고시하는 소방시설등점검표를 첨부하여 관계인에게 제출해야 한다.
㉡ 제1항에 따른 자체점검 실시결과 보고서를 제출받거나 스스로 자체점검을 실시한 관계인은 법 제 23조제3항에 따라 자체점검이 끝난 날부터 15일 이내에 별지 제9호서식의 소방시설등 자체점검 실시결과 보고서(전자문서로 된 보고서를 포함한다)에 다음 각 호의 서류를 첨부하여 소방본부장 또는 소방서장에게 서면이나 소방청장이 지정하는 전산망을 통하여 보고해야 한다.
1. 점검인력 배치확인서(관리업자가 점검한 경우만 해당한다)

2. 별지 제10호서식의 소방시설등의 자체점검 결과 이행계획서
ⓒ 제1항 및 제2항에 따른 자체점검 실시결과의 보고기간에는 공휴일 및 토요일은 산입하지 않는다.
ⓔ 제2항에 따라 소방본부장 또는 소방서장에게 자체점검 실시결과 보고를 마친 관계인은 소방시설등 자체점검 실시결과 보고서(소방시설등점검표를 포함한다)를 점검이 끝난 날부터 2년간 자체 보관해야 한다.
ⓜ 제2항에 따라 소방시설등의 자체점검 결과 이행계획서를 보고받은 소방본부장 또는 소방서장은 다음 각 호의 구분에 따라 이행계획의 완료 기간을 정하여 관계인에게 통보해야 한다. 다만, 소방시설등에 대한 수리·교체·정비의 규모 또는 절차가 복잡하여 다음 각 호의 기간 내에 이행을 완료하기가 어려운 경우에는 그 기간을 달리 정할 수 있다.
　ⓐ 소방시설등을 구성하고 있는 기계·기구를 수리하거나 정비하는 경우 : 보고일부터 10일 이내
　ⓑ 소방시설등의 전부 또는 일부를 철거하고 새로 교체하는 경우 : 보고일부터 20일 이내
ⓗ 제5항에 따른 완료기간 내에 이행계획을 완료한 관계인은 이행을 완료한 날부터 10일 이내에 별지 제11호서식의 소방시설등의 자체점검 결과 이행완료 보고서(전자문서로 된 보고서를 포함한다)에 다음 각 호의 서류(전자문서를 포함한다)를 첨부하여 소방본부장 또는 소방서장에게 보고해야 한다.
　ⓐ 이행계획 건별 전·후 사진 증명자료
　ⓑ 소방시설공사 계약서

④ 점검배치통보
　㉠ 법 제29조에 따라 소방시설관리업을 등록한 자(이하 "관리업자"라 한다)는 제1항에 따라 자체점검을 실시하는 경우 점검 대상과 점검 인력 배치상황을 점검인력을 배치한 날 이후 자체점검이 끝난 날부터 5일 이내에 법 제50조제5항에 따라 관리업자에 대한 점검능력 평가 등에 관한 업무를 위탁받은 법인 또는 단체(이하 "평가기관"이라 한다)에 통보해야 한다.
　㉡ 자체점검 구분에 따른 점검사항, 소방시설등점검표, 점검인원 배치상황 통보 및 세부 점검방법 등 자체점검에 필요한 사항은 소방청장이 정하여 고시한다.

소방관계법규

## 18 점검인력 배치기준

■ 소방시설 설치 및 관리에 관한 법률 시행규칙 [별표 4]

### 소방시설등의 자체점검 시 점검인력의 배치기준(제20조제1항 관련)

1. 점검인력 1단위는 다음과 같다.
   가. 관리업자가 점검하는 경우에는 소방시설관리사 또는 특급점검자 1명과 영 별표 9에 따른 보조 기술인력 2명을 점검인력 1단위로 하되, 점검인력 1단위에 2명(같은 건축물을 점검할 때는 4명) 이내의 보조 기술인력을 추가할 수 있다.
   나. 소방안전관리자로 선임된 소방시설관리사 및 소방기술사가 점검하는 경우에는 소방시설관리사 또는 소방기술사 중 1명과 보조 기술인력 2명을 점검인력 1단위로 하되, 점검인력 1단위에 2명 이내의 보조 기술인력을 추가할 수 있다. 다만, 보조 기술인력은 해당 특정소방대상물의 관계인 또는 소방안전관리보조자로 할 수 있다.
   다. 관계인 또는 소방안전관리자가 점검하는 경우에는 관계인 또는 소방안전관리자 1명과 보조 기술인력 2명을 점검인력 1단위로 하되, 보조 기술인력은 해당 특정소방대상물의 관리자, 점유자 또는 소방안전관리보조자로 할 수 있다.

2. 관리업자가 점검하는 경우 특정소방대상물의 규모 등에 따른 점검인력의 배치기준은 다음과 같다.

| 구 분 | 주된 기술인력 | 보조 기술인력 |
|---|---|---|
| 가. 50층 이상 또는 성능위주설계를 한 특정소방대상물 | 소방시설관리사 경력 5년 이상 1명 이상 | 고급점검자 이상 1명 이상 및 중급점검자 이상 1명 이상 |
| 나. 「화재의 예방 및 안전관리에 관한 법률 시행령」 별표 4 제1호에 따른 특급 소방안전관리대상물(가목의 특정소방대상물은 제외한다) | 소방시설관리사 경력 3년 이상 1명 이상 | 고급점검자 이상 1명 이상 및 초급점검자 이상 1명 이상 |
| 다. 「화재의 예방 및 안전관리에 관한 법률 시행령」 별표 4 제2호 및 제3호에 따른 1급 또는 2급 소방안전관리대상물 | 소방시설관리사 1명 이상 | 중급점검자 이상 1명 이상 및 초급점검자 이상 1명 이상 |
| 라. 「화재의 예방 및 안전관리에 관한 법률 시행령」 별표 4 제4호에 따른 3급 소방안전관리대상물 | 소방시설관리사 1명 이상 | 초급점검자 이상의 기술인력 2명 이상 |

비고
1. 라목에는 주된 기술인력으로 특급점검자를 배치할 수 있다.
2. 보조 기술인력의 등급구분(특급점검자, 고급점검자, 중급점검자, 초급점검자)은 「소방시설공사업법 시행규칙」 별표 4의2에서 정하는 기준에 따른다.

3. 점검인력 1단위가 하루 동안 점검할 수 있는 특정소방대상물의 연면적(이하 "점검한도 면적"이라 한다)은 다음 각 목과 같다.
   가. 종합점검 : 8,000㎡
   나. 작동점검 : 10,000㎡
4. 점검인력 1단위에 보조 기술인력을 1명씩 추가할 때마다 종합점검의 경우에는 2,000㎡, 작동점검의 경우에는 2,500㎡씩을 점검한도 면적에 더한다. 다만, 하루에 2개 이상의 특정소방대상물을 배치할 경우 1일 점검 한도면적은 특정소방대상물별로 투입된 점검인력에 따른 점검 한도면적의 평균값으로 적용하여 계산한다.
5. 점검인력은 하루에 5개의 특정소방대상물에 한하여 배치할 수 있다. 다만 2개 이상의 특정소방대상물을 2일 이상 연속하여 점검하는 경우에는 배치기한을 초과해서는 안 된다.
6. 관리업자등이 하루 동안 점검한 면적은 실제 점검면적(지하구는 그 길이에 폭의 길이 1.8m를 곱하여 계산된 값을 말하며, 터널은 3차로 이하인 경우에는 그 길이에 폭의 길이 3.5m를 곱하고, 4차로 이상인 경우에는 그 길이에 폭의 길이 7m를 곱한 값을 말한다. 다만, 한쪽 측벽에 소방시설이 설치된 4차로 이상인 터널의 경우에는 그 길이와 폭의 길이 3.5m를 곱한 값을 말한다. 이하 같다)에 다음의 각 목의 기준을 적용하여 계산한 면적(이하 "점검면적"이라 한다)으로 하되, 점검면적은 점검한도 면적을 초과해서는 안 된다.
   가. 실제 점검면적에 다음의 가감계수를 곱한다.

| 구분 | 대상용도 | 가감계수 |
|---|---|---|
| 1류 | 문화 및 집회시설, 종교시설, 판매시설, 의료시설, 노유자시설, 수련시설, 숙박시설, 위락시설, 창고시설, 교정시설, 발전시설, 지하가, 복합건축물 | 1.1 |
| 2류 | 공동주택, 근린생활시설, 운수시설, 교육연구시설, 운동시설, 업무시설, 방송통신시설, 공장, 항공기 및 자동차 관련 시설, 군사시설, 관광휴게시설, 장례시설, 지하구 | 1.0 |
| 3류 | 위험물 저장 및 처리시설, 문화유산, 동물 및 식물 관련 시설, 자원순환 관련 시설, 묘지 관련 시설 | 0.9 |

   나. 점검한 특정소방대상물이 다음의 어느 하나에 해당할 때에는 다음에 따라 계산된 값을 가목에 따라 계산된 값에서 뺀다.
      1) 영 별표 4 제1호라목에 따라 스프링클러설비가 설치되지 않은 경우 : 가목에 따라 계산된 값에 0.1을 곱한 값
      2) 영 별표 4 제1호바목에 따라 물분무등소화설비(호스릴 방식의 물분무등소화설비는 제외한다)가 설치되지 않은 경우 : 가목에 따라 계산된 값에 0.1을 곱한 값
      3) 영 별표 4 제5호가목에 따라 제연설비가 설치되지 않은 경우 : 가목에 따라 계산된 값에 0.1을 곱한 값
   다. 2개 이상의 특정소방대상물을 하루에 점검하는 경우에는 특정소방대상물 상호간의 좌표 최단거리 5km 마다 점검 한도면적에 0.02를 곱한 값을 점검 한도면적에서 뺀다.
7. 제3호부터 제6호까지의 규정에도 불구하고 아파트등(공용시설, 부대시설 또는 복리시설은 포함하고, 아파트등이 포함된 복합건축물의 아파트등 외의 부분은 제외한다. 이하 이 표에서 같다)를 점검할 때에는 다음 각 목의 기준에 따른다.
   가. 점검인력 1단위가 하루 동안 점검할 수 있는 아파트등의 세대수(이하 "점검한도 세대

수"라 한다)는 종합점검 및 작동점검에 관계없이 250세대로 한다.
나. 점검인력 1단위에 보조 기술인력을 1명씩 추가할 때마다 60세대씩을 점검한도 세대수에 더한다.
다. 관리업자등이 하루 동안 점검한 세대수는 실제 점검 세대수에 다음의 기준을 적용하여 계산 한 세대수(이하 "점검세대수"라 한다)로 하되, 점검세대수는 점검한도 세대수를 초과해서는 안 된다.
  1) 점검한 아파트등이 다음의 어느 하나에 해당할 때에는 다음에 따라 계산된 값을 실제 점검 세대수에서 뺀다.
    가) 영 별표 4 제1호라목에 따라 스프링클러설비가 설치되지 않은 경우 : 실제점검 세대수에 0.1을 곱한 값
    나) 영 별표 4 제1호바목에 따라 물분무등소화설비(호스릴 방식의 물분무등소화설비는 제외한다)가 설치되지 않은 경우 : 실제 점검 세대수에 0.1을 곱한 값
    다) 영 별표 4 제5호가목에 따라 제연설비가 설치되지 않은 경우 : 실제 점검 세대수에 0.1을 곱한 값
  2) 2개 이상의 아파트를 하루에 점검하는 경우에는 아파트 상호간의 좌표 최단거리 5km마다 점검 한도세대수에 0.02를 곱한 값을 점검한도 세대수에서 뺀다.
8. 아파트등과 아파트등 외 용도의 건축물을 하루에 점검할 때에는 종합점검의 경우 제7호에 따라 계산된 값에 32, 작동점검의 경우 제7호에 따라 계산된 값에 40을 곱한 값을 점검대상 연면적으로 보고 제2호 및 제3호를 적용한다.
9. 종합점검과 작동점검을 하루에 점검하는 경우에는 작동점검의 점검대상 연면적 또는 점검대상 세대수에 0.8을 곱한 값을 종합점검 점검대상 연면적 또는 점검대상 세대수로 본다.
10. 제3호부터 제9호까지의 규정에 따라 계산된 값은 소수점 이하 둘째 자리에서 반올림한다.

## 19 점검장비

| 소방시설 | 점검 장비 | 규 격 |
|---|---|---|
| 모든 소방시설 | 방수압력측정계, 절연저항계(절연저항측정기), 전류전압측정계 | |
| 소화기구 | 저울 | |
| 옥내소화전설비<br>옥외소화전설비 | 소화전밸브압력계 | |
| 스프링클러설비<br>포소화설비 | 헤드결합렌치(볼트, 너트, 나사 등을 죄거나 푸는 공구) | |
| 이산화탄소소화설비<br>분말소화설비<br>할론소화설비<br>할로겐화합물 및 불활성기체소화설비 | 검량계, 기동관누설시험기, 그 밖에 소화약제의 저장량을 측정할 수 있는 점검기구 | |

| 소방시설 | 점검 장비 | 규 격 |
|---|---|---|
| 자동화재탐지설비 시각경보기 | 열감지기시험기, 연(煙)감지기시험기, 공기주입시험기, 감지기시험기연결막대, 음량계 | |
| 누전경보기 | 누전계 | 누전전류 측정용 |
| 무선통신보조설비 | 무선기 | 통화시험용 |
| 제연설비 | 풍속풍압계, 폐쇄력측정기, 차압계(압력차 측정기) | |
| 통로유도등 비상조명등 | 조도계(밝기 측정기) | 최소눈금이 0.1 럭스 이하인 것 |

## 20 자체점검 결과 조치

### (1) 소방시설등의 자체점검 결과의 조치 등(법 제23조제1항)

특정소방대상물의 관계인은 제22조제1항에 따른 자체점검 결과 소화펌프 고장 등 대통령령으로 정하는 중대위반사항(이하 이 조에서 "중대위반사항"이라 한다)이 발견된 경우에는 지체 없이 수리 등 필요한 조치를 해야 한다.

### (2) 소방시설등의 자체점검 결과의 조치 등(시행령 제34조)

법 제23조제1항에서 "소화펌프 고장 등 대통령령으로 정하는 중대위반사항"이란 다음의 어느 하나에 해당하는 경우를 말한다.
① 소화펌프(가압송수장치를 포함한다. 이하 같다), 동력·감시 제어반 또는 소방시설용 전원(비상전원을 포함한다)의 고장으로 소방시설이 작동되지 않는 경우
② 화재 수신기의 고장으로 화재경보음이 자동으로 울리지 않거나 화재 수신기와 연동된 소방시설의 작동이 불가능한 경우
③ 소화배관 등이 폐쇄·차단되어 소화수(消火水) 또는 소화약제가 자동 방출되지 않는 경우
④ 방화문 또는 자동방화셔터가 훼손되거나 철거되어 본래의 기능을 못하는 경우

### (3) 자체점검 결과 공개(시행령 제36조)

① 소방본부장 또는 소방서장은 법 제24조제2항에 따라 자체점검 결과를 공개하는 경우 30일 이상 법 제48조에 따른 전산시스템 또는 인터넷 홈페이지 등을 통해 공개해야 한다.
② 소방본부장 또는 소방서장은 제1항에 따라 자체점검 결과를 공개하려는 경우 공개

소방관계법규

기간, 공개 내용 및 공개 방법을 해당 특정소방대상물의 관계인에게 미리 알려야 한다.
③ 특정소방대상물의 관계인은 제2항에 따라 공개 내용 등을 통보받은 날부터 10일이내에 관할 소방본부장 또는 소방서장에게 이의신청을 할 수 있다.
④ 소방본부장 또는 소방서장은 제3항에 따라 이의신청을 받은 날부터 10일 이내에 심사·결정하여 그 결과를 지체 없이 신청인에게 알려야 한다.
⑤ 자체점검 결과의 공개가 제3자의 법익을 침해하는 경우에는 제3자와 관련된 사실을 제외하고 공개해야 한다.

### 21 자체점검 결과의 게시(시행규칙 제25조)

소방본부장 또는 소방서장에게 자체점검 결과 보고를 마친 관계인은 법 제24조제1항에 따라 보고한 날부터 10일 이내에 별표 5의 소방시설등 자체점검기록표를 작성하여 특정소방대상물의 출입자가 쉽게 볼 수 있는 장소에 30일 이상 게시해야 한다.

### 22 우수 소방대상물에 대한 포상 : 소방청장이 선정

3년간 종합점검 면제

### 23 소방시설관리사

① 소방시설관리사 시험실시권자 : 소방청장
② 관리사시험에 필요한 사항 : 대통령령
③ 관리사시험과목 일부면제 : 소방기술사 등
④ 관리사는 소방시설관리사증을 다른 자에게 빌려주어서는 아니 된다. : 1년 이하 징역 또는 1천만원 이하 벌금
⑤ 관리사는 동시에 둘 이상의 업체에 취업하여서는 아니 된다. : 1년 이하 징역 또는 1천만원 이하 벌금
⑥ 부정행위자에 대한 제재
    소방청장은 시험에서 부정한 행위를 한 응시자에 대하여는 그 시험을 정지 또는 무효로 하고, 그 처분이 있은 날부터 2년간 시험 응시자격을 정지한다.
⑦ 소방시설관리사 시험응시자격
    ㉠ 소방기술사·위험물기능장·건축사·건축기계설비기술사·건축전기설비기술사 또는 공조냉동기계기술사

ⓛ 소방설비기사 자격을 취득한 후 2년 이상 소방청장이 정하여 고시하는 소방에 관한 실무경력(이하 "소방실무경력"이라 한다)이 있는 사람
ⓒ 소방설비산업기사 자격을 취득한 후 3년 이상 소방실무경력이 있는 사람
ⓔ 이공계 분야를 전공한 사람으로서 이공계 분야의 박사학위를 취득한 사람, 이공계 분야의 석사학위를 취득한 후 2년 이상 소방실무경력이 있는 사람, 이공계 분야의 학사학위를 취득한 후 3년 이상 소방실무경력이 있는 사람
ⓜ 소방안전공학(소방방재공학, 안전공학을 포함한다) 분야를 전공한 후 해당 분야의 석사학위 이상을 취득한 사람이거나 2년 이상 소방실무경력이 있는 사람
ⓗ 위험물산업기사 또는 위험물기능사 자격을 취득한 후 3년 이상 소방실무경력이 있는 사람
ⓢ 소방공무원으로 5년 이상 근무한 경력이 있는 사람
ⓞ 소방안전 관련 학과의 학사학위를 취득한 후 3년 이상 소방실무경력이 있는 사람
ⓩ 산업안전기사 자격을 취득한 후 3년 이상 소방실무경력이 있는 사람
ⓒ 다음 각 목의 어느 하나에 해당하는 사람
  ⓐ 특급 소방안전관리대상물의 소방안전관리자로 2년 이상 근무한 실무경력이 있는 사람
  ⓑ 1급 소방안전관리대상물의 소방안전관리자로 3년 이상 근무한 실무경력이 있는 사람
  ⓒ 2급 소방안전관리대상물의 소방안전관리자로 5년 이상 근무한 실무경력이 있는 사람
  ⓓ 3급 소방안전관리대상물의 소방안전관리자로 7년 이상 근무한 실무경력이 있는 사람
  ⓔ 10년 이상 소방실무경력이 있는 사람

> **[22.12.1 시행/26.12.1까지 유예]**
> **소방시설관리사 시험응시자격**
> 1. 소방기술사 · 건축사 · 건축기계설비기술사 · 건축전기설비기술사 또는 공조냉동기계기술사
> 2. 위험물기능장
> 3. 소방설비기사
> 4. 「국가과학기술경쟁력 강화를 위한 이공계지원 특별법」 제2조제1호에 따른 이공계 분야의 박사학위를 취득한 사람
> 5. 소방청장이 정하여 고시하는 소방안전 관련 분야의 석사 이상의 학위를 취득한 사람
> 6. 소방설비산업기사 또는 소방공무원 등 소방청장이 정하여 고시하는 사람 중 소방에 관한 실무경력(자격취득 후의 실무경력으로 한정한다)이 3년 이상인 사람

⑧ 관리사의 결격사유
  ㉠ 피성년후견인
  ㉡ 금고 이상의 실형을 선고받고 그 집행이 끝나거나 집행이 면제된 날부터 2년이 지나지 아니한 사람
  ㉢ 금고 이상의 형의 집행유예를 선고받고 그 유예기간 중에 있는 사람
  ㉣ 자격이 취소(피성년후견인으로 자격이 취소된 경우는 제외한다)된 날부터 2년이 지나지 아니한 사람
⑨ 시험의 시행방법
  ㉠ 관리사시험은 제1차시험과 제2차시험으로 구분하여 시행한다. 다만, 소방청장은 필요하다고 인정하는 경우에는 제1차시험과 제2차시험을 구분하되, 같은 날에 순서대로 시행할 수 있다.
  ㉡ 제1차시험은 선택형을 원칙으로 하고, 제2차시험은 논문형을 원칙으로 하되, 제2차시험의 경우에는 기입형을 포함할 수 있다.
  ㉢ 제1차시험에 합격한 사람에 대해서는 다음 회의 관리사시험에 한정하여 제1차시험을 면제한다. 다만, 면제받으려는 시험의 응시자격을 갖춘 경우로 한정한다.
  ㉣ 제2차시험은 제1차시험에 합격한 사람만 응시할 수 있다. 다만, 제1항 단서에 따라 제1차시험과 제2차시험을 병행하여 시행하는 경우에 제1차시험에 불합격한 사람의 제2차시험 응시는 무효로 한다.
⑩ 시험위원
  ㉠ 소방청장은 법 제26조제2항에 따라 관리사시험의 출제 및 채점을 위하여 다음 각 호의 어느 하나에 해당하는 사람 중에서 시험위원을 임명하거나 위촉해야 한다.
    ⓐ 소방 관련 분야의 박사학위를 가진 사람
    ⓑ 대학에서 소방안전 관련 학과 조교수 이상으로 2년 이상 재직한 사람
    ⓒ 소방위 이상의 소방공무원
    ⓓ 소방시설관리사
    ⓔ 소방기술사
  ㉡ 시험위원의 수는 다음 각 호의 구분에 따른다.
    ⓐ 출제위원 : 시험 과목별 3명
    ⓑ 채점위원 : 시험 과목별 5명 이내(제2차시험의 경우로 한정한다)
  ㉢ 시험위원으로 임명되거나 위촉된 사람은 소방청장이 정하는 시험문제 등의 출제 시 유의사항 및 서약서 등에 따른 준수사항을 성실히 이행해야 한다.
  ㉣ 임명되거나 위촉된 시험위원과 시험감독 업무에 종사하는 사람에게는 예산의 범위에서 수당과 여비를 지급할 수 있다.

⑪ 시험의 시행 및 공고
　㉠ 관리사시험은 1년마다 1회 시행하는 것을 원칙으로 하되, 소방청장이 필요하다고 인정하는 경우에는 그 횟수를 늘리거나 줄일 수 있다.
　㉡ 소방청장은 관리사시험을 시행하려면 응시자격, 시험 과목, 일시·장소 및 응시절차 등에 관하여 필요한 사항을 모든 응시 희망자가 알 수 있도록 관리사시험 시행일 90일 전까지 소방청 홈페이지 등에 공고해야 한다.
⑫ 시험의 합격자 결정 등
　㉠ 제1차시험에서는 과목당 100점을 만점으로 하여 모든 과목의 점수가 40점 이상이고, 전 과목 평균 점수가 60점 이상인 사람을 합격자로 한다.
　㉡ 제2차시험에서는 과목당 100점을 만점으로 하되, 시험위원의 채점점수 중 최고점수와 최저점수를 제외한 점수가 모든 과목에서 40점 이상, 전 과목에서 평균 60점 이상인 사람을 합격자로 한다.
　㉢ 소방청장은 ㉠과 ㉡에 따라 관리사시험 합격자를 결정하였을 때에는 이를 소방청 홈페이지 등에 공고해야 한다.
⑬ 자격의 취소·정지
　소방청장은 관리사가 다음 어느 하나에 해당할 때에는 그 자격을 취소하거나 2년이내의 기간을 정하여 그 자격의 정지를 명할 수 있다.

| | |
|---|---|
| 자격취소사유 | 1. 거짓이나 그 밖의 부정한 방법으로 시험에 합격한 경우<br>2. 규정을 위반하여 소방시설관리사증을 다른 자에게 빌려준 경우<br>3. 규정을 위반하여 동시에 둘 이상의 업체에 취업한 경우<br>4. 결격사유에 해당하게 된 경우 |
| 자격정지사유 | 1. 소방안전관리 업무를 하지 아니하거나 거짓으로 한 경우<br>2. 자체점검을 하지 아니하거나 거짓으로 한 경우<br>3. 규정을 위반하여 성실하게 자체점검 업무를 수행하지 아니한 경우 |

## 24 소방시설관리업

① 관리업의 등록
　㉠ 시도지사에게 등록
　㉡ 등록기준

■ 소방시설 설치 및 관리에 관한 법률 시행령 [별표 9]

### 소방시설관리업의 업종별 등록기준 및 영업범위(제45조제1항 관련)

| 기술인력 등<br>업종별 | 기술인력 | 영업범위 |
|---|---|---|
| 전문<br>소방시설<br>관리업 | 가. 주된 기술인력<br>  1) 소방시설관리사 자격을 취득한 후 소방 관련 실무경력이 5년 이상인 사람 1명 이상<br>  2) 소방시설관리사 자격을 취득한 후 소방 관련 실무경력이 3년 이상인 사람 1명 이상<br>나. 보조 기술인력<br>  1) 고급점검자 이상의 기술인력: 2명 이상<br>  2) 중급점검자 이상의 기술인력: 2명 이상<br>  3) 초급점검자 이상의 기술인력: 2명 이상 | 모든 특정소방대상물 |
| 일반<br>소방시설<br>관리업 | 가. 주된 기술인력 : 소방시설관리사 자격을 취득한 후 소방 관련 실무경력이 1년 이상인 사람 1명 이상<br>나. 보조 기술인력<br>  1) 중급점검자 이상의 기술인력: 1명 이상<br>  2) 초급점검자 이상의 기술인력: 1명 이상 | 특정소방대상물 중 「화재의 예방 및 안전관리에 관한 법률 시행령」 별표 4에 따른 1급, 2급, 3급 소방안전관리대상물 |

비고
1. "소방 관련 실무경력"이란 「소방시설공사업법」 제28조제3항에 따른 소방기술과 관련된 경력을 말한다.
2. 보조 기술인력의 종류별 자격은 「소방시설공사업법」 제28조제3항에 따라 소방기술과 관련된 자격·학력 및 경력을 가진 사람 중에서 행정안전부령으로 정한다.

  ⓒ 최초 등록 시 15일 이내 발급(서류보완 10일), 분실·훼손 시 재발급신청 시 3일 이내, 발급변경신고 시 5일(타 시·도 7일) 이내 발급, 지위승계신고 시 10일 이내 발급
  ⓔ 변경신고사항, 등록결격사유 : 공사업법과 동일
② 점검능력 평가 공시 : 소방청장
③ 등록의 취소와 영업정지등
  ㉠ 관리업의 등록취소와 영업정지권자 : 시·도지사
  ㉡ 등록의 취소와 영업정지(6개월 이내) 사유

| 등록취소 사유 | 1. 거짓이나 그 밖의 부정한 방법으로 등록을 한 경우<br>2. 등록의 결격사유에 해당하게 된 경우<br>　① 등록결격사유에 해당되는 법인으로서 결격사유에 해당하게 된 날부터 2개월 이내에 그 임원을 결격사유가 없는 임원으로 바꾸어 선임한 경우는 제외한다.<br>　② 관리업자의 지위를 승계한 상속인이 등록결격사유에 해당하는 경우에는 상속을 개시한 날부터 6개월 동안은 등록취소를 적용하지 아니한다. |
|---|---|
| 영업정지 사유 | 1. 점검을 하지 아니하거나 거짓으로 한 경우<br>2. 등록기준에 미달하게 된 경우 |

## 25 과징금

부과권자는 시·도지사, 최대 3,000만원

## 26 소방용품의 형식승인, 성능인증 등

① 대통령령으로 정하는 소방용품을 제조하거나 수입하려는 자는 소방청장의 형식승인을 받아야 한다. 다만, 연구개발 목적으로 제조하거나 수입하는 소방용품은 그러하지 아니하다.
② 형식승인을 받으려는 자는 행정안전부령으로 정하는 바에 따라 형식승인을 위한 시험시설을 갖추고 소방청장의 심사를 받아야 한다.
③ 형식승인을 받은 자는 그 소방용품에 대하여 소방청장이 실시하는 제품검사를 받아야 한다.(사전제품검사, 사후제품검사)
④ 누구든지 다음 어느 하나에 해당하는 소방용품을 판매하거나 판매목적으로 진열하거나 공사에 사용할 수 없다.
　㉠ 형식승인을 받지 아니한 것
　㉡ 형상등을 임의로 변경한 것
　㉢ 제품검사를 받지 아니한 것
　㉣ 합격표시를 하지 아니한 것
⑤ 형식승인의 취소
　㉠ 형식승인을 취소하거나 6개월 이내의 기간을 정하여 제품검사의 중지를 명령권자 : 소방청장
　㉡ 형식승인 취소 및 제품검사 중지 사유

| 형식승인 취소 | 1. 거짓이나 그 밖의 부정한 방법으로 형식승인을 받은 경우<br>2. 거짓이나 그 밖의 부정한 방법으로 제품검사를 받은 경우<br>3. 변경승인을 받지 아니하거나 거짓이나 그 밖의 부정한 방법으로 변경승인을 받은 경우 |
|---|---|
| 제품검사 중지 | 1. 시험시설의 시설기준에 미달되는 경우<br>2. 기술기준에 미달되는 경우 |

　　ⓒ 소방용품의 형식승인이 취소된 자는 그 취소된 날부터 2년 이내에는 형식승인이 취소된 동일 품목에 대하여 형식승인을 받을 수 없다.
⑥ 성능인증권자 : 소방청장 [형식승인과 동일]
⑦ 우수품질제품에 대한 인증권자 : 소방청장 [우수품질 인증 유효기간 : 5년]
⑧ 소방용품 수집검사권자 : 소방청장
⑨ 제품검사 전문기관 지정권자 : 소방청장

## 27 청 문

① 청문실시권자 : 소방청장 또는 시 · 도지사
② 청문사유 및 실시권자
　　㉠ 관리업의 등록취소 및 영업정지 : 시 · 도지사
　　㉡ 관리사 자격의 취소 및 정지 : 소방청장
　　㉢ 소방용품의 형식승인 취소 및 제품검사 중지 : 소방청장
　　㉣ 성능인증의 취소 : 소방청장
　　㉤ 우수품질인증의 취소 : 소방청장
　　㉥ 전문기관의 지정취소 및 업무정지 : 소방청장

## 28 벌 칙

① 5년 이하의 징역 또는 5천만원 이하의 벌금
　　㉠ 소방시설의 기능과 성능에 지장을 초래하는 폐쇄 · 차단 등의 행위를 한 자
　　㉡ 사람을 상해에 이르게 한 때에는 7년 이하의 징역 또는 7천만원 이하의 벌금
　　㉢ 사망에 이르게 한 때에는 10년 이하의 징역 또는 1억원 이하의 벌금
② 3년 이하의 징역 또는 3천만원 이하의 벌금
　　㉠ 소방시설이 화재안전기준에 따라 설치되어있지 않을때의 조치명령을 위반한 사람
　　㉡ 피난 · 방화시설, 방화구획의 유지관리 조치명령을 위반한 사람

ⓒ 방염성능물품 조치명령 위반
ⓔ 이행계획 조치명령 위반한 사람
ⓕ 임시소방시설 또는 소방시설 등의 조치명령을 위반한 사람
ⓗ 소방시설관리업 등록을 하지 아니하고 영업을 한 사람
ⓘ 소방용품의 형식승인을 받지 아니하고 소방용품을 제조하거나 수입한 자
ⓞ 제품검사를 받지 아니한 자
ⓩ 규정을 위반하여 소방용품을 판매·진열하거나 소방시설공사에 사용한 자
ⓧ 소방용품 제조자·수입자에 대한 회수·교환·폐기 및 판매중지 명령을 위반한 사람
ⓚ 거짓이나 그 밖의 부정한 방법으로 전문기관으로 지정을 받은 자

③ 1년 이하의 징역 또는 1천만원 이하의 벌금
ⓐ 규정을 위반하여 관리업의 등록증이나 등록수첩을 다른 자에게 빌려준 자
ⓑ 영업정지처분을 받고 그 영업정지기간 중에 관리업의 업무를 한 자
ⓒ 규정을 위반하여 소방시설등에 대한 자체점검을 하지 아니하거나 관리업자 등으로 하여금 정기적으로 점검하게 하지 아니한 자
ⓔ 규정을 위반하여 소방시설관리사증을 다른 자에게 빌려주거나 동시에 둘 이상의 업체에 취업한 사람
ⓕ 소방용품 형식승인의 변경승인을 받지 아니한 자
ⓗ 소방용품 성능인증의 변경인증을 받지 아니한 자
ⓘ 감독업무 수행 시 관계인의 정당한 업무를 방해한 자, 조사·검사 업무를 수행하면서 알게 된 비밀을 제공 또는 누설하거나 목적 외의 용도로 사용한 자

④ 300만원 이하의 벌금
ⓐ 중대한 위반사항에 대하여 필요한 조치를 하지 아니한 관계인 또는 관계인에게 중대위반사항을 알리지 아니한 관리업자등
ⓑ 방염성능검사에 합격하지 아니한 물품에 합격표시를 하거나 합격표시를 위조하거나 변조하여 사용한 자
ⓒ 방염처리업 등록자가 규정을 위반하여 거짓 시료를 제출한 자
ⓔ 성능위주설계평가단 업무를 수행하면서 알게 된 비밀 또는 위탁단체에서 업무를 수행하면서 알게된 비밀을 이 법에서 정한 목적 외의 용도로 사용하거나 다른 사람 또는 기관에 제공하거나 누설한 사람

⑤ 300만원 이하의 과태료
ⓐ 제12조제1항을 위반하여 소방시설을 화재안전기준에 따라 설치·관리하지 아니한 자
ⓑ 제15조제1항을 위반하여 공사 현장에 임시소방시설을 설치·관리하지 아니한 자
ⓒ 제16조제1항을 위반하여 피난시설, 방화구획 또는 방화시설의 폐쇄·훼손·변경

등의 행위를 한 자
ㄹ. 제20조제1항을 위반하여 방염대상물품을 방염성능기준 이상으로 설치하지 아니한 자
ㅁ. 제22조제1항 전단을 위반하여 점검능력 평가를 받지 아니하고 점검을 한 관리업자
ㅂ. 제22조제1항 후단을 위반하여 관계인에게 점검 결과를 제출하지 아니한 관리업자등
ㅅ. 제22조제2항에 따른 점검인력의 배치기준 등 자체점검 시 준수사항을 위반한 자
ㅇ. 제23조제3항을 위반하여 점검 결과를 보고하지 아니하거나 거짓으로 보고한 자
ㅈ. 제23조제4항을 위반하여 이행계획을 기간 내에 완료하지 아니한 자 또는 이행계획 완료 결과를 보고하지 아니하거나 거짓으로 보고한 자
ㅊ. 제24조제1항을 위반하여 점검기록표를 기록하지 아니하거나 특정소방대상물의 출입자가 쉽게 볼 수 있는 장소에 게시하지 아니한 관계인
ㅋ. 제31조 또는 제 32조제3항을 위반하여 신고를 하지 아니하거나 거짓으로 신고한 자
ㅌ. 제33조제3항을 위반하여 지위승계, 행정처분 또는 휴업ㆍ폐업의 사실을 특정소방대상물의 관계인에게 알리지 아니하거나 거짓으로 알린 관리업자
ㅍ. 제33조제4항을 위반하여 소속 기술인력의 참여 없이 자체점검을 한 관리업자
ㅎ. 제34조제2항에 따른 점검실적을 증명하는 서류 등을 거짓으로 제출한 자
ㄲ. 제52조제1항에 따른 명령을 위반하여 보고 또는 자료제출을 하지 아니하거나 거짓으로 보고 또는 자료제출을 한 자 또는 정당한 사유 없이 관계 공무원의 출입 또는 검사를 거부ㆍ방해 또는 기피한 자

## 29 과태료

■ 소방시설 설치 및 관리에 관한 법률 시행령 [별표 10]

### 과태료의 부과기준(제52조 관련)

1. 일반기준
    가. 위반행위의 횟수에 따른 과태료의 가중된 부과기준은 최근 1년간 같은 위반행위로 과태료 부과처분을 받은 경우에 적용한다. 이 경우 기간의 계산은 위반행위에 대하여 과태료 부과처분을 받은 날과 그 처분 후 다시 같은 위반행위를 하여 적발된 날을 기준으로 한다.
    나. 가목에 따라 가중된 부과처분을 하는 경우 가중처분의 적용 차수는 그 위반행위 전 부과처분 차수(가목에 따른 기간 내에 과태료 부과처분이 둘 이상 있었던 경우에는 높은 차수를 말한다)의 다음 차수로 한다.
    다. 부과권자는 다음의 어느 하나에 해당하는 경우에는 제2호의 개별기준에 따른 과태료의 2분의 1 범위에서 그 금액을 줄여 부과할 수 있다. 다만, 과태료를 체납하고 있는 위반행위자에 대해서는 그렇지 않다.

1) 위반행위가 사소한 부주의나 오류로 인한 것으로 인정되는 경우
2) 위반행위자가 법 위반상태를 시정하거나 해소하기 위하여 노력한 사실이 인정되는 경우
3) 위반행위자가 처음 위반행위를 한 경우로서 3년 이상 해당 업종을 모범적으로 영위한 사실이 인정되는 경우
4) 위반행위자가 화재 등 재난으로 재산에 현저한 손실을 입거나 사업 여건의 악화로 그 사업이 중대한 위기에 처하는 등 사정이 있는 경우
5) 위반행위자가 같은 위반행위로 다른 법률에 따라 과태료·벌금·영업정지 등의 처분을 받은 경우
6) 그 밖에 위반행위의 정도, 위반행위의 동기와 그 결과 등을 고려하여 과태료 금액을 줄일 필요가 있다고 인정되는 경우

2. 개별기준

| 위반행위 | 근거 법조문 | 과태료 금액 (단위 : 만원) | | |
|---|---|---|---|---|
| | | 1차 위반 | 2차 위반 | 3차 이상 위반 |
| 가. 법 제12조제1항을 위반한 경우<br>　1) 2) 및 3)의 규정을 제외하고 소방시설을 최근 1년 이내에 2회 이상 화재안전기준에 따라 관리하지 않은 경우<br>　2) 소방시설을 다음에 해당하는 고장 상태 등으로 방치한 경우<br>　　가) 소화펌프를 고장 상태로 방치한 경우<br>　　나) 화재 수신기, 동력·감시 제어반 또는 소방시설용 전원(비상전원을 포함한다)을 차단하거나, 고장난 상태로 방치하거나, 임의로 조작하여 자동으로 작동이 되지 않도록 한 경우<br>　　다) 소방시설이 작동할 때 소화배관을 통하여 소화수가 방수되지 않는 상태 또는 소화약제가 방출되지 않는 상태로 방치한 경우<br>　3) 소방시설을 설치하지 않은 경우 | 법 제61조 제1항제1호 | 100<br><br>200<br><br><br><br><br><br><br><br><br><br>300 | | |
| 나. 법 제15조제1항을 위반하여 공사 현장에 임시소방시설을 설치·관리하지 않은 경우 | 법 제61조 제1항제2호 | 300 | | |
| 다. 법 제16조제1항을 위반하여 피난시설, 방화구획 또는 방화 시설을 폐쇄·훼손·변경하는 등의 행위를 한 경우 | 법 제61조 제1항제3호 | 100 | 200 | 300 |
| 라. 법 제20조제1항을 위반하여 방염대상물품을 방염성능기준 이상으로 설치하지 않은 경우 | 법 제61조 제1항제4호 | 200 | | |
| 마. 법 제22조제1항 전단을 위반하여 점검능력평가를 받지 않고 점검을 한 경우 | 법 제61조 제1항제5호 | 300 | | |
| 바. 법 제22조제1항 후단을 위반하여 관계인에게 점검 결과를 제출하지 않은 경우 | 법 제61조 제1항제6호 | 300 | | |

| 위반행위 | 근거 법조문 | 과태료 금액 (단위 : 만원) | | |
|---|---|---|---|---|
| | | 1차 위반 | 2차 위반 | 3차 이상 위반 |
| 사. 법 제22조제2항에 따른 점검인력의 배치기준 등 자체점검 시 준수사항을 위반한 경우 | 법 제61조 제1항제7호 | 300 | | |
| 아. 법 제23조제3항을 위반하여 점검 결과를 보고하지 않거나 거짓으로 보고한 경우<br>  1) 지연 보고 기간이 10일 미만인 경우<br>  2) 지연 보고 기간이 10일 이상 1개월 미만인 경우<br>  3) 지연 보고 기간이 1개월 이상이거나 보고하지 않은 경우<br>  4) 점검 결과를 축소·삭제하는 등 거짓으로 보고한 경우 | 법 제61조 제1항제8호 | 50<br>100<br>200<br>300 | | |
| 자. 법 제23조제4항을 위반하여 이행계획을 기간 내에 완료하지 않은 경우 또는 이행계획 완료 결과를 보고하지 않거나 거짓으로 보고한 경우<br>  1) 지연 완료 기간 또는 지연 보고 기간이 10일 미만인 경우<br>  2) 지연 완료 기간 또는 지연 보고 기간이 10일 이상 1개월 미만인 경우<br>  3) 지연 완료 기간 또는 지연 보고 기간이 1개월 이상이거나, 완료 또는 보고를 하지 않은 경우<br>  4) 이행계획 완료 결과를 거짓으로 보고한 경우 | 법 제61조 제1항제9호 | 50<br>100<br>200<br>300 | | |
| 차. 법 제24조제1항을 위반하여 점검기록표를 기록하지 않거나 특정소방대상물의 출입자가 쉽게 볼 수 있는 장소에 게시하지 않은 경우 | 법 제61조 제1항제10호 | 100 | 200 | 300 |
| 카. 법 제31조 또는 제32조제3항을 위반하여 신고를 하지 않거나 거짓으로 신고한 경우<br>  1) 지연 신고 기간이 1개월 미만인 경우<br>  2) 지연 신고 기간이 1개월 이상 3개월 미만인 경우<br>  3) 지연 신고 기간이 3개월 이상이거나 신고를 하지 않은경우<br>  4) 거짓으로 신고한 경우 | 법 제61조 제1항제11호 | 50<br>100<br>200<br>300 | | |
| 타. 법 제33조제3항을 위반하여 지위승계, 행정처분 또는 휴업·폐업의 사실을 특정소방대상물의 관계인에게 알리지 않거나 거짓으로 알린 경우 | 법 제61조 제1항제12호 | 300 | | |
| 파. 법 제33조제4항을 위반하여 소속 기술인력의 참여 없이 자체점검을 한 경우 | 법 제61조 제1항제13호 | 300 | | |
| 하. 법 제34조제2항에 따른 점검실적을 증명하는 서류 등을 거짓으로 제출한 경우 | 법 제61조 제1항제14호 | 300 | | |
| 거. 법 제52조제1항에 따른 명령을 위반하여 보고 또는 자료제출을 하지 않거나 거짓으로 보고 또는 자료제출을 한 경우 또는 정당한 사유 없이 관계 공무원의 출입 또는 검사를 거부·방해 또는 기피한 경우 | 법 제61조 제1항제15호 | 50 | 100 | 300 |

# 위험물안전관리법
[시행규칙 별표 제외]

## 1 목 적

이 법은 위험물의 저장·취급 및 운반과 이에 따른 안전관리에 관한 사항을 규정함으로써 위험물로 인한 위해를 방지하여 공공의 안전을 확보함을 목적으로 한다.

## 2 용어정의

① "위험물"이라 함은 인화성 또는 발화성 등의 성질을 가지는 것으로서 대통령령이 정하는 물품을 말한다.
② "지정수량"이라 함은 위험물의 종류별로 위험성을 고려하여 대통령령이 정하는 수량으로서 제6호의 규정에 의한 제조소등의 설치허가 등에 있어서 최저의 기준이 되는 수량을 말한다.
③ "제조소"라 함은 위험물을 제조할 목적으로 지정수량 이상의 위험물을 취급하기 위하여 제6조제1항의 규정에 따른 허가(동조제3항의 규정에 따라 허가가 면제된 경우 및 제7조제2항의 규정에 따라 협의로써 허가를 받은 것으로 보는 경우를 포함한다. 이하 제4호 및 제5호에서 같다)를 받은 장소를 말한다.
④ "저장소"라 함은 지정수량 이상의 위험물을 저장하기 위한 대통령령이 정하는 장소로서 제6조제1항의 규정에 따른 허가를 받은 장소를 말한다.
⑤ "취급소"라 함은 지정수량 이상의 위험물을 제조외의 목적으로 취급하기 위한 대통령령이 정하는 장소로서 제6조제1항의 규정에 따른 허가를 받은 장소를 말한다.
⑥ "제조소등"이라 함은 제3호 내지 제5호의 제조소·저장소 및 취급소를 말한다.

| 종류 위험등급 | 제1류 위험물 산화성고체 | | 제2류 위험물 가연성고체 | | 제3류 위험물 금수성·자연발화성 | | 제4류 위험물 인화성액체 | | 제5류 위험물 자기연소성 | | 제6류 위험물 산화성액체 | |
|---|---|---|---|---|---|---|---|---|---|---|---|---|
| | 품명 (10) | 지정수량 (kg) | 품명 (7) | 지정수량 (kg) | 품명 (13) | 지정수량 (kg) | 품명 (7) | 지정수량 (L) | 품명 (9) | 지정수량 (kg) | 품명 (3) | 지정수량 (kg) |
| I | 아염소산염류 염소산염류 과염소산염류 무기과산화물 | 50 | – | | 칼륨 나트륨 알킬알루미늄 알킬리튬 | 10 | 특수인화물 | 50 | 유기과산화물 질산에스터류 | 제1종 :10 제2종 :100 | 과산화수소 과염소산 질산 | 300 |
| | | | | | 황린 | 20 | | | | | | |
| II | 아이오딘산염류 브로민산염류 질산염류 | 300 | 황화인 적린 황 | 100 | 알칼리금속 알칼리토금속 유기금속화합물 | 50 | 제1석유류 비수용성 200 수용성 400 | | 하이드록실아민 하이드록실아민염류 | | – | |
| | | | | | | | 알코올류 | 400 | 나이트로화합물 나이트로소화합물 아조화합물 다이아조화합물 하이드라진 유도체 | | | |
| III | 과망가니즈산염류 다이크로뮴산염류 | 1,000 | 철분 마그네슘 금속분류 | 500 | 금속의 수소화물 금속의 인화물 칼슘의 탄화물 알루미늄의 탄화물 염소화규소화합물 | 300 | 제2석유류 비수용성 1,000 수용성 2,000 | | – | | – | |
| | | | | | | | 제3석유류 비수용성 2,000 수용성 4,000 | | | | | |
| | 무수크롬산 (삼산화크롬) | 300 | 인화성고체 | 1,000 | | | 제4석유류 | 6,000 | | | | |
| | | | | | | | 동식물유류 | 10,000 | | | | |

비고

1. "산화성고체"라 함은 고체[액체(1기압 및 섭씨 20도에서 액상인 것 또는 섭씨 20도 초과 섭씨 40도 이하에서 액상인 것을 말한다. 이하 같다)또는 기체(1기압 및 섭씨 20도에서 기상인 것을 말한다)외의 것을 말한다. 이하 같다]로서 산화력의 잠재적인 위험성 또는 충격에 대한 민감성을 판단하기 위하여 소방청장이 정하여 고시(이하 "고시"라 한다)하는 시험에서 고시로 정하는 성질과 상태를 나타내는 것을 말한다. 이 경우 "액상"이라 함은 수직으로 된 시험관(안지름 30밀리미터, 높이 120밀리미터의 원통형유리관을 말한다)에 시료를 55밀리미터까지 채운 다음 당해 시험관을 수평으로 하였을 때 시료액면의 선단이 30밀리미터를 이동하는데 걸리는 시간이 90초 이내에 있는 것을 말한다.
2. "가연성고체"라 함은 고체로서 화염에 의한 발화의 위험성 또는 인화의 위험성을 판단하기 위하여 고시로 정하는 시험에서 고시로 정하는 성질과 상태를 나타내는 것을 말한다.

3. 황은 순도가 60중량퍼센트 이상인 것을 말하며, 순도측정을 하는 경우 불순물은 활석 등 불연성물질과 수분으로 한정한다.
4. "철분"이라 함은 철의 분말로서 53마이크로미터의 표준체를 통과하는 것이 50중량퍼센트 미만인 것은 제외한다.
5. "금속분"이라 함은 알칼리금속·알칼리토류금속·철 및 마그네슘외의 금속의 분말을 말하고, 구리분·니켈분 및 150마이크로미터의 체를 통과하는 것이 50중량퍼센트 미만인 것은 제외한다.
6. 마그네슘 및 제2류제8호의 물품중 마그네슘을 함유한 것에 있어서는 다음 각목의 1에 해당하는 것은 제외한다.
   가. 2밀리미터의 체를 통과하지 아니하는 덩어리 상태의 것
   나. 지름 2밀리미터 이상의 막대 모양의 것
7. 황화인·적린·황 및 철분은 제2호에 따른 성질과 상태가 있는 것으로 본다.
8. "인화성고체"라 함은 고형알코올 그 밖에 1기압에서 인화점이 섭씨 40도 미만인 고체를 말한다.
9. "자연발화성물질 및 금수성물질"이라 함은 고체 또는 액체로서 공기 중에서 발화의 위험성이 있거나 물과 접촉하여 발화하거나 가연성가스를 발생하는 위험성이 있는 것을 말한다.
10. 칼륨·나트륨·알킬알루미늄·알킬리튬 및 황린은 제9호의 규정에 의한 성상이 있는 것으로 본다.
11. "인화성액체"라 함은 액체(제3석유류, 제4석유류 및 동식물유류의 경우 1기압과 섭씨 20도에서 액체인 것만 해당한다)로서 인화의 위험성이 있는 것을 말한다. 다만, 다음 각 목의 어느 하나에 해당하는 것을 법 제20조제1항의 중요기준과 세부기준에 따른 운반용기를 사용하여 운반하거나 저장(진열 및 판매를 포함한다)하는 경우는 제외한다.
    가. 「화장품법」 제2조제1호에 따른 화장품 중 인화성액체를 포함하고 있는것
    나. 「약사법」 제2조제4호에 따른 의약품 중 인화성액체를 포함하고 있는 것
    다. 「약사법」 제2조제7호에 따른 의약외품(알코올류에 해당하는 것은 제외한다) 중 수용성인 인화성액체를 50부피퍼센트 이하로 포함하고 있는 것
    라. 「의료기기법」에 따른 체외진단용 의료기기 중 인화성액체를 포함하고 있는 것
    마. 「생활화학제품 및 살생물제의 안전관리에 관한 법률」 제3조제4호에 따른 안전확인대상생활화학제품(알코올류에 해당하는 것은 제외한다) 중 수용성인 인화성액체를 50부피퍼센트 이하로 포함하고 있는 것
12. "특수인화물"이라 함은 이황화탄소, 디에틸에테르 그 밖에 1기압에서 발화점이 섭씨 100도 이하인 것 또는 인화점이 섭씨 영하 20도 이하이고 비점이 섭씨 40도 이하인 것을 말한다.
13. "제1석유류"라 함은 아세톤, 휘발유 그 밖에 1기압에서 인화점이 섭씨 21도 미만인 것을 말한다.
14. "알코올류"라 함은 1분자를 구성하는 탄소원자의 수가 1개부터 3개까지인 포화1가 알코올(변성알코올을 포함한다)을 말한다. 다만, 다음 각목의 1에 해당하는 것은 제외한다.
    가. 1분자를 구성하는 탄소원자의 수가 1개 내지 3개의 포화1가 알코올의 함유량이 60중량퍼센트 미만인 수용액
    나. 가연성액체량이 60중량퍼센트 미만이고 인화점 및 연소점(태그개방식인화점측정기에 의한 연소점을 말한다. 이하 같다)이 에틸알코올 60중량퍼센트 수용액의 인화점 및 연소점을 초과하는 것
15. "제2석유류"라 함은 등유, 경유 그 밖에 1기압에서 인화점이 섭씨 21도 이상 70도 미만인 것을 말한다. 다만, 도료류 그 밖의 물품에 있어서 가연성 액체량이 40중량퍼센트 이하이면서 인화점이 섭씨 40도 이상인 동시에 연소점이 섭씨 60도 이상인 것은 제외한다.
16. "제3석유류"란 중유, 크레오소트유, 그 밖에 1기압에서 인화점이 섭씨 70도 이상 섭씨 200도 미만인 것을 말한다. 다만, 도료류 그 밖의 물품은 가연성 액체량이 40중량퍼센트 이하인 것은 제외한다.
17. "제4석유류"라 함은 기어유, 실린더유 그 밖에 1기압에서 인화점이 섭씨 200도 이상 섭씨 250도 미만의 것을 말한다. 다만 도료류 그 밖의 물품은 가연성 액체량이 40중량퍼센트 이하인 것은 제외한다.
18. "동식물유류"라 함은 동물의 지육(枝肉: 머리, 내장, 다리를 잘라 내고 아직 부위별로 나누지 않은

고기를 말한다) 등 또는 식물의 종자나 과육으로부터 추출한 것으로서 1기압에서 인화점이 섭씨 250도 미만인 것을 말한다. 다만, 법 제20조제1항의 규정에 의하여 행정안전부령으로 정하는 용기기준과 수납·저장기준에 따라 수납되어 저장·보관되고 용기의 외부에 물품의 통칭명, 수량 및 화기엄금(화기엄금과 동일한 의미를 갖는 표시를 포함한다)의 표시가 있는 경우를 제외한다.

19. "자기반응성물질"이란 고체 또는 액체로서 폭발의 위험성 또는 가열분해의 격렬함을 판단하기 위하여 고시로 정하는 시험에서 고시로 정하는 성질과 상태를 나타내는 것을 말하며, 위험성 유무와 등급에 따라 제1종 또는 제2종으로 분류한다.

20. 제5류제11호의 물품에 있어서는 유기과산화물을 함유하는 것 중에서 불활성고체를 함유하는 것으로서 다음 각목의 1에 해당하는 것은 제외한다.
    가. 과산화벤조일의 함유량이 35.5중량퍼센트 미만인 것으로서 전분가루, 황산칼슘2수화물 또는 인산수소칼슘2수화물과의 혼합물
    나. 비스(4-클로로벤조일)퍼옥사이드의 함유량이 30중량퍼센트 미만인 것으로서 불활성고체와의 혼합물
    다. 과산화다이쿠밀의 함유량이 40중량퍼센트 미만인 것으로서 불활성고체와의 혼합물
    라. 1·4비스(2-터셔리뷰틸퍼옥시아이소프로필)벤젠의 함유량이 40중량퍼센트 미만인 것으로서 불활성고체와의 혼합물
    마. 사이클로헥산온퍼옥사이드의 함유량이 30중량퍼센트 미만인 것으로서 불활성고체와의 혼합물

21. "산화성액체"라 함은 액체로서 산화력의 잠재적인 위험성을 판단하기 위하여 고시로 정하는 시험에서 고시로 정하는 성질과 상태를 나타내는 것을 말한다.

22. 과산화수소는 그 농도가 36중량퍼센트 이상인 것에 한하며, 제21호의 성상이 있는 것으로 본다.

23. 질산은 그 비중이 1.49 이상인 것에 한하며, 제21호의 성상이 있는 것으로 본다.

24. 위 표의 성질란에 규정된 성상을 2가지 이상 포함하는 물품(이하 이 호에서 "복수성상물품"이라 한다)이 속하는 품명은 다음 각목의 1에 의한다.
    가. 복수성상물품이 산화성고체의 성상 및 가연성고체의 성상을 가지는 경우 : 제2류제8호의 규정에 의한 품명
    나. 복수성상물품이 산화성고체의 성상 및 자기반응성물질의 성상을 가지는 경우 : 제5류제11호의 규정에 의한 품명
    다. 복수성상물품이 가연성고체의 성상과 자연발화성물질의 성상 및 금수성물질의 성상을 가지는 경우 : 제3류제12호의 규정에 의한 품명
    라. 복수성상물품이 자연발화성물질의 성상, 금수성물질의 성상 및 인화성액체의 성상을 가지는 경우 : 제3류제12호의 규정에 의한 품명
    마. 복수성상물품이 인화성액체의 성상 및 자기반응성물질의 성상을 가지는 경우 : 제5류제11호의 규정에 의한 품명

25. 위 표의 지정수량란에 정하는 수량이 복수로 있는 품명에 있어서는 당해 품명이 속하는 유(類)의 품명 가운데 위험성의 정도가 가장 유사한 품명의 지정수량란에 정하는 수량과 같은 수량을 당해 품명의 지정수량으로 한다. 이 경우 위험물의 위험성을 실험·비교하기 위한 기준은 고시로 정할 수 있다.

26. 위 표의 기준에 따라 위험물을 판정하고 지정수량을 결정하기 위하여 필요한 실험은 「국가표준기본법」 제23조에 따라 인정을 받은 시험·검사기관, 기술원, 국립소방연구원 또는 소방청장이 지정하는 기관에서 실시할 수 있다. 이 경우 실험 결과에는 실험한 위험물에 해당하는 품명과 지정수량이 포함되어야 한다.

[ 저장소의 구분 ]

| 지정수량 이상의 위험물을 저장하기 위한 장소 | 저장소의 구분 |
|---|---|
| 1. 옥내(지붕과 기둥 또는 벽 등에 의하여 둘러싸인 곳을 말한다. 이하 같다)에 저장(위험물을 저장하는데 따르는 취급을 포함한다. 이하 이 표에서 같다)하는 장소. 다만, 제3호의 장소를 제외한다. | 옥내저장소 |
| 2. 옥외에 있는 탱크(제4호 내지 제6호 및 제8호에 규정된 탱크를 제외한다. 이하 제3호에서 같다)에 위험물을 저장하는 장소 | 옥외탱크저장소 |
| 3. 옥내에 있는 탱크에 위험물을 저장하는 장소 | 옥내탱크저장소 |
| 4. 지하에 매설한 탱크에 위험물을 저장하는 장소 | 지하탱크저장소 |
| 5. 간이탱크에 위험물을 저장하는 장소 | 간이탱크저장소 |
| 6. 차량(피견인자동차에 있어서는 앞차축을 갖지 아니하는 것으로서 당해 피견인자동차의 일부가 견인자동차에 적재되고 당해 피견인자동차와 그 적재물의 중량의 상당부분이 견인자동차에 의하여 지탱되는 구조의 것에 한한다)에 고정된 탱크에 위험물을 저장하는 장소 | 이동탱크저장소 |
| 7. 옥외에 다음 각목의 1에 해당하는 위험물을 지정하는 장소. 다만, 제2호의 장소를 제외한다.<br>가. 제2류 위험물 중 황 또는 인화성고체(인화점이 섭씨 0도 이상인 것에 한한다)<br>나. 제4류 위험물 중 제 1석유류(인화점이 섭씨 0도 이상인 것에 한한다)·알코올류·제2석유류·제3석유류·제4석유류 및 동식물유류<br>다. 제6류 위험물<br>라. 제2류 위험물 및 제 4류 위험물 중 특별시·광역시·특별자치시·도 또는 특별자치도의 조례에서 정하는 위험물(「관세법」제154조의 규정에 의한 보세구역안에 저장하는 경우로 한정한다)<br>마. 「국제해사기구에 관한 협약」에 의하여 설치된 국제해사기구가 채택한 「국제해상위험물규칙」(IMDG Code)에 적합한 용기에 수납된 위험물 | 옥외저장소 |
| 8. 암반 내의 공간을 이용한 탱크에 액체의 위험물을 저장하는 장소 | 암반탱크저장소 |

[ 취급소의 구분 ]

| 위험물을 제조 외의 목적으로 취급하기 위한 장소 | 취급소의 구분 |
|---|---|
| 1. 고정된 주유설비(항공기에 주유하는 경우에는 차량에 설치된 주유설비를 포함한다)에 의하여 자동차·항공기 또는 선박 등의 연료탱크에 직접 주유하기 위하여 위험물(「석유 및 석유대체연료 사업법」 제29조의 규정에 의한 가짜석유제품에 해당하는 물품을 제외한다. 이하 제2호에서 같다)을 취급하는 장소(위험물을 용기에 옮겨 담거나 차량에 고정된 5천리터 이하의 탱크에 주입하기 위하여 고정된 급유설비를 병설한 장소를 포함한다) | 주유취급소 |
| 2. 점포에서 위험물을 용기에 담아 판매하기 위하여 지정수량의 40배 이하의 위험물을 취급하는 장소 | 판매취급소 |
| 3. 배관 및 이에 부속된 설비에 의하여 위험물을 이송하는 장소. 다만, 다음 각목의 1에 해당하는 경우의 장소를 제외한다.<br>가. 「송유관 안전관리법」에 의한 송유관에 의하여 위험물을 이송하는 경우<br>나. 제조소등에 관계된 시설(배관을 제외한다) 및 그 부지가 같은 사업소 안에 있고 당해 사업소 안에서만 위험물을 이송하는 경우<br>다. 사업소와 사업소의 사이에 도로(폭 2미터 이상의 일반교통에 이용되는 도로로서 자동차의 통행이 가능한 것을 말한다)만 있고 사업소와 사업소 사이의 이송배관이 그 도로를 횡단하는 경우<br>라. 사업소와 사업소 사이의 이송배관이 제3자(당해 사업소와 관련이 있거나 유사한 사업을 하는 자에 한한다)의 토지만을 통과하는 경우로서 당해 배관의 길이가 100미터 이하인 경우<br>마. 해상구조물에 설치된 배관(이송되는 위험물이 별표 1의 제4류 위험물중 제1석유류인 경우에는 배관의 안지름이 30센티미터 미만인 것에 한한다)으로서 해당 해상구조물에 설치된 배관이 길이가 30미터 이하인 경우<br>바. 사업소와 사업소 사이의 이송배관이 다목 내지 마목의 규정에 의한 경우 중 2 이상에 해당하는 경우<br>사. 「농어촌 전기공급사업 촉진법」에 따라 설치된 자가발전시설에 사용되는 위험물을 이송하는 경우 | 이송취급소 |
| 4. 제1호 내지 제3호 외의 장소(「석유 및 석유대체연료 사업법」 제29조의 규정에 의한 가짜석유제품에 해당하는 위험물을 취급하는 경우의 장소를 제외한다) | 일반취급소 |

## 3 적용제외

항공기 · 선박(선박법 제1조의2제1항의 규정에 따른 선박을 말한다) · 철도 및 궤도에 의한 위험물의 저장 · 취급 및 운반에 있어서는 이를 적용하지 아니한다.

## 4 국가의 책무

① 국가는 위험물에 의한 사고를 예방하기 위하여 다음 사항을 포함하는 시책을 수립 · 시행해야 한다.
  ㉠ 위험물의 유통실태 분석

ⓛ 위험물에 의한 사고 유형의 분석
　　ⓒ 사고 예방을 위한 안전기술 개발
　　② 전문인력 양성
　　ⓜ 그 밖에 사고 예방을 위하여 필요한 사항
② 국가는 지방자치단체가 위험물에 의한 사고의 예방·대비 및 대응을 위한 시책을 추진하는 데에 필요한 행정적·재정적 지원을 해야 한다.

## 5 지정수량 미만인 위험물의 저장, 취급

지정수량 미만인 위험물의 저장 또는 취급에 관한 기술상의 기준은 시·도의 조례로 정한다.

## 6 위험물의 저장 및 취급의 제한

① 지정수량 이상의 위험물을 저장소가 아닌 장소에서 저장하거나 제조소등이 아닌 장소에서 취급하여서는 아니된다.
② 제조소등이 아닌 장소에서 지정수량 이상의 위험물을 취급할 수 있는 경우
　　⇨ 임시로 저장 또는 취급하는 장소에서의 저장 또는 취급의 기준과 임시로 저장 또는 취급하는 장소의 위치·구조 및 설비의 기준은 시·도의 조례로 정한다.
　　㉠ 시·도의 조례가 정하는 바에 따라 관할소방서장의 승인을 받아 지정수량 이상의 위험물을 90일 이내의 기간 동안 임시로 저장 또는 취급하는 경우
　　㉡ 군부대가 지정수량 이상의 위험물을 군사목적으로 임시로 저장 또는 취급하는 경우
③ 제조소등에서의 위험물의 저장 또는 취급에 관한 기술상의 기준(행정안전부령)
　　㉠ 중요기준 : 화재 등 위해의 예방과 응급조치에 있어서 큰 영향을 미치거나 그 기준을 위반하는 경우 직접적으로 화재를 일으킬 가능성이 큰 기준으로서 행정안전부령이 정하는 기준
　　㉡ 세부기준 : 화재 등 위해의 예방과 응급조치에 있어서 중요기준보다 상대적으로 적은 영향을 미치거나 그 기준을 위반하는 경우 간접적으로 화재를 일으킬 수 있는 기준 및 위험물의 안전관리에 필요한 표시와 서류·기구 등의 비치에 관한 기준으로서 행정안전부령이 정하는 기준
④ 제조소등의 위치·구조 및 설비의 기술기준은 행정안전부령으로 정한다.
⑤ 둘 이상의 위험물을 같은 장소에서 저장 또는 취급하는 경우 당해 장소에서 저장 또는 취급하는 각 위험물의 수량을 그 위험물의 지정수량으로 각각 나누어 얻은 수의 합계가 1이상인 경우 당해 위험물은 지정수량 이상의 위험물로 본다.

소방관계법규

### 7 위험물시설의 설치 및 변경

① 제조소등을 설치하고자 하는 자는 시·도지사의 허가를 받아야 한다.
② 제조소등의 위치·구조 또는 설비를 변경하고자 하는 자는 시·도지사의 허가를 받아야 한다.
③ 취급하는 위험물의 품명·수량 또는 지정수량의 배수를 변경하고자 하는 자는 시도지사에게 변경하고자 하는 날의 1일 전까지 시·도지사에게 신고해야 한다.
④ 제조소등이 아닌 경우에 허가를 받지 아니하고 당해 제조소등을 설치하거나 그 위치 구조 또는 설비를 변경할 수 있는 경우, 신고를 하지 아니하고 위험물의 품명·수량 또는 지정수량의 배수를 변경할 수 있는 경우
  ㉠ 주택의 난방시설(공동주택의 중앙난방시설을 제외한다)을 위한 저장소 또는 취급소
  ㉡ 농예용·축산용 또는 수산용으로 필요한 난방시설 또는 건조시설을 위한 지정수량 20배 이하의 저장소

### 8 군용위험물시설의 설치 및 변경에 대한 특례

① 군사목적 또는 군부대시설을 위한 제조소등을 설치하거나 그 위치·구조 또는 설비를 변경하고자 하는 군부대의 장은 대통령령이 정하는 바에 따라 미리 제조소등의 소재지를 관할하는 시·도지사와 협의해야 한다.
② 군부대의 장이 제조소등의 소재지를 관할하는 시·도지사와 협의한 경우에는 규정에 따른 허가를 받은 것으로 본다.
③ 군부대의 장은 규정에 따라 협의한 제조소등에 대하여는 탱크안전성능검사와 완공검사를 자체적으로 실시할 수 있다. 이 경우 완공검사를 자체적으로 실시한 군부대의 장은 지체 없이 행정안전부령으로 정하는 사항을 시·도지사에게 통보해야 한다.
  ㉠ 제조소등의 완공일 및 사용개시일
  ㉡ 탱크안전성능검사의 결과(탱크안전성능검사의 대상이 되는 위험물탱크가 있는 경우에 한한다)
  ㉢ 완공검사의 결과
  ㉣ 안전관리자 선임 계획
  ㉤ 예방규정(예방규정을 작성해야 할 제조소등에 한한다)

## 9 탱크안전성능검사

① 탱크안전성능검사권자 : 시 · 도지사
  ㉠ 탱크안전성능검사신청 : 완공검사를 받기 전에 시 · 도지사에게 신청
  ㉡ 탱크안전성능시험을 받고자 하는 자는 기술원 또는 탱크시험자에게 신청서 제출

> **Reference**
>
> **시행규칙(탱크안전성능검사의 신청 등)**
> ① 탱크안전성능검사를 받아야 하는 자는 신청서를 해당 위험물탱크의 설치장소를 관할하는 소방서장 또는 기술원에 제출해야 한다.
> ② 다만, 설치장소에서 제작하지 아니하는 위험물탱크에 대한 탱크안전성능검사(충수 · 수압검사에 한한다)의 경우에는 신청서에 해당 위험물탱크의 구조명세서 1부를 첨부하여 해당 위험물탱크의 제작지를 관할하는 소방서장에게 신청할 수 있다.
> ③ 탱크안전성능시험을 받고자 하는 자는 신청서에 해당 위험물탱크의 구조명세서 1부를 첨부하여 기술원 또는 탱크시험자에게 신청할 수 있다.
> ④ 충수 · 수압검사를 면제받고자 하는 자는 탱크시험합격확인증에 탱크시험성적서를 첨부하여 소방서장에게 제출해야 한다.

② 탱크안전성능검사의 종류
  ㉠ 기초 · 지반검사
  ㉡ 충수 · 수압검사
  ㉢ 용접부검사
  ㉣ 암반탱크검사
③ 탱크안전성능검사 종류 및 대상
  ㉠ 기초 · 지반검사 : 옥외탱크저장소의 액체위험물탱크 중 그 용량이 100만리터 이상인 탱크
  ㉡ 충수(充水) · 수압검사 : 액체위험물을 저장 또는 취급하는 탱크
    다만, 다음 각 목의 어느 하나에 해당하는 탱크는 제외한다.
    ⓐ 제조소 또는 일반취급소에 설치된 탱크로서 용량이 지정수량 미만인 것
    ⓑ 「고압가스 안전관리법」에 따른 특정설비에 관한 검사에 합격한 탱크
    ⓒ 「산업안전보건법」에 따른 안전인증을 받은 탱크
  ㉢ 용접부검사 : 옥외탱크저장소의 액체위험물탱크 중 그 용량이 100만리터 이상인 탱크
  ㉣ 암반탱크검사 : 액체위험물을 저장 또는 취급하는 암반내의 공간을 이용한 탱크
④ 탱크안전성능검사의 전부 또는 일부 면제

㉠ 시·도지사는 탱크안전성능시험자 또는 한국소방산업기술원으로부터 탱크안전성능시험을 받은 경우에는 탱크안전성능 검사의 전부 또는 일부 면제할 수 있다.
㉡ 시·도지사가 면제할 수 있는 탱크안전성능검사는 충수·수압검사로 한다.
㉢ 위험물탱크에 대한 충수·수압검사를 면제받고자 하는 자는 "탱크시험자" 또는 기술원으로부터 충수·수압검사에 관한탱크안전성능시험을 받아 완공검사를 받기 전(지하에 매설하는 위험물탱크에 있어서는 지하에 매설하기 전)에 해당 시험에 합격하였음을 증명하는 서류("탱크시험합격확인증")를 시·도지사에게 제출해야 한다.
⑤ 탱크안전성능검사의 신청시기
㉠ 기초·지반검사 : 위험물탱크의 기초 및 지반에 관한 공사의 개시 전
㉡ 충수·수압검사 : 위험물을 저장 또는 취급하는 탱크에 배관 그 밖의 부속설비를 부착하기 전
㉢ 용접부검사 : 탱크본체에 관한 공사의 개시 전
㉣ 암반탱크검사 : 암반탱크의 본체에 관한 공사의 개시 전

## 10 완공검사

① 완공검사권자 : 시·도지사
② 완공검사 결과 보고서 : 기술원은 완공검사를 실시한 경우에는 완공검사결과서를 소방서장에게 송부하고, 검사대상명·접수일시·검사일·검사번호·검사자·검사결과 및 검사결과서 발송일 등을 기재한 완공검사업무대장을 작성하여 10년간 보관해야 한다.
③ 완공검사 신청시기
㉠ 지하탱크가 있는 제조소등의 경우 : 당해 지하탱크를 매설하기 전
㉡ 이동탱크저장소의 경우 : 이동저장탱크를 완공하고 상시 설치장소(이하 "상치장소")를 확보한 후
㉢ 이송취급소의 경우 : 이송배관 공사의 전체 또는 일부를 완료한 후. 다만, 지하·하천 등에 매설하는 이송배관의 공사의경우에는 이송배관을 매설하기 전
㉣ 전체 공사가 완료된 후에는 완공검사를 실시하기 곤란한 경우
ⓐ 위험물설비 또는 배관의 설치가 완료되어 기밀시험 또는 내압시험을 실시하는 시기
ⓑ 배관을 지하에 설치하는 경우에는 시·도지사, 소방서장 또는 기술원이 지정하는 부분을 매몰하기 직전
ⓒ 기술원이 지정하는 부분의 비파괴시험을 실시하는 시기
㉤ ㉠ ~ ㉣에 해당하지 아니하는 제조소등의 경우 : 제조소등의 공사를 완료한 후

## 11 제조소등 설치자의 지위승계

① 지위승계자
  ㉠ 상속인
  ㉡ 제조소등을 양수·인수한 자
  ㉢ 합병 후 존속하는 법인이나 합병에 의하여 설립되는 법인
  ㉣ 민사집행법에 의한 경매, 「채무자 회생 및 파산에 관한 법률」에 의한 환가, 국세징수법·관세법 또는 「지방세징수법」에 따른 압류재산의 매각과 그 밖에 이에 준하는 절차에 따라 제조소등의 시설의 전부를 인수한 자
② 지위를 승계한 자는 승계한 날부터 30일 이내에 시도지사에게 지위승계 신고해야 한다.

## 12 제조소등의 폐지

제조소등의 관계인은 제조소등의 용도를 폐지한 경우 폐지한 날부터 14일 이내에 시·도지사에게 신고해야 한다.

## 13 제조소등 설치허가의 취소와 사용정지 등

① 제조소등 설치허가의 취소와 사용정지권자 : 시·도지사
② 허가를 취소하거나 6월 이내의 기간을 정하여 제조소등의 전부 또는 일부의 사용정지를 명할 수 있는 사유
  ㉠ 규정에 따른 변경허가를 받지 아니하고 제조소등의 위치·구조 또는 설비를 변경한 때
  ㉡ 완공검사를 받지 아니하고 제조소등을 사용한 때
  ㉡의2. 안전조치 이행명령을 따르지 아니한 때
  ㉢ 규정에 따른 수리·개조 또는 이전의 명령을 위반한 때
  ㉣ 위험물안전관리자를 선임하지 아니한 때
  ㉤ 규정을 위반하여 대리자를 지정하지 아니한 때
  ㉥ 정기점검을 하지 아니한 때
  ㉦ 정기검사를 받지 아니한 때
  ㉧ 규정에 따른 저장·취급기준 준수명령을 위반한 때

소방관계법규

## 14 과징금 처분

① 과징금 부과권자 : 시·도지사
② 최대 2억원

## 15 위험물안전관리

① 위험물안전관리자
　㉠ 위험물안전관리자 선임권자 : 제조소등의 관계인
　㉡ 위험물의 취급에 관한 자격이 있는 자

**[ 위험물취급자격자의 자격(제11조제1항 관련) ]**

| 위험물취급자격자의 구분 | 취급할 수 있는 위험물 |
|---|---|
| 1. 「국가기술자격법」에 따라 위험물기능장, 위험물산업기사, 위험물기능사의 자격을 취득한 사람 | 별표 1의 모든 위험물 |
| 2. 안전관리자교육이수자(법 28조제1항에 따라 소방청장이 실시하는 안전관리자교육을 이수한 자를 말한다. 이하 별표 6에서 같다) | 별표 1의 위험물 중 제4류 위험물 |
| 3. 소방공무원 경력자(소방공무원으로 근무한 경력이 3년 이상인 자를 말한다. 이하 별표 6에서 같다) | 별표 1의 위험물 중 제4류 위험물 |

　㉢ 제조소등에서 저장·취급하는 위험물이 「화학물질관리법」에 따른 인체급성유해성물질, 인체만성유해성물질, 생태유해성물질에 해당하는 경우 등 대통령령이 정하는 경우 당해 제조소등을 설치한 자는 다른 법률에 의하여 안전관리업무를 하는 자로 선임된 자 가운데 대통령령이 정하는 자를 안전관리자로 선임할 수 있다.
　㉣ 제조소등의 관계인은 안전관리자가 해임, 퇴직한 날부터 30일 이내에 선임하여 선임한날부터 14일 이내에 소방본부장 또는 소방서장에게 신고해야 한다.
　㉤ 안전관리자 선임신고시 제출해야 할 서류
　　ⓐ 위험물안전관리업무대행계약서(안전관리대행기관에 한한다)
　　ⓑ 위험물안전관리교육 수료증(안전관리자 강습교육을 받은 자에 한한다)
　　ⓒ 위험물안전관리자를 겸직할 수 있는 관련 안전관리자로 선임된 사실을 증명할 수 있는 서류
　　ⓓ 소방공무원 경력증명서(소방공무원 경력자에 한한다)
　㉥ 제조소등의 관계인은 안전관리자의 해임, 퇴직한 사실을 소방본부장 또는 소방서장에게 확인받을 수 있다.

ⓧ 위험물안전관리 직무 대리자 지정
  ⓐ 위험물안전관리 직무 대리자 지정권자 : 제조소등의 관계인
  ⓑ 직무 대리자 지정사유
    ㉮ 선임된 안전관리자가 여행·질병 그 밖의 사유로 인하여 일시적으로 직무를 수행할 수 없는 경우
    ㉯ 안전관리자의 해임 또는 퇴직과 동시에 다른 안전관리자를 선임하지 못하는 경우
  ⓒ 직무 대리자 자격조건
    ㉮ 국가기술자격법에 따른 위험물의 취급에 관한 자격취득자
    ㉯ 안전교육을 받은 자
    ㉰ 제조소등의 위험물 안전관리업무에 있어서 안전관리자를 지휘·감독하는 직위에 있는 자
  ⓓ 직무 대리자의 직무 대행기간 : 30일을 초과할 수 없다.
ⓞ 안전관리자의 업무와 의무
  ⓐ 위험물을 취급하는 작업을 하는 때에는 작업자에게 안전관리에 관한 필요한 지시
  ⓑ 위험물의 취급에 관한 안전관리와 감독
  ⓒ 제조소등의 관계인과 그 종사자는 안전관리자의 위험물 안전관리에 관한 의견을 존중하고 그 권고에 따라야 한다.
② 1인의 안전관리자를 중복하여 선임할 수 있는 경우
  ㉠ 보일러·버너 또는 이와 비슷한 것으로서 위험물을 소비하는 장치로 이루어진 7개 이하의 일반취급소와 그 일반취급소에 공급하기 위한 위험물을 저장하는 저장소[일반취급소 및 저장소가 모두 동일구내에 있는 경우에 한한다]를 동일인이 설치한 경우
  ㉡ 위험물을 차량에 고정된 탱크 또는 운반용기에 옮겨 담기 위한 5개 이하의 일반취급소[일반취급소간의 거리(보행거리)가 300미터 이내인 경우에 한한다]와 그 일반취급소에 공급하기 위한 위험물을 저장하는 저장소를 동일인이 설치한 경우
  ㉢ 동일구내에 있거나 상호 100미터 이내의 거리에 있는 저장소로서 저장소의 규모, 저장하는 위험물의 종류 등을 고려하여 행정안전부령이 정하는 저장소를 동일인이 설치한 경우[행정안전부령으로 정하는 저장소]
    ⓐ 10개 이하의 옥내저장소
    ⓑ 30개 이하의 옥외탱크저장소
    ⓒ 옥내탱크저장소
    ⓓ 지하탱크저장소
    ⓔ 간이탱크저장소

ⓕ 10개 이하의 옥외저장소
ⓖ 10개 이하의 암반탱크저장소
㉣ 다음 각목의 기준에 모두 적합한 5개 이하의 제조소등을 동일인이 설치한 경우
ⓐ 각 제조소등이 동일구내에 위치하거나 상호 100미터 이내의 거리에 있을 것
ⓑ 각 제조소등에서 저장 또는 취급하는 위험물의 최대수량이 지정수량의 3천배 미만일 것. 다만, 저장소의 경우에는 그러하지 아니하다.
㉤ 선박주유취급소의 고정주유설비에 공급하기 위한 위험물을 저장하는 저장소와 당해 선박주유취급소

## 16 탱크시험자의 등록 등

① 시·도지사 또는 제조소등의 관계인은 탱크시험자로 하여금 탱크안전성능검사 또는 점검의 일부를 실시하게 할 수 있다.
② 등록신청
㉠ 탱크시험자가 되고자 하는 자는 기술능력, 시설, 장비를 갖추어 시·도지사에게 등록해야 한다.
㉡ 등록기준
ⓐ 기술능력
㉮ 필수인력
- 위험물기능장·위험물산업기사 또는 위험물기능사 중 1명 이상
- 비파괴검사기술사 1명 이상 또는 초음파비파괴검사·자기비파괴검사 및 침투비파괴검사별로 기사 또는 산업기사 각 1명 이상
㉯ 필요한 경우에 두는 인력
- 충·수압시험, 진공시험, 기밀시험 또는 내압시험의 경우 : 누설비파괴검사 기사, 산업기사 또는 기능사
- 수직·수평도시험의 경우 : 측량 및 지형공간정보 기술사, 기사, 산업기사 또는 측량기능사
- 방사선투과시험의 경우 : 방사선비파괴검사 기사 또는 산업기사
- 필수 인력의 보조 : 방사선비파괴검사·초음파비파괴검사·자기비파괴검사 또는 침투비파괴검사기능사
ⓑ 시설 : 전용사무실
ⓒ 장비

㉮ 필수장비 : 자기탐상시험기, 초음파두께측정기 및 다음 중 어느 하나
- 영상초음파시험기
- 방사선투과시험기 및 초음파시험기

㉯ 필요한 경우에 두는 장비
- 충·수압시험, 진공시험, 기밀시험 또는 내압시험의 경우
  - 진공능력 53[KPa] 이상의 진공누설시험기
  - 기밀시험장치(안전장치가 부착된 것으로서 가압능력 200[KPa] 이상, 감압의 경우에는 감압능력 10[KPa] 이상·감도 10[Pa] 이하의 것으로서 각각의 압력 변화를 스스로 기록할 수 있는 것)
- 수직·수평도 시험의 경우 : 수직·수평도 측정기
  ※ 비고 : 둘 이상의 기능을 함께 가지고 있는 장비를 갖춘 경우에는 각각의 장비를 갖춘 것으로 본다.

③ 탱크시험자 등록취소등

**[등록취소]**
㉠ 허위 그밖의 부정한 방법으로 등록을 한 경우
㉡ 등록의 결격사유에 해당하게 된 경우
㉢ 등록증을 다른 자에게 빌려준 경우

**[6월 이하의 업무정지]**
㉠ 등록기준에 미달하게 된 경우
㉡ 탱크안전성능시험 또는 점검을 허위로 하거나 이 법에 의한 기준에 맞지 아니하게 탱크안전성능시험 또는 점검을 실시하는 경우 등 탱크시험자로서 적합하지 아니하다고 인정하는 경우

## 17 예방규정등

① 제조소등의 관계인은 당해 제조소등을 사용하기 전에 시·도지사에게 예방규정을 제출해야 한다.
② 예방규정을 작성, 제출하여야 하는 대상
  ㉠ 지정수량의 10배 이상의 위험물을 취급하는 제조소
  ㉡ 지정수량의 100배 이상의 위험물을 저장하는 옥외저장소
  ㉢ 지정수량의 150배 이상의 위험물을 저장하는 옥내저장소
  ㉣ 지정수량의 200배 이상의 위험물을 저장하는 옥외탱크저장소

ⓜ 암반탱크저장소
　　　ⓗ 이송취급소
　　　ⓢ 지정수량의 10배 이상의 위험물을 취급하는 일반취급소
　　　※ 다만, 제4류 위험물(특수인화물을 제외한다)만을 지정수량의 50배 이하로 취급하는 일반취급소(제1석유류・알코올류의 취급량이 지정수량의 10배 이하인 경우에 한한다)로서 다음 어느 하나에 해당하는 것을 제외한다.
　　　　　ⓐ 보일러・버너 또는 이와 비슷한 것으로서 위험물을 소비하는 장치로 이루어진 일반취급소
　　　　　ⓑ 위험물을 용기에 옮겨 담거나 차량에 고정된 탱크에 주입하는 일반취급소
③ 예방규정 작성사항
　　　㉠ 위험물의 안전관리업무를 담당하는 자의 직무 및 조직에 관한 사항
　　　㉡ 안전관리자가 여행・질병 등으로 인하여 그 직무를 수행할 수 없을 경우 그 직무의 대리자에 관한 사항
　　　㉢ 영 제18조의 규정에 의하여 자체소방대를 설치하여야 하는 경우에는 자체소방대의 편성과 화학소방자동차의 배치에 관한 사항
　　　㉣ 위험물의 안전에 관계된 작업에 종사하는 자에 대한 안전교육 및 훈련에 관한 사항
　　　㉤ 위험물시설 및 작업장에 대한 안전순찰에 관한 사항
　　　㉥ 위험물시설・소방시설 그밖의 관련시설에 대한 점검 및 정비에 관한 사항
　　　㉦ 위험물시설의 운전 또는 조작에 관한 사항
　　　㉧ 위험물 취급작업의 기준에 관한 사항
　　　㉨ 이송취급소에 있어서는 배관공사 현장책임자의 조건 등 배관공사 현장에 대한 감독체제에 관한 사항과 배관주위에 있는 이송취급소 시설 외의 공사를 하는 경우 배관의 안전확보에 관한 사항
　　　㉩ 재난 그 밖의 비상시의 경우에 취하여야 하는 조치에 관한 사항
　　　㉪ 위험물의 안전에 관한 기록에 관한 사항
　　　㉫ 제조소등의 위치・구조 및 설비를 명시한 서류와 도면의 정비에 관한 사항
　　　㉬ 그 밖에 위험물의 안전관리에 관하여 필요한 사항
④ 예방규정 이행 실태 평가(소방청장 실시)
　　　㉠ 대상 : 저장・취급하는 최대수량의 합이 지정수량의 3천배 이상인 제조소등
　　　㉡ 평가 종류
　　　　　ⓐ 최초평가 : 최초 3년이내
　　　　　ⓑ 정기평가 : 최초평가 후 4년마다
　　　　　ⓒ 수시평가 : 누출, 화재, 폭발 사고발생 시

## 18 정기점검 및 정기검사(정밀정기검사, 중간정기검사)

① 정기점검
  ㉠ 정기점검자
    ⓐ 원칙 : 제조소등의 관계인
    ⓑ 실시자
      ㉮ 위험물운송자(이동탱크저장소의 경우에 한함)
      ㉯ 위험물안전관리자
      ㉰ 탱크시험자
      ㉱ 안전관리대행기관(특정옥외탱크저장소의 정기점검은 제외)
  ㉡ 정기점검의 대상인 제조소등
    ⓐ 예방규정을 작성해야 하는 제조소등(7가지)
    ⓑ 지하탱크저장소
    ⓒ 이동탱크저장소
    ⓓ 위험물을 취급하는 탱크로서 지하에 매설된 탱크가 있는 제조소·주유취급소 또는 일반취급소
  ㉢ 정기점검의 횟수
    제조소등의 관계인은 당해 제조소등에 대하여 연 1회 이상 정기점검을 실시해야 한다.
  ㉣ 특정·준특정옥외탱크저장소(액체위험물의 최대수량이 50만리터 이상인 것)의 정기점검(=구조안전점검)
    ⓐ 연 1회 이상 실시하는 정기점검 외에 다음에 해당하는 기간 이내에 1회 이상 준, 특정옥외저장탱크의 구조 등에 관한 안전점검("구조안전점검")을 해야 한다.
      ㉮ 특정·준특정옥외탱크저장소의 설치허가에 따른 완공검사합격확인증을 발급받은 날부터 12년
      ㉯ 최근의 정밀정기검사를 받은 날부터 11년
      ㉰ 특정·준특정옥외저장탱크에 안전조치를 한 후 기술원에 구조안전점검시기 연장신청을 하여 해당 안전조치가 적정한 것으로 인정받은 경우에는 최근의 정밀정기검사를 받은 날부터 13년
    ⓑ 구조안전점검의 연장신청
      해당 기간 이내에 특정·준특정옥외저장탱크의 사용중단 등으로 구조안전점검을 실시하기가 곤란한 경우에는 관할소방서장에게 구조안전점검의 실시기간 연장신청을 할 수 있으며, 그 신청을 받은 소방서장은 1년(특정·준특정옥외탱

크저장소의 사용을 중지한 경우에는 사용중지기간)의 범위 내에서 당해 기간을 연장할 수 있다.
  ⓒ 점검자 : 위험물안전관리자, 탱크시험자
  ⓓ 구조안전점검 기록보관 : 25년(단, 기술원에서 연장받은 경우는 30년)
 ⓜ 해당 제조소등의 안전관리자는 안전관리대행기관 또는 탱크시험자의 점검현장에 참관해야 한다.
 ⓑ 탱크시험자는 정기점검을 실시한 결과 그 탱크 등의 유지관리상황이 적합하다고 인정되는 때에는 점검을 완료한 날부터 10일 이내에 정기점검결과서에 위험물탱크안전성능시험자등록증 사본 및 시험성적서를 첨부하여 제조소등의 관계인에게 교부하고, 적합하지 아니한 경우에는 개선하여야 하는 사항을 통보해야 한다.
 ⓢ 점검결과 기록보존 : 3년

② 정기검사
 ㉠ 정기검사자 : 소방본부장 또는 소방서장
 ㉡ 정기검사의 대상 : 액체위험물을 저장 또는 취급하는 50만리터 이상의 옥외탱크저장소[준특정옥외탱크저장소 - 50만리터 이상, 특정옥외탱크저장소 - 100만리터 이상]
 ㉢ 정기검사의 시기
  ⓐ 정밀정기검사 : 다음 각 목의 어느 하나에 해당하는 기간 내에 1회
   ㉮ 특정ㆍ준특정옥외탱크저장소의 설치허가에 따른 완공검사합격확인증을 발급받은 날부터 12년
   ㉯ 최근의 정밀정기검사를 받은 날부터 11년
  ⓑ 중간정기검사 : 다음 각 목의 어느 하나에 해당하는 기간 내에 1회
   ㉮ 특정ㆍ준특정옥외탱크저장소의 설치허가에 따른 완공검사합격확인증을 발급받은 날부터 4년
   ㉯ 최근의 정밀정기검사 또는 중간정기검사를 받은 날부터 4년
 ㉣ 정밀정기검사를 받아야 하는 특정ㆍ준특정옥외탱크저장소의 관계인은 정밀정기검사를 제65조제1항에 따른 구조안전점검을 실시하는 때에 함께 받을 수 있다.
 ㉤ 정기검사의 기록보관
  정기검사를 받은 제조소등의 관계인과 정기검사를 실시한 기술원은 정기검사합격확인증 등 정기검사에 관한 서류를 해당 제조소등에 대한 차기 정기검사시까지 보관해야 한다.

## 19 자체소방대

① 자체소방대 설치자 : 당해 제조소등의 관계인
② 자체소방대를 설치해야 하는 제조소등
  ㉠ 제4류 위험물을 취급하는 지정수량 3천배 이상의 제조소 또는 일반취급소
  ㉡ 제4류 위험물을 저장하는 옥외탱크저장소(지정수량 50만배 이상)
③ 자체소방대 조직구성
  ㉠ 자체소방대를 설치하는 사업소의 관계인은 자체소방대에 화학소방자동차 및 자체소방대원을 두어야 한다.

**[ 자체소방대에 두는 화학소방자동차 및 인원 ]**

| 사업소의 구분 | 화학소방자동차 | 자체소방대원의 수 |
|---|---|---|
| 1. 제조소 또는 일반취급소에서 취급하는 제4류 위험물의 최대수량의 합이 지정수량의 3천배 이상 12만배 미만인 사업소 | 1대 | 5인 |
| 2. 제조소 또는 일반취급소에서 취급하는 제4류 위험물의 최대수량의 합이 지정수량의 12만배 이상 24만배 미만인 사업소 | 2대 | 10인 |
| 3. 제조소 또는 일반취급소에서 취급하는 제4류 위험물의 최대수량의 합이 지정수량의 24만배 이상 48만배 미만인 사업소 | 3대 | 15인 |
| 4. 제조소 또는 일반취급소에서 취급하는 제4류 위험물의 최대수량의 합이 지정수량의 48만배 이상인 사업소 | 4대 | 20인 |
| 5. 옥외탱크저장소에 저장하는 제4류 위험물의 최대수량이 지정수량의 50만배 이상인 사업소 | 2대 | 10인 |

  ㉡ 다만, 화재 그 밖의 재난발생시 다른 사업소 등과 상호응원에 관한 협정을 체결하고 있는 사업소에 있어서는 행정안전부령이 정하는 바에 따라 화학소방자동차 및 인원의 수를 달리할 수 있다.
    ⇨ 2 이상의 사업소가 상호응원에 관한 협정을 체결하고 있는 경우에는 당해 모든 사업소를 하나의 사업소로 보고 제조소 또는 취급소에서 취급하는 제4류 위험물을 합산한 양을 하나의 사업소에서 취급하는 제4류 위험물의 최대수량으로 간주하여 화학소방자동차의 대수 및 자체소방대원을 정할 수 있다. 이 경우 상호응원에 관한 협정을 체결하고 있는 각 사업소의 자체소방대에는 화학소방차 대수의 2분의 1 이상의 대수와 화학소방자동차마다 5인 이상의 자체소방대원을 두어야 한다.

④ 자체소방대의 설치 제외대상인 일반취급소
   ㉠ 보일러, 버너 그 밖에 이와 유사한 장치로 위험물을 소비하는 일반취급소
   ㉡ 이동저장탱크 그 밖에 이와 유사한 것에 위험물을 주입하는 일반취급소
   ㉢ 용기에 위험물을 옮겨 담는 일반취급소
   ㉣ 유압장치, 윤활유순환장치 그 밖에 이와 유사한 장치로 위험물을 취급하는 일반취급소
   ㉤ 「광산안전법」의 적용을 받는 일반취급소
⑤ 화학소방차의 기준 등
   ㉠ 화학소방자동차(내폭화학차 및 제독차를 포함한다)에 갖추어야 하는 소화능력 및 설비의 기준

| 화학소방자동차의 구분 | 소화능력 및 설비의 기준 |
|---|---|
| 포수용액 방사차 | 포수용액의 방사능력이 매분 2,000[L] 이상일 것 |
| | 소화약액탱크 및 소화약액혼합장치를 비치할 것 |
| | 10만[L] 이상의 포수용액을 방사할 수 있는 양의 소화약제를 비치할 것 |
| 분말 방사차 | 분말의 방사능력이 매초 35[kg] 이상일 것 |
| | 분말탱크 및 가압용가스설비를 비치할 것 |
| | 1,400[kg] 이상의 분말을 비치할 것 |
| 할로젠화합물 방사차 | 할로젠화합물의 방사능력이 매초 40[kg] 이상일 것 |
| | 할로젠화합물탱크 및 가압용가스설비를 비치할 것 |
| | 1,000[kg] 이상의 할로젠화합물을 비치할 것 |
| 이산화탄소 방사차 | 이산화탄소의 방사능력이 매초 40[kg] 이상일 것 |
| | 이산화탄소저장용기를 비치할 것 |
| | 3,000[kg] 이상의 이산화탄소를 비치할 것 |
| 제독차 | 가성소다 및 규조토를 각각 50[kg] 이상 비치할 것 |

   ㉡ 포수용액을 방사하는 화학소방자동차의 대수는 화학소방자동차의 대수의 3분의 2 이상으로 해야 한다.

## 20 위험물의 운반 등

① 위험물의 운반
  ㉠ 위험물의 운반은 그 용기·적재방법 및 운반방법에 관한 중요기준과 세부기준에 따라 행해야 한다.
    ⓐ 중요기준 : 화재 등 위해의 예방과 응급조치에 있어서 큰 영향을 미치거나 그 기준을 위반하는 경우 직접적으로 화재를 일으킬 가능성이 큰 기준으로서 행정안전부령이 정하는 기준
    ⓑ 세부기준 : 화재 등 위해의 예방과 응급조치에 있어서 중요기준보다 상대적으로 적은 영향을 미치거나 그 기준을 위반하는 경우 간접적으로 화재를 일으킬 수 있는 기준 및 위험물의 안전관리에 필요한 표시와 서류·기구 등의 비치에 관한 기준으로서 행정안전부령이 정하는 기준
  ㉡ 운반용기의 검사 : 시·도지사가 실시(한국소방산업기술원에 위탁)
    기술원의 원장은 전년도의 운반용기 검사업무 처리결과를 매년 1월 31일까지 시·도지사에게 보고하여야 하고, 시·도지사는 기술원으로부터 보고받은 운반용기 검사업무 처리결과를 매년 2월 말까지 소방청장에게 제출해야 한다.

② 위험물의 운송
  ㉠ 이동탱크저장소에 의하여 위험물을 운송하는 자
    당해 위험물을 취급할 수 있는 국가기술자격자 또는 위험물 안전교육을 받은 운송책임자 및 이동탱크저장소운전자인 "위험물운송자"이어야 한다.
  ㉡ 위험물의 운송에 있어서 운송책임자의 감독 또는 지원을 받아 운송해야 할 위험물
    ⓐ 알킬알루미늄
    ⓑ 알킬리튬
    ⓒ 알킬알루미늄 또는 알킬리튬의 물질을 함유하는 위험물
  ㉢ 위험물운송자의 주의 의무
    이동탱크저장소에 의하여 위험물을 운송하는 때에는 위험물의 운송 기준을 준수하는 등 당해 위험물의 안전확보를 위하여 세심한 주의를 기울여야 한다.
  ㉣ 운송책임자
    ⓐ 당해 위험물의 취급에 관한 국가기술자격을 취득하고 관련 업무에 1년 이상 종사한 경력이 있는 자
    ⓑ 위험물의 운송에 관한 안전교육을 수료하고 관련 업무에 2년 이상 종사한 경력이 있는 자

ⓒ 운송책임자의 감독 또는 지원의 방법
  ⓐ 운송책임자가 이동탱크저장소에 동승하여 운송 중인 위험물의 안전확보에 관하여 운전자에게 필요한 감독 또는 지원을 하는 방법. 다만, 운전자가 운반책임자의 자격이 있는 경우에는 운송책임자의 자격이 없는 자가 동승할 수 있다.
  ⓑ 운송의 감독 또는 지원을 위하여 마련한 별도의 사무실에 운송책임자가 대기하면서 다음의 사항을 이행하는 방법
    ㉮ 운송경로를 미리 파악하고 관할소방관서 또는 관련업체(비상대응에 관한 협력을 얻을 수있는 업체를 말한다)에 대한 연락체계를 갖추는 것
    ㉯ 이동탱크저장소의 운전자에 대하여 수시로 안전확보 상황을 확인하는 것
    ㉰ 비상시의 응급처치에 관하여 조언을 하는 것
    ㉱ 그 밖에 위험물의 운송중 안전확보에 관하여 필요한 정보를 제공하고 감독 또는 지원하는 것(위험물 운송책임자의 감독 또는 지원의 방법과 위험물의 운송 시에 준수하여야 하는 사항)
ⓑ 이동탱크저장소에 의한 위험물의 운송 시에 준수하여야 하는 기준
  ⓐ 위험물운송자는 운송의 개시 전에 이동저장탱크의 배출밸브 등의 밸브와 폐쇄장치, 맨홀 및 주입구의 뚜껑, 소화기 등의 점검을 충분히 실시할 것
  ⓑ 위험물운송자는 장거리(고속국도에 있어서는 340[km] 이상, 그 밖의 도로에 있어서는 200[km] 이상을 말한다)에 걸치는 운송을 하는 때에는 2명 이상의 운전자로 할 것.
  ※ 다만, 다음에 해당하는 경우에는 그러하지 아니하다.
    ㉮ 운송책임자를 동승시킨 경우
    ㉯ 운송하는 위험물이 제2류 위험물·제3류 위험물(칼슘 또는 알루미늄의 탄화물과 이것만을 함유한 것에 한한다) 또는 제4류 위험물(특수인화물을 제외한다)인 경우
    ㉰ 운송도중에 2시간 이내마다 20분 이상씩 휴식하는 경우
  ⓒ 위험물운송자는 이동탱크저장소를 휴식·고장 등으로 일시 정차시킬 때에는 안전한 장소를 택하고 당해 이동탱크저장소의 안전을 위한 감시를 할 수 있는 위치에 있는 등 운송하는 위험물의 안전확보에 주의할 것
  ⓓ 위험물운송자는 이동저장탱크로부터 위험물이 현저하게 새는 등 재해발생의 우려가 있는 경우에는 재난을 방지하기 위한 응급조치를 강구하는 동시에 소방관서 그 밖의 관계기관에 통보할 것
  ⓔ 위험물(제4류 위험물에 있어서는 특수인화물 및 제1석유류에 한한다)을 운송하게 하는 자는 위험물안전카드를 위험물운송자로 하여금 휴대하게 할 것

ⓕ 위험물운송자는 위험물안전카드를 휴대하고 당해 카드에 기재된 내용에 따를 것. 다만, 재난 그 밖의 불가피한 이유가 있는 경우에는 당해 기재된 내용에 따르지 아니할 수 있다.

## 21 안전교육

① 안전관리자 · 탱크시험자 · 위험물운반자 · 위험물운송자 등 위험물의 안전관리와 관련된 업무를 수행하는 자로서 대통령령이 정하는 자는 해당 업무에 관한 능력의 습득 또는 향상을 위하여 소방청장이 실시하는 교육을 받아야 한다.
② 안전교육대상자
  ㉠ 안전관리자로 선임된 자
  ㉡ 탱크시험자의 기술인력으로 종사하는 자
  ㉢ 위험물운반자로 종사하는 자
  ㉣ 위험물운송자로 종사하는 자
③ 안전교육실시자 : 소방청장
④ 제조소등의 관계인은 교육대상자에 대하여 필요한 안전교육을 받게 해야 한다.
⑤ 안전교육의 과정 및 기간과 그 밖에 교육의 실시에 관하여 필요한 사항(행정안전부령)
⑥ 시 · 도지사, 소방본부장 또는 소방서장은 안전교육대상자가 교육을 받지 아니한 때에는 그 교육대상자가 교육을 받을 때까지 이 법의 규정에 따라 그 자격으로 행하는 행위를 제한할 수 있다.
⑦ 안전교육의 구분 : 소방청장은 안전교육을 강습교육과 실무교육으로 구분하여 실시한다.
⑧ 기술원 또는 한국소방안전원은 매년 교육실시계획을 수립하여 교육을 실시하는 해의 전년도 말까지 소방청장의 승인을 받아야 하고, 해당 연도 교육실시결과를 교육을 실시한 해의 다음 연도 1월 31일까지 소방청장에게 보고해야 한다.
⑨ 소방본부장은 매년 10월말까지 관할구역 안의 실무교육대상자 현황을 안전원에 통보하고 관할구역 안에서 안전원이 실시하는 안전교육에 관하여 지도 · 감독해야 한다.

## 22 청 문

① 실시권자 : 시 · 도지사, 소방본부장 또는 소방서장
② 청문사유
  ㉠ 제조소등 설치허가의 취소
  ㉡ 탱크시험자의 등록취소

## 23 벌 칙

| 벌 칙 | 사유 및 대상자 |
| --- | --- |
| 1년 이상 10년 이하의 징역 | 제조소 등 또는 허가를 받지 않고 지정수량이상의 위험물을 저장 또는 취급하는 장소에서 위험물을 유출·방출 또는 확산시켜 사람의 생명·신체 또는 재산에 대하여 위험을 발생시킨 자 |
| 무기 또는 5년 이상의 징역 | 제조소 등 또는 허가를 받지 않고 지정수량이상의 위험물을 저장 또는 취급하는 장소에서 위험물을 유출·방출 또는 확산시켜 사람을 사망에 이르게 한 때 |
| 무기 또는 3년 이상의 징역 | 제조소 등 또는 허가를 받지 않고 지정수량 이상의 위험물을 저장 또는 취급하는 장소에서 위험물을 유출·방출 또는 확산시켜 사람을 상해(傷害)에 이르게 한 때 |
| 10년 이하의 징역 또는 금고나 1억원 이하의 벌금 | 업무상 과실로 제조소 등에서 위험물을 유출·방출 또는 확산시켜 사람을 사상(死傷)에 이르게 한 자 |
| 7년 이하의 금고 또는 7,000만 원 이하의 벌금 | 업무상 과실로 제조소 등에서 위험물을 유출·방출 또는 확산시켜 사람의 생명·신체 또는 재산에 대하여 위험을 발생시킨 자 |
| 5년 이하의 징역 또는 1억 원 이하의 벌금 | 제조소 등의 설치허가를 받지 아니하고 제조소 등을 설치한 자 |
| 3년 이하의 징역 또는 3,000만 원 이하의 벌금 | 저장소 또는 제조소 등이 아닌 장소에서 지정수량 이상의 위험물을 저장 또는 취급한 자 |
| 1년 이하의 징역 또는 1,000만 원 이하의 벌금 | • 탱크시험자로 등록하지 아니하고 탱크시험자의 업무를 한 자<br>• 정기점검을 하지 아니하거나 점검기록을 허위로 작성한 관계인으로서 제조소 등의 허가를 받은 자<br>• 정기검사를 받지 아니한 관계인으로서 제조소 등의 허가를 받은 자<br>• 자체소방대를 두지 아니한 관계인으로서 제조소 등의 허가를 받은 자<br>• 운반용기 검사를 받지 않고 운반용기를 사용하거나 유통시킨 자<br>• 관계공무원에 대하여 필요한 보고 또는 자료제출을 하지 아니하거나 허위로 보고 또는 자료 제출을 한 자 또는 관계공무원의 출입·검사 또는 수거를 거부·방해 또는 기피한 자<br>• 제조소 등에 대한 긴급 사용정지·제한명령을 위반한 자 |
| 1,500만 원 이하의 벌금 | • 위험물의 저장 또는 취급에 관한 중요기준에 따르지 아니한 자<br>• 변경허가를 받지 아니하고 제조소 등을 변경한 자<br>• 제조소 등의 완공검사를 받지 아니하고 위험물을 저장·취급한 자<br>• 안전조치이행명령을 따르지 아니한 자<br>• 제조소 등의 사용정지명령을 위반한 자<br>• 수리·개조 또는 이전의 명령에 따르지 아니한 자<br>• 안전관리자를 선임하지 아니한 관계인으로서 제조소 등의 허가를 받은 자<br>• 대리자를 지정하지 아니한 관계인으로서 제조소 등의 허가를 받은 자<br>• 업무정지명령을 위반한 자 |

| 벌 칙 | 사유 및 대상자 |
|---|---|
| 1,500만 원 이하의 벌금 | • 탱크안전성능시험 또는 점검에 관한 업무를 허위로 하거나 그 결과를 증명하는 서류를 허위로 교부한 자<br>• 예방규정을 제출하지 아니하거나 변경명령을 위반한 관계인으로서 제조소 등의 허가를 받은 자<br>• 정지지시를 거부하거나 국가기술자격증, 교육수료증·신원확인을 위한 증명서의 제시 요구 또는 신원확인을 위한 질문에 응하지 아니한 사람<br>• 탱크시험자에 대하여 필요한 보고 또는 자료 제출을 하지 아니하거나 허위의 보고 또는 자료제출을 한 자 및 관계공무원의 출입 또는 조사·검사를 거부·방해 또는 기피하는 자<br>• 탱크시험자에 대한 감독상 명령에 따르지 아니한 자<br>• 무허가 장소의 위험물에 대한 조치명령에 따르지 아니한 자<br>• 저장·취급기준 준수명령 또는 응급조치명령을 위반한 자 |
| 1,000만 원 이하의 벌금 | • 위험물의 취급에 관한 안전관리와 감독을 하지 아니한 자<br>• 안전관리자 또는 그 대리자가 참여하지 아니한 상태에서 위험물을 취급한 자<br>• 변경한 예방규정을 제출하지 아니한 관계인으로서 허가를 받은 자<br>• 위험물의 운반에 관한 중요기준에 따르지 아니한 자<br>• 국가기술자격자 또는 안전교육을 받지 않고 위험물을 운송하는 자<br>• 관계인의 정당한 업무를 방해하거나 출입·검사 등을 수행하면서 알게 된 비밀을 누설한 자 |

[ 과태료 ]

| 벌 칙 | 사유 및 대상자 |
|---|---|
| 500만 원 이하의 과태료 | • 임시저장기간의 승인을 받지 아니한 자<br>• 위험물의 저장 또는 취급에 관한 세부기준을 위반한 자<br>• 위험물의 품명 등의 변경신고를 기간 이내에 하지 아니하거나 허위로 한 자<br>• 위험물제조소 등의 지위승계신고를 기간 이내에 하지 아니하거나 허위로 한 자<br>• 제조소 등의 폐지신고, 안전관리자의 선임신고를 기간 이내에 하지 아니하거나 허위로 한 자<br>• 등록사항의 변경신고를 기간 이내에 하지 아니하거나 허위로 한 자<br>• 위험물제조소 등의 정기 점검결과를 기록·보존하지 아니한 자<br>• 위험물의 운반에 관한 세부기준을 위반한 자<br>• 국가기술자격증 또는 교육수료증을 지니지 아니하거나 위험물의 운송에 관한 기준을 따르지 아니한 자 |

# 다중이용업소의 안전관리에 관한 특별법

## 1 목적

이 법은 화재 등 재난이나 그 밖의 위급한 상황으로부터 국민의 생명·신체 및 재산을 보호하기 위하여 다중이용업소의 안전시설등의 설치·유지 및 안전관리와 화재위험평가, 다중이용업주의 화재배상책임보험에 필요한 사항을 정함으로써 공공의 안전과 복리 증진에 이바지함을 목적으로 한다.

## 2 용어정의

① 이 법에서 사용하는 용어의 뜻은 다음과 같다.
　㉠ "다중이용업"이란 불특정 다수인이 이용하는 영업 중 화재 등 재난 발생시 생명·신체·재산상의 피해가 발생할 우려가 높은 것으로서 대통령령으로 정하는 영업을 말한다.
　㉡ "안전시설등"이란 소방시설, 비상구, 영업장 내부 피난통로, 그 밖의 안전시설로서 대통령령으로 정하는 것을 말한다.
　㉢ "실내장식물"이란 건축물 내부의 천장 또는 벽에 설치하는 것으로서 대통령령으로 정하는 것을 말한다.
　㉣ "화재위험평가"란 다중이용업의 영업소(이하 "다중이용업소"라 한다)가 밀집한 지역 또는 건축물에 대하여 화재 발생 가능성과 화재로 인한 불특정 다수인의 생명·신체·재산상의 피해 및 주변에 미치는 영향을 예측·분석하고 이에 대한 대책을 마련하는 것을 말한다.
　㉤ "밀폐구조의 영업장"이란 지상층에 있는 다중이용업소의 영업장 중 채광·환기·통풍 및 피난 등이 용이하지 못한 구조로 되어 있으면서 대통령령으로 정하는 기준에 해당하는 영업장을 말한다.

> **Reference**
>
> 제3조의2(밀폐구조의 영업장) 법 제2조제1항제5호에서 "대통령령으로 정하는 기준"이란 「소방시설 설치 및 관리에 관한 법률 시행령」 제2조1호에 따른 요건을 모두 갖춘 개구부의 면적의 합계가 영업장으로 사용하는 바닥면적의 30분의 1 이하가 되는 것을 말한다.

ⓑ "영업장의 내부구획"이란 다중이용업소의 영업장 내부를 이용객들이 사용할 수 있도록 벽 또는 칸막이 등을 사용하여 구획된 실(室)을 만드는 것을 말한다.

##  다중이용업소의 종류(시행령 제2조)

「다중이용업소의 안전관리에 관한 특별법」(이하 "법"이라 한다) 제2조제1항제1호에서 "대통령령으로 정하는 영업"이란 다음 각 호의 어느 하나에 해당하는 영업을 말한다.

① 「식품위생법 시행령」 제21조제8호에 따른 식품접객업 중 다음 각 목의 어느 하나에 해당하는 것
  ㉠ 휴게음식점영업·제과점영업 또는 일반음식점영업으로서 영업장으로 사용하는 바닥면적(「건축법 시행령」 제119조제1항제3호에 따라 산정한 면적을 말한다. 이하 같다)의 합계가 100제곱미터(영업장이 지하층에 설치된 경우에는 그 영업장의 바닥면적 합계가 66제곱미터) 이상인 것. 다만, 영업장(내부계단으로 연결된 복층 구조의 영업장을 제외한다)이 다음의 어느 하나에 해당하는 층에 설치되고 그 영업장의 주된 출입구가 건축물 외부의 지면과 직접 연결되는 곳에서 하는 영업을 제외한다.
    ⓐ 지상 1층
    ⓑ 지상과 직접 접하는 층
  ㉡ 단란주점영업과 유흥주점영업

① 의2. 「식품위생법 시행령」 제21조제9호에 따른 공유주방 운영업 중 휴게음식점영업·제과점영업 또는 일반음식점영업에 사용되는 공유주방을 운영하는 영업으로서 영업장 바닥면적의 합계가 100제곱미터(영업장이 지하층에 설치된 경우에는 그 바닥면적 합계가 66제곱미터) 이상인 것. 다만, 영업장(내부계단으로 연결된 복층구조의 영업장은 제외한다)이 다음 각 목의 어느 하나에 해당하는 층에 설치되고 그 영업장의 주된 출입구가 건축물 외부의 지면과 직접 연결되는 곳에서 하는 영업은 제외한다.
  가. 지상 1층
  나. 지상과 직접 접하는 층

② 「영화 및 비디오물의 진흥에 관한 법률」 제2조제10호, 같은 조 제16호가목·나목 및

라목에 따른 영화상영관·비디오물감상실업·비디오물소극장업 및 복합영상물제공업
③ 「학원의 설립·운영 및 과외교습에 관한 법률. 제2조제1호에 따른 학원(이하 "학원"이라 한다)으로서 다음 각 목의 어느 하나에 해당하는 것
  ㉠ 「소방시설 설치 및 관리에 관한 법률 시행령. 별표 4에 따라 산정된 수용인원(이하 "수용인원"이라 한다)이 300명 이상인 것
  ㉡ 수용인원 100명 이상 300명 미만으로서 다음의 어느 하나에 해당하는 것. 다만, 학원으로 사용하는 부분과 다른 용도로 사용하는 부분(학원의 운영권자를 달리하는 학원과 학원을 포함한다)이 「건축법 시행령」 제46조에 따른 방화구획으로 나누어진 경우는 제외한다.
    ⓐ 하나의 건축물에 학원과 기숙사가 함께 있는 학원
    ⓑ 하나의 건축물에 학원이 둘 이상 있는 경우로서 학원의 수용인원이 300명 이상인 학원
    ⓒ 하나의 건축물에 ①, ②, ④부터 ⑦까지, ⑦의2부터 ⑦의5까지 및 ⑧의 다중이용업 중 어느 하나 이상의 다중이용업과 학원이 함께 있는 경우
④ 목욕장업으로서 다음 각 목에 해당하는 것
  ㉠ 하나의 영업장에서 「공중위생관리법」 제2조제1항제3호가목에 따른 목욕장업 중 맥반석·황토·옥등을 직접 또는 간접 가열하여 발생하는 열기나 원적외선 등을 이용하여 땀을 배출하게 할 수 있는 시설 및 설비를 갖춘 것으로서 수용인원(물로 목욕을 할 수 있는 시설부분의 수용인원은 제외한다)이 100명 이상인 것
  ㉡ 「공중위생관리법」 제2조제1항제3호나목의 시설 및 설비를 갖춘 목욕장업
⑤ 「게임산업진흥에 관한 법률」 제2조제6호·제6호의2·제7호 및 제8호의 게임제공업·인터넷컴퓨터게임시설제공업 및 복합유통게임제공업. 다만, 게임제공업 및 인터넷컴퓨터게임시설제공업의 경우에는 영업장(내부계단으로 연결된 복층구조의 영업장은 제외한다)이 다음 각 목의 어느 하나에 해당하는 층에 설치되고 그 영업장의 주된 출입구가 건축물 외부의 지면과 직접 연결된 구조에 해당하는 경우는 제외한다.
  ㉠ 지상 1층
  ㉡ 지상과 직접 접하는 층
⑥ 「음악산업진흥에 관한 법률」 제2조제13호에 따른 노래연습장업
⑦ 「모자보건법」 제2조제10호에 따른 산후조리업
⑦의2. 고시원업[구획된 실(室) 안에 학습자가 공부할 수 있는 시설을 갖추고 숙박 또는 숙식을 제공하는 형태의 영업]
⑦의3. 「사격 및 사격장 안전관리에 관한 법률 시행령」 제2조제1항 및 별표 1에 따른 권총사격장(실내사격장에 한정하며, 같은 조 제1항에 따른 종합사격장에 설치된 경우를

⑦의4. 「체육시설의 설치·이용에 관한 법률」 제10조제1항제2호에 따른 가상체험 체육시설업(실내에 1개 이상의 별도의 구획된 실을 만들어 골프 종목의 운동이 가능한 시설을 경영하는 영업으로 한정한다)
⑦의5. 「의료법」 제82조제4항에 따른 안마시술소
⑧ 법 제15조제2항에 따른 화재안전등급이 제11조제1항에 해당하거나 화재발생시 인명피해가 발생할 우려가 높은 불특정다수인이 출입하는 영업으로서 행정안전부령으로 정하는 영업. 이 경우 소방청장은 관계 중앙행정기관의 장과 미리 협의해야 한다.

> **Reference**
>
> ▨ **행정안전부령으로 정하는 영업**
> 1. 전화방업·화상대화방업 : 구획된 실(室) 안에 전화기·텔레비전·모니터 또는 카메라 등 상대방과 대화할 수 있는 시설을 갖춘 형태의 영업
> 2. 수면방업 : 구획된 실(室) 안에 침대·간이침대 그 밖에 휴식을 취할 수 있는 시설을 갖춘 형태의 영업
> 3. 콜라텍업 : 손님이 춤을 추는 시설 등을 갖춘 형태의 영업으로서 주류판매가 허용되지 아니하는 영업
> 4. 방탈출카페업 : 제한된 시간 내에 방을 탈출하는 놀이 형태의 영업
> 5. 키즈카페업 : 다음 각 목의 영업
>    가. 「관광진흥법 시행령」 제2조제1항제5호다목에 따른 기타유원시설업으로서 실내공간에서 어린이(「어린이안전관리에 관한 법률」 제3조제1호에 따른 어린이를 말한다. 이하 같다)에게 놀이를 제공하는 영업
>    나. 실내에 「어린이놀이시설 안전관리법」 제2조제2호 및 같은 법 시행령 별표 2 제13호에 해당하는 어린이놀이시설을 갖춘 영업
>    다. 「식품위생법 시행령」 제21조제8호가목에 따른 휴게음식점영업으로서 실내공간에서 어린이에게 놀이를 제공하고 부수적으로 음식류를 판매·제공하는 영업
> 6. 만화카페업 : 만화책 등 다수의 도서를 갖춘 다음 각 목의 영업. 다만, 도서를 대여·판매만 하는 영업인 경우와 영업장으로 사용하는 바닥면적의 합계가 50제곱미터 미만인 경우는 제외한다.
>    가. 「식품위생법 시행령」 제21조제8호가목에 따른 휴게음식점영업
>    나. 도서의 열람, 휴식공간 등을 제공할 목적으로 실내에 다수의 구획된 실(室)을 만들거나 입체형태의 구조물을 설치한 영업

## 4 안전관리기본계획의 수립, 시행 등

① 소방청장은 다중이용업소의 화재 등 재난이나 그 밖의 위급한 상황으로 인한 인적·물적 피해의 감소, 안전기준의 개발, 자율적인 안전관리능력의 향상, 화재배상책임보험제도의 정착 등을 위하여 5년마다 다중이용업소의 안전관리기본계획(이하 "기본계

획"이라 한다)을 수립·시행해야 한다.
② 기본계획에는 다음 각 호의 사항이 포함되어야 한다.
　㉠ 다중이용업소의 안전관리에 관한 기본 방향
　㉡ 다중이용업소의 자율적인 안전관리 촉진에 관한 사항
　㉢ 다중이용업소의 화재안전에 관한 정보체계의 구축 및 관리
　㉣ 다중이용업소의 안전 관련 법령 정비 등 제도 개선에 관한 사항
　㉤ 다중이용업소의 적정한 유지·관리에 필요한 교육과 기술 연구·개발
　㉤의2.다중이용업소의 화재배상책임보험에 관한 기본 방향
　㉤의3.다중이용업소의 화재배상책임보험 가입관리전산망(이하 "책임보험전산망"이라 한다)의 구축·운영
　㉤의4.다중이용업소의 화재배상책임보험제도의 정비 및 개선에 관한 사항
　㉥ 다중이용업소의 화재위험평가의 연구·개발에 관한 사항
　㉦ 그 밖에 다중이용업소의 안전관리에 관하여 대통령령으로 정하는 사항
③ 소방청장은 기본계획에 따라 매년 연도별 안전관리계획(이하 "연도별계획"이라 한다)을 수립·시행해야 한다.
④ 소방청장은 제1항 및 제3항에 따라 수립된 기본계획 및 연도별 계획을 관계 중앙행정기관의 장과 특별시장·광역시장·도지사 또는 특별자치도지사(이하 "시·도지사"라 한다)에게 통보해야 한다.
⑤ 소방청장은 기본계획 및 연도별계획을 수립하기 위하여 필요하면 관계 중앙행정기관의 장 및 시·도지사에게 관련된 자료의 제출을 요구할 수 있다. 이 경우 자료 제출을 요구받은 관계 중앙행정기관의 장 또는 시·도지사는 특별한 사유가 없으면 요구에 따라야 한다.

## 5 집행계획의 수립, 시행 등

① 소방본부장은 기본계획 및 연도별계획에 따라 관할 지역 다중이용업소의 안전관리를 위하여 매년 안전관리집행계획(이하 "집행계획"이라 한다)을 수립하여 소방청장에게 제출해야 한다.
② 소방본부장은 집행계획을 수립하기 위하여 필요하면 해당 시장·군수·구청장(자치구의 구청장을 말한다. 이하 같다)에게 관련된 자료의 제출을 요구할 수 있다. 이 경우 자료 제출을 요구받은 해당 시장·군수·구청장은 특별한 사유가 없으면 요구에 따라야 한다.
③ 집행계획의 수립 시기, 대상, 내용 등에 관하여 필요한 사항은 대통령령으로 정한다.

## 6 관련행정기관의 통보사항 및 확인사항

① 통보사항
　㉠ 다른 법률에 따라 다중이용업의 허가·인가·등록·신고수리(이하 "허가등"이라 한다)를 하는 행정기관(이하 "허가관청"이라 한다)은 허가등을 한 날부터 14일 이내에 행정안전부령으로 정하는 바에 따라 다중이용업소의 소재지를 관할하는 소방본부장 또는 소방서장에게 다음 각 호의 사항을 통보해야 한다.
　　ⓐ 다중이용업주의 성명 및 주소
　　ⓑ 다중이용업소의 상호 및 주소
　　ⓒ 다중이용업의 업종 및 영업장 면적
　㉡ 허가관청은 다중이용업주가 다음 각 호의 어느 하나에 해당하는 행위를 하였을 때에는 그 신고를 수리(受理)한 날부터 30일 이내에 소방본부장 또는 소방서장에게 통보해야 한다.
　　ⓐ 휴업·폐업 또는 휴업 후 영업의 재개(再開)
　　ⓑ 영업 내용의 변경
　　ⓒ 다중이용업주의 변경 또는 다중이용업주 주소의 변경
　　ⓓ 다중이용업소 상호 또는 주소의 변경

> **Reference**
>
> ▨ **행정안전부령으로 정하는 사항 : 시행규칙 제4조**
> **제4조(관련 행정기관의 허가등의 통보)**
> ① 「다중이용업소의 안전관리에 관한 특별법」(이하 "법"이라 한다) 제7조제1항에 따른 다중이용업의 허가·인가·등록·신고수리(이하 "허가등"이라 한다)를 하는 행정기관(이하 "허가관청"이라 한다)은 허가등을 한 날부터 14일 이내에 다음 각 호의 사항을 별지 제1호 서식의 다중이용업 허가등 사항(변경사항)통보서에 따라 관할 소방본부장 또는 소방서장에게 통보해야 한다.
> 　1. 영업주의 성명·주소
> 　2. 다중이용업소의 상호·소재지
> 　3. 다중이용업의 종류·영업장 면적
> 　4. 허가등 일자
> ② 허가관청은 법 제7조제2항제1호에 따른 휴·폐업과 휴업 후 영업재개 신고를 수리한 때에는 별지 제1호서식의 다중이용업 허가등 사항(변경사항)통보서에 따라 30일 이내에 소방본부장 또는 소방서장에게 통보해야 한다.
> ③ 허가관청은 법 제7조제2항제2호부터 제4호까지의 규정에 따른 변경사항의 신고를 수리한 때에는 수리한 날부터 30일 이내에 별지 제1호서식의 다중이용업 허가등 사항(변경사항) 통보서에 따라 그 변경내용을 관할 소방본부장 또는 소방서장에게 통보해야 한다.

> ④ 소방본부장 또는 소방서장은 허가관청으로부터 제1항부터 제3항까지에 따른 통보를 받은 경우에는 별지 제2호서식의 다중이용업 허가등 사항 처리 접수대장에 그 사실을 기록하여 관리해야 한다.
> ⑤ 허가관청은 제1항부터 제3항까지에 따른 통보를 할 때에는 법 제19조제1항에 따른 전산시스템을 이용하여 통보할 수 있다.

② 확인사항

허가관청은 다른 법률에 따라 다중이용업주의 변경신고 또는 다중이용업주의 지위승계 신고를 수리하기 전에 다중이용업을 하려는 자가 다음 각 호의 사항을 이행하였는지를 확인해야 한다.
㉠ 제8조에 따른 소방안전교육 이수
㉡ 제13조의2에 따른 화재배상책임보험 가입

## 7 소방안전교육

① 다중이용업주와 그 종업원 및 다중이용업을 하려는 자는 소방청장, 소방본부장 또는 소방서장이 실시하는 소방안전교육을 받아야 한다. 다만, 다중이용업주나 종업원이 그 해당연도에 다음 각 호의 어느 하나에 해당하는 교육을 받은 경우에는 그러하지 아니하다.
㉠ 「화재의 예방 및 안전관리에 관한 법률」 제34조에 따른 소방안전관리자 강습 또는 실무교육
㉡ 「위험물안전관리법」 제28조에 따른 위험물안전관리자 교육
② 다중이용업주는 소방안전교육 대상자인 종업원이 소방안전교육을 받도록 해야 한다.
③ 소방청장, 소방본부장 또는 소방서장은 ①에 따라 소방안전교육을 받은 사람에게는 교육 이수를 증명하는 서류를 발급해야 한다.
④ ①에 따른 소방안전교육의 대상자, 횟수, 시기, 교육시간, 그 밖에 교육에 필요한 사항은 행정안전부령으로 정한다.

## 다중이용업소의 안전관리에 관한 특별법 | Chapter 06.

 Reference

**행정안전부령으로 정하는 사항**

1) 대상자, 횟수, 시기, 교육시간
  ① 법 제8조제1항에 따라 소방청장·소방본부장 또는 소방서장이 실시하는 소방안전교육(이하 "소방안전교육"이라 한다)을 받아야 하는 대상자(이하 "교육대상자"라 한다)는 다음 각호와 같다.
   1. 다중이용업을 운영하는 자(이하 "다중이용업주"라 한다)
   2. 다중이용업주 외에 해당 영업장(다중이용업주가 둘 이상의 영업장을 운영하는 경우에는 각각의 영업장을 말한다)을 관리하는 종업원 1명 이상 또는 「국민연금법」 제8조제1항에 따라 국민연금 가입의무대상자인 종업원 1명 이상
   3. 다중이용업을 하려는 자
  ② 제1항제1호에도 불구하고 다중이용업주가 직접 소방안전교육을 받기 곤란한 경우로서 소방청장이 정하는 경우에는 영업장의 종업원 중 소방청장이 정하는 자로 하여금 다중이용업주를 대신하여 소방안전교육을 받게 할 수 있다.
  ③ 교육대상자는 다음 각 호의 구분에 따른 시기에 소방안전교육을 받아야 한다. 다만, 교육대상자가 국외에 체류하고 있거나, 질병·부상 등으로 입원해 있는 등 정해진 기간 안에 소방안전교육을 받을 수 없는 사유가 있는 때에는 소방청장이 정하는 바에 따라 3개월의 범위에서 소방안전교육을 연기할 수 있다.
   1. 신규 교육
     가. 다중이용업을 하려는 자 : 다중이용업을 시작하기 전. 다만, 다음의 경우에는 1) 또는 2)에서 정한 시기에 소방안전교육을 받아야 한다.
       1) 다른 법률에 따라 다중이용업주의 변경신고 또는 다중이용업주의 지위승계 신고를 하는 경우 : 허가관청이 해당 신고를 수리하기 전까지
       2) 법 제9조제3항에 따라 안전시설등의 설치신고 또는 영업장 내부구조 변경신고를 한 경우 : 법 제9조제3항제3호에 따른 완공신고를 하기 전까지
     나. 교육대상 종업원 : 다중이용업에 종사하기 전
   2. 수시 교육 : 법 제8조제1항 및 제2항, 법 제9조제1항·제10조·제11조·제12조제1항·제13조제1항 또는 법 제14조를 위반한 다중이용업주와 교육대상 종업원은 위반행위가 적발된 날부터 3개월 이내. 다만, 법 제9조제1항의 위반행위의 경우에는 과태료 부과대상이 되는 위반행위인 경우에만 해당한다.
   3. 보수 교육 : 제1호의 신규 교육 또는 직전의 보수 교육을 받은 날이 속하는 달의 마지막 날부터 2년 이내에 1회 이상
  ④ 소방청장·소방본부장 또는 소방서장은 소방안전교육을 실시하려는 때에는 교육 일시 및 장소 등 소방안전교육에 필요한 사항을 교육일 30일 전까지 소방청·소방본부 또는 소방서의 홈페이지에 게재해야 한다. 이 경우 다음 각 호에서 정하는 시기에 교육대상자에게 알려야 한다.
   1. 신규 교육 대상자 중 법 제9조제3항에 따라 안전시설등의 설치신고 또는 영업장 내부구조 변경신고를 하는 자 : 신고 접수 시
   2. 수시 교육 및 보수 교육 대상자 : 교육일 10일 전
  ⑤ 소방청장·소방본부장 또는 소방서장이 소방안전교육을 하려는 때에는 다중이용업과

관련된 「직능인 경제활동지원에 관한 법률」 제2조에 따른 직능단체 및 민법상의 비영리법인과 협의하여 다른 법령에서 정하는 다중이용업 관련 교육과 병행하여 실시할 수 있다.
⑥ 소방안전교육 시간은 4시간 이내로 한다.
⑦ 제3항에 따라 소방안전교육을 받은 사람이 교육받은 날부터 2년 이내에 다중이용업을 하려는 경우 또는 다중이용업에 종사하려는 경우에는 제 3항제1호에 따른 신규 교육을 받은 것으로 본다.
⑧ 소방청장·소방본부장 또는 소방서장은 소방안전교육을 이수한 사람에게 별지 제3호서식의 소방안전교육 이수증명서를 발급하고, 그 내용을 별지 제4호서식의 소방안전교육 이수증명서 발급(재발급)대장에 적어 관리해야 한다.
⑨ 제8항에 따라 소방안전교육 이수증명서를 발급받은 사람은 소방안전교육 이수증명서를 잃어버렸거나 헐어서 쓸 수 없게 되어 소방안전교육 이수증명서를 재발급 받으려면 별지 제5호서식의 소방안전교육 이수증명서 재발급 신청서에 이전에 발급받은 소방안전교육 이수증명서를 첨부(잃어버린 경우는 제외한다)하여 소방본부장 또는 소방서장에게 제출해야 한다. 이 경우 재발급 신청을 받은 소방본부장 또는 소방서장은 소방안전교육 이수증명서를 즉시 재발급하고, 별지 제4호서식의 소방안전교육 이수증명서 발급(재발급) 대장에 그 사실을 적어 관리해야 한다.
⑩ 제1항부터 제 9항까지에서 정한 사항 외에 소방안전교육을 위하여 필요한 사항은 소방청장이 정한다.

2) 교육과정
① 법 제8조제1항에 따른 소방안전교육의 교과과정은 다음 각 호와 같다.
1. 화재안전과 관련된 법령 및 제도
2. 다중이용업소에서 화재가 발생한 경우 초기대응 및 대피요령
3. 소방시설 및 방화시설(防火施設)의 유지·관리 및 사용방법
4. 심폐소생술 등 응급처치 요령
② 그 밖에 다중이용업소의 안전관리에 관한 교육내용과 관련된 세부사항은 소방청장이 정한다.

# 8 다중이용업소의 안전관리기준등

① 다중이용업주 및 다중이용업을 하려는 자는 영업장에 대통령령으로 정하는 안전시설 등을 행정안전부령으로 정하는 기준에 따라 설치·유지해야 한다. 이 경우 다음 각 호의 어느 하나에 해당하는 영업장 중 대통령령으로 정하는 영업장에는 소방시설 중 간이스프링클러설비를 행정안전부령으로 정하는 기준에 따라 설치해야 한다.
㉠ 숙박을 제공하는 형태의 다중이용업소의 영업장
㉡ 밀폐구조의 영업장
② 소방본부장이나 소방서장은 안전시설등이 행정안전부령으로 정하는 기준에 맞게 설치

또는 유지되어 있지 아니한 경우에는 그 다중이용업주에게 안전시설등의 보완 등 필요한 조치를 명하거나 허가관청에 관계 법령에 따른 영업정지 처분 또는 허가등의 취소를 요청할 수 있다.

③ 다중이용업을 하려는 자(다중이용업을 하고 있는 자를 포함한다)는 다음 각 호의 어느 하나에 해당하는 경우에는 안전시설등을 설치하기 전에 미리 소방본부장이나 소방서장에게 행정안전부령으로 정하는 안전시설등의 설계도서를 첨부하여 행정안전부령으로 정하는 바에 따라 신고해야 한다.

 ㉠ 안전시설등을 설치하려는 경우
 ㉡ 영업장 내부구조를 변경하려는 경우로서 다음 각 목의 어느 하나에 해당하는 경우
  ⓐ 영업장 면적의 증가
  ⓑ 영업장의 구획된 실의 증가
  ⓒ 내부통로 구조의 변경
 ㉢ 안전시설등의 공사를 마친 경우

 Reference

**행정안전부령으로 정하는 신고관련사항**
**제11조(안전시설등의 설치신고)**
① 다중이용업을 하려는 자는 다중이용업소에 안전시설등을 설치하거나 안전시설등의 공사를 마친 경우에는 법 제9조제3항에 따라 별지 제6호서식의 안전시설등설치(완공)신고서(전자문서로 된 신고서를 포함한다)에 다음 각 호의 서류(전자문서를 포함하며, 설치신고 시에는 제1호부터 제3호까지의 서류를 말한다)를 첨부하여 소방본부장 또는 소방서장에게 제출해야 한다.
 1. 「소방시설공사업법」 제4조제1항에 따른 소방시설설계업자가 작성한 안전시설등의 설계도서(소방시설의 계통도, 실내장식물의 재료 및 설치면적, 내부구획의 재료, 비상구 및 창호도 등이 표시된 것을 말한다) 1부. 다만, 완공신고의 경우에는 설치신고 시 제출한 설계도서와 달라진 내용이 있는 경우에만 제출한다.
 2. 별지 제6호의2서식의 안전시설등 설치명세서 1부. 다만, 완공신고의 경우에는 설치내용이 설치신고 시와 달라진 경우에만 제출한다.
 3. 구획된 실의 세부용도 등이 표시된 영업장의 평면도(복도, 계단 등 해당 영업장의 부수 시설이 포함된 평면도를 말한다) 1부. 다만, 완공신고의 경우에는 설치내용이 설치신고 시와 달라진 경우에만 제출한다.
 4. 법 제13조의3제1항에 따른 화재배상책임보험 증권 사본 등 화재배상책임보험 가입을 증명할 수 있는 서류 1부
 5. 「전기사업법」 제66조의2에 따라 받은 전기안전점검확인서(고시원업, 전화방업·화상 대화방업, 수면방업, 콜라텍업만 해당한다) 1부
② 소방본부장 또는 소방서장은 법 제9조제5항에 따라 현장을 확인한 결과 안전시설등이 별표 2에 적합하다고 인정하는 경우에는 별지 제7호서식의 안전시설등 완비증명서를 발급하고, 적합하지 아니한 때에는 신청인에게 서면으로 그 사유를 통보하고 보완을 요구해야 한다.

> ③ 소방본부장 또는 소방서장은 제1항에 따른 안전시설등 설치(완공)신고서를 접수하거나 제2항에 따른 안전시설등 완비증명서를 발급한 때에는 별지 제8호서식의 안전시설등 완비증명서 발급 대장에 발급일자 등을 적어 관리해야 한다.
> ④ 다중이용업주는 다음 각 호의 어느 하나에 해당하여 제2항에 따라 발급받은 안전시설등 완비증명서를 재발급받으려는 경우에는 별지 제9호서식의 안전시설등 완비증명서 재발급 신청서에 이전에 발급받은 안전시설등 완비증명서를 첨부(제1호의 경우는 제외한다)하여 소방본부장 또는 소방서장에게 제출해야 한다.
>   1. 안전시설등 완비증명서를 잃어버린 경우
>   2. 안전시설등 완비증명서가 헐어서 쓸 수 없게 된 경우
>   3. 안전시설등 및 영업장 내부구조 변경 등이 없이 법 제7조제2항제3호 및 제4호에 해당하는 경우
>   4. 안전시설등을 추가하지 아니하는 업종으로 업종 변경을 한 경우. 다만, 내부구조 변경 등이 있거나 업종 변경에 따라 강화된 기준을 적용받는 경우는 제외한다.
> ⑤ 소방본부장 또는 소방서장은 제4항에 따른 신청을 받은 날부터 3일 이내에 안전시설등 완비증명서를 재발급하고, 별지 제8호서식의 안전시설등 완비증명서 발급 대장에 그 사실을 기록하여 관리해야 한다.

④ 소방본부장이나 소방서장은 ③㉠ 및 ㉡에 따라 신고를 받았을 때에는 설계도서가 행정안전부령으로 정하는 기준에 맞는지를 확인하고, 그에 맞도록 지도해야 한다.

⑤ 소방본부장이나 소방서장은 ③㉢에 따라 공사완료의 신고를 받았을 때에는 안전시설등이 행정안전부령으로 정하는 기준에 맞게 설치되었다고 인정하는 경우에는 행정안전부령으로 정하는 바에 따라 안전시설등 완비증명서를 발급하여야 하며, 그 기준에 맞지 아니한 경우에는 시정될 때까지 안전시설등 완비증명서를 발급하여서는 아니된다.

[별표 1] <개정 2018. 7. 10.>

<u>**안전시설등**</u>(제2조의2 관련)

1. 소방시설
   가. 소화설비
      1) 소화기 또는 자동확산소화기
      2) 간이스프링클러설비(캐비닛형 간이스프링클러설비를 포함한다)
   나. 경보설비
      1) 비상벨설비 또는 자동화재탐지설비
      2) 가스누설경보기
   다. 피난설비
      1) 피난기구
         가) 미끄럼대
         나) 피난사다리
         다) 구조대
         라) 완강기
         마) 다수인 피난장비
         바) 승강식 피난기
      2) 피난유도선
      3) 유도등, 유도표지 또는 비상조명등
      4) 휴대용비상조명등
2. 비상구
3. 영업장 내부 피난통로
4. 그 밖의 안전시설
   가. 영상음향차단장치
   나. 누전차단기
   다. 창문

## 다중이용업소에 설치·유지하여야 하는 안전시설등(제9조 관련)

1. 소방시설
   가. 소화설비
      1) 소화기 또는 자동확산소화기
      2) 간이스프링클러설비(캐비닛형 간이스프링클러설비를 포함한다). 다만, 다음의 영업장에만 설치한다.
         가)지하층에 설치된 영업장
         나)법 제9조제1항제1호에 따른 숙박을 제공하는 형태의 다중이용업소의 영업장 중 다음에 해당하는 영업장. 다만, 지상 1층에 있거나 지상과 직접 맞닿아 있는 층(영업장의 주된 출입구가 건축물 외부의 지면과 직접 연결된 경우를 포함한다)에 설치된 영업장은 제외한다.
            (1) 제2조제7호에 따른 산후조리업의 영업장
            (2) 제2조제7호의2에 따른 고시원업(이하 이 표에서 "고시원업"이라 한다)의 영업장
         다)법 제9조제1항제2호에 따른 밀폐구조의 영업장
         라)제2조제7호의3에 따른 권총사격장의 영업장
   나. 경보설비
      1) 비상벨설비 또는 자동화재탐지설비. 다만, 노래반주기 등 영상음향장치를 사용하는 영업장에는 자동화재탐지설비를 설치해야 한다.
      2) 가스누설경보기. 다만, 가스시설을 사용하는 주방이나 난방시설이 있는 영업장에만 설치한다.
   다. 피난설비
      1) 피난기구
         가) 미끄럼대
         나) 피난사다리
         다) 구조대
         라) 완강기
         마) 다수인 피난장비
         바) 승강식 피난기
      2) 피난유도선. 다만, 영업장 내부 피난통로 또는 복도가 있는 영업장에만 설치한다.
      3) 유도등, 유도표지 또는 비상조명등
      4) 휴대용 비상조명등
2. 비상구. 다만, 다음 각 목의 어느 하나에 해당하는 영업장에는 비상구를 설치하지 않을 수 있다.

가. 주된 출입구 외에 해당 영업장 내부에서 피난층 또는 지상으로 통하는 직통계단이 주된 출입구 중심선으로부터 수평거리로 영업장의 긴 변 길이의 2분의 1 이상 떨어진 위치에 별도로 설치된 경우

나. 피난층에 설치된 영업장[영업장으로 사용하는 바닥면적이 33제곱미터 이하인 경우로서 영업장 내부에 구획된 실(室)이 없고, 영업장 전체가 개방된 구조의 영업장을 말한다]으로서 그 영업장의 각 부분으로부터 출입구까지의 수평거리가 10미터 이하인 경우

3. 영업장 내부 피난통로. 다만, 구획된 실(室)이 있는 영업장에만 설치한다.
4. 삭제 <2014.12.23.>
5. 그 밖의 안전시설

   가. 영상음향차단장치. 다만, 노래반주기 등 영상음향장치를 사용하는 영업장에만 설치한다.
   나. 누전차단기
   다. 창문. 다만, 고시원업의 영업장에만 설치한다.

**비고**

1. "피난유도선(避難誘導線)"이란 햇빛이나 전등불로 축광(蓄光)하여 빛을 내거나 전류에 의하여 빛을 내는 유도체로서 화재 발생 시 등 어두운 상태에서 피난을 유도할 수 있는 시설을 말한다.
2. "비상구"란 주된 출입구와 주된 출입구 외에 화재 발생 시 등 비상시 영업장의 내부로부터 지상·옥상 또는 그 밖의 안전한 곳으로 피난할 수 있도록 「건축법 시행령」에 따른 직통계단·피난계단·옥외피난계단 또는 발코니에 연결된 출입구를 말한다.
3. "구획된 실(室)"이란 영업장 내부에 이용객 등이 사용할 수 있는 공간을 벽이나 칸막이 등으로 구획한 공간을 말한다. 다만, 영업장 내부를 벽이나 칸막이 등으로 구획한 공간이 없는 경우에는 영업장 내부 전체 공간을 하나의 구획된 실(室)로 본다.
4. "영상음향차단장치"란 영상 모니터에 화상(畵像) 및 음반 재생장치가 설치되어 있어 영화, 음악 등을 감상 할 수 있는 시설이나 화상 재생장치 또는 음반 재생장치 중 한 가지 기능만 있는 시설을 차단하는 장치를 말한다.

## 안전시설등의 설치 · 유지 기준(제9조 관련)

| 안전시설등 종류 | 설치 · 유지 기준 |
|---|---|
| 1. 소방시설 | |
| 가. 소화설비 | |
| 1) 소화기 또는 자동확산 소화기 | 영업장 안의 구획된 실마다 설치할 것 |
| 2) 간이스프링클러설비 | 「소방시설 설치 및 관리에 관한 법률」 제2조제6호에 따른 화재안전기준(이하 이 표에서 "화재안전기준"이라 한다)에 따라 설치할 것. 다만, 영업장의 구획된 실마다 간이스프링클러헤드 또는 스프링클러헤드가 설치된 경우에는 그 설비의 유효범위 부분에는 간이스프링클러설비를 설치하지 않을 수 있다. |
| 나. 비상벨설비 또는 자동화재탐지설비 | 가) 영업장의 구획된 실마다 비상벨설비 또는 자동화재탐지설비 중 하나 이상을 화재안전기준에 따라 설치할 것<br>나) 자동화재탐지설비를 설치하는 경우에는 감지기와 지구음향장치는 영업장의 구획된 실마다 설치할 것. 다만, 영업장의 구획된 실에 비상방송설비의 음향장치가 설치된 경우 해당 실에는 지구음향장치를 설치하지 않을 수 있다.<br>다) 영상음향차단장치가 설치된 영업장에 자동화재탐지설비의 수신기를 별도로 설치할 것 |
| 다. 피난설비 | |
| 1) 피난기구 | 2층 이상 4층 이하에 위치하는 영업장의 발코니 또는 부속실과 연결되는 비상구에는 피난기구를 화재안전기준에 따라 설치할 것 |
| 2) 피난유도선 | 가) 영업장 내부 피난통로 또는 복도에 「소방시설 설치 및 관리에 관한 법률」 제12조제1항에 따라 소방청장이 정하여 고시하는 유도등 및 유도표지의 화재안전기준에 따라 설치할 것<br>나) 전류에 의하여 빛을 내는 방식으로 할 것 |
| 3) 유도등, 유도표지 또는 비상조명등 | 영업장의 구획된 실마다 유도등, 유도표지 또는 비상조명등 중 하나 이상을 화재안전기준에 따라 설치할 것 |
| 4) 휴대용 비상조명등 | 영업장안의 구획된 실마다 휴대용 비상조명등을 화재안전기준에 따라 설치할 것 |

| 안전시설등 종류 | 설치·유지 기준 |
|---|---|
| 2. 주된 출입구 및 비상구 (이하 이 표에서 "비상구 등"이라 한다) | 가. 공통 기준<br>　1) 설치 위치 : 비상구는 영업장(2개 이상의 층이 있는 경우에는 각각의 층별 영업장을 말한다. 이하 이 표에서 같다) 주된 출입구의 반대방향에 설치하되, 주된 출입구 중심선으로부터의 수평거리가 영업장의 가장 긴 대각선 길이, 가로 또는 세로 길이 중 가장 긴 길이의 2분의 1 이상 떨어진 위치에 설치할 것. 다만, 건물구조로 인하여 주된 출입구의 반대방향에 설치할 수 없는 경우에는 주된 출입구 중심선으로부터의 수평거리가 영업장의 가장 긴 대각선 길이, 가로 또는 세로 길이 중 가장 긴 길이의 2분의 1 이상 떨어진 위치에 설치할 수 있다.<br>　2) 비상구등 규격 : 가로 75센티미터 이상, 세로 150센티미터 이상(문틀을 제외한 가로길이 및 세로길이를 말한다)으로 할 것<br>　3) 구조<br>　　가) 비상구등은 구획된 실 또는 천장으로 통하는 구조가 아닌 것으로 할 것. 다만, 영업장 바닥에서 천장까지 불연재료(不燃材料)로 구획된 부속실(전실), 「모자보건법」 제2조제10호에 따른 산후조리원에 설치하는 방풍실 또는 「녹색건축물 조성 지원법」에 따라 설계된 방풍구조는 그렇지 않다.<br>　　나) 비상구등은 다른 영업장 또는 다른 용도의 시설(주차장은 제외한다)을 경유하는 구조가 아닌 것이어야 할 것<br>　4) 문<br>　　가) 문이 열리는 방향 : 피난방향으로 열리는 구조로 할 것<br>　　나) 문의 재질 : 주요 구조부(영업장의 벽, 천장 및 바닥을 말한다. 이하 이 표에서 같다)가 내화구조(耐火構造)인 경우 비상구등의 문은 방화문(防火門)으로 설치할 것. 다만, 다음의 어느 하나에 해당하는 경우에는 불연재료로 설치할 수 있다.<br>　　　(1) 주요 구조부가 내화구조가 아닌 경우<br>　　　(2) 건물의 구조상 비상구등의 문이 지표면과 접하는 경우로서 화재의 연소 확대 우려가 없는 경우<br>　　　(3) 비상구등의 문이 「건축법 시행령」 제35조에 따른 피난계단 또는 특별피난계단의 설치 기준에 따라 설치해야 하는 문이 아니거나 같은 영 제46조에 따라 설치되는 방화구획이 아닌 곳에 위치한 경우<br>　　다) 주된 출입구의 문이 나)(3)에 해당하고, 다음의 기준을 모두 충족하는 경우에는 주된 출입구의 문을 자동문[미서기(슬라이딩)문을 말한다]으로 설치할 수 있다.<br>　　　(1) 화재감지기와 연동하여 개방되는 구조<br>　　　(2) 정전 시 자동으로 개방되는 구조<br>　　　(3) 정전 시 수동으로 개방되는 구조<br>나. 복층구조(複層構造) 영업장(2개 이상의 층에 내부계단 또는 통로가 각각 설치되어 하나의 층의 내부에서 다른 층의 내부로 출입할 수 있도록 되어 있는 구조의 영업장을 말한다)의 기준 |

| 안전시설등 종류 | 설치·유지 기준 |
|---|---|
| | 1) 각 층마다 영업장 외부의 계단 등으로 피난할 수 있는 비상구를 설치할 것<br>2) 비상구등의 문이 열리는 방향은 실내에서 외부로 열리는 구조로 할 것<br>3) 비상구등의 문의 재질은 가목4)나)의 기준을 따를 것<br>4) 영업장의 위치 및 구조가 다음의 어느 하나에 해당하는 경우에는 1)에도 불구하고 그 영업장으로 사용하는 어느 하나의 층에 비상구를 설치할 것<br>   가) 건축물 주요 구조부를 훼손하는 경우<br>   나) 옹벽 또는 외벽이 유리로 설치된 경우 등<br>다. 2층 이상 4층 이하에 위치하는 영업장의 발코니 또는 부속실과 연결되는 비상구를 설치하는 경우의 기준<br>  1) 피난 시에 유효한 발코니[활하중 5킬로뉴턴/제곱미터(5kN/㎡) 이상, 가로 75센티미터 이상, 세로 150센티미터 이상, 면적 1.12제곱미터 이상, 난간의 높이 100센티미터 이상인 것을 말한다. 이하 이 목에서 같다] 또는 부속실(불연재료로 바닥에서 천장까지 구획된 실로서 가로 75센티미터 이상, 세로 150센티미터 이상, 면적 1.12제곱미터 이상인 것을 말한다. 이하 이 목에서 같다)을 설치하고, 그 장소에 적합한 피난기구를 설치할 것<br>  2) 부속실을 설치하는 경우 부속실 입구의 문과 건물 외부로 나가는 문의 규격은 가목2)에 따른 비상구등의 규격으로 할 것. 다만, 120센티미터 이상의 난간이 있는 경우에는 발판 등을 설치하고 건축물 외부로 나가는 문의 규격과 재질을 가로 75센티미터 이상, 세로 100센티미터 이상의 창호로 설치할 수 있다.<br>  3) 추락 등의 방지를 위하여 다음 사항을 갖추도록 할 것<br>   가) 발코니 및 부속실 입구의 문을 개방하면 경보음이 울리도록 경보음 발생 장치를 설치하고, 추락위험을 알리는 표지를 문(부속실의 경우 외부로 나가는 문도 포함한다)에 부착할 것<br>   나) 부속실에서 건물 외부로 나가는 문 안쪽에는 기둥·바닥·벽 등의 견고한 부분에 탈착이 가능한 쇠사슬 또는 안전로프 등을 바닥에서부터 120센티미터 이상의 높이에 가로로 설치할 것. 다만, 120센티미터 이상의 난간이 설치된 경우에는 쇠사슬 또는 안전로프 등을 설치하지 않을 수 있다. |
| 2의2. 영업장 구획 등 | 층별 영업장은 다른 영업장 또는 다른 용도의 시설과 불연재료·준불연재료로 된 차단벽이나 칸막이로 분리되도록 할 것. 다만, 가목부터 다목까지의 경우에는 분리 또는 구획하는 별도의 차단벽이나 칸막이 등을 설치하지 않을 수 있다.<br>가. 둘 이상의 영업소가 주방 외에 객실부분을 공동으로 사용하는 등의 구조인 경우<br>나. 「식품위생법 시행규칙」 별표 14 제8호가목5)다)에 해당되는 경우<br>다. 영 제9조에 따른 안전시설등을 갖춘 경우로서 실내에 설치한 유원시설업의 허가 면적 내에 「관광진흥법 시행규칙」 별표 1의2 제1호가목에 따라 청소년게임제공업 또는 인터넷컴퓨터게임시설제공업이 설치된 경우 |

| 안전시설등 종류 | 설치·유지 기준 |
|---|---|
| 3. 영업장 내부 피난통로 | 가. 내부 피난통로의 폭은 120센티미터 이상으로 할 것. 다만, 양 옆에 구획된 실이 있는 영업장으로서 구획된 실의 출입문 열리는 방향이 피난통로 방향인 경우에는 150센티미터 이상으로 설치하여야 한다.<br>나. 구획된 실부터 주된 출입구 또는 비상구까지의 내부 피난통로의 구조는 세 번 이상 구부러지는 형태로 설치하지 말 것 |
| 4. 창문 | 가. 영업장 층별로 가로 50센티미터 이상, 세로 50센티미터 이상 열리는 창문을 1개 이상 설치할 것<br>나. 영업장 내부 피난통로 또는 복도에 바깥 공기와 접하는 부분에 설치할 것(구획된 실에 설치하는 것을 제외한다) |
| 5. 영상음향차단장치 | 가. 화재 시 자동화재탐지설비의 감지기에 의하여 자동으로 음향 및 영상이 정지될 수 있는 구조로 설치하되, 수동(하나의 스위치로 전체의 음향 및 영상장치를 제어할 수 있는 구조를 말한다)으로도 조작할 수 있도록 설치할 것<br>나. 영상음향차단장치의 수동차단스위치를 설치하는 경우에는 관계인이 일정하게 거주하거나 일정하게 근무하는 장소에 설치할 것. 이 경우 수동차단스위치와 가장 가까운 곳에 "영상음향차단스위치"라는 표지를 부착해야 한다.<br>다. 전기로 인한 화재발생 위험을 예방하기 위하여 부하용량에 알맞은 누전차단기(과전류차단기를 포함한다)를 설치할 것<br>라. 영상음향차단장치의 작동으로 실내 등의 전원이 차단되지 않는 구조로 설치할 것 |
| 6. 보일러실과 영업장 사이의 방화구획 | 보일러실과 영업장 사이의 출입문은 방화문으로 설치하고, 개구부(開口部)에는 방화댐퍼(화재 시 연기 등을 차단하는 장치)를 설치할 것 |

**비고**

1. "방화문(防火門)"이란 「건축법 시행령」 제64조에 따른 60분+ 방화문, 60분 방화문, 30분 방화문으로서 언제나 닫힌 상태를 유지하거나 화재로 인한 연기의 발생 또는 온도의 상승에 따라 자동적으로 닫히는 구조를 말한다. 다만, 자동으로 닫히는 구조 중 열에 의하여 녹는 퓨즈[도화선(導火線)을 말한다]타입 구조의 방화문은 제외한다.
2. 법 제15조제4항에 따라 소방청장·소방본부장 또는 소방서장은 해당 영업장에 대해 화재위험평가를 실시한 결과 화재안전등급이 영 제13조에 따른 기준 이상인 업종에 대해서는 소방시설·비상구 또는 그 밖의 안전시설등의 설치를 면제한다.
3. 소방본부장 또는 소방서장은 비상구의 크기, 비상구의 설치 거리, 간이스프링클러설비의 배관 구경(口徑) 등 소방청장이 정하여 고시하는 안전시설등에 대해서는 소방청장이 고시하는 바에 따라 안전시설등의 설치·유지 기준의 일부를 적용하지 않을 수 있다.

### 9 비상구 추락방지

다중이용업주 및 다중이용업을 하려는 자는 제9조제1항에 따라 설치·유지하는 안전시설등 중 행정안전부령으로 정하는 비상구에 추락위험을 알리는 표지 등 추락 등의 방지를 위한 장치를 행정안전부령으로 정하는 기준에 따라 갖추어야 한다[8. 안전시설등 기준 참조].

### 10 다중이용업의 실내장식물

① 다중이용업소에 설치하거나 교체하는 실내장식물(반자돌림대 등의 너비가 10센티미터 이하인 것은 제외한다)은 불연재료(不燃材料) 또는 준불연재료로 설치해야 한다.
② ①에도 불구하고 합판 또는 목재로 실내장식물을 설치하는 경우로서 그 면적이 영업장 천장과 벽을 합한 면적의 10분의 3(스프링클러설비 또는 간이스프링클러설비가 설치된 경우에는 10분의 5) 이하인 부분은 「소방시설 설치 및 관리에 관한 법률」 제20조제3항에 따른 방염성능기준 이상의 것으로 설치할 수 있다.
③ 소방본부장이나 소방서장은 다중이용업소의 실내장식물이 ① 및 ②에 따른 실내장식물의 기준에 맞지 아니하는 경우에는 그 다중이용업주에게 해당 부분의 실내장식물을 교체하거나 제거하게 하는 등 필요한 조치를 명하거나 허가관청에 관계 법령에 따른 영업정지 처분 또는 허가등의 취소를 요청할 수 있다.

### 11 영업장의 내부구획

① 다중이용업소의 영업장 내부를 구획하고자 할 때에는 불연재료로 구획해야 한다.
  이 경우 다음 각 호의 어느 하나에 해당하는 다중이용업소의 영업장은 천장(반자속)까지 구획해야 한다.
  ㉠ 단란주점 및 유흥주점 영업
  ㉡ 노래연습장업
② ①에 따른 영업장의 내부구획 기준은 행정안전부령으로 정한다.

> **Reference**
>
> ▧ 행정안전부령으로 정하는 기준
> **제11조의3(영업장의 내부구획 기준)** 법 제10조의2제1항에 따라 다중이용업소의 영업장 내부를 구획함에 있어 배관 및 전선관 등이 영업장 또는 천장(반자속)의 내부구획된 부분을 관통하여 틈이 생긴 때에는 다음 각 호의 어느 하나에 해당하는 재료를 사용하여 그 틈을 메워야 한다.
> 1. 「산업표준화법」에 따른 한국산업표준에서 내화충전성능을 인정한 구조로 된 것
> 2. 「과학기술분야 정부출연연구기관 등의 설립·운영에 관한 법률」에 따라 설립된 한국건설기술연구원의 장이 국토교통부장관이 정하여 고시하는 기준에 따라 내화충전성능을 인정한 구조로 된 것

③ 소방본부장이나 소방서장은 영업장의 내부구획이 ① 및 ②에 따른 기준에 맞지 아니하는 경우에는 그 다중이용업주에게 보완 등 필요한 조치를 명하거나 허가관청에 관계법령에 따른 영업정지 처분 또는 허가등의 취소를 요청할 수 있다.

## 12 피난안내도 및 피난안내영상물

① 다중이용업주는 화재 등 재난이나 그 밖의 위급한 상황의 발생 시 이용객들이 안전하게 피난할 수 있도록 피난계단·피난통로, 피난설비 등이 표시되어 있는 피난안내도를 갖추어 두거나 피난안내에 관한 영상물을 상영해야 한다.
② ①에 따라 피난안내도를 갖추어 두거나 피난안내에 관한 영상물을 상영해야 하는 대상, 피난안내도를 갖추어 두어야 하는 위치, 피난안내에 관한 영상물의 상영시간, 피난안내도 및 피난안내에 관한 영상물에 포함되어야 할 내용과 그 밖에 필요한 사항은 행정안전부령으로 정한다.

[행정안전부령으로 정하는 사항 : 시행규칙 별표2의2]

## 피난안내도 비치 대상 등(제12조제1항 관련)

1. 피난안내도 비치 대상 : 영 제2조에 따른 다중이용업의 영업장. 다만, 다음 각 목의 어느하나에 해당하는 경우에는 비치하지 않을 수 있다.
    가. 영업장으로 사용하는 바닥면적의 합계가 33제곱미터 이하인 경우
    나. 영업장내 구획된 실이 없고, 영업장 어느 부분에서도 출입구 및 비상구를 확인할 수 있는 경우

2. 피난안내 영상물 상영 대상
    가. 「영화 및 비디오물 진흥에 관한 법률」 제2조제10호 및 제16호나목의 영화상영관 및 비디오물소극장업의 영업장
    나. 「음악산업 진흥에 관한 법률」 제2조제13호의 노래연습장업의 영업장
    다. 「식품위생법 시행령」 제21조제8호 다목 및 라목의 단란주점영업 및 유흥주점영업의 영업장. 다만, 피난안내 영상물을 상영할 수 있는 시설이 설치된 경우만 해당한다.
    라. 삭제 <2015.1.7.>
    마. 영 제 2조제8호에 해당하는 영업으로서 피난안내 영상물을 상영할 수 있는 시설을 갖춘 영업장

3. 피난안내도 비치 위치 : 다음 각 목의 어느 하나에 해당하는 위치에 모두 설치할 것
    가. 영업장 주 출입구 부분의 손님이 쉽게 볼 수 있는 위치
    나. 구획된 실의 벽, 탁자 등 손님이 쉽게 볼 수 있는 위치
    다. 「게임산업진흥에 관한 법률」 제2조제7호의 인터넷컴퓨터게임시설제공업 영업장의 인터넷 컴퓨터게임시설이 설치된 책상. 다만, 책상 위에 비치된 컴퓨터에 피난안내도를 내장하여 새로운 이용객이 컴퓨터를 작동할 때마다 피난안내도가 모니터에 나오는 경우에는 책상에 피난안내도가 비치된 것으로 본다.

4. 피난안내 영상물 상영 시간 : 영업장의 내부구조 등을 고려하여 정하되, 상영 시기(時期)는 다음 각 목과 같다.
    가. 영화상영관 및 비디오물소극장업 : 매 회 영화상영 또는 비디오물 상영 시작 전
    나. 노래연습장업 등 그 밖의 영업 : 매 회 새로운 이용객이 입장하여 노래방 기기(機器) 등을 작동할 때

5. 피난안내도 및 피난안내 영상물에 포함되어야 할 내용 : 다음 각 호의 내용을 모두 포함할 것. 이 경우 광고 등 피난안내에 혼선을 초래하는 내용을 포함해서는 안 된다.
   가. 화재 시 대피할 수 있는 비상구 위치
   나. 구획된 실 등에서 비상구 및 출입구까지의 피난 동선
   다. 소화기, 옥내소화전 등 소방시설의 위치 및 사용방법
   라. 피난 및 대처방법

6. 피난안내도의 크기 및 재질
   가. 크기 : B4(257[mm]×364[mm]) 이상의 크기로 할 것. 다만, 각 층별 영업장의 면적 또는 영업장이 위치한 층의 바닥면적이 각각 400[m²] 이상인 경우에는 A3(297[mm]×420[mm]) 이상의 크기로 해야 한다.
   나. 재질 : 종이(코팅처리한 것을 말한다), 아크릴, 강판 등 쉽게 훼손 또는 변형되지 않는 것으로 할 것

7. 피난안내도 및 피난안내 영상물에 사용하는 언어 : 피난안내도 및 피난안내영상물은 한글 및 1개 이상의 외국어를 사용하여 작성해야 한다.

8. 장애인을 위한 피난안내 영상물 상영 : 「영화 및 비디오물의 진흥에 관한 법률」 제2조제10호에 따른 영화상영관 중 전체 객석 수의 합계가 300석 이상인 영화상영관의 경우 피난안내 영상물은 장애인을 위한 한국수어·폐쇄자막·화면해설 등을 이용하여 상영해야 한다.

## 13 안전시설등에 대한 정기점검

① 다중이용업주는 다중이용업소의 안전관리를 위하여 정기적으로 안전시설등을 점검하고 그 점검결과서를 1년간 보관해야 한다. 이 경우 다중이용업소에 설치된 안전시설등이 건축물의 다른 시설·장비와 연계되어 작동되는 경우에는 해당 건축물의 관계인(「소방기본법」 제2조제3호에 따른 관계인을 말한다. 이하 같다) 및 소방안전관리자는 다중이용업주의 안전점검에 협조해야 한다.
② 다중이용업주는 ①에 따른 정기점검을 행정안전부령으로 정하는 바에 따라 「소방시설 설치 및 관리에 관한 법률」 제29조에 따른 소방시설관리업자에게 위탁할 수 있다.
③ ①에 따른 안전점검의 대상, 점검자의 자격, 점검주기, 점검방법, 그 밖에 필요한 사항은 행정안전부령으로 정한다.

## 소방관계법규

> **Reference**
>
> ▨ **행정안전부령으로 정하는 사항**
>
> **제14조(안전점검의 대상, 점검자의 자격 등)** 법 제 13조제3항에 따른 안전점검의 대상, 점검자의 자격, 점검주기, 점검방법은 다음 각 호와 같다.
> 1. 안전점검 대상 : 다중이용업소의 영업장에 설치된 영 제9조의 안전시설등
> 2. 안전점검자의 자격은 다음 각 목과 같다.
>    가. 해당 영업장의 다중이용업주 또는 다중이용업소가 위치한 특정소방대상물의 소방안전관리자(소방안전관리자가 선임된 경우에 한한다)
>    나. 해당 업소의 종업원 중 「화재의 예방 및 안전관리에 관한 법률 시행령」 별표6 제2호마목 또는 제3호자목에 따라 소방안전관리자 자격을 취득한 자, 「국가기술자격법」에 따라 소방기술사 · 소방설비기사 또는 소방설비산업 기사 자격을 취득한 자
>    다. 「소방시설 설치 및 관리에 관한 법률」 제29조에 따른 소방시설 관리업자
> 3. 점검주기 : 매 분기별 1회 이상 점검. 다만, 「화재예방, 소방시설 설치 · 유지 및 안전관리에 관한 법률」 제25조제1항에 따라 자체점검을 실시한 경우에는 자체점검을 실시한 그 분기에는 점검을 실시하지 아니할 수 있다.
> 4. 점검방법 : 안전시설등의 작동 및 유지 · 관리 상태를 점검한다.

■ 다중이용업소의 안전관리에 관한 특별법 시행규칙 [별지 제10호서식]<개정 2023.8.1.>

## 안전시설등 세부점검표

### 1. 점검대상

| 대 상 명 | | 전화번호 | |
|---|---|---|---|
| 소 재 지 | | 주 용 도 | |
| 건물구조 | | 대표자 | | 소방안전관리자 | |

## 2. 점검사항

| 점검사항 | 점검결과 | 조치사항 |
|---|---|---|
| ① 소화기 또는 자동확산소화기의 외관점검<br>　- 구획된 실마다 설치되어 있는지 확인<br>　- 약제 응고상태 및 압력게이지 지시침 확인 | | |
| ② 간이스프링클러설비 작동기능점검<br>　- 시험밸브 개방 시 펌프기동, 음향경보 확인<br>　- 헤드의 누수 · 변형 · 손상 · 장애 등 확인 | | |
| ③ 경보설비 작동기능점검<br>　- 비상벨설비의 누름스위치, 표시등, 수신기 확인<br>　- 자동화재탐지설비의 감지기, 발신기, 수신기 확인<br>　- 가스누설경보기 정상작동여부 확인 | | |
| ④ 피난설비 작동기능점검 및 외관점검<br>　- 유도등 · 유도표지 등 부착상태 및 점등상태 확인<br>　- 구획된 실마다 휴대용비상조명등 비치 여부<br>　- 화재신호 시 피난유도선 점등상태 확인<br>　- 피난기구(완강기, 피난사다리 등) 설치상태 확인 | | |
| ⑤ 비상구 관리상태 확인<br>　- 비상구 폐쇄 · 훼손, 주변 물건 적치 등 관리상태<br>　- 구조변형, 금속표면 부식 · 균열, 용접부 · 접합부 손상 등 확인(건축물 외벽에 발코니 형태의 비상구를 설치한 경우만 해당) | | |
| ⑥ 영업장 내부 피난통로 관리상태 확인<br>　- 영업장 내부 피난통로 상 물건 적치 등 관리상태 | | |
| ⑦ 창문(고시원) 관리상태 확인 | | |
| ⑧ 영상음향차단장치 작동기능점검<br>　- 경보설비와 연동 및 수동작동 여부 점검<br>　　(화재신호 시 영상음향이 차단되는 지 확인) | | |
| ⑨ 누전차단기 작동 여부 확인 | | |
| ⑩ 피난안내도 설치 위치 확인 | | |
| ⑪ 피난안내영상물 상영 여부 확인 | | |
| ⑫ 실내장식물 · 내부구획 재료 교체 여부 확인<br>　- 커튼, 카페트 등 방염선처리제품 사용 여부<br>　- 합판 · 목재 방염성능 확보 여부<br>　- 내부구획재료 불연재료 사용 여부 | | |
| ⑬ 방염 소파 · 의자 사용 여부 확인 | | |
| ⑭ 안전시설등 세부점검표 분기별 작성 및 1년간 보관 여부 | | |
| ⑮ 화재배상책임보험 가입여부 및 계약기간 확인 | | |

점검일자 :　　　.　　.　　.　　점검자 :　　　　　(서명 또는 인)

210mm×297mm[백상지 (80g/㎡) 또는 중질지 (80g/㎡)]

## 14 화재배상책임보험

① 가입 의무
  ㉠ 다중이용업주 및 다중이용업을 하려는 자는 다중이용업소의 화재(폭발을 포함한다. 이하 같다)로 인하여 다른 사람이 사망·부상하거나 재산상의 손해를 입은 때에는 과실이 없는 경우에도 피해자(피해자가 사망한 경우에는 손해배상을 받을 권리를 가진 자를 말한다)에게 대통령령으로 정하는 금액을 지급할 책임을 지는 책임보험(이하 "화재배상책임보험"이라 한다)에 가입해야 한다.
  ㉡ 「보험업법」 제2조제1호에 따른 다른 종류의 보험상품에 ㉠에서 정한 화재배상책임보험의 내용이 포함되는 경우에는 이 법에 따른 화재배상책임보험으로 본다.
  ㉢ 보험회사는 제1항에 따른 화재배상책임보험 계약을 체결하는 경우 해당 다중이용업소의 안전시설등의 설치·유지 및 안전관리에 관한 사항을 고려하여 보험료율을 차등 적용할 수 있다.
  ㉣ ㉢에 따라 보험회사가 보험료율을 차등 적용하는 경우에는 다중이용업소의 업종 및 면적 등 대통령령으로 정하는 사항을 고려해야 한다.

② 가입 촉진 및 관리
  ㉠ 다중이용업주는 다음 각 호의 어느 하나에 해당하는 경우에는 화재배상책임보험에 가입한 후 그 증명서(보험증권을 포함한다)를 소방본부장 또는 소방서장에게 제출해야 한다.
    ⓐ 제7조제2항제3호 중 다중이용업주를 변경한 경우
    ⓑ 제9조제3항 각 호에 따른 신고를 할 경우
  ㉡ 화재배상책임보험에 가입한 다중이용업주는 행정안전부령으로 정하는 바에 따라 화재배상책임보험에 가입한 영업소임을 표시하는 표지를 부착할 수 있다.
  ㉢ 보험회사는 화재배상책임보험의 계약을 체결하고 있는 다중이용업주에게 그 계약 종료일의 75일 전부터 30일 전까지의 기간 및 30일 전부터 10일 전까지의 기간에 각각 그 계약이 끝난다는 사실을 알려야 한다. 다만, 다음 각 호의 어느 하나에 해당하는 경우에는 그러하지 아니하다.
    ⓐ 보험기간이 1개월 이내인 계약의 경우
    ⓑ 다중이용업주가 자기와 다시 계약을 체결한 경우
    ⓒ 다중이용업주가 다른 보험회사와 새로운 계약을 체결한 사실을 안 경우
  ㉣ 보험회사는 화재배상책임보험에 가입하여야 할 자가 다음 각 호의 어느 하나에 해당하면 그 사실을 행정안전부령으로 정하는 기간 내에 소방청장, 소방본부장 또는 소방서장에게 알려야 한다.

ⓐ 화재배상책임보험 계약을 체결한 경우
　　　ⓑ 화재배상책임보험 계약을 체결한 후 계약 기간이 끝나기 전에 그 계약을 해지한 경우
　　　ⓒ 화재배상책임보험 계약을 체결한 자가 그 계약 기간이 끝난 후 자기와 다시 계약을 체결하지 아니한 경우
　㉢ 소방본부장 또는 소방서장은 다중이용업주가 화재배상책임보험에 가입하지 아니하였을 때에는 허가관청에 다중이용업주에 대한 인가·허가의 취소, 영업의 정지 등 필요한 조치를 취할 것을 요청할 수 있다.
　㉣ 소방청장, 소방본부장 또는 소방서장은 다중이용업주의 화재배상책임보험 가입을 관리하기 위하여 필요한 경우에는 사업자등록번호를 기재하여 관할 세무관서의 장에게 과세정보 제공을 요청할 수 있고, 해당 과세정보에 관하여는 제7조제3항을 준용한다.
③ 화재배상금액
　㉠ 법 제13조의2제1항에 따라 다중이용업주 및 다중이용업을 하려는 자가 가입하여야 하는 화재배상책임보험은 다음 각 호의 기준을 충족하는 것이어야 한다.
　　　ⓐ 사망의 경우 : 피해자 1명당 1억5천만원의 범위에서 피해자에게 발생한 손해액을 지급할 것. 다만, 그 손해액이 2천만원 미만인 경우에는 2천만원으로 한다.
　　　ⓑ 부상의 경우 : 피해자 1명당 별표 2에서 정하는 금액의 범위에서 피해자에게 발생한 손해액을 지급할 것
　　　ⓒ 부상에 대한 치료를 마친 후 더 이상의 치료효과를 기대할 수 없고 그 증상이 고정된 상태에서 그 부상이 원인이 되어 신체의 장애(이하 "후유장애"라 한다)가 생긴 경우 : 피해자 1명당 별표 3에서 정하는 금액의 범위에서 피해자에게 발생한 손해액을 지급할 것
　　　ⓓ 재산상 손해의 경우 : 사고 1건당 10억원의 범위에서 피해자에게 발생한 손해액을 지급할 것
　㉡ ㉠에 따른 화재배상책임보험은 하나의 사고로 ㉠ⓐ부터 ⓒ까지 중 둘 이상에 해당하게 된 경우 다음 각 호의 기준을 충족하는 것이어야 한다.
　　　ⓐ 부상당한 사람이 치료 중 그 부상이 원인이 되어 사망한 경우 : 피해자 1명당 ㉠ⓐ에 따른 금액과 ㉠ⓑ에 따른 금액을 더한 금액을 지급할 것
　　　ⓑ 부상당한 사람에게 후유장애가 생긴 경우 : 피해자 1명당 ㉠ⓑ에 따른 금액과 ㉠ⓒ에 따른 금액을 더한 금액을 지급할 것
　　　ⓒ ㉠ⓒ에 따른 금액을 지급한 후 그 부상이 원인이 되어 사망한 경우 : 피해자 1명당 ㉠ⓐ에 따른 금액에서 ㉠ⓒ에 따른 금액 중 사망한 날 이후에 해당하는 손해액을 뺀 금액을 지급할 것

## 15 화재위험평가

① 소방청장, 소방본부장 또는 소방서장은 다음 각 호의 어느 하나에 해당하는 지역 또는 건축물에 대하여 화재를 예방하고 화재로 인한 생명·신체·재산상의 피해를 방지하기 위하여 필요하다고 인정하는 경우에는 화재위험평가를 할 수 있다.
  ㉠ 2천제곱미터 지역 안에 다중이용업소가 50개 이상 밀집하여 있는 경우
  ㉡ 5층 이상인 건축물로서 다중이용업소가 10개 이상 있는 경우
  ㉢ 하나의 건축물에 다중이용업소로 사용하는 영업장 바닥면적의 합계가 1천제곱미터 이상인 경우
② 소방청장, 소방본부장 또는 소방서장은 화재위험평가 결과 화재안전등급이 대통령령으로 정하는 기준 미만인 경우에는 해당 다중이용업주 또는 관계인에게 「화재의 예방 및 안전관리에 관한 법률」 제14조에 따른 조치를 명할 수 있다.
③ 소방청장, 소방본부장 또는 소방서장은 제2항에 따른 명령으로 인하여 손실을 입은 자가 있으면 대통령령으로 정하는 바에 따라 이를 보상해야 한다. 다만, 법령을 위반하여 건축되거나 설비된 다중이용업소에 대하여는 그러하지 아니하다.
④ 소방청장, 소방본부장 또는 소방서장은 화재안전등급이 대통령령으로 정하는 기준 이상인 다중이용업소에 대하여는 안전시설등의 일부를 설치하지 아니하게 할 수 있다.

> **Reference**
> - "대통령령으로 정하는 기준 이상인 다중이용업소"란 별표 4의 에이(A) 등급인 다중이용업소를 말한다.
> - "대통령령으로 정하는 기준 미만인 다중이용업소"란 별표 4의 D, E등급인 다중이용업소를 말한다.

⑤ 소방청장, 소방본부장 또는 소방서장은 화재안전등급이 대통령령으로 정하는 기준 이상인 다중이용업소에 대해서는 행정안전부령으로 정하는 기간 동안 소방안전교육 및 「화재예방 및 안전관리에 관한 법률」 제7조에 따른 화재안전조사를 면제할 수 있다.
⑥ 소방청장, 소방본부장 또는 소방서장은 화재위험평가를 제16조제1항에 따른 화재위험평가 대행자로 하여금 대행하게 할 수 있다.

[ 화재안전등급 ]

| 등 급 | 평가점수 |
|---|---|
| A | 80 이상 |
| B | 60 이상 79 이하 |
| C | 40 이상 59 이하 |
| D | 20 이상 39 이하 |
| E | 20 미만 |

**비고**
"평가점수"란 다중이용업소에 대하여 화재예방, 화재감지·경보, 피난, 소화설비, 건축방재 등의 항목별로 소방청장이 정하여 고시하는 기준을 갖추었는지에 대하여 평가한 점수를 말한다.

## 16 벌 칙

① 1년 이하의 징역 또는 1천만원 이하의 벌금
  ㉠ 제16조제1항을 위반하여 평가대행자로 등록하지 아니하고 화재위험평가 업무를 대행한 자
  ㉡ 제22조제5항을 위반(업무위탁 받은 자)하여 다른 사람에게 정보를 제공하거나 부당한 목적으로 이용한 자
② 과태료
  ㉠ 300만원 이하의 과태료
    ⓐ 제8조제1항 및 제2항을 위반하여 소방안전교육을 받지 아니하거나 종업원이 소방안전교육을 받도록 하지 아니한 다중이용업주
    ⓑ 제9조제1항을 위반하여 안전시설등을 기준에 따라 설치·유지하지 아니한 자
    ⓑ의2. 제9조제3항을 위반하여 설치신고를 하지 아니하고 안전시설등을 설치하거나 영업장 내부구조를 변경한 자 또는 안전시설등의 공사를 마친 후 신고를 하지 아니한 자
    ⓑ의3. 제9조의2를 위반하여 비상구에 추락 등의 방지를 위한 장치를 기준에 따라 갖추지 아니한 자
    ⓒ 제10조제1항 및 제2항을 위반하여 실내장식물을 기준에 따라 설치·유지하지 아니한 자
    ⓒ의2. 제10조의2제1항 및 제2항을 위반하여 영업장의 내부구획을 기준에 따라 설치·유지하지 아니한 자

ⓓ 제11조를 위반하여 피난시설, 방화구획 또는 방화시설에 대하여 폐쇄·훼손·변경 등의 행위를 한 자

ⓔ 제12조제1항을 위반하여 피난안내도를 갖추어 두지 아니하거나 피난안내에 관한 영상물을 상영하지 아니한 자

ⓕ 제13조제1항 전단을 위반하여 다음 각 목의 어느 하나에 해당하는 자
 가. 안전시설등을 점검(제13조제2항에 따라 위탁하여 실시하는 경우를 포함한다)하지 아니한 자
 나. 정기점검결과서를 작성하지 아니하거나 거짓으로 작성한 자
 다. 정기점검결과서를 보관하지 아니한 자

ⓕ의2. 제13조의2제1항을 위반하여 화재배상책임보험에 가입하지 아니한 다중이용업주

ⓕ의3. 제13조의3제3항 또는 제4항을 위반하여 통지를 하지 아니한 보험회사

ⓕ의4. 제13조의5제1항을 위반하여 다중이용업주와의 화재배상책임보험 계약 체결을 거부하거나 제13조의6을 위반하여 임의로 계약을 해제 또는 해지한 보험회사

ⓖ 제14조를 위반하여 소방안전관리업무를 하지 아니한 자

ⓗ 제14조의2제1항을 위반하여 보고 또는 즉시보고를 하지 아니하거나 거짓으로 한 자

 ⓛ ㉠에 따른 과태료는 대통령령으로 정하는 바에 따라 소방청장, 소방본부장 또는 소방서장이 부과·징수한다.

③ 이행강제금
 ㉠ 소방청장, 소방본부장 또는 소방서장은 제9조제2항, 제10조제3항, 제10조의2제3항 또는 제15조제2항에 따라 조치 명령을 받은 후 그 정한 기간 이내에 그 명령을 이행하지 아니하는 자에게는 1천만원 이하의 이행강제금을 부과한다.
 ㉡ 소방청장, 소방본부장 또는 소방서장은 제1항에 따른 이행강제금을 부과하기 전에 제1항에 따른 이행강제금을 부과·징수한다는 것을 미리 문서로 알려 주어야 한다.
 ㉢ 소방청장, 소방본부장 또는 소방서장은 제1항에 따라 이행강제금을 부과할 때에는 이행강제금의 금액, 이행강제금의 부과 사유, 납부기한, 수납기관, 이의 제기 방법 및 이의 제기 기관 등을 적은 문서로 해야 한다.
 ㉣ 소방청장, 소방본부장 또는 소방서장은 최초의 조치 명령을 한 날을 기준으로 매년 2회의 범위에서 그 조치 명령이 이행될 때까지 반복하여 제1항에 따른 이행강제금을 부과·징수할 수 있다.
 ㉤ 소방청장, 소방본부장 또는 소방서장은 조치 명령을 받은 자가 명령을 이행하면 새로운 이행강제금의 부과를 즉시 중지하되, 이미 부과된 이행강제금은 징수해야 한다.

ⓑ 소방청장, 소방본부장 또는 소방서장은 제1항에 따라 이행강제금 부과처분을 받은 자가 이행강제금을 기한까지 납부하지 아니하면 국세 체납처분의 예 또는 「지방행정제재·부담금의 징수 등에 관한 법률」에 따라 징수한다.

ⓢ ㉠에 따라 이행강제금을 부과하는 위반행위의 종류와 위반 정도에 따른 금액과 이의 제기 절차, 그 밖에 필요한 사항은 대통령령으로 정한다.

- 다중이용업소의 안전관리에 관한 특별법 시행령 [별표 6] <개정 2022. 3. 15.>

### 과태료의 부과기준(제23조 관련)

1. 일반기준

    가. 위반행위의 횟수에 따른 과태료의 가중된 부과기준은 최근 1년간 같은 위반행위로 과태료 부과처분을 받은 경우에 적용한다. 이 경우 기간의 계산은 위반행위에 대하여 과태료 부과처분을 받은 날과 그 처분 후 다시 같은 위반행위를 하여 적발된 날을 기준으로 한다.

    나. 가목에 따라 가중된 부과처분을 하는 경우 가중처분의 적용 차수는 그 위반행위 전 부과처분 차수(가목에 따른 기간 내에 과태료 부과처분이 둘 이상 있었던 경우에는 높은 차수를 말한다)의 다음 차수로 한다. 다만, 적발된 날부터 소급하여 3년이 되는 날 전에 한 부과처분은 가중처분의 차수 산정 대상에서 제외한다.

    다. 과태료 부과권자는 위반행위자가 다음의 어느 하나에 해당하는 경우에는 제2호에 따른 과태료 금액의 2분의 1의 범위에서 그 금액을 감경하여 부과할 수 있다. 다만, 과태료를 체납하고 있는 위반행위사의 경우에는 그러하지 아니하다.

    1) 위반행위자가 「질서위반행위규제법 시행령」 제2조의2제1항 각 호의 어느 하나에 해당하는 경우
    2) 위반행위자가 처음 위반행위를 한 경우로서, 3년 이상 해당 업종을 모범적으로 영위한 사실이 인정되는 경우
    3) 위반행위자가 화재 등 재난으로 재산에 현저한 손실이 발생하거나 사업여건의 악화로 사업이 중대한 위기에 처하는 등의 사정이 있는 경우
    4) 위반행위가 고의나 중대한 과실이 아닌 사소한 부주의나 오류로 인한 것으로 인정되는 경우
    5) 위반행위자가 같은 위반행위로 다른 법률에 따라 과태료·벌금·영업정지 등의 제재를 받은 경우
    6) 위반행위자자 위법행위로 인한 결과를 시정하거나 해소한 경우
    7) 그 밖에 위반행위의 정도, 위반행위의 동기와 그 결과 등을 고려하여 감경할 필요가 있다고 인정되는 경우

2. 개별기준

| 위반행위 | 근거 법조문 | 과태료 금액(단위: 만원) | | |
|---|---|---|---|---|
| | | 1회 | 2회 | 3회 이상 |
| 가. 다중이용업주가 법 제8조제1항 및 제2항을 위반하여 소방안전교육을 받지 않거나 종업원이 소방안전교육을 받도록 하지 않은 경우 | 법 제25조제1항 제1호 | 100 | 200 | 300 |
| 나. 법 제9조제1항을 위반하여 안전시설등을 기준에 따라 설치·유지하지 않은 경우 | 법 제25조제1항 제2호 | | | |
|   1) 안전시설등의 작동·기능에 지장을 주지 않는 경미한 사항을 2회 이상 위반한 경우 | | | 100 | |
|   2) 안전시설등을 다음에 해당하는 고장상태 등으로 방치한 경우<br>    가) 소화펌프를 고장상태로 방치한 경우<br>    나) 수신반(受信盤)의 전원을 차단한 상태로 방치한 경우<br>    다) 동력(감시)제어반을 고장상태로 방치하거나 전원을 차단한 경우<br>    라) 소방시설용 비상전원을 차단한 경우<br>    마) 소화배관의 밸브를 잠금상태로 두어 소방시설이 작동할 때 소화수가 나오지 않거나 소화약제(消火藥劑)가 방출되지 않는 상태로 방치한 경우 | | | 200 | |
|   3) 안전시설등을 설치하지 않은 경우 | | | 300 | |
|   4) 비상구를 폐쇄·훼손·변경하는 등의 행위를 한 경우 | | 100 | 200 | 300 |
|   5) 영업장 내부 피난통로에 피난에 지장을 주는 물건 등을 쌓아 놓은 경우 | | 100 | 200 | 300 |
| 다. 법 제9조제3항을 위반한 경우 | 법 제25조제1항 제2호의2 | | | |
|   1) 안전시설등 설치신고를 하지 않고 안전시설등을 설치한 경우 | | | 100 | |
|   2) 안전시설등 설치신고를 하지 않고 영업장 내부구조를 변경한 경우 | | | 100 | |
|   3) 안전시설등의 공사를 마친 후 신고를 하지 않은 경우 | | 100 | 200 | 300 |
| 라. 법 제9조의2를 위반하여 비상구에 추락 등의 방지를 위한 장치를 기준에 따라 갖추지 않은 경우 | 법 제25조제1항 제2호의3 | | 300 | |
| 마. 법 제10조제1항 및 제2항을 위반하여 실내장식물을 기준에 따라 설치·유지하지 않은 경우 | 법 제25조제1항제3호 | | 300 | |
| 바. 법 제10조의2제1항 및 제2항을 위반하여 영업장의 내부구획 기준에 따라 내부구획을 설치·유지하지 않은 경우 | 법 제25조제1항 제3호의2 | 100 | 200 | 300 |

| 위반행위 | 근거 법조문 | 과태료 금액(단위: 만원) | | |
|---|---|---|---|---|
| | | 1회 | 2회 | 3회 이상 |
| 사. 법 제11조를 위반하여 피난시설, 방화구획 또는 방화시설을 폐쇄·훼손·변경하는 등의 행위를 한 경우 | 법 제25조제1항 제4호 | 100 | 200 | 300 |
| 아. 법 제12조제1항을 위반하여 피난안내도를 갖추어 두지 않거나 피난안내에 관한 영상물을 상영하지 않은 경우 | 법 제25조제1항 제5호 | 100 | 200 | 300 |
| 자. 법 제13조제1항 전단을 위반하여 정기점검결과서를 보관하지 않은 경우 | 법 제25조제1항 제6호 | 100 | | |
| 차. 다중이용업주가 법 제13조의2제1항을 위반하여 화재배상책임보험에 가입하지 않은 경우<br>1) 가입하지 않은 기간이 10일 이하인 경우<br>2) 가입하지 않은 기간이 10일 초과 30일 이하인 경우<br>3) 가입하지 않은 기간이 30일 초과 60일 이하인 경우<br>4) 가입하지 않은 기간이 60일 초과인 경우 | 법 제25조제1항 제6호의2 | 100<br>100만원에 11일째부터 계산하여 1일마다 1만원을 더한 금액<br>120만원에 31일째부터 계산하여 1일마다 2만원을 더한 금액<br>180만원에 61일째부터 계산하여 1일마다 3만원을 더한 금액. 다만, 과태료의 총액은 300만원을 넘지 못한다. | | |
| 카. 보험회사가 법 제13조의3제3항 또는 제4항을 위반하여 통지를 하지 않은 경우 | 법 제25조제1항 제6호의3 | 300 | | |
| 타. 보험회사가 법 제13조의5제1항을 위반하여 다중이용업주와의 화재배상책임보험 계약 체결을 거부한 경우 | 법 제25조제1항 제6호의4 | 300 | | |
| 파. 보험회사가 법 제13조의6을 위반하여 임의로 계약을 해제 또는 해지한 경우 | 법 제25조제1항 제6호의4 | 300 | | |
| 하. 법 제14조에 따른 소방안전관리 업무를 하지 않은 경우 | 법 제25조제1항 제7호 | 100 | 200 | 300 |
| 거. 법 제14조의2제1항을 위반하여 보고 또는 즉시 보고를 하지 않거나 거짓으로 한 경우 | 법 제25조제1항 제8호 | 200 | | |

# MEMO

# 문제 PART

# 소방기본법 예상문제

# 소방기본법 예상문제

## 001 다음은 소방기본법의 목적에 관한 조문이다. ( )에 들어갈 내용으로 옳은 것은?

> 이 법은 화재를 예방·( ㉮ )하거나 ( ㉯ )하고 화재, 재난·재해, 그 밖의 위급한 상황에서의 구조·구급 활동 등을 통하여 국민의 생명·신체 및 재산을 보호함으로써 ( ㉰ ) 및 질서 유지와 ( ㉱ )에 이바지함을 목적으로 한다.

|   | ㉮ | ㉯ | ㉰ | ㉱ |
|---|---|---|---|---|
| ① | 주의 | 진압 | 공익 확보 | 복지증진 |
| ② | 경계 | 진압 | 공공의 안녕 | 복리증진 |
| ③ | 경계 | 소화 | 공공의 안녕 | 복지증진 |
| ④ | 진압 | 조사 | 사회 안전 | 복리증진 |

 소방기본법 제1조(목적)
이 법은 화재를 예방·경계하거나 진압하고 화재, 재난·재해, 그 밖의 위급한 상황에서의 구조·구급 활동 등을 통하여 국민의 생명·신체 및 재산을 보호함으로써 공공의 안녕 및 질서 유지와 복리증진에 이바지함을 목적으로 한다.

## 002 소방기본법령상 소방기관의 설치에 관하여 필요한 사항은 무엇으로 정하는가?

① 대통령령
② 행정안전부령
③ 소방청 고시
④ 시·도의 조례

 소방기본법 제3조(소방기관의 설치 등)
① 시·도의 화재 예방·경계·진압 및 조사, 소방안전교육·홍보와 화재, 재난·재해, 그 밖의 위급한 상황에서의 구조·구급 등의 업무(이하 "소방업무"라 한다)를 수행하는 소방기관의 설치에 필요한 사항은 대통령령으로 정한다.<개정 2015. 7. 24.>
② 소방업무를 수행하는 소방본부장 또는 소방서장은 그 소재지를 관할하는 특별시장·광역시장·특별자치시장·도지사 또는 특별자치도지사(이하 "시·도지사"라 한다)의 지휘와 감독을 받는다.
③ 제2항에도 불구하고 소방청장은 화재 예방 및 대형 재난 등 필요한 경우 시·도 소방본부장 및 소방서장을 지휘·감독할 수 있다. <신설 2019. 12. 10.>
④ 시·도에서 소방업무를 수행하기 위하여 시·도지사 직속으로 소방본부를 둔다.

## 003 소방기본법령상 소방업무에 관한 종합계획의 수립 및 시행 권한자와 기간으로 옳은 것은?

① 대통령, 4년
② 행정안전부장관, 5년
③ 시·도지사, 5년
④ 소방청장, 5년

 소방기본법 제6조(소방업무에 관한 종합계획의 수립·시행 등)
① 소방청장은 화재, 재난·재해, 그 밖의 위급한 상황으로부터 국민의 생명·신체 및 재산을 보호하기 위하여 소방업무에 관한 종합계획(이하 이 조에서 "종합계획"이라 한다)을 5년마다 수립·시행해야 하고, 이에 필요한 재원을 확보하도록 노력해야 한다.

 정답 : 001. ②  002. ①  003. ④

## 004 소방기본법령상 소방업무에 관한 종합계획에 포함되어야 하는 사항이 아닌 것은?

① 소방서비스의 질 향상을 위한 정책의 기본방향
② 소방업무에 필요한 체계의 구축, 소방기술의 연구·개발 및 보급
③ 소방업무에 필요한 장비의 구비
④ 소방전문기관 설립

종합계획에는 다음 각 호의 사항이 포함되어야 한다.<신설 2015. 7. 24.>
1. 소방서비스의 질 향상을 위한 정책의 기본방향
2. 소방업무에 필요한 체계의 구축, 소방기술의 연구·개발 및 보급
3. 소방업무에 필요한 장비의 구비
4. 소방전문인력 양성
5. 소방업무에 필요한 기반조성
6. 소방업무의 교육 및 홍보(제21조에 따른 소방자동차의 우선 통행 등에 관한 홍보를 포함한다)
7. 그 밖에 소방업무의 효율적 수행을 위하여 필요한 사항으로서 대통령령으로 정하는 사항

> **시행령**
>
> 제1조의3(소방업무에 관한 종합계획 및 세부계획의 수립·시행)
> ① 소방청장은 「소방기본법」(이하 "법"이라 한다) 제6조제1항에 따른 소방업무에 관한 종합계획을 관계 중앙행정기관의 장과의 협의를 거쳐 계획 시행 전년도 10월 31일까지 수립해야 한다.
> ② 법 제6조제2항제7호에서 "대통령령으로 정하는 사항"이란 다음 각 호의 사항을 말한다.
> 1. 재난·재해 환경 변화에 따른 소방업무에 필요한 대응 체계 마련
> 2. 장애인, 노인, 임산부, 영유아 및 어린이 등 이동이 어려운 사람을 대상으로 한 소방활동에 필요한 조치
> ③ 특별시장·광역시장·특별자치시장·도지사 또는 특별자치도지사(이하 "시·도지사"라 한다)는 법 제6조제4항에 따른 종합계획의 시행에 필요한 세부계획을 계획 시행 전년도 12월 31일까지 수립하여 소방청장에게 제출해야 한다.

## 005 다음 중 소방의 날은 언제인가?

① 매년 1월 19일  ② 매년 11월 9일
③ 매년 10월 31일  ④ 매년 12월 31일

제7조(소방의 날 제정과 운영 등)
① 국민의 안전의식과 화재에 대한 경각심을 높이고 안전문화를 정착시키기 위하여 매년 11월 9일을 소방의 날로 정하여 기념행사를 한다.
② 소방의 날 행사에 관하여 필요한 사항은 소방청장 또는 시·도지사가 따로 정하여 시행할 수 있다.
③ 소방청장은 다음 각 호에 해당하는 사람을 명예직 소방대원으로 위촉할 수 있다.
1. 「의사상자 등 예우 및 지원에 관한 법률」 제2조에 따른 의사상자(義死傷者)로서 같은 법 제3조제3호 또는 제4호에 해당하는 사람
2. 소방행정 발전에 공로가 있다고 인정되는 사람

정답 : 004. ④  005. ②

## 006
다음은 소방기본법령상 소방력의 기준 등에 관한 조문이다. ( )에 들어갈 내용으로 옳은 것은?

> 제8조(소방력의 기준 등) ① 소방기관이 소방업무를 수행하는 데에 필요한 ( ㉮ )과 ( ㉯ ) 등 [이하 "소방력"(消防力)이라 한다]에 관한 기준은 ( ㉰ )으로 정한다.
> ② ( ㉱ )는 제1항에 따른 소방력의 기준에 따라 관할구역의 소방력을 확충하기 위하여 필요한 계획을 수립하여 시행해야 한다.
> ③ 소방자동차 등 소방장비의 분류·표준화와 그 관리 등에 필요한 사항은 ( ㉲ ) 정한다.

| | ㉮ | ㉯ | ㉰ | ㉱ | ㉲ |
|---|---|---|---|---|---|
| ① | 인력 | 장비 | 행정안전부령 | 시·도지사 | 따로 법률에서 |
| ② | 인력 | 장비 | 대통령령 | 시·도지사 | 대통령령으로 |
| ③ | 장비 | 인력 | 행정안전부령 | 시·도지사 | 행정안전부령으로 |
| ④ | 장비 | 인력 | 대통령령 | 시·도지사 | 따로 법률에서 |

소방기본법 제8조(소방력의 기준 등)
① 소방기관이 소방업무를 수행하는 데에 필요한 인력과 장비 등[이하 "소방력"(消防力)이라 한다]에 관한 기준은 행정안전부령으로 정한다.
② 시·도지사는 제1항에 따른 소방력의 기준에 따라 관할구역의 소방력을 확충하기 위하여 필요한 계획을 수립하여 시행해야 한다.
③ 소방자동차 등 소방장비의 분류·표준화와 그 관리 등에 필요한 사항은 따로 법률에서 정한다.

## 007
소방기본법령상 비상소화장치의 설치대상 지역 중 대통령령으로 정하는 지역에 해당되지 않는 것은?

① 시장지역
② 목조건물이 밀집한 지역
③ 석유화학제품을 생산하는 공장이 있는 지역
④ 소방청장이 비상소화장치의 설치가 필요하다고 인정하는 지역

시행령 제2조의2(비상소화장치의 설치대상 지역)
법 제10조제2항에서 "대통령령으로 정하는 지역"이란 다음 각 호의 어느 하나에 해당하는 지역을 말한다.
1. 화재의 예방 및 안전관리에 관한 법률 제18조제1항에 따라 지정된 화재예방강화지구
2. 시·도지사가 법 제10조제2항에 따른 비상소화장치의 설치가 필요하다고 인정하는 지역

화재의 예방 및 안전관리에 관한 법률 제18조(화재예방강화지구의 지정 등) 제1항
① 시·도지사는 다음 각 호의 어느 하나에 해당하는 지역을 화재예방강화지구로 지정하여 관리할 수 있다.
  1. 시장지역
  2. 공장·창고가 밀집한 지역
  3. 목조건물이 밀집한 지역

정답 : 006. ①    007. ④

4. 노후·불량건축물이 밀집한 지역
5. 위험물의 저장 및 처리 시설이 밀집한 지역
6. 석유화학제품을 생산하는 공장이 있는 지역
7. 「산업입지 및 개발에 관한 법률」 제2조제8호에 따른 산업단지
8. 소방시설·소방용수시설 또는 소방출동로가 없는 지역
9. 「물류시설의 개발 및 운영에 관한 법률」 제2조제6호에 따른 물류단지
10. 그 밖에 제1호부터 제9호까지에 준하는 지역으로서 소방관서장이 화재예방강화지구로 지정할 필요가 있다고 인정하는 지역

## 008 소방기본법 시행규칙에서 규정하고 있는 비상소화장치의 설치기준으로 옳지 않은 것은?

① 비상소화장치는 비상소화장치함, 소화전, 소방호스(소화전의 방수구에 연결하여 소화용수를 방수하기 위한 도관으로서 호스와 연결금속구로 구성되어 있는 소방용릴호스 또는 소방용고무내장호스를 말한다), 관창(소방호스용 연결금속구 또는 중간연결금속구 등의 끝에 연결하여 소화용수를 방수하기 위한 나사식 또는 차입식 토출기구를 말한다)을 포함하여 구성할 것
② 소방호스 및 관창은 「소방시설 설치 및 관리에 관한 법률」 제37조제5항에 따라 소방청장이 정하여 고시하는 형식승인 및 제품검사의 기술기준에 적합한 것으로 설치할 것
③ 비상소화장치함은 「소방시설 설치 및 관리에 관한 법률」 제40조제4항에 따라 소방청장이 정하여 고시하는 성능인증 및 제품검사의 기술기준에 적합한 것으로 설치할 것
④ 기타 비상소화장치의 설치기준에 관한 세부사항은 행정안전부령으로 정한다.

기타 비상소화장치의 설치기준에 관한 세부사항은 소방청장이 정한다.

## 009 소방기본법에서 규정하는 소방업무응원에 대한 설명으로 옳지 않은 것은?

① 소방본부장이나 소방서장은 소방활동을 할 때에 긴급한 경우에는 이웃한 소방본부장 또는 소방서장에게 소방업무의 응원(應援)을 요청할 수 있다.
② 시·도지사는 제1항에 따라 소방업무의 응원을 요청하는 경우를 대비하여 출동 대상지역 및 규모와 필요한 경비의 부담 등에 관하여 필요한 사항을 대통령령으로 정하는 바에 따라 이웃하는 시·도지사와 협의하여 미리 규약(規約)으로 정해야 한다.
③ 소방업무의 응원 요청을 받은 소방본부장 또는 소방서장은 정당한 사유 없이 그 요청을 거절하여서는 아니된다.
④ 소방업무의 응원을 위하여 파견된 소방대원은 응원을 요청한 소방본부장 또는 소방서장의 지휘에 따라야 한다.

행정안전부령으로 정하는 바에 따라 미리 규약으로 정한다.

정답 : 008. ④    009. ②

## 010 소방기본법에서 규정하는 소방력의 동원에 관한 설명으로 옳지 않은 것은?

① 소방청장은 해당 시·도의 소방력만으로는 소방활동을 효율적으로 수행하기 어려운 화재, 재난·재해, 그 밖의 구조·구급이 필요한 상황이 발생하거나 특별히 국가적 차원에서 소방활동을 수행할 필요가 인정될 때에는 각 시·도지사에게 행정안전부령으로 정하는 바에 따라 소방력을 동원할 것을 요청할 수 있다.
② 동원 요청을 받은 시·도지사는 정당한 사유 없이 요청을 거절하여서는 아니 된다.
③ 소방청장은 시·도지사에게 제1항에 따라 동원된 소방력을 화재, 재난·재해 등이 발생한 지역에 지원·파견하여 줄 것을 요청하거나 필요한 경우 각 소방본부에 소방대를 편성하여 화재진압 및 인명구조 등 소방에 필요한 활동을 하도록 명령할 수 있다.
④ 동원된 소방대원이 다른 시·도에 파견·지원되어 소방활동을 수행할 때에는 특별한 사정이 없으면 화재, 재난·재해 등이 발생한 지역을 관할하는 소방본부장 또는 소방서장의 지휘에 따라야 한다. 다만, 소방청장이 직접 소방대를 편성하여 소방활동을 하게 하는 경우에는 소방청장의 지휘에 따라야 한다.

 소방청장은 필요한 경우 직접 소방대를 편성하여 소방에 필요한 활동을 하게 할 수 있다.

 ⑤항 제3항 및 제4항에 따른 소방활동을 수행하는 과정에서 발생하는 경비 부담에 관한 사항, 제3항 및 제4항에 따라 소방활동을 수행한 민간 소방 인력이 사망하거나 부상을 입었을 경우의 보상주체·보상기준 등에 관한 사항, 그 밖에 동원된 소방력의 운용과 관련하여 필요한 사항은 대통령령으로 정한다.

## 011 소방기본법령상 소방청장이 수립·시행하는 종합계획에 포함되어야 하는 사항에 해당하지 않는 것은?

① 소방전문인력 양성
② 화재안전분야 국제경쟁력 향상
③ 소방업무의 교육 및 홍보
④ 소방기술의 연구·개발 및 보급

 종합계획에는 다음 각 호의 사항이 포함되어야 한다.
1. 소방서비스의 질 향상을 위한 정책의 기본방향
2. 소방업무에 필요한 체계의 구축, 소방기술의 연구·개발 및 보급
3. 소방업무에 필요한 장비의 구비
4. 소방전문인력 양성
5. 소방업무에 필요한 기반조성
6. 소방업무의 교육 및 홍보(제21조에 따른 소방자동차의 우선 통행 등에 관한 홍보를 포함한다)
7. 그 밖에 소방업무의 효율적 수행을 위하여 필요한 사항으로서 대통령령으로 정하는 사항

시행령 제1조의3(소방업무에 관한 종합계획 및 세부계획의 수립·시행) ① 소방청장은 법 제6조제1항에 따른 소방업무에 관한 종합계획을 관계 중앙행정기관의 장과의 협의를 거쳐 계획 시행 전년도 10월 31일까지 수립해야 한다. <개정 2017. 7. 26., 2022. 1. 4.>
② 법 제6조제2항제7호에서 "대통령령으로 정하는 사항"이란 다음 각 호의 사항을 말한다.

 정답 : 010. ③    011. ②

1. 재난·재해 환경 변화에 따른 소방업무에 필요한 대응 체계 마련
2. 장애인, 노인, 임산부, 영유아 및 어린이 등 이동이 어려운 사람을 대상으로 한 소방활동에 필요한 조치
③ 특별시장·광역시장·특별자치시장·도지사 또는 특별자치도지사(이하 "시·도지사"라 한다)는 법 제6조제4항에 따른 종합계획의 시행에 필요한 세부계획을 계획 시행 전년도 12월 31일까지 수립하여 소방청장에게 제출해야 한다.

## 012 소방기본법령상 소방활동에 필요한 소방용수시설을 설치하고 유지·관리해야 하는 자는? (단, 권한의 위임 등 기타 사항은 고려하지 않음)

① 소방본부장·소방서장
② 시장·군수
③ 시·도지사
④ 소방청장

소방기본법 제10조(소방용수시설의 설치 및 관리 등) ① 시·도지사는 소방활동에 필요한 소화전(消火栓)·급수탑(給水塔)·저수조(貯水槽)(이하 "소방용수시설"이라 한다)를 설치하고 유지·관리해야 한다. 다만, 「수도법」 제45조에 따라 소화전을 설치하는 일반수도사업자는 관할 소방서장과 사전협의를 거친 후 소화전을 설치해야 하며, 설치 사실을 관할 소방서장에게 통지하고, 그 소화전을 유지·관리해야 한다. <개정 2007. 4. 11., 2011. 3. 8.>
② 시·도지사는 제21조제1항에 따른 소방자동차의 진입이 곤란한 지역 등 화재발생 시에 초기 대응이 필요한 지역으로서 대통령령으로 정하는 지역에 소방호스 또는 호스 릴 등을 소방용수시설에 연결하여 화재를 진압하는 시설이나 장치(이하 "비상소화장치"라 한다)를 설치하고 유지·관리할 수 있다. <개정 2017. 12. 26.>
③ 제1항에 따른 소방용수시설과 제2항에 따른 비상소화장치의 설치기준은 행정안전부령으로 정한다.

## 013 소방기본법령상 소방신호의 종류별 신호방법에 관한 설명으로 옳은 것은?

① 경계신호의 타종신호는 1타와 2타를 반복하며, 사이렌신호는 5초 간격을 두고 10초씩 3회이다.
② 발화신호의 타종신호는 난타이며, 사이렌신호는 5초 간격을 두고 5초씩 3회이다.
③ 해제신호의 타종신호는 상당한 간격을 두고 1타씩 반복하며, 사이렌신호는 30초간 1회이다.
④ 훈련신호의 타종신호는 연 3타 반복이며, 사이렌신호는 30초 간격을 두고 1분씩 3회이다.

소방신호
1) 화재예방, 소방활동 또는 소방훈련을 위하여 사용되는 소방신호의 종류와 방법은 행정안전부령으로 정한다.
2) 소방신호의 종류
1. 경계신호 : 화재예방상 필요하다고 인정되거나 「화재의 예방 및 안전관리에 관한 법률」 제20조의 규정에 의한 화재위험 경보시 발령
2. 발화신호 : 화재가 발생한 때 발령
3. 해제신호 : 소화활동이 필요없다고 인정되는 때 발령
4. 훈련신호 : 훈련상 필요하다고 인정되는 때 발령

정답 : 012. ③    013. ②

## 014 소방기본법령상 소방활동 종사명령에 관한 설명으로 옳지 않은 것은?

① 소방서장은 소방활동 종사명령을 받은 자에게 소방활동에 필요한 보호장구를 지급하는 등 안전을 위한 조치를 해야 한다.
② 소방대장은 화재 등 위급한 상황이 발생한 현장에서 소방활동을 위하여 필요할 때에는 그 현장에 있는 자에게 소방활동 종사명령을 할 수 있다.
③ 소방대상물에 화재 등 위급한 상황이 발생한 경우 소방활동에 종사한 소방대상물의 점유자는 소방활동 비용을 지급받을 수 있다.
④ 시·도지사는 소방활동 종사명령에 따라 소방활동에 종사한 자가 그로 인하여 사망하거나 부상을 입은 경우에는 보상해야 한다.

소방활동 종사명령
1) 소방본부장, 소방서장 또는 소방대장은 화재, 재난·재해, 그 밖의 위급한 상황이 발생한 현장에서 소방활동을 위하여 필요할 때에는 그 관할구역에 사는 사람 또는 그 현장에 있는 사람으로 하여금 사람을 구출하는 일 또는 불을 끄거나 불이 번지지 아니하도록 하는 일을 하게 할 수 있다.
2) 제1항에 따른 명령에 따라 소방활동에 종사한 사람은 시·도지사로부터 소방활동의 비용을 지급받을 수 있다. 다만, 다음 각 호의 어느 하나에 해당하는 사람의 경우에는 그러하지 아니하다.
1. 소방대상물에 화재, 재난·재해, 그 밖의 위급한 상황이 발생한 경우 그 관계인
2. 고의 또는 과실로 화재 또는 구조·구급 활동이 필요한 상황을 발생시킨 사람
3. 화재 또는 구조·구급 현장에서 물건을 가져간 사람

## 015 소방기본법령상 소방용수시설 중 저수조의 설치기준으로 옳지 않은 것은?

① 지면으로부터의 낙차가 4.5미터 이하일 것
② 흡수부분의 수심이 0.5미터 이상일 것
③ 흡수관의 투입구가 원형의 경우에는 지름이 50센티미터 이상일 것
④ 저수조에 물을 공급하는 방법은 상수도에 연결하여 자동으로 급수되는 구조일 것

저수조의 설치기준
(1) 지면으로부터의 낙차가 4.5미터 이하일 것
(2) 흡수부분의 수심이 0.5미터 이상일 것
(3) 소방펌프자동차가 쉽게 접근할 수 있도록 할 것
(4) 흡수에 지장이 없도록 토사 및 쓰레기 등을 제거할 수 있는 설비를 갖출 것
(5) 흡수관의 투입구가 사각형의 경우에는 한 변의 길이가 60센티미터 이상, 원형의 경우에는 지름이 60센티미터 이상일 것
(6) 저수조에 물을 공급하는 방법은 상수도에 연결하여 자동으로 급수되는 구조일 것

정답 : 014. ③　　　015. ③

## 016 소방기본법령에 관한 설명으로 옳지 않은 것은?

① 소방자동차의 우선 통행에 관하여는 소방기본법이 정하는 바에 따른다.
② 소방활동에 필요한 사람으로서 취재인력 등 보도업무에 종사하는 사람은 소방대장이 출입을 제한할 수 없다.
③ 소방대상물에 화재가 발생한 경우 그 관계인은 소방활동에 종사하여도 소방활동의 비용을 지급받을 수 없다.
④ 소방활동구역을 정하는 자는 소방대장이다.

 소방자동차의 우선 통행에 관하여는 「도로교통법」에서 정하는 바에 따른다.

## 017 화재, 재난·재해, 그 밖의 위급한 상황이 발생하였을 때에 소방대를 현장에 신속하게 출동시켜 화재진압과 인명구조·구급 등 소방에 필요한 활동을 하게 해야 하는 사람에 해당하지 않는 자는?

① 소방청장　　② 소방본부장　　③ 소방서장　　④ 소방대장

 제16조(소방활동) ① 소방청장, 소방본부장 또는 소방서장은 화재, 재난·재해, 그 밖의 위급한 상황이 발생하였을 때에는 소방대를 현장에 신속하게 출동시켜 화재진압과 인명구조·구급 등 소방에 필요한 활동(이하 이 조에서 "소방활동"이라 한다)을 하게 해야 한다.
<개정 2014. 11. 19., 2017. 7. 26., 2021. 1. 5.>
② 누구든지 정당한 사유 없이 제1항에 따라 출동한 소방대의 소방활동을 방해하여서는 아니 된다. <개정 2021. 1. 5.>

## 018 소방기본법령상 소방지원활동에 해당하지 않는 것은?

① 산불에 대한 예방·진압 등 지원활동
② 단전사고 시 비상전원 또는 조명의 공급 지원활동
③ 자연재해에 따른 급수·배수 및 제설 등 지원활동
④ 집회·공연 등 각종 행사 시 사고에 대비한 근접대기 등 지원활동

 소방기본법 제16조2 (소방지원활동)
1) 소방청장·소방본부장 또는 소방서장은 공공의 안녕질서 유지 또는 복리증진을 위하여 필요한 경우 소방활동 외에 다음 각 호의 활동(이하 "소방지원활동"이라 한다)을 하게 할 수 있다.
2) 소방지원활동의 종류
　1. 산불에 대한 예방·진압 등 지원활동
　2. 자연재해에 따른 급수·배수 및 제설 등 지원활동
　3. 집회·공연 등 각종 행사 시 사고에 대비한 근접대기 등 지원활동
　4. 화재, 재난·재해로 인한 피해복구 지원활동
　5. 삭제<2015. 7. 24.>
　6. 그 밖에 행정안전부령으로 정하는 활동

 정답 : 016. ①　017. ④　018. ②

1. 군·경찰 등 유관기관에서 실시하는 훈련지원 활동
2. 소방시설 오작동 신고에 따른 조치활동
3. 방송제작 또는 촬영 관련 지원활동

**소방기본법 제16조의3 (생활안전활동)**
1) 소방청장·소방본부장 또는 소방서장은 신고가 접수된 생활안전 및 위험제거 활동(화재, 재난·재해, 그 밖의 위급한 상황에 해당하는 것은 제외한다)에 대응하기 위하여 소방대를 출동시켜 다음 각 호의 활동(이하 "생활안전활동"이라 한다)을 하게 해야 한다.
2) 생활안전활동의 종류
   1. 붕괴, 낙하 등이 우려되는 고드름, 나무, 위험 구조물 등의 제거활동
   2. 위해동물, 벌 등의 포획 및 퇴치 활동
   3. 끼임, 고립 등에 따른 위험제거 및 구출 활동
   4. 단전사고 시 비상전원 또는 조명의 공급
   5. 그 밖에 방치하면 급박해질 우려가 있는 위험을 예방하기 위한 활동
3) 누구든지 정당한 사유 없이 제1항에 따라 출동하는 소방대의 생활안전활동을 방해하여서는 아니 된다. : 생활안전활동 방해 100만 원 이하의 벌금

## 019 다음 중 소방기본법령상 그 업무의 권한자가 소방본부장 또는 소방서장인 것은?

① 소방활동구역 설정
② 소방대원에게 필요한 교육 및 훈련실시
③ 국민의 안전의식을 높이기 위한 피난방법 홍보
④ 화재로 오인할만한 우려가 있는 불을 피우는 경우 신고

① : 소방대장
② : 소방청장, 소방본부장, 소방서장
③ : 소방청장, 소방본부장, 소방서장
④ : 제19조(화재 등의 통지)
   ① 화재 현장 또는 구조·구급이 필요한 사고 현장을 발견한 사람은 그 현장의 상황을 소방본부, 소방서 또는 관계 행정기관에 지체 없이 알려야 한다.
   ② 다음 각 호의 어느 하나에 해당하는 지역 또는 장소에서 화재로 오인할 만한 우려가 있는 불을 피우거나 연막(煙幕) 소독을 하려는 자는 시·도의 조례로 정하는 바에 따라 관할 소방본부장 또는 소방서장에게 신고해야 한다.
      1. 시장지역
      2. 공장·창고가 밀집한 지역
      3. 목조건물이 밀집한 지역
      4. 위험물의 저장 및 처리시설이 밀집한 지역
      5. 석유화학제품을 생산하는 공장이 있는 지역
      6. 그 밖에 시·도의 조례로 정하는 지역 또는 장소

정답 : 019. ④

> **명령권자**
> 1. 소방청장, 소방본부장, 소방서장 : 종합상황실 설치, 소방활동, 소방지원활동, 생활안전활동, 소송지원, 소방교육 및 훈련(공무원, 초중등, 유아), 화재발생 시 피난 및 행동방법 홍보, 화재조사, 이상기상예보시 경보, 예방조치명령(보관등), 화재예방강화지구에 대한 화재안전조사, 설치명령, 화재예방강화지구 안의 관계인에 대한 훈련 및 교육
> 2. 소방본부장 또는 소방서장 : 시·도지사의 지휘와 감독을 받음, 소방업무응원요청, 서류신청시 제출대상, 건축물허가동의
> 3. 소방청장 : 소방박물관 설립, 종합계획 5년마다 수립, 명예직 소방대원위촉, 소방력 동원요청, 화재예방강화지구지정 요청, 소방안전교육사 자격부여, 국제화 사업추진, 안전원은 소방청장의 인가 및 승인, 안전원 업무감독, 화재안전영향평가, 화재 위험경보 발령 절차 및 조치사항에 관하여 필요한 사항은 소방청장이 정한다. 소방안전관리자시험, 교육, 발급, 소방안전특별관리계획 5년마다 수립, 소방안전특별관리대상물관리
> 4. 소방대장 : 소방활동구역 설정
> 5. 소방본부장, 소방서장 또는 소방대장 : 소방활동 종사명령, 강제처분명령, 피난명령, 긴급조치명령, 소방활동 종사명령

**020** 소방대원에게 실시하는 교육, 훈련의 횟수와 기간으로 옳은 것은?

① 매년 1회, 2주 이상  ② 2년마다 1회, 2주 이상
③ 2년마다 1회, 8주 이상  ④ 2년마다 1회, 3주 이상

소방대원에게 실시할 교육·훈련의 종류 등(제9조제1항 관련)
1. 교육·훈련의 종류 및 교육·훈련을 받아야 할 대상자

| 종류 | 교육·훈련을 받아야 할 대상자 |
| --- | --- |
| 가. 화재진압 훈련 | 1) 화재진압업무를 담당하는 소방공무원<br>2) 「의무소방대설치법 시행령」 제20조제1항제1호에 따른 임무를 수행하는 의무소방원<br>3) 「의용소방대 설치 및 운영에 관한 법률」 제3조에 따라 임명된 의용소방대원 |
| 나. 인명구조 훈련 | 1) 구조업무를 담당하는 소방공무원<br>2) 「의무소방대설치법 시행령」 제20조제1항제1호에 따른 임무를 수행하는 의무소방원<br>3) 「의용소방대 설치 및 운영에 관한 법률」 제3조에 따라 임명된 의용소방대원 |
| 다. 응급처치 훈련 | 1) 구급업무를 담당하는 소방공무원<br>2) 「의무소방대설치법」 제3조에 따라 임용된 의무소방원<br>3) 「의용소방대 설치 및 운영에 관한 법률」 제3조에 따라 임명된 의용소방대원 |
| 라. 인명대피 훈련 | 1) 소방공무원<br>2) 「의무소방대설치법」 제3조에 따라 임용된 의무소방원<br>3) 「의용소방대 설치 및 운영에 관한 법률」 제3조에 따라 임명된 의용소방대원 |

정답 : 020. ②

| 종류 | 교육·훈련을 받아야 할 대상자 |
|---|---|
| 마. 현장지휘 훈련 | 소방공무원 중 다음의 계급에 있는 사람<br>1) 소방정  2) 소방령<br>3) 소방경  4) 소방위 |

2. 교육·훈련 횟수 및 기간

| 횟수 | 기간 |
|---|---|
| 2년마다 1회 | 2주 이상 |

3. 제1호 및 제2호에서 규정한 사항 외에 소방대원의 교육·훈련에 필요한 사항은 소방청장이 정한다.

## 021  소방기본법상 소방안전교육사 시험에 대한 설명으로 옳지 않은 것은?

① 소방청장은 소방안전교육을 위하여 소방청장이 실시하는 시험에 합격한 사람에게 소방안전교육사 자격을 부여한다.
② 소방안전교육사는 소방안전교육의 기획·진행·분석·평가 및 교수업무를 수행한다.
③ 소방안전교육사 시험의 응시자격, 시험방법, 시험과목, 시험위원, 그 밖에 소방안전교육사 시험의 실시에 필요한 사항은 대통령령으로 정한다.
④ 소방안전교육사 시험에 응시하려는 사람은 행정안전부령으로 정하는 바에 따라 수수료를 내야 한다.

 대통령령으로 정하는 바에 따라 수수료를 내야 한다.

## 022  소방기본법령상 소방안전교육사의 결격사유에 해당하지 않는 사람은?

① 피성년후견인
② 금고 이상의 실형을 선고받고 그 집행이 끝나거나(집행이 끝난 것으로 보는 경우를 포함한다) 집행이 면제된 날부터 2년이 지나지 아니한 사람
③ 금고 이상의 형의 집행유예를 선고받고 그 유예기간 중에 있는 사람
④ 법원의 판결 또는 다른 법률에 따라 자격이 정지되거나 상실되지 않은 사람

 소방기본법 제17조의3(소방안전교육사의 결격 사유)
다음 각 호의 어느 하나에 해당하는 사람은 소방안전교육사가 될 수 없다.
1. 피성년후견인
2. 금고 이상의 실형을 선고받고 그 집행이 끝나거나(집행이 끝난 것으로 보는 경우를 포함한다) 집행이 면제된 날부터 2년이 지나지 아니한 사람
3. 금고 이상의 형의 집행유예를 선고받고 그 유예기간 중에 있는 사람
4. 법원의 판결 또는 다른 법률에 따라 자격이 정지되거나 상실된 사람

 정답 : 021. ④   022. ④

## 023 소방기본법령상 소방안전교육사를 2명 이상 배치해야 하는 대상으로 옳은 것은?

① 한국소방산업기술원  ② 소방서
③ 한국소방안전원부산지원  ④ 119안전센터

- 소방청, 소방본부, 한국소방산업기술원, 한국소방안전원(본원) 2명 이상
- 소방서, 한국소방안전원(시·도, 지원) 1명 이상

## 024 소방기본법령상 화재예방, 소방활동 또는 소방훈련을 위하여 사용되는 소방신호의 종류와 방법은 누구의 령으로 정하는가?

① 대통령령  ② 행정안전부령
③ 소방청 고시  ④ 별도 법률

## 025 소방기본법령상 5년 이하의 징역 또는 5,000만원 이하의 벌금에 해당하지 않는 사항은?

① 위력(威力)을 사용하여 출동한 소방대의 화재진압·인명구조 또는 구급활동을 방해하는 행위
② 소방대가 화재진압·인명구조 또는 구급활동을 위하여 현장에 출동하거나 현장에 출입하는 것을 고의로 방해하는 행위
③ 출동한 소방대원에게 폭언 또는 위력을 행사하여 화재진압·인명구조 또는 구급활동을 방해하는 행위
④ 출동한 소방대의 소방장비를 파손하거나 그 효용을 해하여 화재진압·인명구조 또는 구급활동을 방해하는 행위

소방기본법 제50조(벌칙) 다음 각 호의 어느 하나에 해당하는 사람은 5년 이하의 징역 또는 5천만원 이하의 벌금에 처한다.
1. 제16조제2항을 위반하여 다음 각 목의 어느 하나에 해당하는 행위를 한 사람
   가. 위력(威力)을 사용하여 출동한 소방대의 화재진압·인명구조 또는 구급활동을 방해하는 행위
   나. 소방대가 화재진압·인명구조 또는 구급활동을 위하여 현장에 출동하거나 현장에 출입하는 것을 고의로 방해하는 행위
   다. 출동한 소방대원에게 폭행 또는 협박을 행사하여 화재진압·인명구조 또는 구급활동을 방해하는 행위
   라. 출동한 소방대의 소방장비를 파손하거나 그 효용을 해하여 화재진압·인명구조 또는 구급활동을 방해하는 행위
2. 제21조제1항을 위반하여 소방자동차의 출동을 방해한 사람
3. 제24조제1항에 따른 사람을 구출하는 일 또는 불을 끄거나 불이 번지지 아니하도록 하는 일을 방해한 사람
4. 제28조를 위반하여 정당한 사유 없이 소방용수시설 또는 비상소화장치를 사용하거나 소방용수시설 또는 비상소화장치의 효용을 해치거나 그 정당한 사용을 방해한 사람

정답 : 023. ①    024. ②    025. ③

# 026 소방기본법령상 소방기본법에서 규정하는 100만원 이하의 벌금에 해당하는 것은?

① 예방조치명령에 따르지 아니하거나 이를 방해한 자
② 관계인의 정당한 업무를 방해하거나 화재안전조사를 수행하면서 알게 된 비밀을 다른 사람에게 누설한 사람
③ 화재예방강화지구 안의 소방대상물에 대한 화재안전조사를 거부, 방해 또는 기피한 자
④ 피난명령을 위반한 사람

소방기본법 제54조(벌칙) 다음 각 호의 어느 하나에 해당하는 자는 100만원 이하의 벌금에 처한다.
1. 삭제 <2021. 11. 30.>
1의2. 제16조의3제2항을 위반하여 정당한 사유 없이 소방대의 생활안전활동을 방해한 자
2. 제20조제1항을 위반하여 정당한 사유 없이 소방대가 현장에 도착할 때까지 사람을 구출하는 조치 또는 불을 끄거나 불이 번지지 아니하도록 하는 조치를 하지 아니한 사람
3. 제26조제1항에 따른 피난 명령을 위반한 사람
4. 제27조제1항을 위반하여 정당한 사유 없이 물의 사용이나 수도의 개폐장치의 사용 또는 조작을 하지 못하게 하거나 방해한 자
5. 제27조제2항에 따른 조치를 정당한 사유 없이 방해한 자

화재예방법 제50조(벌칙)
① 다음 각 호의 어느 하나에 해당하는 자는 3년 이하의 징역 또는 3천만원 이하의 벌금에 처한다.
 1. 제14조제1항 및 제2항에 따른 조치명령을 정당한 사유 없이 위반한 자
 2. 제28조제1항 및 제2항에 따른 명령을 정당한 사유 없이 위반한 자
 3. 제41조제5항에 따른 보수·보강 등의 조치명령을 정당한 사유 없이 위반한 자
 4. 거짓이나 그 밖의 부정한 방법으로 제42조제1항에 따른 진단기관으로 지정을 받은 자
② 다음 각 호의 어느 하나에 해당하는 자는 1년 이하의 징역 또는 1천만원 이하의 벌금에 처한다.
 1. 제12조제2항을 위반하여 관계인의 정당한 업무를 방해하거나, 조사업무를 수행하면서 취득한 자료나 알게 된 비밀을 다른 사람 또는 기관에게 제공 또는 누설하거나 목적 외의 용도로 사용한 자(화재조사업무시)
 2. 제30조제4항을 위반하여 자격증을 다른 사람에게 빌려 주거나 빌리거나 이를 알선한 자
 3. 제41조제1항을 위반하여 진단기관으로부터 화재예방안전진단을 받지 아니한 자
③ 다음 각 호의 어느 하나에 해당하는 자는 300만원 이하의 벌금에 처한다.
 1. 제7조제1항에 따른 화재안전조사를 정당한 사유 없이 거부·방해 또는 기피한 자
 2. 제17조제2항 각 호의 어느 하나에 따른 명령(예방조치명령)을 정당한 사유 없이 따르지 아니하거나 방해한 자
 3. 제24조제1항·제3항, 제29조제1항 및 제35조제1항·제2항을 위반하여 소방안전관리자, 총괄소방안전관리자 또는 소방안전관리보조자를 선임하지 아니한 자
 4. 제27조제3항을 위반하여 소방시설·피난시설·방화시설 및 방화구획 등이 법령에 위반된 것을 발견하였음에도 필요한 조치를 할 것을 요구하지 아니한 소방안전관리자
 5. 제27조제4항을 위반하여 소방안전관리자에게 불이익한 처우를 한 관계인
 6. 제41조제6항 및 제48조제3항을 위반하여 업무를 수행하면서 알게 된 비밀을 이 법에서 정한 목적 외의 용도로 사용하거나 다른 사람 또는 기관에 제공하거나 누설한 자 (화재예방안전진단업체종사자, 위탁업무종사자)

정답 : 026. ④

**027** 소방기본법령상 소방자동차가 화재진압 및 구조·구급 활동을 위해 사이렌을 사용하여 출동하는 경우 해서는 안되는 행위에 해당하지 않는 것은?

① 소방자동차에 진로를 양보하지 아니하는 행위
② 소방자동차 앞에 끼어들거나 소방자동차를 가로막는 행위
③ 소방자동차의 출동에 지장을 주는 행위
④ 소방자동차의 후면을 따라 주행하는 행위

소방기본법 제21조(소방자동차의 우선 통행 등)
① 모든 차와 사람은 소방자동차(지휘를 위한 자동차와 구조·구급차를 포함한다. 이하 같다)가 화재진압 및 구조·구급 활동을 위하여 출동을 할 때에는 이를 방해하여서는 아니 된다.
② 소방자동차가 화재진압 및 구조·구급 활동을 위하여 출동하거나 훈련을 위하여 필요할 때에는 사이렌을 사용할 수 있다.
③ 모든 차와 사람은 소방자동차가 화재진압 및 구조·구급 활동을 위하여 제2항에 따라 사이렌을 사용하여 출동하는 경우에는 다음 각 호의 행위를 하여서는 아니 된다. <신설 2017. 12. 26.>
  1. 소방자동차에 진로를 양보하지 아니하는 행위
  2. 소방자동차 앞에 끼어들거나 소방자동차를 가로막는 행위
  3. 그 밖에 소방자동차의 출동에 지장을 주는 행위
④ 제3항의 경우를 제외하고 소방자동차의 우선 통행에 관하여는 「도로교통법」에서 정하는 바에 따른다.

**028** 소방기본법령상 소방자동차 전용구역을 설치해야 하는 공동주택에 해당하는 것은?

① 아파트 중 세대수가 100세대 이상인 아파트 및 5층 이상 기숙사
② 아파트 중 세대수가 300세대 이상인 아파트 및 3층 이상 기숙사
③ 아파트 중 세대수가 100세대 이상인 아파트 및 3층 이상 기숙사
④ 아파트 중 세대수가 300세대 이상인 아파트 및 5층 이상 기숙사

소방기본법 제21조의2(소방자동차 전용구역 등) ①「건축법」제2조제2항제2호에 따른 공동주택 중 대통령령으로 정하는 공동주택의 건축주는 제16조제1항에 따른 소방활동의 원활한 수행을 위하여 공동주택에 소방자동차 전용구역(이하 "전용구역"이라 한다)을 설치해야 한다.
② 누구든지 전용구역에 차를 주차하거나 전용구역에의 진입을 가로막는 등의 방해행위를 하여서는 아니 된다.
③ 전용구역의 설치 기준·방법, 제2항에 따른 방해행위의 기준, 그 밖의 필요한 사항은 대통령령으로 정한다.

시행령 제7조의12(소방자동차 전용구역 설치 대상) 법 제21조의2제1항에서 "대통령령으로 정하는 공동주택"이란 다음 각 호의 주택을 말한다. 다만, 하나의 대지에 하나의 동(棟)으로 구성되고 「도로교통법」제32조 또는 제33조에 따라 정차 또는 주차가 금지된 편도 2차선 이상의 도로에 직접 접하여 소방자동차가 도로에서 직접 소방활동이 가능한 공동주택은 제외한다.
  1.「건축법 시행령」별표 1 제2호가목의 아파트 중 세대수가 100세대 이상인 아파트
  2.「건축법 시행령」별표 1 제2호라목의 기숙사 중 3층 이상의 기숙사

 정답 : 027.④    028.③

## 029 소방기본법령상 소방활동 종사 명령에 따라 소방활동의 비용을 지급받을 수 있는 사람은?

① 소방대상물에 화재, 재난·재해, 그 밖의 위급한 상황이 발생한 경우 그 관계인
② 고의 또는 과실로 화재 또는 구조·구급 활동이 필요한 상황을 발생시킨 사람
③ 화재 또는 구조·구급 현장에서 물건을 가져간 사람
④ 그 관할구역에 사는 사람

소방기본법 제24조 (소방활동 종사명령)
① 소방본부장, 소방서장 또는 소방대장은 화재, 재난·재해, 그 밖의 위급한 상황이 발생한 현장에서 소방활동을 위하여 필요할 때에는 그 관할구역에 사는 사람 또는 그 현장에 있는 사람으로 하여금 사람을 구출하는 일 또는 불을 끄거나 불이 번지지 아니하도록 하는 일을 하게 할 수 있다.
② 제1항에 따른 명령에 따라 소방활동에 종사한 사람은 시·도지사로부터 소방활동의 비용을 지급받을 수 있다. 다만, 다음 각 호의 어느 하나에 해당하는 사람의 경우에는 그러하지 아니하다.
  1. 소방대상물에 화재, 재난·재해, 그 밖의 위급한 상황이 발생한 경우 그 관계인
  2. 고의 또는 과실로 화재 또는 구조·구급 활동이 필요한 상황을 발생시킨 사람
  3. 화재 또는 구조·구급 현장에서 물건을 가져간 사람

## 030 소방기본법령상 강제처분에 대한 다음 설명 중 옳지 않은 것은?

① 소방본부장, 소방서장 또는 소방대장은 사람을 구출하거나 불이 번지는 것을 막기 위하여 필요할 때에는 화재가 발생하거나 불이 번질 우려가 있는 소방대상물 및 토지를 일시적으로 사용하거나 그 사용의 제한 또는 소방활동에 필요한 처분을 할 수 있다.
② 소방본부장, 소방서장 또는 소방대장은 사람을 구출하거나 불이 번지는 것을 막기 위하여 긴급하다고 인정할 때에는 불이 번질 우려가 없는 소방대상물 또는 토지 외의 소방대상물과 토지에 대하여 강제처분을 할 수 있다.
③ 소방본부장, 소방서장 또는 소방대장은 소방활동을 위하여 긴급하게 출동할 때에는 소방자동차의 통행과 소방활동에 방해가 되는 주차 또는 정차된 차량 및 물건 등을 제거하거나 이동시킬 수 있다.
④ 소방본부장, 소방서장 또는 소방대장은 소방활동에 방해가 되는 주차 또는 정차된 차량의 제거나 이동을 위하여 관할지방자치단체 등 관련 기관에 견인차량과 인력 등에 대한 지원을 요청할 수 있고, 요청을 받은 관련 기관의 장은 정당한 사유가 없으면 이에 협조해야 한다.

소방본부장, 소방서장 또는 소방대장은 사람을 구출하거나 불이 번지는 것을 막기 위하여 필요한 때에는 화재가 발생하거나 불이 번질 우려가 있는 소방대상물 및 토지를 일시적으로 사용하거나 그 사용의 제한 또는 소방활동에 필요한 처분을 할 수 있다.

⑤ 시·도지사는 제4항에 따라 견인차량과 인력 등을 지원한 자에게 시·도의 조례로 정하는 바에 따라 비용을 지급할 수 있다.

정답 : 029. ④    030. ②

## 031 소방청장이 소방기술 및 소방산업의 국제경쟁력과 국제적 통용성을 높이기 위하여 추진하는 사업이 아닌 것은?

① 소방기술 및 소방산업의 국제 협력을 위한 조사 · 연구
② 소방기술 및 소방산업에 관한 국제 전시회, 국제 학술회의 개최 등 국제 교류
③ 소방기술 및 소방산업의 국외시장 개척
④ 그 밖에 소방기술 및 소방산업의 시장경쟁력과 국제적 위상을 높이기 위하여 필요하다고 인정하는 사업

  소방기본법 제39조의7(소방기술 및 소방산업의 국제화사업) ① 국가는 소방기술 및 소방산업의 국제경쟁력과 국제적 통용성을 높이는 데에 필요한 기반 조성을 촉진하기 위한 시책을 마련해야 한다.
② 소방청장은 소방기술 및 소방산업의 국제경쟁력과 국제적 통용성을 높이기 위하여 다음 각 호의 사업을 추진해야 한다.
　1. 소방기술 및 소방산업의 국제 협력을 위한 조사 · 연구
　2. 소방기술 및 소방산업에 관한 국제 전시회, 국제 학술회의 개최 등 국제 교류
　3. 소방기술 및 소방산업의 국외시장 개척
　4. 그 밖에 소방기술 및 소방산업의 국제경쟁력과 국제적 통용성을 높이기 위하여 필요하다고 인정하는 사업

## 032 소방기본법령상 한국소방안전원에 대한 설명으로 옳지 않은 것은?

① 소방기술과 안전관리기술의 향상 및 홍보, 그 밖의 교육 · 훈련 등 행정기관이 위탁하는 업무의 수행과 소방 관계 종사자의 기술 향상을 위하여 한국소방안전원(이하 "안전원"이라 한다)을 소방청장의 승인을 받아 설립한다.
② 안전원에 관하여 이 법에 규정된 것을 제외하고는 「민법」 중 재단법인에 관한 규정을 준용한다.
③ 안전원의 장(이하 "안전원장"이라 한다)은 소방기술과 안전관리의 기술향상을 위하여 매년 교육 수요조사를 실시하여 교육계획을 수립하고 소방청장의 승인을 받아야 한다.
④ 안전원장은 소방청장에게 해당 연도 교육결과를 평가·분석하여 보고해야 하며, 소방청장은 교육평가결과를 교육계획에 반영하게 할 수 있다.

  소방청장의 인가를 받아 설립한다.

## 033 소방기본법령상 손실보상심의위원회의 심사 · 의결에 따라 정당한 손실보상을 받을 수 있는 자가 아닌 것은?

① 소방지원활동에 따른 조치로 인하여 손실을 입은 자
② 소방활동 종사로 인하여 사망하거나 부상을 입은 자
③ 불이 번질 우려가 있는 소방대상물 및 토지 외의 소방대상물 및 토지에 대한 강제처분으로 인하여 손실을 입은 자
④ 긴급조치로 인하여 손실을 입은 자

  정답 : 031. ④　032. ①　033. ①

소방기본법 제49조의2(손실보상) 중 제1항
① 소방청장 또는 시·도지사는 다음 각 호의 어느 하나에 해당하는 자에게 제3항의 손실보상심의위원회의 심사·의결에 따라 정당한 보상을 해야 한다.
1. 제16조의3제1항(생활안전활동)에 따른 조치로 인하여 손실을 입은 자
2. 제24조제1항 전단(소방활동종사명령)에 따른 소방활동 종사로 인하여 사망하거나 부상을 입은 자
3. 제25조제2항(불이 번질 우려가 있는 소방대상물 및 토지 외의 소방대상물 및 토지에 대한 강제처분) 또는 제3항(소방자동차의 통행과 소방활동에 방해가 되는 주차 또는 정차된 차량 및 물건 등을 제거하거나 이동시키는 강제처분)에 따른 처분으로 인하여 손실을 입은 자. 다만, 같은 조 제3항에 해당하는 경우로서 법령을 위반하여 소방자동차의 통행과 소방활동에 방해가 된 경우는 제외한다.
4. 제27조제1항(소방용수 외에 댐·저수지 또는 수영장 등의 물을 사용하거나 수도(水道)의 개폐장치 등을 조작) 또는 제2항(가스·전기 또는 유류 등의 시설에 대하여 위험물질의 공급을 차단하는 등) 조치로 인하여 손실을 입은 자
5. 그 밖에 소방기관 또는 소방대의 적법한 소방업무 또는 소방활동으로 인하여 손실을 입은 자

## 034 소방기본법령상 과태료에 대한 설명으로 옳지 않은 것은?

① 제19조제1항을 위반하여 화재 또는 구조·구급이 필요한 상황을 거짓으로 알린 사람은 500만 원 이하의 과태료를 부과한다.
② 한국119청소년단 또는 이와 유사한 명칭을 사용한 자는 200만 원의 과태료를 관할 시·도지사, 소방본부장 또는 소방서장이 부과·징수한다.
③ 한국소방안전원 또는 이와 유사한 명칭을 사용한 자는 200만 원 이하의 과태료를 부과한다.
④ 화재로 오인할 만한 우려가 있는 장소에서 신고를 하지 아니하고 연막소독을 하여 소방자동차를 출동하게 한 자에게는 20만 원 이하의 과태료를 관할 시·도지사, 소방본부장 또는 소방서장이 부과·징수한다.

 소방기본법 제56조(과태료) ① 다음 각 호의 어느 하나에 해당하는 자에게는 500만원 이하의 과태료를 부과한다.
1. 제19조제1항을 위반하여 화재 또는 구조·구급이 필요한 상황을 거짓으로 알린 사람
2. 정당한 사유 없이 제20조제2항을 위반하여 화재, 재난·재해, 그 밖의 위급한 상황을 소방본부, 소방서 또는 관계 행정기관에 알리지 아니한 관계인
② 다음 각 호의 어느 하나에 해당하는 자에게는 200만원 이하의 과태료를 부과한다.
1. 삭제 <2021. 11. 30.>
2. 삭제 <2021. 11. 30.>
2의2. 제17조의6제5항을 위반하여 한국119청소년단 또는 이와 유사한 명칭을 사용한 자
3. 삭제 <2020. 10. 20.>
3의2. 제21조제3항을 위반하여 소방자동차의 출동에 지장을 준 자
4. 제23조제1항을 위반하여 소방활동구역을 출입한 사람
5. 삭제 <2021. 6. 8.>
6. 제44조의3을 위반하여 한국소방안전원 또는 이와 유사한 명칭을 사용한 자
③ 제21조의2제2항을 위반하여 전용구역에 차를 주차하거나 전용구역에의 진입을 가로막는 등의 방해행위를 한 자에게는 100만원 이하의 과태료를 부과한다.

 정답 : 034. ④

④ 제1항부터 제3항까지에 따른 과태료는 대통령령으로 정하는 바에 따라 관할 시·도지사, 소방본부장 또는 소방서장이 부과·징수한다. <개정 2018. 2. 9., 2020. 10. 20.>

소방기본법 제57조(과태료) ① 제19조제2항에 따른 신고를 하지 아니하여 소방자동차를 출동하게 한 자에게는 20만원 이하의 과태료를 부과한다.
② 제1항에 따른 과태료는 조례로 정하는 바에 따라 관할 소방본부장 또는 소방서장이 부과·징수한다.

**035** 다음은 소방기본법령상 소방업무에 관한 종합계획 및 세부계획의 수립·시행에 관한 조문 중 일부이다. (　　)에 들어갈 내용으로 옳은 것은?

> ① 소방청장은 「소방기본법」(이하 "법"이라 한다) 제6조제1항에 따른 소방업무에 관한 종합계획을 관계 중앙행정기관의 장과의 협의를 거쳐 계획 시행 전년도 ( ㉮ )까지 수립해야 한다.
> ② 특별시장·광역시장·특별자치시장·도지사 또는 특별자치도지사(이하 "시·도지사"라 한다)는 법 제6조제4항에 따른 종합계획의 시행에 필요한 세부계획을 계획 시행 전년도 ( ㉯ )일까지 수립하여 ( ㉰ )에게 제출해야 한다.

|  | ㉮ | ㉯ | ㉰ |
|---|---|---|---|
| ① | 11월 30일 | 12월 30일 | 소방청장 |
| ② | 10월 31일 | 12월 31일 | 소방청장 |
| ③ | 12월 31일 | 10월 31일 | 행정안전부장관 |
| ④ | 10월 31일 | 12월 31일 | 관할 소방본부장 |

소방기본법 시행령 제1조의3(소방업무에 관한 종합계획 및 세부계획의 수립·시행)
① 소방청장은 법 제6조제1항에 따른 소방업무에 관한 종합계획을 관계 중앙행정기관의 장과의 협의를 거쳐 계획 시행 전년도 10월 31일까지 수립해야 한다.
② 법 제6조제2항제7호에서 "대통령령으로 정하는 사항"이란 다음 각 호의 사항을 말한다.
　1. 재난·재해 환경 변화에 따른 소방업무에 필요한 대응 체계 마련
　2. 장애인, 노인, 임산부, 영유아 및 어린이 등 이동이 어려운 사람을 대상으로 한 소방활동에 필요한 조치
③ 특별시장·광역시장·특별자치시장·도지사 또는 특별자치도지사(이하 "시·도지사"라 한다)는 법 제6조제4항에 따른 종합계획의 시행에 필요한 세부계획(이하 "세부계획"이라 한다)을 계획 시행 전년도 12월 31일까지 수립하여 소방청장에게 제출하여야 한다.

**036** 소방기본법령상 100만원 이하의 벌금에 해당하는 사항이 아닌 것은?

① 가스시설에 대한 긴급조치를 정당한 사유없이 방해한자
② 정당한 사유 없이 소방대의 생활안전활동을 방해한 자
③ 정당한 사유 없이 소방대가 현장에 도착할 때까지 사람을 구출하는 조치 또는 불을 끄거나 불이 번지지 아니하도록 하는 조치를 하지 아니한 사람
④ 정당한 사유 없이 소방본부장이나 소방서장의 예방조치명령에 따르지 아니하거나 이를 방해한 자

소방기본법 제54조(벌칙) 다음 각 호의 어느 하나에 해당하는 자는 100만원 이하의 벌금에 처한다.
1. 삭제 <2021. 11. 30.>
1의2. 제16조의3제2항을 위반하여 정당한 사유 없이 소방대의 생활안전활동을 방해한 자
2. 제20조제1항을 위반하여 정당한 사유 없이 소방대가 현장에 도착할 때까지 사람을 구출하

정답 : 035. ② 　 036. ④

는 조치 또는 불을 끄거나 불이 번지지 아니하도록 하는 조치를 하지 아니한 사람
3. 제26조제1항에 따른 피난 명령을 위반한 사람
4. 제27조제1항을 위반하여 정당한 사유 없이 물의 사용이나 수도의 개폐장치의 사용 또는 조작을 하지 못하게 하거나 방해한 자
5. 제27조제2항에 따른 조치(긴급조치)를 정당한 사유 없이 방해한 자

> 예방조치명령 방해한자 : 300만원이하의 벌금(화재예방법)

## 037  다음 중 소방안전교육사 시험의 응시자격이 없는 사람은?

① 소방공무원으로 3년 이상 근무한 경력이 있는 사람
② "초·중등교육법"에 따라 교원 자격을 취득한 사람
③ 소방시설관리사 자격을 취득한 사람
④ 2급 응급구조사 자격을 취득한 후 응급의료업무분야에 2년 이상 종사한 사람

---

1. 소방공무원으로서 다음 각 목의 어느 하나에 해당하는 사람
   가. 소방공무원으로 3년 이상 근무한 경력이 있는 사람
   나. 중앙소방학교 또는 지방소방학교에서 2주 이상의 소방안전교육사 관련 전문교육과정을 이수한 사람
2. 「초·중등교육법」 제21조에 따라 교원의 자격을 취득한 사람
3. 「유아교육법」 제22조에 따라 교원의 자격을 취득한 사람
4. 「영유아보육법」 제21조에 따라 어린이집의 원장 또는 보육교사의 자격을 취득한 사람(보육교사 자격을 취득한 사람은 보육교사 자격을 취득한 후 3년 이상의 보육업무 경력이 있는 사람만 해당한다)
5. 다음 각 목의 어느 하나에 해당하는 기관에서 교육학과, 응급구조학과, 의학과, 간호학과 또는 소방안전 관련 학과 등 소방청장이 고시하는 학과에 개설된 교과목 중 소방안전교육과 관련하여 소방청장이 정하여 고시하는 교과목을 총 6학점 이상 이수한 사람
   가. 「고등교육법」 제2조제1호부터 제6호까지의 규정의 어느 하나에 해당하는 학교
   나. 「학점인정 등에 관한 법률」 제3조에 따라 학습과정의 평가인정을 받은 교육훈련기관
6. 「국가기술자격법」 제2조제3호에 따른 국가기술자격의 직무분야 중 안전관리 분야(국가기술자격의 직무분야 및 국가기술자격의 종목 중 중직무분야의 안전관리를 말한다. 이하 같다)의 기술사 자격을 취득한 사람
7. 「소방시설 설치 및 관리에 관한 법률」 제25조에 따른 소방시설관리사 자격을 취득한 사람
8. 「국가기술자격법」 제2조제3호에 따른 국가기술자격의 직무분야 중 안전관리 분야의 기사 자격을 취득한 후 안전관리 분야에 1년 이상 종사한 사람
9. 「국가기술자격법」 제2조제3호에 따른 국가기술자격의 직무분야 중 안전관리 분야의 산업기사 자격을 취득한 후 안전관리 분야에 3년 이상 종사한 사람
10. 「의료법」 제7조에 따라 간호사 면허를 취득한 후 간호업무 분야에 1년 이상 종사한 사람
11. 「응급의료에 관한 법률」 제36조제2항에 따라 1급 응급구조사 자격을 취득한 후 응급의료 업무 분야에 1년 이상 종사한 사람
12. 「응급의료에 관한 법률」 제36조제3항에 따라 2급 응급구조사 자격을 취득한 후 응급의료 업무 분야에 3년 이상 종사한 사람
13. 「화재의 예방 및 안전관리에 관한 법률 시행령」 별표 4 제1호나목 각 호의 어느 하나에 해당하는 사람
14. 「화재의 예방 및 안전관리에 관한 법률 시행령」 별표 4 제2호나목 각 호의 어느 하나에 해당하는 자격을 갖춘 후 소방안전관리대상물의 소방안전관리에 관한 실무경력이 1년 이상 있는 사람

정답 : 037. ④

15. 「화재의 예방 및 안전관리에 관한 법률 시행령」 별표 4 제3호나목 각 호의 어느 하나에 해당하는 자격을 갖춘 후 소방안전관리대상물의 소방안전관리에 관한 실무경력이 3년 이상 있는 사람
16. 「의용소방대 설치 및 운영에 관한 법률」 제3조에 따라 의용소방대원으로 임명된 후 5년 이상 의용소방대 활동을 한 경력이 있는 사람
17. 「국가기술자격법」 제2조제3호에 따른 국가기술자격의 직무분야 중 위험물 중직무분야의 기능장 자격을 취득한 사람

**038** 다음은 소방기본법령상 소방안전교육사 시험의 시행 및 공고에 관한 조문이다. (    )에 들어갈 내용으로 옳은 것은?

> ① 소방안전교육사시험은 ( ㉠ )년마다 ( ㉡ )회 시행함을 원칙으로 하되, 소방청장이 필요하다고 인정하는 때에는 그 횟수를 증감할 수 있다.
> ② 소방청장은 소방안전교육사 시험을 시행하려는 때에는 응시자격·시험과목·일시·장소 및 응시절차 등에 관하여 필요한 사항을 모든 응시 희망자가 알 수 있도록 소방안전교육사 시험의 시행일 ( ㉢ )일 전까지 소방청의 인터넷 홈페이지 등에 공고해야 한다.

|   | ㉠ | ㉡ | ㉢ |   | ㉠ | ㉡ | ㉢ |
|---|---|---|---|---|---|---|---|
| ① | 1 | 2 | 30 | ② | 1 | 2 | 60 |
| ③ | 2 | 1 | 90 | ④ | 2 | 1 | 60 |

**039** 다음은 소방기본법령상 소방자동차 전용구역의 설치방법에 관한 내용이다. (    )에 들어갈 내용으로 옳은 것은?

> 1. 전용구역 노면표지의 외곽선은 빗금무늬로 표시하되, 빗금은 두께를 ( ㉠ )센티미터로 하여 ( ㉡ )센티미터 간격으로 표시한다.
> 2. 전용구역 노면표지 도료의 색채는 ( ㉢ )을 기본으로 하되, 문자(P, 소방차 전용)는 ( ㉣ )으로 표시한다.

|   | ㉠ | ㉡ | ㉢ | ㉣ |   | ㉠ | ㉡ | ㉢ | ㉣ |
|---|---|---|---|---|---|---|---|---|---|
| ① | 30 | 30 | 황색 | 백색 | ② | 30 | 50 | 황색 | 백색 |
| ③ | 20 | 30 | 백색 | 황색 | ④ | 30 | 50 | 백색 | 황색 |

**040** 소방기본법령상 소방활동구역에 출입가능한 대통령령으로 정하는 자에 해당하지 않는 사람은?

① 소방활동구역 안에 있는 소방대상물의 관계인
② 소방본부장 또는 소방서장이 소방활동을 위하여 출입을 허가한 사람
③ 의사·간호사 그 밖의 구조·구급업무에 종사하는 사람
④ 취재인력 등 보도업무에 종사하는 사람

정답 : 038. ③    039. ②    040. ②

 소방활동구역 출입자
1. 소방활동구역 안에 있는 소방대상물의 소유자·관리자 또는 점유자
2. 전기·가스·수도·통신·교통의 업무에 종사하는 사람으로서 원활한 소방활동을 위하여 필요한 사람
3. 의사·간호사 그 밖의 구조·구급업무에 종사하는 사람
4. 취재인력 등 보도업무에 종사하는 사람
5. 수사업무에 종사하는 사람
6. 그 밖에 소방대장이 소방활동을 위하여 출입을 허가한 사람

## 041 소방기본법령상 손실보상에 대한 다음 설명 중 옳은 것은?

① 소방기관 또는 소방대의 적법한 소방업무 또는 소방활동으로 인하여 발생한 손실을 보상받으려는 자는 대통령령으로 정하는 보상금 지급 청구서에 손실내용과 손실금액을 증명할 수 있는 서류를 첨부하여 소방청장 또는 시·도지사(이하 "소방청장 등"이라 한다)에게 제출해야 한다.
② 소방청장 등은 손실보상심의위원회의 심사·의결을 거쳐 특별한 사유가 없으면 보상금 지급 청구서를 받은 날부터 10일 이내에 보상금 지급 여부 및 보상금액을 결정해야 한다.
③ 소방청장 등은 손실보상에 따른 결정일부터 10일 이내에 행정안전부령으로 정하는 바에 따라 결정 내용을 청구인에게 통지하고, 보상금을 지급하기로 결정한 경우에는 특별한 사유가 없으면 통지한 날부터 30일 이내에 보상금을 지급해야 한다.
④ 보상금은 분할하여 지급함을 원칙으로 한다.

 소방기본법 시행령 제12조(손실보상의 지급절차 및 방법)
① 법 제49조의2제1항에 따라 소방기관 또는 소방대의 적법한 소방업무 또는 소방활동으로 인하여 발생한 손실을 보상받으려는 자는 행정안전부령으로 정하는 보상금 지급 청구서에 손실내용과 손실금액을 증명할 수 있는 서류를 첨부하여 소방청장 또는 시·도지사(이하 "소방청장등"이라 한다)에게 제출해야 한다. 이 경우 소방청장등은 손실보상금의 산정을 위하여 필요하면 손실보상을 청구한 자에게 증빙·보완 자료의 제출을 요구할 수 있다.
② 소방청장등은 제13조에 따른 손실보상심의위원회의 심사·의결을 거쳐 특별한 사유가 없으면 보상금 지급 청구서를 받은 날부터 60일 이내에 보상금 지급 여부 및 보상금액을 결정해야 한다.
③ 소방청장등은 다음 각 호의 어느 하나에 해당하는 경우에는 그 청구를 각하(却下)하는 결정을 해야 한다.
 1. 청구인이 같은 청구 원인으로 보상금 청구를 하여 보상금 지급 여부 결정을 받은 경우. 다만, 기각 결정을 받은 청구인이 손실을 증명할 수 있는 새로운 증거가 발견되었음을 소명(疎明)하는 경우는 제외한다.
 2. 손실보상 청구가 요건과 절차를 갖추지 못한 경우. 다만, 그 잘못된 부분을 시정할 수 있는 경우는 제외한다.
④ 소방청장등은 제2항 또는 제3항에 따른 결정일부터 10일 이내에 행정안전부령으로 정하는 바에 따라 결정 내용을 청구인에게 통지하고, 보상금을 지급하기로 결정한 경우에는 특별한 사유가 없으면 통지한 날부터 30일 이내에 보상금을 지급해야 한다.
⑤ 소방청장등은 보상금을 지급받을 자가 지정하는 예금계좌(「우체국예금·보험에 관한 법률」에 따른 체신관서 또는 「은행법」에 따른 은행의 계좌를 말한다)에 입금하는 방법으로 보상금을 지급한다. 다만, 보상금을 지급받을 자가 체신관서 또는 은행이 없는 지역에 거주하는 등 부득이한 사유가 있는 경우에는 그 보상금을 지급받을 자의 신청에 따라 현금으로 지급할 수 있다.

 정답 : 041. ③

⑥ 보상금은 일시불로 지급하되, 예산 부족 등의 사유로 일시불로 지급할 수 없는 특별한 사정이 있는 경우에는 청구인의 동의를 받아 분할하여 지급할 수 있다.
⑦ 제1항부터 제6항까지에서 규정한 사항 외에 보상금의 청구 및 지급에 필요한 사항은 소방청장이 정한다.

**042** 소방기본법령상 화재 또는 구조·구급이 필요한 상황을 거짓으로 알린 경우 1회에 부과되는 과태료는?

① 100만원  ② 200만원
③ 300만원  ④ 500만원

 과태료 부과 개별기준

| 위반행위 | 근거 법조문 | 과태료 금액(만원) | | |
|---|---|---|---|---|
| | | 1회 | 2회 | 3회 이상 |
| 가. 법 제17조의6제5항을 위반하여 한국119청소년단 또는 이와 유사한 명칭을 사용한 경우 | 법 제56조제2항 제2호의2 | 100 | 150 | 200 |
| 나. 법 제19조제1항을 위반하여 화재 또는 구조·구급이 필요한 상황을 거짓으로 알린 경우 | 법 제56조 제1항제1호 | 200 | 400 | 500 |
| 다. 정당한 사유 없이 법 제20조제2항을 위반하여 화재, 재난·재해, 그 밖의 위급한 상황을 소방본부, 소방서 또는 관계 행정기관에 알리지 않은 경우 | 법 제56조 제1항제2호 | 500 | | |
| 라. 법 제21조제3항을 위반하여 소방자동차의 출동에 지장을 준 경우 | 법 제56조제2항 제3호의2 | 100 | | |
| 마. 법 제21조의2제2항을 위반하여 전용구역에 차를 주차하거나 전용구역에의 진입을 가로막는 등의 방해행위를 한 경우 | 법 제56조 제3항 | 50 | 100 | 100 |
| 바. 법 제23조제1항을 위반하여 소방활동구역을 출입한 경우 | 법 제56조 제2항제4호 | 100 | | |
| 사. 법 제44조의3을 위반하여 한국소방안전원 또는 이와 유사한 명칭을 사용한 경우 | 법 제56조 제2항제6호 | 200 | | |

**043** 소방기본법령상 종합상황실의 실장의 업무사항이 아닌 것은?

① 화재, 재난·재해 그 밖에 구조·구급이 필요한 상황(이하 "재난상황"이라 한다) 발생의 신고접수
② 접수된 재난상황을 검토하여 관할 시·도 모든 소방서에 인력 및 장비의 동원을 요청하는 등의 사고수습
③ 하급소방기관에 대한 출동지령 또는 동급 이상의 소방기관 및 유관기관에 대한 지원요청
④ 재난상황의 전파 및 보고

 정답 : 042. ②　　043. ②

 소방기본법 시행규칙 제3조(종합상황실의 실장의 업무 등)의 제1항
① 종합상황실의 실장[종합상황실에 근무하는 자 중 최고직위에 있는 자(최고직위에 있는 자가 2인 이상인 경우에는 선임자)를 말한다. 이하 같다]는 다음 각 호의 업무를 행하고, 그에 관한 내용을 기록·관리해야 한다.
1. 화재, 재난·재해 그 밖에 구조·구급이 필요한 상황(이하 "재난상황"이라 한다)의 발생의 신고접수
2. 접수된 재난상황을 검토하여 가까운 소방서에 인력 및 장비의 동원을 요청하는 등의 사고수습
3. 하급소방기관에 대한 출동지령 또는 동급 이상의 소방기관 및 유관기관에 대한 지원요청
4. 재난상황의 전파 및 보고
5. 재난상황이 발생한 현장에 대한 지휘 및 피해현황의 파악
6. 재난상황의 수습에 필요한 정보수집 및 제공

## 044
종합상황실의 실장은 보고상황이 발생하는 때에는 그 사실을 지체 없이 서면·팩스 또는 컴퓨터통신 등으로 소방서의 종합상황실의 경우는 소방본부의 종합상황실에, 소방본부의 종합상황실의 경우는 소방청의 종합상황실에 각각 보고해야 한다. 이에 따른 상부 종합상황실 보고사항에 해당하지 않는 것은?

① 사망자가 5인 이상 발생하거나 사상자가 10인 이상 발생한 화재
② 이재민이 100인 이상 발생한 화재
③ 재산피해액이 10억 원 이상 발생한 화재
④ 관공서·학교·정부미도정공장·문화유산·지하철 또는 지하구의 화재

 상부 종합상황실 보고사항
1. 다음 각 목의 1에 해당하는 화재
  가. 사망자가 5인 이상 발생하거나 사상자가 10인 이상 발생한 화재
  나. 이재민이 100인 이상 발생한 화재
  다. 재산피해액이 50억 원 이상 발생한 화재
  라. 관공서·학교·정부미도정공장·문화유산·지하철 또는 지하구의 화재
  마. 관광호텔, 층수(「건축법 시행령」 제119조제1항제9호의 규정에 의하여 산정한 층수를 말한다. 이하 이 목에서 같다)가 11층 이상인 건축물, 지하상가, 시장, 백화점, 「위험물안전관리법」 제2조제2항의 규정에 의한 지정수량의 3천배 이상의 위험물의 제조소·저장소·취급소, 층수가 5층 이상이거나 객실이 30실 이상인 숙박시설, 층수가 5층 이상이거나 병상이 30개 이상인 종합병원·정신병원·한방병원·요양소, 연면적 1만5천제곱미터 이상인 공장 또는 화재예방법 제18조제1항 각 목에 따른 화재경계지구에서 발생한 화재
  바. 철도차량, 항구에 매어둔 총 톤수가 1천톤 이상인 선박, 항공기, 발전소 또는 변전소에서 발생한 화재
  사. 가스 및 화약류의 폭발에 의한 화재
  아. 「다중이용업소의 안전관리에 관한 특별법」 제2조에 따른 다중이용업소의 화재
2. 「긴급구조대응활동 및 현장지휘에 관한 규칙」에 의한 통제단장의 현장지휘가 필요한 재난상황
3. 언론에 보도된 재난상황
4. 그 밖에 소방청장이 정하는 재난상황

 정답 : 044. ③

## 045 소방박물관 설립에 대한 다음 설명 중 옳지 않은 것은?

① 소방청장은 법 제5조제2항의 규정에 의하여 소방박물관을 설립·운영하는 경우에는 소방박물관에 소방박물관장 1인과 부관장 1인을 두되, 소방박물관장은 소방공무원 중에서 소방청장이 임명한다.
② 소방박물관은 국내·외의 소방의 역사, 소방공무원의 복장 및 소방장비 등의 변천 및 발전에 관한 자료를 수집·보관 및 전시한다.
③ 소방박물관에는 그 운영에 관한 중요한 사항을 심의하기 위하여 7인 이내의 위원으로 구성된 운영위원회를 둔다.
④ 소방박물관의 관광업무·조직·운영위원회의 구성 등에 관하여 필요한 사항은 행정안전부령으로 정한다.

④ 소방청장이 정한다.

## 046 다음 중 소방체험관이 수행하는 기능이 아닌 것은?

① 재난 및 안전사고 유형에 따른 예방, 대처, 대응 등에 관한 체험교육(이하 "체험교육"이라 한다)의 제공
② 체험교육 프로그램의 개발 및 국민 안전의식 향상을 위한 홍보·전시
③ 체험교육 인력의 양성 및 유관기관·단체 등과의 협력
④ 그 밖에 체험교육을 위하여 소방본부장 또는 소방서장이 필요하다고 인정하는 사업의 수행

행정안전부령내용[그 밖에 시·도지사가 필요하다고 인정하는 사업의 수행]

## 047 다음 중 소방장비 등의 국고보조에 대한 설명으로 옳지 않은 것은?

① 국고보조산정을 위한 기준가격 중 국내조달품은 정부고시가격으로 한다.
② 국고보조산정을 위한 기준가격 중 수입물품은 조달청에서 조사한 해외시장의 시가로 한다.
③ 소방관서용 청사의 건축은 국고보조 대상사업의 범위에 해당한다.
④ 정부고시가격 또는 조달청에서 조사한 해외시장의 시가가 없는 물품은 소요비용의 2분의 1 이상을 국고보조한다.

소방장비 등에 대한 국고보조
1) 국가는 소방장비의 구입 등 시·도의 소방업무에 필요한 경비의 일부를 보조한다.
2) 보조 대상사업의 범위와 기준보조율은 대통령령으로 정한다.
3) 국고보조 대상사업의 범위
    1. 다음 각 목의 소방활동장비와 설비의 구입 및 설치
        가. 소방자동차
        나. 소방헬리콥터 및 소방정

정답 : 045. ④    046. ④    047. ④

다. 소방전용통신설비 및 전산설비
라. 그 밖에 방화복 등 소방활동에 필요한 소방장비
2. 소방관서용 청사의 건축(「건축법」 제2조제1항제8호에 따른 건축을 말한다)
4) 국고보조 소방활동장비 및 설비의 종류와 규격은 행정안전부령으로 정한다.

시행규칙 제5조(소방활동장비 및 설비의 규격 및 종류와 기준가격)
① 영 제2조제2항의 규정에 의한 국고보조의 대상이 되는 소방활동장비 및 설비의 종류 및 규격은 별표 1의2와 같다.
② 영 제2조제2항의 규정에 의한 국고보조산정을 위한 기준가격은 다음 각 호와 같다.
1. 국내조달품 : 정부고시가격
2. 수입물품 : 조달청에서 조사한 해외시장의 시가
3. 정부고시가격 또는 조달청에서 조사한 해외시장의 시가가 없는 물품 : 2 이상의 공신력 있는 물가조사기관에서 조사한 가격의 평균가격

## 048 소방기본법령상 원활한 소방활동을 위하여 소방본부장 또는 소방서장이 월 1회 실시하는 지리조사에 해당하지 않는 것은?

① 소방대상물에 인접한 소방용수시설에 대한 조사
② 소방대상물에 인접한 도로의 폭 조사
③ 소방대상물에 인접한 교통상황 조사
④ 소방대상물에 인접한 도로주변의 토지의 고저 조사

소방기본법 시행규칙 제7조(소방용수시설 및 지리조사)
① 소방본부장 또는 소방서장은 원활한 소방활동을 위하여 다음 각호의 조사를 월 1회 이상 실시하여야 한다.
 1. 법 제10조의 규정에 의하여 설치된 소방용수시설에 대한 조사
 2. 소방대상물에 인접한 도로의 폭·교통상황, 도로주변의 토지의 고저·건축물의 개황 그 밖의 소방활동에 필요한 지리에 대한 조사
② 제1항의 조사결과는 전자적 처리가 불가능한 특별한 사유가 없으면 전자적 처리가 가능한 방법으로 작성·관리하여야 한다.
③ 제1항제1호의 조사는 별지 제2호서식에 의하고, 제1항제2호의 조사는 별지 제3호서식에 의하되, 그 조사결과를 2년간 보관하여야 한다.

## 049 소방기본법령상 소방업무의 응원에 대한 설명으로 옳지 않은 것은?

① 소방본부장이나 소방서장은 소방활동을 할 때에 긴급한 경우에는 이웃한 소방본부장 또는 소방서장에게 소방업무의 응원(應援)을 요청할 수 있다.
② 소방업무의 응원 요청을 받은 소방본부장 또는 소방서장은 정당한 사유 없이 그 요청을 거절하여서는 아니 된다.
③ 소방업무의 응원을 위하여 파견된 소방대원은 응원을 요청받은 소방본부장 또는 소방서장의 지휘에 따라야 한다.
④ 시·도지사는 제1항에 따라 소방업무의 응원을 요청하는 경우를 대비하여 출동 대상지역 및 규모와 필요한 경비의 부담 등에 관하여 필요한 사항을 행정안전부령으로 정하는 바에 따라 이웃하는 시·도지사와 협의하여 미리 규약(規約)으로 정해야 한다.

정답 : 048. ①    049. ③

소방업무의 응원(소방기본법 제11조)
1) 소방본부장이나 소방서장은 소방활동을 할 때에 긴급한 경우에는 이웃한 소방본부장 또는 소방서장에게 소방업무의 응원(應援)을 요청할 수 있다.
2) 제1항에 따라 소방업무의 응원 요청을 받은 소방본부장 또는 소방서장은 정당한 사유 없이 그 요청을 거절하여서는 아니된다.
3) 제1항에 따라 소방업무의 응원을 위하여 파견된 소방대원은 응원을 요청한 소방본부장 또는 소방서장의 지휘에 따라야 한다.
4) 시·도지사는 제1항에 따라 소방업무의 응원을 요청하는 경우를 대비하여 출동 대상지역 및 규모와 필요한 경비의 부담 등에 관하여 필요한 사항을 행정안전부령으로 정하는 바에 따라 이웃하는 시·도지사와 협의하여 미리 규약(規約)으로 정해야 한다.
5) 시·도지사들 간의 상호응원협정사항 (소방기본법 시행규칙 제8조)
   1. 다음 각 목의 소방활동에 관한 사항
     가. 화재의 경계·진압활동
     나. 구조·구급업무의 지원
     다. 화재조사활동
   2. 응원출동대상지역 및 규모
   3. 다음 각 목의 소요경비의 부담에 관한 사항
     가. 출동대원의 수당·식사 및 피복의 수선
     나. 소방장비 및 기구의 정비와 연료의 보급
     다. 그 밖의 경비
   4. 응원출동의 요청방법
   5. 응원출동훈련 및 평가

## 050 소방력의 동원요청은 누가 누구에게 하는가?

① 소방청장이 소방본부장에게　　② 행정안전부장관이 소방청장에게
③ 소방청장이 시·도지사에게　　④ 소방본부장이 타 소방본부장에게

시행규칙 제8조의2(소방력의 동원 요청)
① 소방청장은 법 제11조의2제1항에 따라 각 시·도지사에게 소방력 동원을 요청하는 경우 동원요청 사실과 다음 각 호의 사항을 팩스 또는 전화 등의 방법으로 통지해야 한다. 다만, 긴급을 요하는 경우에는 시·도 소방본부 또는 소방서의 종합상황실장에게 직접 요청할 수 있다.
1. 동원을 요청하는 인력 및 장비의 규모
2. 소방력 이송 수단 및 집결장소
3. 소방활동을 수행하게 될 재난의 규모, 원인 등 소방활동에 필요한 정보
② 제1항에서 규정한 사항 외에 그 밖의 시·도 소방력 동원에 필요한 사항은 소방청장이 정한다.

## 051 소방기본법령상 국고보조의 대상이 되는 소방활동장비 및 설비의 종류와 규격 중 소방자동차의 종류에 해당하지 않는 것은?

① 펌프차 대형 240마력 이상
② 화학소방차 중 비활성가스를 이용한 소방차
③ 사다리소방차 중 고가(사다리 길이가 20m 이상인 것에 한한다)사다리차
④ 구조차 대형 240마력 이상

정답 : 050. ③

국고보조 소방활동장비

| 종류 | | | 규격 | 종류 | | 규격 |
|---|---|---|---|---|---|---|
| 소방자동차 | 펌프차 | 대형 | 240마력 이상 | 소방자동차 | 조명차 중형 | 170마력 |
| | | 중형 | 170마력 이상 240마력 미만 | | 배연차 중형 | 170마력 이상 |
| | | 소형 | 120마력 이상 170마력 미만 | | 구조차 대형 | 240마력 이상 |
| | 물탱크 소방차 | 대형 | 240마력 이상 | | 구조차 중형 | 170마력 이상 240마력 미만 |
| | | 중형 | 170마력 이상 240마력 미만 | | 구급차 특수 | 90마력 이상 |
| | 비활성 가스를 이용한 소방차 | | | | 구급차 일반 | 85마력 이상 90마력 미만 |
| | 화학 소방차 | 고성능 | 340마력 이상 | 소방정 | 소방정 | 100톤 이상급, 50톤급 |
| | | 내폭 | 340마력 이상 | | 구조정 | 30톤급 |
| | 사다리 소방차 | 일반 대형 | 240마력 이상 | 소방헬리콥터 | | 5~17인승 |
| | | 일반 중형 | 170마력 이상 240마력 미만 | | | |
| | | 고가(사다리의 길이가 33m 이상인 것에 한한다) | 330마력 이상 | | | |
| | | 굴절 27m 이상급 | 330마력 이상 | | | |
| | | 굴절 18m 이상 27m 미만급 | 240마력 이상 | | | |

## 052 다음은 소방기본법 시행규칙 [별표2] 소방용수표지에 관한 내용 중 일부이다. (    )에 들어갈 내용으로 옳은 것은?

> 1. 지하에 설치하는 소화전 또는 저수조의 경우 소방용수표지는 다음 각 목의 기준에 의한다.
>    가. 맨홀뚜껑은 지름 (  ㉠  )밀리미터 이상의 것으로 할 것. 다만, 승하강식 소화전의 경우에는 이를 적용하지 아니한다.
>    나. 맨홀뚜껑에는 "소화전·주정차금지" 또는 "저수조·주정차금지"의 표시를 할 것
>    다. 맨홀뚜껑 부근에는 (  ㉡  )반사도료로 폭 (  ㉢  )센티미터의 선을 그 둘레를 따라 칠할 것

|   | ㉠ | ㉡ | ㉢ |   | ㉠ | ㉡ | ㉢ |
|---|---|---|---|---|---|---|---|
| ① | 628 | 황색 | 10 | ② | 648 | 황색 | 10 |
| ③ | 648 | 황색 | 15 | ④ | 658 | 황색 | 15 |

 정답 : 051. ③   052. ③

■ 소방기본법 시행규칙 [별표 2]

### 소방용수표지(제6조제1항 관련)

1. 지하에 설치하는 소화전 또는 저수조의 경우 소방용수표지는 다음 각 목의 기준에 따라 설치한다.
    가. 맨홀 뚜껑은 지름 648밀리미터 이상의 것으로 할 것. 다만, 승하강식 소화전의 경우에는 이를 적용하지 않는다.
    나. 맨홀 뚜껑에는 "소화전·주정차금지" 또는 "저수조·주정차금지"의 표시를 할 것
    다. 맨홀뚜껑 부근에는 노란색 반사도료로 폭 15센티미터의 선을 그 둘레를 따라 칠할 것
2. 지상에 설치하는 소화전, 저수조 및 급수탑의 경우 소방용수표지는 다음 각 목의 기준에 따라 설치한다.
    가. 규격

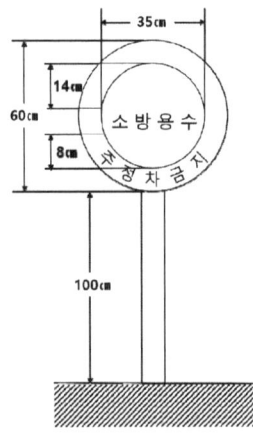

    나. 안쪽 문자는 흰색, 바깥쪽 문자는 노란색으로, 안쪽 바탕은 붉은색, 바깥쪽 바탕은 파란색으로 하고, 반사재료를 사용해야 한다.
    다. 가목의 규격에 따른 소방용수표지를 세우는 것이 매우 어렵거나 부적당한 경우에는 그 규격 등을 다르게 할 수 있다.

## 053 소방업무의 상호응원협정 중 소방활동에 관한 사항이 아닌 것은?

① 화재조사활동  
② 구조·구급업무의 지원  
③ 화재의 경계·진압활동  
④ 피복의 수선  

 49번 문제 해설 참조

## 054 소방기본법령상 소방대원에게 실시할 교육·훈련의 종류 중 현장지휘훈련을 받아야 할 대상자가 아닌 것은?

① 소방위  
② 소방경  
③ 소방정  
④ 소방준감  

 정답 : 053. ④    054. ④

| 종류 | 교육·훈련을 받아야 할 대상자 |
|---|---|
| 가. 화재진압 훈련 | 1) 화재진압업무를 담당하는 소방공무원<br>2) 「의무소방대설치법 시행령」 제20조제1항제1호에 따른 임무를 수행하는 의무소방원<br>3) 「의용소방대 설치 및 운영에 관한 법률」 제3조에 따라 임명된 의용소방대원 |
| 나. 인명구조 훈련 | 1) 구조업무를 담당하는 소방공무원<br>2) 「의무소방대설치법 시행령」 제20조제1항제1호에 따른 임무를 수행하는 의무소방원<br>3) 「의용소방대 설치 및 운영에 관한 법률」 제3조에 따라 임명된 의용소방대원 |
| 다. 응급처치 훈련 | 1) 구급업무를 담당하는 소방공무원<br>2) 「의무소방대설치법」 제3조에 따라 임용된 의무소방원<br>3) 「의용소방대 설치 및 운영에 관한 법률」 제3조에 따라 임명된 의용소방대원 |
| 라. 인명대피 훈련 | 1) 소방공무원<br>2) 「의무소방대설치법」 제3조에 따라 임용된 의무소방원<br>3) 「의용소방대 설치 및 운영에 관한 법률」 제3조에 따라 임명된 의용소방대원 |
| 마. 현장지휘 훈련 | 소방공무원 중 다음의 계급에 있는 사람<br>1) 소방정   2) 소방령   3) 소방경   4) 소방위 |

**055** 사람을 구출하거나 불이 번지는 것을 막기 위하여 필요할 때에는 화재가 발생하거나 불이 번질 우려가 있는 소방대상물 및 토지를 일시적으로 사용하거나 그 사용의 제한 또는 소방활동에 필요한 처분을 할 수 있는데, 다음 중 그 처분권자에 해당하지 않는 것은?

① 소방본부장
② 소방서장
③ 소방대장
④ 시·도지사

강제처분 등
1) 소방본부장, 소방서장 또는 소방대장은 사람을 구출하거나 불이 번지는 것을 막기 위하여 필요할 때에는 화재가 발생하거나 불이 번질 우려가 있는 소방대상물 및 토지를 일시적으로 사용하거나 그 사용의 제한 또는 소방활동에 필요한 처분을 할 수 있다. : 3년 이하의 징역 또는 3,000만 원 이하의 벌금
2) 소방대상물 또는 토지 외의 소방대상물과 토지에 대하여 제1항에 따른 처분을 할 수 있다. : 300만 원 이하의 벌금
3) 소방자동차의 통행과 소방활동에 방해가 되는 주차 또는 정차된 차량 및 물건 등을 제거하거나 이동시킬 수 있다. : 300만 원 이하의 벌금

정답 : 055. ④

056  다음 중 소방본부장, 소방서장 또는 소방대장의 권한 사항이 아닌 것은?(단서규정 제외)
① 화재의 예방상 위험하다고 인정되는 행위를 하는 사람에 대한 화재의 예방조치 명령
② 소방활동에 필요한 소화전(消火栓)·급수탑(給水塔)·저수조(貯水槽)의 설치·유지 및 관리
③ 소방활동에 있어서 긴급한 때 이웃한 소방본부장에게 소방업무의 응원 요청
④ 화재, 재난·재해 그 밖의 위급한 상황이 발생한 현장에 소방활동구역의 설정

② 시·도지사는 소방활동에 필요한 소화전(消火栓)·급수탑(給水塔)·저수조(貯水槽)(이하 "소방용수시설"이라 한다)를 설치하고 유지·관리해야 한다. 다만, 「수도법」제45조에 따라 소화전을 설치하는 일반수도사업자는 관할 소방서장과 사전협의를 거친 후 소화전을 설치해야 하며, 설치 사실을 관할 소방서장에게 통지하고, 그 소화전을 유지·관리해야 한다.

057  다음 중 과태료 부과대상이 아닌 것은?
① 화재예방강화지구 안의 소방대상물에 대한 화재안전조사를 거부·방해 또는 기피한 자
② 불을 사용할 때 지켜야 하는 사항 및 특수가연물의 저장 및 취급 기준을 위반한 자
③ 소방자동차에 진로를 양보하지 아니하여 소방자동차의 출동에 지장을 준 자
④ 소방차전용구역에 차를 주차하거나 전용구역에의 진입을 가로막는 등의 방해행위를 한 자

① : 300만 원 이하의 벌금(화재예방법)   ② : 200만 원 이하 과태료(화재예방법)
③ : 200만 원 이하 과태료 (소방기본법)   ④ : 100만 원 이하 과태료 (소방기본법)

058  소방기본법령상 소방자동차 전용구역 방해행위 기준에 해당되지 않은 것은?
① 전용구역에 물건 등을 쌓거나 주차하는 행위
② 「주차장법」제19조에 따른 부설주차장의 주차구획 내에 주차하는 행위
③ 전용구역 진입로에 물건 등을 쌓거나 주차하여 전용구역으로의 진입을 가로막는 행위
④ 전용구역 노면표지를 지우거나 훼손하는 행위

소방기본법 시행령 제7조의14(전용구역 방해행위의 기준)
법 제21조의2제2항에 따른 방해행위의 기준은 다음 각 호와 같다.
1. 전용구역에 물건 등을 쌓거나 주차하는 행위
2. 전용구역의 앞면, 뒷면 또는 양측면에 물건 등을 쌓거나 주차하는 행위. 다만, 「주차장법」제19조에 따른 부설주차장의 주차구획 내에 주차하는 경우는 제외한다.
3. 전용구역 진입로에 물건 등을 쌓거나 주차하여 전용구역으로의 진입을 가로막는 행위
4. 전용구역 노면표지를 지우거나 훼손하는 행위
5. 그 밖의 방법으로 소방자동차가 전용구역에 주차하는 것을 방해하거나 전용구역으로 진입하는 것을 방해하는 행위

정답 : 056. ②   057. ①   058. ②

**059** 소방기본법령상 소방청장 또는 시·도지사가 손실보상 심의위원회의 심사·의결에 따라 정당한 손실보상을 해야 하는 대상으로 옳지 않은 것은?

① 생활안전활동에 따른 조치로 인하여 손실을 입은 자
② 화재가 확대되는 것을 막기 위하여 가스·전기 또는 유류 등의 시설에 대하여 위험물질의 공급을 차단하는 등의 조치로 인하여 손실을 입은 자
③ 소방활동 종사명령으로 인하여 사망하거나 부상을 입은 자
④ 소방활동에 방해가 되는 불법 주차 차량을 제거하거나 이동시키는 처분으로 인하여 손실을 입은 자

 소방활동에 방해가 되는 불법 주차 차량을 제거하거나 이동시키는 처분으로 인하여 손실을 입은 자는 손실보상을 받을 수 없다.

**060** 소방체험관 설립 시 소방안전체험실로 사용되는 부분의 바닥면적 합계는 몇 제곱미터 이상이 되어야 하는가?

① 600  ② 900  ③ 1,000  ④ 2,000

1. 설립 입지 및 규모 기준
   가. 소방체험관은 도로 등 교통시설을 갖추고, 재해 및 재난 위험요소가 없는 등 국민의 접근성과 안전성이 확보된 지역에 설립되어야 한다.
   나. 소방체험관 중 제2호의 소방안전 체험실로 사용되는 부분의 바닥면적의 합이 900제곱미터 이상이 되어야 한다.
2. 소방체험관의 시설 기준
   가. 소방체험관에는 다음 표에 따른 체험실을 모두 갖추어야 한다. 이 경우 체험실별 바닥면적은 100제곱미터 이상이어야 한다.

**061** 소방장비 등에 대한 국고보조 대상사업의 범위와 기준보조율은 무엇으로 정하는가?

① 행정안전부령  ② 대통령령
③ 시·도의 조례  ④ 국토교통부령

**062** 다음 중 소방박물관 등의 설립과 운영에 대한 설명으로 옳은 것은?

① 소방박물관의 설립과 운영에 필요한 사항은 대통령령으로 정한다.
② 소방체험관의 설립과 운영에 필요한 사항은 행정안전부령에 따른다.
③ 소방청장은 소방박물관을, 시·도지사는 소방체험관을 설립하여 운영할 수 있다.
④ 소방박물관의 관광업무·조직·운영위원회의 구성 등에 관하여 필요한 사항은 시·도지사가 정한다.

 소방박물관 및 소방체험관
1) 소방박물관 설립운영권자 : 소방청장
2) 소방체험관 설립운영권자 : 시·도지사
3) 소방박물관 설립운영에 관하여 필요한 사항 : 행정안전부령

 정답 : 059. ④   060. ②   061. ②   062. ③

4) 소방체험관 설립운영에 관하여 필요한 사항 : 행정안전부령에 따라 시·도의 조례로 정한다.
5) 소방청장은 법 제5조제2항의 규정에 의하여 소방박물관을 설립·운영하는 경우에는 소방박물관에 소방박물관장 1인과 부관장 1인을 두되, 소방박물관장은 소방공무원 중에서 소방청장이 임명한다.
6) 소방박물관에는 그 운영에 관한 중요한 사항을 심의하기 위하여 7인 이내의 위원으로 구성된 운영위원회를 둔다.

## 063 다음 소방기본법에서 정하는 벌칙 중 그 성격이 다른 하나는?

① 화재 또는 구조·구급에 필요한 사항을 거짓으로 알린 사람
② 출동한 소방대원에게 폭행 또는 협박을 행사하여 화재진압·인명구조 또는 구급활동을 방해하는 행위
③ 사람을 구출하는 일 또는 불을 끄거나 불이 번지지 아니하도록 하는 일을 방해한 사람
④ 소방대가 화재진압·인명구조 또는 구급활동을 위하여 현장에 출동하거나 현장에 출입하는 것을 고의로 방해하는 행위가 정한다.

① : 500만 원 이하 과태료

### 벌칙

1) 5년 이하의 징역 또는 5,000만 원 이하의 벌금
   ① 소방활동 방해
      가. 위력(威力)을 사용하여 출동한 소방대의 화재진압·인명구조 또는 구급활동을 방해하는 행위
      나. 소방대가 화재진압·인명구조 또는 구급활동을 위하여 현장에 출동하거나 현장에 출입하는 것을 고의로 방해하는 행위
      다. 출동한 소방대원에게 폭행 또는 협박을 행사하여 화재진압·인명구조 또는 구급활동을 방해하는 행위
      라. 출동한 소방대의 소방장비를 파손하거나 그 효용을 해하여 화재진압·인명구조 또는 구급활동을 방해하는 행위
   ② 소방자동차의 출동을 방해한 사람
   ③ 사람을 구출하는 일 또는 불을 끄거나 불이 번지지 아니하도록 하는 일을 방해한 사람
   ④ 정당한 사유 없이 소방용수시설 또는 비상소화장치를 사용하거나 소방용수시설 또는 비상소화장치의 효용을 해치거나 그 정당한 사용을 방해한 사람
2) 3년 이하의 징역 또는 3,000만 원 이하의 벌금 : 강제처분방해
3) 300만 원 이하의 벌금 : 외의 대상물 강제처분방해, 주차된 차량 강제처분방해
4) 100만 원 이하의 벌금
   ① 정당한 사유 없이 소방대의 생활안전활동을 방해한 자
   ② 정당한 사유 없이 소방대가 현장에 도착할 때까지 사람을 구출하는 조치 또는 불을 끄거나 불이 번지지 아니하도록 하는 조치를 하지 아니한 사람(관계인)
   ③ 피난 명령을 위반한 사람
   ⑤ 긴급조치 : 정당한 사유 없이 물의 사용이나 수도의 개폐장치의 사용 또는 조작을 하지 못하게 하거나 방해한 자
   ⑥ 긴급조치 : 가스차단 등의 조치를 정당한 사유 없이 방해한 자
5) 500만 원 이하의 과태료
   ① 제19조제1항을 위반하여 화재 또는 구조·구급이 필요한 상황을 거짓으로 알린 사람

 정답 : 063. ①

② 정당한 사유 없이 제20조제2항을 위반하여 화재, 재난·재해, 그 밖의 위급한 상황을 소방본부, 소방서 또는 관계 행정기관에 알리지 아니한 관계인

6) 200만 원 이하의 과태료
① 제17조의6 제5항을 위반하여 한국 119청소년단 또는 이와 유사한 명칭을 사용한 경우
② 제21조제3항을 위반하여 소방자동차의 출동에 지장을 준 자
③ 제23조제1항을 위반하여 소방활동구역을 출입한 사람[100만 원]
④ 제44조의3을 위반하여 한국소방안전원 또는 이와 유사한 명칭을 사용한 자

7) 100만 원 이하의 과태료 : 전용구역에 차를 주차하거나 전용구역에의 진입을 가로막는 등의 방해행위를 한 자에게는 100만원 이하의 과태료를 부과한다.[100만원까지는 시도지사, 본부장, 서장이 부과징수]

8) 20만 원 이하의 과태료 : 제19조제2항에 따른 신고를 하지 아니하여 소방자동차를 출동하게 한 자에게는 20만 원 이하의 과태료를 부과한다.(관할본부장 또는 서장이 부과징수)

## 064 다음 중 한국소방안전원의 업무에 해당하는 것은?

① 소방기술 및 소방산업의 국제 협력을 위한 조사·연구
② 화재 예방과 안전관리의식 고취를 위한 대국민 홍보
③ 소방기술 및 소방산업의 국외시장 개척
④ 소방기술 및 소방산업에 관한 국제 전시회, 국제 학술회의 개최 등 국제 교류

소방기본법 제41조(안전원의 업무)
1. 소방기술과 안전관리에 관한 교육 및 조사·연구
2. 소방기술과 안전관리에 관한 각종 간행물 발간
3. 화재 예방과 안전관리의식 고취를 위한 대국민 홍보
4. 소방업무에 관하여 행정기관이 위탁하는 업무
5. 소방안전에 관한 국제협력
6. 그 밖에 회원에 대한 기술지원 등 정관으로 정하는 사항

## 065 다음은 소방기본법령상 소방업무에 관한 종합계획의 수립·시행 등에 관한 조문 중 일부이다. ( )에 들어갈 내용으로 옳은 것은?

- ( ㄱ )은(는) 관할 지역의 특성을 고려하여 종합계획의 시행에 필요한 세부계획을 매년 수립하여 소방청장에게 제출하여야 하며, 세부계획에 따른 소방업무를 성실히 수행하여야 한다.
- ( ㄱ )은(는) 법 제6조제4항에 따른 종합계획의 시행에 필요한 세부계획을 계획 시행 전년도 ( ㄴ )까지 수립하여 ( ㄷ )에게 제출하여야 한다.

|   | ㄱ | ㄴ | ㄷ |
|---|---|---|---|
| ① | 소방청장 | 12월 31일 | 행정안전부장관 |
| ② | 시·도지사 | 10월 31일 | 소방청장 |
| ③ | 시·도지사 | 12월 31일 | 소방본부장 또는 소방서장 |
| ④ | 시·도지사 | 12월 31일 | 소방청장 |

정답 : 064. ② 065. ④

## 066 소방안전교육사 시험의 1차 시험의 과목이 아닌 것은?

① 소방학개론  ② 구급, 응급처치론
③ 재난관리론  ④ 국민안전교육 실무

1. 제1차 시험 : 소방학개론, 구급·응급처치론, 재난관리론 및 교육학개론 중 응시자가 선택하는 3과목
2. 제2차 시험 : 국민안전교육 실무
   과목별 출제범위는 행정안전부령으로 정한다.

## 067 다음 중 과태료에 대한 설명으로 옳은 것은?

① 과태료는 행정처분에 갈음하여 부과하는 제재적 금전부담이다.
② 화재예방강화지구 안의 소방대상물에 대한 화재안전조사를 거부·방해 또는 기피한 자
③ 정당한 사유 없이 소방대가 현장에 도착할 때까지 사람을 구출하는 조치 또는 불을 끄거나 불이 번지지 아니하도록 하는 조치를 하지 아니한 관계인에게 부과
④ 전용구역에 차를 주차하거나 전용구역에의 진입을 가로막는 등의 방해행위를 한 자

① 과징금이란 영업정지처분에 갈음하여 부과징수하는 금액이다.
② 화재예방강화지구 안의 소방대상물에 대한 화재안전조사를 거부·방해하는 경우 300만 원 이하의 벌금에 처한다.
③ 정당한 사유 없이 소방대가 현장에 도착할 때까지 사람을 구출하는 조치 또는 불을 끄거나 불이 번지지 아니하도록 하는 조치를 하지 아니한 관계인에게는 100만 원 이하의 벌금을 부과한다.
④ 전용구역에 차를 주차하거나 전용구역에의 진입을 가로막는 등의 방해행위를 한 자는 100만 원 이하의 과태료를 부과한다.

## 068 다음 중 소방안전교육사의 업무가 아닌 것은?

① 소방안전 교육의 기획  ② 소방안전 교육의 감사
③ 소방안전 교육의 분석  ④ 소방안전 교육의 평가

소방안전교육사
1) 소방청장은 제17조제2항에 따른 소방안전교육을 위하여 소방청장이 실시하는 시험에 합격한 사람에게 소방안전교육사 자격을 부여한다.
2) 소방안전교육사는 소방안전교육의 기획·진행·분석·평가 및 교수업무를 수행한다.
3) 제1항에 따른 소방안전교육사 시험의 응시자격, 시험방법, 시험과목, 시험위원, 그 밖에 소방안전교육사 시험의 실시에 필요한 사항은 대통령령으로 정한다.
4) 제1항에 따른 소방안전교육사 시험에 응시하려는 사람은 대통령령으로 정하는 바에 따라 수수료를 내야 한다.

 정답 : 066. ④   067. ④   068. ②

**069** 소방기본법령상 소방자동차 전용구역에 대한 설명으로 옳지 않은 것은?

① 공동주택의 건축주는 소방자동차가 접근하기 쉽고 소방활동이 원활하게 수행될 수 있도록 각 동별 전면에 소방자동차 전용구역(이하 "전용구역"이라 한다)을 1개소 이상 설치할 수 있다.
② 전용구역 진입로에 물건 등을 쌓거나 주차하여 전용구역으로의 진입을 가로막는 행위는 과태료 부과대상이다.
③ 소방자동차 전용구역은 하나의 전용구역에서 여러 동에 접근하여 소방활동이 가능한 경우로서 소방청장이 정하는 경우에는 각 동별로 설치하지 않을 수 있다.
④ 소방자동차 전용구역의 노면표지를 지우거나 훼손하는 행위를 하여서는 안된다.

소방기본법 시행령 제7조의13(소방자동차 전용구역의 설치 기준·방법)
① 제7조의12 각 호 외의 부분 본문에 따른 공동주택의 건축주는 소방자동차가 접근하기 쉽고 소방활동이 원활하게 수행될 수 있도록 각 동별 전면 또는 후면에 소방자동차 전용구역(이하 "전용구역"이라 한다)을 1개소 이상 설치해야 한다. 다만, 하나의 전용구역에서 여러 동에 접근하여 소방활동이 가능한 경우로서 소방청장이 정하는 경우에는 각 동별로 설치하지 않을 수 있다.
② 전용구역의 설치 방법은 별표 2의5와 같다.
소방기본법 시행령 제7조의14(전용구역 방해행위의 기준) 법 제21조의2제2항에 따른 방해행위의 기준은 다음 각 호와 같다.
1. 전용구역에 물건 등을 쌓거나 주차하는 행위
2. 전용구역의 앞면, 뒷면 또는 양 측면에 물건 등을 쌓거나 주차하는 행위. 다만, 「주차장법」 제19조에 따른 부설주차장의 주차구획 내에 주차하는 경우는 제외한다.
3. 전용구역 진입로에 물건 등을 쌓거나 주차하여 전용구역으로의 진입을 가로막는 행위
4. 전용구역 노면표지를 지우거나 훼손하는 행위
5. 그 밖의 방법으로 소방자동차가 전용구역에 주차하는 것을 방해하거나 전용구역으로 진입하는 것을 방해하는 행위

**070** 다음 중 소방기본법에 규정된 "소방대(消防隊)"에 해당되지 않는 사람은?

① 소방공무원  ② 의무소방원
③ 의용소방대원  ④ 자체소방대원

"소방대"(消防隊)란 화재를 진압하고 화재, 재난·재해, 그 밖의 위급한 상황에서 구조·구급 활동 등을 하기 위하여 다음 각 목의 사람으로 구성된 조직체를 말한다.
가.「소방공무원법」에 따른 소방공무원
나.「의무소방대설치법」제3조에 따라 임용된 의무소방원(義務消防員)
다.「의용소방대 설치 및 운영에 관한 법률」에 따른 의용소방대원(義勇消防隊員)

정답 : 069. ① 070. ④

### 071 소방기본법령상 소방기술민원센터에 대한 설명으로 옳은 것은?

① 소방관서장은 「소방기본법」(이하 "법"이라 한다) 제4조의2제1항에 따른 소방기술민원센터(이하 "소방기술민원센터"라 한다)를 소방청 또는 소방본부, 소방서에 각각 설치·운영한다.
② 소방기술민원센터는 센터장을 포함하여 17명 이내로 구성한다.
③ 주요업무로서 소방기술민원과 관련된 질의회신집 및 해설서 발간이 있다.
④ 소방기술민원센터의 설치·운영에 필요한 사항은 소방청에 설치하는 경우에는 소방청장이 정하고, 소방본부에 설치하는 경우에는 행정안전령으로 정한다.

소방기본법 시행령 제1조의2(소방기술민원센터의 설치·운영)
① 소방청장 또는 소방본부장은 「소방기본법」(이하 "법"이라 한다) 제4조의2제1항에 따른 소방기술민원센터(이하 "소방기술민원센터"라 한다)를 소방청 또는 소방본부에 각각 설치·운영한다.
② 소방기술민원센터는 센터장을 포함하여 18명 이내로 구성한다.
③ 소방기술민원센터는 다음 각 호의 업무를 수행한다.
 1. 소방시설, 소방공사와 위험물 안전관리 등과 관련된 법령해석 등의 민원(이하 "소방기술민원"이라 한다)의 처리
 2. 소방기술민원과 관련된 질의회신집 및 해설서 발간
 3. 소방기술민원과 관련된 정보시스템의 운영·관리
 4. 소방기술민원과 관련된 현장 확인 및 처리
 5. 그 밖에 소방기술민원과 관련된 업무로서 소방청장 또는 소방본부장이 필요하다고 인정하여 지시하는 업무
④ 소방청장 또는 소방본부장은 소방기술민원센터의 업무수행을 위하여 필요하다고 인정하는 경우에는 관계 기관의 장에게 소속 공무원 또는 직원의 파견을 요청할 수 있다.
⑤ 제1항부터 제4항까지에서 규정한 사항 외에 소방기술민원센터의 설치·운영에 필요한 사항은 소방청에 설치하는 경우에는 소방청장이 정하고, 소방본부에 설치하는 경우에는 해당 특별시·광역시·특별자치시·도 또는 특별자치도(이하 "시·도"라 한다)의 규칙으로 정한다.

### 072 소방기본법령상 국고보조 대상사업의 범위와 기준보조율에 관한 설명으로 옳은 것은?

① 국고보조 대상사업의 범위에 따른 소방활동장비 및 설비의 종류와 규격은 대통령령으로 정한다.
② 방화복 등 소방활동에 필요한 소방장비의 구입 및 설치는 국고보조 대상사업의 범위에 해당한다.
③ 소방헬리콥터 및 소방정의 구입 및 설치는 국고보조 대상사업의 범위에 해당하지 않는다.
④ 국고보조 대상사업의 기준보조율은 [보조금 관리에 관한 법률]에서 정하는 바에 따른다.

소방장비 등에 대한 국고보조
1) 국가는 소방장비의 구입 등 시·도의 소방업무에 필요한 경비의 일부를 보조한다.
2) 보조 대상사업의 범위와 기준보조율은 대통령령으로 정한다.
3) 국고보조 대상사업의 범위
 1. 다음 각 목의 소방활동장비와 설비의 구입 및 설치
  가. 소방자동차
  나. 소방헬리콥터 및 소방정
  다. 소방전용통신설비 및 전산설비
  라. 그 밖에 방화복 등 소방활동에 필요한 소방장비
 2. 소방관서용 청사의 건축(「건축법」 제2조제1항제8호에 따른 건축을 말한다)
4) 국고보조 소방활동장비 및 설비의 종류와 규격은 행정안전부령으로 정한다.

정답 : 071. ③   072. ②

**073** 소방기본법령상 소방자동차의 공무상 운행 중 교통사고가 발생하는 경우 운전자의 법률상 분쟁에 소요되는 비용을 지원할 수 있는 보험에 의무적으로 가입해야 하는자는?

① 소방청장　　② 소방본부장　　③ 소방서장　　④ 시도지사

 소방기본법 시행령 제16조의4(소방자동차의 보험 가입 등)
① 시·도지사는 소방자동차의 공무상 운행 중 교통사고가 발생한 경우 그 운전자의 법률상 분쟁에 소요되는 비용을 지원할 수 있는 보험에 가입해야 한다.
② 국가는 제1항에 따른 보험 가입비용의 일부를 지원할 수 있다.

**074** 소방신호의 방법으로 옳지 않은 것은?
① 사이렌에 의한 경계신호는 5초 간격을 두고 30초씩 3회 취명
② 사이렌에 의한 발화신호는 3초 간격을 두고 3회 취명
③ 타종에 의한 해제신호는 상당한 기간을 두고 1타씩 반복
④ 타종에 의한 훈련신호는 연 3타 반복

 소방신호의 방법(기본법 규칙 별표 4)

| 신호의 종류 | 발하는 시기 | 타종 신호 | 사이렌 신호 |
|---|---|---|---|
| 경계신호 | • 화재예방상 필요할 때<br>• 화재위험경보 시 발령 | 1타와<br>연 2타를 반복 | 5초 간격을 두고 30초씩 3회 |
| 발화신호 | 화재가 발생한 때 발령 | 난타 | 5초 간격을 두고 5초씩 3회 |
| 해제신호 | 소화활동이 필요 없다고 인정되는 때 발령 | 상당한 간격을 두고 1타씩 반복 | 1분간 1회 |
| 훈련신호 | 훈련상 필요하다고 인정되는 때 발령 | 연 3타 반복 | 10초 간격을 두고 1분씩 3회 |

**075** 한국119청소년단에 대한 다음 설명 중 옳지 않은?
① 개인·법인 또는 단체는 한국119청소년단의 시설 및 운영 등을 지원하기 위하여 금전이나 그 밖의 재산을 기부할 수 있다.
② 이 법에 따른 한국119청소년단이 아닌 자는 한국119청소년단 또는 이와 유사한 명칭을 사용할 수 없다.
③ 한국119청소년단의 정관 또는 사업의 범위·지도·감독 및 지원에 필요한 사항은 소방청장이 정하여 고시한다
④ 한국119청소년단에 관하여 이 법에서 규정한 것을 제외하고는 「민법」 중 사단법인에 관한 규정을 준용한다.

 정답 : 073. ④　　074. ②　　075. ③

소방기본법 시행령 제17조의6(한국119청소년단)
① 청소년에게 소방안전에 관한 올바른 이해와 안전의식을 함양시키기 위하여 한국119청소년단을 설립한다.
② 한국119청소년단은 법인으로 하고, 그 주된 사무소의 소재지에 설립등기를 함으로써 성립한다.
③ 국가나 지방자치단체는 한국119청소년단에 그 조직 및 활동에 필요한 시설·장비를 지원할 수 있으며, 운영경비와 시설비 및 국내외 행사에 필요한 경비를 보조할 수 있다.
④ 개인·법인 또는 단체는 한국119청소년단의 시설 및 운영 등을 지원하기 위하여 금전이나 그 밖의 재산을 기부할 수 있다.
⑤ 이 법에 따른 한국119청소년단이 아닌 자는 한국119청소년단 또는 이와 유사한 명칭을 사용할 수 없다.
⑥ 한국119청소년단의 정관 또는 사업의 범위·지도·감독 및 지원에 필요한 사항은 행정안전부령으로 정한다.
⑦ 한국119청소년단에 관하여 이 법에서 규정한 것을 제외하고는 「민법」 중 사단법인에 관한 규정을 준용한다.

## 076 화재 현장 또는 구조·구급이 필요한 사고 현장을 발견한 사람이 화재 등의 상황을 알려야 하는 대상에 해당되지 않는 것은?

① 소방본부  ② 소방서
③ 관계행정기관  ④ 관계인

소방기본법 시행령 제19조(화재 등의 통지)
① 화재 현장 또는 구조·구급이 필요한 사고 현장을 발견한 사람은 그 현장의 상황을 소방본부, 소방서 또는 관계 행정기관에 지체 없이 알려야 한다.
② 다음 각 호의 어느 하나에 해당하는 지역 또는 장소에서 화재로 오인할 만한 우려가 있는 불을 피우거나 연막(煙幕) 소독을 하려는 자는 시·도의 조례로 정하는 바에 따라 관할 소방본부장 또는 소방서장에게 신고해야 한다.
1. 시장지역
2. 공장·창고가 밀집한 지역
3. 목조건물이 밀집한 지역
4. 위험물의 저장 및 처리시설이 밀집한 지역
5. 석유화학제품을 생산하는 공장이 있는 지역
6. 그 밖에 시·도의 조례로 정하는 지역 또는 장소

## 077 소방용수시설 중 저수조는 지면으로부터의 낙차를 몇 m로 해야 하는가?

① 0.5m 이하  ② 0.5m 이상
③ 4.5m 이하  ④ 4.5m 이상

저수조의 설치기준(기본법 규칙 별표 3)
(1) 지면으로부터의 낙차가 4.5m 이하일 것
(2) 흡수부분의 수심이 0.5m 이상일 것
(3) 소방펌프자동차가 쉽게 접근할 수 있도록 할 것
(4) 흡수에 지장이 없도록 토사 및 쓰레기 등을 제거할 수 있는 설비를 갖출 것

정답 : 076. ④   077. ③

(5) 흡수관의 투입구가 사각형의 경우에는 한 변의 길이가 60cm 이상, 원형의 경우에는 지름이 60cm 이상일 것
(6) 저수조에 물을 공급하는 방법은 상수도에 연결하여 자동으로 급수되는 구조일 것

## 078 소방기본법령상 100만원 이하의 벌금에 해당되지 않는 것은?

① 정당한 사유 없이 소방대의 생활안전활동을 방해한 자
② 피난명령을 위반한 자
③ 위험시설 등에 대한 긴급조치를 방해한 자
④ 소방용수시설의 정당한 사용을 방해한 자

해설  소방기본법 제54조(벌칙) 다음 각 호의 어느 하나에 해당하는 자는 100만 원 이하의 벌금에 처한다.
1. 삭제 <2021. 11. 30.>
1의2. 제16조의3제2항을 위반하여 정당한 사유 없이 소방대의 생활안전활동을 방해한 자
2. 제20조제1항을 위반하여 정당한 사유 없이 소방대가 현장에 도착할 때까지 사람을 구출하는 조치 또는 불을 끄거나 불이 번지지 아니하도록 하는 조치를 하지 아니한 사람
3. 제26조제1항에 따른 피난 명령을 위반한 사람
4. 제27조제1항을 위반하여 정당한 사유 없이 물의 사용이나 수도의 개폐장치의 사용 또는 조작을 하지 못하게 하거나 방해한 자
5. 제27조제2항에 따른 조치(긴급조치)를 정당한 사유 없이 방해한 자

## 079 화재현장에 소방활동구역을 설정하여 그 구역의 출입을 제한시킬 수 있는 자는?

① 소방대상물의 관계인     ② 소방대상물의 근무자
③ 소방안전관리자         ④ 소방대장

해설  소방활동구역의 설정권자 : 소방대장(기본법 제23조)

## 080 시 · 도 간의 소방업무에 관하여 상호응원협정을 체결하고자 할 때 포함되는 사항이 아닌 것은?

① 소방신호방법의 통일     ② 응원출동 대상지역 및 규모
③ 소요경비의 부담에 관한 사항  ④ 응원출동의 요청방법

해설  소방업무의 상호 응원 협정(기본법 시행규칙 제8조)
(1) 소방활동에 관한 사항
(2) 응원출동 대상지역 및 규모
(3) 소요경비의 부담에 관한 사항
(4) 응원출동의 요청방법
(5) 응원출동훈련 및 평가

정답 : 078. ④   079. ④   080. ①

## 081 다음 중 소방활동구역에 출입할 수 없는 자는?

① 기계, 전기, 수도업무 종사자로서 소화 작업에 관계가 있는 자
② 의사, 간호사, 기타 구급업무 종사자
③ 보도업무 종사자
④ 소방대장이 소방활동을 위하여 출입을 허가한 자

소방활동구역의 출입자(기본법 령 제8조)
(1) 소방활동구역 안에 있는 소방대상물의 소유자·관리자 또는 점유자
(2) 전기·가스·수도·통신·교통의 업무에 종사하는 자로서 원활한 소방활동을 위하여 필요한 자
(3) 의사·간호사 그 밖의 구조·구급업무에 종사하는 자
(4) 취재인력 등 보도업무에 종사하는 자
(5) 수사업무에 종사하는 자
(6) 그 밖에 소방대장이 소방활동을 위하여 출입을 허가한 자

## 082 소방활동에 관련한 설명으로 옳지 않은 것은?

① 화재현장 또는 구조·구급이 필요한 사고현장을 발견한 사람은 그 현장의 상황을 소방본부·소방서 또는 관계 행정기관에 지체 없이 알려야 한다.
② 소방자동차가 소방용수를 확보하기 위하여 주행할 때라도 모든 차와 사람은 통로를 양보해야 한다.
③ 소방자동차의 우선 통행에 관하여는 도로교통법이 정하는 바에 따른다.
④ 소방자동차가 소방훈련을 위하여 필요한 때에는 사이렌을 사용할 수 있다.

소방활동(기본법 제19조, 21조)
(1) 화재현장 또는 구조·구급이 필요한 사고현장을 발견한 사람은 그 현장의 상황을 소방본부·소방서 또는 관계 행정기관에 지체 없이 알려야 한다.
(2) 모든 차와 사람은 소방자동차가 화재진압 및 구조·구급활동을 위하여 출동하는 때에는 이를 방해하여서는 아니 된다.
(3) 소방자동차의 우선 통행에 관하여는 도로교통법이 정하는 바에 따른다.
(4) 소방자동차가 화재진압 및 구조·구급활동을 위하여 출동하거나 훈련을 위하여 필요한 때에는 사이렌을 사용할 수 있다.

## 083 소방기본법령상 소화용수설비의 설치기준으로 옳은 것은?

① 저수조의 경우 지면으로부터 낙차가 4.5m 이하이고 흡수부분의 수심이 0.5m 이상일 것
② 주거지역, 상업지역에 설치하는 경우 수평거리를 140m 이하가 되도록 설치할 것
③ 소방용수시설의 유지관리책임자는 소방본부장 또는 소방서장이다.
④ 저수조에 물을 공급하는 방법은 상수도에 연결하여 수동으로 급수되는 구조일 것

정답 : 081. ①   082. ②   083. ①

소방용수시설의 설치기준(기본법 시행규칙 별표 3)
(1) 공통기준
① 국토의 계획 및 이용에 관한 법률의 규정에 의한 주거지역·상업지역 및 공업지역에 설치하는 경우 : 소방대상물과의 수평거리를 100미터 이하가 되도록 할 것
② 그 밖의 지역에 설치하는 경우 : 소방대상물과의 수평거리를 140m 이하가 되도록 할 것
(2) 소방용수시설별 설치기준
① 소화전의 설치기준 : 상수도와 연결하여 지하식 또는 지상식의 구조로 하고, 소방용호스와 연결하는 소화전의 연결금속구의 구경은 65mm로 할 것
② 급수탑의 설치기준 : 급수배관의 구경은 100mm 이상으로 하고, 개폐밸브는 지상에서 1.5m 이상 1.7m 이하의 위치에 설치하도록 할 것
③ 저수조의 설치기준
  ㉠ 지면으로부터의 낙차가 4.5m 이하일 것
  ㉡ 흡수부분의 수심이 0.5m 이상일 것
  ㉢ 소방펌프자동차가 쉽게 접근할 수 있도록 할 것
  ㉣ 흡수에 지장이 없도록 토사 및 쓰레기 등을 제거할 수 있는 설비를 갖출 것
  ㉤ 흡수관투입구가 사각형의 경우에는 한 변의 길이가 60cm 이상, 원형의 경우에는 지름이 60cm 이상일 것
  ㉥ 저수조에 물을 공급하는 방법은 상수도에 연결하여 자동으로 급수되는 구조일 것
(3) 시 · 도지사는 소방용수시설(소화전, 급수탑, 저수조)을 설치하고 유지 · 관리한다.

## 084 소방기본법령상 소방산업과 관련된 기술개발의 지원에 대한 설명 중 옳지 않은 것은?

① 국가는 소방산업과 관련된 기술(이하 "소방기술"이라 한다)의 개발을 촉진하기 위하여 기술개발을 실시하는 자에게 그 기술개발에 드는 자금의 전부나 일부를 출연하거나 보조할 수 있다.
② 국가는 우수소방제품의 전시 · 홍보를 위하여 「무역전시장 등을 설치한 자」에게 소방산업전시회 운영에 따른 경비의 전부에 대한 재정적인 지원을 할 수 있다.
③ 국가는 우수소방제품의 전시 · 홍보를 위하여 「무역전시장 등을 설치한 자」에게 소방산업전시회 관련 국외 홍보비에 대한 재정적인 지원을 할 수 있다.
④ 국가는 우수소방제품의 전시 · 홍보를 위하여 「무역전시장 등을 설치한 자」에게 소방산업전시회 기간 중 국외의 구매자 초청 경비에 대한 재정적인 지원을 할 수 있다.

 소방기본법 제39조의5(소방산업과 관련된 기술개발 등의 지원)
① 국가는 소방산업과 관련된 기술(이하 "소방기술"이라 한다)의 개발을 촉진하기 위하여 기술개발을 실시하는 자에게 그 기술개발에 드는 자금의 전부나 일부를 출연하거나 보조할 수 있다.
② 국가는 우수소방제품의 전시 · 홍보를 위하여 「대외무역법」 제4조제2항에 따른 무역전시장 등을 설치한 자에게 다음 각 호에서 정한 범위에서 재정적인 지원을 할 수 있다.
  1. 소방산업전시회 운영에 따른 경비의 일부
  2. 소방산업전시회 관련 국외 홍보비
  3. 소방산업전시회 기간 중 국외의 구매자 초청 경비

정답 : 084. ②

## 085 소방기본법령상 소방산업의 육성·진흥 및 지원 등에 관한 설명으로 옳지 않은 것은?

① 국가는 소방산업의 육성·진흥을 위하여 행정상·재정상의 지원시책을 마련해야 한다.
② 국가는 우수 소방제품의 전시·홍보를 위하여 대외무역법에 의한 무역전시장을 설치한 자에게 소방산업전시회 관련 국외 홍보비의 재정적인 지원을 할 수 있다.
③ 국가는 고등교육법에 따른 전문대학에 소방기술의 연구·개발사업을 수행하게 할 수 있다.
④ 국가는 소방기술 및 소방산업의 국외시장 개척을 위한 사업을 추진해야 한다.

소방기본법 제7장의2 소방산업의 육성·진흥 및 지원 등
제39조의3(국가의 책무)
국가는 소방산업(소방용 기계·기구의 제조, 연구·개발 및 판매 등에 관한 일련의 산업을 말한다. 이하 같다)의 육성·진흥을 위하여 필요한 계획의 수립 등 행정상·재정상의 지원시책을 마련해야 한다.

제39조의5(소방산업과 관련된 기술개발 등의 지원)
① 국가는 소방산업과 관련된 기술(이하 "소방기술"이라 한다)의 개발을 촉진하기 위하여 기술개발을 실시하는 자에게 그 기술개발에 드는 자금의 전부나 일부를 출연하거나 보조할 수 있다.
② 국가는 우수소방제품의 전시·홍보를 위하여 「대외무역법」 제4조제2항에 따른 무역전시장 등을 설치한 자에게 다음 각 호에서 정한 범위에서 재정적인 지원을 할 수 있다.
  1. 소방산업전시회 운영에 따른 경비의 일부
  2. 소방산업전시회 관련 국외 홍보비
  3. 소방산업전시회 기간 중 국외의 구매자 초청 경비

제39조의6(소방기술의 연구·개발사업 수행)
① 국가는 국민의 생명과 재산을 보호하기 위하여 다음 각 호의 어느 하나에 해당하는 기관이나 단체로 하여금 소방기술의 연구·개발사업을 수행하게 할 수 있다.
② 국가가 제1항에 따른 기관이나 단체로 하여금 소방기술의 연구·개발사업을 수행하게 하는 경우에는 필요한 경비를 지원해야 한다.

제39조의7(소방기술 및 소방산업의 국제화사업)
① 국가는 소방기술 및 소방산업의 국제경쟁력과 국제적 통용성을 높이는 데에 필요한 기반 조성을 촉진하기 위한 시책을 마련해야 한다.
② 소방청장은 소방기술 및 소방산업의 국제경쟁력과 국제적 통용성을 높이기 위하여 다음 각 호의 사업을 추진해야 한다.
  1. 소방기술 및 소방산업의 국제 협력을 위한 조사·연구
  2. 소방기술 및 소방산업에 관한 국제 전시회, 국제 학술회의 개최 등 국제 교류
  3. 소방기술 및 소방산업의 국외시장 개척
  4. 그 밖에 소방기술 및 소방산업의 국제경쟁력과 국제적 통용성을 높이기 위하여 필요하다고 인정하는 사업

정답 : 085. ④

## 086 소방기본법령상 5년 이하의 징역 또는 5천만원 이하의 벌금에 해당되지 않는 자는?

① 화재진압 및 구조·구급 활동을 위하여 출동하는 소방자동차의 출동을 방해한 사람
② 정당한 사유 없이 소방용수시설을 사용하거나 소방용수시설의 효용을 해치거나 그 정당한 사용을 방해한 사람
③ 출동한 소방대원에게 폭행 또는 협박을 행사하여 화재진압·인명구조 또는 구급활동을 방해한 사람
④ 화재의 원인 및 피해상황 조사를 위한 관계 공무원의 출입 또는 조사를 정당한 사유 없이 거부·방해 또는 기피한 사람

5년 이하의 징역 또는 5,000만원 이하의 벌금
① 소방활동 방해
    가. 위력(威力)을 사용하여 출동한 소방대의 화재진압·인명구조 또는 구급활동을 방해하는 행위
    나. 소방대가 화재진압·인명구조 또는 구급활동을 위하여 현장에 출동하거나 현장에 출입하는 것을 고의로 방해하는 행위
    다. 출동한 소방대원에게 폭행 또는 협박을 행사하여 화재진압·인명구조 또는 구급활동을 방해하는 행위
    라. 출동한 소방대의 소방장비를 파손하거나 그 효용을 해하여 화재진압·인명구조 또는 구급활동을 방해하는 행위
② 소방자동차의 출동을 방해한 사람
③ 사람을 구출하는 일 또는 불을 끄거나 불이 번지지 아니하도록 하는 일을 방해한 사람
④ 정당한 사유 없이 소방용수시설 또는 비상소화장치를 사용하거나 소방용수시설 또는 비상소화장치의 효용을 해치거나 그 정당한 사용을 방해한 사람

## 087 소방기본법령상 소방교육·훈련의 종류와 종류별 소방교육·훈련의 대상자의 연결이 옳지 않은 것은?

① 화재진압훈련 – 화재진압업무를 담당하는 소방공무원
② 인명구조훈련 – 구조업무를 담당하는 소방공무원
③ 응급처치훈련 – 구조업무를 담당하는 소방공무원
④ 인명대피훈련 – 소방공무원

소방교육 및 훈련
1) 소방청장, 소방본부장 또는 소방서장은 소방업무를 전문적이고 효과적으로 수행하기 위하여 소방대원에게 필요한 교육·훈련을 실시해야 한다.
2) 다음 각 호 대상으로 소방안전교육 및 훈련을 실시할 수 있다.
    1.「영유아보육법」제2조에 따른 어린이집의 영유아
    2.「유아교육법」제2조에 따른 유치원의 유아
    3.「초·중등교육법」제2조에 따른 학교의 학생
3) 소방대원에 대한 교육 및 훈련[2년마다 1회, 2주 이상]
4)「장애인복지법」제58조에 따른 장애인 복지시설에 거주하거나 해당시설을 이용하는 장애인

정답 : 086. ④      087. ③

| 종류 | 교육·훈련을 받아야 할 대상자 |
|---|---|
| 가. 화재진압훈련 | 1) 화재진압업무를 담당하는 소방공무원<br>2) 「의무소방대설치법 시행령」 제20조제1항제1호에 따른 임무를 수행하는 의무소방원<br>3) 「의용소방대 설치 및 운영에 관한 법률」 제3조에 따라 임명된 의용소방대원 |
| 나. 인명구조훈련 | 1) 구조업무를 담당하는 소방공무원<br>2) 「의무소방대설치법 시행령」 제20조제1항제1호에 따른 임무를 수행하는 의무소방원<br>3) 「의용소방대 설치 및 운영에 관한 법률」 제3조에 따라 임명된 의용소방대원 |
| 다. 응급처치훈련 | 1) 구급업무를 담당하는 소방공무원<br>2) 「의무소방대설치법」 제3조에 따라 임용된 의무소방원<br>3) 「의용소방대 설치 및 운영에 관한 법률」 제3조에 따라 임명된 의용소방대원 |
| 라. 인명대피훈련 | 1) 소방공무원<br>2) 「의무소방대설치법」 제3조에 따라 임용된 의무소방원<br>3) 「의용소방대 설치 및 운영에 관한 법률」 제3조에 따라 임명된 의용소방대원 |
| 마. 현장지휘훈련 | 소방공무원 중 다음의 계급에 있는 사람<br>1) 소방정    2) 소방령<br>3) 소방경    4) 소방위 |

**088** 다음 보기 중 소방기본법령상 손실보상 받을 수 있는 자를 모두 고른 것은?

> ㄱ. 소방지원활동에 따른 조치로 인하여 손실을 입은 자
> 
> ㄴ. 소방활동 종사로 인하여 사망하거나 부상을 입은 자
> 
> ㄷ. 주차된 차량의 강제처분으로 인하여 손실을 입은 자
>    (법령을 위반하여 소방자동차의 통행과 소방활동에 방해가 된 경우가 아님).
> 
> ㄹ. 위험물질공급차단에 따른 조치로 인하여 손실을 입은 자
> 
> ㅁ. 소방대의 소방용수시설을 이용한 적법한 소방활동으로 인하여 손실을 입은 자

① ㄱ, ㄴ, ㄷ  
② ㄱ, ㄷ, ㄹ, ㅁ  
③ ㄴ, ㄷ, ㄹ, ㅁ  
④ ㄱ, ㄴ, ㄷ, ㄹ, ㅁ

---

소방기본법 제49조의2(손실보상)
① 소방청장 또는 시·도지사는 다음 각 호의 어느 하나에 해당하는 자에게 제3항의 손실보상심의위원회의 심사·의결에 따라 정당한 보상을 해야 한다.
1. 제16조의3제1항에 따른 조치로 인하여 손실을 입은 자
2. 제24조제1항 전단에 따른 소방활동 종사로 인하여 사망하거나 부상을 입은 자
3. 제25조제2항 또는 제3항에 따른 처분으로 인하여 손실을 입은 자. 다만, 같은 조 제3항에 해당하는 경우로서 법령을 위반하여 소방자동차의 통행과 소방활동에 방해가 된 경우는 제외한다.
4. 제27조제1항 또는 제2항에 따른 조치로 인하여 손실을 입은 자

정답 : 088. ③

5. 그 밖에 소방기관 또는 소방대의 적법한 소방업무 또는 소방활동으로 인하여 손실을 입은 자
② 제1항에 따라 손실보상을 청구할 수 있는 권리는 손실이 있음을 안 날부터 3년, 손실이 발생한 날부터 5년간 행사하지 아니하면 시효의 완성으로 소멸한다.
③ 제1항에 따른 손실보상청구 사건을 심사·의결하기 위하여 손실보상심의위원회를 구성·운영할 수 있다.
④ 소방청장 또는 시·도지사는 손실보상심의위원회의 구성 목적을 달성하였다고 인정하는 경우에는 손실보상심의위원회를 해산할 수 있다.
⑤ 제1항에 따른 손실보상의 기준, 보상금액, 지급절차 및 방법, 제3항에 따른 손실보상심의위원회의 구성 및 운영, 그 밖에 필요한 사항은 대통령령으로 정한다.

## 089 소방기본법령상 소방활동 종사명령에 관한 설명으로 옳지 않은 것은?

① 소방서장은 소방활동 종사명령을 받은 자에게 소방활동에 필요한 보호장구를 지급하는 등 안전을 위한 조치를 해야 한다.
② 소방대장은 화재 등 위급한 상황이 발생한 현장에서 소방활동을 위하여 필요할 때에는 그 현장에 있는 자에게 소방활동 종사명령을 할 수 있다.
③ 소방대상물에 화재 등 위급한 상황이 발생한 경우 소방활동에 종사한 소방대상물의 점유자는 소방활동 비용을 지급받을 수 있다.
④ 시·도지사는 소방활동 종사명령에 따라 소방활동에 종사한 자가 그로 인하여 사망하거나 부상을 입은 경우에는 보상해야 한다.

소방활동 종사명령
1) 소방본부장, 소방서장 또는 소방대장은 화재, 재난·재해, 그 밖의 위급한 상황이 발생한 현장에서 소방활동을 위하여 필요할 때에는 그 관할구역에 사는 사람 또는 그 현장에 있는 사람으로 하여금 사람을 구출하는 일 또는 불을 끄거나 불이 번지지 아니하도록 하는 일을 하게 할 수 있다.
2) 제1항에 따른 명령에 따라 소방활동에 종사한 사람은 시·도지사로부터 소방활동의 비용을 지급받을 수 있다. 다만, 다음 각 호의 어느 하나에 해당하는 사람의 경우에는 그러하지 아니하다.
   1. 소방대상물에 화재, 재난·재해, 그 밖의 위급한 상황이 발생한 경우 그 관계인
   2. 고의 또는 과실로 화재 또는 구조·구급 활동이 필요한 상황을 발생시킨 사람
   3. 화재 또는 구조·구급 현장에서 물건을 가져간 사람

## 090 소방기본법령상 소방청장이 수립·시행하는 종합계획에 포함되어야 하는 사항에 해당하지 않는 것은?

① 소방전문인력 양성
② 화재안전분야 국제경쟁력 향상
③ 소방업무의 교육 및 홍보
④ 소방기술의 연구·개발 및 보급

② 화재안전분야 국제경쟁력 향상은 소방시설법의 기본계획 포함 사항

소방업무에 관한 종합계획의 수립, 시행 등
1) 소방업무에 관한 종합계획 수립 시행 : 소방청장(5년마다)
2) 종합계획 포함사항
   1. 소방서비스의 질 향상을 위한 정책의 기본방향

정답 : 089. ③    090. ②

2. 소방업무에 필요한 체계의 구축, 소방기술의 연구·개발 및 보급
3. 소방업무에 필요한 장비의 구비
4. 소방전문인력 양성
5. 소방업무에 필요한 기반조성
6. 소방업무의 교육 및 홍보(제21조에 따른 소방자동차의 우선 통행 등에 관한 홍보를 포함한다)
7. 그 밖에 소방업무의 효율적 수행을 위하여 필요한 사항으로서 대통령령으로 정하는 사항
   [ 그 밖에 대통령령
       1. 재난·재해 환경 변화에 따른 소방업무에 필요한 대응 체계 마련
       2. 장애인, 노인, 임산부, 영유아 및 어린이 등 이동이 어려운 사람을 대상으로 한 소방활동에 필요한 조치 ]
3) 세부계획 수립 시행 : 시·도지사(매년마다)
4) 소방청장은 소방업무의 체계적 수행을 위하여 필요한 경우 제4항에 따라 시·도지사가 제출한 세부계획의 보완 또는 수정을 요청할 수 있다.
5) 소방청장은 「소방기본법」(이하 "법"이라 한다) 제6조제1항에 따른 소방업무에 관한 종합계획을 관계 중앙행정기관의 장과의 협의를 거쳐 계획 시행 전년도 10월 31일까지 수립해야 한다.
6) 특별시장·광역시장·특별자치시장·도지사 또는 특별자치도지사는 법 제6조제4항에 따른 종합계획의 시행에 필요한 세부계획을 계획 시행 전년도 12월 31일까지 수립하여 소방청장에게 제출해야 한다.

## 091 소방기본법령상 소방대의 생활안전활동에 해당하지 않는 것은?

① 붕괴, 낙하 등이 우려되는 고드름, 나무 위험 구조물 등의 제거 활동
② 위해동물, 벌 등의 포획 및 퇴치 활동
③ 단전사고 시 비상전원 또는 조명의 공급
④ 집회·공연 등 각종 행사 시 사고에 대비한 근접대기 등 지원활동

생활안전활동
1) 소방청장·소방본부장 또는 소방서장은 신고가 접수된 생활안전 및 위험제거 활동(화재, 재난·재해, 그 밖의 위급한 상황에 해당하는 것은 제외한다)에 대응하기 위하여 소방대를 출동시켜 다음 각 호의 활동(이하 "생활안전활동"이라 한다)을 하게 해야 한다.
2) 생활안전활동의 종류
    1. 붕괴, 낙하 등이 우려되는 고드름, 나무, 위험 구조물 등의 제거활동
    2. 위해동물, 벌 등의 포획 및 퇴치 활동
    3. 끼임, 고립 등에 따른 위험제거 및 구출 활동
    4. 단전사고 시 비상전원 또는 조명의 공급
    5. 그 밖에 방치하면 급박해질 우려가 있는 위험을 예방하기 위한 활동
3) 누구든지 정당한 사유 없이 제1항에 따라 출동하는 소방대의 생활안전활동을 방해하여서는 아니 된다. : 생활안전활동 방해 100만 원 이하의 벌금

 정답 : 091.④

## 092
소방기본법령상 손실보상에 관한 설명이다. ( )에 들어갈 말을 순서대로 바르게 나열한 것은?

> 소방청장 또는 시·도지사는 「소방기본법」 제16조의3 제1항에 따른 조치로 인하여 손실을 입은 자 등에게 ( )의 심사·의결에 따라 정당한 보상을 해야 한다. 이러한 보상을 청구할 수 있는 권리는 손실이 있음을 안 날로부터 ( ), 손실이 발생한 날부터 ( )간 행사하지 아니하면 시효의 완성으로 소멸한다.

① 손해보상심의위원회−3년−5년
② 손실보상심의위원회−3년−5년
③ 손해보상심의위원회−5년−10년
④ 손실보상심의위원회−5년−10년

① 소방청장 또는 시·도지사는 다음 각 호의 어느 하나에 해당하는 자에게 제3항의 손실보상심의위원회의 심사·의결에 따라 정당한 보상을 해야 한다.
② 제1항에 따라 손실보상을 청구할 수 있는 권리는 손실이 있음을 안 날부터 3년, 손실이 발생한 날부터 5년간 행사하지 아니하면 시효의 완성으로 소멸한다.

## 093
소방기본법령상 소방자동차 전용구역에 관한 설명으로 옳지 않은 것은?

① 세대수가 100세대 이상인 아파트의 건축주는 소방자동차 전용구역을 설치해야 한다.
② 소방자동차 전용구역 노면표지 도료의 색채는 황색을 기본으로 하되, 문자(P, 소방차 전용)는 백색으로 표시한다.
③ 소방자동차 전용구역에 물건 등을 쌓거나 주차하는 등의 방해 행위를 하여서는 아니 된다.
④ 전용구역 방해행위를 한 자는 100만 원 이하의 벌금에 처한다.

전용구역에 차를 주차하거나 전용구역에의 진입을 가로막는 등의 방해행위를 한 자에게는 100만 원 이하의 과태료를 부과한다.

## 094
소방기본법령상 소방본부 종합상황실 실장이 소방청의 종합상황실에 서면·팩스 또는 컴퓨터통신 등으로 보고해야 하는 화재의 기준에 해당하지 않는 것은?

① 항구에 매어둔 총 톤수가 1,000톤 이상인 선박에서 발생한 화재
② 층수가 5층 이상이거나 병상이 30개 이상인 종합병원·정신병원·한방병원·요양소에서 발생한 화재
③ 지정수량의 1,000배 이상의 위험물의 제조소·저장소·취급소에서 발생한 화재
④ 연면적 15,000m² 이상인 공장 또는 화재예방강화지구에서 발생한 화재

44번 문제 해설 참조

정답 : 092. ②  093. ④  094. ③

## 095 소방기본법령상 소방용수시설별 설치기준 중 옳지 않은 것은?

① 급수탑 개폐밸브는 지상에서 1.5m 이상 1.7m 이하의 위치에 설치하도록 할 것
② 소화전은 상수도와 연결하여 지하식 또는 지상식의 구조로 하고, 소방용 호스와 연결하는 소화전의 연결금속구의 구경은 100mm로 할 것
③ 저수조 흡수관의 투입구가 사각형의 경우에는 한 변의 길이가 60cm 이상, 원형의 경우에는 지름이 60cm 이상일 것
④ 저수조는 지면으로부터의 낙차가 4.5m 이하일 것

■ 소방기본법 시행규칙 [별표 3]
소방용수시설의 설치기준(제6조제2항관련)
1. 공통기준
   가. 국토의 계획 및 이용에 관한 법률 제36조제1항제1호의 규정에 의한 주거지역·상업지역 및 공업지역에 설치하는 경우 : 소방대상물과의 수평거리를 100미터 이하가 되도록 할 것
   나. 가목 외의 지역에 설치하는 경우 : 소방대상물과의 수평거리를 140미터 이하가 되도록 할 것
2. 소방용수시설별 설치기준
   가. 소화전의 설치기준 : 상수도와 연결하여 지하식 또는 지상식의 구조로 하고, 소방용 호스와 연결하는 소화전의 연결금속구의 구경은 65밀리미터로 할 것
   나. 급수탑의 설치기준 : 급수배관의 구경은 100밀리미터 이상으로 하고, 개폐밸브는 지상에서 1.5미터 이상 1.7미터 이하의 위치에 설치하도록 할 것
   다. 저수조의 설치기준
      (1) 지면으로부터의 낙차가 4.5미터 이하일 것
      (2) 흡수부분의 수심이 0.5미터 이상일 것
      (3) 소방펌프자동차가 쉽게 접근할 수 있도록 할 것
      (4) 흡수에 지장이 없도록 토사 및 쓰레기 등을 제거할 수 있는 설비를 갖출 것
      (5) 흡수관의 투입구가 사각형의 경우에는 한 변의 길이가 60센티미터 이상, 원형의 경우에는 지름이 60센티미터 이상일 것
      (6) 저수조에 물을 공급하는 방법은 상수도에 연결하여 자동으로 급수되는 구조일 것

## 096 소방기본법령상 소방본부장, 소방서장 또는 소방대장의 권한이 아닌 것은?

① 화재, 재난·재해, 그 밖의 위급한 상황이 발생한 현장에서 소방활동을 위하여 필요할 때에는 그 관할구역에 사는 사람 또는 그 현장에 있는 사람으로 하여금 사람을 구출하는 일 또는 불을 끄거나 불이 번지지 아니하도록 하는 일을 하게 할 수 있다.
② 소방활동을 할 때에 긴급한 경우에는 이웃한 소방본부장 또는 소방서장에게 소방업무와 응원을 요청할 수 있다.
③ 사람을 구출하거나 불이 번지는 것을 막기 위하여 필요할 때에는 화재가 발생하거나 불이 번질 우려가 있는 소방대상물 및 토지를 일시적으로 사용하거나 그 사용의 제한 또는 소방활동에 필요한 처분을 할 수 있다.
④ 소방활동을 위하여 긴급하게 출동할 때에는 소방자동차의 통행과 소방활동에 방해가 되는 주차 또는 정차된 차량 및 물건 등을 제거하거나 이동시킬 수 있다.

② 소방본부장, 소방서장의 권한

정답 : 095. ②    096. ②

## 097 소방기본법령상 소방안전교육사 시험 응시자격에 대한 설명으로 옳은 것은?

> ㄱ. 「영유아보육법」제21조에 따라 보육교사 자격을 취득한 후 2년 이상의 보육업무 경력이 있는 사람
> ㄴ. 「국가기술자격법」제2조제3호에 따른 국가기술자격의 직무분야 중 안전관리 분야의 산업기사 자격을 취득한 후 안전관리 분야에 3년 이상 종사한 사람
> ㄷ. 「의료법」제7조에 따라 간호조무사 자격을 취득한 후 간호업무 분야에 2년 이상 종사한 사람
> ㄹ. 「응급의료에 관한 법률」제36조제3항에 따라 2급 응급구조사 자격을 취득한 후 응급의료 업무 분야에 3년 이상 종사한 사람
> ㅁ. 「소방공무원법」제2조에 따른 소방공무원으로 2년 이상 근무한 경력이 있는 사람
> ㅂ. 「의용소방대 설치 및 운영에 관한 법률」제3조에 따라 의용소방대원으로 임명된 후 5년 이상 의용소방대 활동을 한 경력이 있는 사람

① ㄱ, ㄷ, ㅁ   ② ㄴ, ㄹ, ㅂ   ③ ㄷ, ㄹ, ㅁ   ④ ㄹ, ㅁ, ㅂ

 37번 문제 해설 참조

## 098 소방안전교육사의 배치대상별 배치기준에 관한 다음 설명의 (    )에 들어갈 내용으로 옳은 것은?

> 소방안전교육사의 배치대상별 배치기준에 따르면 소방청 ( 가 )명 이상, 소방본부 ( 나 )명 이상, 소방서 ( 다 )명 이상이다.

|   | (가) | (나) | (다) |   | (가) | (나) | (다) |
|---|---|---|---|---|---|---|---|
| ① | 1 | 1 | 1 | ② | 1 | 2 | 2 |
| ③ | 2 | 1 | 2 | ④ | 2 | 2 | 1 |

- 소방청, 소방본부, 한국소방산업기술원, 한국소방안전원(본원) : 2명 이상
- 소방서, 한국소방안전원(시·도, 지원) : 1명 이상

## 099 소방기본법령상 손실보상에 관한 내용 중 소방청장 또는 시·도지사가 '손실보상심의위원회'의 심사·의결에 따라 정당한 보상을 해야 하는 대상으로 옳지 않은 것은?

① 생활안전활동에 따른 조치로 인하여 손실을 입은 자
② 소방활동 종사 명령에 따른 소방활동 종사로 인하여 사망하거나 부상을 입은 자
③ 위험물 또는 물건의 보관기간 경과 후 매각이나 폐기로 손실을 입은 자
④ 소방기관 또는 소방대의 적법한 소방업무 또는 소방활동으로 인하여 손실을 입은 자

88번 문제 해설 참조

 정답 : 097. ②　098. ④　099. ③

**100** 소방기본법령상 소방력의 기준 등에 관한 설명으로 옳은 것은?

① 소방업무를 수행하는 데에 필요한 소방력에 관한 기준은 대통령령으로 정한다.
② 소방청장은 소방력의 기준에 따라 관할구역의 소방력을 확충하기 위하여 필요한 계획을 수립하여 시행해야 한다.
③ 소방자동차 등 소방장비의 분류·표준화와 그 관리 등에 필요한 사항은 따로 법률에서 정한다.
④ 국가는 소방장비의 구입 등 시·도의 소방업무에 필요한 경비의 일부를 보조하고, 보조 대상사업의 범위와 기준 보조율은 행정안전부령으로 정한다.

소방기본법 제8조(소방력의 기준 등)
① 소방기관이 소방업무를 수행하는 데에 필요한 인력과 장비 등[이하 "소방력"(消防力)이라 한다]에 관한 기준은 행정안전부령으로 정한다.
② 시·도지사는 제1항에 따른 소방력의 기준에 따라 관할구역의 소방력을 확충하기 위하여 필요한 계획을 수립하여 시행해야 한다.
③ 소방자동차 등 소방장비의 분류·표준화와 그 관리 등에 필요한 사항은 따로 법률에서 정한다.

**101** 소방기본법령상 사람을 구출하거나 불이 번지는 것을 막기 위하여 필요한 때에는 강제처분 등을 할 수 있다. 이와 같은 권한을 가진 자로 옳지 않은 것은?

① 소방청장　　② 소방본부장　　③ 소방서장　　④ 소방대장

소방본부장, 소방서장 또는 소방대장은 사람을 구출하거나 불이 번지는 것을 막기 위하여 필요할 때에는 화재가 발생하거나 불이 번질 우려가 있는 소방대상물 및 토지를 일시적으로 사용하거나 그 사용의 제한 또는 소방활동에 필요한 처분을 할 수 있다.

**102** 소방기본법령상 행정안전부령으로 정하는 소방지원활동으로만 옳게 연결한 것은?

가. 산불에 대한 예방·진압 등 지원활동
나. 자연재해에 따른 급수·배수 및 제설 등 지원활동
다. 군,경찰등 유관기관에서 실시하는 훈련지원활동
라. 화재, 재난·재해로 인한 피해복구 지원활동
마. 붕괴, 낙하 등이 우려되는 고드름, 나무, 위험 구조물 등의 제거활동
바. 위해동물, 벌 등의 포획 및 퇴치 활동
사. 소방시설 오작동신고에 따른 조치활동
아. 방송제작 또는 촬영관련 지원활동

① 바—사—아　　　　　　② 다—사—아
③ 가—나—다　　　　　　④ 나—다—바

18번 문제해설 참조

정답 : 100. ③　　101. ①　　102. ②

## 103. 다음은 소방기본법령상 소화용수표지 설치 기준 중 일부이다. ( )에 들어갈 색상으로 옳은 것은?

> 지상에 설치하는 소화전, 저수조 및 급수탑의 경우 소방용수표지는 다음의 기준에 따라 설치한다.
> - 안쪽 문자는 ( ㄱ ), 바깥쪽 문자는 ( ㄴ )으로, 안쪽 바탕은 ( ㄷ ), 바깥쪽 바탕은 ( ㄹ )으로 하고, 반사재료를 사용해야 한다.

| | ㄱ | ㄴ | ㄷ | ㄹ |
|---|---|---|---|---|
| ① | 흰색 | 노란색 | 붉은색 | 파란색 |
| ② | 노란색 | 흰색 | 붉은색 | 파란색 |
| ③ | 흰색 | 붉은색 | 파란색 | 노란색 |
| ④ | 흰색 | 파란색 | 노란색 | 붉은색 |

  52번 문제 해설 참조

## 104. 소방기본법령상 소방안전원에 관한 설명으로 옳지 않은 것은?

① 소방안전원은 법인으로 한다.
② 소방안전관리자 또는 소방기술자로 선임된 사람도 회원이 될 수 있다.
③ 안전원의 운영경비는 국가 보조금으로 충당한다.
④ 안전원이 정관을 변경하려면 소방청장의 인가를 받아야 한다.

소방기본법 제40조(한국소방안전원의 설립 등)
① 소방기술과 안전관리기술의 향상 및 홍보, 그 밖의 교육·훈련 등 행정기관이 위탁하는 업무의 수행과 소방 관계 종사자의 기술 향상을 위하여 한국소방안전원(이하 "안전원"이라 한다)을 소방청장의 인가를 받아 설립한다.
② 제1항에 따라 설립되는 안전원은 법인으로 한다.
③ 안전원에 관하여 이 법에 규정된 것을 제외하고는 「민법」 중 재단법인에 관한 규정을 준용한다.

소방기본법 제42조(회원의 관리)
안전원은 소방기술과 안전관리 역량의 향상을 위하여 다음 각 호의 사람을 회원으로 관리할 수 있다.
1. 「소방시설 설치 및 관리에 관한 법률」, 「소방시설공사업법」 또는 「위험물안전관리법」에 따라 등록을 하거나 허가를 받은 사람으로서 회원이 되려는 사람
2. 「소방시설 설치 및 관리에 관한 법률」, 「소방시설공사업법」 또는 「위험물안전관리법」에 따라 소방안전관리자, 소방기술자 또는 위험물안전관리자로 선임되거나 채용된 사람으로서 회원이 되려는 사람
3. 그 밖에 소방 분야에 관심이 있거나 학식과 경험이 풍부한 사람으로서 회원이 되려는 사람

 정답 : 103. ①    104. ③

소방기본법 제43조(안전원의 정관)
① 안전원의 정관에는 다음 각 호의 사항이 포함되어야 한다.
1. 목적
2. 명칭
3. 주된 사무소의 소재지
4. 사업에 관한 사항
5. 이사회에 관한 사항
6. 회원과 임원 및 직원에 관한 사항
7. 재정 및 회계에 관한 사항
8. 정관의 변경에 관한 사항
② 안전원은 정관을 변경하려면 소방청장의 인가를 받아야 한다.

소방기본법 제44조(안전원의 운영 경비)
안전원의 운영 및 사업에 소요되는 경비는 다음 각 호의 재원으로 충당한다.
1. 제41조제1호 및 제4호의 업무 수행에 따른 수입금
2. 제42조에 따른 회원의 회비
3. 자산운영수익금
4. 그 밖의 부대수입

## 105 소방기본법령상 소방활동 등에 대한 설명으로 옳은 것은?

① 생활안전활동에는 소방시설 오작동 신고에 따른 조치활동이 포함된다.
② 소방지원활동에는 단전사고 시 비상전원 또는 조명의 공급이 있다.
③ 소방활동은 소방지원활동 수행에 지장을 주지 아니하는 범위에서 할 수 있다.
④ 유관기관, 단체 등의 요청에 따른 소방지원활동에 드는 비용은 지원요청을 한 유관기관, 단체 등에게 부담하게 할 수 있다.

 18번 문제 해설 참조

## 106 소방기본법령상 실시권자가 다른 하나는?

① 화재의 예방조치명령   ② 소방교육·훈련
③ 소방지원활동           ④ 긴급조치명령

 ① 화재의 예방조치 : 소방청장, 소방본부장 또는 소방서장
② 소방교육, 훈련 : 소방청장, 소방본부장 또는 소방서장
③ 소방지원활동 : 소방청장, 소방본부장 또는 소방서장
④ 긴급조치명령 : 소방본부장 또는 소방서장 , 소방대장

 정답 : 105. ④   106. ④

**107** 다음 중 소방기본법의 총칙에 포함되지 않는 것은?

> ㄱ. 소방기관의 설치 등
> ㄴ. 소방업무에 관한 종합계획의 수립·시행 등
> ㄷ. 소방의 날 제정과 운영 등
> ㄹ. 소방력의 기준 등
> ㅁ. 화재의 예방과 경계(警戒)

① ㄱ, ㄷ    ② ㄷ, ㄹ    ③ ㄴ, ㄷ    ④ ㄹ, ㅁ

소방기본법 제1장 총칙
제1조 목적
제2조 정의
제3조 소방기관의 설치 등
제4조 119종합상황실의 설치와 운영
제5조 소방박물관 등의 설립과 운영
제6조 소방업무에 관한 종합계획의 수립시행 등
제7조 소방의 날 제정과 운영 등

**108** 다음 중 소방관서장의 권한 및 업무에 해당하는 것은?

① 이상기상(異常氣象)의 예보 또는 특보가 있을 때에는 화재에 관한 경보를 발령하고 그에 따른 조치를 할 수 있다.
② 화재경계지구를 지정할 수 있다.
③ 소방박물관을 설립하여 운영할 수 있다.
④ 한국소방안전원의 업무를 감독할 수 있다.

② : 시·도지사
③ : 소방청장
④ : 소방청장

**109** 소방기본법령상 소방자동차 전용구역에 대한 설명으로 옳은 것은?

① 세대수가 50세대 이상인 아파트의 경우 소방자동차 전용구역을 설치해야 한다.
② 지상 2층 이상의 기숙사는 소방자동차 전용구역을 설치해야 한다.
③ 건축주는 소방활동이 원활하게 수행될 수 있도록 각 동별 전면 및 후면에 전용구역을 2개소 설치해야 한다.
④ 전용구역의 노면표지를 지우거나 훼손하는 경우 100만 원 이하의 과태료가 부과된다.

정답 : 107. ④    108. ①    109. ④

소방기본법 시행령 제7조의12(소방자동차 전용구역 설치 대상)
1. 「건축법 시행령」 별표 1 제2호가목의 아파트 중 세대수가 100세대 이상인 아파트
2. 「건축법 시행령」 별표 1 제2호라목의 기숙사 중 3층 이상의 기숙사

소방기본법 시행령 제7조의13(소방자동차 전용구역의 설치 기준·방법)
① 제7조의12에 따른 공동주택의 건축주는 소방자동차가 접근하기 쉽고 소방활동이 원활하게 수행될 수 있도록 각 동별 전면 또는 후면에 소방자동차 전용구역(이하 "전용구역"이라 한다)을 1개소 이상 설치해야 한다. 다만, 하나의 전용구역에서 여러 동에 접근하여 소방활동이 가능한 경우로서 소방청장이 정하는 경우에는 각 동별로 설치하지 아니할 수 있다.

소방기본법 시행령 제7조의14(전용구역 방해행위의 기준)
법 제21조의2제2항에 따른 방해행위의 기준은 다음 각 호와 같다.
1. 전용구역에 물건 등을 쌓거나 주차하는 행위
2. 전용구역의 앞면, 뒷면 또는 양측면에 물건 등을 쌓거나 주차하는 행위. 다만, 「주차장법」 제19조에 따른 부설주차장의 주차구획 내에 주차하는 경우는 제외한다.
3. 전용구역 진입로에 물건 등을 쌓거나 주차하여 전용구역으로의 진입을 가로막는 행위
4. 전용구역 노면표지를 지우거나 훼손하는 행위
5. 그 밖의 방법으로 소방자동차가 전용구역에 주차하는 것을 방해하거나 전용구역으로 진입하는 것을 방해하는 행위

**110** 다음 보기 중 비상소화장치의 구성요소로 옳게 짝지어진 것은?

| ㄱ. 소화전 | ㄴ. 소화기구 | ㄷ. 방화복 |
| ㄹ. 비상소화장치함 | ㅁ. 소방호스 | ㅂ. 관창 |

① ㄱ, ㄴ, ㄹ, ㅁ   ② ㄱ, ㄷ, ㄹ, ㅂ
③ ㄱ, ㄴ, ㄷ, ㅁ   ④ ㄱ, ㄹ, ㅁ, ㅂ

 비상소화장치는 비상소화장치함, 소화전, 소방호스(소화전의 방수구에 연결하여 소화용수를 방수하기 위한 도관으로서 호스와 연결금속구로 구성되어 있는 소방용 릴호스 또는 소방용 고무내장호스를 말한다), 관창(소방호스용 연결금속구 또는 중간연결금속구 등의 끝에 연결하여 소화용수를 방수하기 위한 나사식 또는 차입식 토출기구를 말한다)을 포함하여 구성할 것

**111** 소방기본법령상 행정안전부령으로 정하는 비상소화장치의 설치기준외의 세부사항은 누가 정하는가?
① 소방본부장   ② 소방서장
③ 시·도지사   ④ 소방청장

**112** 소방안전교육사 시험의 응시자격 심사위원의 수, 시험과목별 출제위원의 수, 채점위원의 수로 옳은 것은?
① 3명, 5명, 5명   ② 3명, 3명, 3명
③ 5명, 5명, 3명   ④ 3명, 3명, 5명

 정답 : 110. ④   111. ④   112. ④

예상문제

## 113 소방안전교육사 시험의 심사위원, 출제위원에 위촉될 수 없는 사람은?
① 소방관련학과, 교육학과 또는 응급구조학과 박사학위 취득자
②「고등교육법」하나에 해당하는 학교에서 소방관련학과, 교육학과 또는 응급구조학과에서 조교수 이상으로 1년 이상 재직한 자
③ 소방위 이상의 소방공무원
④ 소방안전교육사 자격을 취득한 자

 2년 이상 재직한 자

## 114 소방기본법령상 소방대가 소방활동구역에 있지 아니하거나 소방대장의 요청이 있는 경우 소방활동구역을 설정할 수 있는 자는?
① 경찰공무원　　② 방재공무원　　③ 군인　　④ 동사무소직원

## 115 소방기본법령상 강제처분에 대한 다음 설명 중 옳은 것은?
① 소방본부장, 소방서장 또는 소방대장은 사람을 구출하거나 불이 번지는 것을 막기 위하여 필요할 때에는 화재가 발생하거나 불이 번질 우려가 있는 소방대상물 및 토지를 영구적으로 사용하거나 그 사용의 제한 또는 소방활동에 필요한 처분을 할 수 있다.
② 소방본부장, 소방서장 또는 소방대장은 사람을 구출하거나 불이 번지는 것을 막기 위하여 긴급하다고 인정할 때에는 제1항에 따른 소방대상물 또는 토지 외의 소방대상물과 토지에 대하여 제1항에 따른 처분을 할 수 없다.
③ 소방본부장, 소방서장 또는 소방대장은 소방활동을 위하여 긴급하게 출동할 때에는 소방자동차의 통행과 소방활동에 방해가 되는 주차 또는 정차된 차량 및 물건 등을 제거하거나 이동시킬 수 있다.
④ 시·도지사는 제4항에 따라 견인차량과 인력 등을 지원한 자에게 행정안전부령으로 정하는 바에 따라 비용을 지급할 수 있다.

① 일시적으로
② 할 수 있다.
④ 시·도의 조례로

## 116 소방기본법령상 국가가 소방기술의 연구, 개발사업을 수행하게 할 수 있는 기관이나 단체에 해당되지 않는 것은?
① 국공립 연구기관
② 대학·산업대학·전문대학 및 기술대학
③ 소방기술 분야의 법인인 연구기관 또는 법인 부설 연구소
④ 한국소방안전원

 정답 : 113. ②　　114. ①　　115. ③　　116. ④

소방기본법 제39조의6(소방기술의 연구·개발사업 수행)
① 국가는 국민의 생명과 재산을 보호하기 위하여 다음 각 호의 어느 하나에 해당하는 기관이나 단체로 하여금 소방기술의 연구·개발사업을 수행하게 할 수 있다.
1. 국공립 연구기관
2. 「과학기술분야 정부출연연구기관 등의 설립·운영 및 육성에 관한 법률」에 따라 설립된 연구기관
3. 「특정연구기관 육성법」 제2조에 따른 특정연구기관
4. 「고등교육법」에 따른 대학·산업대학·전문대학 및 기술대학
5. 「민법」이나 다른 법률에 따라 설립된 소방기술 분야의 법인인 연구기관 또는 법인부설연구소
6. 「기초연구진흥 및 기술개발지원에 관한 법률」 제14조의2제1항에 따라 인정받은 기업부설연구소
7. 「소방산업의 진흥에 관한 법률」 제14조에 따른 한국소방산업기술원
8. 그 밖에 대통령령으로 정하는 소방에 관한 기술개발 및 연구를 수행하는 기관·협회
② 국가가 제1항에 따른 기관이나 단체로 하여금 소방기술의 연구·개발사업을 수행하게 하는 경우에는 필요한 경비를 지원해야 한다.

제41조(안전원의 업무)
안전원은 다음 각 호의 업무를 수행한다.<개정 2017. 12. 26.>
1. 소방기술과 안전관리에 관한 교육 및 조사·연구
2. 소방기술과 안전관리에 관한 각종 간행물 발간
3. 화재 예방과 안전관리의식 고취를 위한 대국민 홍보
4. 소방업무에 관하여 행정기관이 위탁하는 업무
5. 소방안전에 관한 국제협력
6. 그 밖에 회원에 대한 기술지원 등 정관으로 정하는 사항

## 117 한국소방안전원의 회원으로 등록될 수 없는 사람은?

① 소방시설공사업법에 따라 등록을 한 사람으로서 회원이 되려는 사람
② 위험물안전관리법에 따라 위험물안전관리자로 선임된 사람으로서 회원이 되려는 사람
③ 소방시설법에 따라 소방기술자로 채용된 사람으로서 회원이 되려는 사람
④ 그 밖에 소방분야에 학식과 경험이 풍부한 사람

소방기본법 제42조(회원의 관리)
안전원은 소방기술과 안전관리 역량의 향상을 위하여 다음 각 호의 사람을 회원으로 관리할 수 있다.
1. 「소방시설 설치 및 관리에 관한 법률」, 「소방시설공사업법」 또는 「위험물안전관리법」에 따라 등록을 하거나 허가를 받은 사람으로서 회원이 되려는 사람
2. 「소방시설 설치 및 관리에 관한 법률」, 「소방시설공사업법」 또는 「위험물안전관리법」에 따라 소방안전관리자, 소방기술자 또는 위험물안전관리자로 선임되거나 채용된 사람으로서 회원이 되려는 사람
3. 그 밖에 소방 분야에 관심이 있거나 학식과 경험이 풍부한 사람으로서 회원이 되려는 사람

정답 : 117. ④

예상문제

## 118. 한국소방안전원의 정관에 포함되지 않는 사항은?

① 안전원장의 인적사항  ② 목적
③ 명칭  ④ 주된 사무소의 소재지

 소방기본법 제43조(안전원의 정관)
① 안전원의 정관에는 다음 각 호의 사항이 포함되어야 한다.
  1. 목적
  2. 명칭
  3. 주된 사무소의 소재지
  4. 사업에 관한 사항
  5. 이사회에 관한 사항
  6. 회원과 임원 및 직원에 관한 사항
  7. 재정 및 회계에 관한 사항
  8. 정관의 변경에 관한 사항
② 안전원은 정관을 변경하려면 소방청장의 인가를 받아야 한다.

## 119. 소방기본법령상 과태료 부과기준 중 일반기준에 대한 설명 중 옳은 것은?

① 과태료 부과권자는 위반행위자가 감경사유에 해당하는 경우 과태료 금액의 100분의 20의 범위에서 그 금액을 감경하여 부과할 수 있다.
② 위반행위의 횟수에 따른 과태료의 가중된 부과기준은 최근 2년간 같은 위반행위로 과태료 부과처분을 받은 경우에 적용한다.
③ 위 ②의 경우 기간의 계산은 위반행위에 대하여 과태료 부과처분을 받은 날과 그 처분 후 다시 같은 위반행위를 하여 적발된 날을 기준으로 한다.
④ 가중된 부과처분을 하는 경우 가중처분의 적용 차수는 그 위반행위 전 부과처분 차수의 이전 차수로 한다.

 ▪ 소방기본법 시행령 [별표 3] 과태료의 부과기준(제19조 관련) 중 일반기준
1. 일반기준
  가. 위반행위의 횟수에 따른 과태료의 가중된 부과기준은 최근 1년간 같은 위반행위로 과태료 부과처분을 받은 경우에 적용한다. 이 경우 기간의 계산은 위반행위에 대하여 과태료 부과처분을 받은 날과 그 처분 후 다시 같은 위반행위를 하여 적발된 날을 기준으로 한다.
  나. 가목에 따라 가중된 부과처분을 하는 경우 가중처분의 적용 차수는 그 위반행위 전 부과처분 차수(가목에 따른 기간 내에 과태료 부과처분이 둘 이상 있었던 경우에는 높은 차수를 말한다)의 다음 차수로 한다.
  다. 부과권자는 다음의 어느 하나에 해당하는 경우에는 제2호의 개별기준에 따른 과태료의 2분의 1 범위에서 그 금액을 줄여 부과할 수 있다. 다만, 과태료를 체납하고 있는 위반행위자에 대해서는 그렇지 않다.
    1) 위반행위가 사소한 부주의나 오류로 인한 것으로 인정되는 경우
    2) 위반행위자가 법 위반상태를 시정하거나 해소하기 위하여 노력한 사실이 인정되는 경우

 정답 : 118. ①  119. ③

3) 위반행위자가 화재 등 재난으로 재산에 현저한 손실을 입거나 사업 여건의 악화로 그 사업이 중대한 위기에 처하는 등 사정이 있는 경우
4) 그 밖에 위반행위의 정도, 위반행위의 동기와 그 결과 등을 고려하여 감경할 필요가 있다고 인정되는 경우

# 문제 PART

# 소방시설공사업법 예상문제

# 소방시설공사업법 예상문제

## 001 공사업법의 목적에 대한 다음 빈칸에 들어갈 말로 올바른 것은?

> 이 법은 소방시설공사 및 소방기술의 관리에 필요한 사항을 규정함으로써 ( ㉠ )을 건전하게 발전시키고 ( ㉡ )시켜 화재로부터 공공의 안전을 확보하고 ( ㉢ )에 이바지함을 목적으로 한다.

| | ㉠ | ㉡ | ㉢ |
|---|---|---|---|
| ① | 소방시설공사업 | 소방기술을 진흥 | 복리증진 |
| ② | 소방시설설계업등 | 소방기술을 향상 | 국민경제 |
| ③ | 소방시설업 | 소방기술을 향상 | 복리증진 |
| ④ | 소방시설업 | 소방기술을 진흥 | 국민경제 |

 소방시설공사업법의 목적
제1조(목적)
이 법은 소방시설공사 및 소방기술의 관리에 필요한 사항을 규정함으로써 소방시설업을 건전하게 발전시키고 소방기술을 진흥시켜 화재로부터 공공의 안전을 확보하고 국민경제에 이바지함을 목적으로 한다.

## 002 소방시설공사업법상 용어의 정의로 옳지 않은 것은?

① "소방시설업"이란 소방시설설계업, 소방시설공사업, 소방공사감리업, 방염처리업, 소방시설유지관리업을 말한다.
② "소방시설업자"란 소방시설업을 경영하기 위하여 소방시설업을 등록한 자를 말한다.
③ "감리원"이란 소방공사감리업자에 소속된 소방기술자로서 해당 소방시설공사를 감리하는 사람을 말한다.
④ "소방기술자"란 소방기술 경력 등을 인정받은 사람과 소방시설관리사, 소방기술사, 소방설비산업기사, 위험물기능장, 위험물산업기사, 위험물기능사로서 소방시실업과 소방시실관리업의 기술인력으로 등록된 사람을 말한다.

 소방시설업이란 소방시설설계업, 소방시설공사업, 소방공사감리업, 방염처리업을 말한다.

## 003 소방시설공사업법상 '소방시설업'의 영업에 해당하지 않는 것은?

① 소방시설공사에 기본이 되는 공사계획, 설계도면, 설계설명서, 기술계산서 및 이와 관련된 서류를 작성하는 영업
② 설계도서에 따라 소방시설을 신설, 증설, 개설, 이전 및 정비하는 영업
③ 소방안전관리 업무의 대행 또는 소방시설 등의 점검 및 유지·관리하는 영업
④ 방염대상물품에 대하여 방염처리하는 영업

 정답 : 001. ④   002. ①   003. ③

용어정의
"소방시설업"이란 다음 각 목의 영업을 말한다.
가. 소방시설설계업 : 소방시설공사에 기본이 되는 공사계획, 설계도면, 설계 설명서, 기술계산서 및 이와 관련된 서류(이하 "설계도서"라 한다)를 작성(이하 "설계"라 한다)하는 영업
나. 소방시설공사업 : 설계도서에 따라 소방시설을 신설, 증설, 개설, 이전 및 정비(이하 "시공"이라 한다)하는 영업
다. 소방공사감리업 : 소방시설공사에 관한 발주자의 권한을 대행하여 소방시설공사가 설계도서와 관계 법령에 따라 적법하게 시공되는지를 확인하고, 품질·시공 관리에 대한 기술지도를 하는(이하 "감리"라 한다) 영업
라. 방염처리업 : 「소방시설 설치 및 관리에 관한 법률」제20조제1항에 따른 방염대상물품에 대하여 방염처리(이하 "방염"이라 한다)하는 영업

## 004 다음에서 괄호 안에 들어갈 올바른 것은?

소방시설공사 등을 하려는 자는 업종별로 자본금(개인인 경우 자산평가액), 기술인력 등 ( ㉠ )으로 정하는 요건을 갖추어 ( ㉡ )에게 등록해야 하며, 등록신청과 등록증, 수첩발급, 재발급 신청 등 필요한 사항은 ( ㉢ )으로 정한다.

|  | ㉠ | ㉡ | ㉢ |
|---|---|---|---|
| ① | 대통령령 | 행정안전부장관 | 행정안전부령 |
| ② | 대통령령 | 시·도지사 | 행정안전부령 |
| ③ | 행정안전부령 | 시·도지사 | 행정안전부령 |
| ④ | 행정안전부령 | 시·도지사 | 대통령령 |

## 005 소방시설업을 등록 시 공기업, 준정부기관 등이 어떠한 요건을 갖춘 경우 시·도지사에게 등록하지 아니하고 자체 기술인력을 활용하여 설계감리를 할 수 있는가?

① 주택의 건설, 공급을 목적으로 설립되고 설계, 감리업무를 주요업무로 규정하고 있을 것
② 주택의 건설, 공급을 목적으로 설립되고 공사, 점검업무를 주요업무로 규정하고 있을 것
③ 주택의 건설, 공급을 목적으로 설립되고 시·도지사의 허가를 받을 것
④ 주택의 건설, 공급을 목적으로 설립되고 대통령령으로 정하는 업무를 주요업무로 규정하고 있을 것

 제4조(소방시설업의 등록)
① 특정소방대상물의 소방시설공사 등을 하려는 자는 업종별로 자본금(개인인 경우에는 자산 평가액을 말한다), 기술인력 등 대통령령으로 정하는 요건을 갖추어 특별시장·광역시장·특별자치시장·도지사 또는 특별자치도지사(이하 "시·도지사"라 한다)에게 소방시설업을 등록해야 한다.<개정 2014. 12. 30.>
② 제1항에 따른 소방시설업의 업종별 영업범위는 대통령령으로 정한다.
③ 제1항에 따른 소방시설업의 등록신청과 등록증·등록수첩의 발급·재발급 신청, 그 밖에 소방시설업 등록에 필요한 사항은 행정안전부령으로 정한다.<개정 2013. 3. 23., 2014. 11. 19., 2017. 7. 26.>
④ 제1항에도 불구하고 「공공기관의 운영에 관한 법률」제5조에 따른 공기업·준정부기관 및 「지방공기업법」제49조에 따라 설립된 지방공사나 같은 법 제76조에 따라 설립된 지방공단이 다음 각 호의 요건을 모두 갖춘 경우에는 시·도지사에게 등록을 하지 아니하

 정답 : 004. ②    005. ①

고 자체 기술인력을 활용하여 설계·감리를 할 수 있다. 이 경우 대통령령으로 정하는 기술인력을 보유해야 한다.
1. 주택의 건설 · 공급을 목적으로 설립되었을 것
2. 설계 · 감리 업무를 주요 업무로 규정하고 있을 것

## 006 소방시설공사업법령상 소방시설업의 등록결격사유에 해당하지 않는 것은?

① 피성년후견인
② 피한정후견인
③ 금고 이상의 실형을 선고받고 그 집행이 끝나거나(집행이 끝난 것으로 보는 경우를 포함한다) 면제된 날부터 2년이 지나지 아니한 사람
④ 금고 이상의 형의 집행유예를 선고받고 그 유예기간 중에 있는 사람

제5조(등록의 결격사유)
다음 각 호의 어느 하나에 해당하는 자는 소방시설업을 등록할 수 없다.
1. 피성년후견인
2. 삭제<2015. 7. 20.>
3. 이 법,「소방기본법」,「화재예방 및 안전관리에 관한 법률」,「소방시설 설치 및 관리에 관한 법률」 또는「위험물안전관리법」에 따른 금고 이상의 실형을 선고받고 그 집행이 끝나거나(집행이 끝난 것으로 보는 경우를 포함한다) 면제된 날부터 2년이 지나지 아니한 사람
4. 이 법,「소방기본법」,「화재예방 및 안전관리에 관한 법률」,「소방시설 설치 및 관리에 관한 법률」 또는「위험물안전관리법」에 따른 금고 이상의 형의 집행유예를 선고받고 그 유예기간 중에 있는 사람
5. 등록하려는 소방시설업 등록이 취소(제1호에 해당하여 등록이 취소된 경우는 제외한다)된 날부터 2년이 지나지 아니한 자
6. 법인의 대표자가 제1호 또는 제3호부터 제5호까지의 규정에 해당하는 경우 그 법인
7. 법인의 임원이 제3호부터 제5호까지의 규정에 해당하는 경우 그 법인

## 007 다음은 소방시설공사업법령상 소방시설공사등 관련 주체의 책무에 관한 조문이다. (    )에 들어갈 내용으로 옳은 것은?

> 제2조의2(소방시설공사등 관련 주체의 책무)
> ① ( ㄱ )은 소방시설공사등의 품질과 안전이 확보되도록 소방시설공사등에 관한 기준 등을 정하여 보급해야 한다.
> ② ( ㄴ )(은)는 소방시설이 공공의 안전과 복리에 적합하게 시공되도록 공정한 기준과 절차에 따라 능력 있는 소방시설업자를 선정해야 하고, 소방시설공사등이 적정하게 수행되도록 노력해야 한다.
> ③ 소방시설업자는 소방시설공사등의 품질과 안전이 확보되도록 소방시설공사등에 관한 법령을 준수하고, 설계도서 · 시방서(示方書) 및 도급계약의 내용 등에 따라 성실하게 소방시설공사등을 수행해야 한다.

|   | ㄱ | ㄴ |   | ㄱ | ㄴ |
|---|---|---|---|---|---|
| ① | 소방본부장 또는 소방서장 | 도급인 | ② | 소방청장 | 발주자 |
| ③ | 시도지사 | 발주자 | ④ | 소방청장 | 도급인 |

정답 : 006.② 007.②

## 008. 다음 중 소방시설설계업의 등록기준 및 영업범위가 옳지 않은 것은?

① 전문소방시설설계업은 모든 특정소방대상물에 설치되는 소방시설 설계를 영업범위로 지정할 수 있다.
② 일반소방시설설계업의 기계분야는 아파트에 설치되는 제연설비를 설계할 수 있다.
③ 일반소방시설설계업의 기계분야 영업범위는 연면적 3만제곱미터(공장의 경우에는 1만제곱미터) 미만의 특정소방대상물(제연설비가 설치되는 특정소방대상물은 제외한다)에 설치되는 기계분야 소방시설의 설계이다.
④ 일반소방시설설계업의 전기분야 영업범위는 연면적 3만제곱미터(공장의 경우에는 1만제곱미터) 미만의 특정소방대상물에 설치되는 전기분야 소방시설의 설계이다.

1. 소방시설설계업

| 항목<br>업종별 | | 기술인력 | 영업범위 |
| --- | --- | --- | --- |
| 전문 소방시설<br>설계업 | | 가. 주된 기술인력 : 소방기술사 1명 이상<br>나. 보조기술인력 : 1명 이상 | 모든 특정소방대상물에 설치되는 소방시설의 설계 |
| 일반<br>소방<br>시설<br>설계업 | 기계<br>분야 | 가. 주된 기술인력 : 소방기술사 또는 기계분야 소방설비기사 1명 이상<br>나. 보조기술인력 : 1명 이상 | 가. 아파트에 설치되는 기계분야 소방시설(제연설비는 제외한다)의 설계<br>나. 연면적 3만제곱미터(공장의 경우에는 1만제곱미터) 미만의 특정소방대상물(제연설비가 설치되는 특정소방대상물은 제외한다)에 설치되는 기계분야 소방시설의 설계<br>다. 위험물제조소등에 설치되는 기계분야 소방시설의 설계 |
| | 전기<br>분야 | 가. 주된 기술인력 : 소방기술사 또는 전기분야 소방설비기사 1명 이상<br>나. 보조기술인력 : 1명 이상 | 가. 아파트에 설치되는 전기분야 소방시설의 설계<br>나. 연면적 3만제곱미터(공장의 경우에는 1만제곱미터) 미만의 특정소방대상물에 설치되는 전기분야 소방시설의 설계<br>다. 위험물제조소등에 설치되는 전기분야 소방시설의 설계 |

정답 : 008. ②

## 2. 소방시설공사업

| 업종별 | | 기술인력 | 자본금<br>(자산평가액) | 영업범위 |
|---|---|---|---|---|
| 전문<br>소방시설<br>공사업 | | 가. 주된 기술인력 : 소방기술사 또는 기계분야와 전기 분야의 소방설비기사 각 1명 (기계분야 및 전기분야의 자격을 함께 취득한 사람 1명) 이상<br>나. 보조기술인력 : 2명 이상 | 가. 법인 :<br>1억원 이상<br>나. 개인 :<br>자산평가액<br>1억원 이상 | 특정소방대상물에 설치되는 기계분야 및 전기분야 소방시설의 공사·개설·이전 및 정비 |
| 일반<br>소방<br>시설<br>공사업 | 기계<br>분야 | 가. 주된 기술인력 : 소방기술사 또는 기계분야소방설비기사 1명 이상<br>나. 보조기술인력 : 1명 이상 | 가. 법인 :<br>1억원 이상<br>나. 개인 :<br>자산평가액<br>1억원 이상 | 가. 연면적 1만제곱미터 미만의 특정소방대상물에 설치되는 기계분야 소방시설의 공사·개설·이전 및 정비<br>나. 위험물제조소등에 설치되는 기계 분야 소방시설의 공사·개설·이전 및 정비 |
| | 전기<br>분야 | 가. 주된 기술인력 : 소방기술사 또는 전기분야소방설비기사 1명 이상<br>나. 보조기술인력 : 1명 이상 | 가. 법인 :<br>1억원 이상<br>나. 개인 :<br>자산평가액<br>1억원 이상 | 가. 연면적 1만제곱미터 미만의 특정소방대상물에 설치되는 전기분야 소방시설의 공사·개설·이전·정비<br>나. 위험물제조소등에 설치되는 전기분야 소방시설의 공사·개설·이전·정비 |

## 3. 소방공사감리업

| 업종별 | | 기술인력 | 영업범위 |
|---|---|---|---|
| 전문<br>소방공사<br>감리업 | | 가. 소방기술사 1명 이상<br>나. 기계분야 및 전기분야의 특급 감리원 각 1명(기계분야 및 전기분야의 자격을 함께 가지고 있는 사람이 있는 경우에는 그에 해당하는 사람 1명. 이하 다목부터 마목까지에서 같다) 이상<br>다. 기계분야 및 전기분야의 고급 감리원 이상의 감리원 각 1명 이상<br>라. 기계분야 및 전기분야의 중급 감리원 이상의 감리원 각 1명 이상<br>마. 기계분야 및 전기분야의 초급 감리원 이상의 감리원 각 1명 이상 | 모든 특정소방대상물에 설치되는 소방시설공사 감리 |
| 일반<br>소방<br>공사<br>감리업 | 기계<br>분야 | 가. 기계분야 특급 감리원 1명 이상<br>나. 기계분야 고급 감리원 또는 중급 감리원 이상의 감리원 1명 이상<br>다. 기계분야 초급 감리원 이상의 감리원 1명 이상 | 가. 연면적 3만제곱미터(공장의 경우에는 1만제곱미터) 미만의 특정소방대상물 (제연설비가 설치되는 특정소방대상물은 제외한다)에 설치되는 기계분야 소방시설의 감리<br>나. 아파트에 설치되는 기계분야 소방시설 (제연설비는 제외한다)의 감리<br>다. 위험물제조소등에 설치되는 기계분야 소방시설의 감리 |
| | 전기<br>분야 | 가. 전기분야 특급 감리원 1명 이상<br>나. 전기분야 고급 감리원 또는 중급 감리원 이상의 감리원 1명 이상<br>다. 전기분야 초급 감리원 이상의 감리원 1명 이상 | 가. 연면적 3만제곱미터(공장의 경우에는 1만제곱미터) 미만의 특정소방대상물에 설치되는 전기분야 소방시설의 감리<br>나. 아파트에 설치되는 전기분야 소방시설의 감리<br>다. 위험물제조소등에 설치되는 전기분야 소방시설의 감리 |

4. 방염처리업

| 항목<br>업종별 | 실험실 | 방염처리시설 및 시험기기 | 영업범위 |
|---|---|---|---|
| 섬유류<br>방염업 | 1개<br>이상<br>갖출<br>것 | 부표에 따른 섬유류 방염업의 방염처리시설 및 시험기기를 모두 갖추어야 한다. | 커튼·카펫 등 섬유류를 주된 원료로 하는 방염대상물품을 제조 또는 가공 공정에서 방염처리 |
| 합성수지류<br>방염업 | | 부표에 따른 합성수지류 방염업의 방염처리시설 및 시험기기를 모두 갖추어야 한다. | 합성수지류를 주된 원료로 하는 방염 대상물품을 제조 또는 가공 공정에서 방염처리 |
| 합판·목재류<br>방염업 | | 부표에 따른 합판·목재류 방염업의 방염처리시설 및 시험기기를 모두 갖추어야 한다. | 합판 또는 목재류를 제조·가공 공정 또는 설치 현장에서 방염처리 |

## 009 소방시설업의 업종별 등록기준 중 옳은 것은?

① 전문소방시설설계업의 등록기준에는 소방기술사 1명, 보조기술인력 2명이 필요하다.
② 일반소방시설설계업의 영업범위는 연면적 3만제곱미터 미만의 공장에 설치되는 기계, 전기 분야 설계까지 할 수 있다.
③ 일반 소방시설설계업의 기계분야 및 전기분야를 함께 하는 경우 주된 기술인력은 소방기술사 1명 또는 기계분야 소방설비기사와 전기분야 소방설비기사 자격을 함께 취득한 사람 1명 이상으로 할 수 있다.
④ 일반 소방시설설계업과 전문 소방시설공사업을 함께 하려는 경우 소방기술사 자격을 취득하거나 기계분야 및 전기분야 소방설비산업기사 자격을 함께 취득한 사람을 주인력으로 선임할 수 있다.

1. 일반 소방시설설계업의 기계분야 및 전기분야를 함께 하는 경우 주된 기술인력은 소방기술사 1명 또는 기계분야 소방설비기사와 전기분야 소방설비기사 자격을 함께 취득한 사람 1명 이상으로 할 수 있다.
2. 소방시설설계업을 하려는 자가 소방시설공사업, 「소방시설 설치 및 관리에 관한 법률」에 따른 소방시설관리업(이하 "소방시설관리업"이라 한다) 또는 「다중이용업소의 안전관리에 관한 특별법」에 따른 화재위험평가 대행 업무(이하 "화재위험평가 대행업"이라 한다) 중 어느 하나를 함께 하려는 경우 소방시설공사업, 소방시설관리업 또는 화재위험평가 대행업 기술인력으로 등록된 기술인력은 다음 각 목의 기준에 따라 소방시설설계업 등록 시 갖추어야 하는 해당 자격을 가진 기술인력으로 볼 수 있다.
   가. 전문 소방시설설계업과 소방시설관리업을 함께 하는 경우 : 소방기술사 자격과 소방시설관리사 자격을 함께 취득한 사람
   나. 전문 소방시설설계업과 전문 소방시설공사업을 함께 하는 경우 : 소방기술사 자격을 취득한 사람
   다. 전문 소방시설설계업과 화재위험평가 대행업을 함께 하는 경우 : 소방기술사 자격을 취득한 사람
   라. 일반 소방시설설계업과 소방시설관리업을 함께 하는 경우 다음의 어느 하나에 해당하는 사람
      1) 소방기술사 자격과 소방시설관리사 자격을 함께 취득한 사람
      2) 기계분야 소방설비기사 또는 전기분야 소방설비기사 자격을 취득한 사람 중 소방시설관리사 자격을 취득한 사람

 정답 : 009. ③

마. 일반 소방시설설계업과 일반 소방시설공사업을 함께 하는 경우 : 소방기술사 자격을 취득하거나 기계분야 또는 전기분야 소방설비기사 자격을 취득한 사람
바. 일반 소방시설설계업과 전문 소방시설공사업을 함께 하는 경우 : 소방기술사 자격을 취득하거나 기계분야 및 전기분야 소방설비기사 자격을 함께 취득한 사람
사. 전문 소방시설설계업과 일반 소방시설공사업을 함께하는 경우 : 소방기술사 자격을 취득한 사람

3. "보조기술인력"이란 다음 각 목의 어느 하나에 해당하는 사람을 말한다.
가. 소방기술사, 소방설비기사 또는 소방설비산업기사 자격을 취득한 사람
나. 소방공무원으로 재직한 경력이 3년 이상인 사람으로서 자격수첩을 발급받은 사람
다. 법 제28조제3항에 따라 행정안전부령으로 정하는 소방기술과 관련된 자격·경력 및 학력을 갖춘 사람으로서 자격수첩을 발급받은 사람

## 010 다음 중 일반감리업 구분에서 전기분야 대상이 되는 소방시설이 아닌 것은?

① 기계분야 소방시설에 부설되는 전기시설
② 비상전원, 동력회로, 제어회로
③ 기계분야 소방시설을 작동하기 위하여 설치하는 화재감지기에 의한 화재감지장치 및 전기신호
④ 비상콘센트설비 및 무선통신보조설비

일반 소방공사감리업에서 기계분야 및 전기분야의 대상이 되는 소방시설의 범위는 다음 각 목과 같다.
가. 기계분야
  1) 소화기구, 옥내소화전설비, 스프링클러설비, 간이스프링클러설비, 물분무등소화설비, 옥외소화전설비, 피난기구, 상수도소화용수설비, 소화수조, 저수조, 제연설비, 연결송수관설비, 연결살수설비 및 연소방지설비
  2) 기계분야 소방시설에 부설되는 전기시설. 다만, 비상전원, 동력회로, 제어회로, 기계분야 소방시설을 작동하기 위하여 설치하는 화재감지기에 의한 화재감지장치 및 전기신호에 의한 소방시설의 작동장치는 제외한다.
  3) 실내징식물 및 방염대상물품
나. 전기분야
  1) 비상경보설비, 비상방송설비, 누전경보기, 자동화재탐지설비, 시각경보기, 자동화재속보설비, 가스누설경보기, 통합감시시설, 유도등, 유도표지, 비상조명등, 휴대용비상조명등, 비상콘센트설비 및 무선통신보조설비
  2) 기계분야 소방시설에 부설되는 전기시설 중 가목2) 단서의 전기시설

## 011 소방시설공사업법 시행령상 업종별 등록기준에 대한 다음 설명 중 옳은 것은?

① 전문소방시설설계업의 등록 기술인력은 주된 기술인력으로 소방기술사 1명 이상, 보조기술인력 2명 이상이다.
② 일반소방시설설계업 중 전기분야의 경우 아파트에 설치되는 모든 전기분야의 소방시설 설계를 할 수 있다.
③ 전문소방시설공사업의 경우 법인은 자본금 1억, 개인은 자산평가액이 2억 이상 필요하다.
④ 기계분야 일반소방시설공사업은 연면적 3만제곱미터 미만의 특정소방대상물에 설치되는 기계분야 소방시설 공사, 개설, 이전, 정비 등을 할 수 있다.

 정답 : 010. ① 011. ②

① 보조 1명
③ 개인 자산평가액 1억
④ 연면적 1만제곱미터 미만

## 012 공사업법상 소방시설업의 등록에 대한 다음 설명 중 옳지 않은 것은?

① 특정소방대상물의 소방시설공사 등을 하려는 자는 업종별로 자본금(개인인 경우에는 자산평가액을 말한다), 기술인력 등 대통령령으로 정하는 요건을 갖추어 특별시장·광역시장·특별자치시장·도지사 또는 특별자치도지사(이하 "시·도지사"라 한다)에게 소방시설업을 등록해야 한다.
② 소방시설업의 업종별 영업범위는 대통령령으로 정한다.
③ 소방시설업의 등록신청과 등록증·등록수첩의 발급·재발급 신청, 그 밖에 소방시설업 등록에 필요한 사항은 행정안전부령으로 정한다.
④ 「공공기관의 운영에 관한 법률」제5조에 따른 공기업·준정부기관 및 「지방공기업법」제49조에 따라 설립된 지방공사나 같은 법 제76조에 따라 설립된 지방공단이 공사·점검 업무를 주요 업무로 규정하고 있는 경우에는 시·도지사에게 등록을 하지 아니하고 자체 기술인력을 활용하여 설계·감리를 할 수 있다. 이 경우 대통령령으로 정하는 기술인력을 보유해야 한다.

다음 요건을 모두 갖춘 경우
1. 주택의 건설·공급을 목적으로 설립되었을 것
2. 설계·감리 업무를 주요 업무로 규정하고 있을 것

## 013 소방시설업의 등록신청 사항 중 공사업의 등록 시 제출해야 하는 첨부서류에 해당하지 않는 것은?

① 신청인(외국인을 포함하되, 법인의 경우에는 대표자를 포함한 임원을 말한다)의 성명, 주민등록번호 및 주소지 등의 인적사항이 적힌 서류
② 소방청장이 지정하는 금융회사 또는 소방산업공제조합에 출자·예치·담보한 금액 확인서(이하 "출자·예치·담보 금액 확인서"라 한다) 1부
③ 전문경영진단기관이 신청일 전 최근 90일 이내에 작성한 자산평가액 또는 소방청장이 정하여 고시하는 바에 따라 작성된 기업진단 보고서
④ 법인등기사항 전부증명서(법인인 경우만 해당한다)

제1항에 따라 등록신청을 받은 협회는 「전자정부법」제36조제1항에 따른 행정정보의 공동이용을 통하여 다음 각 호의 서류를 확인해야 한다. 다만, 신청인이 제2호부터 제4호까지의 서류의 확인에 동의하지 아니하는 경우에는 해당 서류를 제출하도록 해야 한다.<개정 2015. 8. 4.>
1. 법인등기사항 전부증명서(법인인 경우만 해당한다)
2. 사업자등록증(개인인 경우만 해당한다)
3. 「출입국관리법」제88조제2항에 따른 외국인등록 사실증명(외국인인 경우만 해당한다)
4. 「국민연금법」제16조에 따른 국민연금가입자 증명서(이하 "국민연금가입자 증명서"라 한다) 또는 「국민건강보험법」제11조에 따라 건강보험의 가입자로서 자격을 취득하고 있다는 사실을 확인할 수 있는 증명서("건강보험자격취득 확인서"라 한다)

정답 : 012. ④    013. ④

## 014 소방시설업의 등록신청을 받은 경우 며칠 이내에 발급해주어야 하며 이때 서류보완기간은?

① 15일, 10일  ② 15일, 7일  ③ 10일, 3일  ④ 10일, 5일

> **해설** 공사업법 시행규칙
> 제2조의2(등록신청 서류의 보완) 협회는 제2조에 따라 받은 소방시설업의 등록신청 서류가 다음 각 호의 어느 하나에 해당되는 경우에는 10일 이내의 기간을 정하여 이를 보완하게 할 수 있다.
> 1. 첨부서류(전자문서를 포함한다)가 첨부되지 아니한 경우
> 2. 신청서(전자문서로 된 소방시설업 등록신청서를 포함한다) 및 첨부서류(전자문서를 포함한다)에 기재되어야 할 내용이 기재되어 있지 아니하거나 명확하지 아니한 경우

## 015 소방시설업의 등록 시 시 · 도지사에게 제출하는 서류가 아닌 것은?

① 소방기술자경력수첩 및 기술자격증(자격수첩)
② 소방청장이 지정하는 금융회사 또는 소방산업공제조합에 출자·예치·담보한 금액확인서(소방시설공사업인 경우에 한한다.)
③ 신청일 전 최근 90일 이내에 작성한 자산평가액 또는 기업진단보고서(소방시설공사업인 경우에 한한다)
④ 법인등기부등본(법인의 경우에 한한다)

> **해설** 필요 서류
> 1. 신청인(외국인을 포함하되, 법인의 경우에는 대표자를 포함한 임원을 말한다)의 성명, 주민등록번호 및 주소지 등의 인적사항이 적힌 서류
> 2. 등록기준 중 기술인력에 관한 사항을 확인할 수 있는 다음 각 목의 어느 하나에 해당하는 서류(이하 "기술인력 증빙서류"라 한다)
>    가. 국가기술자격증
>    나. 법 제28조제2항에 따라 발급된 소방기술 인정 자격수첩(이하 "자격수첩"이라 한다) 또는 소방기술자 경력수첩(이하 "경력수첩"이라 한다)
> 3. 영 제2조제2항에 따라 소방청장이 지정하는 금융회사 또는 소방산업공제조합에 출자·예치·담보한 금액 확인서(이하 "출자·예치·담보 금액 확인서"라 한다) 1부(소방시설공사업만 해당한다). 다만, 소방청장이 지정하는 금융회사 또는 소방산업공제조합에 해당 금액을 확인할 수 있는 경우에는 그 확인으로 갈음할 수 있다.
> 4. 다음 각 목의 어느 하나에 해당하는 자가 신청일 전 최근 90일 이내에 작성한 자산평가액 또는 소방청장이 정하여 고시하는 바에 따라 작성된 기업진단 보고서(소방시설공사업만 해당한다)
>    가. 「공인회계사법」 제7조에 따라 금융위원회에 등록한 공인회계사
>    나. 「세무사법」 제6조에 따라 기획재정부에 등록한 세무사
>    다. 「건설산업기본법」 제49조제2항에 따른 전문경영진단기관
> 5. 신청인(법인인 경우에는 대표자를 말한다)이 외국인인 경우에는 법 제5조 각 호의 어느 하나에 해당하는 사유와 같거나 비슷한 사유에 해당하지 아니함을 확인할 수 있는 서류로서 다음 각 목의 어느 하나에 해당하는 서류
>    가. 해당 국가의 정부나 공증인(법률에 따른 공증인의 자격을 가진 자만 해당한다), 그 밖의 권한이 있는 기관이 발행한 서류로서 해당 국가에 주재하는 우리나라 영사가 확인한 서류

정답 : 014.①    015.④

나. 「외국공문서에 대한 인증의 요구를 폐지하는 협약」을 체결한 국가의 경우에는 해당 국가의 정부나 공증인(법률에 따른 공증인의 자격을 가진 자만 해당한다), 그 밖의 권한이 있는 기관이 발행한 서류로서 해당 국가의 아포스티유(Apostille) 확인서 발급 권한이 있는 기관이 그 확인서를 발급한 서류

### 016 다음 중 소방시설공사업법에 규정된 소방기술자에 해당하지 않는 사람은?

① 소방시설관리사
② 소방설비기사
③ 위험물산업기사
④ 특급소방안전관리자

"소방기술자"란 제28조에 따라 소방기술 경력 등을 인정받은 사람과 다음 각 목의 어느 하나에 해당하는 사람으로서 소방시설과 「소방시설설치 및 관리에 관한 법률」에 따른 소방시설관리업의 기술인력으로 등록된 사람을 말한다.
가. 「소방시설설치 및 관리에 관한 법률」에 따른 소방시설관리사
나. 국가기술자격 법령에 따른 소방기술사, 소방설비기사, 소방설비산업기사, 위험물기능장, 위험물산업기사, 위험물기능사

### 017 소방시설업을 하는 사람이 소방서에 전화를 걸어 다음 내용을 물었다. 대답으로 옳은 것은?

㉠ 등록사항의 변경이 있는데 소방시설업 등록사항변경신고서를 누구에게 며칠 이내에 제출하는가?
㉡ 소방시설업 합병신고서로 소방시설업의 지위를 승계시키고자 할 때 누구에게 제출하는가?
㉢ 소방시설공사의 착공 전까지 소방시설공사 착공(변경)신고서를 누구에게 신고하는가?

① ㉠ 시·도지사, 60일 / ㉡ 소방본부장 또는 소방서장 / ㉢ 시·도지사
② ㉠ 협회, 30일 / ㉡ 협회 / ㉢ 소방본부장 또는 소방서장
③ ㉠ 소방본부장 또는 소방서장, 30일 / ㉡ 소방본부장 또는 소방서장 / ㉢ 시·도지사
④ ㉠ 소방본부장 또는 소방서장, 60일 / ㉡ 시·도지사 / ㉢ 소방본부장 또는 소방서장

제6조(등록사항의 변경신고 등)
① 법 제6조에 따라 소방시설업자는 제5조 각 호의 어느 하나에 해당하는 등록사항이 변경된 경우에는 변경일부터 30일 이내에 별지 제7호서식의 소방시설업 등록사항 변경신고서(전자문서로 된 소방시설업 등록사항 변경신고서를 포함한다)에 변경사항별로 다음 각 호의 구분에 따른 서류(전자문서를 포함한다)를 첨부하여 협회에 제출해야 한다. 다만, 「전자정부법」제36조제1항에 따른 행정정보의 공동이용을 통하여 첨부서류에 대한 정보를 확인할 수 있는 경우에는 그 확인으로 첨부서류를 갈음할 수 있다.
1. 상호(명칭) 또는 영업소 소재지가 변경된 경우 : 소방시설업 등록증 및 등록수첩
2. 대표자가 변경된 경우 : 다음 각 목의 서류
   가. 소방시설업 등록증 및 등록수첩
   나. 변경된 대표자의 성명, 주민등록번호 및 주소지 등의 인적사항이 적힌 서류
   다. 외국인인 경우에는 제2조제1항제5호 각 목의 어느 하나에 해당하는 서류
3. 기술인력이 변경된 경우 : 다음 각 목의 서류
   가. 소방시설업 등록수첩
   나. 기술인력 증빙서류
   다. 삭제<2014.9.2.>

정답 : 016. ④   017. ②

## 018
공사업법 시행규칙상 소방시설업자는 휴업, 폐업 또는 재개업신고를 하려면 휴업, 폐업, 재개업일로부터 며칠 이내에 협회를 경유하여 시·도지사에게 제출해야 하는가?

① 10일  ② 15일  ③ 30일  ④ 45일

공사업법 시행규칙 제6조의2(소방시설업의 휴업·폐업 등의 신고)
① 소방시설업자는 법 제6조의2제1항에 따라 휴업·폐업 또는 재개업 신고를 하려면 휴업·폐업 또는 재개업일부터 30일 이내에 별지 제7호의3서식의 소방시설업 휴업·폐업·재개업 신고서(전자문서로 된 신고서를 포함한다)에 다음 각 호의 구분에 따른 서류(전자문서를 포함한다)를 첨부하여 협회를 경유하여 시·도지사에게 제출해야 한다. 다만, 「전자정부법」제36조제1항에 따른 행정정보의 공동이용을 통하여 첨부서류에 대한 정보를 확인할 수 있는 경우에는 그 확인으로 첨부서류를 갈음할 수 있다.
  1. 휴업·폐업의 경우 : 등록증 및 등록수첩
  2. 재개업의 경우 : 제2조제1항제2호 및 제3호, 같은 조 제3항제4호에 해당하는 서류
② 제1항에 따른 신고서를 제출받은 협회는 「전자정부법」제36조제1항에 따라 행정정보의 공동이용을 통하여 국민연금가입자 증명서 또는 건강보험자격취득 확인서를 확인해야 한다. 다만, 신고인이 서류의 확인에 동의하지 아니하는 경우에는 해당 서류를 제출하도록 해야 한다.
③ 제1항에 따른 신고서를 제출받은 협회는 법 제6조의2제2항에 따라 다음 각 호의 사항을 협회 인터넷 홈페이지에 공고해야 한다.
  1. 등록업종 및 등록번호
  2. 휴업·폐업 또는 재개업 연월일
  3. 상호(명칭) 및 성명(법인의 경우에는 대표자의 성명을 말한다)
  4. 영업소 소재지

> **공사업법 제6조의2(휴업·폐업 등의 신고)**
> ① 소방시설업자는 소방시설업을 휴업·폐업 또는 재개업하는 때에는 행정안전부령으로 정하는 바에 따라 시·도지사에게 신고해야 한다.
> ② 제1항에 따른 폐업신고를 받은 시·도지사는 소방시설업 등록을 말소하고 그 사실을 행정안전부령으로 정하는 바에 따라 공고해야 한다.

## 019
공사업법상 소방시설업자의 지위승계를 해야 하는 자에 해당하지 않는 사람은?

① 소방시설업자가 사망한 경우 그 상속인
② 소방시설업자가 그 영업을 양도한 경우 그 양수인
③ 법인인 소방시설업자가 다른 법인과 합병한 경우 합병 후 존속하는 법인이나 합병으로 설립되는 법인
④ 폐업신고로 소방시설업 등록이 말소된 후 1년 이내에 다시 소방시설업을 등록한 자

6개월 이내 재등록한 자

공사업법 제6조의2(휴업·폐업 신고 등)
① 소방시설업자는 소방시설업을 휴업·폐업 또는 재개업하는 때에는 행정안전부령으로 정하는 바에 따라 시·도지사에게 신고해야 한다. <개정 2017. 7. 26.>

정답 : 018. ③   019. ④

② 제1항에 따른 폐업신고를 받은 시·도지사는 소방시설업 등록을 말소하고 그 사실을 행정안전부령으로 정하는 바에 따라 공고해야 한다. <개정 2017. 7. 26.>
③ 제1항에 따른 폐업신고를 한 자가 제2항에 따라 소방시설업 등록이 말소된 후 6개월 이내에 같은 업종의 소방시설업을 다시 제4조에 따라 등록한 경우 해당 소방시설업자는 폐업신고 전 소방시설업자의 지위를 승계한다. <신설 2020. 6. 9.>
④ 제3항에 따라 소방시설업자의 지위를 승계한 자에 대해서는 폐업신고 전의 소방시설업자에 대한 행정처분의 효과가 승계된다. <신설 2020. 6. 9.>

## 020 소방시설공사업법령상 소방시설업자의 지위승계가 가능한 자에게 해당하는 것을 모두 고른 것은?

> ㄱ. 소방시설업자가 사망한 경우 그 상속인
> ㄴ. 소방시설업자가 그 영업을 양도한 경우 그 양수인
> ㄷ. 법인인 소방시설업자가 다른 법인과 합병한 경우 합병 후 존속하는 법인이나 합병으로 설립되는 법인
> ㄹ. 폐업신고로 소방시설업 등록이 말소된 후 6개월 이내에 다시 소방시설업을 등록한 자

① ㄱ, ㄴ, ㄷ   ② ㄱ, ㄷ, ㄹ   ③ ㄴ, ㄷ, ㄹ   ④ ㄱ, ㄴ, ㄷ, ㄹ

제7조(소방시설업자의 지위승계) ① 다음 각 호의 어느 하나에 해당하는 자가 종전의 소방시설업자의 지위를 승계하려는 경우에는 그 상속일, 양수일 또는 합병일부터 30일 이내에 행정안전부령으로 정하는 바에 따라 그 사실을 시·도지사에게 신고해야 한다. <개정 2016. 1. 27., 2020. 6. 9.>
1. 소방시설업자가 사망한 경우 그 상속인
2. 소방시설업자가 그 영업을 양도한 경우 그 양수인
3. 법인인 소방시설업자가 다른 법인과 합병한 경우 합병 후 존속하는 법인이나 합병으로 설립되는 법인
4. 삭제 <2020. 6. 9.>

## 021 지위승계신고를 협회가 접수한 경우 협회는 며칠 이내에 지위승계사실을 확인 후 시·도지사에게 보고해야 하며 시·도지사는 지위승계신고 확인사실을 보고받은 날부터 며칠 이내에 협회를 경유하여 발급해주어야 하는가?

① 5일, 5일   ② 6일, 4일   ③ 7일, 3일   ④ 8일, 2일

제3조(소방시설업 등록증 및 등록수첩의 발급) 시·도지사는 제2조에 따른 접수일부터 15일 이내에 협회를 경유하여 별지 제3호서식에 따른 소방시설업 등록증 및 별지 제4호서식에 따른 소방시설업 등록수첩을 신청인에게 발급해 주어야 한다.

제4조(소방시설업 등록증 또는 등록수첩의 재발급 및 반납) ① 법 제4조제3항에 따라 소방시설업자는 소방시설업 등록증 또는 등록수첩을 잃어버리거나 소방시설업 등록증 또는 등록수첩이 헐어 못 쓰게 된 경우에는 시·도지사에게 소방시설업 등록증 또는 등록수첩의 재발급을 신청할 수 있다.

② 소방시설업자는 제1항에 따라 재발급을 신청하는 경우에는 별지 제6호서식의 소방시설업

정답 : 020. ④   021. ③

등록증(등록수첩) 재발급신청서 [전자문서로 된 소방시설업 등록증(등록수첩) 재발급신청서를 포함한다]를 협회를 경유하여 시·도지사에게 제출해야 한다. <개정 2015. 8. 4.>

③ 시·도지사는 제2항에 따른 재발급신청서[전자문서로 된 소방시설업 등록증(등록수첩) 재발급신청서를 포함한다]를 제출받은 경우에는 3일 이내에 협회를 경유하여 소방시설업 등록증 또는 등록수첩을 재발급해야 한다. <개정 2015. 8. 4.>

④ 소방시설업자는 다음 각 호의 어느 하나에 해당하는 경우에는 지체 없이 협회를 경유하여 시·도지사에게 그 소방시설업 등록증 및 등록수첩을 반납해야 한다. <개정 2015. 8. 4.>
  1. 법 제9조에 따라 소방시설업 등록이 취소된 경우
  2. 삭제 <2016. 8. 25.>
  3. 제1항에 따라 재발급을 받은 경우. 다만, 소방시설업 등록증 또는 등록수첩을 잃어버리고 재발급을 받은 경우에는 이를 다시 찾은 경우에만 해당한다.

제7조(지위승계 신고 등)
④ 제1항에 따른 지위승계 신고 서류를 제출받은 협회는 접수일부터 7일 이내에 지위를 승계한 사실을 확인한 후 그 결과를 시·도지사에게 보고해야 한다. <개정 2015. 8. 4., 2020. 1. 15.>

⑤ 시·도지사는 제4항에 따라 소방시설업의 지위승계 신고의 확인 사실을 보고받은 날부터 3일 이내에 협회를 경유하여 법 제7조제1항에 따른 지위승계인에게 등록증 및 등록수첩을 발급해야 한다. <신설 2015. 8. 4., 2020. 1. 15.>

## 022 소방시설공사업법상 소방시설업의 운영에 대한 다음 설명 중 옳지 않은 것은?

① 소방시설업자는 소방시설업의 등록증 또는 등록수첩을 다른 자에게 빌려주어서는 아니 된다.
② 영업정지 처분이나 등록취소 처분을 받은 소방시설업자는 그 날부터 소방시설공사 등을 하여서는 아니 된다.
③ 소방시설업자는 소방시설업자의 지위를 승계한 경우 소방시설공사 등을 맡긴 특정소방대상물의 관계인에게 승계일로부터 30일 이내에 그 사실을 알려야 한다.
④ 소방시설업자는 행정안전부령으로 정하는 관계 서류를 하자보수 보증기간 동안 보관해야 한다.

제8조(소방시설업의 운영)
① 소방시설업자는 소방시설업의 등록증 또는 등록수첩을 다른 자에게 빌려 주어서는 아니 된다.
② 제9조제1항에 따라 영업정지처분이나 등록취소처분을 받은 소방시설업자는 그 날부터 소방시설공사 등을 하여서는 아니 된다. 다만, 소방시설의 착공신고가 수리(受理)되어 공사를 하고 있는 자로서 도급계약이 해지되지 아니한 소방시설공사업자 또는 소방공사감리업자가 그 공사를 하는 동안이나 제4조제1항에 따라 방염처리업을 등록한 자(이하 "방염처리업자"라 한다)가 도급을 받아 방염 중인 것으로서 도급계약이 해지되지 아니한 상태에서 그 방염을 하는 동안에는 그러하지 아니하다. <개정 2014. 12. 30., 2018. 2. 9.>
③ 소방시설업자는 다음 각 호의 어느 하나에 해당하는 경우에는 소방시설공사 등을 맡긴 특정소방대상물의 관계인에게 지체 없이 그 사실을 알려야 한다. <개정 2014. 12. 30.>
  1. 제7조에 따라 소방시설업자의 지위를 승계한 경우
  2. 제9조제1항에 따라 소방시설업의 등록취소처분 또는 영업정지처분을 받은 경우
  3. 휴업하거나 폐업한 경우
④ 소방시설업자는 행정안전부령으로 정하는 관계 서류를 제15조제1항에 따른 하자보수 보증기간 동안 보관해야 한다. <개정 2013. 3. 23., 2014. 11. 19., 2017. 7. 26.>

정답 : 022. ③

"행정안전부령으로 정하는 관계 서류"란 다음 각 호의 구분에 따른 해당 서류(전자문서를 포함한다)를 말한다.
1. 소방시설설계업 : 별지 제10호서식의 소방시설 설계기록부 및 소방시설 설계도서
2. 소방시설공사업 : 별지 제11호서식의 소방시설공사 기록부
3. 소방공사감리업 : 별지 제12호서식의 소방공사 감리기록부, 별지 제13호서식의 소방공사 감리일지 및 소방시설의 완공 당시 설계도서

**023** 소방시설업자가 특정소방대상물의 관계인에 대한 통보 의무사항이 아닌 것은?

① 지위를 승계한 때
② 등록취소 또는 영업정지 처분을 받은 때
③ 휴업 또는 폐업한 때
④ 주소지가 변경된 때

소방시설공사업법 제8조(소방시설업의 운영) ③항
소방시설업자는 다음 각 호의 어느 하나에 해당하는 경우에는 소방시설공사 등을 맡긴 특정소방대상물의 관계인에게 지체없이 그 사실을 알려야 한다.
1. 제7조에 따라 소방시설업자의 지위를 승계한 경우
2. 제9조제1항에 따라 소방시설업의 등록취소처분 또는 영업정지처분을 받은 경우
3. 휴업하거나 폐업한 경우

**024** 소방시설공사업법상 소방시설업의 등록이 취소되는 사유가 아닌 것은?

① 거짓이나 그 밖의 부정한 방법으로 등록한 경우
② 등록 결격사유에 해당하게 된 경우
③ 영업정지 기간 중에 소방시설공사 등을 한 경우
④ 등록을 한 후 정당한 사유 없이 1년이 지날 때까지 영업을 시작하지 아니하거나 계속하여 1년 이상 휴업한 때

등록취소와 영업정지 등
1) 시·도지사는 소방시설업자가 다음 각 호의 어느 하나에 해당하면 행정안전부령으로 정하는 바에 따라 그 등록을 취소하거나 6개월 이내의 기간을 정하여 시정이나 그 영업의 정지를 명할 수 있다.
2) 등록취소사유
  1. 거짓이나 그 밖의 부정한 방법으로 등록한 경우
  3. 제5조 각 호의 등록 결격사유에 해당하게 된 경우
  7. 제8조제2항을 위반하여 영업정지 기간 중에 소방시설공사 등을 한 경우

정답 : 023. ④   024. ④

## 025 다음 중 소방시설업의 등록, 운영, 취소에 대한 설명 중 가장 옳은 것은?

① 소방시설업의 영업정지처분을 받은 경우 즉시 감리업자에게 알려야 한다.
② 소방시설업의 영업정지 기간 중에 소방시설공사 등을 한 경우 영업정지기간을 연장한다.
③ 소방시설업의 등록의 취소권자는 소방본부장 또는 소방서장이 한다.
④ 영업정지 처분기간 중 영업정지에 해당하는 위반사항이 있는 경우에는 종전의 처분기간 만료일의 다음날부터 새로운 위반사항에 대한 영업정지의 행정처분을 한다.

① 소방시설업의 등록취소처분 또는 영업정지처분을 받은 경우 소방시설업자는 소방시설공사 등을 맡긴 특정소방대상물의 관계인에게 지체 없이 그 사실을 알려야 한다.
② 영업정지 기간 중에 소방시설공사 등을 한 경우 그 등록을 취소해야 한다.
③ 소방시설업의 등록의 취소권자는 시·도지사이다.
④ 소방시설공사업법 시행규칙 별표 1, 1. 일반기준(나항) 참조

## 026 소방시설공사업법상 (　)처분에 갈음하여 최대 (　) 이하의 과징금을 부과할 수 있으며, 위반행위의 종류와 위반정도 등에 따른 과징금에 필요한 사항은 (　)(으)로 정한다. 에서 괄호순서대로 올바르게 답한 것은?

① 영업취소, 1억원, 대통령령
② 영업정지, 5천만 원, 행정안전부령
③ 영업정지, 2억원, 행정안전부령
④ 판매중지, 2억원, 대통령령

제10조(과징금처분) ① 시·도지사는 제9조제1항 각 호의 어느 하나에 해당하는 경우로서 영업정지가 그 이용자에게 불편을 주거나 그 밖에 공익을 해칠 우려가 있을 때에는 영업정지처분을 갈음하여 2억원 이하의 과징금을 부과할 수 있다. <개정 2020. 6. 9.>
② 제1항에 따른 과징금을 부과하는 위반행위의 종류와 위반 정도 등에 따른 과징금과 그 밖에 필요한 사항은 행정안전부령으로 정한다. <개정 2013. 3. 23., 2014. 11. 19., 2017. 7. 26.>
③ 시·도지사는 제1항에 따른 과징금을 내야 할 자가 납부기한까지 과징금을 내지 아니하면 「지방행정제재·부과금의 징수 등에 관한 법률」에 따라 징수한다.

## 027 시도지사가 설계업의 등록을 해줄수 있는 사항에 해당하는 것은?

① 소방시설업 등록기준을 갖추지 못한 경우
② 자본금기준금액의 100분의 20이상에 해당하는 관련 확인서를 제출하지 아니한 경우
③ 등록을 신청한자가 피성년인 인 경우
④ 소방시설법에 따른 제한에 위반되는 경우

시행령 제2조(소방시설업의 등록기준 및 영업범위) ① 「소방시설공사업법」(이하 "법"이라 한다) 제4조제1항 및 제2항에 따른 소방시설업의 업종별 등록기준 및 영업범위는 별표 1과 같다.
② 소방시설공사업의 등록을 하려는 자는 별표 1의 기준을 갖추어 소방청장이 지정하는 금융회사 또는 「소방산업의 진흥에 관한 법률」 제23조에 따른 소방산업공제조합이 별표 1에 따른 자본금 기준금액의 100분의 20 이상에 해당하는 금액의 담보를 제공받거나 현금의 예치 또는 출자를 받은 사실을 증명하여 발행하는 확인서를 특별시장·광역시장·특

정답 : 025. ④　　026. ③　　027. ②

별자치시장·도지사 또는 특별자치도지사(이하 "시·도지사"라 한다)에게 제출해야 한다. <개정 2014. 11. 19., 2015. 6. 22., 2017. 7. 26.>
③ 시·도지사는 법 제4조제1항에 따른 등록신청이 다음 각 호의 어느 하나에 해당되는 경우를 제외하고는 등록을 해주어야 한다. <신설 2011. 12. 13.>
1. 제1항에 따른 등록기준을 갖추지 못한 경우
2. 제2항에 따른 확인서를 제출하지 아니한 경우
3. 등록을 신청한 자가 법 제5조 각 호의 어느 하나에 해당하는 경우
4. 그 밖에 법, 이 영 또는 다른 법령에 따른 제한에 위반되는 경우

**028** 소방시설공사업의 등록을 하려는 자는 소방청장이 지정하는 금융회사 또는 소방산업공제조합에 자본금 기준금액의 몇 분의 몇 이상에 해당하는 금액의 담보를 제공받거나 현금예치 또는 출자받은 사실을 증명하여 발행하는 확인서를 제출해야 하는가?

① 10/100  ② 20/100  ③ 30/100  ④ 40/100

27번 해설 참조

**029** 소방시설공사의 신설공사에서 착공신고 대상이 아닌 것은?

① 옥내소화전설비, 자동화재탐지설비
② 누전경보기, 자동화재속보설비
③ 스프링클러설비, 소화용수설비
④ 비상경보설비, 무선통신보조설비

착공신고
1) 공사업자는 대통령령으로 정하는 소방시설공사를 하려면 행정안전부령으로 정하는 바에 따라 그 공사의 내용, 시공 장소, 그 밖에 필요한 사항을 소방본부장이나 소방서장에게 신고해야 한다.
2) 공사업자가 제1항에 따라 신고한 사항 가운데 행정안전부령으로 정하는 중요한 사항을 변경하였을 때에는 행정안전부령으로 정하는 바에 따라 변경신고를 해야 한다. 이 경우 중요한 사항에 해당하지 아니하는 변경 사항은 제20조에 따른 공사감리 결과보고서에 포함하여 소방본부장이나 소방서장에게 보고해야 한다.
3) 착공신고대상
1. 신축, 증축 등으로 신설하는 공사
가. 옥내소화전설비(호스릴옥내소화전설비를 포함한다. 이하 같다), 옥외소화전설비, 스프링클러설비·간이스프링클러설비(캐비닛형 간이스프링클러설비를 포함한다. 이하 같다) 및 화재조기 진압용 스프링클러설비(이하 "스프링클러설비등"이라 한다), 물분무소화설비·포소화설비·이산화탄소소화설비·할로겐화합물소화설비·청정소화약제소화설비·미분무소화설비·강화액소화설비 및 분말소화설비(이하 "물분무등소화설비"라 한다), 연결송수관설비, 연결살수설비, 제연설비(소방용 외의 용도와 겸용되는 제연설비를 「건설산업기본법 시행령」별표 1에 따른 기계설비공사업자가 공사하는 경우는 제외한다), 소화용수설비(소화용수설비를 「건설산업기본법 시행령」별표 1에 따른 기계설비공사업자 또는 상·하수도설비공사업자가 공사하는 경우는 제외한다) 또는 연소방지설비
나. 자동화재탐지설비, 비상경보설비, 비상방송설비(소방용 외의 용도와 겸용되는 비상방송설비를 「정보통신공사업법」에 따른 정보통신공사업자가 공사하는 경우는

정답 : 028. ②  029. ②

제외한다), 비상콘센트설비(비상콘센트설비를 「전기공사업법」에 따른 전기공사업자가 공사하는 경우는 제외한다) 또는 무선통신보조설비(소방용 외의 용도와 겸용되는 무선통신보조설비를 「정보통신공사업법」에 따른 정보통신공사업자가 공사하는 경우는 제외한다)

2. 증축, 개축, 재축, 대수선 또는 구조변경·용도변경되는 특정소방대상물에 다음 각 목의 어느 하나에 해당하는 설비 또는 구역 등을 증설하는 공사
  가. 옥내·옥외소화전설비
  나. 스프링클러설비·간이스프링클러설비 또는 물분무등소화설비의 방호구역, 자동화재탐지설비의 경계구역, 제연설비의 제연구역(소방용 외의 용도와 겸용되는 제연설비를 「건설산업기본법 시행령」 별표 1에 따른 기계설비공사업자가 공사하는 경우는 제외한다), 연결살수설비의 살수구역, 연결송수관설비의 송수구역, 비상콘센트설비의 전용회로, 연소방지설비의 살수구역

3. 전부 또는 일부를 개설(改設), 이전(移轉) 또는 정비(整備)하는 공사. 다만, 고장 또는 파손 등으로 인하여 작동시킬 수 없는 소방시설을 긴급히 교체하거나 보수해야 하는 경우에는 신고하지 않을 수 있다.
  가. 수신반(受信盤)
  나. 소화펌프
  다. 동력(감시)제어반

## 030   소방시설공사업자가 착공신고서에 첨부해야 할 서류가 아닌 것은?

① 설계도서
② 건축허가서
③ 기술관리를 하는 기술인력의 기술자격증 사본
④ 소방시설공사업등록증 사본

착공신고 서류
1. 공사업자의 소방시설공사업 등록증 사본 1부 및 등록수첩 사본 1부
2. 해당 소방시설공사의 책임시공 및 기술관리를 하는 기술인력의 기술등급을 증명하는 서류 사본 1부
3. 법 제21조의3제2항에 따라 체결한 소방시설공사 계약서 사본 1부
4. 설계도서(설계설명서를 포함하되, 「소방시설 설치·유지 및 안전관리에 관한 법률」 제7조에 따른 건축허가 동의 시 제출된 설계도서가 변경된 경우에만 첨부한다) 1부
5. 별지 제31호서식의 소방시설공사 하도급통지서 사본(소방시설공사를 하도급하는 경우에만 첨부한다) 1부

## 031   다음 중 반드시 착공신고를 해야 하는 경우로 옳은 것은?

① 단독경보형 감지기를 설치하는 경우
② 소화용수설비를 「건설산업기본법 시행령」에 따른 기계설비공사업자가 공사하는 경우
③ 신축하는 특정대상물에 옥내소화전설비를 신설하는 경우
④ 동력(감시)제어반을 고장 또는 파손 등으로 인하여 작동시킬 수 없어 긴급히 교체하거나 보수해야 하는 경우

정답 : 030. ②    031. ③

소방시설공사업법 시행령 제4조 착공신고 대상
① 단독경보형 감지기는 착공신고 대상이 아니다.
② 소화용수설비를 「건설산업기본법 시행령」 별표 1에 따른 기계설비공사업자 또는 상·하수도설비공사업자가 공사하는 경우는 제외한다.
③ 신축하는 특정대상물에 옥내소화전설비를 신설하는 경우는 반드시 착공신고해야 하는 대상이다.
④ 수신반(受信盤), 소화펌프, 동력(감시)제어반 고장 또는 파손 등으로 인하여 작동시킬 수 없는 소방시설을 긴급히 교체하거나 보수해야 하는 경우에는 신고하지 않을 수 있다.

## 032 소방시설공사의 착공신고의 대상이 아닌 것은?
① 옥내소화전 옥외소화전설비공사
② 스프링클러설비 간이스프링클러설비공사
③ 가스누설경보기 탐지부 교체·보수공사
④ 비상경보설비 및 비상방송설비 신설공사

## 033 소방시설공사업법 시행령상 소방본부장이나 소방서장이 소방시설공사가 공사감리결과보고서대로 완공되었는지를 현장에서 확인할 수 있는 특정소방대상물이 아닌 것은?
① 문화 및 집회시설
② 수련시설
③ 11층 이상인 아파트
④ 지하상가

완공검사 현장확인 소방대상물
1. 문화 및 집회시설, 종교시설, 판매시설, 노유자(老幼者)시설, 수련시설, 운동시설, 숙박시설, 창고시설, 지하상가 및 「다중이용업소의 안전관리에 관한 특별법」에 따른 다중이용업소
2. 다음 각 목의 어느 하나에 해당하는 설비가 설치되는 특정소방대상물
   가. 스프링클러설비 등
   나. 물분무등소화설비(호스릴방식의 소화설비는 제외한다)
3. 연면적 1만제곱미터 이상이거나 11층 이상인 특정소방대상물(아파트는 제외한다)
4. 가연성 가스를 제조·저장 또는 취급하는 시설 중 지상에 노출된 가연성 가스탱크의 저장용량 합계가 1천톤 이상인 시설

## 034 소방시설공사업법상 완공검사에 대한 설명으로 맞는 것은?
① 공사업자는 소방시설공사를 완공하면 소방본부장 또는 소방서장의 완공검사를 받아야 한다. 다만, 공사감리자가 지정되어 있는 경우에는 공사감리결과보고서로 완공검사를 갈음하되, 행정안전부령으로 정하는 특정소방대상물의 경우에는 소방본부장이나 소방서장이 소방시설공사가 공사감리결과보고서대로 완공되었는지를 현장에서 확인할 수 있다.
② 공사업자가 소방대상물 일부분의 소방시설공사를 마친 경우로서 전체 시설이 준공되기 전에 부분적으로 사용할 필요가 있는 경우에는 그 일부분에 대하여 소방본부장이나 소방서장에게 완공검사(이하 "부분완공검사"라 한다)를 신청할 수 있다. 이 경우 소방본부장이나 소방서장은 그 일부분의 공사가 완공되었는지를 확인할 수 있다.
③ 소방본부장이나 소방서장은 부분완공검사를 하였을 때에도 완공검사증명서를 발급해야 한다.
④ 완공검사 및 부분완공검사의 신청과 검사증명서의 발급, 그 밖에 완공검사 및 부분완공검사에 필요한 사항은 행정안전부령으로 정한다.

정답 : 032. ③    033. ③    034. ④

① 대통령령    ② 확인해야 한다.
③ 부분완공검사 시 부분완공검사증명서 발급

**035** 공사의 하자보수에 대한 설명으로 옳지 않은 것은?
① 공사업자는 소방시설공사 결과 자동화재탐지설비에 하자가 있을 때에는 완공일로부터 3년동안 그 하자를 보수해야 한다.
② 관계인은 하자보수기간에 소방시설의 하자가 발생하였을 때에는 공사업자에게 그 사실을 알려야 하며, 통보를 받은 공사업자는 3일 이내에 하자를 보수하거나 보수 일정을 기록한 하자보수계획을 관계인에게 서면으로 알려야 한다.
③ 관계인은 3일 이내에 공사업자가 하자보수계획을 서면으로 알리지 아니하는 경우 소방본부장이나 소방서장에게 그 사실을 알릴 수 있다.
④ 소방본부장이나 소방서장은 관계인의 하자보수 불이행통보를 받았을 때에는 「화재의 예방 및 안전관리에 관한 법률」, 「소방시설 설치 및 관리에 관한 법률」 제11조의2제2항에 따른 중앙소방기술심의위원회에 심의를 요청해야 하며, 그 심의 결과 하자로 인정할 때에는 시공자에게 기간을 정하여 하자보수를 명해야 한다.

제15조(공사의 하자보수 등) ① 공사업자는 소방시설공사 결과 자동화재탐지설비 등 대통령령으로 정하는 소방시설에 하자가 있을 때에는 대통령령으로 정하는 기간 동안 그 하자를 보수해야 한다. <개정 2015. 7. 20.>
② 삭제 <2015. 7. 20.>
③ 관계인은 제1항에 따른 기간에 소방시설의 하자가 발생하였을 때에는 공사업자에게 그 사실을 알려야 하며, 통보를 받은 공사업자는 3일 이내에 하자를 보수하거나 보수 일정을 기록한 하자보수계획을 관계인에게 서면으로 알려야 한다.
④ 관계인은 공사업자가 다음 각 호의 어느 하나에 해당하는 경우에는 소방본부장이나 소방서장에게 그 사실을 알릴 수 있다.
   1. 제3항에 따른 기간에 하자보수를 이행하지 아니한 경우
   2. 제3항에 따른 기간에 하자보수계획을 서면으로 알리지 아니한 경우
   3. 하자보수계획이 불합리하다고 인정되는 경우
⑤ 소방본부장이나 소방서장은 제4항에 따른 통보를 받았을 때에는 「소방시설 설치 및 관리에 관한 법률」 제18조제2항에 따른 지방소방기술심의위원회에 심의를 요청해야 하며, 그 심의 결과 제4항 각 호의 어느 하나에 해당하는 것으로 인정할 때에는 시공자에게 기간을 정하여 하자보수를 명해야 한다.

**036** 소방시설공사업법상 공사의 도급 및 하도급 계약에 대한 설명으로 옳지 않은 것은?
① 특정소방대상물의 관계인 또는 발주자는 소방시설공사 등을 도급할 때에는 해당 소방시설업자에게 도급해야 한다.
② 도급을 받은 자는 소방시설공사의 시공을 제3자에게 하도급 할 수 없다. 다만, 대통령령으로 정하는 경우에는 도급받은 소방시설공사의 일부를 한 번만 제3자에게 하도급 할 수 있다.
③ 하수급인이 정당한 사유 없이 60일 이상 소방시설공사를 계속하지 아니하는 경우 도급계약을 해지할 수 있다.
④ 하도급계약 자료의 공개와 관련된 절차 및 방법, 공개대상 계약규모 등에 관하여 필요한 사항은 대통령령으로 정한다.

정답 : 035. ④    036. ③

제23조(도급계약의 해지)
특정소방대상물의 관계인 또는 발주자는 해당 도급계약의 수급인이 다음 각 호의 어느 하나에 해당하는 경우에는 도급계약을 해지할 수 있다.
1. 소방시설업이 등록취소되거나 영업정지된 경우
2. 소방시설업을 휴업하거나 폐업한 경우
3. 정당한 사유 없이 30일 이상 소방시설공사를 계속하지 아니하는 경우
4. 제22조의2제2항(발주자는 제1항에 따라 심사한 결과 하수급인의 시공 및 수행능력 또는 하도급계약 내용이 적정하지 아니한 경우에는 그 사유를 분명하게 밝혀 수급인에게 하수급인 또는 하도급계약 내용의 변경을 요구할 수 있다)에 따른 요구에 정당한 사유 없이 따르지 아니하는 경우

## 037 다음 보기 중 하자보수기간이 다른 것은?

① 유도등
② 비상방송설비
③ 무선통신보조설비
④ 비상콘센트설비

 제6조(하자보수 대상 소방시설과 하자보수 보증기간)
법 제15조제1항에 따라 하자를 보수해야 하는 소방시설과 소방시설별 하자보수 보증기간은 다음 각 호의 구분과 같다.<개정 2015. 1. 6.>
1. 피난기구, 유도등, 유도표지, 비상경보설비, 비상조명등, 비상방송설비 및 무선통신보조설비 : 2년
2. 자동소화장치, 옥내소화전설비, 스프링클러설비, 간이스프링클러설비, 물분무등소화설비, 옥외소화전설비, 자동화재탐지설비, 상수도소화용수설비 및 소화활동설비(무선통신보조설비는 제외한다) : 3년

## 038 소방시설 중 하자보수대상과 그 기간이 바르게 짝지어진 것은?

① 자동소화장치 − 3년
② 무선통신보조설비 − 3년
③ 피난기구 − 1년
④ 자동화재탐지설비 − 2년

 공사의 하자보수 등
1) 하자보수 보증기간
   1. 피난기구, 유도등, 유도표지, 비상경보설비, 비상조명등, 비상방송설비 및 무선통신보조설비 : 2년
   2. 자동소화장치, 옥내소화전설비, 스프링클러설비, 간이스프링클러설비, 물분무등소화설비, 옥외소화전설비, 자동화재탐지설비, 상수도소화용수설비 및 소화활동설비(무선통신보조설비는 제외한다) : 3년
2) 관계인은 제1항에 따른 기간에 소방시설의 하자가 발생하였을 때에는 공사업자에게 그 사실을 알려야 하며, 통보를 받은 공사업자는 3일 이내에 하자를 보수하거나 보수 일정을 기록한 하자보수계획을 관계인에게 서면으로 알려야 한다.

 정답 : 037. ④    038. ①

## 039  소방시설공사의 하자보수에 대한 설명으로 옳은 것은?

① 공사업자는 소방시설공사 결과 자동화재탐지설비 등 대통령령으로 정하는 소방시설에 하자가 있을 때에는 대통령령으로 정하는 기간 동안 그 하자를 보수해야 한다.
② 관계인은 대통령령으로 정하는 기간에 소방시설의 하자가 발생하였을 때에는 공사업자에게 그 사실을 알려야 하며, 통보를 받은 공사업자는 10일 이내에 하자를 보수하거나 보수 일정을 기록한 하자보수계획을 설계업자에게 구두로 알려야 한다.
③ 관계인은 하자보수를 이행하지 아니한 경우 시·도지사에게 그 사실을 알려야 한다.
④ 시·도지사는 관계인으로부터 공사업자가 정해진 기간에 하자보수를 이행하지 아니한 경우 등의 통보를 받았을 때에는 지방소방기술심의위원회에 심의를 요청해야 한다.

② 3일 이내
③ 관계인은 공사업자가 다음 각 호의 어느 하나에 해당하는 경우에는 소방본부장이나 소방서장에게 그 사실을 알릴 수 있다.
  1. 제3항에 따른 기간에 하자보수를 이행하지 아니한 경우
  2. 제3항에 따른 기간에 하자보수계획을 서면으로 알리지 아니한 경우
  3. 하자보수계획이 불합리하다고 인정되는 경우
④ 소방본부장이나 소방서장은 제4항에 따른 통보를 받았을 때에는 「소방시설 설치·유지 및 안전관리에 관한 법률」 제11조의2 제2항에 따른 지방소방기술심의위원회에 심의를 요청해야 하며, 그 심의 결과 제4항 각 호의 어느 하나에 해당하는 것으로 인정할 때에는 시공자에게 기간을 정하여 하자보수를 명해야 한다.

## 040  소방시설공사업법상 특정소방대상물의 관계인 또는 발주자가 해당 도급계약의 수급인을 도급계약 해지할 수 있는 경우의 기준 중 옳지 않은 것은?

① 하도급계약의 적정성 심사 결과 하수급인 또는 하도급계약 내용의 변경 요구에 정당한 사유 없이 따르지 아니하는 경우
② 정당한 사유 없이 15일 이상 소방시설공사를 계속하지 아니하는 경우
③ 소방시설업이 등록취소되거나 영업정지된 경우
④ 소방시설업을 휴업하거나 폐업한 경우

15일 이상 → 30일 이상

## 041  다음 보기 중 소방시설공사의 하도급을 1차에 한하여 할 수 있는 경우가 아닌 것은?

① 소방공사업과 주택건설사업을 함께 하는 소방시설공사업자가 소방시설공사와 해당사업 공사를 함께 도급받은 경우
② 소방공사업과 건설업을 함께 하는 소방시설공사업자가 소방시설공사와 해당사업 공사를 함께 도급받은 경우
③ 소방공사업과 전기공사업을 함께 하는 소방시설공사업자가 소방시설공사와 해당사업 공사를 함께 도급받은 경우
④ 소방공사업과 방송통신업을 함께 하는 소방시설공사업자가 소방시설공사와 해당사업 공사를 함께 도급받은 경우

정답 : 039. ①    040. ②    041. ④

시행령 제12조(소방시설공사의 시공을 하도급 할 수 있는 경우)
① 법 제22조제1항 단서에서 "대통령령으로 정하는 경우"란 소방시설공사업과 다음 각 호의 어느 하나에 해당하는 사업을 함께 하는 소방시설공사업자가 소방시설공사와 해당 사업의 공사를 함께 도급받은 경우를 말한다.<개정 2016. 8. 11.>
  1. 「주택법」 제4조에 따른 주택건설사업
  2. 「건설산업기본법」 제9조에 따른 건설업
  3. 「전기공사업법」 제4조에 따른 전기공사업
  4. 「정보통신공사업법」 제14조에 따른 정보통신공사업
② 법 제22조제1항 단서에서 "도급받은 소방시설공사의 일부"란 제4조제1호 각 목의 어느 하나에 해당하는 소방설비 중 하나 이상의 소방설비를 설치하는 공사를 말한다.

**042** 공사업법상 발주자는 하수급인이 계약내용을 수행하기에 현저하게 부적당하다고 인정되거나 하도급계약금액이 대통령령으로 정하는 비율에 따른 금액에 미달하는 경우에는 하수급인의 시공 및 수행능력, 하도급계약 내용의 적정성 등을 심사할 수 있는데 여기서 하도급계약금액이 도급금액 중 하도급 부분에 상당하는 금액이 얼마에 해당하는 금액에 미달하는 경우 적정성 심사를 할 수 있는가?

① 100분의 65  ② 100분의 75  ③ 100분의 82  ④ 100분의 90

① 법 제22조의2제1항 전단에서 "하도급계약금액이 대통령령으로 정하는 비율에 따른 금액에 미달하는 경우"란 다음 각 호의 어느 하나에 해당하는 경우를 말한다.
  1. 하도급계약금액이 도급금액 중 하도급부분에 상당하는 금액[하도급하려는 소방시설공사 등에 대하여 수급인의 도급금액 산출내역서의 계약단가(직접·간접 노무비, 재료비 및 경비를 포함한다)를 기준으로 산출한 금액에 일반관리비, 이윤 및 부가가치세를 포함한 금액을 말하며, 수급인이 하수급인에게 직접 지급하는 자재의 비용 등 관계 법령에 따라 수급인이 부담하는 금액은 제외한다]의 100분의 82에 해당하는 금액에 미달하는 경우
  2. 하도급계약금액이 소방시설공사 등에 대한 발주자의 예정가격의 100분의 60에 해당하는 금액에 미달하는 경우

**043** 소방시설 완공검사신청 또는 부분완공검사신청을 받은 소방본부장 또는 소방서장은 현장확인 결과 또는 감리결과보고서를 검토한 결과 해당 소방시설공사가 법령과 화재안전기준에 적합하다고 인정하면 완공검사증명서 또는 소방시설 부분완공검사증명서를 발급해야 하는데, 다음 중 완공검사증명서는 누구에게 발부해야 하는가?

① 소방시설 공사업자      ② 건축주
③ 소방시설 감리업자      ④ 소방시설 설계업자

제13조(소방시설의 완공검사 신청 등)
① 공사업자는 소방시설공사의 완공검사 또는 부분완공검사를 받으려면 법 제14조제4항에 따라 별지 제17호서식의 소방시설공사 완공검사신청서(전자문서로 된 소방시설공사 완공검사신청서를 포함한다) 또는 별지 제18호서식의 소방시설 부분완공검사신청서(전자문서로 된 소방시설 부분완공검사신청서를 포함한다)를 소방본부장 또는 소방서장에게 제출해야 한다. 다만, 「전자정부법」 제36조제1항에 따른 행정정보의 공동이용을 통하여 첨부서류에 대한 정보를 확인할 수 있는 경우에는 그 확인으로 첨부서류를 갈음할 수 있다.

정답 : 042. ③    043. ①

② 제1항에 따라 소방시설 완공검사신청 또는 부분완공검사신청을 받은 소방본부장 또는 소방서장은 법 제14조제1항 및 제2항에 따른 현장 확인 결과 또는 감리 결과보고서를 검토한 결과 해당 소방시설공사가 법령과 화재안전기준에 적합하다고 인정하면 별지 제19호서식의 소방시설 완공검사증명서 또는 별지 제20호서식의 소방시설 부분완공검사증명서를 공사업자에게 발급해야 한다.

## 044 다음 보기의 (   )에 들어갈 알맞은 것은?

> 정당한 사유 없이 (   ) 이상 소방시설공사를 계속하지 않은 경우에는 관계인은 수급인에게 도급계약을 해지할 수 있다.

① 7일  ② 15일  ③ 30일  ④ 60일

소방시설공사업법 제23조(도급계약의 해지)
특정소방대상물의 관계인 또는 발주자는 해당 도급계약의 수급인이 다음 각 호의 어느 하나에 해당하는 경우에는 도급계약을 해지할 수 있다.
1. 소방시설업이 등록취소되거나 영업정지된 경우
2. 소방시설업을 휴업하거나 폐업한 경우
3. 정당한 사유 없이 30일 이상 소방시설공사를 계속하지 아니하는 경우
4. 제22조의2제2항에 따른 요구에 정당한 사유 없이 따르지 아니하는 경우

## 045 다음 중 완공검사를 위한 현장확인 대상 특정소방대상물이 아닌 것은?

① 문화 및 집회시설
② 물분무등소화설비(호스릴소화설비 제외)가 설치된 특정소방대상물
③ 가연성 가스를 제조·저장 또는 취급하는 시설 중 지상에 노출된 가연성 가스탱크의 저장용량 합계가 1천톤 이상인 시설
④ 11층 이상인 특정소방대상물(아파트는 포함한다)

소방시설공사업법 시행령 제5조(완공검사를 위한 현장확인 대상 특정소방대상물의 범위)
법 제14조제1항 단서에서 "대통령령으로 정하는 특정소방대상물"이란 특정소방대상물 중 다음 각 호의 대상물을 말한다.
1. 문화 및 집회시설, 종교시설, 판매시설, 노유자(老幼者)시설, 수련시설, 운동시설, 숙박시설, 창고시설, 지하상가 및 「다중이용업소의 안전관리에 관한 특별법」에 따른 다중이용업소
2. 다음 각 목의 어느 하나에 해당하는 설비가 설치되는 특정소방대상물
   가. 스프링클러설비 등
   나. 물분무등소화설비(호스릴방식의 소화설비는 제외한다)
3. 연면적 1만제곱미터 이상이거나 11층 이상인 특정소방대상물(아파트는 제외한다)
4. 가연성 가스를 제조·저장 또는 취급하는 시설 중 지상에 노출된 가연성 가스탱크의 저장용량 합계가 1천톤 이상인 시설

정답 : 044. ③    045. ④

046 다음 설명 중 완공 후 소방시설업자가 보관해야 하는 관계서류에 대한 설명으로 옳지 않은 것은?

① 소방시설설계업 : 소방시설 설계기록부 및 소방시설 설계도서
② 소방시설공사업 : 소방시설공사기록부
③ 소방공사감리업 : 소방공사감리기록부
④ 소방공사감리업 : 소방공사감리일지 및 소방시설의 건축허가 당시 설계도서

 소방시설의 완공당시 설계도서
제8조(소방시설업자가 보관해야 하는 관계 서류) 법 제8조제4항에서 "행정안전부령으로 정하는 관계 서류"란 다음 각 호의 구분에 따른 해당 서류(전자문서를 포함한다)를 말한다.
<개정 2013. 3. 23., 2014. 11. 19., 2017. 7. 26.>
  1. 소방시설설계업: 별지 제10호서식의 소방시설 설계기록부 및 소방시설 설계도서
  2. 소방시설공사업: 별지 제11호서식의 소방시설공사 기록부
  3. 소방공사감리업: 별지 제12호서식의 소방공사 감리기록부, 별지 제13호서식의 소방공사 감리일지 및 소방시설의 완공 당시 설계도서

047 소방서장의 완공검사 시 당해 소방시설공사에 감리자가 지정되어 있는 경우 감리결과보고서로 갈음하나 당해 소방시설공사가 감리결과보고서대로 공사를 마쳤는지 여부를 공사 현장에서 확인할 수 있는 특정소방대상물에 해당되지 않는 것은?

① 수련시설
② 노유자시설
③ 판매시설
④ 관광휴게시설

 완공검사
1) 공사업자는 소방시설공사를 완공하면 소방본부장 또는 소방서장의 완공검사를 받아야 한다.
2) 공사감리자가 지정되어 있는 경우에는 공사감리 결과보고서로 완공검사를 갈음하되, 대통령령으로 정하는 특정소방대상물의 경우에는 소방본부장이나 소방서장이 소방시설 공사가 공사감리 결과보고서대로 완공되었는지를 현장에서 확인할 수 있다.
3) 현장확인 소방대상물
  1. 문화 및 집회시설, 종교시설, 판매시설, 노유자(老幼者)시설, 수련시설, 운동시설, 숙박시설, 창고시설, 지하상가 및 「다중이용업소의 안전관리에 관한 특별법」에 따른 다중이용업소
  2. 다음 각 목의 어느 하나에 해당하는 설비가 설치되는 특정소방대상물
    가. 스프링클러설비 등
    나. 물분무등소화설비(호스릴방식의 소화설비는 제외한다)
  3. 연면적 1만제곱미터 이상이거나 11층 이상인 특정소방대상물(아파트는 제외한다)
  4. 가연성 가스를 제조·저장 또는 취급하는 시설 중 지상에 노출된 가연성 가스탱크의 저장용량 합계가 1천톤 이상인 시설

 정답 : 046. ④    047. ④

## 048 다음 중 소방본부장 또는 소방서장 권한이 아닌 것은?

① 소방시설업 완공검사에 관한 사항
② 소방시설업 등록취소 및 영업정지에 관한 사항
③ 소방시설업 착공신고에 관한 사항
④ 소방시설업 공사감리자 지정 후 신고 및 서류제출에 관한 사항

해설 ② 소방시설업 등록취소 및 영업정지에 관한 사항 : 시·도지사

## 049 「소방시설공사업법 시행령」상 소방시설공사의 착공신고 대상으로 옳지 않은 것은?

① 비상경보설비를 신설하는 특정소방대상물 신축공사
② 자동화재속보설비를 신설하는 특정소방대상물 신축공사
③ 연결송수관설비의 송수구역을 증설하는 특정소방대상물 증축공사
④ 자동화재탐지설비의 경계구역을 증설하는 특정소방대상물 증축공사

## 050 완공검사를 위한 현장확인 대상 특정소방대상물의 범위에 해당하는 것을 모두 고르시오.

㉠ 다중이용업소  ㉡ 노유자시설  ㉢ 지하상가  ㉣ 판매시설  ㉤ 창고  ㉥ 근린생활시설

① ㉠, ㉡, ㉢
② ㉠, ㉡, ㉢, ㉣
③ ㉠, ㉡, ㉢, ㉣, ㉤
④ ㉠, ㉡, ㉢, ㉣, ㉤, ㉥

## 051 공사업법 시행규칙상 소방시설업에 대한 행정처분기준으로 옳은 것은?

① 위반행위가 동시에 둘 이상 발생한 경우에는 그 중 중한 처분기준(중한 처분기준이 동일한 경우에는 그 중 하나의 처분기준을 말한다. 이하 같다)에 따르되, 둘 이상의 처분기준이 동일한 영업정지인 경우에는 중한 처분의 4분의 1까지 가중하여 처분할 수 있다.
② 영업정지 처분기간 중 영업정지에 해당하는 위반사항이 있는 경우에는 종전의 처분기간 만료일의 다음날부터 새로운 위반사항에 대한 영업정지의 행정처분을 한다.
③ 위반행위의 차수에 따른 행정처분기준은 최근 2년간 같은 위반행위로 행정처분을 받은 경우에 적용한다. 이 경우 기준 적용일은 위반사항에 대한 행정처분일과 그 처분 후 다시 적발한 날을 기준으로 한다.
④ 다목에 따라 가중된 행정처분을 하는 경우 가중처분의 적용차수는 그 위반행위 전 행정처분 차수(다목에 따른 기간 내에 행정처분이 둘 이상 있었던 경우에는 높은 차수를 말한다)의 다음 차수로 한다. 다만, 적발된 날부터 소급하여 6개월이 되는 날 전에 한 행정처분은 가중처분의 차수 산정 대상에서 제외한다.

해설 ① 2분의 1  ③ 최근 1년간  ④ 1년이 되는 날 전에

정답 : 048. ②　049. ②　050. ③　051. ②

## 052
소방시설 완공검사신청 또는 부분완공검사신청을 받은 소방본부장 또는 소방서장은 현장 확인 결과 또는 감리결과보고서를 검토한 결과 해당 소방시설공사가 법령과 화재안전기준에 적합하다고 인정하면 완공검사증명서 또는 소방시설 부분완공검사증명서를 발급해야 하는데, 다음 중 완공검사증명서는 누구에게 발부해야 하는가?

① 소방시설 공사업자
② 소방시설 감리업자
③ 소방시설 설계업자
④ 건축주

제13조(소방시설의 완공검사 신청 등)
① 공사업자는 소방시설공사의 완공검사 또는 부분완공검사를 받으려면 법 제14조제4항에 따라 별지 제17호서식의 소방시설공사 완공검사신청서(전자문서로 된 소방시설공사 완공검사신청서를 포함한다) 또는 별지 제18호서식의 소방시설 부분완공검사신청서(전자문서로 된 소방시설 부분완공검사신청서를 포함한다)를 소방본부장 또는 소방서장에게 제출해야 한다. 다만, 「전자정부법」제36조제1항에 따른 행정정보의 공동이용을 통하여 첨부서류에 대한 정보를 확인할 수 있는 경우에는 그 확인으로 첨부서류를 갈음할 수 있다.
② 제1항에 따라 소방시설 완공검사신청 또는 부분완공검사신청을 받은 소방본부장 또는 소방서장은 법 제14조제1항 및 제2항에 따른 현장 확인 결과 또는 감리 결과보고서를 검토한 결과 해당 소방시설공사가 법령과 화재안전기준에 적합하다고 인정하면 별지 제19호서식의 소방시설 완공검사증명서 또는 별지 제20호서식의 소방시설 부분완공검사증명서를 공사업자에게 발급해야 한다.

## 053
다음 중 소방시설업을 반드시 등록을 취소해야 하는 경우는?

① 등록 결격사유에 해당하게 된 경우
② 등록기준에 미달하게 된 후 30일이 경과한 경우
③ 등록을 한 후 정당한 사유 없이 1년이 지날 때까지 영업을 시작하지 아니하거나 계속하여 1년 이상 휴업한 때
④ 점검을 하지 아니하거나 점검 결과를 거짓으로 보고한 경우

등록취소와 영업정지 등
1) 시·도지사는 소방시설업자가 다음 각 호의 어느 하나에 해당하면 행정안전부령으로 정하는 바에 따라 그 등록을 취소하거나 6개월 이내의 기간을 정하여 시정이나 그 영업의 정지를 명할 수 있다.
2) 등록취소사유
   1. 거짓이나 그 밖의 부정한 방법으로 등록한 경우
   3. 제5조 각 호의 등록 결격사유에 해당하게 된 경우
   7. 제8조제2항을 위반하여 영업정지기간 중에 소방시설공사 등을 한 경우

## 054
시·도지사는 최초 등록시 소방시설업 등록수첩을 신청인에게 며칠 이내에 협회를 경유하여 발급해 주어야 하는가?

① 5일
② 7일
③ 15일
④ 20일

정답 : 052. ①   053. ①   054. ③

1) 소방시설업의 등록신청과 등록증·등록수첩의 발급·재발급 신청, 그 밖에 소방시설업 등록에 필요한 사항은 행정안전부령으로 정한다.
2) 지방공사나 지방공단이 다음 각 호의 요건을 모두 갖춘 경우에는 시·도지사에게 등록을 하지 아니하고 자체 기술인력을 활용하여 설계·감리를 할 수 있다.
   1. 주택의 건설·공급을 목적으로 설립되었을 것
   2. 설계·감리 업무를 주요 업무로 규정하고 있을 것
   3. 최초 소방시설업등록신청 시 15일 이내에 발급[서류보완기간 : 10일]

## 055 영업정지등의 위반사항중 그 처분기준의 2분의1을 감경할 수 있는 사유에 해당하지 않는 것은?
① 위반행위가 고의나 중대한 과실이 아닌 사소한 부주의나 오류로 인한 것으로 인정되는 경우
② 위반의 내용·정도가 경미하여 관계인에게 미치는 피해가 적다고 인정되는 경우
③ 위반행위자의 위반행위가 처음이며 3년 이상 소방시설업을 모범적으로 해 온 사실이 인정되는 경우
④ 위반행위자가 그 위반행위로 인하여 검사로부터 기소유예 처분을 받거나 법원으로부터 선고유예 판결을 받은 경우

5년이상

> **가중사유**
> 가) 위반행위가 사소한 부주의나 오류가 아닌 고의나 중대한 과실에 의한 것으로 인정되는 경우
> 나) 위반의 내용·정도가 중대하여 관계인에게 미치는 피해가 크다고 인정되는 경우

## 056 공사업자가 소속 소방기술자를 공사현장에 배치하지 아니하거나 거짓으로 한 경우의 1차 행정처분기준은 무엇인가?
① 경고(시정명령)  ② 영업정지 1개월  ③ 영업정지 3개월  ④ 등록취소

개별기준 표 참조

1차에 취소사유만 확인
① 거짓이나 그밖의 부정한 방법으로 등록한 경우
② 등록결격사유에 해당하게 된 경우
③ 영업정지기간중에 소방시설공사등을 한 경우

## 057 소방청장 또는 시도지사는 과징금을 부과하는 경우 처분일로부터 며칠 이내에 협회에 그 사실을 알려주어야 하는가?
① 지체없이  ② 3일이내  ③ 7일이내  ④ 10일이내

정답 : 055. ③   056. ①   057. ③

제11조(과징금 징수절차) 법 제10조제2항에 따른 과징금의 징수절차는 「국고금관리법 시행규칙」을 준용한다.

제11조의2(소방시설업자 등의 처분통지) 소방청장 또는 시·도지사는 다음 각 호의 경우에는 처분일부터 7일 이내에 협회에 그 사실을 알려주어야 한다. <개정 2021. 6. 10.>

1. 법 제9조제1항에 따라 등록취소·시정명령 또는 영업정지를 하는 경우
2. 법 제10조제1항에 따라 과징금을 부과하는 경우
3. 법 제28조제4항에 따라 자격을 취소하거나 정지하는 경우

## 058 소방시설공사업법령상 중급기술자 이상의 소방기술자(기계 및 전기분야) 배치기준으로 옳지 않은 것은?

① 호스릴방식의 포소화설비가 설치되는 특정소방대상물의 공사 현장
② 아파트가 아닌 특정소방대상물로서 연면적 2만[m²]인 공사 현장
③ 연면적 2만[m²]인 아파트 공사 현장
④ 제연설비가 설치되는 특정소방대상물의 공사 현장

소방기술자의 배치기준(제3조 관련)

| 소방기술자의 배치기준 | 소방시설공사 현장의 기준 |
|---|---|
| 1. 행정안전부령으로 정하는 특급기술자인 소방기술자(기계분야 및 전기분야) | 가. 연면적 20만제곱미터 이상인 특정소방대상물의 공사 현장<br>나. 지하층을 포함한 층수가 40층 이상인 특정소방대상물의 공사 현장 |
| 2. 행정안전부령으로 정하는 고급기술자 이상의 소방기술자(기계분야 및 전기분야) | 가. 연면적 3만제곱미터 이상 20만제곱미터 미만인 특정소방대상물(아파트는 제외한다)의 공사 현장<br>나. 지하층을 포함한 층수가 16층 이상 40층 미만인 특정소방대상물의 공사 현장 |
| 3. 행정안전부령으로 정하는 중급기술자 이상의 소방기술자(기계분야 및 전기분야) | 가. 물분무등소화설비(호스릴방식의 소화설비는 제외한다) 또는 제연설비가 설치되는 특정소방대상물의 공사 현장<br>나. 연면적 5천제곱미터 이상 3만제곱미터 미만인 특정소방대상물(아파트는 제외한다)의 공사 현장<br>다. 연면적 1만제곱미터 이상 20만제곱미터 미만인 아파트의 공사 현장 |
| 4. 행정안전부령으로 정하는 초급기술자 이상의 소방기술자(기계분야 및 전기분야) | 가. 연면적 1천제곱미터 이상 5천제곱미터 미만인 특정소방대상물(아파트는 제외한다)의 공사 현장<br>나. 연면적 1천제곱미터 이상 1만제곱미터 미만인 아파트의 공사 현장<br>다. 지하구(地下溝)의 공사 현장 |
| 5. 법 제28조제2항에 따라 자격수첩을 발급받은 소방기술자 | 연면적 1천제곱미터 미만인 특정소방대상물의 공사 현장 |

정답 : 058. ①

## 059
소방시설공사업법령상 지하층을 포함한 층수가 40층이고, 연면적이 20만제곱미터인 특정소방대상물의 공사 현장에 배치해야 하는 소방기술자의 배치기준으로 옳은 것은?

① 행정안전부령으로 정하는 특급기술자인 소방기술자(기계분야 및 전기분야)
② 행정안전부령으로 정하는 고급기술자 이상의 소방기술자(기계분야 및 전기분야)
③ 행정안전부령으로 정하는 중급기술자 이상의 소방기술자(기계분야 및 전기분야)
④ 행정안전부령으로 정하는 초급기술자 이상의 소방기술자(기계분야 및 전기분야)

## 060
공사업법 시행령상 소방기술자의 배치기준에 대한 다음 설명 중 옳은 것은?

① 연면적 3만제곱미터 이상 20만제곱미터 미만인 아파트 공사현장의 경우 고급기술자 이상의 소방기술자가 배치되어야 한다.
② 물분무등소화설비(호스릴방식 포함) 또는 제연설비가 설치되는 특정소방대상물의 공사현장의 경우 중급기술자 이상의 소방기술자가 배치되어야 한다.
③ 연면적 1천제곱미터 이상 1만제곱미터 미만인 아파트의 공사현장의 경우 초급기술자 이상의 소방기술자가 배치되어야 한다.
④ 연면적 5천제곱미터 미만인 특정소방대상물의 경우 자격수첩을 발급받은 소방기술자가 배치되어야 한다.

---

**해설**

[비고]
1. 다음 각 목의 어느 하나에 해당하는 기계분야 소방시설공사의 경우에는 소방기술자의 배치기준에 따른 기계분야의 소방기술자를 공사 현장에 배치해야 한다.
   가. 옥내소화전설비, 옥외소화전설비, 스프링클러설비등, 물분무등소화설비의 공사
   나. 소화용수설비의 공사
   다. 제연설비, 연결송수관설비, 연결살수설비, 연소방지설비의 공사
   라. 기계분야 소방시설에 부설되는 전기시설의 공사. 다만, 비상전원, 동력회로, 제어회로, 기계분야의 소방시설을 작동하기 위하여 설치하는 화재감지기에 의한 화재감지장치 및 전기신호에 의한 소방시설의 작동장치의 공사는 제외한다.
2. 다음 각 목의 어느 하나에 해당하는 전기분야 소방시설공사의 경우에는 소방기술자의 배치기준에 따른 전기분야의 소방기술자를 공사 현장에 배치해야 한다.
   가. 비상경보설비, 시각경보기, 자동화재탐지설비, 비상방송설비, 자동화재속보설비 또는 통합감시시설의 공사
   나. 비상콘센트설비 또는 무선통신보조설비의 공사
   다. 기계분야 소방시설에 부설되는 비상전원, 동력회로 또는 제어회로의 공사
   라. 기계분야 소방시설에 부설되는 전기시설 중 제1호라목 단서의 전기시설의 공사
3. 제1호 및 제2호에도 불구하고 기계분야 및 전기분야의 자격을 모두 갖춘 소방기술자가 있는 경우에는 소방시설공사를 분야별로 구분하지 않고 그 소방기술자를 배치할 수 있다.
4. 제1호 및 제2호에도 불구하고 소방공사감리업자가 감리하는 소방시설공사가 다음 각 목의 어느 하나에 해당하는 경우에는 소방기술자를 소방시설공사 현장에 배치하지 않을 수 있다.
   가. 소방시설의 비상전원을 「전기공사업법」에 따른 전기공사업자가 공사하는 경우
   나. 소화용수설비를 「건설산업기본법 시행령」 별표 1에 따른 기계설비공사업자 또는 상·하수도설비공사업자가 공사하는 경우

---

정답 : 059. ①   060. ③

다. 소방 외의 용도와 겸용되는 제연설비를 「건설산업기본법 시행령」 별표 1에 따른 기계설비공사업자가 공사하는 경우
라. 소방 외의 용도와 겸용되는 비상방송설비 또는 무선통신보조설비를 「정보통신공사업법」에 따른 정보통신공사업자가 공사하는 경우
5. 공사업자는 다음 각 목의 경우를 제외하고는 1명의 소방기술자를 2개의 공사 현장을 초과하여 배치해서는 안 된다. 다만, 연면적 3만제곱미터 이상의 특정소방대상물(아파트는 제외한다)이거나 지하층을 포함한 층수가 16층 이상으로서 500세대 이상인 아파트에 대한 소방시설 공사의 경우에는 1개의 공사 현장에만 배치해야 한다.
  가. 건축물의 연면적이 5천제곱미터 미만인 공사 현장에만 배치하는 경우. 다만, 그 연면적의 합계는 2만제곱미터를 초과해서는 안 된다.
  나. 건축물의 연면적이 5천제곱미터 이상인 공사 현장 2개 이하와 5천제곱미터 미만인 공사 현장에 같이 배치하는 경우. 다만, 5천제곱미터 미만의 공사 현장의 연면적의 합계는 1만제곱미터를 초과해서는 안 된다.

## 061 다음 용어의 정의 중 옳지 않은 것은?

① 자본금(자산평가액)은 해당 소방시설공사업의 최근 결산일 현재(새로 등록한 자는 등록을 위한 기업진단기준일 현재)의 총자산에서 총부채를 뺀 금액을 말하고, 소방시설공사업 외의 다른 업(業)을 함께 하는 경우에는 자본금에서 겸업 비율에 해당하는 금액을 뺀 금액을 말한다.
② "증설"이란 이미 특정소방대상물에 설치된 소방시설 등의 전부 또는 일부를 철거하고 새로 설치하는 것을 말한다.
③ "이전"이란 이미 설치된 소방시설 등을 현재 설치된 장소에서 다른 장소로 옮겨 설치하는 것을 말한다.
④ "정비"란 이미 설치된 소방시설 등을 구성하고 있는 기계·기구를 교체하거나 보수하는 것을 말한다.

"개설"이란 이미 특정소방대상물에 설치된 소방시설 등의 전부 또는 일부를 철거하고 새로 설치하는 것을 말한다.

## 062 다음 중 감리업자의 업무내용으로 옳지 않은 것은?

① 소방시설 등의 설치계획표의 적법성 검토
② 피난시설 및 방화시설의 유지관리
③ 완공된 소방시설 등의 성능시험
④ 소방시설 등 설계 변경 사항의 적합성 검토

제16조(감리) ① 제4조제1항에 따라 소방공사감리업을 등록한 자(이하 "감리업자"라 한다)는 소방공사를 감리할 때 다음 각 호의 업무를 수행해야 한다. <개정 2014.12.30, 2018.2.9, 2021.11.30>
1. 소방시설등의 설치계획표의 적법성 검토
2. 소방시설등 설계도서의 적합성(적법성과 기술상의 합리성을 말한다. 이하 같다) 검토
3. 소방시설등 설계 변경 사항의 적합성 검토
4. 「소방시설 설치 및 관리에 관한 법률」 제2조제1항제7호의 소방용품의 위치·규격 및 사용 자재의 적합성 검토

정답 : 061. ②    062. ②

5. 공사업자가 한 소방시설등의 시공이 설계도서와 화재안전기준에 맞는지에 대한 지도·감독
6. 완공된 소방시설등의 성능시험
7. 공사업자가 작성한 시공 상세 도면의 적합성 검토
8. 피난시설 및 방화시설의 적법성 검토
9. 실내장식물의 불연화(不燃化)와 방염 물품의 적법성 검토
　② 용도와 구조에서 특별히 안전성과 보안성이 요구되는 소방대상물로서 대통령령으로 정하는 장소에서 시공되는 소방시설물에 대한 감리는 감리업자가 아닌 자도 할 수 있다.
　③ 감리업자는 제1항 각 호의 업무를 수행할 때에는 대통령령으로 정하는 감리의 종류 및 대상에 따라 공사기간 동안 소방시설공사 현장에 소속 감리원을 배치하고 업무수행 내용을 감리일지에 기록하는 등 대통령령으로 정하는 감리의 방법에 따라야 한다.

## 063 다음 중 공사감리자를 지정하는 사람은?

① 관계인　　　　　　　　　　② 소방청장
③ 시·도지사　　　　　　　　④ 소방본부장

감리자의 지정
대통령령으로 정하는 특정소방대상물의 관계인이 특정소방대상물에 대하여 자동화재탐지설비, 옥내소화전설비 등 대통령령으로 정하는 소방시설을 시공할 때에는 소방시설공사의 감리를 위하여 감리업자를 공사감리자로 지정해야 한다. - 미지정 관계인[1년 이하 징역 또는 1,000만 원 이하의 벌금]

## 064 감리의 업무사항 중 "용도와 구조에서 특별히 안전성과 보안성이 요구되는 소방대상물로서 대통령령으로 정하는 장소에서 시공되는 소방시설물에 대한 감리는 감리업자가 아닌 자도 할 수 있다."라는 조항이 있다. 여기서 말하는 대통령령으로 정하는 장소는 무엇을 말하는가?

① 정수장, 수영장, 목욕장등
② 원자력안전법 상 관계시설이 설치되는 장소
③ 전통시장 (점포 100개 이상)
④ 위험물제조소등

제8조(감리업자가 아닌 자가 감리할 수 있는 보안성 등이 요구되는 소방대상물의 시공 장소) 법 제16조제2항에서 "대통령령으로 정하는 장소"란 「원자력안전법」 제2조제10호에 따른 관계시설이 설치되는 장소를 말한다.

## 065 소방시설공사업법 시행령상 공사감리자를 지정해야 하는 소방시설을 시공할 때가 아닌 것은?

① 옥내소화전설비를 신설·개설 또는 증설할 때
② 스프링클러설비 등(캐비닛형 간이스프링클러설비는 제외한다)을 신설·개설하거나 방호·방수 구역을 증설할 때
③ 물분무등소화설비(호스릴 방식의 소화설비는 포함한다)를 신설·개설하거나 방호·방수 구역을 증설할 때
④ 자동화재탐지설비를 신설·개설할 때

정답 : 063. ①　　064. ②　　065. ③

1. 옥내소화전설비를 신설·개설 또는 증설할 때
2. 스프링클러설비등(캐비닛형 간이스프링클러설비는 제외한다)을 신설·개설하거나 방호·방수 구역을 증설할 때
3. 물분무등소화설비(호스릴방식의 소화설비는 제외한다)를 신설·개설하거나 방호·방수 구역을 증설할 때
4. 옥외소화전설비를 신설·개설 또는 증설할 때
5. 자동화재탐지설비를 신설·개설할 때
5의2. 비상방송설비를 신설 또는 개설할 때
6. 통합감시시설을 신설 또는 개설할 때
6의2. 비상조명등을 신설 또는 개설할 때
7. 소화용수설비를 신설 또는 개설할 때
8. 다음 각 목에 따른 소화활동설비에 대하여 각 목에 따른 시공을 할 때
　가. 제연설비를 신설·개설하거나 제연구역을 증설할 때
　나. 연결송수관설비를 신설 또는 개설할 때
　다. 연결살수설비를 신설·개설하거나 송수구역을 증설할 때
　라. 비상콘센트설비를 신설·개설하거나 전용회로를 증설할 때
　마. 무선통신보조설비를 신설 또는 개설할 때
　바. 연소방지설비를 신설·개설하거나 살수구역을 증설할 때

## 066 소방시설공사업법 시행규칙상 소방공사감리자 지정신고 시 소방본부장 또는 소방서장에게 제출해야 하는 서류가 맞는 것은?

① 소방공사감리업 등록증 및 등록수첩
② 해당 소방시설공사를 감리하는 소속 감리원의 감리원 등급을 증명하는 서류(전자문서를 포함한다) 1부
③ 소방공사계획서 1부
④ 소방시설설계 계약서 및 소방공사감리 계약서

1. 소방공사감리업 등록증 사본 1부 및 등록수첩 사본 1부
2. 해당 소방시설공사를 감리하는 소속 감리원의 감리원 등급을 증명하는 서류(전자문서를 포함한다) 각 1부
3. 별지 제22호서식의 소방공사감리계획서 1부
4. 법 제21조의3제2항에 따라 체결한 소방시설설계 계약서 사본 1부 및 소방공사감리 계약서 사본 1부

## 067 관계인은 공사감리자가 변경되는 경우 ( )일 이내에 변경신고서를 소방본부장 또는 소방서장에게 제출해야하며 소방본부장 또는 소방서장은 변경신고를 받은 경우 ( )일 이내에 처리해야 하는가?

① 30일, 2일　② 30일, 3일　③ 10일, 7일　④ 10일, 5일

제15조(소방공사감리자의 지정신고 등) ① 법 제17조제2항에 따라 특정소방대상물의 관계인은 공사감리자를 지정한 경우에는 해당 소방시설공사의 착공 전까지 별지 제21호서식의 소방공사감리자 지정신고서에 다음 각 호의 서류(전자문서를 포함한다)를 첨부하여 소방본부

정답 : 066.②　　067.①

장 또는 소방서장에게 제출해야 한다. 다만, 「전자정부법」 제36조제1항에 따른 행정정보의 공동이용을 통하여 첨부서류에 대한 정보를 확인할 수 있는 경우에는 그 확인으로 첨부서류를 갈음할 수 있다. <개정 2014. 9. 2., 2015. 8. 4., 2016. 8. 25., 2021. 6. 10., 2022. 12. 1.>
1. 소방공사감리업 등록증 사본 1부 및 등록수첩 사본 1부
2. 해당 소방시설공사를 감리하는 소속 감리원의 감리원 등급을 증명하는 서류(전자문서를 포함한다) 각 1부
3. 별지 제22호서식의 소방공사감리계획서 1부
4. 법 제21조의3제2항에 따라 체결한 소방시설설계 계약서 사본(「소방시설 설치 및 관리에 관한 법률 시행규칙」 제3조제2항에 따라 건축허가등의 동의요구서에 소방시설설계 계약서가 첨부되지 않았거나 첨부된 서류 중 소방시설설계 계약서가 변경된 경우에만 첨부한다) 1부 및 소방공사감리 계약서 사본 1부

② 특정소방대상물의 관계인은 공사감리자가 변경된 경우에는 법 제17조제2항 후단에 따라 변경일부터 30일 이내에 별지 제23호서식의 소방공사감리자 변경신고서(전자문서로 된 소방공사감리자 변경신고서를 포함한다)에 제1항 각 호의 서류(전자문서를 포함한다)를 첨부하여 소방본부장 또는 소방서장에게 제출해야 한다. 다만, 「전자정부법」 제36조제1항에 따른 행정정보의 공동이용을 통하여 첨부서류에 대한 정보를 확인할 수 있는 경우에는 그 확인으로 첨부서류를 갈음할 수 있다.

③ 소방본부장 또는 소방서장은 제1항 및 제2항에 따라 공사감리자의 지정신고 또는 변경신고를 받은 경우에는 2일 이내에 처리하고 그 결과를 신고인에게 통보해야 한다.

## 068 다음 빈칸에 들어갈 순서로 옳은 것은?

제18조(감리원의 배치 등)
① 감리업자는 소방시설공사의 감리를 위하여 소속 감리원을 ( ㉮ )으로 정하는 바에 따라 소방시설공사 현장에 배치해야 한다.
② 감리업자는 제1항에 따라 소속 감리원을 배치하였을 때에는 ( ㉯ )으로 정하는 바에 따라 소방본부장이나 소방서장에게 통보해야 한다. 감리원의 배치를 변경하였을 때에도 또한 같다.
③ 제1항에 따른 감리원의 세부적인 배치 기준은 ( ㉰ )으로 정한다.

| | ㉮ | ㉯ | ㉰ |
|---|---|---|---|
| ① | 대통령령 | 행정안전부령 | 행정안전부령 |
| ② | 대통령령 | 대통령령 | 행정안전부령 |
| ③ | 행정안전부령 | 대통령령 | 대통령령 |
| ④ | 대통령령 | 행정안전부령 | 대통령령 |

## 069 다음 중 상주공사감리의 대상인 것은?

① 연면적 1만제곱미터 이상의 특정소방대상물
② 연면적 2만제곱미터 이상의 특정소방대상물
③ 연면적 3만제곱미터 이상의 특정소방대상물
④ 연면적 1천제곱미터 이상의 특정소방대상물

정답 : 068. ①    069. ③

감리의 종류, 방법, 대상(대통령령)
1) 상주공사감리[연면적 3만제곱미터 이상(아파트 제외), 지하층 포함 16층 이상으로서 500세대 이상 아파트]
2) 일반공사감리[상주공사감리대상 아닌 것]
3) 일반공사감리 시 주 1회 방문, 14일 이내 부득이한 사유로 없는 경우 업무대행자 지정, 주 2회 방문

## 070 소방시설공사업법상 다음 중 일반공사감리기간에 대한 설명으로 옳지 않은 것은?

① 옥내소화전설비의 경우 : 가압송수장치의 설치를 하는 기간
② 이산화탄소소화설비의 경우 : 소화약제 저장용기와 집합관의 접속, 수동기동장치의 설치 및 음향경보 장치의 설치를 하는 기간
③ 자동화재탐지설비의 경우 : 비상전원의 설치 및 소방시설과의 접속을 하는 기간
④ 피난기구의 경우 : 고정금속구를 설치하는 기간

일반 공사감리기간(제16조 관련)
1. 옥내소화전설비·스프링클러설비·포소화설비·물분무소화설비·연결살수설비 및 연소방지설비의 경우 : 가압송수장치의 설치, 가지배관의 설치, 개폐밸브·유수검지장치·체크밸브·템퍼스위치의 설치, 앵글밸브·소화전함의 매립, 스프링클러헤드·포헤드·포방출구·포노즐·포호스릴·물분무헤드·연결살수헤드·방수구의 설치, 포소화약제 탱크 및 포혼합기의 설치, 포소화약제의 충전, 입상배관과 옥상탱크의 접속, 옥외 연결송수구의 설치, 제어반의 설치, 동력전원 및 각종 제어회로의 접속, 음향장치의 설치 및 수동조작함의 설치를 하는 기간
2. 이산화탄소소화설비·할로겐화합물소화설비·청정소화약제소화설비 및 분말소화설비의 경우 : 소화약제 저장용기와 집합관의 접속, 기동용기 등 작동장치의 설치, 제어반·화재표시반의 설치, 동력전원 및 각종 제어회로의 접속, 가지배관의 설치, 선택밸브의 설치, 분사헤드의 설치, 수동기동장치의 설치 및 음향경보장치의 설치를 하는 기간
3. 자동화재탐지설비·시각경보기·비상경보설비·비상방송설비·통합감시시설·유도등·비상콘센트설비 및 무선통신보조설비의 경우 : 전선관의 매립, 감지기·유도등·조명등 및 비상콘센트의 설치, 증폭기의 접속, 누설동축케이블 등의 부설, 무선기기의 접속단자·분배기·증폭기의 설치 및 동력전원의 접속공사를 하는 기간
4. 피난기구의 경우 : 고정금속구를 설치하는 기간
5. 제연설비의 경우 : 가동식 제연경계벽·배출구·공기유입구의 설치, 각종 댐퍼 및 유입구 폐쇄장치의 설치, 배출기 및 공기유입기의 설치 및 풍도와의 접속, 배출풍도 및 유입풍도의 설치·단열조치, 동력전원 및 제어회로의 접속, 제어반의 설치를 하는 기간
6. 비상전원이 설치되는 소방시설의 경우 : 비상전원의 설치 및 소방시설과의 접속을 하는 기간

[비고]
위 각 호에 따른 소방시설의 일반공사 감리기간은 소방시설의 성능시험, 소방시설 완공검사 증명서의 발급·인수인계 및 소방공사의 정산을 하는 기간을 포함한다.

정답 : 070. ③

예상문제

## 071 상주공사감리에서 '행정안전부령이 정하는 기간'이란?

① 착공신고 때부터 완공검사를 신청한 때까지
② 착공신고 때부터 완공검사필증을 교부받는 때까지
③ 착공 때부터 완공 때까지
④ 소방시설용 배관을 설치하거나 매립하는 때부터 소방시설 완공검사필증을 교부받는 때까지

해설
감리원 세부 배치기준
1. 영 별표 3에 따른 상주공사감리 대상인 경우
   가. 기계분야의 감리원 자격을 취득한 사람과 전기분야의 감리원 자격을 취득한 사람 각 1명 이상을 감리원으로 배치할 것. 다만, 기계분야 및 전기분야의 감리원 자격을 함께 취득한 사람이 있는 경우에는 그에 해당하는 사람 1명 이상을 배치할 수 있다.
   나. 소방시설용 배관(전선관을 포함한다. 이하 같다)을 설치하거나 매립하는 때부터 소방시설 완공검사증명서를 발급받을 때까지 소방공사감리현장에 감리원을 배치할 것
2. 영 별표 3에 따른 일반 공사감리 대상인 경우
   가. 기계분야의 감리원 자격을 취득한 사람과 전기분야의 감리원 자격을 취득한 사람 각 1명 이상을 감리원으로 배치할 것. 다만, 기계분야 및 전기분야의 감리원 자격을 함께 취득한 사람이 있는 경우에는 그에 해당하는 사람 1명 이상을 배치할 수 있다.
   나. 별표 3에 따른 기간 동안 감리원을 배치할 것
   다. 감리원은 주 1회 이상 소방공사감리현장에 배치되어 감리할 것
   라. 1명의 감리원이 담당하는 소방공사감리현장은 5개 이하(자동화재탐지설비 또는 옥내소화전설비 중 어느 하나만 설치하는 2개의 소방공사감리현장이 최단 차량주행거리로 30킬로미터 이내에 있는 경우에는 1개의 소방공사감리현장으로 본다)로서 감리현장 연면적의 총합계가 10만제곱미터 이하일 것. 다만, 일반 공사감리 대상인 아파트의 경우에는 연면적의 합계에 관계없이 1명의 감리원이 5개 이내의 공사현장을 감리할 수 있다.

## 072 다음 중 감리원의 세부 배치 기준 등에 대한 설명으로 옳지 않은 것은?

① 상주공사감리 대상인 경우 소방시설용 배관을 설치하거나 매립하는 때부터 소방시설 완공검사증명서를 발급받을 때까지 소방 공사감리현장에 감리원을 배치할 것
② 일반 공사감리 대상인 경우 1명의 감리원이 담당하는 소방공사감리현장은 5개 이하로서 감리현장 연면적의 총 합계가 10만제곱미터 이하일 것. 다만, 상주공사감리 대상에 해당하지 않는 아파트의 경우에는 연면적의 합계에 관계없이 1명의 감리원이 5개 이내의 공사현장을 감리할 수 있다.
③ 일반 공사감리 대상인 경우 감리원은 주 2회 이상 소방공사감리현장을 방문하여 감리할 것
④ 상주공사감리 대상인 경우 기계분야의 감리원 자격을 취득한 사람과 전기분야의 감리원 자격을 취득한 사람 각 1명 이상을 감리원으로 배치할 것. 다만, 기계분야 및 전기분야의 감리원 자격을 함께 취득한 사람이 있는 경우에는 그에 해당하는 사람 1명 이상을 배치할 수 있다.

해설
감리원 세부 배치기준
1. 영 별표 3에 따른 상주공사감리 대상인 경우
   가. 기계분야의 감리원 자격을 취득한 사람과 전기분야의 감리원 자격을 취득한 사람 각

정답 : 071. ④    072. ③

1명 이상을 감리원으로 배치할 것. 다만, 기계분야 및 전기분야의 감리원 자격을 함께 취득한 사람이 있는 경우에는 그에 해당하는 사람 1명 이상을 배치할 수 있다.

나. 소방시설용 배관(전선관을 포함한다. 이하 같다)을 설치하거나 매립하는 때부터 소방시설 완공검사증명서를 발급받을 때까지 소방공사감리현장에 감리원을 배치할 것

2. 영 별표 3에 따른 일반 공사감리 대상인 경우
    가. 기계분야의 감리원 자격을 취득한 사람과 전기분야의 감리원 자격을 취득한 사람 각 1명 이상을 감리원으로 배치할 것. 다만, 기계분야 및 전기분야의 감리원 자격을 함께 취득한 사람이 있는 경우에는 그에 해당하는 사람 1명 이상을 배치할 수 있다.
    나. 별표 3에 따른 기간 동안 감리원을 배치할 것
    다. 감리원은 주 1회 이상 소방공사감리현장에 배치되어 감리할 것
    라. 1명의 감리원이 담당하는 소방공사감리현장은 5개 이하(자동화재탐지설비 또는 옥내소화전설비 중 어느 하나만 설치하는 2개의 소방공사감리현장이 최단 차량주행거리로 30킬로미터 이내에 있는 경우에는 1개의 소방공사감리현장으로 본다)로서 감리현장 연면적의 총합계가 10만제곱미터 이하일 것. 다만, 일반 공사감리 대상인 아파트의 경우에는 연면적의 합계에 관계없이 1명의 감리원이 5개 이내의 공사현장을 감리할 수 있다.

## 073 공사업법 시행령 별표 3에 따른 소방공사 감리의 종류 및 방법에서 일반공사감리의 방법에 대한 설명 중 옳은 것은?

① 책임감리원은 공사 현장에 배치되어 감리업무를 수행한다. 다만, 실내장식물의 불연화와 방염물품의 적법성 검토업무는 대통령령으로 정하는 기간 동안 공사가 이루어지는 경우만 해당한다.
② 책임감리원은 행정안전부령으로 정하는 기간 중에는 주 1회 이상 공사 현장에 배치되어 감리업무를 수행하고 감리일지에 기록해야 한다.
③ 감리업자는 감리원이 부득이한 사유로 10일 이내의 범위에서 감리업무를 수행할 수 없는 경우에는 업무대행자를 지정하여 그 업무를 수행하게 해야 한다.
④ 지정된 업무대행자는 주 3회 이상 공사 현장에 배치되어 감리업무를 수행하며, 그 업무수행 내용을 감리원에게 통보하고 감리일지에 기록해야 한다.

일반공사감리 방법
① 감리원은 공사 현장에 배치되어 법 제16조제1항 각 호에 따른 업무를 수행한다. 다만, 법 제16조제1항제9호에 따른 업무는 행정안전부령으로 정하는 기간 동안 공사가 이루어지는 경우만 해당한다.
② 감리원은 행정안전부령으로 정하는 기간 중에는 주 1회 이상 공사 현장에 배치되어 제1호의 업무를 수행하고 감리일지에 기록해야 한다.
③ 감리업자는 감리원이 부득이한 사유로 14일 이내의 범위에서 제2호의 업무를 수행할 수 없는 경우에는 업무대행자를 지정하여 그 업무를 수행하게 해야 한다.
④ 제3호에 따라 지정된 업무대행자는 주 2회 이상 공사 현장에 배치되어 제1호의 업무를 수행하며, 그 업무수행 내용을 감리원에게 통보하고 감리일지에 기록해야 한다.

정답 : 073. ②

### 074
다음 중 행정안전부령으로 정하는 특급감리원 이상의 소방공사감리원이 책임감리원으로 상주해야 하는 공사현장으로 옳은 것은?

① 지하층 포함 층수가 40층 이상인 특정소방대상물 공사현장
② 연면적 3만제곱미터 이상 20만제곱미터 미만인 아파트 공사현장
③ 지하층 포함 층수가 16층 이상 40층 미만인 특정소방대상물 공사현장
④ 물분무등소화설비가 설치되는 특정소방대상물 공사현장

| 감리원의 배치기준 | | 소방시설공사 현장의 기준 |
|---|---|---|
| 책임감리원 | 보조감리원 | |
| 1. 행정안전부령으로 정하는 특급감리원 중 소방기술사 | 행정안전부령으로 정하는 초급감리원 이상의 소방공사 감리원(기계분야 및 전기분야) | 가. 연면적 20만제곱미터 이상인 특정소방대상물의 공사 현장<br>나. 지하층을 포함한 층수가 40층 이상인 특정소방대상물의 공사 현장 |
| 2. 행정안전부령으로 정하는 특급감리원 이상의 소방공사 감리원(기계분야 및 전기분야) | 행정안전부령으로 정하는 초급감리원 이상의 소방공사 감리원(기계분야 및 전기분야) | 가. 연면적 3만제곱미터 이상 20만제곱미터 미만인 특정소방대상물(아파트는 제외한다)의 공사 현장<br>나. 지하층을 포함한 층수가 16층 이상 40층 미만인 특정소방대상물의 공사 현장 |
| 3. 행정안전부령으로 정하는 고급감리원 이상의 소방공사 감리원(기계분야 및 전기분야) | 행정안전부령으로 정하는 초급감리원 이상의 소방공사 감리원(기계분야 및 전기분야) | 가. 물분무등소화설비(호스릴방식의 소화설비는 제외한다) 또는 제연설비가 설치되는 특정소방대상물의 공사 현장<br>나. 연면적 3만제곱미터 이상 20만제곱미터 미만인 아파트의 공사 현장 |
| 4. 행정안전부령으로 정하는 중급감리원 이상의 소방공사 감리원(기계분야 및 전기분야) | | 연면적 5천제곱미터 이상 3만제곱미터 미만인 특정소방대상물의 공사 현장 |
| 5. 행정안전부령으로 정하는 초급감리원 이상의 소방공사 감리원(기계분야 및 전기분야) | | 가. 연면적 5천제곱미터 미만인 특정소방대상물의 공사 현장<br>나. 지하구의 공사 현장 |

### 075
다음 중 소방시설공사현장의 연면적 합계가 20만제곱미터 이상인 경우 20만제곱미터를 초과하는 연면적 몇 제곱미터마다 보조감리원이 1명 이상 추가 배치되어야 하는가?

① 10만제곱미터  ② 20만제곱미터  ③ 30만제곱미터  ④ 추가할 필요 없다

1. "책임감리원"이란 해당 공사 전반에 관한 감리업무를 총괄하는 사람을 말한다.
2. "보조감리원"이란 책임감리원을 보좌하고 책임감리원의 지시를 받아 감리업무를 수행하는 사람을 말한다.
3. 소방시설공사 현장의 연면적 합계가 20만제곱미터 이상인 경우에는 20만제곱미터를 초과하는 연면적에 대하여 10만제곱미터(연면적이 10만제곱미터에 미달하는 경우에는 10만제곱미터로 본다)마다 보조감리원 1명 이상을 추가로 배치해야 한다.
4. 상주공사감리에 해당하지 않는 소방시설의 공사에는 보조감리원을 배치하지 않을 수 있다.

정답 : 074. ③    075. ①

## 076 소방공사감리원의 배치기준 및 소방시설공사 현장의 기준이 잘못 연결된 것은?

① 행정안전부령으로 정하는 특급감리원 중 소방기술사 : 연면적 20만제곱미터 이상인 특정소방대상물의 공사 현장
② 행정안전부령으로 정하는 특급감리원 이상의 소방공사 감리원 : 연면적 3만제곱미터 이상 20만제곱미터 미만인 특정소방대상물(아파트는 제외한다)의 공사 현장
③ 행정안전부령으로 정하는 고급감리원 이상의 소방공사 감리원 : 물분무등소화설비(호스릴소화설비는 제외한다) 또는 제연설비가 설치되는 특정소방대상물의 공사 현장
④ 행정안전부령으로 정하는 중급감리원 이상의 소방공사 감리원 : 연면적 5천제곱미터 미만인 특정소방대상물의 공사 현장 또는 지하구(地下溝)의 공사 현장

감리원 배치기준
74번 표 내용 참조

## 077 감리업자가 감리를 할 때 소방시설공사가 설계도서나 화재안전기준에 맞지 아니할 때 취할 수 있는 조치로 볼 수 없는 것은?

① 관계인에게 알리고, 공사업자에게 그 공사의 시정 또는 보완 등을 요구해야 한다.
② 공사업자가 요구를 이행하지 아니하고 그 공사를 계속할 때에는 행정안전부령으로 정하는 바에 따라 소방본부장이나 소방서장에게 그 사실을 보고해야 한다.
③ 공사업자가 시정 또는 보완을 하지 않을 경우 공사를 중지시킬 수 있다.
④ 관계인은 감리업자가 소방본부장이나 소방서장에게 보고한 것을 이유로 감리계약을 해지하거나 감리의 대가 지급을 거부하거나 지연시키거나 그 밖의 불이익을 주어서는 아니 된다.

제19조(위반사항에 대한 조치)
① 감리업자는 감리를 할 때 소방시설공사가 설계도서나 화재안전기준에 맞지 아니할 때에는 관계인에게 알리고, 공사업자에게 그 공사의 시정 또는 보완 등을 요구해야 한다.
② 공사업자가 제1항에 따른 요구를 받았을 때에는 그 요구에 따라야 한다.
③ 감리업자는 공사업자가 제1항에 따른 요구를 이행하지 아니하고 그 공사를 계속할 때에는 행정안전부령으로 정하는 바에 따라 소방본부장이나 소방서장에게 그 사실을 보고해야 한다.
④ 관계인은 감리업자가 제3항에 따라 소방본부장이나 소방서장에게 보고한 것을 이유로 감리계약을 해지하거나 감리의 대가 지급을 거부하거나 지연시키거나 그 밖의 불이익을 주어서는 아니 된다.

## 078 소방시설공사업법령상 상주공사감리 대상 기준 중 다음 ( ) 안에 알맞은 것은?

- 연면적 ( ㉠ )m² 이상의 특정소방대상물(아파트는 제외)에 대한 소방시설의 공사
- 지하층을 포함한 층수가 ( ㉡ )층 이상으로서 ( ㉢ )세대 이상인 아파트에 대한 소방시설의 공사

① ㉠ 10,000, ㉡ 11, ㉢ 600
② ㉠ 10,000, ㉡ 16, ㉢ 500
③ ㉠ 30,000, ㉡ 11, ㉢ 600
④ ㉠ 30,000, ㉡ 16, ㉢ 500

정답 : 076. ④    077. ③    078. ④

> **해설**
> 감리의 종류, 방법, 대상(대통령령)
> 1) 상주공사감리
>    • 연면적 3만 제곱미터 이상(아파트 제외)
>    • 지하층 포함 16층 이상으로서 500세대 이상 아파트
> 2) 일반공사감리(상주공사감리대상 아닌 것)
> 3) 일반공사감리 시 주 1회 방문, 14일 이내 부득이한 사유로 없는 경우 업무대행자 지정, 주 2회 방문

**079** 감리업자는 소방공사의 감리를 마쳤을 때에는 행정안전부령으로 정하는 바에 따라 그 감리 결과를 서면으로 알려야 하는데, 다음 중 그 대상이 아닌 것은?

① 그 소방공사의 행정기관
② 그 특정소방대상물의 관계인
③ 그 소방시설공사의 도급인
④ 그 특정소방대상물의 공사를 감리한 건축(乾縮)사

> **해설**
> 감리결과 통보 및 보고
> 1) 감리업자는 공사가 완료된 날부터 7일 이내에 서면으로 관계인, 도급인, 공사를 감리한 건축사에게 통보
> 2) 감리업자는 공사가 완료된 날부터 7일 이내에 소방본부장 또는 소방서장에게 감리결과 보고서 제출

**080** 다음 중 소방기술자의 실무교육에 관하여 해당하지 않는 것은?

① 실무교육기관의 지정신청을 받은 소방청장은 지정기준을 충족하였는지를 현장 확인해야 한다.
② 소방기술자는 실무교육을 2년마다 1회 이상 받아야 한다.
③ 소방청장은 신청자가 제출한 신청서 및 첨부서류가 미비되거나 현장 확인 결과 지정기준을 충족하지 못하였을 때에는 15일 이내의 기간을 정하여 이를 보완하게 할 수 있다.
④ 실무교육기관으로 지정된 기관은 대표자 또는 각 지부의 책임임원을 변경하려면 변경일부터 14일 이내에 소방청장에게 보고해야 한다.

> **해설**
> 공사업법 시행규칙[소방기술자 실무교육기관의 지정 등]
> 제29조(소방기술자 실무교육기관의 지정기준)
> ① 법 제29조제4항에 따라 소방기술자에 대한 실무교육기관의 지정을 받으려는 자가 갖추어야 하는 실무교육에 필요한 기술인력 및 시설장비는 별표 6과 같다.
> ② 제1항에 따라 실무교육기관의 지정을 받으려는 자는 비영리법인이어야 한다.
>
> 제30조(지정신청)
> ① 법 제29조제4항에 따라 실무교육기관의 지정을 받으려는 자는 별지 제41호서식의 실무교육기관 지정신청서(전자문서로 된 실무교육기관 지정신청서를 포함한다)에 다음 각 호의 서류(전자문서를 포함한다)를 첨부하여 소방청장에게 제출해야 한다. 다만, 「전자정부법」 제36조제1항에 따른 행정정보의 공동이용을 통하여 첨부서류에 대한 정보를 확인할 수

정답 : 079. ①    080. ④

있는 경우에는 그 확인으로 첨부서류를 갈음할 수 있다.
1. 정관 사본 1부
2. 대표자, 각 지부의 책임임원 및 기술인력의 자격을 증명할 수 있는 서류(전자문서를 포함한다)와 기술인력의 명단 및 이력서 각 1부
3. 건물의 소유자가 아닌 경우 건물임대차계약서 사본 및 그 밖에 사무실 보유를 증명할 수 있는 서류(전자문서를 포함한다) 각 1부
4. 교육장 도면 1부
5. 시설 및 장비명세서 1부
② 제1항에 따른 신청서를 제출받은 담당 공무원은 「전자정부법」 제36조제1항에 따라 행정정보의 공동이용을 통하여 다음 각 호의 서류를 확인해야 한다.<개정 2013. 11. 22.>
1. 법인등기사항 전부증명서 1부
2. 건물등기사항 전부증명서(건물의 소유자인 경우에만 첨부한다)

제31조(서류심사 등)
① 제30조에 따라 실무교육기관의 지정신청을 받은 소방청장은 제29조의 지정기준을 충족하였는지를 현장 확인해야 한다. 이 경우 소방청장은 「소방기본법」 제40조에 따른 한국소방안전협회에 소속된 사람을 현장 확인에 참여시킬 수 있다.<개정 2014. 11. 19., 2017. 7. 26.>
② 소방청장은 신청자가 제출한 신청서(전자문서로 된 신청서를 포함한다) 및 첨부서류(전자문서를 포함한다)가 미비되거나 현장 확인 결과 제29조에 따른 지정기준을 충족하지 못하였을 때에는 15일 이내의 기간을 정하여 이를 보완하게 할 수 있다. 이 경우 보완기간 내에 보완하지 않으면 신청서를 되돌려 보내야 한다.

제32조(지정서 발급 등)
① 소방청장은 제30조에 따라 제출된 서류(전자문서를 포함한다)를 심사하고 현장 확인한 결과 제29조의 지정기준을 충족한 경우에는 신청일부터 30일 이내에 별지 제42호서식의 실무교육기관 지정서(전자문서로 된 실무교육기관 지정서를 포함한다)를 발급해야 한다.<개정 2014. 11. 19., 2017. 7. 26.>
② 제1항에 따라 실무교육기관을 지정한 소방청장은 지정한 실무교육기관의 명칭, 대표자, 소재지, 교육실시 범위 및 교육업무 개시일 등 교육에 필요한 사항을 관보에 공고해야 한다.

제33조(지정사항의 변경)
제32조제1항에 따라 실무교육기관으로 지정된 기관은 다음 각 호의 어느 하나에 해당하는 사항을 변경하려면 변경일부터 10일 이내에 소방청장에게 보고해야 한다.
1. 대표자 또는 각 지부의 책임임원
2. 기술인력 또는 시설장비 등 지정기준
3. 교육기관의 명칭 또는 소재지

## 081 소방시설공사업법령상 1년 이하의 징역 또는 1천만 원 이하의 벌금에 처해질 수 없는 자는?

① 소방시설공사업법을 위반하여 시공을 한 소방시설공사업을 등록한 자
② 해당 소방시설업자가 아닌 자에게 소방시설공사 등을 도급한 특정소방대상물의 관계인
③ 공사감리 결과의 통보 또는 공사감리 결과보고서의 제출을 거짓으로 한 소방공사감리업을 등록한 자
④ 등록증이나 등록수첩을 다른 자에게 빌려준 소방시설업자

공사업법 벌칙
1) 3년 이하의 징역 또는 3,000만 원 이하의 벌금

정답 : 081. ④

: 소방시설업 등록을 하지 아니하고 영업을 한 자
2) 1년 이하의 징역 또는 1,000만 원 이하의 벌금
    ① 영업정지처분을 받고 그 영업정지 기간에 영업을 한 자
    ② 불법으로(화재안전기준 위반) 설계나 시공을 한 자
    ③ 불법으로(규정을 위반) 감리를 하거나 거짓으로 감리한 자
    ④ 공사감리자를 지정하지 아니한 자
    ④의2. 공사업자에 대한 시정요구 이행하지 않거나 그 사실 보고를 거짓으로 한 자
    ④의3. 공사감리 결과의 통보 또는 공사감리 결과보고서의 제출을 거짓으로 한 자
    ⑤ 해당 소방시설업자가 아닌 자에게 소방시설공사 등을 도급한 자
    ⑥ 제3자에게 소방시설공사 시공을 하도급한 자
    ⑦ 법 또는 명령을 따르지 아니하고 업무를 수행한 자(기술자)
3) 300만 원 이하의 벌금
    ① 등록증이나 등록수첩을 다른 자에게 빌려준 자
    ② 소방시설공사 현장에 감리원을 배치하지 아니한 자
    ③ 감리업자의 보완 요구에 따르지 아니한 자
    ④ 공사감리 계약을 해지하거나 대가 지급을 거부하거나 지연시키거나 불이익을 준 자
    ⑤ 자격수첩 또는 경력수첩을 빌려 준 사람
    ⑥ 동시에 둘 이상의 업체에 취업한 사람
    ⑦ 관계인의 정당한 업무를 방해하거나 업무상 알게 된 비밀을 누설한 사람
4) 100만 원 이하의 벌금
    ① 감독권자 명령을 위반하여 보고 또는 자료 제출을 하지 아니하거나 거짓으로 한 자
    ② 감독규정을 위반하여 정당한 사유 없이 관계 공무원의 출입 또는 검사·조사를 거부·방해 또는 기피한 자
5) 200만 원 이하의 과태료
    1. 제6조, 제6조의2제1항, 제7조제3항, 제13조제1항 및 제2항 전단, 제17조제2항을 위반하여 신고를 하지 아니하거나 거짓으로 신고한 자
    2. 관계인에게 지위승계, 행정처분 또는 휴업·폐업의 사실을 거짓으로 알린 자
    3. 제8조제4항을 위반하여 관계 서류를 보관하지 아니한 자
    4. 소방기술자를 공사 현장에 배치하지 아니한 자
    5. 완공검사를 받지 아니한 자
    6. 3일 이내에 하자를 보수하지 아니하거나 하자보수계획을 관계인에게 거짓으로 알린 자
    7. 감리 관계 서류를 인수·인계하지 아니한 자
    8. 감리원배치통보 및 변경통보를 하지 아니하거나 거짓으로 통보한 자
    9. 제20조의2를 위반하여 방염성능기준 미만으로 방염을 한 자
    10. 도급계약 체결 시 의무를 이행하지 아니한 자
    11. 하도급 등의 통지를 하지 아니한 자
    12. 자료제출을 거짓으로 한 자
    13. 명령을 위반하여 보고 또는 자료 제출을 하지 아니하거나 거짓으로 보고 또는 자료 제출을 한 자

**082** 소방시설공사업법령상 감리업자가 감리원 배치 규정을 위반하여 소속 감리원을 소방시설공사 현장에 배치하지 아니한 경우에 해당되는 벌칙 기준은?

① 100만 원 이하의 벌금  ② 200만 원 이하의 과태료
③ 300만 원 이하의 벌금  ④ 500만 원 이하의 벌금

정답 : 082. ③

300만 원 이하의 벌금
① 등록증이나 등록수첩을 다른 자에게 빌려준 자
② 소방시설공사 현장에 감리원을 배치하지 아니한 자
③ 감리업자의 보완 요구에 따르지 아니한 자
④ 공사감리 계약을 해지하거나 대가 지급을 거부하거나 지연시키거나 불이익을 준 자
⑤ 자격수첩 또는 경력수첩을 빌려 준 사람
⑥ 동시에 둘 이상의 업체에 취업한 사람
⑦ 관계인의 정당한 업무를 방해하거나 업무상 알게 된 비밀을 누설한 사람

## 083 다음 중 벌칙사항이 맞는 것은?

① 방염업 또는 관리업의 등록을 하지 아니하고 영업을 한 자는 1년 이하의 징역 또는 1천만 원 이하의 벌금에 처한다.
② 동시에 둘 이상의 업체에 취업한 사람은 1년 이하의 징역 또는 1천만 원 이하의 벌금에 처한다.
③ 소방기술자를 공사 현장에 배치하지 아니한 자는 300만 원 이하의 벌금에 처한다.
④ 등록증이나 등록수첩을 다른 자에게 빌려준 자는 300만 원 이하의 벌금에 처한다.

## 084 소방시설공사업법상 과태료 부과 시 과태료 금액의 1/2 범위에서 감경하여 부과할 수 있는데 그에 해당하지 않는 경우는?

① 위반행위자가 처음 위반행위를 하는 경우로서 1년 이상 해당 업종을 모범적으로 영위한 사실이 인정되는 경우
② 위반행위자가 화재 등 재난으로 재산에 현저한 손실이 발생하거나 사업여건의 악화로 사업이 중대한 위기에 처하는 등의 사정이 있는 경우
③ 위반행위가 사소한 부주의나 오류 등 과실로 인한 것으로 인정되는 경우
④ 위반행위자가 같은 위반행위로 다른 법률에 따라 과태료·벌금·영업정지 등의 처분을 받은 경우

 3년 이상

## 085 공사업법상 200만 원 이하의 과태료에 해당하는 사항이 아닌 것은?

① 소방기술자를 공사현장에 배치하지 않은 경우
② 소방감리원을 감리현장에 배치하지 않은 경우
③ 3일 이내에 하자를 보수하지 아니한 공사업자
④ 지위승계, 행정처분 또는 휴·폐업사실을 거짓으로 알린 경우

 300만 원 이하의 벌금
82번 해설 참조

 정답 : 083. ④    084. ①    085. ②

## 086 다음 중 소방시설공사업법에서 규정하고 있는 청문 대상은?

① 소방기술 인정 자격취소처분
② 소방공사업 휴업정지처분
③ 소방기술자의 실무교육
④ 소방시설업의 자격 정지

**해설**
청문
1) 소방시설업 등록취소처분이나 영업정지처분 청문권자
   : 시·도지사
2) 소방기술인정자격취소처분 청문권자 : 소방청장

## 087 다음 중 소방기술자의 실무교육에 대한 설명으로 옳은 것은?

① 소방기술자는 실무교육을 1년마다 1회 이상 받아야 한다.
② 소방기술자는 실무교육을 1년마다 2회 이상 받아야 한다.
③ 소방기술자는 실무교육을 2년마다 1회 이상 받아야 한다.
④ 소방기술자는 실무교육을 2년마다 3회 이상 받아야 한다.

**해설**
소방기술자 실무교육 : 2년마다 1회
한국소방안전원의 장은 소방기술자에 대한 실무교육을 실시하려면 교육일정 등 교육에 필요한 계획을 수립하여 소방청장에게 보고한 후 교육 10일 전까지 대상자에게 알려야 한다.

## 088 소방시설공사업자의 시공능력평가항목에 속하지 않는 것은?

① 실적평가액
② 자본금평가액
③ 기술력평가액
④ 부채상환평가액

**해설**
시공능력평가액＝실적평가액＋자본금평가액＋기술력평가액＋경력평가액±신인도평가액

## 089 「소방시설공사업법 시행령」상 업무의 위탁에 대한 설명으로 옳지 않은 것은?

① 시·도지사는 소방시설업 등록신청의 접수 및 신청내용의 확인에 관한 업무를 소방시설업자협회에 위탁한다.
② 소방청장은 소방기술과 관련된 자격·학력·경력의 인정 업무를 소방시설업자협회, 소방기술과 관련된 법인 또는 단체에 위탁한다.
③ 소방청장은 소방시설공사업을 등록한 자의 시공능력 평가 및 공시에 관한 업무를 소방시설업자협회에 위탁한다.
④ 소방청장은 소방기술자 실무교육에 관한 업무를 소방청장이 지정하는 실무교육기관 또는 대한소방공제회에 위탁한다.

**해설**
소방청장은 소방기술자 실무교육에 관한 업무를 소방청장이 지정하는 실무교육기관 또는 한국소방안전협회(한국소방안전원)에 위탁한다.

정답 : 086.① 087.③ 088.④ 089.④

## 090 다음 중 소방시설공사업자의 시공능력을 평가하여 공시하는 사람은?

① 대통령  
② 소방기술사  
③ 소방청장  
④ 소방시설업자협회

소방시설공사업법 제26조(시공능력 평가 및 공시)
① 소방청장은 관계인 또는 발주자가 적절한 공사업자를 선정할 수 있도록 하기 위하여 공사업자의 신청이 있으면 그 공사업자의 소방시설공사 실적, 자본금 등에 따라 시공능력을 평가하여 공시할 수 있다.
② 제1항에 따른 평가를 받으려는 공사업자는 전년도 소방시설공사 실적, 자본금, 그 밖에 행정안전부령으로 정하는 사항을 소방청장에게 제출해야 한다.
③ 제1항 및 제2항에 따른 시공능력 평가신청 절차, 평가방법, 공시방법 등에 관하여 필요한 사항은 행정안전부령으로 정한다.

## 091 다음 중 특급감리원에 해당하지 않는 사람은?

① 소방기술사 자격을 취득한 사람  
② 소방설비기사 자격을 취득한 후 8년 이상 소방관련업무를 수행한 사람  
③ 소방설비산업기사 자격을 취득한 후 12년 이상 소방관련업무를 수행한 사람  
④ 소방공무원으로서 20년 이상 소방관련업무를 수행한 사람

감리원 기술등급

| 구 분 | 기술자격기준 |
|---|---|
| 특급 감리원 | 1. 소방기술사 자격을 취득한 사람<br>2. 소방설비기사 자격을 취득한 후 8년 이상 소방 관련 업무를 수행한 사람<br>3. 소방설비산업기사 자격을 취득한 후 12년 이상 소방 관련 업무를 수행한 사람 |
| 고급 감리원 | 1. 소방설비기사 자격을 취득한 후 5년 이상 소방 관련 업무를 수행한 사람<br>2. 소방설비산업기사 자격을 취득한 후 8년 이상 소방 관련 업무를 수행한 사람 |
| 중급 감리원 | 1. 소방설비기사 자격을 취득한 후 3년 이상 소방 관련 업무를 수행한 사람<br>2. 소방설비산업기사 자격을 취득한 후 6년 이상 소방 관련 업무를 수행한 사람<br>3. 초급감리원을 취득한 후 5년 이상 소방감리업무를 수행한 사람 |
| 초급 감리원 | 1. 소방설비기사 자격을 취득한 후 1년 이상 소방 관련 업무를 수행한 사람<br>2. 소방설비산업기사 자격을 취득한 후 2년 이상 소방 관련 업무를 수행한 사람<br>3. 제1호나목에 해당하는 학과 학사학위를 취득한 후 1년 이상 소방 관련 업무를 수행한 사람<br>4.「고등교육법」제2조제1호부터 제6호까지의 규정 중 어느 하나에 해당하는 학교에서 제1호나목에 해당하는 학과 전문학사학위를 취득한 후 3년 이상 소방 관련 업무를 수행한 사람<br>5. 소방공무원으로서 3년 이상 근무한 경력이 있는 사람<br>6. 제1호부터 제5호까지의 규정에 해당하지 않는 사람으로서 5년 이상 소방 관련 업무를 수행한 사람<br>7. 고등학교 소방학과를 졸업한 후 4년 이상 소방 관련 업무를 수행한 사람 |

정답 : 090. ③   091. ④

## 092
「소방시설공사업법 시행규칙」상 일반기준에 대한 사항으로 다음에 들어갈 말로 적당한 것은?

> 위반행위의 차수에 따른 행정처분기준은 최근 ( ㉠ ) 같은 위반행위로 행정처분을 받은 경우에 적용한다. 이 경우 기준 적용일은 위반사항에 대한 ( ㉡ )과 그 처분 후 다시 적발한 날을 기준으로 한다.

① 6개월간－위반일  
② 6개월간－행정처분일  
③ 1년간－위반일  
④ 1년간－행정처분일

「소방시설공사업법 시행규칙」 [별표 1] 제1호 - 다. 위반행위의 차수에 따른 행정처분기준은 최근 1년간 같은 위반행위로 행정처분을 받은 경우에 적용한다. 이 경우 기준 적용일은 위반사항에 대한 행정처분일과 그 처분 후 다시 적발한 날을 기준으로 한다.

## 093
「소방시설공사업법」상 소방시설공사업 등록기준으로 옳은 것은?

① 기술인력, 장비  
② 사무실, 기술인력  
③ 자본금(개인은 자산평가액), 기술인력  
④ 사무실, 장비

소방시설공사업법 제4조(소방시설업의 등록)
① 특정소방대상물의 소방시설공사 등을 하려는 자는 업종별로 자본금(개인인 경우에는 자산 평가액을 말한다), 기술인력 등 대통령령으로 정하는 요건을 갖추어 특별시장·광역시장·특별자치시장·도지사 또는 특별자치도지사(이하 "시·도지사"라 한다)에게 소방시설업을 등록해야 한다.

## 094
다음 중 소방시설업의 등록사항의 변경신고 사항이 아닌 것은?

① 상호(명칭)  
② 대표자  
③ 기술인력  
④ 자본금

소방시설공사업법 시행규칙 제5조(등록사항의 변경신고사항)
법 제6조에서 "행정안전부령으로 정하는 중요 사항"이란 다음 각 호의 어느 하나에 해당하는 사항을 말한다.
1. 상호(명칭) 또는 영업소 소재지
2. 대표자
3. 기술인력

## 095
소방시설업자협회의 정관에 포함되어야 할 사항이 아닌 것은?

① 명칭  
② 회원의 가입 및 탈퇴에 관한 사항  
③ 사업에 관한 사항  
④ 대표자의 성명

정답 : 092. ④    093. ③    094. ④    095. ④

소방시설공사업법 시행령 제19조의3(정관의 기재사항)
협회의 정관에는 다음 각 호의 사항이 포함되어야 한다.
1. 목적 2. 명칭 3. 주된 사무소의 소재지 4. 사업에 관한 사항 5. 회원의 가입 및 탈퇴에 관한 사항 6. 회비에 관한 사항 7. 자산과 회계에 관한 사항 8. 임원의 정원·임기 및 선출방법 9. 기구와 조직에 관한 사항 10. 총회와 이사회에 관한 사항 11. 정관의 변경에 관한 사항

## 096 다음 중 착공신고된 사항 중 중요사항이 변경되는 경우 변경일로부터 30일 이내에 소방본부장 또는 소방서장에게 변경신고해야 하는데 변경사항에 해당하지 않는 것은?

① 시공자
② 설치되는 소방시설의 종류
③ 책임시공 소방기술자
④ 시공상세도면

착공신고사항 중 중요한 사항 변경사항들(변경일로부터 30일 이내 소방본부장 또는 소방서장에게 신고)
1. 시공자
2. 설치되는 소방시설의 종류
3. 책임시공 및 기술관리 소방기술자

## 097 「소방시설공사업법」상 '소방시설업'의 영업에 해당하지 않는 것은?

① 소방시설공사에 기본이 되는 공사계획, 설계도면, 설계설명서, 기술계산서 및 이와 관련된 서류를 작성하는 영업
② 설계도서에 따라 소방시설을 신설, 증설, 개설, 이전 및 정비하는 영업
③ 소방안전관리 업무의 대행 또는 소방시설 등의 점검 및 유지·관리하는 영업
④ 방염대상물품에 대하여 방염처리하는 영업

용어정의
"소방시설업"이란 다음 각 목의 영업을 말한다.
가. 소방시설설계업 : 소방시설공사에 기본이 되는 공사계획, 설계도면, 설계 설명서, 기술계산서 및 이와 관련된 서류(이하 "설계도서"라 한다)를 작성(이하 "설계"라 한다)하는 영업
나. 소방시설공사업 : 설계도서에 따라 소방시설을 신설, 증설, 개설, 이전 및 정비(이하 "시공"이라 한다)하는 영업
다. 소방공사감리업 : 소방시설공사에 관한 발주자의 권한을 대행하여 소방시설공사가 설계도서와 관계 법령에 따라 적법하게 시공되는지를 확인하고, 품질·시공 관리에 대한 기술지도를 하는(이하 "감리"라 한다) 영업
라. 방염처리업 : 「소방시설 설치 및 관리에 관한 법률」 제20조제1항에 따른 방염대상물품에 대하여 방염처리(이하 "방염"이라 한다)하는 영업

## 098 「소방시설공사업법 시행규칙」상 감리업자가 소방공사의 감리를 마쳤을 때, 소방공사감리 결과 보고(통보)서를 알려야 하는 대상으로 옳지 않은 것은?

① 소방시설공사의 도급인
② 특정소방대상물의 관계인
③ 소방시설설계업의 설계사
④ 특정소방대상물의 공사를 감리한 건축사

정답 : 096. ④   097. ③   098. ③

감리결과 통보 및 보고
1) 감리업자는 공사가 완료된 날부터 7일 이내에 서면으로 관계인, 도급인, 공사를 감리한 건축사에게 통보
2) 감리업자는 공사가 완료된 날부터 7일 이내에 소방본부장 또는 소방서장에게 감리결과보고서 제출

**099** 소방시설공사업법령상 영업정지가 그 이용자에게 불편을 주거나 그 밖에 공익을 해칠 우려가 있을 때에 시·도지사가 영업정지처분을 갈음하여 과징금을 부과할 수 있는 경우는?

① 사업수행능력 평가에 관한 서류를 위조하거나 변조하는 등 거짓이나 그 밖의 부정한 방법으로 입찰에 참여한 경우
② 동일한 특정소방대상물의 소방시설에 대한 시공과 감리를 함께 할 수 없으나 이를 위반하여 시공과 감리를 함께 한 경우
③ 정당한 사유 없이 관계 공무원의 출입 또는 검사·조사를 기피한 경우
④ 공사감리자를 변경하였을 때에는 새로 지정된 공사감리자와 종전의 공사감리자는 감리업무 수행에 관한 사항과 관계 서류를 인수·인계해야 하나, 인수·인계를 기피한 경우

 공사업법 제10조(과징금 처분)
① 시·도지사는 제9조제1항 각 호의 어느 하나에 해당하는 경우로서 영업정지가 그 이용자에게 불편을 주거나 그 밖에 공익을 해칠 우려가 있을 때에는 영업정지처분을 갈음하여 2억 원 이하의 과징금을 부과할 수 있다.
② 제1항에 따른 과징금을 부과하는 위반행위의 종류와 위반 정도 등에 따른 과징금과 그 밖에 필요한 사항은 행정안전부령으로 정한다.
③ 시·도지사는 제1항에 따른 과징금을 내야 할 자가 납부기한까지 과징금을 내지 아니하면 「지방세 외 수입금의 징수 등에 관한 법률」에 따라 징수한다.

과징금의 부과기준(제10조 관련)
1. 일반기준
　가. 영업정지 1개월은 30일로 계산한다.
　나. 과징금 산정은 별표 1 제2호의 영업정지기간(일)에 제2호가목부터 다목까지의 영업정지 1일에 해당하는 금액란의 금액을 곱한 금액으로 한다.
　다. 위반행위가 둘 이상 발생한 경우 과징금 부과에 따른 영업정지기간(일) 산정은 별표 1 제2호의 개별기준에 따른 각각의 영업정지처분기간을 합산한 기간으로 한다.
　라. 영업정지에 해당하는 위반사항으로서 위반행위의 동기·내용·횟수 또는 그 결과를 고려하여 그 처분기준의 2분의 1까지 감경한 경우 과징금 부과에 따른 영업정지기간(일) 산정은 감경한 영업정지기간으로 한다.
　마. 제2호나목에 따른 도급(계약)금액은 위반사항이 적발된 소방시설공사현장의 해당 공사 도급금액(법 제22조에 적합한 하도급인 경우 그 하도급금액은 제외한다) 또는 소방시설 설계·공사감리 기술용역대가를 말하며, 연간 매출액은 위반사업자에 대한 처분일이 속한 연도의 전년도의 1년간 위반사항이 적발된 방염처리업의 매출금액을 기준으로 한다. 다만, 신규사업·휴업 등에 따라 1년간의 위반사항이 적발된 방염처리업의 매출금액을 기준으로 하는 것이 불합리하다고 인정되는 경우에는 분기별·월별 또는 일별 매출금액을 기준으로 산출 또는 조정한다.
　바. 별표 1 제2호 행정처분 개별기준 중 나목·바목·거목·퍼목·허목 및 고목의 위반사항에는 법 제10조제1항에 따른 영업정지를 갈음하여 과징금을 부과할 수 없다.

 정답 : 099. ②

나목 · 바목 · 거목 · 퍼목 · 허목 및 고목의 위반사항
나. 제4조제1항에 따른 등록기준에 미달하게 된 후 30일이 경과한 경우. 다만, 자본금기준에 미달한 경우 중 「채무자 회생 및 파산에 관한 법률」에 따라 법원이 회생절차의 개시의 결정을 하고 그 절차가 진행 중인 경우 등 대통령령으로 정하는 경우는 30일이 경과한 경우에도 예외로 한다.
바. 제8조제1항을 위반하여 다른 자에게 등록증 또는 등록수첩을 빌려준 경우
거. 제17조제3항을 위반하여 인수 · 인계를 거부 · 방해 · 기피한 경우
퍼. 제26조의2제2항에 따른 사업수행능력 평가에 관한 서류를 위조하거나 변조하는 등 거짓이나 그 밖의 부정한 방법으로 입찰에 참여한 경우
허. 제31조에 따른 명령을 위반하여 보고 또는 자료 제출을 하지 아니하거나 거짓으로 보고 또는 자료 제출을 한 경우
고. 정당한 사유 없이 제31조에 따른 관계 공무원의 출입 또는 검사 · 조사를 거부 · 방해 또는 기피한 경우

## 100 소방시설공사업법령상 하도급계약심사위원회의 구성 및 운영에 관한 설명으로 옳은 것은?

① 하도급계약심사위원회는 위원장 1명과 부위원장 1명을 제외한 10명 이내의 위원으로 구성한다.
② 소방 분야 연구기관의 연구위원급 이상인 사람은 위원회의 부위원장으로 위촉될 수 있다.
③ 위원회의 회의는 재적위원 과반수의 출석으로 개의하고, 출석위원 3분의 2 이상 찬성으로 의결한다.
④ 위원의 임기는 2년으로 하되, 두 차례까지 연임할 수 있다.

공사업법 시행령 제12조의3(하도급계약심사위원회의 구성 및 운영)
① 법 제22조의2제4항에 따른 하도급계약심사위원회(이하 "위원회"라 한다)는 위원장 1명과 부위원장 1명을 포함하여 10명 이내의 위원으로 구성한다.
② 위원회의 위원장(이하 "위원장"이라 한다)은 발주기관의 장(발주기관이 특별시 · 광역시 · 특별자치시 · 도 및 특별자치도인 경우에는 해당 기관 소속 2급 또는 3급 공무원 중에서, 발주기관이 제12조의2제2항에 따른 공공기관인 경우에는 1급 이상 임직원 중에서 발주기관의 장이 지명하는 사람을 각각 말한다)이 되고, 부위원장과 위원은 다음 각 호의 어느 하나에 해당하는 사람 중에서 위원장이 임명하거나 성별을 고려하여 위촉한다.
 1. 해당 발주기관의 과장급 이상 공무원(제12조의2제2항에 따른 공공기관의 경우에는 2급 이상의 임직원을 말한다)
 2. 소방 분야 연구기관의 연구위원급 이상인 사람
 3. 소방 분야의 박사학위를 취득하고 그 분야에서 3년 이상 연구 또는 실무경험이 있는 사람
 4. 대학(소방 분야로 한정한다)의 조교수 이상인 사람
 5. 「국가기술자격법」에 따른 소방기술사 자격을 취득한 사람
③ 제2항제2호부터 제5호까지의 규정에 해당하는 위원의 임기는 3년으로 하며, 한 차례만 연임할 수 있다.
④ 위원회의 회의는 재적위원 과반수의 출석으로 개의(開議)하고, 출석위원 과반수의 찬성으로 의결한다.
⑤ 제1항부터 제4항까지에서 규정한 사항 외에 위원회의 운영에 필요한 사항은 위원회의 의결을 거쳐 위원장이 정한다.

정답 : 100. ②

## 101  소방시설공사업법령상 수수료 기준으로 옳지 않은 것은?

① 전문 소방시설설계업을 등록하려는 자 — 4만 원
② 소방시설업 등록증을 재발급하려는 자 — 2만 원
③ 소방시설업자의 지위승계 신고를 하려는 자 — 2만 원
④ 일반 소방시설공사업을 등록하려는 자 — 분야별 2만 원

② 소방시설업 등록증을 재발급 하려는 자 — 소방시설업 등록증 또는 등록수첩별 각각 1만 원 공사업법 시행규칙 별표 7[수수료 및 교육비]
1. 법 제4조제1항에 따라 소방시설업을 등록하려는 자
   가. 전문 소방시설설계업 : 4만 원
   나. 일반 소방시설설계업 : 분야별 2만 원
   다. 전문 소방시설공사업 : 4만 원
   라. 일반 소방시설공사업 : 분야별 2만 원
   마. 전문 소방공사감리업 : 4만 원
   바. 일반 소방공사감리업 : 분야별 2만 원
   사. 방염처리업 : 업종별 4만 원
2. 법 제4조제3항에 따라 소방시설업 등록증 또는 등록수첩을 재발급 받으려는 자 : 소방시설업 등록증 또는 등록수첩별 각각 1만 원
3. 법 제7조제3항에 따라 소방시설업자의 지위승계 신고를 하려는 자 : 2만 원
4. 법 제20조의3제2항에 따라 방염처리능력 평가를 받으려는 자 : 소방청장이 정하여 고시하는 금액
5. 법 제26조제2항에 따라 시공능력 평가를 받으려는 자 : 소방청장이 정하여 고시하는 금액
6. 법 제28조제2항에 따라 자격수첩 또는 경력수첩을 발급받으려는 자 : 소방청장이 정하여 고시하는 금액
7. 법 제29조제1항에 따라 실무교육을 받으려는 사람 : 소방청장이 정하여 고시하는 금액

## 102  소방시설공사업법령상 합병의 경우 소방시설업자 지위 승계를 신고하려는 자가 제출해야 하는 서류가 아닌 것은?

① 소방시설업 합병신고서
② 합병계약서 사본
③ 합병 후 법인의 소방시설업 등록증 및 등록수첩
④ 합병공고문 사본

공사업법 시행규칙 제7조(지위승계 신고 등)
① 법 제7조제3항에 따라 소방시설업자 지위 승계를 신고하려는 자는 그 지위를 승계한 날부터 30일 이내에 다음 각 호의 구분에 따른 서류(전자문서를 포함한다)를 협회에 제출해야 한다.
3. 합병의 경우 : 다음 각 목의 서류
   가. 별지 제9호서식에 따른 소방시설업 합병신고서
   나. 합병 전 법인의 소방시설업 등록증 및 등록수첩
   다. 합병계약서 사본(합병에 관한 사항을 의결한 총회 또는 창립총회 결의서 사본을 포함한다)
   라. 제2조제1항 각 호에 해당하는 서류. 이 경우 같은 항제1호 및 제5호의 "신청인"을 "신고인"으로 본다.
   마. 합병공고문 사본

정답 : 101. ② 　　 102. ③

## 103. 소방시설공사업법령상 1년 이하의 징역 또는 1천만 원 이하의 벌금에 처해질 수 없는 자는?

① 소방시설공사업법을 위반하여 시공을 한 소방시설공사업을 등록한 자
② 해당 소방시설업자가 아닌 자에게 소방시설공사 등을 도급한 특정소방대상물의 관계인
③ 공사감리 결과의 통보 또는 공사감리결과보고서의 제출을 거짓으로 한 소방공사감리업을 등록한 자
④ 등록증이나 등록수첩을 다른 자에게 빌려준 소방시설업자

1년 이하의 징역 또는 1,000만 원 이하의 벌금
① 영업정지처분을 받고 그 영업정지 기간에 영업을 한 자
② 불법으로(화재안전기준 위반) 설계나 시공을 한 자
③ 불법으로(규정을 위반) 감리를 하거나 거짓으로 감리한 자
④ 공사감리자를 지정하지 아니한 자
④의2. 공사업자에 대한 시정요구를 이행하지 않거나 그 사실 보고를 거짓으로 한 자
④의3. 공사감리 결과의 통보 또는 공사감리 결과보고서의 제출을 거짓으로 한 자
⑤ 해당 소방시설업자가 아닌 자에게 소방시설공사 등을 도급한 자
⑥ 제3자에게 소방시설공사 시공을 하도급한 자
⑦ 법 또는 명령을 따르지 아니하고 업무를 수행한 자(기술자)

300만 원 이하의 벌금
① 등록증이나 등록수첩을 다른 자에게 빌려준 자
② 소방시설공사 현장에 감리원을 배치하지 아니한 자
③ 감리업자의 보완 요구에 따르지 아니한 자
④ 공사감리 계약을 해지하거나 대가 지급을 거부하거나 지연시키거나 불이익을 준 자
⑤ 자격수첩 또는 경력수첩을 빌려 준 사람
⑥ 동시에 둘 이상의 업체에 취업한 사람
⑦ 관계인의 정당한 업무를 방해하거나 업무상 알게 된 비밀을 누설한 사람

## 104. 소방시설공사업법령상 감리업자가 감리원 배치규정을 위반하여 소속 감리원을 소방시설공사 현장에 배치하지 아니한 경우에 해당되는 벌칙 기준은?

① 100만 원 이하의 벌금
② 200만 원 이하의 과태료
③ 300만 원 이하의 벌금
④ 500만 원 이하의 벌금

103번 300만 원 이하의 벌금 내용 참조

## 105. 소방시설공사업법령상 지하층을 포함한 층수가 40층이고, 연면적이 20만 제곱미터인 특정소방대상물의 공사 현장에 배치해야 하는 소방기술자의 배치기준으로 옳은 것은?

① 행정안전부령으로 정하는 특급기술자인 소방기술자(기계분야 및 전기분야)
② 행정안전부령으로 정하는 고급기술자 이상의 소방기술자(기계분야 및 전기분야)
③ 행정안전부령으로 정하는 중급기술자 이상의 소방기술자(기계분야 및 전기분야)
④ 행정안전부령으로 정하는 초급기술자 이상의 소방기술자(기계분야 및 전기분야)

정답 : 103. ④    104. ③    105. ①

소방기술자 배치기준

| 소방기술자의 배치기준 | 소방시설공사 현장의 기준 |
|---|---|
| 1. 행정안전부령으로 정하는 특급기술자인 소방기술자(기계분야 및 전기분야) | 가. 연면적 20만제곱미터 이상인 특정소방대상물의 공사 현장<br>나. 지하층을 포함한 층수가 40층 이상인 특정소방대상물의 공사 현장 |
| 2. 행정안전부령으로 정하는 고급기술자 이상의 소방기술자(기계분야 및 전기분야) | 가. 연면적 3만제곱미터 이상 20만제곱미터 미만인 특정소방대상물(아파트는 제외한다)의 공사 현장<br>나. 지하층을 포함한 층수가 16층 이상 40층 미만인 특정소방대상물의 공사 현장 |
| 3. 행정안전부령으로 정하는 중급기술자 이상의 소방기술자(기계분야 및 전기분야) | 가. 물분무등소화설비(호스릴방식의 소화설비는 제외한다) 또는 제연설비가 설치되는 특정소방대상물의 공사 현장<br>나. 연면적 5천제곱미터 이상 3만제곱미터 미만인 특정소방대상물(아파트는 제외한다)의 공사 현장<br>다. 연면적 1만제곱미터 이상 20만제곱미터 미만인 아파트의 공사 현장 |
| 4. 행정안전부령으로 정하는 초급기술자 이상의 소방기술자(기계분야 및 전기분야) | 가. 연면적 1천제곱미터 이상 5천제곱미터 미만인 특정소방대상물(아파트는 제외한다)의 공사 현장<br>나. 연면적 1천제곱미터 이상 1만제곱미터 미만인 아파트의 공사 현장<br>다. 지하구(地下溝)의 공사 현장 |
| 5. 법 제28조제2항에 따라 자격수첩을 발급받은 소방기술자 | 연면적 1천제곱미터 미만인 특정소방대상물의 공사 현장 |

비고

가. 다음의 어느 하나에 해당하는 기계분야 소방시설공사의 경우에는 소방기술자의 배치기준에 따른 기계분야의 소방기술자를 공사 현장에 배치해야 한다.
  1) 옥내소화전설비, 스프링클러설비등, 물분무등소화설비 또는 옥외소화전설비의 공사
  2) 상수도소화용수설비, 소화수조ㆍ저수조 또는 그 밖의 소화용수설비의 공사
  3) 제연설비, 연결송수관설비, 연결살수설비 또는 연소방지설비의 공사
  4) 기계분야 소방시설에 부설되는 전기시설의 공사. 다만, 비상전원, 동력회로, 제어회로, 기계분야의 소방시설을 작동하기 위해 설치하는 화재감지기에 의한 화재감지장치 및 전기신호에 의한 소방시설의 작동장치의 공사는 제외한다.

나. 다음의 어느 하나에 해당하는 전기분야 소방시설공사의 경우에는 소방기술자의 배치기준에 따른 전기분야의 소방기술자를 공사 현장에 배치해야 한다.
  1) 비상경보설비, 시각경보기, 자동화재탐지설비, 비상방송설비, 자동화재속보설비 또는 통합감시시설의 공사
  2) 비상콘센트설비 또는 무선통신보조설비의 공사
  3) 기계분야 소방시설에 부설되는 전기시설 중 가목4) 단서의 전기시설 공사

다. 가목 및 나목에도 불구하고 기계분야 및 전기분야의 자격을 모두 갖춘 소방기술자가 있는 경우에는 소방시설공사를 분야별로 구분하지 않고 그 소방기술자를 배치할 수 있다.

라. 가목 및 나목에도 불구하고 소방공사감리업자가 감리하는 소방시설공사가 다음의 어느 하나에 해당하는 경우에는 소방기술자를 소방시설공사 현장에 배치하지 않을 수 있다.
  1) 소방시설의 비상전원을 「전기공사업법」에 따른 전기공사업자가 공사하는 경우
  2) 상수도소화용수설비, 소화수조ㆍ저수조 또는 그 밖의 소화용수설비를 「건설산업기본법 시행령」 별표 1에 따른 기계설비ㆍ가스공사업자 또는 상ㆍ하수도설비공사업자가 공사하는 경우
  3) 소방 외의 용도와 겸용되는 제연설비를 「건설산업기본법 시행령」 별표 1에 따른 기계설비ㆍ가스공사업자가 공사하는 경우
  4) 소방 외의 용도와 겸용되는 비상방송설비 또는 무선통신보조설비를 「정보통신공사업

「법」에 따른 정보통신공사업자가 공사하는 경우
마. 공사업자는 다음의 경우를 제외하고는 1명의 소방기술자를 2개의 공사 현장을 초과하여 배치해서는 안 된다. 다만, 연면적 3만제곱미터 이상의 특정소방대상물(아파트는 제외한다)이거나 지하층을 포함한 층수가 16층 이상으로서 500세대 이상인 아파트에 대한 소방시설 공사의 경우에는 1개의 공사 현장에만 배치해야 한다.
  1) 건축물의 연면적이 5천제곱미터 미만인 공사 현장에만 배치하는 경우. 다만, 그 연면적의 합계는 2만제곱미터를 초과해서는 안 된다.
  2) 건축물의 연면적이 5천제곱미터 이상인 공사 현장 2개 이하와 5천제곱미터 미만인 공사 현장에 같이 배치하는 경우. 다만, 5천제곱미터 미만의 공사 현장의 연면적의 합계는 1만제곱미터를 초과해서는 안 된다.
바. 특정 공사 현장이 2개 이상의 공사 현장 기준에 해당하는 경우에는 해당 공사 현장 기준에 따라 배치해야 하는 소방기술자를 각각 배치하지 않고 그 중 상위 등급 이상의 소방기술자를 배치할 수 있다.

2. 소방기술자의 배치기간
가. 공사업자는 제1호에 따른 소방기술자를 소방시설공사의 착공일부터 소방시설 완공검사증명서 발급일까지 배치한다.
나. 공사업자는 가목에도 불구하고 시공관리, 품질 및 안전에 지장이 없는 경우로서 다음의 어느 하나에 해당하여 발주자가 서면으로 승낙하는 경우에는 해당 공사가 중단된 기간 동안 소방기술자를 공사 현장에 배치하지 않을 수 있다.
  1) 민원 또는 계절적 요인 등으로 해당 공정의 공사가 일정 기간 중단된 경우
  2) 예산의 부족 등 발주자(하도급의 경우에는 수급인을 포함한다. 이하 이 목에서 같다)의 책임 있는 사유 또는 천재지변 등 불가항력으로 공사가 일정기간 중단된 경우
  3) 발주자가 공사의 중단을 요청하는 경우

## 106 소방시설공사업법령상 소방시설업에 대한 행정처분기준 중 2차 위반 시 등록취소 사항에 해당하는 것은? (단, 가중 또는 감경 사유는 고려하지 않음)

① 거짓이나 그 밖의 부정한 방법으로 등록한 경우
② 다른 자에게 등록증 또는 등록수첩을 빌려준 경우
③ 영업정지 기간 중에 설계ㆍ시공 또는 감리를 한 경우
④ 등록의 결격사유에 해당하게 된 경우

공사업법 시행규칙 [별표 1] 행정처분기준

## 107 소방시설공사업법령에 관한 설명으로 옳지 않은 것은?

① 감리업자가 소방공사의 감리를 마쳤을 때에는 소방공사감리 결과보고(통보)서에 소방시설공사 완공검사신청서, 소방시설 성능시험조사표, 소방공사 감리일지를 첨부하여 소방본부장 또는 소방서장에게 알려야 한다.
② 특정소방대상물의 관계인은 공사감리자가 변경된 경우에는 변경일부터 30일 이내에 소방공사감리자 변경신고서를 소방본부장 또는 소방서장에게 제출해야 한다.
③ 소방공사감리업자는 감리원을 소방공사감리현장에 배치하는 경우에는 소방공사감리원 배치통보서를 감리원 배치일부터 7일 이내에 소방본부장 또는 소방서장에게 알려야 한다.
④ 소방시설공사업자는 해당 소방시설공사의 착공 전까지 소방시설공사 착공(변경)신고서를 소방본부장 또는 소방서장에게 신고해야 한다.

정답 : 106. ②

공사업 시행규칙 제19조(감리결과의 통보 등)
법 제20조에 따라 감리업자가 소방공사의 감리를 마쳤을 때에는 별지 제29호서식의 소방 공사감리 결과보고(통보)서[전자문서로 된 소방공사감리 결과보고(통보)서를 포함한다]에 다음 각 호의 서류(전자 문서를 포함한다)를 첨부하여 공사가 완료된 날부터 7일 이내에 특정소방대상물의 관계인, 소방시설공사의 도급인 및 특정소방대상물의 공사를 감리한 건축사에게 알리고, 소방본부장 또는 소방서장에게 보고해야 한다.
1. 별지 제30호서식의 소방시설 성능시험조사표 1부(소방청장이 정하여 고시하는 소방시설 세부성능시험조사표 서식을 첨부한다)
2. 착공신고 후 변경된 소방시설설계도면(변경사항이 있는 경우에만 첨부하되, 법 제11조에 따른 설계업자가 설계한 도면만 해당된다) 1부
3. 별지 제13호서식의 소방공사 감리일지(소방본부장 또는 소방서장에게 보고하는 경우에만 첨부한다)

제17조(감리원 배치통보 등)
① 소방공사감리업자는 법 제18조제2항에 따라 감리원을 소방공사감리현장에 배치하는 경우에는 별지 제24호서식의 소방공사감리원 배치통보서(전자문서로 된 소방공사감리원 배치통보서를 포함한다)에, 배치한 감리원이 변경된 경우에는 별지 제25호서식의 소방공사감리원 배치변경통보서(전자문서로 된 소방공사감리원 배치변경통보서를 포함한다)에 다음 각 호의 구분에 따른 해당 서류(전자문서를 포함한다)를 첨부하여 감리원 배치일부터 7일 이내에 소방본부장 또는 소방서장에게 알려야 한다. 이 경우 소방본부장 또는 소방서장은 통보된 내용을 7일 이내에 소방기술자 인정자에게 통보해야 한다.

## 108 소방시설공사업법령상 감리업자가 소방공사를 감리할 때 반드시 수행해야 할 업무가 아닌 것은?

① 완공된 소방시설 등의 성능시험
② 공사업자가 한 소방시설 등의 시공이 설계도서와 화재안전기준에 맞는지에 대한 지도·감독
③ 소방시설 등 설계 변경 사항의 도면수정
④ 공사업자가 작성한 시공 상세 도면의 적합성 검토

 감리의 업무
1. 소방시설 등의 설치계획표의 적법성 검토
2. 소방시설 등 설계도서의 적합성(적법성과 기술상의 합리성을 말한다. 이하 같다) 검토
3. 소방시설 등 설계 변경 사항의 적합성 검토
4. 「소방시설 설치 및 관리에 관한 법률」 제2조제1항제7호의 소방용품의 위치·규격 및 사용 자재의 적합성 검토
5. 공사업자가 한 소방시설 등의 시공이 설계도서와 화재안전기준에 맞는지에 대한 지도·감독
6. 완공된 소방시설 등의 성능시험
7. 공사업자가 작성한 시공 상세 도면의 적합성 검토
8. 피난시설 및 방화시설의 적법성 검토
9. 실내장식물의 불연화(不燃化)와 방염물품의 적법성 검토

정답 : 107. ①  108. ③

## 109. 소방시설공사업법령상 소방시설업의 등록을 반드시 취소해야 하는 경우에 해당하지 않는 것은?

① 거짓이나 그 밖의 부정한 방법으로 등록한 경우
② 법인의 대표자가 위험물안전관리법에 따른 금고 이상의 형의 집행유예를 선고받고 그 유예기간 중에 있어서 등록의 결격사유에 해당하는 경우
③ 등록을 한 후 정당한 사유 없이 1년이 지날 때까지 영업을 시작하지 아니한 때의 경우
④ 영업정지처분을 받고 영업정지기간 중에 새로운 설계·시공 또는 감리를 한 경우

등록을 한 후 정당한 사유 없이 1년이 지날 때까지 영업을 시작하지 아니하거나 계속하여 1년 이상 휴업한 때는 6개월 이내의 기간을 정하여 시정이나 그 영업의 정지를 명할 수 있다.

## 110. 소방시설공사업법령상 소방기술자에 해당하지 않는 자는?

① 섬유기사
② 공조냉동기계산업기사
③ 건축사
④ 건축전기설비기술사

소방기술과 관련된 자격의 종류
가. 「소방시설공사업법 시행령」 별표1 제1호 비고 제4호다목에서 "소방기술과 관련된 자격"이란 다음 각 목의 어느 하나에 해당하는 자격을 말한다.
1) 소방기술사, 소방시설관리사, 소방설비기사, 소방설비산업기사
2) 건축사, 건축기사, 건축산업기사
3) 건축기계설비기술사, 건축설비기사, 건축설비산업기사
4) 건설기계기술사, 건설기계설비기사, 건설기계설비산업기사, 일반기계기사
5) 공조냉동기계기술사, 공조냉동기계기사, 공조냉동기계산업기사
6) 화공기술사, 화공기사, 화공산업기사
7) 가스기술사, 가스기능장, 가스기사, 가스산업기사
8) 건축전기설비기술사, 전기기능장, 전기기사, 전기산업기사, 전기공사기사, 전기공사산업기사
9) 산업안전기사, 산업안전산업기사
10) 위험물기능장, 위험물산업기사, 위험물기능사

## 111. 소방시설공사업법령상 소방시설공사에 관한 설명으로 옳지 않은 것은?

① 하나의 건축물에 영화상영관이 10개 이상인 신축 특정소방대상물은 성능위주설계를 해야 한다.
② 공사업자가 구조변경·용도변경되는 특정소방대상물에 연소방지설비의 살수구역을 증설하는 공사를 할 경우 소방서장에게 착공신고를 해야 한다.
③ 하자보수 대상 소방시설 중 자동소화장치의 하자보수 보증기간은 3년이다.
④ 연면적이 1,000제곱미터 이상인 특정소방대상물에 비상경보설비를 설치하는 경우에는 공사감리자를 지정해야 한다.

감리지정대상 특정소방대상물
1. 옥내소화전설비를 신설·개설 또는 증설할 때
2. 스프링클러설비 등(캐비닛형 간이스프링클러설비는 제외한다)을 신설·개설하거나 방호·방수 구역을 증설할 때

정답 : 109. ③   110. ①   111. ④

3. 물분무등소화설비(호스릴방식의 소화설비는 제외한다)를 신설·개설하거나 방호·방수구역을 증설할 때
4. 옥외소화전설비를 신설·개설 또는 증설할 때
5. 자동화재탐지설비를 신설 또는 개설할 때
5의2. 비상방송설비를 신설 또는 개설할 때
6. 통합감시시설을 신설 또는 개설할 때
6의2. 비상조명등을 신설 또는 개설할 때
7. 소화용수설비를 신설 또는 개설할 때
8. 다음 각 목에 따른 소화활동설비에 대하여 각 목에 따른 시공을 할 때
　　가. 제연설비를 신설·개설하거나 제연구역을 증설할 때
　　나. 연결송수관설비를 신설 또는 개설할 때
　　다. 연결살수설비를 신설·개설하거나 송수구역을 증설할 때
　　라. 비상콘센트설비를 신설·개설하거나 전용회로를 증설할 때
　　마. 무선통신보조설비를 신설 또는 개설할 때
　　바. 연소방지설비를 신설·개설하거나 살수구역을 증설할 때

소방시설법 성능위주설계대상
소방시설법 시행령
제9조(성능위주설계를 해야 하는 특정소방대상물의 범위) 법 제8조제1항에서 "대통령령으로 정하는 특정소방대상물"이란 다음 각 호의 어느 하나에 해당하는 특정소방대상물(신축하는 것만 해당한다)을 말한다.
1. 연면적 20만제곱미터 이상인 특정소방대상물. 다만, 별표 2 제1호가목에 따른 아파트등(이하 "아파트등"이라 한다)은 제외한다.
2. 50층 이상(지하층은 제외한다)이거나 지상으로부터 높이가 200미터 이상인 아파트등
3. 30층 이상(지하층을 포함한다)이거나 지상으로부터 높이가 120미터 이상인 특정소방대상물(아파트등은 제외한다)
4. 연면적 3만제곱미터 이상인 특정소방대상물로서 다음 각 목의 어느 하나에 해당하는 특정소방대상물
　　가. 별표 2 제6호나목의 철도 및 도시철도 시설
　　나. 별표 2 제6호다목의 공항시설
5. 별표 2 제16호의 창고시설 중 연면적 10만제곱미터 이상인 것 또는 지하층의 층수가 2개 층 이상이고 지하층의 바닥면적의 합계가 3만제곱미터 이상인 것
6. 하나의 건축물에 「영화 및 비디오물의 진흥에 관한 법률」 제2조제10호에 따른 영화상영관이 10개 이상인 특정소방대상물
7. 「초고층 및 지하연계 복합건축물 재난관리에 관한 특별법」 제2조제2호에 따른 지하연계 복합건축물에 해당하는 특정소방대상물
8. 별표 2 제27호의 터널 중 수저(水底)터널 또는 길이가 5천미터 이상인 것

## 112  소방기술자의 소방시설 공사현장의 배치기준으로 옳은 것은?

① 기계분야의 소방설비기사는 기계분야 소방시설의 부대시설에 대한 공사에 배치할 수 없다.
② 비상콘센트설비 및 비상방송설비의 공사는 전기분야의 소방설비기사가 담당한다.
③ 전기분야의 소방설비기사는 기계분야 소방시설에 부설되는 자동화재탐지설비의 공사에 배치하여서는 아니 된다.
④ 무선통신보조설비의 공사는 기계분야의 소방설비기사도 배치할 수 있다.

105번 문제 해설 참조

정답 : 112. ②

## 113. 다음 중 기술자격에 의한 기술등급 구분으로 고급기술자에 해당되지 않는 자는?

① 소방설비기사 기계분야의 자격을 소지한 자로서 5년 이상 소방기술업무를 수행한 자
② 소방설비산업기사 기계분야의 자격을 소지한 자로서 8년 이상 소방기술업무를 수행한 자
③ 건축설비기사 자격을 소지한 자로서 10년 이상 소방기술업무를 수행한 자
④ 위험물산업기사 자격을 소지한 자로서 13년 이상 소방기술업무를 수행한 자

기술자격에 따른 등급

| 등급 | 기계분야 | 전기분야 |
|---|---|---|
| 특급 기술자 | • 소방기술사<br>• 소방시설관리사 자격을 취득한 후 5년 이상 소방 관련 업무를 수행한 사람 | |
| | 건축사, 건축기계설비기술사, 건설기계기술사, 공조냉동기계기술사, 화공기술사, 가스기술사 자격을 취득한 후 5년 이상 소방 관련 업무를 수행한 사람 | 건축전기설비기술사 자격을 취득한 후 5년 이상 소방 관련 업무를 수행한 사람 |
| | 소방설비기사 기계분야의 자격을 취득한 후 8년 이상 소방 관련 업무를 수행한 사람 | 소방설비기사 전기분야의 자격을 취득한 후 8년 이상 소방 관련 업무를 수행한 사람 |
| | 소방설비산업기사 기계분야의 자격을 취득한 후 11년 이상 소방 관련 업무를 수행한 사람 | 소방설비산업기사 전기분야의 자격을 취득한 후 11년 이상 소방 관련 업무를 수행한 사람 |
| | 건축기사, 건축설비기사, 건설기계설비기사, 일반기계기사, 공조냉동기계기사, 화공기사, 가스기능장, 가스기사, 산업안전기사, 위험물기능장 자격을 취득한 후 13년 이상 소방 관련 업무를 수행한 사람 | 전기기능장, 전기기사, 전기공사기사 자격을 취득한 후 13년 이상 소방 관련 업무를 수행한 사람 |
| 고급 기술자 | 소방시설관리사 | |
| | 건축사, 건축기계설비기술사, 건설기계기술사, 공조냉동기계기술사, 화공기술사, 가스기술사 자격을 취득한 후 3년 이상 소방 관련 업무를 수행한 사람 | 건축전기설비기술사 자격을 취득한 후 3년 이상 소방 관련 업무를 수행한 사람 |
| | 소방설비기사 기계분야의 자격을 취득한 후 5년 이상 소방 관련 업무를 수행한 사람 | 소방설비기사 전기분야의 자격을 취득한 후 5년 이상 소방 관련 업무를 수행한 사람 |
| | 소방설비산업기사 기계분야의 자격을 취득한 후 8년 이상 소방 관련 업무를 수행한 사람 | 소방설비산업기사 전기분야의 자격을 취득한 후 8년 이상 소방 관련 업무를 수행한 사람 |
| | 건축기사, 건축설비기사, 건설기계설비기사, 일반기계기사, 공조냉동기계기사, 화공기사, 가스기능장, 가스기사, 산업안전기사, 위험물기능장 자격을 취득한 후 11년 이상 소방 관련 업무를 수행한 사람 | 전기기능장, 전기기사, 전기공사기사 자격을 취득한 후 11년 이상 소방 관련 업무를 수행한 사람 |

정답 : 113. ③

| 등급 | 기계분야 | 전기분야 |
|---|---|---|
| 고급 기술자 | 건축산업기사, 건축설비산업기사, 건설기계설비산업기사, 공조냉동기계산업기사, 화공산업기사, 가스산업기사, 산업안전산업기사, 위험물산업기사 자격을 취득한 후 13년 이상 소방 관련 업무를 수행한 사람 | 전기산업기사, 전기공사산업기사 자격을 취득한 후 13년 이상 소방 관련 업무를 수행한 사람 |
| 중급 기술자 | 건축사, 건축기계설비기술사, 건설기계기술사, 공조냉동기계기술사, 화공기술사, 가스기술사 | 건축전기설비기술사 |
| | 소방설비기사(기계분야) | 소방설비기사(전기분야) |
| | 소방설비산업기사 기계분야의 자격을 취득한 후 3년 이상 소방 관련 업무를 수행한 사람 | 소방설비산업기사 전기분야의 자격을 취득한 후 3년 이상 소방 관련 업무를 수행한 사람 |
| | 건축기사, 건축설비기사, 건설기계설비기사, 일반기계기사, 공조냉동기계기사, 화공기사, 가스기능장, 가스기사, 산업안전기사, 위험물기능장 자격을 취득한 후 5년 이상 소방 관련 업무를 수행한 사람 | 전기기능장, 전기기사, 전기공사기사 자격을 취득한 후 5년 이상 소방 관련 업무를 수행한 사람 |
| | 건축산업기사, 건축설비산업기사, 건설기계설비산업기사, 공조냉동기계산업기사, 화공산업기사, 가스산업기사, 산업안전산업기사, 위험물산업기사 자격을 취득한 후 8년 이상 소방 관련 업무를 수행한 사람 | 전기산업기사, 전기공사산업기사 자격을 취득한 후 8년 이상 소방 관련 업무를 수행한 사람 |
| 초급 기술자 | 소방설비산업기사(기계분야) | 소방설비산업기사(전기분야) |
| | 건축기사, 건축설비기사, 건설기계설비기사, 일반기계기사, 공조냉동기계기사, 화공기사, 가스기능장, 가스기사, 산업안전기사, 위험물기능장 자격을 취득한 후 2년 이상 소방 관련 업부를 수행한 사람 | 전기기능장, 전기기사, 전기공사기사 자격을 취득한 후 2년 이상 소방 관련 업무를 수행한 사람 |
| | 건축산업기사, 건축설비산업기사, 건설기계설비산업기사, 공조냉동기계산업기사, 화공산업기사, 가스산업기사, 산업안전산업기사, 위험물산업기사 자격을 취득한 후 4년 이상 소방 관련 업무를 수행한 사람 | 전기산업기사, 전기공사산업기사 자격을 취득한 후 4년 이상 소방 관련 업무를 수행한 사람 |
| | 위험물기능사 자격을 취득한 후 6년 이상 소방 관련 업무를 수행한 사람 | |

**114** 일반공사감리 대상의 경우 1인의 책임감리원이 담당하는 소방공사감리현장은 몇 개 이하인가?

① 2개    ② 3개    ③ 4개    ④ 5개

 1인의 책임 감리원이 담당하는 소방공사 감리현장은 5개 이하로서 감리 현장의 연면적의 총 합계가 10만 m² 이하일 것 (공사업법 규칙 제16조)

 정답 : 114. ④

## 115  성능위주설계를 할 수 있는 자가 보유해야 하는 기술인력의 기준은?

① 소방기술사 2인 이상
② 소방기술사 1인 및 소방설비기사 2인(기계 및 전기분야 각 1인) 이상
③ 소방분야 공학박사 2인 이상
④ 소방기술사 1인 및 소방분야 공학박사 1인 이상

성능위주설계를 할 수 있는 자의 자격 · 기술인력

| 성능위주설계자의 자격 | 기술인력 |
|---|---|
| 성능위주설계자의 자격은 다음 각 목의 어느 하나와 같다.<br>가. 전문소방시설설계업을 등록한 자<br>나. 전문소방시설설계업 등록기준에 따른 기술인력을 갖춘 자로서 소방청장이 정하여 고시하는 연구기관 또는 단체 | 소방기술사<br>2인 이상 |

## 116  소방시설공사의 설계와 감리에 관한 약정을 함에 있어서 그 대가를 산정하는 기준으로 옳은 것은?

① 발주자와 도급자 간의 약정에 따라 산정한다.
② 국가를 당사자로 하는 계약에 관한 법률에 따라 산정한다.
③ 민법에서 정하는 바에 따라 산정한다.
④ 「엔지니어링산업 진흥법」에 따른 실비정액 가산방식으로 산정한다.

공사업법 규칙 제21조(소방기술용역의 대가기준 산정방식) 참조
「엔지니어링산업 진흥법」 제31조제2항에 따라 산업통상자원부장관이 인가한 엔지니어링사업의 대가 기준 중 다음 각 호에 따른 방식을 말한다.<개정 2013. 3. 23>
1. 소방시설설계의 대가 : 통신부문에 적용하는 공사비 요율에 따른 방식
2. 소방공사감리의 대가 : 실비정액 가산방식

## 117  방염업자가 다른 사람에게 등록증을 빌려준 경우 1차 행정처분으로 옳은 것은?

① 6개월 이내의 영업정지
② 9개월 이내의 영업정지
③ 12개월 이내의 영업정지
④ 등록 취소

시설업자가 등록증을 빌려준 경우 1차 6개월 영업정지 2차 등록취소

## 118  소방시설공사업자는 소방시설공사를 하려면 소방시설착공(변경)신고서 등의 서류를 첨부하여 소방본부장 또는 소방서장에게 언제까지 신고해야 하는가?

① 착공 전까지
② 착공 후 7일 이내
③ 착공 후 14일 이내
④ 착공 후 30일 이내

공사업법 규칙 제12조(착공신고 등) ①항 참조

정답 : 115. ①　116. ④　117. ①　118. ①

## 119
소방공사감리원 배치 시 배치일로부터 며칠 이내에 관련 서류를 첨부하여 소방본부장 또는 소방서장에게 알려야 하는가?

① 3일　　② 7일　　③ 14일　　④ 30일

**해설** 소방시설공사업법 시행규칙 제17조(감리배치통보 등)
제17조(감리원 배치통보 등)
① 소방공사감리업자는 법 제18조제2항에 따라 감리원을 소방공사감리현장에 배치하는 경우에는 별지 제24호서식의 소방공사감리원 배치통보서(전자문서로 된 소방공사감리원 배치통보서를 포함한다)에, 배치한 감리원이 변경된 경우에는 별지 제25호서식의 소방공사감리원 배치변경통보서(전자문서로 된 소방공사감리원 배치변경통보서를 포함한다)에 다음 각 호의 구분에 따른 해당 서류(전자문서를 포함한다)를 첨부하여 감리원 배치일부터 7일 이내에 소방본부장 또는 소방서장에게 알려야 한다. 이 경우 소방본부장 또는 소방서장은 배치되는 감리원의 성명, 자격증 번호·등급, 감리현장의 명칭·소재지·면적 및 현장 배치기간을 법 제26조의3제1항에 따른 소방시설업 종합정보시스템에 입력해야 한다.
<개정 2015. 8. 4., 2020. 1. 15.>
1. 소방공사감리원 배치통보서에 첨부하는 서류(전자문서를 포함한다)
　가. 별표 4의2 제3호나목에 따른 감리원의 등급을 증명하는 서류
　나. 법 제21조의3제2항에 따라 체결한 소방공사 감리계약서 사본 1부
　다. 삭제<2014. 9. 2.>
2. 소방공사감리원 배치변경통보서에 첨부하는 서류(전자문서를 포함한다)
　가. 변경된 감리원의 등급을 증명하는 서류(감리원을 배치하는 경우에만 첨부한다)
　나. 변경 전 감리원의 등급을 증명하는 서류
　다. 삭제<2014. 9. 2.>

## 120
소방시설공사업자의 시공능력평가 방법에 대한 설명 중 옳지 않은 것은?

① 시공능력평가액은 실적평가액+자본금평가액+기술력평가액±신인도평가액으로 산출한다.
② 신인도평가액 산정 시 최근 1년간 국가기관으로부터 우수시공업자로 선정된 경우에는 3% 가산한다.
③ 신인도평가액 산정 시 최근 1년간 부도가 발생된 사실이 있는 경우에는 2%를 감산한다.
④ 실적평가액은 최근 5년간의 연평균 공사실적액을 의미한다.

**해설** ④ 최근 3년간의 공사실적을 합산하여 3으로 나눈 금액을 연평균 공사실적액으로 한다.

> 공사업을 한 기간이 산정일을 기준으로 1년 이상 3년 미만인 경우에는 그 기간의 공사실적을 합산한 금액을 그 기간의 개월 수로 나눈 금액에 12를 곱한 금액을 연평균공사실적액으로 한다. 1년 미만인 경우 그 기간의 공사실적액을 말한다.

정답 : 119. ②　　120. ④

## 121 다음 중 소방시설공사업법에서 규정하고 있는 청문 대상은?

① 소방기술 인정 자격취소처분
② 소방공사업 휴업정지처분
③ 소방기술자의 실무교육
④ 소방시설업의 자격 정지

① 소방기술 인정 자격취소처분
② 소방공사업 휴업정지처분
③ 소방기술자의 실무교육
④ 소방시설업의 자격 정지

청문
1) 소방시설업 등록취소처분이나 영업정지처분 청문권자 : 시·도지사
2) 소방기술인정자격취소처분 청문권자 : 소방청장

## 122 시·도지사가 협회에 위탁하는 업무사항으로 옳지 않은 것은?

① 소방시설업 등록신청의 접수 및 신청내용의 확인
② 소방시설업 휴업·폐업 등 신고의 접수 및 신고내용의 확인
③ 방염처리능력 평가 및 공시
④ 소방기술과 관련된 자격·학력 및 경력의 인정 업무

공사업법 제33조
③ 소방청장 또는 시·도지사는 다음 각 호의 업무를 대통령령으로 정하는 바에 따라 협회에 위탁할 수 있다. <개정 2014. 11. 19., 2014. 12. 30., 2016. 1. 27., 2017. 7. 26., 2018. 2. 9., 2020. 6. 9.>
1. 제4조제1항에 따른 소방시설업 등록신청의 접수 및 신청내용의 확인
2. 제6조에 따른 소방시설업 등록사항 변경신고의 접수 및 신고내용의 확인
2의2. 제6조의2에 따른 소방시설업 휴업·폐업 등 신고의 접수 및 신고내용의 확인
3. 제7조제3항에 따른 소방시설업자의 지위승계 신고의 접수 및 신고내용의 확인
4. 제20조의3에 따른 방염처리능력 평가 및 공시
5. 제26조에 따른 시공능력 평가 및 공시
6. 제26조의3제1항에 따른 소방시설업 종합정보시스템의 구축·운영
④ 소방청장은 다음 각 호의 업무를 대통령령으로 정하는 바에 따라 협회, 소방기술과 관련된 법인 또는 단체에 위탁할 수 있다. <개정 2014. 11. 19., 2017. 7. 26., 2021. 4. 20.>
1. 제28조에 따른 소방기술과 관련된 자격·학력 및 경력의 인정 업무
2. 제28조의2에 따른 소방기술자 양성·인정 교육훈련 업무

정답 : 121. ①   122. ④

# 문제 PART

## 화재예방법 예상문제

# PART.03

## 화재예방법 예상문제

예상문제

## 001 다음 용어정의 중 옳지 않은 것은?

① "예방"이란 화재의 위험으로부터 사람의 생명·신체 및 재산을 보호하기 위하여 화재발생을 사전에 제거하거나 방지하기 위한 모든 활동을 말한다.
② "안전관리"란 화재로 인한 피해를 최소화하기 위한 예방, 대비, 대응 등의 활동을 말한다.
③ "화재안전조사"란 소방청장, 소방본부장 또는 소방서장(이하 "소방관서장"이라 한다)이 소방대상물, 관계지역 또는 관계인에 대하여 소방시설등(「화재의 예방 및 안전 관리에 관한 법률」에 따른 소방시설등을 말한다. 이하 같다)이 소방 관계 법령에 적합하게 설치·관리되고 있는지, 소방대상물에 화재의 발생 위험이 있는지 등을 확인하기 위하여 실시하는 현장조사·문서열람·보고요구 등을 하는 활동을 말한다.
④ "화재예방강화지구"란 특별시장·광역시장·특별자치시장·도지사 또는 특별자치도지사(이하 "시·도지사"라 한다)가 화재발생 우려가 크거나 화재가 발생할 경우 피해가 클 것으로 예상되는 지역에 대하여 화재의 예방 및 안전관리를 강화하기 위해 지정·관리하는 지역을 말한다.

---

 제2조(정의) ① 이 법에서 사용하는 용어의 뜻은 다음과 같다.
1. "예방"이란 화재의 위험으로부터 사람의 생명·신체 및 재산을 보호하기 위하여 화재발생을 사전에 제거하거나 방지하기 위한 모든 활동을 말한다.
2. "안전관리"란 화재로 인한 피해를 최소화하기 위한 예방, 대비, 대응 등의 활동을 말한다.
3. "화재안전조사"란 소방청장, 소방본부장 또는 소방서장(이하 "소방관서장"이라 한다)이 소방대상물, 관계지역 또는 관계인에 대하여 소방시설등(「소방시설 설치 및 관리에 관한 법률」제2조제1항제2호에 따른 소방시설등을 말한다. 이하 같다)이 소방 관계 법령에 적합하게 설치·관리되고 있는지, 소방대상물에 화재의 발생 위험이 있는지 등을 확인하기 위하여 실시하는 현장조사·문서열람·보고요구 등을 하는 활동을 말한다.
4. "화재예방강화지구"란 특별시장·광역시장·특별자치시장·도지사 또는 특별자치도지사(이하 "시·도지사"라 한다)가 화재발생 우려가 크거나 화재가 발생할 경우 피해가 클 것으로 예상되는 지역에 대하여 화재의 예방 및 안전관리를 강화하기 위해 지정·관리하는 지역을 말한다.
5. "화재예방안전진단"이란 화재가 발생할 경우 사회·경제적으로 피해 규모가 클 것으로 예상되는 소방대상물에 대하여 화재위험요인을 조사하고 그 위험성을 평가하여 개선대책을 수립하는 것을 말한다.
② 이 법에서 사용하는 용어의 뜻은 제1항에서 규정하는 것을 제외하고는 「소방기본법」, 「소방시설 설치 및 관리에 관한 법률」, 「소방시설공사업법」, 「위험물안전관리법」 및 「건축법」에서 정하는 바에 따른다.

## 002 화재예방을 체계적,효율적으로 추진하고 이에 필요한 기반확충을 위하여 화재의 예방 및 안전관리에 관한 기본계획을 누가 몇 년마다 수립,시행해야 하는가?

① 시도지사 , 5년마다
② 소방청장 , 5년마다
③ 시도지사 , 매년마다
④ 소방청장 , 매년마다

---

 정답 : 001. ③    002. ②

제4조(화재의 예방 및 안전관리 기본계획 등의 수립·시행) ① 소방청장은 화재예방정책을 체계적·효율적으로 추진하고 이에 필요한 기반 확충을 위하여 화재의 예방 및 안전관리에 관한 기본계획(이하 "기본계획"이라 한다)을 5년마다 수립·시행해야 한다.

## 003 다음 빈칸에 들어갈 단어로 옳게 정리된 것은?

> 시행령 제2조(화재의 예방 및 안전관리 기본계획의 협의 및 수립) 소방청장은 「화재의 예방 및 안전관리에 관한 법률」(이하 "법"이라 한다) 제4조제1항에 따른 화재의 예방 및 안전관리에 관한 기본계획(이하 "기본계획"이라 한다)을 계획 시행 전년도 ( ㄱ )관계 중앙행정기관의 장과 협의한 후 계획 시행 전년도 ( ㄴ ) 수립해야 한다.
> 
> 시행령 제4조(시행계획의 수립·시행) ① 소방청장은 법 제4조제4항에 따라 기본계획을 시행하기 위한 계획(이하 "시행계획"이라 한다)을 계획 시행 전년도 ( ㄷ )일까지 수립해야 한다.
> ② 시행계획에는 다음 각 호의 사항이 포함되어야 한다.
> 1. 기본계획의 시행을 위하여 필요한 사항
> 2. 그 밖에 화재의 예방 및 안전관리와 관련하여 소방청장이 필요하다고 인정하는 사항
> 
> 시행령 제5조(세부시행계획의 수립·시행) ① 소방청장은 법 제4조제5항에 따라 관계 중앙행정기관의 장과 특별시장·광역시장·특별자치시장·도지사 또는 특별자치도지사(이하 "시·도지사"라 한다)에게 기본계획 및 시행계획을 각각 계획 시행 전년도 ( ㄹ )일까지 통보해야 한다.
> ② 제1항에 따라 통보를 받은 관계 중앙행정기관의 장 및 시·도지사는 법 제4조제6항에 따른 세부시행계획(이하 "세부시행계획"이라 한다)을 수립하여 계획 시행 전년도 ( ㅁ )일까지 소방청장에게 통보해야 한다.
> ③ 세부시행계획에는 다음 각 호의 사항이 포함되어야 한다.
> 1. 기본계획 및 시행계획에 대한 관계 중앙행정기관 또는 특별시·광역시·특별자치시·도·특별자치도(이하 "시·도"라 한다)의 세부 집행계획
> 2. 직전 세부시행계획의 시행 결과
> 3. 그 밖에 화재안전과 관련하여 관계 중앙행정기관의 장 또는 시·도지사가 필요하다고 결정한 사항

|  | ㄱ | ㄴ | ㄷ | ㄹ | ㅁ |
|---|---|---|---|---|---|
| ① | 8월 30일까지 | 9월 30일까지 | 10월 31일까지 | 10월 31일까지 | 12월 31일까지 |
| ② | 9월 30일까지 | 10월 31일까지 | 10월 31일까지 | 12월 31일까지 | 12월 31일까지 |
| ③ | 8월 31일까지 | 9월 30일까지 | 10월 31일까지 | 10월 31일까지 | 12월 31일까지 |
| ④ | 8월 31일까지 | 9월 30일까지 | 10월 31일까지 | 12월 31일까지 | 12월 31일까지 |

정답 : 003. ③

## 004
화재예방법상 기본계획에 포함되어야 하는 사항중 대통령령으로 정하는 화재의 예방과 안전관리에 필요한 사항이 아닌 것은?

① 소방대상물의 환경 및 화재위험특성 변화 추세 등 화재예방정책의 여건 변화에 관한 사항
② 소방시설의 설치·관리 및 화재안전기준의 개선에 관한 사항
③ 계절별·시기별·소방대상물별 화재예방대책의 추진 및 평가 등에 관한 사항
④ 그 밖에 화재의 예방 및 안전관리와 관련하여 시도지사가 필요하다고 인정하는 사항을 말한다.

시행령 제3조(기본계획의 내용) 법 제4조제3항제7호에서 "대통령령으로 정하는 화재의 예방과 안전관리에 필요한 사항"이란 다음 각 호의 사항을 말한다.
1. 화재발생 현황
2. 소방대상물의 환경 및 화재위험특성 변화 추세 등 화재예방정책의 여건 변화에 관한 사항
3. 소방시설의 설치·관리 및 화재안전기준의 개선에 관한 사항
4. 계절별·시기별·소방대상물별 화재예방대책의 추진 및 평가 등에 관한 사항
5. 그 밖에 화재의 예방 및 안전관리와 관련하여 소방청장이 필요하다고 인정하는 사항

화재예방법 제4조
③ 기본계획에는 다음 각 호의 사항이 포함되어야 한다.
 1. 화재예방정책의 기본목표 및 추진방향
 2. 화재의 예방과 안전관리를 위한 법령·제도의 마련 등 기반 조성
 3. 화재의 예방과 안전관리를 위한 대국민 교육·홍보
 4. 화재의 예방과 안전관리 관련 기술의 개발·보급
 5. 화재의 예방과 안전관리 관련 전문인력의 육성·지원 및 관리
 6. 화재의 예방과 안전관리 관련 산업의 국제경쟁력 향상
 7. 그 밖에 대통령령으로 정하는 화재의 예방과 안전관리에 필요한 사항

## 005
기본계획 및 시행계획의 수립,시행에 필요한 기초자료를 확보하기 위하여 실태조사를 실시할 수 있는 권한자는?

① 소방청장
② 소방본부장 또는 소방서장
③ 시도지사
④ 행정안전부장관

제5조(실태조사) ① 소방청장은 기본계획 및 시행계획의 수립·시행에 필요한 기초자료를 확보하기 위하여 다음 각 호의 사항에 대하여 실태조사를 할 수 있다. 이 경우 관계 중앙행정기관의 장의 요청이 있는 때에는 합동으로 실태조사를 할 수 있다.
1. 소방대상물의 용도별·규모별 현황
2. 소방대상물의 화재의 예방 및 안전관리 현황
3. 소방대상물의 소방시설등 설치·관리 현황
4. 그 밖에 기본계획 및 시행계획의 수립·시행을 위하여 필요한 사항

정답 : 004. ④   005. ①

## 006 화재의 예방 및 안전관리에 관한 통계의 작성 및 관리에 관한 다음 설명 중 옳지 않은 것은?

① 소방청장은 화재의 예방 및 안전관리에 관한 통계를 매분기마다 작성·관리해야 한다.
② 소방청장은 제1항의 통계자료를 작성·관리하기 위하여 관계 중앙행정기관의 장, 지방자치단체의 장, 공공기관의 장 또는 관계인 등에게 필요한 자료와 정보의 제공을 요청할 수 있다. 이 경우 자료와 정보의 제공을 요청받은 자는 특별한 사정이 없으면 이에 따라야 한다.
③ 소방청장은 제1항에 따른 통계자료의 작성·관리에 관한 업무의 전부 또는 일부를 행정안전부령으로 정하는 바에 따라 전문성이 있는 기관을 지정하여 수행하게 할 수 있다.
④ 제1항에 따른 통계의 작성·관리 등에 필요한 사항은 대통령령으로 정한다.

 매년마다

## 007 통계자료의 작성관리에 관한 업무를 지정, 수행하게 할 수 있는 기관이 아닌 것은?

① 한국소방안전원
② 한국소방산업기술원
③ 정부출연연구기관
④ 통계작성지정기관

 시행규칙 제3조(통계의 작성·관리) 소방청장은 법 제6조제3항에 따라 다음 각 호의 기관으로 하여금 통계자료의 작성·관리에 관한 업무를 수행하게 할 수 있다.
1. 「소방기본법」 제40조제1항에 따라 설립된 한국소방안전원(이하 "안전원"이라 한다)
2. 「정부출연연구기관 등의 설립·운영 및 육성에 관한 법률」 제8조에 따라 설립된 정부출연연구기관
3. 「통계법」 제15조에 따라 지정된 통계작성지정기관

## 008 화재안전조사의 실시권자가 아닌 자는?

① 소방청장
② 소방본부장
③ 소방서장
④ 시도지사

 제7조(화재안전조사) ① 소방관서장은 다음 각 호의 어느 하나에 해당하는 경우 화재안전조사를 실시할 수 있다. 다만, 개인의 주거(실제 주거용도로 사용되는 경우에 한정한다)에 대한 화재안전조사는 관계인의 승낙이 있거나 화재발생의 우려가 뚜렷하여 긴급한 필요가 있는 때에 한정한다.

1. 「소방시설 설치 및 관리에 관한 법률」 제22조에 따른 자체점검이 불성실하거나 불완전하다고 인정되는 경우
2. 화재예방강화지구 등 법령에서 화재안전조사를 하도록 규정되어 있는 경우
3. 화재예방안전진단이 불성실하거나 불완전하다고 인정되는 경우

 정답 : 006. ①    007. ②    008. ④

 예상문제

4. 국가적 행사 등 주요 행사가 개최되는 장소 및 그 주변의 관계 지역에 대하여 소방안전관리 실태를 조사할 필요가 있는 경우
5. 화재가 자주 발생하였거나 발생할 우려가 뚜렷한 곳에 대한 조사가 필요한 경우
6. 재난예측정보, 기상예보 등을 분석한 결과 소방대상물에 화재의 발생 위험이 크다고 판단되는 경우
7. 제1호부터 제6호까지에서 규정한 경우 외에 화재, 그 밖의 긴급한 상황이 발생할 경우 인명 또는 재산 피해의 우려가 현저하다고 판단되는 경우

## 009  화재안전조사에 관한 설명으로 옳은 것은?

① 시·도지사는 화재안전조사를 실시하는 경우 다른 목적을 위하여 조사권을 남용하여서는 아니 된다.
② 화재안전조사의 항목은 행정안전부령으로 정한다. 이 경우 화재안전조사의 항목에는 화재의 예방조치 상황, 소방시 설등의 관리 상황 및 소방대상물의 화재 등의 발생 위험과 관련된 사항이 포함되어야 한다.
③ 개인의 주거(실제 주거용도로 사용되는 경우에 한정한다)에 대한 화재안전조사는 관계인의 승낙이 있거나 화재발생의 우려가 뚜렷하여 긴급한 필요가 있는 때에 한정하여 실시할 수 있다.
④ 소방관서장은 「화재예방법」 제21조의2에 따른 소방자동차 전용구역의 설치에 관한 사항에 대해 화재안전조사를 실시할 수 있다.

---

 화재예방법 제7조
② 화재안전조사의 항목은 대통령령으로 정한다. 이 경우 화재안전조사의 항목에는 화재의 예방조치 상황, 소방시설등의 관리 상황 및 소방대상물의 화재 등의 발생 위험과 관련된 사항이 포함되어야 한다.
③ 소방관서장은 화재안전조사를 실시하는 경우 다른 목적을 위하여 조사권을 남용하여서는 아니 된다.

시행령 제7조
제7조(화재안전조사의 항목) 소방청장, 소방본부장 또는 소방서장(이하 "소방관서장"이라 한다)은 법 제7조제1항에 따라 다음 각 호의 항목에 대하여 화재안전조사를 실시한다.
1. 법 제17조에 따른 화재의 예방조치 등에 관한 사항
2. 법 제24조, 제25조, 제27조 및 제29조에 따른 소방안전관리 업무 수행에 관한 사항
3. 법 제36조에 따른 피난계획의 수립 및 시행에 관한 사항
4. 법 제37조에 따른 소화·통보·피난 등의 훈련 및 소방안전관리에 필요한 교육(이하 "소방훈련·교육"이라 한다)에 관한 사항
5. 「소방기본법」 제21조의2에 따른 소방자동차 전용구역의 설치에 관한 사항
6. 「소방시설공사업법」 제12조에 따른 시공, 같은 법 제16조에 따른 감리 및 같은 법 제18조에 따른 감리원의 배치에 관한 사항
7. 「소방시설 설치 및 관리에 관한 법률」 제12조에 따른 소방시설의 설치 및 관리에 관한 사항
8. 「소방시설 설치 및 관리에 관한 법률」 제15조에 따른 건설현장 임시소방시설의 설치 및 관리에 관한 사항
9. 「소방시설 설치 및 관리에 관한 법률」 제16조에 따른 피난시설, 방화구획(防火區劃) 및 방화시설의 관리에 관한 사항
10. 「소방시설 설치 및 관리에 관한 법률」 제20조에 따른 방염(防炎)에 관한 사항
11. 「소방시설 설치 및 관리에 관한 법률」 제22조에 따른 소방시설등의 자체점검에 관한 사항

 정답 : 009. ③

12. 「다중이용업소의 안전관리에 관한 특별법」 제8조, 제9조, 제9조의2, 제10조, 제10조의2 및 제11조부터 제13조까지의 규정에 따른 안전관리에 관한 사항
13. 「위험물안전관리법」 제5조, 제6조, 제14조, 제15조 및 제18조에 따른 위험물 안전관리에 관한 사항
14. 「초고층 및 지하연계 복합건축물 재난관리에 관한 특별법」 제9조, 제11조, 제12조, 제14조, 제16조 및 제22조에 따른 초고층 및 지하연계 복합건축물의 안전관리에 관한 사항
15. 그 밖에 소방대상물에 화재의 발생 위험이 있는지 등을 확인하기 위해 소방관서장이 화재안전조사가 필요하다고 인정하는 사항

## 010 소방관서장은 화재안전조사를 실시하려는 경우 조사대상, 조사기간 및 조사사유등 조사계획은 소방청, 소방본부 또는 소방서 인터넷홈페이지나 전산시스템을 통해 며칠 이상 공개해야 하는가?

① 3일이상　　② 5일이상　　③ 7일이상　　④ 10일이상

시행령 제8조(화재안전조사의 방법·절차 등)
① 소방관서장은 화재안전조사의 목적에 따라 다음 각 호의 어느 하나에 해당하는 방법으로 화재안전조사를 실시할 수 있다.
　1. 종합조사: 제7조의 화재안전조사 항목 전부를 확인하는 조사
　2. 부분조사: 제7조의 화재안전조사 항목 중 일부를 확인하는 조사
② 소방관서장은 화재안전조사를 실시하려는 경우 사전에 법 제8조제2항 각 호 외의 부분 본문에 따라 조사대상, 조사기간 및 조사사유 등 조사계획을 소방청, 소방본부 또는 소방서(이하 "소방관서"라 한다)의 인터넷 홈페이지나 법 제16조제3항에 따른 전산시스템을 통해 7일 이상 공개해야 한다.

## 011 화재안전조사시 합동으로 조사반을 편성하여 조사를 진행할 수 있는 기관의 종류가 아닌 것은?

① 한국가스안전공사
② 한국전기안전공사
③ 한국석유안전공사
④ 한국화재보험협회

시행령 제8조(화재안전조사의 방법·절차 등)
⑤ 소방관서장은 화재안전조사를 효율적으로 실시하기 위하여 필요한 경우 다음 각 호의 기관의 장과 합동으로 조사반을 편성하여 화재안전조사를 할 수 있다.
1. 관계 중앙행정기관 또는 지방자치단체
2. 「소방기본법」 제40조에 따른 한국소방안전원(이하 "안전원"이라 한다)
3. 「소방산업의 진흥에 관한 법률」 제14조에 따른 한국소방산업기술원(이하 "기술원"이라 한다)
4. 「화재로 인한 재해보상과 보험가입에 관한 법률」 제11조에 따른 한국화재보험협회(이하 "화재보험협회"라 한다)
5. 「고압가스 안전관리법」 제28조에 따른 한국가스안전공사(이하 "가스안전공사"라 한다)
6. 「전기안전관리법」 제30조에 따른 한국전기안전공사(이하 "전기안전공사"라 한다)
7. 그 밖에 소방청장이 정하여 고시하는 소방 관련 법인 또는 단체

정답 : 010. ③　　011. ③

## 012  다음 중 화재안전조사의 연기사유로 옳은 것을 모두 고른 것은?

> ㄱ. 「재난 및 안전관리 기본법」 제3조제1호에 해당하는 재난이 발생한 경우
> ㄴ. 관계인의 질병, 사고, 장기출장의 경우
> ㄷ. 권한 있는 기관에 자체점검기록부, 교육·훈련일지 등 화재안전조사에 필요한 장부·서류 등이 압수되거나 영치(領置)되어 있는 경우
> ㄹ. 소방대상물의 종합점검의 실시로 인하여 화재안전조사를 실시하기 어려운 경우

① ㄱ, ㄷ, ㄹ
② ㄱ, ㄴ, ㄷ
③ ㄱ, ㄴ, ㄷ, ㄹ
④ ㄴ, ㄷ, ㄹ

시행령 제9조(화재안전조사의 연기)
① 법 제8조제4항 전단에서 "대통령령으로 정하는 사유"란 다음 각 호의 어느 하나에 해당하는 사유를 말한다.
 1. 「재난 및 안전관리 기본법」 제3조제1호에 해당하는 재난이 발생한 경우
 2. 관계인의 질병, 사고, 장기출장의 경우
 3. 권한 있는 기관에 자체점검기록부, 교육·훈련일지 등 화재안전조사에 필요한 장부·서류 등이 압수되거나 영치(領置)되어 있는 경우
 4. 소방대상물의 증축·용도변경 또는 대수선 등의 공사로 화재안전조사를 실시하기 어려운 경우

## 013  다음중 화재안전조사계획의 수립등 화재안전조사에 필요한 사항은 누가 정하는가?

① 소방청장    ② 소방본부장    ③ 소방서장    ④ 시·도지사

대통령령 제8조 제1항부터 제5항까지에서 규정한 사항 외에 화재안전조사 계획의 수립 등 화재안전조사에 필요한 사항은 소방청장이 정한다.

## 014  다음 괄호의 빈칸에 들어갈 답을 순서대로 나열한 것은?

> 제9조(화재안전조사단 편성·운영)
> ① 소방관서장은 화재안전조사를 효율적으로 수행하기 위하여 대통령령으로 정하는 바에 따라 소방청에는 ( ㄱ )을, 소방본부 및 소방서에는 ( ㄴ )을 편성하여 운영할 수 있다.
>
> 시행령 제10조(화재안전조사단 편성·운영)
> ① 법 제9조제1항에 따른 ( ㄱ ) 및 ( ㄴ )(이하 "조사단"이라 한다)은 각각 단장을 포함하여 ( ㄷ )명 이내의 단원으로 성별을 고려하여 구성한다.

① ㄱ – 중앙소방안전조사단  ㄴ- 지방소방안전조사단  ㄷ-50명
② ㄱ – 중앙소방안전조사단  ㄴ- 지방소방안전조사단  ㄷ-20명
③ ㄱ – 중앙화재안전조사단  ㄴ- 지방화재안전조사단  ㄷ-30명
④ ㄱ – 중앙화재안전조사단  ㄴ- 지방화재안전조사단  ㄷ-50명

정답 : 012. ②    013. ①    014. ④

## 015  화재안전조사위원회에 대한 다음 설명 중 옳지 않은 것은?

① 소방관서장은 화재안전조사의 대상을 객관적이고 공정하게 선정하기 위하여 필요한 경우 화재안전조사위원회를 구성하여 화재안전조사의 대상을 선정할 수 있다.
② 화재안전조사위원회의 구성·운영 등에 필요한 사항은 대통령령으로 정한다.
③ 법 제10조제1항에 따른 화재안전조사위원회(이하 "위원회"라 한다)는 위원장 1명을 포함하여 8명 이내의 위원으로 성별을 고려하여 구성한다.
④ 위원회의 위원장은 소방관서장이 된다.

---

 7명이내의 위원

시행령 제11조(화재안전조사위원회의 구성·운영 등) ① 법 제10조제1항에 따른 화재안전조사위원회(이하 "위원회"라 한다)는 위원장 1명을 포함하여 7명 이내의 위원으로 성별을 고려하여 구성한다.
② 위원회의 위원장은 소방관서장이 된다.
③ 위원회의 위원은 다음 각 호의 어느 하나에 해당하는 사람 중에서 소방관서장이 임명하거나 위촉한다.
  1. 과장급 직위 이상의 소방공무원
  2. 소방기술사
  3 소방시설관리사
  4. 소방 관련 분야의 석사 이상 학위를 취득한 사람
  5. 소방 관련 법인 또는 단체에서 소방 관련 업무에 5년 이상 종사한 사람
  6. 「소방공무원 교육훈련규정」 제3조제2항에 따른 소방공무원 교육훈련기관, 「고등교육법」 제2조의 학교 또는 연구소에서 소방과 관련한 교육 또는 연구에 5년 이상 종사한 사람
④ 위촉위원의 임기는 2년으로 하며, 한 차례만 연임할 수 있다.
⑤ 소방관서장은 위원회의 위원이 다음 각 호의 어느 하나에 해당하는 경우에는 해당 위원을 해임하거나 해촉(解囑)할 수 있다.
  1. 심신장애로 직무를 수행할 수 없게 된 경우
  2. 직무와 관련된 비위사실이 있는 경우
  3. 직무태만, 품위손상이나 그 밖의 사유로 위원으로 적합하지 않다고 인정되는 경우
  4. 제12조제1항 각 호의 어느 하나에 해당함에도 불구하고 회피하지 않은 경우
  5. 위원 스스로 직무를 수행하기 어렵다는 의사를 밝히는 경우
⑥ 위원회에 출석한 위원에게는 예산의 범위에서 수당, 여비, 그 밖에 필요한 경비를 지급할 수 있다. 다만, 공무원인 위원이 소관 업무와 직접 관련하여 위원회에 출석하는 경우에는 그렇지 않다.

---

 정답 : 015. ③

예상문제

## 016 화재안전조사의 결과통보 및 조치명령에 대한 다음 설명 중 옳은 것은?

① 소방관서장은 화재안전조사를 마친 때에는 그 조사 결과를 인터넷홈페이지에 7일이상 공개해야 한다.
② 소방관서장은 화재안전조사 결과에 따른 소방대상물의 위치·구조·설비 또는 관리의 상황이 화재예방을 위하여 보완될 필요가 있는 경우 대통령령으로 정하는 바에 따라 관계인에게 개수(改修)·이전·제거 등 그 밖에 필요한 조치를 명할 수 있다.
③ 소방관서장은 소방대상물의 개수(改修)·이전·제거, 사용의 금지 또는 제한, 사용폐쇄, 공사의 정지 또는 중지, 그밖에 필요한 조치를 명할 때에는 화재안전조사 조치명령서를 해당 소방대상물의 관계인에게 발급하고, 화재안전조사 조치명령 대장에 이를 기록하여 관리해야 한다.
④ 소방관서장은 조치명령으로 인하여 손실을 입은 자가 있는 경우에는 즉시 손실보상위원회를 개최하여 손실을 보상해야 한다.

① 소방관서장은 화재안전조사를 마친 때에는 그 조사 결과를 서면으로 통지해야 한다. 다만, 화재안전조사의 현장에서 관계인에게 조사의 결과를 설명하고 화재안전조사 결과서의 부본을 교부한 경우에는 그러하지 아니하다.
② 행정안전부령으로 정하는 바에 따라
④ 소방관서장은 법 제14조에 따른 명령으로 인하여 손실을 입은 자가 있는 경우에는 별지 제5호서식의 화재안전조사 조치명령 손실확인서를 작성하여 관련 사진 및 그 밖의 증명자료와 함께 보관해야 한다.

## 017 조치명령으로 인한 손실보상에 대한 설명으로 옳지 않은 것은?

① 소방청장 또는 시·도지사는 제14조제1항에 따른 명령으로 인하여 손실을 입은 자가 있는 경우에는 대통령령으로 정하는 바에 따라 보상해야 한다.
② 소방청장 또는 시·도지사가 손실을 보상하는 경우에는 시가(時價)로 보상해야 한다.
③ 손실보상에 관하여는 손실보상심의위원회 위원장과 손실을 입은 사가 협의해야 한다.
④ 소방청장 또는 시·도지사는 보상금액에 관한 협의가 성립되지 않은 경우에는 그 보상금액을 지급하거나 공탁하고 이를 상대방에게 알려야 한다.

 손실보상에 관하여는 소방청장 또는 시·도지사와 손실을 입은 자가 협의해야 한다.

보상금의 지급 또는 공탁의 통지에 불복하는 자는 지급 또는 공탁의 통지를 받은 날부터 30일 이내에 「공익사업을 위한 토지 등의 취득 및 보상에 관한 법률」 제49조에 따른 중앙토지수용위원회 또는 관할 지방토지수용위원회에 재결(裁決)을 신청할 수 있다.

 정답 : 016. ③　　017. ③

**018** 소방관서장은 화재안전조사를 실시한 경우 인터넷홈페이지나 전산시스템을 통하여 그 내용의 전부 또는 일부를 공개할수있는데 이 사항에 해당하지 않는 것은?

① 소방대상물의 위치, 연면적, 용도 등 현황
② 소방시설등의 설치 및 관리 현황
③ 피난시설, 방화구획 및 방화시설의 설치 및 관리 현황
④ 화재안전조사결과

제16조(화재안전조사 결과 공개)
① 소방관서장은 화재안전조사를 실시한 경우 다음 각 호의 전부 또는 일부를 인터넷 홈페이지나 제3항의 전산시스템 등을 통하여 공개할 수 있다.
  1. 소방대상물의 위치, 연면적, 용도 등 현황
  2. 소방시설등의 설치 및 관리 현황
  3. 피난시설, 방화구획 및 방화시설의 설치 및 관리 현황
  4. 그 밖에 대통령령으로 정하는 사항
[ 대통령령 : 1. 제조소등 설치 현황
          2. 소방안전관리자 선임 현황
          3. 화재예방안전진단 실시 결과]

**019** 화재안전조사결과를 공개하는 경우 인터넷홈페이지 등에 며칠 이상 공개해야 하는가?

① 7일이상   ② 10일이상   ③ 30일이상   ④ 6개월이상

시행령 제15조(화재안전조사 결과 공개)
② 소방관서장은 법 제16조제1항에 따라 화재안전조사 결과를 공개하는 경우 30일 이상 해당 소방관서 인터넷 홈페이지나 같은 조 제3항에 따른 전산시스템을 통해 공개해야 한다.
③ 소방관서장은 제2항에 따라 화재안전조사 결과를 공개하려는 경우 공개 기간, 공개 내용 및 공개 방법을 해당 소방대상물의 관계인에게 미리 알려야 한다.
④ 소방대상물의 관계인은 제3항에 따른 공개 내용 등을 통보받은 날부터 10일 이내에 소방관서장에게 이의신청을 할 수 있다.
⑤ 소방관서장은 제4항에 따라 이의신청을 받은 날부터 10일 이내에 심사ㆍ결정하여 그 결과를 지체 없이 신청인에게 알려야 한다.
⑥ 화재안전조사 결과의 공개가 제3자의 법익을 침해하는 경우에는 제3자와 관련된 사실을 제외하고 공개해야 한다.

**020** 화재의 예방조치상 어떠한 행위를 하여서는 안되는데 이 행위에 해당하는 사항이 아닌 것은?

① 화재예방강화지구에서 모닥불, 흡연 등 화기의 취급하는 행위
② 액화석유가스 판매소에서 풍등 등 소형열기구 날리기
③ 수소연료사용시설에서 용접ㆍ용단 등 불꽃을 발생시키는 행위
④ 위험물안전관리법에 따른 위험물을 저장하는 행위

화재예방법 제17조(화재의 예방조치 등)
① 누구든지 화재예방강화지구 및 이에 준하는 대통령령으로 정하는 장소에서는 다음 각 호의 어느 하나에 해당하는 행위를 하여서는 아니 된다. 다만, 행정안전부령으로 정하는 바에 따라 안전조치를 한 경우에는 그러하지 아니한다.

정답 : 018. ④   019. ③   020. ④

1. 모닥불, 흡연 등 화기의 취급
2. 풍등 등 소형열기구 날리기
3. 용접·용단 등 불꽃을 발생시키는 행위
4. 그 밖에 대통령령으로 정하는 화재 발생 위험이 있는 행위

시행령 제16조(화재의 예방조치 등)
① 법 제17조제1항 각 호 외의 부분 본문에서 "대통령령으로 정하는 장소"란 다음 각 호의 장소를 말한다.
 1. 제조소등
 2. 「고압가스 안전관리법」 제3조제1호에 따른 저장소
 3. 「액화석유가스의 안전관리 및 사업법」 제2조제1호에 따른 액화석유가스의 저장소·판매소
 4. 「수소경제 육성 및 수소 안전관리에 관한 법률」 제2조제7호에 따른 수소연료공급시설 및 같은 조 제9호에 따른 수소연료사용시설
 5. 「총포·도검·화약류 등의 안전관리에 관한 법률」 제2조제3항에 따른 화약류를 저장하는 장소
② 법 제17조제1항제4호에서 "대통령령으로 정하는 화재 발생 위험이 있는 행위"란 「위험물안전관리법」 제2조제1항제1호에 따른 위험물을 방치하는 행위를 말한다.

## 021 소방관서장의 예방조치명령사항에 해당하지 않는 것은?

① 모닥불, 흡연 등 화기의 취급의 금지 또는 제한
② 목재, 플라스틱 등 가연성이 큰 물건의 제거, 이격, 적재 금지 등
③ 소방차량의 통행이나 소화 활동에 지장을 줄 수 있는 물건의 이동
④ 액화석유가스 제조소에서의 용접, 용단등 불꽃을 발생시키는 행위의 금지 또는 제한

제17조(화재의 예방조치 등)
② 소방관서장은 화재 발생 위험이 크거나 소화 활동에 지장을 줄 수 있다고 인정되는 행위나 물건에 대하여 행위 당사자나 그 물건의 소유자, 관리자 또는 점유자에게 다음 각 호의 명령을 할 수 있다. 다만, 제2호 및 제3호에 해당하는 물건의 소유자, 관리자 또는 점유자를 알 수 없는 경우 소속 공무원으로 하여금 그 물건을 옮기거나 보관하는 등 필요한 조치를 하게 할 수 있다.
1. 제1항 각 호의 어느 하나에 해당하는 행위의 금지 또는 제한
2. 목재, 플라스틱 등 가연성이 큰 물건의 제거, 이격, 적재 금지 등
3. 소방차량의 통행이나 소화 활동에 지장을 줄 수 있는 물건의 이동

## 022 다음 설명 중 옳지 않은 것은?

① 옮긴물건등에 대한 보관기간 및 보관기간 경과 후 처리 등에 필요한 사항은 대통령령으로 정한다.
② 보일러, 난로, 건조설비, 가스·전기시설, 그 밖에 화재 발생 우려가 있는 대통령령으로 정하는 설비 또는 기구 등의 위치·구조 및 관리와 화재 예방을 위하여 불을 사용할 때 지켜야 하는 사항은 대통령령으로 정한다.
③ 화재가 발생하는 경우 불길이 빠르게 번지는 고무류·플라스틱류·석탄 및 목탄 등 대통령령으로 정하는 특수가연물(特殊可燃物)의 저장 및 취급 기준은 행정안전부령으로 정한다.
④ 소방관서장은 옮긴 물건 등(이하 "옮긴물건등"이라 한다)을 보관하는 경우에는 그날부터 14일 동안 해당 소방관서의 인터넷 홈페이지에 그 사실을 공고해야 한다.

정답 : 021. ④　　022. ③

대통령령으로 정한다

**023** 소화활동에 지장을 주는 물건의 소유자를 알 수 없어 옮길 경우 처리사항에 대한 설명으로 옳은 것은?

① 소방관서장은 법 제17조제2항 각 호 외의 부분 단서에 따라 옮긴 물건 등(이하 "옮긴물건등"이라 한다)을 보관하는 경우에는 그날부터 10일 동안 해당 소방관서의 인터넷 홈페이지에 그 사실을 공고해야 한다.
② 옮긴물건등의 보관기간은 제1항에 따른 공고기간의 종료일 다음 날부터 7일까지로 한다.
③ 소방관서장은 제2항에 따른 보관기간이 종료된 때에는 보관하고 있는 옮긴물건등을 폐기할 수 있다.
④ 소방관서장은 보관하던 옮긴물건등을 제3항 본문에 따라 매각한 경우에는 매각일로부터 3일 이내 「국가재정법」에 따라 세입조치를 해야 한다.

 시행령 제17조(옮긴 물건 등의 보관기간 및 보관기간 경과 후 처리)
① 소방관서장은 법 제17조제2항 각 호 외의 부분 단서에 따라 옮긴 물건 등(이하 "옮긴물건등"이라 한다)을 보관하는 경우에는 그날부터 14일 동안 해당 소방관서의 인터넷 홈페이지에 그 사실을 공고해야 한다.
② 옮긴물건등의 보관기간은 제1항에 따른 공고기간의 종료일 다음 날부터 7일까지로 한다.
③ 소방관서장은 제2항에 따른 보관기간이 종료된 때에는 보관하고 있는 옮긴물건등을 매각해야 한다. 다만, 보관하고 있는 옮긴물건등이 부패·파손 또는 이와 유사한 사유로 정해진 용도로 계속 사용할 수 없는 경우에는 폐기할 수 있다.
④ 소방관서장은 보관하던 옮긴물건등을 제3항 본문에 따라 매각한 경우에는 지체 없이 「국가재정법」에 따라 세입조치를 해야 한다.
⑤ 소방관서장은 제3항에 따라 매각되거나 폐기된 옮긴물건등의 소유자가 보상을 요구하는 경우에는 보상금액에 대하여 소유자와의 협의를 거쳐 이를 보상해야 한다.
⑥ 제5항의 손실보상의 방법 및 절차 등에 관하여는 제14조를 준용한다.

**024** 옮기거나 치운 위험물을 매각, 폐기한 경우 소유자가 보상을 요구하게 되면 누가 소유자와 협의를 거쳐 이를 보상해야 하는가?

① 시도지사
② 소방청장 또는 시도지사
③ 소방청장, 소방본부장, 소방서장
④ 소방본부장 또는 소방서장

 23번 문제 해설 참조

**025** 불을 사용하는 설비의 관리기준 등에서 규정하는 설비 또는 기구 등이 아닌 것은?

① 수소가스를 사용하는 기구
② 화목보일러
③ 건조설비
④ 음식조리를 위하여 설치하는 설비

 정답 : 023. ② 024. ③ 025. ①

시행령 제18조(불을 사용하는 설비의 관리기준 등) ① 법 제17조제4항에서 "대통령령으로 정하는 설비 또는 기구 등"이란 다음 각 호의 설비 또는 기구를 말한다.
1. 보일러
2. 난로
3. 건조설비
4. 가스 · 전기시설
5. 불꽃을 사용하는 용접 · 용단 기구
6. 노(爐) · 화덕설비
7. 음식조리를 위하여 설치하는 설비

### 026 보일러등 불을 사용할 때 지켜야 하는 사항에 대한 설명 중 옳지 않은 것은?

① 경유 · 등유 등 액체연료를 사용하는 보일러에서 연료탱크는 보일러 본체로부터 수평거리 1미터 이상의 간격을 두어 설치할 것
② 기체연료를 사용하는 보일러를 설치하는 장소에는 환기구를 설치하는 등 가연성 가스가 머무르지 않도록 할 것
③ 화목(火木) 등 고체연료를 사용하는 보일러 본체와 수평거리 1미터 이상 간격을 두어 보관하거나 불연재료로 된 별도의 구획된 공간에 보관할 것
④ 보일러 본체와 벽 · 천장 사이의 거리는 0.6미터 이상이어야 한다.

 2미터 이상

### 027 화목(火木)등 고체연료를 사용할 때 지켜야 하는 사항 중 옳지 않은 것은?

① 연통은 천장으로부터 0.6미터 떨어지고, 연통의 배출구는 건물 밖으로 0.6미터 이상 나오도록 설치할 것
② 연통의 배출구는 보일러 본체보다 2.5미터 이상 높게 설치할 것
③ 연통이 관통하는 벽면, 지붕 등은 불연재료로 처리할 것
④ 연통재질은 불연재료로 사용하고 연결부에 청소구를 설치할 것

 화목(火木) 등 고체연료를 사용할 때에는 다음 사항을 지켜야 한다.
1) 고체연료는 보일러 본체와 수평거리 2미터 이상 간격을 두어 보관하거나 불연재료로 된 별도의 구획된 공간에 보관할 것
2) 연통은 천장으로부터 0.6미터 떨어지고, 연통의 배출구는 건물 밖으로 0.6미터 이상 나오도록 설치할 것
3) 연통의 배출구는 보일러 본체보다 2미터 이상 높게 설치할 것
4) 연통이 관통하는 벽면, 지붕 등은 불연재료로 처리할 것
5) 연통재질은 불연재료로 사용하고 연결부에 청소구를 설치할 것

[공통사항]
가. 가연성 벽 · 바닥 또는 천장과 접촉하는 증기기관 또는 연통의 부분은 규조토 등 난연성 또는 불연성 단열재로 덮어씌워야 한다.
마. 보일러 본체와 벽 · 천장 사이의 거리는 0.6미터 이상이어야 한다.
바. 보일러를 실내에 설치하는 경우에는 콘크리트바닥 또는 금속 외의 불연재료로 된 바닥 위에 설치해야 한다.

 정답 : 026. ③  027. ②

## 화재예방법 예상문제

**028** 다음은 화재예방법령상 음식조리를 위하여 설치하는 설비 기준이다. 괄호 안에 들어갈 내용으로 옳은 것은?

> 가. 주방설비에 부속된 배출덕트(공기배출통로)는 ( ㉠ )밀리미터 이상의 아연도금강판 또는 이와 동등 이상의 내식성 불연재료로 설치할 것
> 나. 주방시설에는 동물 또는 식물의 기름을 제거할 수 있는 필터 등을 설치할 것
> 다. 열을 발생하는 조리기구는 반자 또는 선반으로부터 ( ㉡ )미터 이상 떨어지게 할 것
> 라. 열을 발생하는 조리기구로부터 ( ㉢ )미터 이내의 거리에 있는 가연성 주요구조부는 석면판 또는 단열성이 있는 불연재료로 덮어씌울 것

|    | ㉠ | ㉡ | ㉢ |
|----|----|----|----|
| ① | 0.6 | 0.6 | 0.2 |
| ② | 0.5 | 0.6 | 0.15 |
| ③ | 0.5 | 0.6 | 0.1 |
| ④ | 0.5 | 0.5 | 0.2 |

 음식조리를 위하여 설치하는 설비
「식품위생법 시행령」제21조제8호에 따른 식품접객업 중 일반음식점 주방에서 조리를 위하여 불을 사용하는 설비를 설치하는 경우에는 다음 각 목의 사항을 지켜야 한다.
가. 주방설비에 부속된 배출덕트(공기 배출통로)는 0.5밀리미터 이상의 아연도금강판 또는 이와 같거나 그 이상의 내식성 불연재료로 설치할 것
나. 주방시설에는 동물 또는 식물의 기름을 제거할 수 있는 필터 등을 설치할 것
다. 열을 발생하는 조리기구는 반자 또는 선반으로부터 0.6미터 이상 떨어지게 할 것
라. 열을 발생하는 조리기구로부터 0.15미터 이내의 거리에 있는 가연성 주요구조부는 단열성이 있는 불연재료로 덮어 씌울 것

**029** 불을 사용하는 설비 중 1m 이상의 공간을 확보해야 하는 노·화덕 설비의 방출 열량은 시간당 얼마 이상인가?

① 5만kcal
② 10만kcal
③ 20만kcal
④ 30만kcal

 노·화덕설비
가. 실내에 설치하는 경우에는 흙바닥 또는 금속 외의 불연재료로 된 바닥에 설치해야 한다.
나. 노 또는 화덕을 설치하는 장소의 벽·천장은 불연재료로 된 것이어야 한다.
다. 노 또는 화덕의 주위에는 녹는 물질이 확산되지 않도록 높이 0.1미터 이상의 턱을 설치해야 한다.
라. 시간당 열량이 30만킬로칼로리 이상인 노를 설치하는 경우에는 다음의 사항을 지켜야 한다.
  1) 「건축법」제2조제1항제7호에 따른 주요구조부(이하 "주요구조부"라 한다)는 불연재료 이상으로 할 것
  2) 창문과 출입구는 「건축법 시행령」제64조에 따른 60분+ 방화문 또는 60분 방화문으로 설치할 것
  3) 노 주위에는 1미터 이상 공간을 확보할 것

 정답 : 028. ② 029. ④

**030** 화재예방법 시행령상 보일러 등의 설비 또는 기구 등의 위치·구조 및 관리와 화재예방을 위하여 불을 사용할 때 지켜야 하는 사항 중 '난로'에 대한 설명이다. (  ) 안의 내용으로 옳게 연결된 것은?

> 연통은 천장으로부터 ( ㉠ )m 이상 떨어지고, 연통의 배출구는 건물 밖으로 ( ㉡ )m 이상 나오게 설치해야 한다.

| | ㉠ | ㉡ | | ㉠ | ㉡ |
|---|---|---|---|---|---|
| ① | 0.5 | 0.6 | ② | 0.6 | 0.6 |
| ③ | 0.5 | 0.5 | ④ | 0.6 | 0.5 |

난로
가. 연통은 천장으로부터 0.6미터 이상 떨어지고, 연통의 배출구는 건물 밖으로 0.6미터 이상 나오게 설치해야 한다.
나. 가연성 벽·바닥 또는 천장과 접촉하는 연통의 부분은 규조토 등 난연성 또는 불연성의 단열재로 덮어씌워야 한다.

**031** 화재예방법 시행령상 불꽃을 사용하는 용접·용단기구 사용 시 지켜야 하는 다음 사항의 괄호에 들어갈 내용으로 옳은 것은?

> 1. 용접 또는 용단 작업장 주변 반경 (  )m 이내에 소화기를 갖추어 둘 것
> 2. 용접 또는 용단 작업장 주변 반경 (  )m 이내에는 가연물을 쌓아두거나 놓아두지 말 것. 다만, 가연물의 제거가 곤란하여 방화포 등으로 방호조치를 한 경우는 제외한다.

① 5, 5
② 10, 5
③ 10, 10
④ 5, 10

불꽃을 사용하는 용접·용단 기구
용접 또는 용단 작업장에서는 다음 각 목의 사항을 지켜야 한다. 다만, 「산업안전보건법」 제38조의 적용을 받는 사업장에는 적용하지 않는다.
가. 용접 또는 용단 작업장 주변 반경 5미터 이내에 소화기를 갖추어 둘 것
나. 용접 또는 용단 작업장 주변 반경 10미터 이내에는 가연물을 쌓아두거나 놓아두지 말 것. 다만, 가연물의 제거가 곤란하여 방화포 등으로 방호조치를 한 경우는 제외한다.

**032** 화재예방법 시행령 별표1의 비고에 대한 설명 중 옳은 것은?

① "보일러"란 사업장 또는 영업장 등에서 사용하는 것을 말하며, 주택에서 사용하는 가정용 보일러를 포함한다.
② "건조설비"란 산업용 건조설비를 말하며, 주택에서 사용하는 건조설비는 제외한다.
③ "노·화덕설비"란 제조업에서 사용되는 것을 말하며, 가공업에서 조리용도로 사용되는 화덕은 제외한다.
④ 보일러, 난로, 건조설비, 불꽃을 사용하는 용접·용단기구 및 노·화덕설비가 설치된 장소에는 소화기 2개 이상을 갖추어 두어야 한다.

정답 : 030. ② 031. ④ 032. ②

비고]
1. "보일러"란 사업장 또는 영업장 등에서 사용하는 것을 말하며, 주택에서 사용하는 가정용 보일러는 제외한다.
2. "건조설비"란 산업용 건조설비를 말하며, 주택에서 사용하는 건조설비는 제외한다.
3. "노·화덕설비"란 제조업·가공업에서 사용되는 것을 말하며, 주택에서 조리용도로 사용되는 화덕은 제외한다.
4. 보일러, 난로, 건조설비, 불꽃을 사용하는 용접·용단기구 및 노·화덕설비가 설치된 장소에는 소화기 1개 이상을 갖추어 두어야 한다.

**033** 화재예방법 시행령 별표1에서 규정한 사항외에 화재발생 우려가 있는 설비 또는 기구의 종류, 해당 설비 또는 기구의 위치·구조 및 관리와 화재 예방을 위하여 불을 사용할 때 지켜야 하는 사항은 무엇으로 정하는가?
① 대통령령  ② 행정안전부령  ③ 소방청고시  ④ 시도의 조례

규정한 사항 외에 화재 발생 우려가 있는 설비 또는 기구의 종류, 해당 설비 또는 기구의 위치·구조 및 관리와 화재 예방을 위하여 불을 사용할 때 지켜야 하는 사항은 시·도의 조례로 정한다.

**034** 특수가연물(석탄류 제외)의 저장 및 취급기준에 관한 설명으로 옳은 것은?
① 실외에 쌓아 저장하는 경우 대지경계선, 도로 및 인접건축물과 최소 6미터이하 간격을 둘 것.
② 살수설비를 설치하는 경우에 쌓는 높이는 10[m] 이하가 되도록 할 것
③ 쌓는 부분의 바닥면적 사이는 실내의 경우 1.2[m] 이상 또는 쌓는 높이의 1/2중 큰값 이상이 되도록 할 것
④ 특수가연물을 저장 또는 취급하는 장소에는 품명·최대저장수량, 단위부피당질량 또는 단위체적당 질량, 관리책임자 성명, 직책, 연락처 및 화기취급의 금지표지를 별도로 설치할 것

특수가연물의 저장·취급 기준
특수가연물은 다음 각 목의 기준에 따라 쌓아 저장해야 한다. 다만, 석탄·목탄류를 발전용(發電用)으로 저장하는 경우는 제외한다.
　가. 품명별로 구분하여 쌓을 것
　나. 다음의 기준에 맞게 쌓을 것

| 구분 | 살수설비를 설치하거나 방사능력 범위에 해당 특수가연물이 포함되도록 대형수동식소화기를 설치하는 경우 | 그 밖의 경우 |
|---|---|---|
| 높이 | 15미터 이하 | 10미터 이하 |
| 쌓는 부분의 바닥면적 | 200제곱미터(석탄·목탄류의 경우에는 300제곱미터) 이하 | 50제곱미터(석탄·목탄류의 경우에는 200제곱미터) 이하 |

　다. 실외에 쌓아 저장하는 경우 쌓는 부분이 대지경계선, 도로 및 인접 건축물과 최소 6미터 이상 간격을 둘 것. 다만, 쌓는 높이보다 0.9미터 이상 높은 「건축법 시행령」 제2조제7호에 따른 내화구조(이하 "내화구조"라 한다) 벽체를 설치한 경우는 그렇지 않다.

정답 : 033. ④　　034. ③

라. 실내에 쌓아 저장하는 경우 주요구조부는 내화구조이면서 불연재료여야 하고, 다른 종류의 특수가연물과 같은 공간에 보관하지 않을 것. 다만, 내화구조의 벽으로 분리하는 경우는 그렇지 않다.

마. 쌓는 부분 바닥면적의 사이는 실내의 경우 1.2미터 또는 쌓는 높이의 1/2 중 큰 값 이상으로 간격을 두어야 하며, 실외의 경우 3미터 또는 쌓는 높이 중 큰 값 이상으로 간격을 둘 것

2. 특수가연물 표지

가. 특수가연물을 저장 또는 취급하는 장소에는 품명, 최대저장수량, 단위부피당 질량 또는 단위체적당 질량, 관리책임자 성명·직책, 연락처 및 화기취급의 금지표시가 포함된 특수가연물 표지를 설치해야 한다.

## 035 특수가연물의 표지에 대한 다음 설명 중 옳지 않은 것은?

① 특수가연물 표지는 한 변의 길이가 0.2미터 이상, 다른 한 변의 길이가 0.4미터 이상인 직사각형으로 할 것
② 특수가연물 표지의 바탕은 흰색으로, 문자는 검은색으로 할 것. 다만, "화기엄금" 표시 부분은 제외한다.
③ 특수가연물 표지 중 화기엄금 표시 부분의 바탕은 붉은색으로, 문자는 백색으로 할 것
④ 특수가연물 표지는 특수가연물을 저장하거나 취급하는 장소 중 보기 쉬운 곳에 설치해야 한다.

---

특수가연물 표지의 규격은 다음과 같다.

| 특수가연물 | |
|---|---|
| 화기엄금 | |
| 품 명 | 합성수지류 |
| 최대저장수량<br>(배수) | 000톤(00배) |
| 단위부피당 질량<br>(단위체적당 질량) | 000kg/㎥ |
| 관리책임자<br>(직 책) | 홍길동 팀장 |
| 쌓는 부분의 바닥면적 | 02-000-0000 |

① 특수가연물 표지는 한 변의 길이가 0.3미터 이상, 다른 한 변의 길이가 0.6미터 이상인 직사각형으로 할 것
② 특수가연물 표지의 바탕은 흰색으로, 문자는 검은색으로 할 것. 다만, "화기엄금" 표시 부분은 제외한다.
③ 특수가연물 표지 중 화기엄금 표시 부분의 바탕은 붉은색으로, 문자는 백색으로 할 것
④ 특수가연물 표지는 특수가연물을 저장하거나 취급하는 장소 중 보기 쉬운 곳에 설치해야 한다.

정답 : 035. ①

## 036 특수가연물에 대한 다음 설명 중 옳지 않은 것은?

① "면화류"라 함은 가연성 또는 인화성이 아닌 면상 또는 팽이모양의 섬유와 마사(麻絲) 원료를 말한다.
② 넝마 및 종이부스러기는 불연성 또는 난연성이 아닌 것(동물 또는 식물의 기름이 깊이 스며들어 있는 옷감·종이 및 이들의 제품을 포함한다)에 한한다.
③ "사류"라 함은 불연성 또는 난연성이 아닌 실(실부스러기와 솜털을 포함한다)과 누에고치를 말한다.
④ "볏짚류"라 함은 마른 볏짚·북데기와 이들의 제품 및 건초를 말한다.

■ 화재예방법 시행령 [별표2]

특수가연물(제19조제1항 관련)

| 품 명 | | 수 량 |
|---|---|---|
| 면화류 | | 200킬로그램 이상 |
| 나무껍질 및 대팻밥 | | 400킬로그램 이상 |
| 넝마 및 종이부스러기 | | 1,000킬로그램 이상 |
| 사류(絲類) | | 1,000킬로그램 이상 |
| 볏짚류 | | 1,000킬로그램 이상 |
| 가연성 고체류 | | 3,000킬로그램 이상 |
| 석탄·목탄류 | | 10,000킬로그램 이상 |
| 가연성 액체류 | | 2세제곱미터 이상 |
| 목재가공품 및 나무부스러기 | | 10세제곱미터 이상 |
| 고무류·플라스틱류 | 발포시킨 것 | 20세제곱미터 이상 |
| | 그 밖의 것 | 3,000킬로그램 이상 |

비고
1. "면화류"란 불연성 또는 난연성이 아닌 면상(綿狀) 또는 팽이모양의 섬유와 마사(麻絲) 원료를 말한다.
2. 넝마 및 종이부스러기는 불연성 또는 난연성이 아닌 것(동물 또는 식물의 기름이 깊이 스며들어 있는 옷감·종이 및 이들의 제품을 포함한다)으로 한정한다.
3. "사류"란 불연성 또는 난연성이 아닌 실(실부스러기와 솜털을 포함한다)과 누에고치를 말한다.
4. "볏짚류"란 마른 볏짚·북데기와 이들의 제품 및 건초를 말한다. 다만, 축산용도로 사용하는 것은 제외한다.
5. "가연성 고체류"란 고체로서 다음 각 목에 해당하는 것을 말한다.
   가. 인화점이 섭씨 40도 이상 100도 미만인 것
   나. 인화점이 섭씨 100도 이상 200도 미만이고, 연소열량이 1그램당 8킬로칼로리 이상인 것
   다. 인화점이 섭씨 200도 이상이고 연소열량이 1그램당 8킬로칼로리 이상인 것으로서 녹는점(융점)이 100도 미만인 것
   라. 1기압과 섭씨 20도 초과 40도 이하에서 액상인 것으로서 인화점이 섭씨 70도 이상 섭씨 200도 미만이거나 나목 또는 다목에 해당하는 것
6. 석탄·목탄류에는 코크스, 석탄가루를 물에 갠 것, 마세크탄(조개탄), 연탄, 석유코크스, 활성탄 및 이와 유사한 것을 포함한다.

정답 : 036. ①

7. "가연성 액체류"란 다음 각 목의 것을 말한다.
   가. 1기압과 섭씨 20도 이하에서 액상인 것으로서 가연성 액체량이 40중량퍼센트 이하이면서 인화점이 섭씨 40도 이상 섭씨 70도 미만이고 연소점이 섭씨 60도 이상인 것
   나. 1기압과 섭씨 20도에서 액상인 것으로서 가연성 액체량이 40중량퍼센트 이하이고 인화점이 섭씨 70도 이상 섭씨 250도 미만인 것
   다. 동물의 기름과 살코기 또는 식물의 씨나 과일의 살에서 추출한 것으로서 다음의 어느 하나에 해당하는 것
      1) 1기압과 섭씨 20도에서 액상이고 인화점이 250도 미만인 것으로서 「위험물안전관리법」 제20조제1항에 따른 용기기준과 수납·저장기준에 적합하고 용기외부에 물품명·수량 및 "화기엄금" 등의 표시를 한 것
      2) 1기압과 섭씨 20도에서 액상이고 인화점이 섭씨 250도 이상인 것
8. "고무류·플라스틱류"란 불연성 또는 난연성이 아닌 고체의 합성수지제품, 합성수지반제품, 원료합성수지 및 합성수지 부스러기(불연성 또는 난연성이 아닌 고무제품, 고무반제품, 원료고무 및 고무 부스러기를 포함한다)를 말한다. 다만, 합성수지의 섬유·옷감·종이 및 실과 이들의 넝마와 부스러기는 제외한다.

## 037 다음 중 특수가연물과 수량의 연결이 잘못된 것은?

① 면화류-200kg 이상
② 가연성 액체류-1m³ 이상
③ 가연성 고체류-3,000kg 이상
④ 목재가공품-10m³ 이상

## 038 특수가연물 중 가연성 고체에 대한 다음 설명 중 옳지 않은 것은?

① 인화점이 섭씨 40도 이상 100도 미만인 것
② 인화점이 섭씨 100도 이상 200도 미만이고, 연소열량이 1그램당 8킬로칼로리 이상인 것
③ 인화점이 섭씨 200도 이상이고 연소열량이 1그램당 8킬로칼로리 이상인 것으로서 융점이 50도 미만인 것
④ 1기압과 섭씨 20도 초과 40도 이하에서 액상인 것으로서 인화점이 섭씨 70도 이상 섭씨 200도 미만인 것

## 039 다음 중 특수가연물에 해당되지 않는 것은?

① 가연성 고체류
② 유황
③ 나무껍질 및 대팻밥
④ 석탄 및 목탄

## 040 특수가연물에 관한 설명으로 옳은 것은?

① 100킬로그램 이상의 면화류는 특수가연물로 분류된다.
② 800킬로그램 이상의 사류(絲類)는 특수가연물로 분류된다.
③ 가연성액체류란 1기압과 섭씨 20도 이하에서 액상인 것으로서 가연성 액체량이 40중량퍼센트 이하이면서 인화점이 섭씨 40도 이상 섭씨 70도 미만이고 연소점이 섭씨 60도 이상인 것을 말한다.
④ 합성수지류에는 합성수지의 섬유·옷감·종이 및 실과 이들의 넝마와 부스러기가 포함된다.

정답 : 037. ②    038. ③    039. ②    040. ③

## 041 다음 중 화재예방강화지구로 지정될 수 없는 지역은?

① 시장이 밀집한 지역
② 노후건축물이 밀집한 지역
③ 석유화학제품을 유통하는 공장이 있는 지역
④ 소방관서장이 지정할 필요가 있다고 인정하는 지역

 시·도지사는 다음 각 호의 어느 하나에 해당하는 지역을 화재예방강화지구로 지정하여 관리할 수 있다.
1. 시장지역
2. 공장·창고가 밀집한 지역
3. 목조건물이 밀집한 지역
4. 노후·불량건축물이 밀집한 지역
5. 위험물의 저장 및 처리 시설이 밀집한 지역
6. 석유화학제품을 생산하는 공장이 있는 지역
7. 「산업입지 및 개발에 관한 법률」 제2조제8호에 따른 산업단지
8. 소방시설·소방용수시설 또는 소방출동로가 없는 지역
9. 「물류시설의 개발 및 운영에 관한 법률」 제2조제6호에 따른 물류단지
10. 그 밖에 제1호부터 제9호까지에 준하는 지역으로서 소방관서장이 화재예방강화지구로 지정할 필요가 있다고 인정하는 지역

## 042 다음 중 시도지사가 화재예방강화지구로 지정할 필요가 있는 지역을 지정하지 아니한 경우 지정을 요청할 수 있는 권한자는?

① 소방청장   ② 행정안전부장과   ③ 소방본부장 또는 소방서장   ④ 대통령

## 043 다음은 화재예방법령상 화재예방강화지구의 지정 등에 관한 기준이다. (   )에 들어갈 권한자를 옳게 나열한 것은?

① ( ㄱ )(이)가 화재예방강화지구로 지정할 필요가 있는 지역을 화재예방강화지구로 지정하지 아니하는 경우 소방청장은 해당 시·도지사에게 해당 지역의 화재예방강화지구 지정을 요청할 수 있다.
② ( ㄴ )은 대통령령으로 정하는 바에 따라 제1항에 따른 화재예방강화지구 안의 소방대상물의 위치·구조 및 설비 등에 대하여 화재안전조사를 해야 한다.
③ ( ㄷ )은 화재예방강화지구 안의 관계인에 대하여 대통령령으로 정하는 바에 따라 소방에 필요한 훈련 및 교육을 실시할 수 있다.
④ ( ㄹ )(은)은 대통령령으로 정하는 바에 따라 제1항에 따른 화재예방강화지구의 지정 현황, 제3항에 따른 화재안전조사의 결과, 제4항에 따른 소방설비등의 설치 명령 현황, 제5항에 따른 소방훈련 및 교육 현황 등이 포함된 화재예방강화지구에서의 화재예방에 필요한 자료를 매년 작성·관리해야 한다.

|  | ㄱ | ㄴ | ㄷ | ㄹ |
|---|---|---|---|---|
| ① | 시·도지사 | 소방본부장 또는 소방서장 | 소방관서장 | 소방청장 |
| ② | 소방청장 | 소방본부장 또는 소방서장 | 소방관서장 | 시·도지사 |
| ③ | 시·도지사 | 소방청장 | 소방관서장 | 소방청장 |
| ④ | 시·도지사 | 소방관서장 | 소방관서장 | 시·도지사 |

 정답 : 041. ③   042. ①   043. ④

## 044 다음 중 화재예방강화지구의 관리에 관한 기준 중 옳지 않은 것은?

① 소방관서장은 법 제18조제3항에 따라 화재예방강화지구 안의 소방대상물의 위치·구조 및 설비 등에 대한 화재안전조사를 연 1회 이상 실시해야 한다.
② 소방관서장은 법 제18조제5항에 따라 화재예방강화지구 안의 관계인에 대하여 소방에 필요한 훈련 및 교육을 연 1회 이상 실시할 수 있다.
③ 소방관서장은 제2항에 따라 훈련 및 교육을 실시하려는 경우에는 화재예방강화지구 안의 관계인에게 훈련 또는 교육 10일 전까지 그 사실을 통보해야 한다.
④ 시·도지사는 화재예방강화지구의 지정 현황을 대통령령으로 정하는 화재예방강화지구 관리대장에 작성하고 관리해야 한다.

 시·도지사는 법 제18조제6항에 따라 다음 각 호의 사항을 행정안전부령으로 정하는 화재예방강화지구 관리대장에 작성하고 관리해야 한다.
1. 화재예방강화지구의 지정 현황
2. 화재안전조사의 결과
3. 법 제18조제4항에 따른 소화기구, 소방용수시설 또는 그 밖에 소방에 필요한 설비(이하 "소방설비등"이라 한다)의 설치(보수, 보강을 포함한다) 명령 현황
4. 법 제18조제5항에 따른 소방훈련 및 교육의 실시 현황
5. 그 밖에 화재예방 강화를 위하여 필요한 사항

## 045 다음 중 기상현상 및 기상영향에 대한 예보에 따라 화재발생위험이 높다고 분석, 판단되는 경우 화재에 관한 위험경보를 발령하고 그에 따른 필요한 조치를 할 수 있는 권한자가 아닌자는?

① 행정안전부장관  ② 소방청장  ③ 소방본부장  ④ 소방서장

 제20조(화재 위험경보) 소방관서장은 「기상법」 제13조, 제13조의2 및 제13조의4에 따른 기상현상 및 기상영향에 대한 예보·특보·태풍예보에 따라 화재의 발생 위험이 높다고 분석·판단되는 경우에는 행정안전부령으로 정하는 바에 따라 화재에 관한 위험경보를 발령하고 그에 따른 필요한 조치를 할 수 있다.

## 046 다음 중 화재안전영향평가에 대한 설명으로 옳지 않은 것은?

① 소방청장은 화재발생 원인 및 연소과정을 조사·분석하는 등의 과정에서 법령이나 정책의 개선이 필요하다고 인정되는 경우 그 법령이나 정책에 대한 화재 위험성의 유발요인 및 완화방안에 대한 평가(이하 "화재안전영향평가"라 한다)를 실시할 수 있다.
② 소방청장은 제1항에 따라 화재안전영향평가를 실시한 경우 그 결과를 해당 법령이나 정책의 소관 기관의 장에게 통보해야 한다.
③ 제2항에 따라 결과를 통보받은 소관 기관의 장은 특별한 사정이 없는 한 이를 해당 법령이나 정책에 반영하도록 노력해야 한다.
④ 화재안전영향평가의 방법·절차·기준 등에 필요한 사항은 행정안전부령으로 정한다.

 대통령령

 정답 : 044. ④   045. ①   046. ④

## 047 화재안전영향평가의 기준에 포함되어야 할 사항이 아닌 것은?

① 법령이나 정책의 화재위험 유발요인
② 법령이나 정책이 소방대상물의 재료, 공간, 이용자 특성 및 화재 확산 경로에 미치는 영향
③ 법령이나 정책이 화재피해에 미치는 영향 등 사회경제적 파급 효과
④ 화재위험 유발요인을 제어 또는 관리하기 어려운 법령이나 정책의 개선 방안

 소방청장은 다음 각 호의 사항이 포함된 화재안전영향평가의 기준을 법 제22조에 따른 화재안전영향평가심의회(이하 "심의회"라 한다)의 심의를 거쳐 정한다.
1. 법령이나 정책의 화재위험 유발요인
2. 법령이나 정책이 소방대상물의 재료, 공간, 이용자 특성 및 화재 확산 경로에 미치는 영향
3. 법령이나 정책이 화재피해에 미치는 영향 등 사회경제적 파급 효과
4. 화재위험 유발요인을 제어 또는 관리할 수 있는 법령이나 정책의 개선 방안

## 048 화재안전영향평가의 방법, 절차, 기준등에 관하여 필요한 사항은 무엇으로 정하는가?

① 시도의 조례   ② 대통령령   ③ 행정안전부령   ④ 소방청고시

## 049 화재안전영향평가 심의위원회에 대한 설명으로 옳은 것은?

① 심의회는 위원장 1명을 포함한 10명 이내의 위원으로 구성한다.
② 소방관서장은 화재안전영향평가에 관한 업무를 수행하기 위하여 화재안전영향평가심의회(이하 "심의회"라 한다)를 구성·운영할 수 있다.
③ 화재안전과 관련되는 법령이나 정책을 담당하는 관계 기관의 소속 직원으로서 행정안전부령으로 정하는 사람은 위원이 될 수 있다.
④ 기타 심의회의 구성·운영 등에 필요한 사항은 대통령령으로 정한다.

 제22조(화재안전영향평가심의회) ① 소방청장은 화재안전영향평가에 관한 업무를 수행하기 위하여 화재안전영향평가심의회(이하 "심의회"라 한다)를 구성·운영할 수 있다.
② 심의회는 위원장 1명을 포함한 12명 이내의 위원으로 구성한다.
③ 위원장은 위원 중에서 호선하고, 위원은 다음 각 호의 사람으로 한다.
  1. 화재안전과 관련되는 법령이나 정책을 담당하는 관계 기관의 소속 직원으로서 대통령령으로 정하는 사람
  2. 소방기술사 등 대통령령으로 정하는 화재안전과 관련된 분야의 학식과 경험이 풍부한 전문가로서 소방청장이 위촉한 사람
④ 제2항 및 제3항에서 규정한 사항 외에 심의회의 구성·운영 등에 필요한 사항은 대통령령으로 정한다.

 정답 : 047. ④   048. ②   049. ④

## 050  특정소방대상물의 소방안전관리에 대한 다음 설명 중 옳지 않은 것은?

① 특정소방대상물 중 전문적인 안전관리가 요구되는 대통령령으로 정하는 특정소방대상물의 관계인은 소방안전관리업무를 수행하기 위하여 소방안전관리자 자격증을 발급받은 사람을 소방안전관리자로 선임해야 한다.
② 다른 안전관리자(다른 법령에 따라 전기·가스·위험물 등의 안전관리 업무에 종사하는 자를 말한다. 이하 같다)는 소방안전관리대상물 중 소방안전관리업무의 전담이 필요한 대통령령으로 정하는 소방안전관리대상물의 소방안전관리자를 겸할 수 있다.
③ 소방안전관리자 및 소방안전관리보조자의 선임 대상별 자격 및 인원기준은 대통령령으로 정하고, 선임 절차 등 그 밖에 필요한 사항은 행정안전부령으로 정한다.
④ 소방안전관리자의 업무수행중 자위소방대와 초기대응체계의 구성, 운영 및 교육 등에 필요한 사항은 행정안전부령으로 정한다

겸할 수 없다. 다만, 다른 법령에 특별한 규정이 있는 경우에는 그러하지 아니하다.

## 051  소방안전관리대상물에 해당하지 아니하는 특정소방대상물에서의 관계인의 업무사항으로 옳지 않은 것은?

① 피난시설, 방화구획 및 방화시설의 관리
② 소방시설이나 그 밖의 소방 관련 시설의 관리
③ 화기(火氣) 취급의 감독
④ 소방훈련 및 교육

특정소방대상물(소방안전관리대상물은 제외한다)의 관계인과 소방안전관리대상물의 소방안전관리자는 다음 각 호의 업무를 수행한다. 다만, 제1호·제2호·제5호 및 제7호의 업무는 소방안전관리대상물의 경우에만 해당한다.
1. 제36조에 따른 피난계획에 관한 사항과 대통령령으로 정하는 사항이 포함된 소방계획서의 작성 및 시행
2. 자위소방대(自衛消防隊) 및 초기대응체계의 구성, 운영 및 교육
3. 「소방시설 설치 및 관리에 관한 법률」 제16조에 따른 피난시설, 방화구획 및 방화시설의 관리
4. 소방시설이나 그 밖의 소방 관련 시설의 관리
5. 제37조에 따른 소방훈련 및 교육
6. 화기(火氣) 취급의 감독
7. 행정안전부령으로 정하는 바에 따른 소방안전관리에 관한 업무수행에 관한 기록·유지(제3호·제4호 및 제6호의 업무를 말한다)
8. 화재발생 시 초기대응
9. 그 밖에 소방안전관리에 필요한 업무

정답 : 050. ② 　　　 051. ④

## 052 다음 중 특급소방안전관리대상물에 포함되지 않는 것은?

① 지하층제외 50층이상인 아파트
② 지하층포함 30층이상인 아파트를 제외한 일반대상물
③ 연면적이 10만제곱미터 이상인 아파트(50층미만)
④ 지상으로부터 높이가 200미터 이상인 아파트

특급 소방안전관리대상물
가. 특급 소방안전관리대상물의 범위
「소방시설 설치 및 관리에 관한 법률 시행령」 별표 2의 특정소방대상물 중 다음의 어느 하나에 해당하는 것
1) 50층 이상(지하층은 제외한다)이거나 지상으로부터 높이가 200미터 이상인 아파트
2) 30층 이상(지하층을 포함한다)이거나 지상으로부터 높이가 120미터 이상인 특정소방대상물(아파트는 제외한다)
3) 2)에 해당하지 않는 특정소방대상물로서 연면적이 10만제곱미터 이상인 특정소방대상물(아파트는 제외한다)
나. 특급 소방안전관리대상물에 선임해야 하는 소방안전관리자의 자격
다음의 어느 하나에 해당하는 사람으로서 특급 소방안전관리자 자격증을 발급받은 사람
1) 소방기술사 또는 소방시설관리사의 자격이 있는 사람
2) 소방설비기사의 자격을 취득한 후 5년 이상 1급 소방안전관리대상물의 소방안전관리자로 근무한 실무경력(법 제24조제3항에 따라 소방안전관리자로 선임되어 근무한 경력은 제외한다. 이하 이 표에서 같다)이 있는 사람
3) 소방설비산업기사의 자격을 취득한 후 7년 이상 1급 소방안전관리대상물의 소방안전관리자로 근무한 실무경력이 있는 사람
4) 소방공무원으로 20년 이상 근무한 경력이 있는 사람
5) 소방청장이 실시하는 특급 소방안전관리대상물의 소방안전관리에 관한 시험에 합격한 사람
다. 선임인원: 1명 이상

## 053 특급소방안전관리자의 자격요건에 해당하지 않는 사람은?

① 소방기술사
② 소방공무원 경력 20년 이상
③ 소방설비기사 자격을 취득한후 1급 소방안전관리자 실무경력 4년 이상
④ 특급소방안전관리자 시험에 합격한 사람

## 054 1급 소방안전관리대상물에 해당하지 않는 것은?

① 특급소방안전관리대상물을 포함한 30층이상(지하층제외)이거나 지상으로부터 높이가 120미터이상인 아파트
② 연면적 1만5천제곱미터 이상인 특정소방대상물(아파트 및 연립주택은 제외한다)
③ 연면적 1만5천제곱미터 미만인 특정소방대상물로서 지상층의 층수가 11층 이상인 특정소방대상물(아파트는 제외한다)
④ 가연성 가스를 1천톤 이상 저장·취급하는 시설

정답 : 052. ③   053. ③   054. ①

1급 소방안전관리대상물
  가. 1급 소방안전관리대상물의 범위
    「소방시설 설치 및 관리에 관한 법률 시행령」 별표 2의 특정소방대상물 중 다음의 어느 하나에 해당하는 것(제1호에 따른 특급 소방안전관리대상물은 제외한다)
    1) 30층 이상(지하층은 제외한다)이거나 지상으로부터 높이가 120미터 이상인 아파트
    2) 연면적 1만5천제곱미터 이상인 특정소방대상물(아파트 및 연립주택은 제외한다)
    3) 2)에 해당하지 않는 특정소방대상물로서 지상층의 층수가 11층 이상인 특정소방대상물(아파트는 제외한다)
    4) 가연성 가스를 1천톤 이상 저장·취급하는 시설
  나. 1급 소방안전관리대상물에 선임해야 하는 소방안전관리자의 자격
    다음의 어느 하나에 해당하는 사람으로서 1급 소방안전관리자 자격증을 발급받은 사람 또는 제1호에 따른 특급 소방안전관리대상물의 소방안전관리자 자격증을 발급받은 사람
    1) 소방설비기사 또는 소방설비산업기사의 자격이 있는 사람
    2) 소방공무원으로 7년 이상 근무한 경력이 있는 사람
    3) 소방청장이 실시하는 1급 소방안전관리대상물의 소방안전관리에 관한 시험에 합격한 사람
  다. 선임인원 : 1명 이상

## 055  다음 중 2급 소방안전관리대상물만 옳게 묶은 것은?

> ㄱ - 가스 제조설비를 갖추고 도시가스사업의 허가를 받아야 하는 시설 또는 가연성 가스를 100톤 이상 1천톤 미만 저장·취급하는 시설
> ㄴ - 「소방시설 설치 및 관리에 관한 법률 시행령」 별표 4 제1호마목에 따라 간이스프링클러설비(주택전용 간이 스프링클러설비는 제외한다)를 설치해야 하는 특정소방대상물
> ㄷ - 지하구
> ㄹ - 연면적 1만5천제곱미터 이상인 특정소방대상물(아파트 및 연립주택은 제외한다)
> ㅁ - 「문화유산의 보존 및 활용에 관한 법률」 제23조에 따라 보물 또는 국보로 지정된 목조건축물

① ㄱ, ㄴ, ㄷ  ② ㄱ, ㄷ, ㅁ
③ ㄱ, ㄴ, ㄷ, ㄹ  ④ ㄴ, ㄹ, ㅁ

 2급 소방안전관리대상물
  가. 2급 소방안전관리대상물의 범위
    「소방시설 설치 및 관리에 관한 법률 시행령」 별표 2의 특정소방대상물 중 다음의 어느 하나에 해당하는 것(제1호에 따른 특급 소방안전관리대상물 및 제2호에 따른 1급 소방안전관리대상물은 제외한다)
    1) 「소방시설 설치 및 관리에 관한 법률 시행령」 별표 4 제1호다목에 따라 옥내소화전설비를 설치해야 하는 특정소방대상물, 같은 호 라목에 따라 스프링클러설비를 설치해야 하는 특정소방대상물 또는 같은 호 바목에 따라 물분무등소화설비[화재안전기준에 따라 호스릴(hose reel) 방식의 물분무등소화설비만을 설치할 수 있는 특정소방대상물은 제외한다]를 설치해야 하는 특정소방대상물
    2) 가스 제조설비를 갖추고 도시가스사업의 허가를 받아야 하는 시설 또는 가연성 가스를 100톤 이상 1천톤 미만 저장·취급하는 시설
    3) 지하구
    4) 「공동주택관리법」 제2조제1항제2호의 어느 하나에 해당하는 공동주택(「소방시설

 정답 : 055. ②

설치 및 관리에 관한 법률 시행령」 별표 4 제1호다목 또는 라목에 따른 옥내소화전설비 또는 스프링클러설비가 설치된 공동주택으로 한정한다)

5) 「문화유산의 보존 및 활용에 관한 법률」 제23조에 따라 보물 또는 국보로 지정된 목조건축물

나. 2급 소방안전관리대상물에 선임해야 하는 소방안전관리자의 자격

다음의 어느 하나에 해당하는 사람으로서 2급 소방안전관리자 자격증을 발급받은 사람, 제1호에 따른 특급 소방안전관리대상물 또는 제2호에 따른 1급 소방안전관리대상물의 소방안전관리자 자격증을 발급받은 사람

1) 위험물기능장·위험물산업기사 또는 위험물기능사 자격이 있는 사람
2) 소방공무원으로 3년 이상 근무한 경력이 있는 사람
3) 소방청장이 실시하는 2급 소방안전관리대상물의 소방안전관리에 관한 시험에 합격한 사람
4) 「기업활동 규제완화에 관한 특별조치법」 제29조, 제30조 및 제32조에 따라 소방안전관리자로 선임된 사람(소방안전관리자로 선임된 기간으로 한정한다)

다. 선임인원: 1명 이상

3급 소방안전관리대상물

가. 3급 소방안전관리대상물의 범위

「소방시설 설치 및 관리에 관한 법률 시행령」 별표 2의 특정소방대상물 중 다음의 어느 하나에 해당하는 것(제1호에 따른 특급 소방안전관리대상물, 제2호에 따른 1급 소방안전관리대상물 및 제3호에 따른 2급 소방안전관리대상물은 제외한다)

1) 「소방시설 설치 및 관리에 관한 법률 시행령」 별표 4 제1호마목에 따라 간이스프링클러설비(주택전용 간이스프링클러설비는 제외한다)를 설치해야 하는 특정소방대상물
2) 「소방시설 설치 및 관리에 관한 법률 시행령」 별표 4 제2호다목에 따른 자동화재탐지설비를 설치해야 하는 특정소방대상물

나. 3급 소방안전관리대상물에 선임해야 하는 소방안전관리자의 자격

다음의 어느 하나에 해당하는 사람으로서 3급 소방안전관리자 자격증을 발급받은 사람 또는 제1호부터 제3호까지의 규정에 따라 특급 소방안전관리대상물, 1급 소방안전관리대상물 또는 2급 소방안전관리대상물의 소방안전관리자 자격증을 발급받은 사람

1) 소방공무원으로 1년 이상 근무한 경력이 있는 사람
2) 소방청장이 실시하는 3급 소방안전관리대상물의 소방안전관리에 관한 시험에 합격한 사람
3) 「기업활동 규제완화에 관한 특별조치법」 제29조, 제30조 및 제32조에 따라 소방안전관리자로 선임된 사람(소방안전관리자로 선임된 기간으로 한정한다)

다. 선임인원: 1명 이상

## 056 소방안전관리에 대한 다음 설명 중 옳지 않은 것은?

① 철강 등 불연성 물품을 저장·취급하는 창고로서 연면적 10만 제곱미터 이상은 특급소방안전관리대상물에 속한다
② 특급 소방안전관리대상물에 선임해야 하는 소방안전관리자의 자격을 산정할 때에는 동일한 기간에 수행한 경력이 두 가지 이상의 자격기준에 해당하는 경우 하나의 자격기준에 대해서만 그 기간을 인정한다.
③ 특급 소방안전관리대상물에 선임해야 하는 소방안전관리자의 자격을 산정할 때에는 중복되지 않는 소방안전관리자 실무경력의 경우에는 각각의 기간을 실무경력으로 인정한다.
④ 자격기준별 실무경력 기간을 해당 실무경력 기준기간으로 나누어 합한 값이 1 이상이면 선임자격을 갖춘 것으로 본다.

정답 : 056. ①

비고
1. 동·식물원, 철강 등 불연성 물품을 저장·취급하는 창고, 위험물 저장 및 처리 시설 중 제조소등과 지하구는 특급 소방안전관리대상물 및 1급 소방안전관리대상물에서 제외한다.
2. 이 표 제1호에 따른 특급 소방안전관리대상물에 선임해야 하는 소방안전관리자의 자격을 산정할 때에는 동일한 기간에 수행한 경력이 두 가지 이상의 자격기준에 해당하는 경우 하나의 자격기준에 대해서만 그 기간을 인정하고 기간이 중복되지 않는 소방안전관리자 실무경력의 경우에는 각각의 기간을 실무경력으로 인정한다. 이 경우 자격기준별 실무경력 기간을 해당 실무경력 기준기간으로 나누어 합한 값이 1 이상이면 선임자격을 갖춘 것으로 본다.

## 057 다음 중 소방안전관리보조자를 두어야 하는 특정소방대상물로서 옳지 않은 것은?

① 300세대 이상 아파트
② 아파트를 제외한 연면적 15,000제곱미터 이상 특정소방대상물
③ 의료시설 및 노유자시설
④ 숙박시설(숙박시설로 사용되는 바닥면적 합계가 1천제곱미터 미만이고 관계인이 24시간 상시 근무하는 숙박시설은 제외)

 소방안전관리보조자를 선임해야 하는 소방안전관리대상물의 범위
별표 4에 따라 소방안전관리자를 선임해야 하는 소방안전관리대상물 중 다음 각 목의 어느 하나에 해당하는 소방안전관리대상물
가. 「건축법 시행령」 별표 1 제2호가목에 따른 아파트 중 300세대 이상인 아파트
나. 연면적이 1만5천제곱미터 이상인 특정소방대상물(아파트 및 연립주택은 제외한다)
다. 가목 및 나목에 따른 특정소방대상물을 제외한 특정소방대상물 중 다음의 어느 하나에 해당하는 특정소방대상물
  1) 공동주택 중 기숙사
  2) 의료시설
  3) 노유자 시설
  4) 수련시설
  5) 숙박시설(숙박시설로 사용되는 바닥면적의 합계가 1천500제곱미터 미만이고 관계인이 24시간 상시 근무하고 있는 숙박시설은 제외한다)

## 058 다음 중 소방안전관리보조자의 자격요건에 해당하지 않는 사람은?

① 특급 소방안전관리대상물, 1급 소방안전관리대상물, 2급 소방안전관리대상물 또는 3급 소방안전관리대상물의 소방안전관리자 자격이 있는 사람
② 국가기술자격의 직무분야 중 건축, 기계제작, 기계장비설비·설치, 화공, 위험물, 전기, 전자 및 안전관리에 해당하는 국가기술자격이 있는 사람
③ 「공공기관의 소방안전관리에 관한 규정」 제5조제1항제2호나목에 따른 실무교육을 수료한 사람
④ 소방안전관리대상물에서 소방안전 관련 업무에 2년 이상 근무한 경력이 있는 사람

 정답 : 057. ④   058. ③

소방안전관리보조자의 자격
가. 별표 4에 따른 특급 소방안전관리대상물, 1급 소방안전관리대상물, 2급 소방안전관리대상물 또는 3급 소방안전관리대상물의 소방안전관리자 자격이 있는 사람
나. 「국가기술자격법」제2조제3호에 따른 국가기술자격의 직무분야 중 건축, 기계제작, 기계장비설비·설치, 화공, 위험물, 전기, 전자 및 안전관리에 해당하는 국가기술자격이 있는 사람
다. 「공공기관의 소방안전관리에 관한 규정」제5조제1항제2호나목에 따른 강습교육을 수료한 사람
라. 법 제34조제1항제1호에 따른 강습교육 중 이 영 제33조제1호부터 제4호까지에 해당하는 사람을 대상으로 하는 강습교육을 수료한 사람
마. 소방안전관리대상물에서 소방안전 관련 업무에 2년 이상 근무한 경력이 있는 사람

**059** 화재의 예방 및 안전관리에 관한 법령상 연면적 126,000[m²]의 업무시설인 건축물에서 소방안전관리보조자를 최소 몇 명을 선임해야 하는가?

① 5　　　　　② 6　　　　　③ 8　　　　　④ 9

 $\dfrac{126{,}000 m^2 - 15{,}000 m^2}{15{,}000 m^2} = 7.4$ ∴ 올림수 8명

선임인원
가. 제1호가목에 따른 소방안전관리대상물의 경우에는 1명. 다만, 초과되는 300세대마다 1명 이상을 추가로 선임해야 한다.
나. 제1호나목에 따른 소방안전관리대상물의 경우에는 1명. 다만, 초과되는 연면적 1만5천제곱미터(특정소방대상물의 방재실에 자위소방대가 24시간 상시 근무하고 「소방장비관리법 시행령」별표 1 제1호가목에 따른 소방자동차 중 소방펌프차, 소방물탱크차, 소방화학차 또는 무인방수차를 운용하는 경우에는 3만제곱미터로 한다)마다 1명 이상을 추가로 선임해야 한다.
다. 제1호다목에 따른 소방안전관리대상물의 경우에는 1명. 다만, 해당 특정소방대상물이 소재하는 지역을 관할하는 소방서장이 야간이나 휴일에 해당 특정소방대상물이 이용되지 않는다는 것을 확인한 경우에는 소방안전관리보조자를 선임하지 않을 수 있다.

**060** 소방공무원 경력으로 소방안전관리자의 자격요건을 나타낸 것이다. (　)에 들어갈 내용으로 옳은 것은?

- 특급소방안전관리자 : 소방공무원( ㉠ )년 이상
- 1급소방안전관리자 : 소방공무원( ㉡ )년 이상
- 2급소방안전관리자 : 소방공무원( ㉢ )년 이상
- 3급소방안전관리자 : 소방공무원( ㉣ )년 이상

|   | ㉠ | ㉡ | ㉢ | ㉣ |   | ㉠ | ㉡ | ㉢ | ㉣ |
|---|---|---|---|---|---|---|---|---|---|
| ① | 10 | 7 | 3 | 1 | ② | 20 | 7 | 3 | 2 |
| ③ | 20 | 7 | 3 | 1 | ④ | 10 | 5 | 3 | 1 |

정답 : 059. ③　　060. ③

예상문제

**061** 소방안전관리자 실무교육에 대한 다음 설명의 (   )에 들어갈 내용으로 옳은 것은?

> 제36조(소방안전관리자 및 소방안전관리보조자의 실무교육 등) ① 안전원장은 법 제41조제1항에 따른 소방안전관리자 및 소방안전관리보조자에 대한 실무교육의 교육대상, 교육일정 등 실무교육에 필요한 계획을 수립하여 매년 ( ㉠ )의 승인을 얻어 교육실시 ( ㉡ )일 전까지 교육대상자에게 통보해야 한다.<개정 2014. 11. 19., 2015. 1. 9., 2017. 7. 26., 2018. 9. 5.>
> ② 소방안전관리자는 그 선임된 날부터 ( ㉢ )개월 이내에 법 제41조제1항에 따른 실무교육을 받아야 하며, 그 후에는 ( ㉣ )년마다(최초 실무교육을 받은 날을 기준일로 하여 매 2년이 되는 해의 기준일과 같은 날 전까지를 말한다) 1회 이상 실무교육을 받아야 한다. 다만, 소방안전관리 강습교육 또는 실무교육을 받은 후 1년 이내에 소방안전관리자로 선임된 사람은 해당 강습교육 또는 실무교육을 받은 날에 실무교육을 받은 것으로 본다.<개정 2017. 2. 10.>

|   | ㉠ | ㉡ | ㉢ | ㉣ |   | ㉠ | ㉡ | ㉢ | ㉣ |
|---|---|---|---|---|---|---|---|---|---|
| ① | 행정안전부장관 | 60 | 1 | 1 | ② | 소방청장 | 30 | 6 | 1 |
| ③ | 소방청장 | 30 | 6 | 2 | ④ | 소방청장 | 60 | 6 | 2 |

**062** 다음 중 소방안전관리대상물의 소방계획서에 포함되어야 할 사항으로 옳지 않은 것은?
① 소방안전관리대상물의 위치·구조·연면적·용도 및 수용인원 등 일반 현황
② 화재 예방을 위한 자체점검계획 및 진압대책
③ 소방시설·피난시설 및 방화시설의 점검·정비계획
④ 예방규정을 정하는 제조소등에 있어 예방규정의 준수 및 관리계획

 시행령 제27조(소방안전관리대상물의 소방계획서 작성 등)
① 법 제24조제5항제1호에서 "대통령령으로 정하는 사항"이란 다음 각 호의 사항을 말한다.
1. 소방안전관리대상물의 위치·구조·연면적(「건축법 시행령」 제119조제1항제4호에 따라 산정된 면적을 말한다. 이하 같다)·용도 및 수용인원 등 일반 현황
2. 소방안전관리대상물에 설치한 소방시설, 방화시설, 전기시설, 가스시설 및 위험물시설의 현황
3. 화재 예방을 위한 자체점검계획 및 대응대책
4. 소방시설·피난시설 및 방화시설의 점검·정비계획
5. 피난층 및 피난시설의 위치와 피난경로의 설정, 화재안전취약자의 피난계획 등을 포함한 피난계획
6. 방화구획, 제연구획(除煙區劃), 건축물의 내부 마감재료 및 방염대상물품의 사용 현황과 그 밖의 방화구조 및 설비의 유지·관리계획
7. 법 제35조제1항에 따른 관리의 권원이 분리된 특정소방대상물의 소방안전관리에 관한 사항
8. 소방훈련·교육에 관한 계획
9. 법 제37조를 적용받는 소방안전관리대상물의 근무자 및 거주자의 자위소방대 조직과 대원의 임무(화재안전취약자의 피난 보조 임무를 포함한다)에 관한 사항
10. 화기 취급 작업에 대한 사전 안전조치 및 감독 등 공사 중 소방안전관리에 관한 사항
11. 소화에 관한 사항과 연소 방지에 관한 사항

 정답 : 061. ③    062. ④

12. 위험물의 저장·취급에 관한 사항(「위험물안전관리법」 제17조에 따라 예방규정을 정하는 제조소등은 제외한다)
13. 소방안전관리에 대한 업무수행에 관한 기록 및 유지에 관한 사항
14. 화재발생 시 화재경보, 초기소화 및 피난유도 등 초기대응에 관한 사항
15. 그 밖에 소방본부장 또는 소방서장이 소방안전관리대상물의 위치·구조·설비 또는 관리 상황 등을 고려하여 소방안전관리에 필요하여 요청하는 사항
② 소방본부장 또는 소방서장은 소방안전관리대상물의 소방계획서의 작성 및 그 실시에 관하여 지도·감독한다.

## 063 소방안전관리자의 업무수행에 대한 기록유지에 대한 다음 설명 중 옳지 않은 것은?

① 소방안전관리대상물의 소방안전관리자는 소방안전관리업무 수행에 관한 기록을 별지 제12호서식에 따라 월 1회 이상 작성·관리해야 한다.
② 소방안전관리자는 소방안전관리업무 수행 중 보수 또는 정비가 필요한 사항을 발견한 경우에는 이를 지체 없이 관계인에게 알리고, 별지 제12호서식에 기록해야 한다.
③ 소방안전관리자는 업무 수행에 관한 기록을 작성한 날부터 2년간 보관해야 한다.
④ 소방안전관리에 대한 업무수행에 관한 기록 및 유지에 관한 사항을 소방본부장 또는 소방서장에게 보고해야 한다.

④의 기준은 없음

## 064 소방안전관리자 선임기준일에 해당하는 날이 아닌 것은?

① 신축·증축·개축·재축·대수선 또는 용도변경으로 해당 특정소방대상물의 소방안전관리자를 신규로 선임해야 하는 경우 : 해당 특정소방대상물의 사용승인일
② 증축 또는 용도변경으로 인하여 특정소방대상물이 영 제25조제1항에 따른 소방안전관리대상물로 된 경우 또는 특정소방대상물의 소방안전관리 등급이 변경된 경우 : 증축공사의 사용승인일 또는 관할 소방서장으로부터 소방안전관리자 선임 안내를 받은 날
③ 특정소방대상물을 양수하거나 「민사집행법」에 따른 경매, 「채무자 회생 및 파산에 관한 법률」에 따른 환가(換價), 「국세징수법」·「관세법」 또는 「지방세기본법」에 따른 압류재산의 매각이나 그 밖에 이에 준하는 절차에 따라 관계인의 권리를 취득한 경우: 해당 권리를 취득한 날 또는 관할 소방서장으로부터 소방안전관리자 선임 안내를 받은 날
④ 소방안전관리자의 해임, 퇴직 등으로 해당 소방안전관리자의 업무가 종료된 경우 : 소방안전관리자가 해임된 날, 퇴직한 날 등 근무를 종료한 날

시행규칙 제14조(소방안전관리자의 선임신고 등)
① 소방안전관리대상물의 관계인은 법 제24조 및 제35조에 따라 소방안전관리자를 다음 각 호의 구분에 따라 해당 호에서 정하는 날부터 30일 이내에 선임해야 한다.
 1. 신축·증축·개축·재축·대수선 또는 용도변경으로 해당 특정소방대상물의 소방안전관리자를 신규로 선임해야 하는 경우 : 해당 특정소방대상물의 사용승인일(건축물의 경우에는 「건축법」 제22조에 따라 건축물을 사용할 수 있게 된 날을 말한다. 이하 이 조 및 제16조에서 같다)

정답 : 063. ④   064. ②

2. 증축 또는 용도변경으로 인하여 특정소방대상물이 영 제25조제1항에 따른 소방안전관리대상물로 된 경우 또는 특정소방대상물의 소방안전관리 등급이 변경된 경우: 증축공사의 사용승인일 또는 용도변경 사실을 건축물관리대장에 기재한 날
3. 특정소방대상물을 양수하거나 「민사집행법」에 따른 경매, 「채무자 회생 및 파산에 관한 법률」에 따른 환가(換價), 「국세징수법」·「관세법」 또는 「지방세기본법」에 따른 압류재산의 매각이나 그 밖에 이에 준하는 절차에 따라 관계인의 권리를 취득한 경우 : 해당 권리를 취득한 날 또는 관할 소방서장으로부터 소방안전관리자 선임 안내를 받은 날. 다만, 새로 권리를 취득한 관계인이 종전의 특정소방대상물의 관계인이 선임신고한 소방안전관리자를 해임하지 않는 경우는 제외한다.
4. 법 제35조에 따른 특정소방대상물의 경우: 관리의 권원이 분리되거나 소방본부장 또는 소방서장이 관리의 권원을 조정한 날
5. 소방안전관리자의 해임, 퇴직 등으로 해당 소방안전관리자의 업무가 종료된 경우 : 소방안전관리자가 해임된 날, 퇴직한 날 등 근무를 종료한 날
6. 법 제24조제3항에 따라 소방안전관리업무를 대행하는 자를 감독할 수 있는 사람을 소방안전관리자로 선임한 경우로서 그 업무대행 계약이 해지 또는 종료된 경우 : 소방안전관리업무 대행이 끝난 날
7. 법 제31조제1항에 따라 소방안전관리자 자격이 정지 또는 취소된 경우 : 소방안전관리자 자격이 정지 또는 취소된 날

**065** 소방본부장 또는 소방서장은 소방안전관리자 선임 연기 신청서를 제출받은 경우 며칠 이내에 소방안전관리자 선임기간을 정하여 관계인에게 통보해야 하는가?

① 2일　　② 3일　　③ 7일　　④ 10일

① 영 별표 4 제3호 및 제4호에 따른 2급 또는 3급 소방안전관리대상물의 관계인은 제20조에 따른 소방안전관리자 자격시험이나 제25조에 따른 소방안전관리자에 대한 강습교육이 제1항에 따른 소방안전관리자 선임기간 내에 있지 않아 소방안전관리자를 선임할 수 없는 경우에는 소방안전관리자 선임의 연기를 신청할 수 있다.
② 소방안전관리자 선임의 연기를 신청하려는 2급 또는 3급 소방안전관리대상물의 관계인은 별지 제14호서식의 소방안전관리자·소방안전관리보조자 선임 연기 신청서를 작성하여 소방본부장 또는 소방서장에게 제출해야 한다. 이 경우 소방본부장 또는 소방서장은 법 제33조에 따른 종합정보망(이하 "종합정보망"이라 한다)에서 강습교육의 접수 또는 시험응시 여부를 확인해야 하며, 2급 또는 3급 소방안전관리대상물의 관계인은 소방안전관리자가 선임될 때까지 법 제24조제5항의 소방안전관리업무를 수행해야 한다.
③ 소방본부장 또는 소방서장은 제3항에 따라 선임 연기 신청서를 제출받은 경우에는 3일 이내에 소방안전관리자 선임기간을 정하여 2급 또는 3급 소방안전관리대상물의 관계인에게 통보해야 한다.

**066** 다음 중 소방안전관리 업무의 대행을 맡길 수 있는 대상물이 아닌 것은?
① 1급 소방안전관리대상물 중 연면적 15,000제곱미터 미만인 아파트
② 2급 소방안전관리대상물
③ 3급 소방안전관리대상물
④ 연면적 15,000제곱미터 미만이고 지상층의 층수가 11층 이상인 일반특정소방대상물

정답 : 065. ②　　066. ①

시행령 제28조(소방안전관리 업무의 대행 대상 및 업무) ① 법 제25조제1항 전단에서 "대통령령으로 정하는 소방안전관리대상물"이란 다음 각 호의 소방안전관리대상물을 말한다.
1. 별표 4 제2호가목3)에 따른 지상층의 층수가 11층 이상인 1급 소방안전관리대상물(연면적 1만5천제곱미터 이상인 특정소방대상물과 아파트는 제외한다)
2. 별표 4 제3호에 따른 2급 소방안전관리대상물
3. 별표 4 제4호에 따른 3급 소방안전관리대상물
② 법 제25조제1항 전단에서 "대통령령으로 정하는 업무"란 다음 각 호의 업무를 말한다.
1. 법 제24조제5항제3호에 따른 피난시설, 방화구획 및 방화시설의 관리
2. 법 제24조제5항제4호에 따른 소방시설이나 그 밖의 소방 관련 시설의 관리

## 067 소방안전관리자의 선임신고 등에 대한 설명으로 옳지 않은 것은?

① 소방안전관리대상물의 관계인이 소방안전관리자 또는 소방안전관리보조자를 선임한 경우에는 행정안전부령으로 정하는 바에 따라 선임한 날부터 14일 이내에 소방본부장 또는 소방서장에게 신고하고, 소방안전관리대상물의 출입자가 쉽게 알 수 있도록 소방안전관리자의 성명과 그 밖에 행정안전부령으로 정하는 사항을 게시해야 한다.
② 소방안전관리대상물의 관계인이 소방안전관리자 또는 소방안전관리보조자를 해임한 경우에는 그 관계인 또는 해임된 소방안전관리자 또는 소방안전관리보조자는 소방본부장이나 소방서장에게 그 사실을 알려 해임한 사실의 확인을 받을 수 있다.
③ 2급 또는 3급 소방안전관리대상물의 관계인은 소방안전관리자 자격시험이나 소방안전관리자에 대한 강습교육이 소방안전관리자 선임기간 내에 있지 않아 소방안전관리자를 선임할 수 없는 경우에는 소방안전관리자 선임의 연기를 신청할 수 있다.
④ 소방본부장 또는 소방서장은 선임 연기 신청서를 제출받은 경우에는 2일 이내에 소방안전관리자 선임기간을 정하여 2급 또는 3급 소방안전관리대상물의 관계인에게 통보해야 한다.

3일 이내에

## 068 소방안전관리자 정보의 게시에 대한 각호의 사항에 해당하지 않는 것은?

① 소방안전관리대상물의 명칭 및 등급
② 소방안전관리자의 성명 및 선임일자
③ 소방안전관리자의 연락처
④ 소방안전관리자의 근무 위치(관리사무실을 말한다)

시행규칙 제15조(소방안전관리자 정보의 게시)
① 법 제26조제1항에서 "행정안전부령으로 정하는 사항"이란 다음 각 호의 사항을 말한다.
1. 소방안전관리대상물의 명칭 및 등급
2. 소방안전관리자의 성명 및 선임일자
3. 소방안전관리자의 연락처
4. 소방안전관리자의 근무 위치(화재 수신기 또는 종합방재실을 말한다)
② 제1항에 따른 소방안전관리자 성명 등의 게시는 별표 2의 소방안전관리자 현황표에 따른다. 이 경우 「소방시설 설치 및 관리에 관한 법률 시행규칙」 별표 5에 따른 소방시설등 자체점검기록표를 함께 게시할 수 있다.

정답 : 067. ④    068. ④

**069** 다음 중 관계인의 의무 및 선임명령에 관한 사항으로 옳지 않은 것은?

① 특정소방대상물의 관계인은 그 특정소방대상물에 대하여 소방안전관리업무를 수행해야 한다.
② 소방본부장 또는 소방서장은 소방안전관리자가 소방안전관리업무를 성실하게 수행할 수 있도록 지도·감독해야 한다.
③ 소방본부장 또는 소방서장은 제24조제1항에 따른 소방안전관리자 또는 소방안전관리보조자를 선임하지 아니한 소방안전관리대상물의 관계인에게 소방안전관리자 또는 소방안전관리보조자를 선임하도록 명할 수 있다.
④ 소방안전관리자로부터 제3항에 따른 조치요구 등을 받은 소방안전관리대상물의 관계인은 지체 없이 이에 따라야 하며, 이를 이유로 소방안전관리자를 해임하거나 보수(報酬)의 지급을 거부하는 등 불이익한 처우를 하여서는 아니 된다.

 [관계인은]

> 소방안전관리자는 인명과 재산을 보호하기 위하여 소방시설·피난시설·방화시설 및 방화구획 등이 법령에 위반된 것을 발견한 때에는 지체 없이 소방안전관리대상물의 관계인에게 소방대상물의 개수·이전·제거·수리 등 필요한 조치를 할 것을 요구해야 하며, 관계인이 시정하지 아니하는 경우 소방본부장 또는 소방서장에게 그 사실을 알려야 한다. 이 경우 소방안전관리자는 공정하고 객관적으로 그 업무를 수행해야 한다.
>
> 소방본부장 또는 소방서장은 제24조제5항에 따른 업무를 다하지 아니하는 특정소방대상물의 관계인 또는 소방안전관리자에게 그 업무의 이행을 명할 수 있다.

**070** 다음 중 공사시공자가 소방안전관리자를 선임해야 하는 건설현장 소방안전관리 대상물에 해당하지 않는 것은?

① 연면적의 합계가 1만5천제곱미터 이상인 것
② 연면적이 5천제곱미터 이상인 것으로서 지하층의 층수가 2개층 이상인 것
③ 연면적이 5천제곱미터 이상인 것으로서 지상층의 층수가 6층 이상인 것
④ 연면적이 5천제곱미터 이상인 것으로서 냉동창고, 냉장창고

 시행령 제29조(건설현장 소방안전관리대상물) 법 제29조제1항에서 "대통령령으로 정하는 특정소방대상물"이란 다음 각 호의 어느 하나에 해당하는 특정소방대상물을 말한다.
1. 신축·증축·개축·재축·이전·용도변경 또는 대수선을 하려는 부분의 연면적의 합계가 1만5천제곱미터 이상인 것
2. 신축·증축·개축·재축·이전·용도변경 또는 대수선을 하려는 부분의 연면적이 5천제곱미터 이상인 것으로서 다음 각 목의 어느 하나에 해당하는 것
   가. 지하층의 층수가 2개 층 이상인 것
   나. 지상층의 층수가 11층 이상인 것
   다. 냉동창고, 냉장창고 또는 냉동·냉장창고

정답 : 069. ② 070. ③

## 071
**특급소방안전관리자 자격시험의 횟수와 1, 2, 3급 소방안전관리자 자격시험의 횟수에 대한 설명이 올바른 것은?**

① 특급 소방안전관리자 자격시험: 연 2회 이상
　　1급·2급·3급 소방안전관리자 자격시험: 월 1회 이상
② 특급 소방안전관리자 자격시험: 연 2회 이상
　　1급·2급·3급 소방안전관리자 자격시험: 월 2회 이상
③ 특급 소방안전관리자 자격시험: 연 1회 이상
　　1급·2급·3급 소방안전관리자 자격시험: 연 2회 이상
④ 특급 소방안전관리자 자격시험: 연 1회 이상
　　1급·2급·3급 소방안전관리자 자격시험: 분기별 1회 이상

## 072
**소방안전관리자 자격의 정지 및 취소의 사유에 해당하지 않는 것은?**

① 거짓이나 그 밖의 부정한 방법으로 소방안전관리자 자격증을 발급받은 경우
② 제24조제5항에 따른 소방안전관리업무를 게을리한 경우
③ 제30조제4항을 위반하여 소방안전관리자 자격증을 다른 사람에게 빌려준 경우
④ 제34조에 따른 강습교육을 받지 아니한 경우

제31조(소방안전관리자 자격의 정지 및 취소) ① 소방청장은 제30조제2항에 따라 소방안전관리자 자격증을 발급받은 사람이 다음 각 호의 어느 하나에 해당하는 경우에는 행정안전부령으로 정하는 바에 따라 그 자격을 취소하거나 1년 이하의 기간을 정하여 그 자격을 정지시킬 수 있다. 다만, 제1호 또는 제3호에 해당하는 경우에는 그 자격을 취소해야 한다.
1. 거짓이나 그 밖의 부정한 방법으로 소방안전관리자 자격증을 발급받은 경우
2. 제24조제5항에 따른 소방안전관리업무를 게을리한 경우
3. 제30조제4항을 위반하여 소방안전관리자 자격증을 다른 사람에게 빌려준 경우
4. 제34조에 따른 실무교육을 받지 아니한 경우
5. 이 법 또는 이 법에 따른 명령을 위반한 경우
② 제1항에 따라 소방안전관리자 자격이 취소된 사람은 취소된 날부터 2년간 소방안전관리자 자격증을 발급받을 수 없다.

## 073
**다음 중 3급 소방안전관리자 자격시험에 응시할 수 있는 사람이 아닌 자는?**

①「의용소방대 설치 및 운영에 관한 법률」제3조에 따라 의용소방대원으로 임명되어 의용소방대원으로 2년 이상 근무한 경력이 있는 사람
②「위험물안전관리법」제19조에 따른 자체소방대의 소방대원으로 1년 이상 근무한 경력이 있는 사람
③「대통령 등의 경호에 관한 법률」에 따른 경호공무원 또는 별정직공무원으로 1년 이상 안전검측 업무에 종사한 경력이 있는 사람
④ 경찰공무원으로 1년 이상 근무한 경력이 있는 사람

정답 : 071. ①　　072. ④　　073. ④

소방안전관리자 자격시험에 응시할 수 있는 사람의 자격(제31조 관련)

1. 특급 소방안전관리자
    가. 1급 소방안전관리대상물의 소방안전관리자로 5년(소방설비기사의 경우에는 자격 취득 후 2년, 소방설비산업기사의 경우에는 자격 취득 후 3년) 이상 근무한 실무경력(법 제24조제3항에 따라 소방안전관리자로 선임되어 근무한 경력은 제외한다. 이하 이 표에서 같다)이 있는 사람
    나. 1급 소방안전관리대상물의 소방안전관리자로 선임될 수 있는 자격을 갖춘 후 특급 또는 1급 소방안전관리대상물의 소방안전관리보조자로 7년 이상 근무한 실무경력이 있는 사람
    다. 소방공무원으로 10년 이상 근무한 경력이 있는 사람
    라. 「고등교육법」 제2조제1호부터 제6호까지 규정 중 어느 하나에 해당하는 학교(이하 "대학"이라 한다) 또는 「초·중등교육법 시행령」 제90조제1항제10호 및 제91조에 따른 고등학교(이하 "고등학교"라 한다)에서 소방안전관리학과(소방청장이 정하여 고시하는 학과를 말한다. 이하 이 표에서 같다)를 전공하고 졸업한 사람(법령에 따라 이와 같은 수준의 학력이 있다고 인정되는 사람을 포함한다)으로서 해당 학과를 졸업한 후 2년 이상 1급 소방안전관리대상물의 소방안전관리자로 근무한 실무경력이 있는 사람
    마. 다음의 어느 하나에 해당하는 요건을 갖춘 후 3년 이상 1급 소방안전관리대상물의 소방안전관리자로 근무한 실무경력이 있는 사람
        1) 대학 또는 고등학교에서 소방안전 관련 교과목(소방청장이 정하여 고시하는 교과목을 말한다. 이하 이 표에서 같다)을 12학점 이상 이수하고 졸업한 사람
        2) 법령에 따라 1)에 해당하는 사람과 같은 수준의 학력이 있다고 인정되는 사람으로서 해당 학력 취득 과정에서 소방안전 관련 교과목을 12학점 이상 이수한 사람
        3) 대학 또는 고등학교에서 소방안전 관련 학과(소방청장이 정하여 고시하는 학과를 말한다. 이하 이 표에서 같다)를 전공하고 졸업한 사람(법령에 따라 이와 같은 수준의 학력이 있다고 인정되는 사람을 포함한다)
    바. 소방행정학(소방학 및 소방방재학을 포함한다) 또는 소방안전공학(소방방재공학 및 안전공학을 포함한다) 분야에서 석사 이상 학위를 취득한 후 2년 이상 1급 소방안전관리대상물의 소방안전관리자로 근무한 실무경력이 있는 사람
    사. 특급 소방안전관리대상물의 소방안전관리보조자로 10년 이상 근무한 실무경력이 있는 사람
    아. 법 제34조제1항제1호에 따른 강습교육 중 이 영 제33조제1호에 해당하는 사람을 대상으로 하는 강습교육을 수료한 사람
    자. 「초고층 및 지하연계 복합건축물 재난관리에 관한 특별법」 제12조제1항 각 호 외의 부분 본문에 따라 총괄재난관리자로 지정되어 1년 이상 근무한 경력이 있는 사람
2. 1급 소방안전관리자
    가. 대학 또는 고등학교에서 소방안전관리학과를 전공하고 졸업한 사람(법령에 따라 이와 같은 수준의 학력이 있다고 인정되는 사람을 포함한다)으로서 해당 학과를 졸업한 후 2년 이상 2급 소방안전관리대상물 또는 3급 소방안전관리대상물의 소방안전관리자로 근무한 실무경력이 있는 사람
    나. 다음의 어느 하나에 해당하는 요건을 갖춘 후 3년 이상 2급 소방안전관리대상물 또는 3급 소방안전관리대상물의 소방안전관리자로 근무한 실무경력이 있는 사람
        1) 대학 또는 고등학교에서 소방안전 관련 교과목을 12학점 이상 이수하고 졸업한 사람
        2) 법령에 따라 1)에 해당하는 사람과 같은 수준의 학력이 있다고 인정되는 사람으로서 해당 학력 취득 과정에서 소방안전 관련 교과목을 12학점 이상 이수한 사람
        3) 대학 또는 고등학교에서 소방안전 관련 학과를 전공하고 졸업한 사람(법령에 따라 이와 같은 수준의 학력이 있다고 인정되는 사람을 포함한다)

다. 소방행정학(소방학 및 소방방재학을 포함한다) 또는 소방안전공학(소방방재공학 및 안전공학을 포함한다) 분야에서 석사 이상 학위를 취득한 사람
라. 5년 이상 2급 소방안전관리대상물의 소방안전관리자로 근무한 실무경력이 있는 사람
마. 법 제34조제1항제1호에 따른 강습교육 중 이 영 제33조제1호 및 제2호에 해당하는 사람을 대상으로 하는 강습교육을 수료한 사람
바. 2급 소방안전관리대상물의 소방안전관리자로 선임될 수 있는 자격을 갖춘 후 특급 또는 1급 소방안전관리대상물의 소방안전관리보조자로 5년 이상 근무한 실무경력이 있는 사람
사. 2급 소방안전관리대상물의 소방안전관리자로 선임될 수 있는 자격을 갖춘 후 2급 소방안전관리대상물의 소방안전관리보조자로 7년 이상 근무한 실무경력(특급 또는 1급 소방안전관리대상물의 소방안전관리보조자로 근무한 실무경력이 있는 경우에는 이를 포함하여 합산한다)이 있는 사람
아. 산업안전기사 또는 산업안전산업기사의 자격을 취득한 후 2년 이상 2급 소방안전관리대상물 또는 3급 소방안전관리대상물의 소방안전관리자로 근무한 실무경력이 있는 사람
자. 제1호에 따라 특급 소방안전관리대상물의 소방안전관리자 시험응시 자격이 인정되는 사람

3. 2급 소방안전관리자
　가. 대학 또는 고등학교에서 소방안전관리학과를 전공하고 졸업한 사람(법령에 따라 이와 같은 수준의 학력이 있다고 인정되는 사람을 포함한다)
　나. 다음의 어느 하나에 해당하는 사람
　　1) 대학 또는 고등학교에서 소방안전 관련 교과목을 6학점 이상 이수하고 졸업한 사람
　　2) 법령에 따라 1)에 해당하는 사람과 같은 수준의 학력이 있다고 인정되는 사람으로서 해당 학력 취득 과정에서 소방안전 관련 교과목을 6학점 이상 이수한 사람
　　3) 대학 또는 고등학교에서 소방안전 관련 학과를 전공하고 졸업한 사람(법령에 따라 이와 같은 수준의 학력이 있다고 인정되는 사람을 포함한다)
　다. 소방본부 또는 소방서에서 1년 이상 화재진압 또는 그 보조 업무에 종사한 경력이 있는 사람
　라. 「의용소방대 설치 및 운영에 관한 법률」 제3조에 따라 의용소방대원으로 임명되어 3년 이상 근무한 경력이 있는 사람
　마. 군부대(주한 외국군부대를 포함한다) 및 의무소방대의 소방대원으로 1년 이상 근무한 경력이 있는 사람
　바. 「위험물안전관리법」 제19조에 따른 자체소방대의 소방대원으로 3년 이상 근무한 경력이 있는 사람
　사. 「대통령 등의 경호에 관한 법률」에 따른 경호공무원 또는 별정직공무원으로서 2년 이상 안전검측 업무에 종사한 경력이 있는 사람
　아. 경찰공무원으로 3년 이상 근무한 경력이 있는 사람
　자. 법 제34조제1항제1호에 따른 강습교육 중 이 영 제33조제1호부터 제3호까지에 해당하는 사람을 대상으로 하는 강습교육을 수료한 사람
　차. 「공공기관의 소방안전관리에 관한 규정」 제5조제1항제2호나목에 따른 강습교육을 수료한 사람
　카. 특급 소방안전관리대상물, 1급 소방안전관리대상물, 2급 소방안전관리대상물 또는 3급 소방안전관리대상물의 소방안전관리보조자로 3년 이상 근무한 실무경력이 있는 사람
　타. 3급 소방안전관리대상물의 소방안전관리자로 2년 이상 근무한 실무경력이 있는 사람
　파. 건축사・산업안전기사・산업안전산업기사・건축기사・건축산업기사・일반기계기사・전기기능장・전기기사・전기산업기사・전기공사기사・전기공사산업기사・건설안전기사 또는 건설안전산업기사 자격을 가진 사람
　하. 제1호 및 제2호에 따라 특급 또는 1급 소방안전관리대상물의 소방안전관리자 시험응시 자격이 인정되는 사람

4. 3급 소방안전관리자
   가. 「의용소방대 설치 및 운영에 관한 법률」 제3조에 따라 의용소방대원으로 임명되어 의용소방대원으로 2년 이상 근무한 경력이 있는 사람
   나. 「위험물안전관리법」 제19조에 따른 자체소방대의 소방대원으로 1년 이상 근무한 경력이 있는 사람
   다. 「대통령 등의 경호에 관한 법률」에 따른 경호공무원 또는 별정직공무원으로 1년 이상 안전검측 업무에 종사한 경력이 있는 사람
   라. 경찰공무원으로 2년 이상 근무한 경력이 있는 사람
   마. 법 제34조제1항제1호에 따른 강습교육 중 이 영 제33조제1호부터 제4호까지에 해당하는 사람을 대상으로 하는 강습교육을 수료한 사람
   바. 「공공기관의 소방안전관리에 관한 규정」 제5조제1항제2호나목에 따른 강습교육을 수료한 사람
   사. 특급 소방안전관리대상물, 1급 소방안전관리대상물, 2급 소방안전관리대상물 또는 3급 소방안전관리대상물의 소방안전관리보조자로 2년 이상 근무한 실무경력이 있는 사람
   아. 제1호부터 제3호까지의 규정에 따라 특급 소방안전관리대상물, 1급 소방안전관리대상물 또는 2급 소방안전관리대상물의 소방안전관리자 시험응시 자격이 인정되는 사람

## 074 다음 중 소방안전관리자의 선임신고 등에 관한 설명으로 옳은 것은?

① 증축으로 해당 특정소방대상물의 소방안전관리자를 신규로 선임해야 하는 경우는 해당 특정소방대상물의 완공검사필증을 교부한 날로부터 30일 이내에 소방안전관리자를 선임해야 한다.
② 기존의 소방안전관리자를 해임한 경우는 그 해임한 날로부터 14일 이내에 소방안전관리자를 선임해야 한다.
③ 특정소방대상물을 양수하거나 경매, 환가 또는 압류재산의 매각 그 밖에 이에 준하는 절차에 의하여 관계인의 권리를 취득한 경우 해당 권리를 취득한 날 또는 관할 소방서장으로부터 소방안전관리자 선임 안내를 받은 날로부터 14일 이내에 소방안전관리자를 선임해야 한다.
④ 증축 또는 용도변경으로 인하여 특정소방대상물이 특급·1급·2급 소방안전관리대상물로 된 경우 증축공사의 사용승인일 또는 용도변경 사실을 건축물관리대장에 기재한 날로부터 30일 이내 소방안전관리자를 선임해야 한다.

## 075 다음 중 소방안전관리자의 강습교육 및 실무교육에 대한 설명으로 옳지 않은 것은?

① 소방청장은 법 제34조제1항제1호에 따른 강습교육(이하 "강습교육"이라 한다)의 대상·일정·횟수 등을 포함한 강습교육의 실시계획을 매년 수립·시행해야 한다.
② 소방청장은 강습교육을 실시하려는 경우에는 강습교육 실시 10일 전까지 일시·장소, 그 밖에 강습교육 실시에 필요한 사항을 인터넷 홈페이지에 공고해야 한다.
③ 소방청장은 법 제34조제1항제2호에 따른 실무교육(이하 "실무교육"이라 한다)의 대상·일정·횟수 등을 포함한 실무교육의 실시 계획을 매년 수립·시행해야 한다.
④ 소방청장은 실무교육을 실시하려는 경우에는 실무교육 실시 30일 전까지 일시·장소, 그 밖에 실무교육 실시에 필요한 사항을 인터넷 홈페이지에 공고하고 교육대상자에게 통보해야 한다.

정답 : 074. ④    075. ②

② 10일 전까지 → 20일전까지
시행규칙 제25조(강습교육의 실시) ① 소방청장은 법 제34조제1항제1호에 따른 강습교육(이하 "강습교육"이라 한다)의 대상·일정·횟수 등을 포함한 강습교육의 실시계획을 매년 수립·시행해야 한다.
② 소방청장은 강습교육을 실시하려는 경우에는 강습교육 실시 20일 전까지 일시·장소, 그 밖에 강습교육 실시에 필요한 사항을 인터넷 홈페이지에 공고해야 한다.
③ 소방청장은 강습교육을 실시한 경우에는 수료자에게 별지 제24호서식의 수료증(전자문서를 포함한다)을 발급하고 강습교육의 과정별로 별지 제25호서식의 강습교육수료자 명부대장(전자문서를 포함한다)을 작성·보관해야 한다.

시행규칙 제29조(실무교육의 실시) ① 소방청장은 법 제34조제1항제2호에 따른 실무교육(이하 "실무교육"이라 한다)의 대상·일정·횟수 등을 포함한 실무교육의 실시 계획을 매년 수립·시행해야 한다.
② 소방청장은 실무교육을 실시하려는 경우에는 실무교육 실시 30일 전까지 일시·장소, 그 밖에 실무교육 실시에 필요한 사항을 인터넷 홈페이지에 공고하고 교육대상자에게 통보해야 한다.
③ 소방안전관리자는 소방안전관리자로 선임된 날부터 6개월 이내에 실무교육을 받아야 하며, 그 이후에는 2년마다(최초 실무교육을 받은 날을 기준일로 하여 매 2년이 되는 해의 기준일과 같은 날 전까지를 말한다) 1회 이상 실무교육을 받아야 한다. 다만, 소방안전관리 강습교육 또는 실무교육을 받은 후 1년 이내에 소방안전관리자로 선임된 사람은 해당 강습교육을 수료하거나 실무교육을 이수한 날에 실무교육을 이수한 것으로 본다.
④ 소방안전관리보조자는 그 선임된 날부터 6개월(영 별표 5 제2호마목에 따라 소방안전관리보조자로 지정된 사람의 경우 3개월을 말한다) 이내에 실무교육을 받아야 하며, 그 이후에는 2년마다(최초 실무교육을 받은 날을 기준일로 하여 매 2년이 되는 해의 기준일과 같은 날 전까지를 말한다) 1회 이상 실무교육을 받아야 한다. 다만, 소방안전관리자 강습교육 또는 실무교육이나 소방안전관리보조자 실무교육을 받은 후 1년 이내에 소방안전관리보조자로 선임된 사람은 해당 강습교육을 수료하거나 실무교육을 이수한 날에 실무교육을 이수한 것으로 본다.

## 076
관리의 권원이 분리되어 있는 특정소방대상물의 권원별 관계인은 소방안전관리자를 선임해야 한다. 다만 권원이 많아 효율적인 소방안전관리가 이루어지지 아니한다고 판단되는 경우 소방본부장 또는 소방서장은 조정하여 선임하도록 할 수 있는데 이러한 권원이 분리된 건축물에 대한 설명으로 옳지 않은 것은?

① 복합건축물로서 지하층을 제외한 층수가 11층 이상인 건축물
② 지하가(지하의 인공구조물 안에 설치된 상점 및 사무실, 그 밖에 이와 비슷한 시설이 연속하여 지하도에 접하여 설치된 것과 그 지하도를 합한 것을 말한다)
③ 판매시설 중 도매시장, 소매시장 및 전통시장
④ 복합건축물로서 연면적 5천제곱미터 이상인 건축물

제35조(관리의 권원이 분리된 특정소방대상물의 소방안전관리)
① 다음 각 호의 어느 하나에 해당하는 특정소방대상물로서 그 관리의 권원(權原)이 분리되어 있는 특정소방대상물의 경우 그 관리의 권원별 관계인은 대통령령으로 정하는 바에 따라 제24조제1항에 따른 소방안전관리자를 선임해야 한다. 다만, 소방본부장 또는 소방서장은 관리의 권원이 많아 효율적인 소방안전관리가 이루어지지 아니한다고 판단되는 경우 대통령령으로 정하는 바에 따라 관리의 권원을 조정하여 소방안전관리자를 선임하도

정답 : 076. ④

록 할 수 있다.
1. 복합건축물(지하층을 제외한 층수가 11층 이상 또는 연면적 3만제곱미터 이상인 건축물)
2. 지하가(지하의 인공구조물 안에 설치된 상점 및 사무실, 그 밖에 이와 비슷한 시설이 연속하여 지하도에 접하여 설치된 것과 그 지하도를 합한 것을 말한다)
3. 그 밖에 대통령령으로 정하는 특정소방대상물 [판매시설 중 도매시장, 소매시장 및 전통시장]

시행령 제34조(관리의 권원별 소방안전관리자 선임 및 조정 기준) ① 법 제35조제1항 본문에 따라 관리의 권원이 분리되어 있는 특정소방대상물의 관계인은 소유권, 관리권 및 점유권에 따라 각각 소방안전관리자를 선임해야 한다. 다만, 둘 이상의 소유권, 관리권 또는 점유권이 동일인에게 귀속된 경우에는 하나의 관리 권원으로 보아 소방안전관리자를 선임할 수 있다.
② 제1항에도 불구하고 다음 각 호의 어느 하나에 해당하는 경우에는 해당 호에서 정하는 바에 따라 소방안전관리자를 선임할 수 있다.
1. 법령 또는 계약 등에 따라 공동으로 관리하는 경우: 하나의 관리 권원으로 보아 소방안전관리자 1명 선임
2. 화재 수신기 또는 소화펌프(가압송수장치를 포함한다. 이하 이 항에서 같다)가 별도로 설치되어 있는 경우: 설치된 화재 수신기 또는 소화펌프가 화재를 감지·소화 또는 경보할 수 있는 부분을 각각 하나의 관리 권원으로 보아 각각 소방안전관리자 선임
3. 하나의 화재 수신기 및 소화펌프가 설치된 경우: 하나의 관리 권원으로 보아 소방안전관리자 1명 선임
③ 제1항 및 제2항에도 불구하고 소방본부장 또는 소방서장은 법 제35조제1항 각 호 외의 부분 단서에 따라 관리의 권원이 많아 효율적인 소방안전관리가 이루어지지 않는다고 판단되는 경우 제1항 각 호의 기준 및 해당 특정소방대상물의 화재위험성 등을 고려하여 관리의 권원이 분리되어 있는 특정소방대상물의 관리의 권원을 조정하여 소방안전관리자를 선임하도록 할 수 있다.

## 077 다음 중 피난계획에 포함되는 사항이 아닌 것은?

① 화재경보의 수단 및 방식
② 층별, 구역별 피난대상 인원의 연령별·성별 현황
③ 피난약자의 현황
④ 각 거실에서 옥외(옥상 또는 피난안전구역을 제외한다)로 이르는 피난경로

시행규칙 제34조(피난계획의 수립·시행) ① 법 제36조제1항에 따른 피난계획(이하 "피난계획"이라 한다)에는 다음 각 호의 사항이 포함되어야 한다.
1. 화재경보의 수단 및 방식
2. 층별, 구역별 피난대상 인원의 연령별·성별 현황
3. 피난약자의 현황
4. 각 거실에서 옥외(옥상 또는 피난안전구역을 포함한다)로 이르는 피난경로
5. 피난약자 및 피난약자를 동반한 사람의 피난동선과 피난방법
6. 피난시설, 방화구획, 그 밖에 피난에 영향을 줄 수 있는 제반 사항
② 소방안전관리대상물의 관계인은 해당 소방안전관리대상물의 구조·위치, 소방시설 등을 고려하여 피난계획을 수립해야 한다.

정답 : 077. ④

③ 소방안전관리대상물의 관계인은 해당 소방안전관리대상물의 피난시설이 변경된 경우에는 그 변경사항을 반영하여 피난계획을 정비해야 한다.
④ 제1항부터 제3항까지에서 규정한 사항 외에 피난계획의 수립·시행에 필요한 세부 사항은 소방청장이 정하여 고시한다.

## 078 피난유도 안내정보를 제공하는 방법이 올바르게 설명된 것은?

① 연 2회 피난안내 교육을 실시하는 방법
② 반기별 1회 이상 피난안내방송을 실시하는 방법
③ 피난안내도를 모든 거실마다 보기 쉬운 위치에 게시하는 방법
④ 엘리베이터, 각 계단실 등 보기 쉬운 장소에 피난안내영상을 제공하는 방법

시행규칙 제35조(피난유도 안내정보의 제공) ① 법 제36조제3항에 따른 피난유도 안내정보는 다음 각 호의 어느 하나의 방법으로 제공한다.
1. 연 2회 피난안내 교육을 실시하는 방법
2. 분기별 1회 이상 피난안내방송을 실시하는 방법
3. 피난안내도를 층마다 보기 쉬운 위치에 게시하는 방법
4. 엘리베이터, 출입구 등 시청이 용이한 장소에 피난안내영상을 제공하는 방법
② 제1항에서 규정한 사항 외에 피난유도 안내정보의 제공에 필요한 세부 사항은 소방청장이 정하여 고시한다.

## 079 소방안전관리대상물의 관계인이 실시하는 소방훈련과 교육을 지도·감독할 수 있는 권한자는?

① 소방본부장
② 소방청장
③ 시도지사
④ 119안전센터장

소방본부장 또는 소방서장은 제1항에 따라 소방안전관리대상물의 관계인이 실시하는 소방훈련과 교육을 지도·감독할 수 있다.

## 080 특급 및 1급 소방안전관리대상물은 소방훈련 및 교육을 실시한 날로부터 며칠 이내에 누구령으로 정하는 바에 따라 소방본부장 또는 소방서장에게 제출해야 하는가?

① 10일, 대통령령
② 20일, 행정안전부령
③ 30일, 행정안전부령
④ 30일, 소방청고시

소방안전관리대상물 중 소방안전관리업무의 전담이 필요한 대통령령으로 정하는 소방안전관리대상물의 관계인은 제1항에 따른 소방훈련 및 교육을 한 날부터 30일 이내에 소방훈련 및 교육 결과를 행정안전부령으로 정하는 바에 따라 소방본부장 또는 소방서장에게 제출해야 한다.

정답 : 078. ①    079. ①    080. ③

> **시행규칙**
>
> 제36조(근무자 및 거주자에 대한 소방훈련과 교육) ① 소방안전관리대상물의 관계인은 법 제37조제1항에 따른 소방훈련과 교육을 연 1회 이상 실시해야 한다. 다만, 소방본부장 또는 소방서장이 화재예방을 위하여 필요하다고 인정하여 2회의 범위에서 추가로 실시할 것을 요청하는 경우에는 소방훈련과 교육을 추가로 실시해야 한다.
> ② 소방본부장 또는 소방서장은 특급 및 1급 소방안전관리대상물의 관계인으로 하여금 제1항에 따른 소방훈련과 교육을 소방기관과 합동으로 실시하게 할 수 있다.
> ③ 소방안전관리대상물의 관계인은 소방훈련과 교육을 실시하는 경우 소방훈련 및 교육에 필요한 장비 및 교재 등을 갖추어야 한다.
> ④ 소방안전관리대상물의 관계인은 제1항에 따라 소방훈련과 교육을 실시했을 때에는 그 실시 결과를 별지 제28호서식의 소방훈련·교육 실시 결과 기록부에 기록하고, 이를 소방훈련 및 교육을 실시한 날부터 2년간 보관해야 한다.

**081** 소방본부장 또는 소방서장은 소방안전관리대상물 중 불특정 다수인이 이용하는 대통령령으로 정하는 특정소방대상물의 근무자등에게 불시에 소방훈련과 교육을 실시할 수 있는데 여기서 대통령령으로 정하는 특정소방대상물이 아닌 것은?

① 의료시설
② 근린생활시설
③ 교육연구시설
④ 노유자시설

시행령 제39조(불시 소방훈련·교육의 대상) 법 제37조제4항에서 "대통령령으로 정하는 특정소방대상물"이란 소방안전관리대상물 중 다음 각 호의 특정소방대상물을 말한다.
 1. 「소방시설 설치 및 관리에 관한 법률 시행령」 별표 2 제7호에 따른 의료시설
 2. 「소방시설 설치 및 관리에 관한 법률 시행령」 별표 2 제8호에 따른 교육연구시설
 3. 「소방시설 설치 및 관리에 관한 법률 시행령」 별표 2 제9호에 따른 노유자 시설
 4. 그 밖에 화재 발생 시 불특정 다수의 인명피해가 예상되어 소방본부장 또는 소방서장이 소방훈련·교육이 필요하다고 인정하는 특정소방대상물

**082** 소방본부장 또는 소방서장은 불시 소방훈련을 실시하려는 경우 관계인에게 며칠 전까지 통지해야 하는가?

① 10일     ② 14일     ③ 30일     ④ 불시에

시행규칙 제38조(불시 소방훈련 및 교육 사전통지) 소방본부장 또는 소방서장은 법 제37조제4항에 따라 불시 소방훈련과 교육(이하 "불시 소방훈련·교육"이라 한다)을 실시하려는 경우에는 소방안전관리대상물의 관계인에게 불시 소방훈련·교육 실시 10일 전까지 별지 제30호서식의 불시 소방훈련·교육 계획서를 통지해야 한다.

정답 : 081. ②     082. ①

## 083  화재예방법령상 소방안전교육 대상자 등에 관한 조문의 일부이다. (    )에 들어갈 내용으로 옳은 것은?

> 시행규칙 제40조(소방안전교육 대상자 등) ① 법 제38조제1항에 따른 소방안전교육의 교육대상자는 법 제37조를 적용받지 않는 특정소방대상물 중 다음 각 호의 어느 하나에 해당하는 특정소방대상물의 관계인으로서 관할 소방서장이 소방안전교육이 필요하다고 인정하는 사람으로 한다.
> 1. (          )가 설치된 공장·창고 등의 특정소방대상물
> 2. 그 밖에 관할 소방본부장 또는 소방서장이 화재에 대한 취약성이 높다고 인정하는 특정소방대상물

① 소화기 또는 옥내소화전  
② 소화기 또는 비상경보설비  
③ 소화기 또는 자동소화장치  
④ 옥내소화전 또는 스프링클러설비

## 084  다음 중 소방안전 특별관리시설물에 해당하지 않는 것은?

① 「공항시설법」 제2조제7호의 공항시설  
② 「항만법」 제2조제5호의 항만시설  
③ 점포가 300개 이상인 전통시장  
④ 물류창고로서 연면적 10만제곱미터 이상인 것

제40조(소방안전 특별관리시설물의 안전관리) ① 소방청장은 화재 등 재난이 발생할 경우 사회·경제적으로 피해가 큰 다음 각 호의 시설(이하 "소방안전 특별관리시설물"이라 한다)에 대하여 소방안전 특별관리를 해야 한다.
1. 「공항시설법」 제2조제7호의 공항시설
2. 「철도산업발전기본법」 제3조제2호의 철도시설
3. 「도시철도법」 제2조제3호의 도시철도시설
4. 「항만법」 제2조제5호의 항만시설
5. 「문화유산의 보존 및 활용에 관한 법률」 제2조제3항의 지정문화유산 및 「자연유산의 보존 및 활용에 관한 법률」 제2조제15호에 따른 천연기념물등인 시설(시설이 아닌 지정문화유산 및 천연기념물등을 보호하거나 소장하고 있는 시설을 포함한다)
6. 「산업기술단지 지원에 관한 특례법」 제2조제1호의 산업기술단지
7. 「산업입지 및 개발에 관한 법률」 제2조제8호의 산업단지
8. 「초고층 및 지하연계 복합건축물 재난관리에 관한 특별법」 제2조제1호·제2호의 초고층 건축물 및 지하연계 복합건축물
9. 「영화 및 비디오물의 진흥에 관한 법률」 제2조제10호의 영화상영관 중 수용인원 1천명 이상인 영화상영관
10. 전력용 및 통신용 지하구
11. 「한국석유공사법」 제10조제1항제3호의 석유비축시설
12. 「한국가스공사법」 제11조제1항제2호의 천연가스 인수기지 및 공급망
13. 「전통시장 및 상점가 육성을 위한 특별법」 제2조제1호의 전통시장으로서 대통령령으로 정하는 전통시장
14. 그 밖에 대통령령으로 정하는 시설물

정답 : 083. ②    084. ③

> **시행령 제41조(소방안전 특별관리시설물)**
> ① 법 제40조제1항제13호에서 "대통령령으로 정하는 전통시장"이란 점포가 500개 이상인 전통시장을 말한다.
> ② 법 제40조제1항제14호에서 "대통령령으로 정하는 시설물"이란 다음 각 호의 시설물을 말한다.
> 1. 「전기사업법」 제2조제4호에 따른 발전사업자가 가동 중인 발전소(「발전소주변지역 지원에 관한 법률 시행령」 제2조제2항에 따른 발전소는 제외한다)
> 2. 「물류시설의 개발 및 운영에 관한 법률」 제2조제5호의2에 따른 물류창고로서 연면적 10만제곱미터 이상인 것
> 3. 「도시가스사업법」 제2조제5호에 따른 가스공급시설

**085** 화재예방법 시행령상 소방안전 특별관리기본계획 등에 관한 조문의 일부이다. (　　)에 들어갈 내용으로 옳은 것은?

> 제42조(소방안전 특별관리기본계획·시행계획의 수립·시행)
> ① ( ㄱ )은 법 제40조제2항에 따른 소방안전 특별관리기본계획(이하 "특별관리기본계획"이라 한다)을 5년마다 수립하여 시·도에 통보해야 한다.
> ② ( ㄴ )는 특별관리기본계획을 시행하기 위하여 매년 법 제40조제3항에 따른 소방안전 특별관리시행계획(이하 "특별관리시행계획"이라 한다)을 수립·시행하고, 그 결과를 다음 연도 1월 31일까지 ( ㄷ )에게 통보해야 한다.

|  | ㄱ | ㄴ | ㄷ |
|---|---|---|---|
| ① | 소방본부장 또는 소방서장 | 시도지사 | 소방본부장 또는 소방서장 |
| ② | 시도지사 | 소방청장 | 소방본부장 또는 소방서장 |
| ③ | 소방청장 | 시도지사 | 소방본부장 |
| ④ | 소방청장 | 시도지사 | 소방청장 |

**086** 한국소방안전원 또는 소방청장이 지정하는 화재예방안전진단기관으로부터 정기적으로 화재예방안전진단을 받아야 하는 시설의 종류에 해당하지 않는 것은?

① 공항시설 중 여객터미널의 연면적이 5천제곱미터 이상인 공항시설
② 철도시설 중 역 시설의 연면적이 5천제곱미터 이상인 철도시설
③ 도시철도시설 중 역사 및 역 시설의 연면적이 5천제곱미터 이상인 도시철도시설
④ 항만시설 중 여객이용시설 및 지원시설의 연면적이 5천제곱미터 이상인 항만시설

시행령 43조(화재예방안전진단의 대상) 법 제41조제1항에서 "대통령령으로 정하는 소방안전 특별관리시설물"이란 다음 각 호의 시설을 말한다.
1. 법 제40조제1항제1호에 따른 공항시설 중 여객터미널의 연면적이 1천제곱미터 이상인 공항시설
2. 법 제40조제1항제2호에 따른 철도시설 중 역 시설의 연면적이 5천제곱미터 이상인 철도시설
3. 법 제40조제1항제3호에 따른 도시철도시설 중 역사 및 역 시설의 연면적이 5천제곱미터 이상인 도시철도시설
4. 법 제40조제1항제4호에 따른 항만시설 중 여객이용시설 및 지원시설의 연면적이 5천제곱

정답 : 085. ④　　086. ①

미터 이상인 항만시설
5. 법 제40조제1항제10호에 따른 전력용 및 통신용 지하구 중 「국토의 계획 및 이용에 관한 법률」 제2조제9호에 따른 공동구
6. 법 제40조제1항제12호에 따른 천연가스 인수기지 및 공급망 중 「소방시설 설치 및 관리에 관한 법률 시행령」 별표 2 제17호나목에 따른 가스시설
7. 제41조제2항제1호에 따른 발전소 중 연면적이 5천제곱미터 이상인 발전소
8. 제41조제2항제3호에 따른 가스공급시설 중 가연성 가스 탱크의 저장용량의 합계가 100톤 이상이거나 저장용량이 30톤 이상인 가연성 가스 탱크가 있는 가스공급시설

**087** 화재예방법령상 우수 소방대상물의 관계인에 대한 포상에 관한 내용이다. ( )에 들어갈 내용으로 옳은 것은?

> 제44조(우수 소방대상물 관계인에 대한 포상 등) ① ( ㄱ )은 소방대상물의 자율적인 안전관리를 유도하기 위하여 안전관리 상태가 우수한 소방대상물을 선정하여 우수 소방대상물 표지를 발급하고, 소방대상물의 관계인을 포상할 수 있다.
> ② 제1항에 따른 우수 소방대상물의 선정 방법, 평가 대상물의 범위 및 평가 절차 등에 필요한 사항은 ( ㄴ )으로 정한다.

|  | ㄱ | ㄴ |
|---|---|---|
| ① | 시도지사 | 대통령령 |
| ② | 소방청장 | 대통령령 |
| ③ | 소방청장 | 행정안전부령 |
| ④ | 소방본부장 또는 소방서장 | 행정안전부령 |

**088** 화재예방법 47조에 따라 행정안전부령으로 정해진 수수료 또는 교육비 대상에 해당하지 않는 것은?
① 소방안전관리자 자격시험에 응시하려는 사람
② 소방안전관리자 자격증을 발급 또는 재발급 받으려는 사람
③ 소방안전교육을 받으려는 사람
④ 화재예방안전진단을 받으려는 관계인

시행령 제47조(수수료 등) 다음 각 호의 어느 하나에 해당하는 자는 행정안전부령으로 정하는 수수료 또는 교육비를 내야 한다.
1. 제30조제1항에 따른 소방안전관리자 자격시험에 응시하려는 사람
2. 제30조제2항 및 제3항에 따른 소방안전관리자 자격증을 발급 또는 재발급 받으려는 사람
3. 제34조에 따른 강습교육 또는 실무교육을 받으려는 사람
4. 제41조제1항에 따라 화재예방안전진단을 받으려는 관계인

**089** 다음 중 화재예방법령상 3년이하의 징역 또는 3천만원이하의 벌금에 처해지는 사항이 아닌 것은?
① 화재안전조사 결과에 따른 조치명령을 정당한 사유없이 위반한자
② 소방안전관리자 선임명령 등을 정당한 사유없이 위반한자
③ 화재예방안전진단기관으로부터 화재예방안전진단을 받지 아니한자
④ 거짓이나 그밖 부정한 방법으로 화재예방안전진단기관으로 지정을 받은자

 정답 : 087. ③    088. ③    089. ③

50조(벌칙) ① 다음 각 호의 어느 하나에 해당하는 자는 3년 이하의 징역 또는 3천만원 이하의 벌금에 처한다.
1. 제14조제1항 및 제2항(화재안전조사결과)에 따른 조치명령을 정당한 사유 없이 위반한 자
2. 제28조제1항 및 제2항(소방안전관리자선임명령)에 따른 명령을 정당한 사유 없이 위반한 자
3. 제41조제5항(화재예방안전진단결과)에 따른 보수·보강 등의 조치명령을 정당한 사유 없이 위반한 자
4. 거짓이나 그 밖의 부정한 방법으로 제42조제1항에 따른 진단기관으로 지정을 받은 자
② 다음 각 호의 어느 하나에 해당하는 자는 1년 이하의 징역 또는 1천만원 이하의 벌금에 처한다.
1. 제12조제2항(화재안전조사 증표제시의무)을 위반하여 관계인의 정당한 업무를 방해하거나, 조사업무를 수행하면서 취득한 자료나 알게 된 비밀을 다른 사람 또는 기관에게 제공 또는 누설하거나 목적 외의 용도로 사용한 자
2. 제30조제4항(소방안전관리자자격증발급)을 위반하여 자격증을 다른 사람에게 빌려 주거나 빌리거나 이를 알선한 자
3. 제41조제1항을 위반하여 진단기관으로부터 화재예방안전진단을 받지 아니한 자

## 090  다음 중 화재예방법령상의 벌금사항이 아닌 것은?

① 화재안전조사를 정당한 사유 없이 거부·방해 또는 기피한자
② 화재예방조치명령을 정당한 사유없이 따르지 아니하거나 방해한자
③ 소방안전관리자를 선임하지 아니한자
④ 화재예방안전진단 결과를 제출하지 아니한자

다음 각 호의 어느 하나에 해당하는 자는 300만원 이하의 벌금에 처한다.
1. 제7조제1항에 따른 화재안전조사를 정당한 사유 없이 거부·방해 또는 기피한 자
2. 제17조제2항 각 호의 어느 하나에 따른 명령을 정당한 사유 없이 따르지 아니하거나 방해한 자
3. 제24조제1항·제3항, 제29조제1항 및 제35조제1항·제2항을 위반하여 소방안전관리자, 총괄소방안전관리자 또는 소방안전관리보조자를 선임하지 아니한 자
4. 제27조제3항을 위반하여 소방시설·피난시설·방화시설 및 방화구획 등이 법령에 위반된 것을 발견하였음에도 필요한 조치를 할 것을 요구하지 아니한 소방안전관리자
5. 제27조제4항을 위반하여 소방안전관리자에게 불이익한 처우를 한 관계인
6. 제41조제6항 및 제48조제3항을 위반하여 업무를 수행하면서 알게 된 비밀을 이 법에서 정한 목적 외의 용도로 사용하거나 다른 사람 또는 기관에 제공하거나 누설한 자

## 091  다음 중 화재예방법령상 300만원 이하 과태료 사항이 아닌 것은?

① 화재예방강화지구 등에서 정당한 사유없이 풍등 등 소형열기구 날리기를 한 자
② 소방안전관리업무를 하지 아니한 특정소방대상물의 관계인 또는 소방안전관리대상물의 소방안전관리자
③ 불을 사용할 때 지켜야 하는 사항 및 같은 조 제5항에 따른 특수가연물의 저장 및 취급 기준을 위반한 자
④ 피난유도 안내정보를 제공하지 아니한 자

정답 : 090. ④    091. ③

제52조(과태료)
① 다음 각 호의 어느 하나에 해당하는 자에게는 300만원 이하의 과태료를 부과한다.
1. 정당한 사유 없이 제17조제1항 각 호의 어느 하나에 해당하는 행위를 한 자
2. 제24조제2항(전기, 가스등)을 위반하여 소방안전관리자를 겸한 자
3. 제24조제5항에 따른 소방안전관리업무를 하지 아니한 특정소방대상물의 관계인 또는 소방안전관리대상물의 소방안전관리자
4. 제27조제2항을 위반하여 소방안전관리업무의 지도·감독을 하지 아니한 자
5. 제29조제2항에 따른 건설현장 소방안전관리대상물의 소방안전관리자의 업무를 하지 아니한 소방안전관리자
6. 제36조제3항을 위반하여 피난유도 안내정보를 제공하지 아니한 자
7. 제37조제1항을 위반하여 소방훈련 및 교육을 하지 아니한 자
8. 제41조제4항을 위반하여 화재예방안전진단 결과를 제출하지 아니한 자
② 다음 각 호의 어느 하나에 해당하는 자에게는 200만원 이하의 과태료를 부과한다.
1. 제17조제4항에 따른 불을 사용할 때 지켜야 하는 사항 및 같은 조 제5항에 따른 특수가연물의 저장 및 취급 기준을 위반한 자
2. 제18조제4항에 따른 소방설비등의 설치 명령을 정당한 사유 없이 따르지 아니한 자
3. 제26조제1항을 위반하여 기간 내에 선임신고를 하지 아니하거나 소방안전관리자의 성명 등을 게시하지 아니한 자
4. 제29조제1항을 위반하여 기간 내에 선임신고를 하지 아니한 자
5. 제37조제2항을 위반하여 기간 내에 소방훈련 및 교육 결과를 제출하지 아니한 자
③ 제34조제1항제2호를 위반하여 실무교육을 받지 아니한 소방안전관리자 및 소방안전관리보조자에게는 100만원 이하의 과태료를 부과한다.
④ 제1항부터 제3항까지에 따른 과태료는 대통령령으로 정하는 바에 따라 소방청장, 시·도지사, 소방본부장 또는 소방서장이 부과·징수한다.

**092** 과태료 일반기준에 해당하는 설명 중 옳지 않은 것은?

① 위반행위의 횟수에 따른 과태료의 가중된 부과기준은 최근 1년간 같은 위반행위로 과태료 부과처분을 받은 경우에 적용한다. 이 경우 기간의 계산은 위반행위에 대하여 과태료 부과처분을 받은 날과 그 처분 후 다시 같은 위반행위를 하여 적발된 날을 기준으로 한다.
② 위반행위가 사소한 부주의나 오류로 인한 것으로 인정되는 경우 과태료의 2분의 1 범위에서 그 금액을 줄여 부과할 수 있다
③ 위반행위자가 처음 위반행위를 한 경우로서 5년 이상 해당 업종을 모범적으로 영위한 사실이 인정되는 경우 과태료의 2분의 1 범위에서 그 금액을 줄여 부과할 수 있다
④ 가중된 부과처분을 하는 경우 가중처분의 적용 차수는 그 위반행위 전 부과처분 차수(보기1에 따른 기간 내에 과태료 부과처분이 둘 이상 있었던 경우에는 높은 차수를 말한다)의 다음 차수로 한다.

 일반기준
가. 위반행위의 횟수에 따른 과태료의 가중된 부과기준은 최근 1년간 같은 위반행위로 과태료 부과처분을 받은 경우에 적용한다. 이 경우 기간의 계산은 위반행위에 대하여 과태료 부과처분을 받은 날과 그 처분 후 다시 같은 위반행위를 하여 적발된 날을 기준으로 한다.

 정답 : 092. ③

나. 가목에 따라 가중된 부과처분을 하는 경우 가중처분의 적용 차수는 그 위반행위 전 부과처분 차수(가목에 따른 기간 내에 과태료 부과처분이 둘 이상 있었던 경우에는 높은 차수를 말한다)의 다음 차수로 한다.
다. 부과권자는 다음의 어느 하나에 해당하는 경우에는 제2호의 개별기준에 따른 과태료의 2분의 1 범위에서 그 금액을 줄여 부과할 수 있다. 다만, 과태료를 체납하고 있는 위반행위자에 대해서는 그렇지 않다.
   1) 위반행위가 사소한 부주의나 오류로 인한 것으로 인정되는 경우
   2) 위반행위자가 법 위반상태를 시정하거나 해소하기 위하여 노력한 사실이 인정되는 경우
   3) 위반행위자가 처음 위반행위를 한 경우로서 3년 이상 해당 업종을 모범적으로 영위한 사실이 인정되는 경우
   4) 위반행위자가 화재 등 재난으로 재산에 현저한 손실을 입거나 사업 여건의 악화로 그 사업이 중대한 위기에 처하는 등 사정이 있는 경우
   5) 위반행위자가 같은 위반행위로 다른 법률에 따라 과태료ㆍ벌금ㆍ영업정지 등의 처분을 받은 경우
   6) 그 밖에 위반행위의 정도, 위반행위의 동기와 그 결과 등을 고려하여 과태료 금액을 줄일 필요가 있다고 인정되는 경우

# MEMO

# 문제 PART

## 소방시설법 예상문제

# 소방시설법 예상문제

## 001 소방시설법령상의 용어의 정의로 옳지 않은 것은?

① "소방시설"이란 소화설비, 경보설비, 피난구조설비, 소화용수설비, 그 밖에 소화활동설비로서 대통령령으로 정하는 것을 말한다.
② "소방시설 등"이란 소방시설과 피난구, 그 밖에 소방관련시설로서 대통령령으로 정하는 것을 말한다.
③ "특정소방대상물"이란 건축물 등의 규모·용도 및 수용인원 등을 고려하여 소방시설을 설치해야 하는 소방대상물로서 대통령령으로 정하는 것을 말한다.
④ "소방용품"이란 소방시설 등을 구성하거나 소방용으로 사용되는 제품 또는 기기로서 대통령령으로 정하는 것을 말한다.

 "소방시설등"이란 소방시설과 비상구(非常口), 그 밖에 소방 관련 시설로서 대통령령으로 정하는 것을 말한다. [방화문,자동방화셔터]

## 002 소방시설법령상의 용어정의로 옳지 않은 것은?

① "화재안전성능"이란 화재를 예방하고 화재발생 시 피해를 최소화하기 위하여 소방대상물의 재료, 공간 및 설비 등에 요구되는 안전성능을 말한다.
② "성능위주설계"란 건축물 등의 재료, 공간, 이용자, 화재 특성 등을 종합적으로 고려하여 공학적 방법으로 화재 위험성을 평가하고 그 결과에 따라 화재안전성능이 확보될 수 있도록 특정소방대상물을 설계하는 것을 말한다.
③ "화재안전기준"이란 소방시설 설치 및 관리를 위한 기준으로서 성능기준이란 화재안전 확보를 위하여 재료, 공간 및 설비 등에 요구되는 안전성능으로서 소방청장이 고시로 정하는 기준을 말한다.
④ "화재안전기준"이란 소방시설 설치 및 관리를 위한 기준으로서 기술기준이란 성능기준을 충족하는 상세한 규격, 특정한 수치 및 시험방법 등에 관한 기준으로서 행정안전부령으로 정하는 절차에 따라 소방청장이 고시로 정하는 기준을 말한다.

 기술기준이란 성능기준을 충족하는 상세한 규격, 특정한 수치 및 시험방법 등에 관한 기준으로서 행정안전부령으로 정하는 절차에 따라 소방청장의 승인을 받은 기준을 말한다.

## 003 무창층이란 개구부의 면적의 합계가 해당 층 바닥면적의 얼마 이하가 되는 층을 말하는가?

① 1/10이하    ② 1/20이하    ③ 1/30 이하    ④ 1/50이하

## 004 무창층의 조건 중 개구부에 해당하는 설명 중 옳은 것은?

① 해당 층의 바닥면으로부터 개구부 밑부분까지의 높이가 1미터 이내일 것
② 도로 또는 차량이 진입할 수 있는 출입구를 향할 것
③ 화재 시 건축물로부터 쉽게 피난할 수 있도록 완강기 및 피난기구를 설치할것
④ 내부 또는 외부에서 쉽게 부수거나 열 수 있을 것

 정답 : 001. ②    002. ④    003. ③    004. ④

개구부(건축물에서 채광·환기·통풍 또는 출입 등을 위하여 만든 창·출입구, 그 밖에 이와 비슷한 것을 말한다. 이하 같다)
가. 크기는 지름 50센티미터 이상의 원이 통과할 수 있을 것
나. 해당 층의 바닥면으로부터 개구부 밑부분까지의 높이가 1.2미터 이내일 것
다. 도로 또는 차량이 진입할 수 있는 빈터를 향할 것
라. 화재 시 건축물로부터 쉽게 피난할 수 있도록 창살이나 그 밖의 장애물이 설치되지 않을 것
마. 내부 또는 외부에서 쉽게 부수거나 열 수 있을 것

## 005 다음 중 자동소화장치의 종류에 해당하지 않는 것은?

① 주거용 주방자동소화장치
② 캐비닛형 자동소화장치
③ 가스자동소화장치
④ 고체분말자동소화장치

자동소화장치
1) 주거용 주방자동소화장치
2) 상업용 주방자동소화장치
3) 캐비닛형 자동소화장치
4) 가스자동소화장치
5) 분말자동소화장치
6) 고체에어로졸자동소화장치

## 006 다음 중 물분무등 소화설비의 종류에 해당하지 않는 것은?

① 물분무소화설비
② 포소화설비
③ 이산화탄소소화설비
④ 캐비닛형간이스프링클러설비

물분무등소화설비
1) 물분무소화설비
2) 미분무소화설비
3) 포소화설비
4) 이산화탄소소화설비
5) 할론소화설비
6) 할로겐화합물 및 불활성기체(다른 원소와 화학반응을 일으키기 어려운 기체를 말한다. 이하 같다) 소화설비
7) 분말소화설비
8) 강화액소화설비
9) 고체에어로졸소화설비

정답 : 005. ④    006. ④

## 007 다음 중 소화활동설비에 해당하는 것은?

① 제연설비
② 공기호흡기
③ 상수도소화용수설비
④ 자동화재속보설비

소화활동설비 : 화재를 진압하거나 인명구조활동을 위하여 사용하는 설비로서 다음 각 목의 것
가. 제연설비
나. 연결송수관설비
다. 연결살수설비
라. 비상콘센트설비
마. 무선통신보조설비
바. 연소방지설비

## 008 다음의 의료시설 중 그 성격이 다른 것은?

① 종합병원    ② 치과병원    ③ 전염병원    ④ 요양병원

의료시설
가. 병원: 종합병원, 병원, 치과병원, 한방병원, 요양병원
나. 격리병원: 전염병원, 마약진료소, 그 밖에 이와 비슷한 것
다. 정신의료기관
라. 「장애인복지법」 제58조제1항제4호에 따른 장애인 의료재활시설

## 009 다음 중 근린생활시설에 해당하지 않는 것은?

① 슈퍼마켓과 일용품(식품, 잡화, 의류, 완구, 서적, 건축자재, 의약품, 의료기기 등) 등의 소매점으로서 같은 건축물(하나의 대지에 두 동 이상의 건축물이 있는 경우에는 이를 같은 건축물로 본다. 이하 같다)에 해당 용도로 쓰는 바닥면적의 합계가 1천$m^2$ 미만인 것
② 휴게음식점, 제과점, 일반음식점, 기원(棋院), 노래연습장 및 단란주점(단란주점은 같은 건축물에 해당 용도로 쓰는 바닥면적의 합계가 100$m^2$ 미만인 것만 해당한다)
③ 이용원, 미용원, 목욕장 및 세탁소(공장이 부설된 것과 「대기환경보전법」, 「물환경보전법」 또는 「소음·진동관리법」에 따른 배출시설의 설치허가 또는 신고의 대상이 되는 것은 제외한다)
④ 의원, 치과의원, 한의원, 침술원, 접골원(接骨院), 조산원,산후조리원 및 안마원(「의료법」 제82조제4항에 따른 안마시술소를 포함한다)

가. 슈퍼마켓과 일용품(식품, 잡화, 의류, 완구, 서적, 건축자재, 의약품, 의료기기 등) 등의 소매점으로서 같은 건축물(하나의 대지에 두 동 이상의 건축물이 있는 경우에는 이를 같은 건축물로 본다. 이하 같다)에 해당 용도로 쓰는 바닥면적의 합계가 1천$m^2$ 미만인 것
나. 휴게음식점, 제과점, 일반음식점, 기원(棋院), 노래연습장 및 단란주점(단란주점은 같은 건축물에 해당 용도로 쓰는 바닥면적의 합계가 150$m^2$ 미만인 것만 해당한다)

정답 : 007. ①    008. ③    009. ②

다. 이용원, 미용원, 목욕장 및 세탁소(공장에 부설된 것과 「대기환경보전법」, 「물환경보전법」 또는 「소음·진동관리법」에 따른 배출시설의 설치허가 또는 신고의 대상인 것은 제외한다)

라. 의원, 치과의원, 한의원, 침술원, 접골원(接骨院), 조산원, 산후조리원 및 안마원(「의료법」 제82조제4항에 따른 안마시술소를 포함한다)

마. 탁구장, 테니스장, 체육도장, 체력단련장, 에어로빅장, 볼링장, 당구장, 실내낚시터, 골프연습장, 물놀이형 시설(「관광진흥법」 제33조에 따른 안전성검사의 대상이 되는 물놀이형 시설을 말한다. 이하 같다), 그 밖에 이와 비슷한 것으로서 같은 건축물에 해당 용도로 쓰는 바닥면적의 합계가 500㎡ 미만인 것

바. 공연장(극장, 영화상영관, 연예장, 음악당, 서커스장, 「영화 및 비디오물의 진흥에 관한 법률」 제2조제16가목에 따른 비디오물감상실업의 시설, 같은 호 나목에 따른 비디오물소극장업의 시설, 그 밖에 이와 비슷한 것을 말한다. 이하 같다) 또는 종교집회장[교회, 성당, 사찰, 기도원, 수도원, 수녀원, 제실(祭室), 사당, 그 밖에 이와 비슷한 것을 말한다. 이하 같다]으로서 같은 건축물에 해당 용도로 쓰는 바닥면적의 합계가 300㎡ 미만인 것

사. 금융업소, 사무소, 부동산중개사무소, 결혼상담소 등 소개업소, 출판사, 서점, 그 밖에 이와 비슷한 것으로서 같은 건축물에 해당 용도로 쓰는 바닥면적의 합계가 500㎡ 미만인 것

아. 제조업소, 수리점, 그 밖에 이와 비슷한 것으로서 같은 건축물에 해당 용도로 쓰는 바닥면적의 합계가 500㎡ 미만인 것(「대기환경보전법」, 「물환경보전법」 또는 「소음·진동관리법」에 따른 배출시설의 설치허가 또는 신고의 대상인 것은 제외한다)

자. 「게임산업진흥에 관한 법률」 제2조제6호의2에 따른 청소년게임제공업 및 일반게임제공업의 시설, 같은 조 제7호에 따른 인터넷컴퓨터게임시설제공업의 시설 및 같은 조 제8호에 따른 복합유통게임제공업의 시설로서 같은 건축물에 해당 용도로 쓰는 바닥면적의 합계가 500㎡ 미만인 것

차. 사진관, 표구점, 학원(같은 건축물에 해당 용도로 쓰는 바닥면적의 합계가 500㎡ 미만인 것만 해당하며, 자동차학원 및 무도학원은 제외한다), 독서실, 고시원(「다중이용업소의 안전관리에 관한 특별법」에 따른 다중이용업 중 고시원업의 시설로서 독립된 주거의 형태를 갖추지 않은 것으로서 같은 건축물에 해당 용도로 쓰는 바닥면적의 합계가 500㎡ 미만인 것을 말한다), 장의사, 동물병원, 총포판매사, 그 밖에 이와 비슷한 것

카. 의약품 판매소, 의료기기 판매소 및 자동차영업소로서 같은 건축물에 해당 용도로 쓰는 바닥면적의 합계가 1천㎡ 미만인 것

## 010 다음 중 대통령령으로 정하는 특정소방대상물의 연결이 옳지 않은 것은?

① 근린생활시설 : 종교집회장으로서 같은 건축물에 해당 용도로 쓰는 바닥면적의 합계가 300㎡ 미만인 것
② 항공기 및 자동차 관련시설 : 여객자동차터미널, 철도 및 도시철도시설(정비창 등 관련시설을 포함한다), 공항시설(항공관제탑을 포함한다)
③ 문화 및 집회시설 : 예식장, 동물원, 식물원
④ 업무시설 : 오피스텔, 공중화장실

운수시설
가. 여객자동차터미널
나. 철도 및 도시철도 시설[정비창(整備廠) 등 관련 시설을 포함한다]
다. 공항시설(항공관제탑을 포함한다)
라. 항만시설 및 종합여객시설

정답 : 010. ②

**문화 및 집회시설**
가. 공연장으로서 근린생활시설에 해당하지 않는 것
나. 집회장: 예식장, 공회당, 회의장, 마권(馬券) 장외 발매소, 마권 전화투표소, 그 밖에 이와 비슷한 것으로서 근린생활시설에 해당하지 않는 것
다. 관람장: 경마장, 경륜장, 경정장, 자동차 경기장, 그 밖에 이와 비슷한 것과 체육관 및 운동장으로서 관람석의 바닥면적의 합계가 1천㎡ 이상인 것
라. 전시장: 박물관, 미술관, 과학관, 문화관, 체험관, 기념관, 산업전시장, 박람회장, 견본주택, 그 밖에 이와 비슷한 것
마. 동·식물원: 동물원, 식물원, 수족관, 그 밖에 이와 비슷한 것

**항공기 및 자동차 관련 시설(건설기계 관련 시설을 포함한다)**
가. 항공기 격납고
나. 차고, 주차용 건축물, 철골 조립식 주차시설(바닥면이 조립식이 아닌 것을 포함한다) 및 기계장치에 의한 주차시설
다. 세차장
라. 폐차장
마. 자동차 검사장
바. 자동차 매매장
사. 자동차 정비공장
아. 운전학원·정비학원
자. 다음의 건축물을 제외한 건축물의 내부(「건축법 시행령」제119조제1항제3호다목에 따른 필로티와 건축물의 지하를 포함한다)에 설치된 주차장
  1) 「건축법 시행령」 별표 1 제1호에 따른 단독주택
  2) 「건축법 시행령」 별표 1 제2호에 따른 공동주택 중 50세대 미만인 연립주택 또는 50세대 미만인 다세대주택
차. 「여객자동차 운수사업법」, 「화물자동차 운수사업법」 및 「건설기계관리법」에 따른 차고 및 주기장(駐機場)

## 011 다음은 특정소방대상물의 종류와 그에 해당하는 특정소방대상물을 바르게 연결한 것은?

① 의료시설 – 의원, 치과의원, 한의원
② 위락시설 – 야외음악당, 야외극장, 공원·유원지
③ 숙박시설 – 청소년야영장, 청소년수련관, 유스호스텔
④ 노유자시설 – 유치원, 노인여가복지시설, 정신요양시설

**위락시설**
가. 단란주점으로서 근린생활시설에 해당하지 않는 것
나. 유흥주점, 그 밖에 이와 비슷한 것
다. 「관광진흥법」에 따른 유원시설업(遊園施設業)의 시설, 그 밖에 이와 비슷한 시설(근린생활시설에 해당하는 것은 제외한다)
라. 무도장 및 무도학원
마. 카지노영업소

**숙박시설**
가. 일반형 숙박시설: 「공중위생관리법 시행령」제4조제1호에 따른 숙박업의 시설
나. 생활형 숙박시설: 「공중위생관리법 시행령」제4조제2호에 따른 숙박업의 시설
다. 고시원(근린생활시설에 해당하지 않는 것을 말한다)

 정답 : 011.④

라. 그 밖에 가목부터 다목까지의 시설과 비슷한 것

### 수련시설
가. 생활권 수련시설:「청소년활동 진흥법」에 따른 청소년수련관, 청소년문화의집, 청소년특화시설, 그 밖에 이와 비슷한 것
나. 자연권 수련시설:「청소년활동 진흥법」에 따른 청소년수련원, 청소년야영장, 그 밖에 이와 비슷한 것
다.「청소년활동 진흥법」에 따른 유스호스텔

### 노유자 시설
가. 노인 관련 시설:「노인복지법」에 따른 노인주거복지시설, 노인의료복지시설, 노인여가복지시설, 주·야간보호서비스나 단기보호서비스를 제공하는 재가노인복지시설(「노인장기요양보험법」에 따른 장기요양기관을 포함한다), 노인보호전문기관, 노인일자리지원기관, 학대피해노인 전용쉼터, 그 밖에 이와 비슷한 것
나. 아동 관련 시설:「아동복지법」에 따른 아동복지시설,「영유아보육법」에 따른 어린이집,「유아교육법」에 따른 유치원[제8호가목1)에 따른 학교의 교사 중 병설유치원으로 사용되는 부분을 포함한다], 그 밖에 이와 비슷한 것
다. 장애인 관련 시설:「장애인복지법」에 따른 장애인 거주시설, 장애인 지역사회재활시설(장애인 심부름센터, 한국수어통역센터, 점자도서 및 녹음서 출판시설 등 장애인이 직접 그 시설 자체를 이용하는 것을 주된 목적으로 하지 않는 시설은 제외한다), 장애인 직업재활시설, 그 밖에 이와 비슷한 것
라. 정신질환자 관련 시설:「정신건강증진 및 정신질환자 복지서비스 지원에 관한 법률」에 따른 정신재활시설(생산품판매시설은 제외한다), 정신요양시설, 그 밖에 이와 비슷한 것
마. 노숙인 관련 시설:「노숙인 등의 복지 및 자립지원에 관한 법률」제2조제2호에 따른 노숙인복지시설(노숙인일시보호시설, 노숙인자활시설, 노숙인재활시설, 노숙인요양시설 및 쪽방상담소만 해당한다), 노숙인종합지원센터 및 그 밖에 이와 비슷한 것
바. 가목부터 마목까지에서 규정한 것 외에「사회복지사업법」에 따른 사회복지시설 중 결핵환자 또는 한센인 요양시설 등 다른 용도로 분류되지 않는 것

### 관광 휴게시설
가. 야외음악당
나. 야외극장
다. 어린이회관
라. 관망탑
마. 휴게소
바. 공원·유원지 또는 관광지에 부수되는 건축물

## 012 다음 중 소방시설법령상 문화 및 집회시설에 해당하지 않는 것은?
① 동물원, 식물원, 그 밖에 이와 비슷한 것
② 공연장으로서 근린생활시설에 해당하지 않는 것
③ 예식장, 회의장, 마권장외발매소, 그 밖에 이와 비슷한 것으로서 근린생활시설에 해당하지 않는 것
④ 경마장, 경륜장 그 밖에 이와 비슷한 것으로서 관람석의 바닥면적 합계가 500m² 이상인 것

경마장, 경륜장 그 밖에 이와 비슷한 것으로서 관람석의 바닥면적 합계가 1,000m² 이상인 것

정답 : 012.④

**013** 다음 특정소방대상물 중 근린생활시설에 해당하는 것은?
① 예식장　② 어린이회관　③ 치과의원　④ 오피스텔

**014** 다음 보기 중 교육연구시설에 해당하지 않는 것은?
① 초등학교, 중학교
② 교육원(연수원 등)
③ 직업훈련소
④ 초등학교의 병설유치원

 교육연구시설
가. 학교
　1) 초등학교, 중학교, 고등학교, 특수학교, 그 밖에 이에 준하는 학교: 「학교시설사업 촉진법」 제2조제1호나목의 교사(校舍)(교실·도서실 등 교수·학습활동에 직접 또는 간접적으로 필요한 시설물을 말하되, 병설유치원으로 사용되는 부분은 제외한다. 이하 같다), 체육관, 「학교급식법」 제6조에 따른 급식시설, 합숙소(학교의 운동부, 기능선수 등이 집단으로 숙식하는 장소를 말한다. 이하 같다)
　2) 대학, 대학교, 그 밖에 이에 준하는 각종 학교: 교사 및 합숙소
나. 교육원(연수원, 그 밖에 이와 비슷한 것을 포함한다)
다. 직업훈련소
라. 학원(근린생활시설에 해당하는 것과 자동차운전학원·정비학원 및 무도학원은 제외한다)
마. 연구소(연구소에 준하는 시험소와 계량계측소를 포함한다)
바. 도서관

**015** 다음 중 특정소방대상물의 분류가 옳지 않은 것은?
① 방송국－업무시설
② 박물관－문화 및 집회시설
③ 요양병원－의료시설
④ 무도학원－위락시설

 방송통신시설
가. 방송국(방송프로그램 제작시설 및 송신·수신·중계시설을 포함한다)
나. 전신전화국
다. 촬영소
라. 통신용 시설
마. 그 밖에 가목부터 라목까지의 시설과 비슷한 것

업무시설
가. 공공업무시설: 국가 또는 지방자치단체의 청사와 외국공관의 건축물로서 근린생활시설에 해당하지 않는 것
나. 일반업무시설: 금융업소, 사무소, 신문사, 오피스텔[업무를 주로 하며, 분양하거나 임대하는 구획 중 일부의 구획에서 숙식을 할 수 있도록 한 건축물로서 「건축법 시행령」 별표 1 제14호나목2)에 따라 국토교통부장관이 고시하는 기준에 적합한 것을 말한다], 그 밖에 이와 비슷한 것으로서 근린생활시설에 해당하지 않는 것
다. 주민자치센터(동사무소), 경찰서, 지구대, 파출소, 소방서, 119안전센터, 우체국, 보건소, 공공도서관, 국민건강보험공단, 그 밖에 이와 비슷한 용도로 사용하는 것
라. 마을회관, 마을공동작업소, 마을공동구판장, 그 밖에 이와 유사한 용도로 사용되는 것
마. 변전소, 양수장, 정수장, 대피소, 공중화장실, 그 밖에 이와 유사한 용도로 사용되는 것

 정답 : 013. ③　014. ④　015. ①

016  다음 중 소방시설법령상 발전시설의 종류에 대한 설명으로 옳지 않은 것은?
① 원자력발전소는 발전시설에 포함된다.
② 조력발전소를 제외한 수력발전소는 발전시설에 포함된다.
③ 20kWh를 초과하는 리튬계열의 2차전지를 이용한 전기저장시설은 발전시설에 포함된다.
④ 풍력발전소 및 화력발전소는 발전시설에 포함된다.

발전시설
가. 원자력발전소
나. 화력발전소
다. 수력발전소(조력발전소를 포함한다)
라. 풍력발전소
마. 전기저장시설[20킬로와트시(kWh)를 초과하는 리튬·나트륨·레독스플로우 계열의 2차 전지를 이용한 전기저장장치의 시설을 말한다. 이하 같다]
바. 그 밖에 가목부터 마목까지의 시설과 비슷한 것(집단에너지 공급시설을 포함한다)

017  특정소방대상물 중 지하구는 [전력·통신용의 전선이나 가스·냉난방용의 배관 또는 이와 비슷한 것을 집합수용하기 위하여 설치한 지하 인공구조물로서 사람이 점검 또는 보수를 하기 위하여 출입이 가능한 것 중 폭 1.8m 이상이고 높이가 2m 이상이며 길이가 (   )m 이상]인 것이다. (   )에 들어갈 알맞은 것은?
① 50   ② 100   ③ 500   ④ 1,000

지하구
가. 전력·통신용의 전선이나 가스·냉난방용의 배관 또는 이와 비슷한 것을 집합수용하기 위하여 설치한 지하 인공구조물로서 사람이 점검 또는 보수를 하기 위하여 출입이 가능한 것 중 다음의 어느 하나에 해당하는 것
  1) 전력 또는 통신사업용 지하 인공구조물로서 전력구(케이블 접속부가 없는 경우는 제외한다) 또는 통신구 방식으로 설치된 것
  2) 1)외의 지하 인공구조물로서 폭이 1.8m 이상이고 높이가 2m 이상이며 길이가 50m 이상인 것
나. 「국토의 계획 및 이용에 관한 법률」 제2조제9호에 따른 공동구

018  소방시설법령상 복합건축물로 보지 않는 경우에 대한 다음 설명 중 옳지 않은 것은?
① 관계 법령에서 주된 용도의 부수시설로서 그 설치를 의무화하고 있는 용도 또는 시설
② 주택 안에 부대시설 또는 복리시설이 설치되는 특정소방대상물
③ 건축물의 주된 용도의 기능에 필수적인 용도로서 건축물의 설비, 대피 또는 위생을 위한 용도, 그 밖에 이와 비슷한 용도
④ 건축물의 주된 용도의 기능에 필수적인 용도로서 구내식당, 구내세탁소, 구내운동시설 등 종업원후생복리시설(기숙사를 포함한다) 또는 구내소각시설의 용도, 그 밖에 이와 비슷한 용도

정답 : 016. ②   017. ①   018. ④

하나의 건축물이 제1호부터 제27호까지의 것 중 둘 이상의 용도로 사용되는 것. 다만, 다음의 어느 하나에 해당하는 경우에는 복합건축물로 보지 않는다.
1) 관계 법령에서 주된 용도의 부수시설로서 그 설치를 의무화하고 있는 용도 또는 시설
2) 「주택법」 제35조제1항제3호 및 제4호에 따라 주택 안에 부대시설 또는 복리시설이 설치되는 특정소방대상물
3) 건축물의 주된 용도의 기능에 필수적인 용도로서 다음의 어느 하나에 해당하는 용도
 가)건축물의 설비(제23호마목의 전기저장시설을 포함한다), 대피 또는 위생을 위한 용도, 그 밖에 이와 비슷한 용도
 나)사무, 작업, 집회, 물품저장 또는 주차를 위한 용도, 그 밖에 이와 비슷한 용도
 다)구내식당, 구내세탁소, 구내운동시설 등 종업원후생복리시설(기숙사는 제외한다) 또는 구내소각시설의 용도, 그 밖에 이와 비슷한 용도

## 019
다음은 소방시설법 시행령[별표2] 특정소방대상물에서 규정하는 복합건축물에 관한 내용의 일부이다. ( )에 들어갈 특정소방대상물의 종류로 옳게 나열된 것은?

| 하나의 건축물이 ( ㄱ ), ( ㄴ ), ( ㄷ ), 숙박시설 또는 위락시설의 용도와 주택의 용도로 함께 사용되는 것 |

| | ㄱ | ㄴ | ㄷ |
|---|---|---|---|
| ① | 근린생활시설 | 판매시설 | 업무시설 |
| ② | 노유자시설 | 판매시설 | 방송통신시설 |
| ③ | 근린생활시설 | 창고시설 | 업무시설 |
| ④ | 노유자시설 | 창고시설 | 방송통신시설 |

하나의 건축물이 근린생활시설, 판매시설, 업무시설, 숙박시설 또는 위락시설의 용도와 주택의 용도로 함께 사용되는 것은 복합건축물로 본다

## 020
소방시설의 설치 및 관리에 관한 법률상 둘 이상의 특정소방대상물을 하나의 소방대상물로 볼 수 있는 연결통로의 구조로 옳지 않은 것은?
① 내화구조로 된 연결통로가 벽이 없는 구조로서 그 길이가 6m 이하인 경우
② 내화구조로 된 연결통로가 벽이 있는 구조로서 그 길이가 10m 이하인 경우
③ 자동방화셔터 또는 60분+ 또는 60분방화문이 설치되어 있는 피트로 연결된 경우
④ 지하보도, 지하상가, 지하가 또는 지하구로 연결된 경우

둘 이상의 특정소방대상물이 다음 각 목의 어느 하나에 해당되는 구조의 복도 또는 통로(이하 이 표에서 "연결통로"라 한다)로 연결된 경우에는 이를 하나의 특정소방대상물로 본다.
 가. 내화구조로 된 연결통로가 다음의 어느 하나에 해당되는 경우
  1) 벽이 없는 구조로서 그 길이가 6m 이하인 경우
  2) 벽이 있는 구조로서 그 길이가 10m 이하인 경우. 다만, 벽 높이가 바닥에서 천장까지의 높이의 2분의 1 이상인 경우에는 벽이 있는 구조로 보고, 벽 높이가 바닥에서 천장까지의 높이의 2분의 1 미만인 경우에는 벽이 없는 구조로 본다.

정답 : 019. ① 020. ③

나. 내화구조가 아닌 연결통로로 연결된 경우
다. 컨베이어로 연결되거나 플랜트설비의 배관 등으로 연결되어 있는 경우
라. 지하보도, 지하상가, 지하가로 연결된 경우
마. 자동방화셔터 또는 60분+ 방화문이 설치되지 않은 피트(전기설비 또는 배관설비 등이 설치되는 공간을 말한다)로 연결된 경우
바. 지하구로 연결된 경우

## 021 두 건축물의 연결통로 또는 지하구와 소방대상물의 양쪽에 다음 각 목의 어느 하나에 해당하는 시설이 적합하게 설치된 경우에는 각각 별개의 소방대상물로 본다. (    )에 들어갈 내용으로 옳은 것은?

> 가. 화재 시 경보설비 또는 자동소화설비의 작동과 연동하여 자동으로 닫히는 ( ㉠ ) 또는 ( ㉡ ) 방화문이 설치된 경우
> 나. 화재 시 자동으로 방수되는 방식의 ( ㉢ ) 또는 개방형 스프링클러헤드가 설치된 경우

|   | ㉠ | ㉡ | ㉢ |
|---|---|---|---|
| ① | 자동방화셔터 | 60분+ | 물분무설비 |
| ② | 자동방화셔터 | 60분+ | 드렌처설비 |
| ③ | 자동방화셔터 | 60분+ 또는 60분 | 미분무설비 |
| ④ | 일반방화셔터 | 60분+ 또는 60분 | 미분무설비 |

## 022 다음 중 소방시설법령상 대통령령으로 정하는 소방용품이 아닌 것은?

① 소화설비 중 자동소화장치
② 경보설비 중 가스누설경보기 누전경보기
③ 피난구조설비 중 피난유도선
④ 방염도료

■ 소방시설법 시행령 [별표3]
소방용품(제6조 관련)

1. 소화설비를 구성하는 제품 또는 기기
   가. 별표 1 제1호가목의 소화기구(소화약제 외의 것을 이용한 간이소화용구는 제외한다)
   나. 별표 1 제1호나목의 자동소화장치
   다. 소화설비를 구성하는 소화전, 관창(菅槍), 소방호스, 스프링클러헤드, 기동용 수압개폐장치, 유수제어밸브 및 가스관선택밸브
2. 경보설비를 구성하는 제품 또는 기기
   가. 누전경보기 및 가스누설경보기
   나. 경보설비를 구성하는 발신기, 수신기, 중계기, 감지기 및 음향장치(경종만 해당한다)
3. 피난구조설비를 구성하는 제품 또는 기기
   가. 피난사다리, 구조대, 완강기(지지대를 포함한다) 및 간이완강기(지지대를 포함한다)
   나. 공기호흡기(충전기를 포함한다)
   다. 피난구유도등, 통로유도등, 객석유도등 및 예비 전원이 내장된 비상조명등
4. 소화용으로 사용하는 제품 또는 기기

정답 : 021.②     022.③

가. 소화약제[별표 1 제1호나목2) 및 3)의 자동소화장치와 같은 호 마목3)부터 9)까지의 소화설비용만 해당한다]
나. 방염제(방염액·방염도료 및 방염성물질을 말한다)
5. 그 밖에 행정안전부령으로 정하는 소방 관련 제품 또는 기기

## 023 소방시설 설치 및 관리에 관한 법령상 소방용품이 아닌 것은?
① 소화약제 외의 것을 이용한 간이소화용구
② 자동소화장치
③ 가스누설경보기
④ 소화용으로 사용하는 방염제

## 024 다음 중 소방청장의 형식승인을 받아야 하는 소방용품이 아닌 것은?
① 관창(菅槍)
② 음향장치 중 사이렌
③ 기동용 수압개폐장치
④ 완강기(간이완강기 및 지지대를 포함한다)

## 025 소방시설 설치 및 관리에 관한 법령상 화재안전기준 중 기술기준을 제정,개정하는 자로 옳은 것은?
① 한국소방안전원장
② 한국소방산업기술원장
③ 국립소방연구원장
④ 소방청장

> 시행규칙 제2조(기술기준의 제정·개정 절차)
> ① 국립소방연구원장은 화재안전기준 중 기술기준(이하 "기술기준"이라 한다)을 제정·개정하려는 경우 제정안·개정안을 작성하여 「소방시설 설치 및 관리에 관한 법률」(이하 "법"이라 한다) 제18조제1항에 따른 중앙소방기술심의위원회(이하 "중앙위원회"라 한다)의 심의·의결을 거쳐야 한다. 이 경우 제정안·개정안의 작성을 위해 소방 관련 기관·단체 및 개인 등의 의견을 수렴할 수 있다.

## 026 소방시설 설치 및 관리에 관한 법령상 규정하는 관계인의 의무에 해당하지 않는 것은?
① 관계인(「소방기본법」 제2조제3호에 따른 관계인을 말한다. 이하 같다)은 소방시설등의 기능과 성능을 보전·향상시키고 이용자의 편의와 안전성을 높이기 위하여 노력해야 한다.
② 관계인은 매년 소방시설등의 관리에 필요한 재원을 확보하도록 노력해야 한다.
③ 관계인은 국가 및 지방자치단체의 소방시설등의 설치 및 관리 활동에 적극 협조해야 한다.
④ 관계인 중 소유자는 점유자 및 관리자의 소방시설등 관리 업무에 적극 협조해야 한다.

> 제4조(관계인의 의무) ① 관계인(「소방기본법」 제2조제3호에 따른 관계인을 말한다. 이하 같다)은 소방시설등의 기능과 성능을 보전·향상시키고 이용자의 편의와 안전성을 높이기 위하여 노력해야 한다.
> ② 관계인은 매년 소방시설등의 관리에 필요한 재원을 확보하도록 노력해야 한다.
> ③ 관계인은 국가 및 지방자치단체의 소방시설등의 설치 및 관리 활동에 적극 협조해야 한다.
> ④ 관계인 중 점유자는 소유자 및 관리자의 소방시설등 관리 업무에 적극 협조해야 한다.

정답 : 023. ①    024. ②    025. ③    026. ④

## 027. 소방시설의 설치 및 관리에 관한 법령상 소방본부장이나 소방서장에게 건축허가 동의를 받아야 하는 건축물은?

① 연면적 150[m²]인 수련시설
② 주차장으로 사용되는 바닥면적 150[m²]인 층이 있는 주차시설
③ 연면적 100[m²]인 산후조리원
④ 연면적 250[m²]인 장애인 의료재활시설

---

시행령 제7조(건축허가등의 동의대상물의 범위 등) ① 법 제6조제1항에 따라 건축물 등의 신축·증축·개축·재축·이전·용도변경 또는 대수선의 허가·협의 및 사용승인(「주택법」 제15조에 따른 승인 및 같은 법 제49조에 따른 사용검사, 「학교시설사업 촉진법」 제4조에 따른 승인 및 같은 법 제13조에 따른 사용승인을 포함하며, 이하 "건축허가등"이라 한다)을 할 때 미리 소방본부장 또는 소방서장의 동의를 받아야 하는 건축물 등의 범위는 다음 각 호와 같다.

1. 연면적(「건축법 시행령」 제119조제1항제4호에 따라 산정된 면적을 말한다. 이하 같다)이 400제곱미터 이상인 건축물이나 시설. 다만, 다음 각 목의 어느 하나에 해당하는 건축물이나 시설은 해당 목에서 정한 기준 이상인 건축물이나 시설로 한다.
   가. 「학교시설사업 촉진법」 제5조의2제1항에 따라 건축등을 하려는 학교시설: 100제곱미터
   나. 별표 2의 특정소방대상물 중 노유자(老幼者) 시설 및 수련시설: 200제곱미터
   다. 「정신건강증진 및 정신질환자 복지서비스 지원에 관한 법률」 제3조제5호에 따른 정신의료기관(입원실이 없는 정신건강의학과 의원은 제외하며, 이하 "정신의료기관"이라 한다): 300제곱미터
   라. 「장애인복지법」 제58조제1항제4호에 따른 장애인 의료재활시설(이하 "의료재활시설"이라 한다): 300제곱미터
2. 지하층 또는 무창층이 있는 건축물로서 바닥면적이 150제곱미터(공연장의 경우에는 100제곱미터) 이상인 층이 있는 것
3. 차고·주차장 또는 주차 용도로 사용되는 시설로서 다음 각 목의 어느 하나에 해당하는 것
   가. 차고·주차장으로 사용되는 바닥면적이 200제곱미터 이상인 층이 있는 건축물이나 주차시설
   나. 승강기 등 기계장치에 의한 주차시설로서 자동차 20대 이상을 주차할 수 있는 시설
4. 층수(「건축법 시행령」 제119조제1항제9호에 따라 산정된 층수를 말한다. 이하 같다)가 6층 이상인 건축물
5. 항공기 격납고, 관망탑, 항공관제탑, 방송용 송수신탑
6. 별표 2의 특정소방대상물 중 의원(입원실이 있는 것으로 한정한다)·조산원·산후조리원, 위험물 저장 및 처리 시설, 발전시설 중 풍력발전소·전기저장시설, 지하구(地下溝)
7. 제1호나목에 해당하지 않는 노유자 시설 중 다음 각 목의 어느 하나에 해당하는 시설. 다만, 가목2) 및 나목부터 바목까지의 시설 중 「건축법 시행령」 별표 1의 단독주택 또는 공동주택에 설치되는 시설은 제외한다.
   가. 별표 2 제9호가목에 따른 노인 관련 시설 중 다음의 어느 하나에 해당하는 시설
       1) 「노인복지법」 제31조제1호에 따른 노인주거복지시설, 같은 조 제2호에 따른 노인의료복지시설 및 같은 조 제4호에 따른 재가노인복지시설
       2) 「노인복지법」 제31조제7호에 따른 학대피해노인 전용쉼터
   나. 「아동복지법」 제52조에 따른 아동복지시설(아동상담소, 아동전용시설 및 지역아동센터는 제외한다)
   다. 「장애인복지법」 제58조제1항제1호에 따른 장애인 거주시설
   라. 정신질환자 관련 시설(「정신건강증진 및 정신질환자 복지서비스 지원에 관한 법률」

정답 : 027. ③

예상문제

제27조제1항제2호에 따른 공동생활가정을 제외한 재활훈련시설과 같은 법 시행령 제16조제3호에 따른 종합시설 중 24시간 주거를 제공하지 않는 시설은 제외한다)
　　마. 별표 2 제9호마목에 따른 노숙인 관련 시설 중 노숙인자활시설, 노숙인재활시설 및 노숙인요양시설
　　바. 결핵환자나 한센인이 24시간 생활하는 노유자 시설
8. 「의료법」제3조제2항제3호라목에 따른 요양병원(이하 "요양병원"이라 한다). 다만, 의료재활시설은 제외한다.
9. 별표 2의 특정소방대상물 중 공장 또는 창고시설로서「화재의 예방 및 안전관리에 관한 법률 시행령」별표 2에서 정하는 수량의 750배 이상의 특수가연물을 저장·취급하는 것
10. 별표 2 제17호나목에 따른 가스시설로서 지상에 노출된 탱크의 저장용량의 합계가 100톤 이상인 것

## 028 소방시설법령상 건축허가 등의 동의에 대한 설명 중 옳지 않은 것은?

① 건축물 등의 신축·증축·개축·재축(再築)·이전·용도변경 또는 대수선(大修繕)의 허가·협의 및 사용승인의 권한이 있는 행정기관은 건축허가 등을 할 때 미리 그 건축물 등의 시공지(施工地) 또는 소재지를 관할하는 소방본부장이나 소방서장의 동의를 받아야 한다.
② 건축물 등의 대수선·증축·개축·재축 또는 용도변경의 신고를 수리(受理)할 권한이 있는 행정기관은 그 신고를 수리하면 그 건축물 등의 시공지 또는 소재지를 관할하는 소방본부장이나 소방서장에게 신고수리를 한 날로부터 3일 이내에 그 사실을 알려야 한다.
③ 소방본부장이나 소방서장은 제1항에 따른 동의를 요구받으면 그 건축물 등이 이 법 또는 이 법에 따른 명령을 따르고 있는지를 검토한 후 행정안전부령으로 정하는 기간 이내에 해당 행정기관에 동의 여부를 알려야 한다.
④ 건축허가 등을 할 때에 소방본부장이나 소방서장의 동의를 받아야 하는 건축물 등의 범위는 대통령령으로 정한다.

 건축물 등이 증축·개축·재축·용도변경 또는 대수선의 신고를 수리(受理)할 권한이 있는 행정기관은 그 신고를 수리하면 그 건축물 등의 시공지 또는 소재지를 관할하는 소방본부장이나 소방서장에게 지체 없이 그 사실을 알려야 한다.

## 029 소방본부장 또는 소방서장은 건축물등의 화재안전성을 확보하기 위하여 소방자동차의 접근이 가능한 통로의 설치등 대통령령으로 정하는 사항에 대한 검토자료 또는 의견서를 첨부할 수 있는데 이에 해당하는 사항이 아닌 것은?

①「건축법」제64조 및「주택건설기준 등에 관한 규정」제15조에 따른 승강기의 설치
②「주택건설기준 등에 관한 규정」제26조에 따른 주택단지 안 도로의 설치
③「건축법 시행령」제40조제2항에 따른 옥상광장, 같은 조 제3항에 따른 비상문자동개폐장치 또는 같은 조 제4항에 따른 헬리포트의 설치
④ 그 밖에 소방청장 또는 시도지사가 소화활동 및 피난을 위해 필요하다고 인정하는 사항

 정답 : 028. ②　　029. ④

소방본부장 또는 소방서장은 제4항에 따른 건축허가등의 동의 여부를 알릴 경우에는 원활한 소방활동 및 건축물 등의 화재안전성능을 확보하기 위하여 필요한 다음 각 호의 사항에 대한 검토 자료 또는 의견서를 첨부할 수 있다.
1. 「건축법」 제49조제1항 및 제2항에 따른 피난시설, 방화구획(防火區劃)
2. 「건축법」 제49조제3항에 따른 소방관 진입창
3. 「건축법」 제50조, 제50조의2, 제51조, 제52조, 제52조의2 및 제53조에 따른 방화벽, 마감재료 등(이하 "방화시설"이라 한다)
4. 그 밖에 소방자동차의 접근이 가능한 통로의 설치 등 대통령령으로 정하는 사항

> 법 제6조제5항제4호에서 "소방자동차의 접근이 가능한 통로의 설치 등 대통령령으로 정하는 사항"이란 다음 각 호의 사항을 말한다.
> 1. 소방자동차의 접근이 가능한 통로의 설치
> 2. 「건축법」 제64조 및 「주택건설기준 등에 관한 규정」 제15조에 따른 승강기의 설치
> 3. 「주택건설기준 등에 관한 규정」 제26조에 따른 주택단지 안 도로의 설치
> 4. 「건축법 시행령」 제40조제2항에 따른 옥상광장, 같은 조 제3항에 따른 비상문자동개폐장치 또는 같은 조 제4항에 따른 헬리포트의 설치
> 5. 그 밖에 소방본부장 또는 소방서장이 소화활동 및 피난을 위해 필요하다고 인정하는 사항

**030** 건축허가등의 동의요구는 권한이 있는 행정기관이 동의대상물의 시공지 또는 소재지를 관할하는 소방본부장 또는 소방서장에게 해야 하는데 권한이 있는 행정기관에 해당하지 않는 것은?
① 「건축법」 제11조에 따른 허가 및 같은 법 제29조제2항에 따른 협의의 권한이 있는 행정기관
② 「주택법」 제15조에 따른 승인 및 같은 법 제49조에 따른 사용검사의 권한이 있는 행정기관
③ 「고압가스 안전관리법」 제4조에 따른 허가의 권한이 있는 행정기관
④ 「전기안전관리법」 제8조에 따른 영업용전기설비의 공사계획의 인가의 권한이 있는 행정기관

 권한있는 행정기관의 종류
1. 「건축법」 제11조에 따른 허가 및 같은 법 제29조제2항에 따른 협의의 권한이 있는 행정기관
2. 「주택법」 제15조에 따른 승인 및 같은 법 제49조에 따른 사용검사의 권한이 있는 행정기관
3. 「학교시설사업 촉진법」 제4조에 따른 승인 및 같은 법 제13조에 따른 사용승인의 권한이 있는 행정기관
4. 「고압가스 안전관리법」 제4조에 따른 허가의 권한이 있는 행정기관
5. 「도시가스사업법」 제3조에 따른 허가의 권한이 있는 행정기관
6. 「액화석유가스의 안전관리 및 사업법」 제5조 및 제6조에 따른 허가의 권한이 있는 행정기관
7. 「전기안전관리법」 제8조에 따른 자가용전기설비의 공사계획의 인가의 권한이 있는 행정기관
8. 「전기사업법」 제61조에 따른 전기사업용전기설비의 공사계획에 대한 인가의 권한이 있는 행정기관
9. 「국토의 계획 및 이용에 관한 법률」 제88조제2항에 따른 도시·군계획시설사업 실시계획 인가의 권한이 있는 행정기관

 정답 : 030. ④

## 031 다음은 건축허가 등의 동의 요구 시 갖추어야 할 구비서류를 나열한 것이다. 옳지 않은 것은?

① 창호도
② 소방시설 설치계획표
③ 건축물 배치도
④ 소방시설설계계약서 원본

---

건축허가등의 동의를 요구하는 경우에는 동의요구서(전자문서로 된 요구서를 포함한다)에 다음 각 호의 서류(전자문서를 포함한다)를 첨부해야 한다.
1. 「건축법 시행규칙」 제6조에 따른 건축허가신청서, 같은 법 시행규칙 제8조에 따른 건축허가서 또는 같은 법 시행규칙 제12조에 따른 건축·대수선·용도변경신고서 등 건축허가 등을 확인할 수 있는 서류의 사본. 이 경우 동의 요구를 받은 담당 공무원은 특별한 사정이 있는 경우를 제외하고는 「전자정부법」 제36조제1항에 따른 행정정보의 공동이용을 통하여 건축허가서를 확인함으로써 첨부서류의 제출을 갈음할 수 있다.
2. 다음 각 목의 설계도서. 다만, 가목 및 나목2)·4)의 설계도서는 「소방시설공사업법 시행령」 제4조에 따른 소방시설공사 착공신고 대상에 해당되는 경우에만 제출한다.
   가. 건축물 설계도서
      1) 건축물 개요 및 배치도
      2) 주단면도 및 입면도(立面圖: 물체를 정면에서 본 대로 그린 그림을 말한다. 이하 같다)
      3) 층별 평면도(용도별 기준층 평면도를 포함한다. 이하 같다)
      4) 방화구획도(창호도를 포함한다)
      5) 실내·실외 마감재료표
      6) 소방자동차 진입 동선도 및 부서 공간 위치도(조경계획을 포함한다)
   나. 소방시설 설계도서
      1) 소방시설(기계·전기 분야의 시설을 말한다)의 계통도(시설별 계산서를 포함한다)
      2) 소방시설별 층별 평면도
      3) 실내장식물 방염대상물품 설치 계획(「건축법」 제52조에 따른 건축물의 마감재료는 제외한다)
      4) 소방시설의 내진설계 계통도 및 기준층 평면도(내진 시방서 및 계산서 등 세부 내용이 포함된 상세 설계도면은 제외한다)
3. 소방시설 설치계획표
4. 임시소방시설 설치계획서(설치시기·위치·종류·방법 등 임시소방시설의 실치와 관련된 세부 사항을 포함한다)
5. 「소방시설공사업법」 제4조제1항에 따라 등록한 소방시설설계업등록증과 소방시설을 설계한 기술인력의 기술자격증 사본
6. 「소방시설공사업법」 제21조 및 제21조의3제2항에 따라 체결한 소방시설설계 계약서 사본

## 032 건축허가 동의요구서 및 첨부서류의 보완이 필요한 경우 소방본부장 또는 소방서장은 며칠 이내의 기간을 정하여 보완을 요구할 수 있는가?

① 3일
② 4일
③ 5일
④ 10일

---

③ 제1항에 따른 동의 요구를 받은 소방본부장 또는 소방서장은 법 제6조제4항에 따라 건축허가등의 동의 요구서류를 접수한 날부터 5일(허가를 신청한 건축물 등이 「화재의 예방 및 안전관리에 관한 법률 시행령」 별표 4 제1호가목의 어느 하나에 해당하는 경우에는 10일) 이내에 건축허가등의 동의 여부를 회신해야 한다.
④ 소방본부장 또는 소방서장은 제3항에도 불구하고 제2항에 따른 동의요구서 및 첨부서류

정답 : 031. ④   032. ②

의 보완이 필요한 경우에는 4일 이내의 기간을 정하여 보완을 요구할 수 있다. 이 경우 보완 기간은 제3항에 따른 회신 기간에 산입하지 않으며 보완 기간 내에 보완하지 않는 경우에는 동의요구서를 반려해야 한다.

⑤ 제1항에 따라 건축허가등의 동의를 요구한 기관이 그 건축허가등을 취소했을 때에는 취소한 날부터 7일 이내에 건축물 등의 시공지 또는 소재지를 관할하는 소방본부장 또는 소방서장에게 그 사실을 통보해야 한다.

⑥ 소방본부장 또는 소방서장은 제3항에 따라 동의 여부를 회신하는 경우에는 별지 제1호서식의 건축허가등의 동의대장에 이를 기록하고 관리해야 한다.

⑦ 법 제6조제8항 후단에서 "행정안전부령으로 정하는 기간"이란 7일을 말한다.

> 법 제6조 ⑧ 다른 법령에 따른 인가·허가 또는 신고 등(건축허가등과 제2항에 따른 신고는 제외하며, 이하 이 항에서 "인허가등"이라 한다)의 시설기준에 소방시설등의 설치·관리 등에 관한 사항이 포함되어 있는 경우 해당 인허가등의 권한이 있는 행정기관은 인허가등을 할 때 미리 그 시설의 소재지를 관할하는 소방본부장이나 소방서장에게 그 시설이 이 법 또는 이 법에 따른 명령을 따르고 있는지를 확인하여 줄 것을 요청할 수 있다. 이 경우 요청을 받은 소방본부장 또는 소방서장은 행정안전부령으로 정하는 기간 내에 확인 결과를 알려야 한다.

## 033 소방시설법령상 건축허가 등의 동의 요구에 관한 조문의 일부이다. (  )에 들어갈 내용으로 옳은 것은?

> • 동의요구를 받은 소방본부장 또는 소방서장은 법 제6조제4항에 따라 건축허가 등의 동의요구 서류를 접수한 날부터 ( ㉠ )일(허가를 신청한 건축물 등이 「화재의 예방 및 안전관리에 관한 법률 시행령」 별표 4 제1호가목의 어느 하나에 해당하는 경우에는 ( ㉡ )일) 이내에 건축허가 등의 동의여부를 회신해야 한다.
> • 소방본부장 또는 소방서장은 제3항의 규정에 불구하고 제2항에 따른 동의 요구서 및 첨부서류의 보완이 필요한 경우에는 ( ㉢ )일 이내의 기간을 정하여 보완을 요구할 수 있다. 이 경우 보완기간은 제3항에 따른 회신기간에 산입하지 아니하고, 보완기간 내에 보완하지 않는 경우에는 동의요구서를 반려해야 한다.
> • 건축허가 등의 동의를 요구한 기관이 그 건축허가 등을 취소했을 때에는 취소한 날부터 ( ㉣ )일 이내에 건축물 등의 시공지 또는 소재지를 관할하는 소방본부장 또는 소방서장에게 그 사실을 통보해야 한다.

|   | ㉠ | ㉡ | ㉢ | ㉣ |   | ㉠ | ㉡ | ㉢ | ㉣ |
|---|---|---|---|---|---|---|---|---|---|
| ① | 5 | 10 | 4 | 7 | ② | 5 | 15 | 4 | 7 |
| ③ | 5 | 10 | 3 | 7 | ④ | 5 | 15 | 3 | 7 |

## 034 건축물 등의 신축·증축 등에 있어서 건축허가동의를 요청하는 자는?
① 건축주
② 소방시설 설계업자
③ 사용승인의 권한이 있는 행정기관
④ 소방시설 공사업자

정답 : 033. ①    034. ③

## 035 다음 보기 중 건축허가 등의 동의대상에서 제외되는 대상물이 아닌 것은?

① 소화기구 및 누전경보기가 화재안전기준에 적합하게 설치되는 특정소방대상물
② 건축물이 용도변경으로 인하여 추가로 소방시설이 설치되지 않는 특정소방대상물
③ 착공신고대상에 해당하지 않는 특정소방대상물
④ 비상경보설비가 화재안전기준에 적합하게 설치되는 특정소방대상물

**해설**
다음 각 호의 어느 하나에 해당하는 특정소방대상물은 소방본부장 또는 소방서장의 건축허가등의 동의대상에서 제외한다.
1. 별표 4에 따라 특정소방대상물에 설치되는 소화기구, 자동소화장치, 누전경보기, 단독경보형감지기, 가스누설경보기 및 피난구조설비(비상조명등은 제외한다)가 화재안전기준에 적합한 경우 해당 특정소방대상물
2. 건축물의 증축 또는 용도변경으로 인하여 해당 특정소방대상물에 추가로 소방시설이 설치되지 않는 경우 해당 특정소방대상물
3. 「소방시설공사업법 시행령」 제4조에 따른 소방시설공사의 착공신고 대상에 해당하지 않는 경우 해당 특정소방대상물

## 036 내진설계를 해야 하는 소방시설과 내진설계기준은 누구의 령으로 정하는지를 옳게 답한 것은?

① 간이스프링클러설비, 소방청장의 고시
② 옥내소화전설비, 소방청장의 고시
③ 물분무등소화설비, 행정안전부령
④ 스프링클러설비, 대통령령

**해설**
제7조(소방시설의 내진설계기준) 「지진·화산재해대책법」 제14조제1항 각 호의 시설 중 대통령령으로 정하는 특정소방대상물에 대통령령으로 정하는 소방시설을 설치하려는 자는 지진이 발생할 경우 소방시설이 정상적으로 작동될 수 있도록 소방청장이 정하는 내진설계기준에 맞게 소방시설을 설치해야 한다.

> 시행령 제8조(소방시설의 내진설계) ① 법 제7조에서 "대통령령으로 정하는 특정소방대상물"이란 「건축법」 제2조제1항제2호에 따른 건축물로서 「지신·화산새해내잭빕 시행령」 제10조제1항 각 호에 해당하는 시설을 말한다.
> ② 법 제7조에서 "대통령령으로 정하는 소방시설"이란 소방시설 중 옥내소화전설비, 스프링클러설비 및 물분무등소화설비를 말한다.

## 037 성능위주설계를 해야 하는 특정소방대상물에 해당하지 않는 것은?

① 수저터널 6천미터인 것
② 연면적 23만[m²]인 아파트
③ 지하 5층이며 지상 29층인 의료시설
④ 연면적 4만[m²]인 공항시설

**해설**
시행령 제9조(성능위주설계를 해야 하는 특정소방대상물의 범위) 법 제8조제1항에서 "대통령령으로 정하는 특정소방대상물"이란 다음 각 호의 어느 하나에 해당하는 특정소방대상물(신축하는 것만 해당한다)을 말한다.
1. 연면적 20만제곱미터 이상인 특정소방대상물. 다만, 별표 2 제1호가목에 따른 아파트등(이하 "아파트등"이라 한다)은 제외한다.
2. 50층 이상(지하층은 제외한다)이거나 지상으로부터 높이가 200미터 이상인 아파트등

정답 : 035. ④　　036. ②　　037. ②

3. 30층 이상(지하층을 포함한다)이거나 지상으로부터 높이가 120미터 이상인 특정소방대상물(아파트등은 제외한다)
4. 연면적 3만제곱미터 이상인 특정소방대상물로서 다음 각 목의 어느 하나에 해당하는 특정소방대상물
  가. 별표 2 제6호나목의 철도 및 도시철도 시설
  나. 별표 2 제6호다목의 공항시설
5. 별표 2 제16호의 창고시설 중 연면적 10만제곱미터 이상인 것 또는 지하층의 층수가 2개 층 이상이고 지하층의 바닥면적의 합계가 3만제곱미터 이상인 것
6. 하나의 건축물에 「영화 및 비디오물의 진흥에 관한 법률」 제2조제10호에 따른 영화상영관이 10개 이상인 특정소방대상물
7. 「초고층 및 지하연계 복합건축물 재난관리에 관한 특별법」 제2조제2호에 따른 지하연계 복합건축물에 해당하는 특정소방대상물
8. 별표 2 제27호의 터널 중 수저(水底)터널 또는 길이가 5천미터 이상인 것

## 038. 소방시설법령상 성능위주설계를 해야 하는 특정소방대상물의 범위 중 창고시설에 관한 내용이다. ( )에 들어갈 수치가 옳게 나열된 것은?

| 창고시설 중 연면적 ( )만제곱미터 이상인 것 또는 지하층의 층수가 ( )개 층 이상이고 지하층의 바닥면적의 합계가 ( )만제곱미터 이상인 것 |
|---|

① 10, 2, 3  ② 20, 2, 5
③ 10, 3, 3  ④ 20, 2, 3

## 039. 성능위주설계에 대한 다음 설명 중 옳지 않은 것은?

① 소방서장은 성능위주설계신고 또는 변경신고를 받은 경우 그 내용을 검토하여 이 법에 적합하면 신고를 수리해야 한다.
② 성능위주설계의 신고 또는 변경신고를 하려는 자는 해당 특정소방대상물이 「건축법」 제4조의2에 따른 건축위원회의 심의를 받아야 하는 건축물인 경우에는 그 심의를 신청하기 전에 성능위주설계의 기본설계도서(基本設計圖書) 등에 대해서 해당 특정소방대상물의 시공지 또는 소재지를 관할하는 소방서장의 사전검토를 받아야 한다.
③ 소방서장은 성능위주설계의 신고, 변경신고 또는 사전검토 신청을 받은 경우에는 소방청 또는 관할 소방본부에 설치된 성능위주설계평가단의 검토·평가를 거쳐야 한다. 다만, 소방서장은 신기술·신공법 등 검토·평가에 고도의 기술이 필요한 경우에는 지방소방기술심의위원회에 심의를 요청할 수 있다.
④ 소방서장은 검토·평가 결과 성능위주설계의 수정 또는 보완이 필요하다고 인정되는 경우에는 성능위주설계를 한자에게 그 수정 또는 보완을 요청할 수 있으며, 수정 또는 보완 요청을 받은 자는 정당한 사유가 없으면 그 요청에 따라야 한다.

중앙소방기술심의위원회에 심의를 요청할 수 있다.

정답 : 038. ①   039. ③

## 040 성능위주설계 신고시 포함되는 소방시설 설계도면의 종류에 해당하지 않는 것은?

① 소방시설 계통도 및 층별 평면도
② 소화용수설비 및 연결송수구 설치위치 평면도
③ 소방시설의 내진설계 계통도 및 기준층 평면도
④ 방화구획도(화재확대방지계획을 포함한다)

시행규칙 제4조(성능위주설계의 신고) ① 성능위주설계를 한 자는 법 제8조제2항에 따라 「건축법」 제11조에 따른 건축허가를 신청하기 전에 별지 제2호서식의 성능위주설계 신고서(전자문서로 된 신고서를 포함한다)에 다음 각 호의 서류(전자문서를 포함한다)를 첨부하여 관할 소방서장에게 신고해야 한다. 이 경우 다음 각 호의 서류에는 사전검토 결과에 따라 보완된 내용을 포함해야 하며, 제7조제1항에 따른 사전검토 신청 시 제출한 서류와 동일한 내용의 서류는 제외한다.

1. 다음 각 목의 사항이 포함된 설계도서
   가. 건축물의 개요(위치, 구조, 규모, 용도)
   나. 부지 및 도로의 설치 계획(소방차량 진입 동선을 포함한다)
   다. 화재안전성능의 확보 계획
   라. 성능위주설계 요소에 대한 성능평가(화재 및 피난 모의실험 결과를 포함한다)
   마. 성능위주설계 적용으로 인한 화재안전성능 비교표
   바. 다음의 건축물 설계도면
      1) 주단면도 및 입면도
      2) 층별 평면도 및 창호도
      3) 실내·실외 마감재료표
      4) 방화구획도(화재 확대 방지계획을 포함한다)
      5) 건축물의 구조 설계에 따른 피난계획 및 피난 동선도
   사. 소방시설의 설치계획 및 설계 설명서
   아. 다음의 소방시설 설계도면
      1) 소방시설 계통도 및 층별 평면도
      2) 소화용수선비 및 연결송수구 설치 위치 평면도
      3) 종합방재실 설치 및 운영계획
      4) 상용전원 및 비상전원의 설치계획
      5) 소방시설의 내진설계 계통도 및 기준층 평면도(내진 시방서 및 계산서 등 세부 내용이 포함된 상세 설계도면은 제외한다)
   자. 소방시설에 대한 전기부하 및 소화펌프 등 용량계산서
2. 「소방시설공사업법 시행령」 별표 1의2에 따른 성능위주설계를 할 수 있는 자의 자격·기술인력을 확인할 수 있는 서류
3. 「소방시설공사업법」 제21조 및 제21조의3제2항에 따라 체결한 성능위주설계 계약서 사본
② 소방서장은 제1항에 따라 성능위주설계 신고서를 받은 경우 성능위주설계 대상 및 사격 여부 등을 확인하고, 첨부서류의 보완이 필요한 경우에는 7일 이내의 기간을 정하여 성능위주설계를 한 자에게 보완을 요청할 수 있다.

정답 : 040. ④

## 041. 다음은 성능위주설계평가단에 관한 내용이다. ( )에 들어갈 내용으로 옳은 것은?

> 제9조(성능위주설계평가단) ① 성능위주설계에 대한 전문적·기술적인 검토 및 평가를 위하여 ( ㄱ ) 또는 ( ㄴ )에 성능위주설계 평가단(이하 "평가단"이라 한다)을 둔다.
> ② 평가단에 소속되거나 소속되었던 사람은 평가단의 업무를 수행하면서 알게 된 비밀을 이 법에서 정한 목적 외의 용도로 사용하거나 다른 사람 또는 기관에 제공하거나 누설하여서는 아니 된다.
> ③ 평가단의 구성 및 운영 등에 필요한 사항은 ( ㄷ )으로 정한다.

| | ㄱ | ㄴ | ㄷ |
|---|---|---|---|
| ① | 소방청 | 소방서 | 대통령령 |
| ② | 소방청 | 소방본부 | 대통령령 |
| ③ | 소방청 | 소방본부 | 행정안전부령 |
| ④ | 소방청 | 소방서 | 소방청장령 |

## 042. 성능위주설계평가단의 평가단원으로 위촉될 수 없는 자는?

① 특급감리원 자격을 취득한 사람으로 소방공사 현장 감리업무를 8년 이상 수행한 사람
② 소방설비기사 이상의 자격을 가진 소방공무원으로서 중앙소방학교의 성능위주설계관련 교육과정을 이수하고 건축허가등의 동의업무를 1년 이상 담당한 사람
③ 건축 또는 소방관련 석사이상의 학위를 취득한 소방공무원으로서 중앙소방학교의 성능위주설계관련 교육과정을 이수하고 건축허가등의 동의업무를 1년 이상 담당한 사람
④ 소방시설관리사 자격증을 취득한 자로서 소방공무원

평가단원은 다음 각 호의 어느 하나에 해당하는 사람 중에서 소방청장 또는 관할 소방본부장이 임명하거나 위촉한다. 다만, 관할 소방서의 해당 업무 담당 과장은 당연직 평가단원으로 한다.
1. 소방공무원 중 다음 각 목의 어느 하나에 해당하는 사람
   가. 소방기술사
   나. 소방시설관리사
   다. 다음의 어느 하나에 해당하는 자격을 갖춘 사람으로서 「소방공무원 교육훈련규정」 제3조 제2항에 따른 중앙소방학교에서 실시하는 성능위주설계 관련 교육과정을 이수한 사람
      1) 소방설비기사 이상의 자격을 가진 사람으로서 제3조에 따른 건축허가등의 동의 업무를 1년 이상 담당한 사람
      2) 건축 또는 소방 관련 석사 이상의 학위를 취득한 사람으로서 제3조에 따른 건축허가등의 동의 업무를 1년 이상 담당한 사람
2. 건축 분야 및 소방방재 분야 전문가 중 다음 각 목의 어느 하나에 해당하는 사람
   가. 위원회 위원 또는 법 제18조제2항에 따른 지방소방기술심의위원회 위원
   나. 「고등교육법」 제2조에 따른 학교 또는 이에 준하는 학교나 공인된 연구기관에서 부교수 이상의 직(職) 또는 이에 상당하는 직에 있거나 있었던 사람으로서 화재안전 또는 관련 법령이나 정책에 전문성이 있는 사람
   다. 소방기술사
   라. 소방시설관리사
   마. 건축계획, 건축구조 또는 도시계획과 관련된 업종에 종사하는 사람으로서 건축사 또는 건축구조기술사 자격을 취득한 사람
   바. 「소방시설공사업법」 제28조제3항에 따른 특급감리원 자격을 취득한 사람으로 소방공사 현장 감리업무를 10년 이상 수행한 사람

정답 : 041. ③    042. ①

**043** 다음은 소방시설법 시행규칙에서 규정하는 평가단의 구성 및 운영에 관한 조문의 일부이다. ( )에 들어갈 내용으로 옳은 것은?

> 시행규칙 제10조(평가단의 구성) ① 평가단은 평가단장을 포함하여 ( ㄱ )명 이내의 평가단원으로 성별을 고려하여 구성한다.
> ② 평가단장은 화재예방 업무를 담당하는 부서의 장 또는 제3항에 따라 임명 또는 위촉된 평가단원 중에서 학식·경험·전문성 등을 종합적으로 고려하여 소방청장 또는 소방본부장이 임명하거나 위촉한다.
> 시행규칙 제11조(평가단의 운영) ① 평가단의 회의는 평가단장과 평가단장이 회의마다 지명하는 ( ㄴ )명 이상 ( ㄷ )명 이하의 평가단원으로 구성·운영하며, 과반수의 출석으로 개의(開議)하고 출석 평가단원 과반수의 찬성으로 의결한다. 다만, 제6조제2항에 따른 성능위주설계의 변경신고에 대한 심의·의결을 하는 경우에는 제5조제2항에 따라 건축물의 성능위주설계를 검토·평가한 평가단원 중 ( ㄹ )명 이상으로 평가단을 구성·운영할 수 있다.

| | ㄱ | ㄴ | ㄷ | ㄹ |
|---|---|---|---|---|
| ① | 50 | 6 | 8 | 5 |
| ② | 50 | 5 | 7 | 5 |
| ③ | 50 | 7 | 9 | 3 |
| ④ | 50 | 3 | 4 | 3 |

**044** 소방시설법령상 단독주택에 설치하는 소방시설로 옳은 것은?
① 소화기 및 단독경보형 감지기
② 유도표지
③ 피난기구
④ 비상방송설비

> 제10조(주택에 설치하는 소방시설) ① 다음 각 호의 주택의 소유자는 소화기 등 대통령령으로 정하는 소방시설(이하 "주택용소방시설"이라 한다)을 설치해야 한다.
> 1.「건축법」제2조제2항제1호의 단독주택
> 2.「건축법」제2조제2항제2호의 공동주택(아파트 및 기숙사는 제외한다)
>
> 시행령 제10조(주택용소방시설) 법 제10조제1항 각 호 외의 부분에서 "소화기 등 대통령령으로 정하는 소방시설"이란 소화기 및 단독경보형 감지기를 말한다.

**045** 주택용 소방시설을 설치해야 하는 대상을 모두 고른 것은?

| ㄱ. 다중주택 | ㄴ. 다가구주택 | ㄷ. 연립주택 | ㄹ. 기숙사 |
|---|---|---|---|

① ㄱ, ㄹ
② ㄴ, ㄹ
③ ㄱ, ㄴ, ㄷ
④ ㄴ, ㄷ, ㄹ

**046** 주택용소방시설의 설치기준은 무엇으로 정하는가?
① 대통령령
② 행정안전부령
③ 소방청고시
④ 시도의 조례

정답 : 043. ① 044. ① 045. ③ 046. ④

제10조(주택에 설치하는 소방시설)
② 국가 및 지방자치단체는 주택용소방시설의 설치 및 국민의 자율적인 안전관리를 촉진하기 위하여 필요한 시책을 마련해야 한다.
③ 주택용소방시설의 설치기준 및 자율적인 안전관리 등에 관한 사항은 특별시·광역시·특별자치시·도 또는 특별자치도(이하 "시·도"라 한다)의 조례로 정한다.

## 047 소방시설법령상 수용인원을 고려하지 않고 설치해도 되는 소방시설로 옳은 것은?
① 제연설비  ② 자동화재탐지설비
③ 휴대용비상조명등  ④ 옥내소화전설비

[제연설비 설치대상]
1) 문화 및 집회시설, 종교시설, 운동시설 중 무대부의 바닥면적이 200㎡ 이상인 경우에는 해당 무대부
2) 문화 및 집회시설 중 영화상영관으로서 수용인원 100명 이상인 경우에는 해당 영화상영관
3) 지하층이나 무창층에 설치된 근린생활시설, 판매시설, 운수시설, 숙박시설, 위락시설, 의료시설, 노유자 시설 또는 창고시설(물류터미널로 한정한다)로서 해당 용도로 사용되는 바닥면적의 합계가 1천㎡ 이상인 경우 해당 부분
4) 운수시설 중 시외버스정류장, 철도 및 도시철도 시설, 공항시설 및 항만시설의 대기실 또는 휴게시설로서 지하층 또는 무창층의 바닥면적이 1천㎡ 이상인 경우에는 모든 층
5) 지하가(터널은 제외한다)로서 연면적 1천㎡ 이상인 것
6) 지하가 중 예상 교통량, 경사도 등 터널의 특성을 고려하여 행정안전부령으로 정하는 터널
7) 특정소방대상물(갓복도형 아파트등은 제외한다)에 부설된 특별피난계단, 비상용 승강기의 승강장 또는 피난용 승강기의 승강장

[자동화재탐지설비 설치대상]
1) 공동주택 중 아파트등·기숙사 및 숙박시설의 경우에는 모든 층
2) 층수가 6층 이상인 건축물의 경우에는 모든 층
3) 근린생활시설(목욕장은 제외한다), 의료시설(정신의료기관 및 요양병원은 제외한다), 위락시설, 장례시설 및 복합건축물로서 연면적 600㎡ 이상인 경우에는 모든 층
4) 근린생활시설 중 목욕장, 문화 및 집회시설, 종교시설, 판매시설, 운수시설, 운동시설, 업무시설, 공장, 창고시설, 위험물 저장 및 처리 시설, 항공기 및 자동차 관련 시설, 교정 및 군사시설 중 국방·군사시설, 방송통신시설, 발전시설, 관광 휴게시설, 지하가(터널은 제외한다)로서 연면적 1천㎡ 이상인 경우에는 모든 층
5) 교육연구시설(교육시설 내에 있는 기숙사 및 합숙소를 포함한다), 수련시설(수련시설 내에 있는 기숙사 및 합숙소를 포함하며, 숙박시설이 있는 수련시설은 제외한다), 동물 및 식물 관련 시설(기둥과 지붕만으로 구성되어 외부와 기류가 통하는 장소는 제외한다), 자원순환 관련 시설, 교정 및 군사시설(국방·군사시설은 제외한다) 또는 묘지 관련 시설로서 연면적 2천㎡ 이상인 경우에는 모든 층
6) 노유자 생활시설의 경우에는 모든 층
7) 6)에 해당하지 않는 노유자 시설로서 연면적 400㎡ 이상인 노유자 시설 및 숙박시설이 있는 수련시설로서 수용인원 100명 이상인 경우에는 모든 층
8) 의료시설 중 정신의료기관 또는 요양병원으로서 다음의 어느 하나에 해당하는 시설
가) 요양병원(의료재활시설은 제외한다)
나) 정신의료기관 또는 의료재활시설로 사용되는 바닥면적의 합계가 300㎡ 이상인 시설
다) 정신의료기관 또는 의료재활시설로 사용되는 바닥면적의 합계가 300㎡ 미만이고,

정답 : 047. ④

창살(철재·플라스틱 또는 목재 등으로 사람의 탈출 등을 막기 위하여 설치한 것을 말하며, 화재 시 자동으로 열리는 구조로 되어 있는 창살은 제외한다)이 설치된 시설
9) 판매시설 중 전통시장
10) 지하가 중 터널로서 길이가 1천m 이상인 것
11) 지하구
12) 3)에 해당하지 않는 근린생활시설 중 조산원 및 산후조리원
13) 4)에 해당하지 않는 공장 및 창고시설로서「화재의 예방 및 안전관리에 관한 법률 시행령」별표 2에서 정하는 수량의 500배 이상의 특수가연물을 저장·취급하는 것
14) 4)에 해당하지 않는 발전시설 중 전기저장시설

[휴대용비상조명등 설치대상]
1) 숙박시설
2) 수용인원 100명 이상의 영화상영관, 판매시설 중 대규모점포, 철도 및 도시철도 시설 중 지하역사, 지하가 중 지하상가

[옥내소화전설비 설치대상]
옥내소화전설비를 설치해야 하는 특정소방대상물은 다음의 어느 하나에 해당하는 것으로 한다. 다만, 위험물 저장 및 처리 시설 중 가스시설, 지하구 및 업무시설 중 무인변전소(방재실 등에서 스프링클러설비 또는 물분무등소화설비를 원격으로 조정할 수 있는 무인변전소로 한정한다)는 제외한다.
1) 다음의 어느 하나에 해당하는 경우에는 모든 층
   가) 연면적 3천㎡ 이상인 것(지하가 중 터널은 제외한다)
   나) 지하층·무창층(축사는 제외한다)으로서 바닥면적이 600㎡ 이상인 층이 있는 것
   다) 층수가 4층 이상인 것 중 바닥면적이 600㎡ 이상인 층이 있는 것
2) 1)에 해당하지 않는 근린생활시설, 판매시설, 운수시설, 의료시설, 노유자 시설, 업무시설, 숙박시설, 위락시설, 공장, 창고시설, 항공기 및 자동차 관련 시설, 교정 및 군사시설 중 국방·군사시설, 방송통신시설, 발전시설, 장례시설 또는 복합건축물로서 다음의 어느 하나에 해당하는 경우에는 모든 층
   가) 연면적 1천5백㎡ 이상인 것
   나) 지하층·무창층으로서 바닥면적이 300㎡ 이상인 층이 있는 것
   다) 층수가 4층 이상인 것 중 바닥면적이 300㎡ 이상인 층이 있는 것
3) 건축물의 옥상에 설치된 차고·주차장으로서 사용되는 면적이 200㎡ 이상인 경우 해당 부분
4) 지하가 중 터널로서 다음에 해당하는 터널
   가) 길이가 1천m 이상인 터널
   나) 예상교통량, 경사도 등 터널의 특성을 고려하여 행정안전부령으로 정하는 터널
5) 1) 및 2)에 해당하지 않는 공장 또는 창고시설로서「화재의 예방 및 안전관리에 관한 법률 시행령」별표 2에서 정하는 수량의 750배 이상의 특수가연물을 저장·취급하는 것

## 048 다음 중 물분무등소화설비의 설치대상으로 옳지 않은 것은?
① 항공기 및 자동차 관련 시설 중 항공기격납고
② 차고, 주차용 건축물 또는 철골 조립식 주차시설. 이 경우 연면적 600㎡ 이상인 것만 해당한다.
③ 건축물 내부에 설치된 차고·주차장으로서 차고 또는 주차의 용도로 사용되는 부분의 면적이 200㎡ 이상인 경우 해당 부분
④ 기계장치에 의한 주차시설을 이용하여 20대 이상의 차량을 주차할 수 있는 시설

정답 : 048. ②

**[물분무등소화설비 설치대상]**
물분무등소화설비를 설치해야 하는 특정소방대상물(위험물 저장 및 처리 시설 중 가스시설 및 지하구는 제외한다)은 다음의 어느 하나에 해당하는 것으로 한다.
1) 항공기 및 자동차 관련 시설 중 항공기 격납고
2) 차고, 주차용 건축물 또는 철골 조립식 주차시설. 이 경우 연면적 800㎡ 이상인 것만 해당한다.
3) 건축물의 내부에 설치된 차고·주차장으로서 차고 또는 주차의 용도로 사용되는 면적이 200㎡ 이상인 경우 해당 부분(50세대 미만 연립주택 및 다세대주택은 제외한다)
4) 기계장치에 의한 주차시설을 이용하여 20대 이상의 차량을 주차할 수 있는 시설
5) 특정소방대상물에 설치된 전기실·발전실·변전실(가연성 절연유를 사용하지 않는 변압기·전류차단기 등의 전기기기와 가연성 피복을 사용하지 않은 전선 및 케이블만을 설치한 전기실·발전실 및 변전실은 제외한다)·축전지실·통신기기실 또는 전산실, 그 밖에 이와 비슷한 것으로서 바닥면적이 300㎡ 이상인 것[하나의 방화구획 내에 둘 이상의 실(室)이 설치되어 있는 경우에는 이를 하나의 실로 보아 바닥면적을 산정한다]. 다만, 내화구조로 된 공정제어실 내에 설치된 주조정실로서 양압시설(외부 오염공기 침투를 차단하고 내부의 나쁜 공기가 자연스럽게 외부로 흐를 수 있도록 한 시설을 말한다)이 설치되고 전기기기에 220볼트 이하인 저전압이 사용되며 종업원이 24시간 상주하는 곳은 제외한다.
6) 소화수를 수집·처리하는 설비가 설치되어 있지 않은 중·저준위방사성폐기물의 저장시설. 이 시설에는 이산화탄소소화설비, 할론소화설비 또는 할로겐화합물 및 불활성기체 소화설비를 설치해야 한다.
7) 지하가 중 예상 교통량, 경사도 등 터널의 특성을 고려하여 행정안전부령으로 정하는 터널. 이 시설에는 물분무소화설비를 설치해야 한다.
8) 국가유산 중「문화유산의 보존 및 활용에 관한 법률」에 따른 지정문화유산(문화유산자료를 제외한다) 또는「자연유산의 보존 및 활용에 관한 법률」에 따른 천연기념물등(자연유산자료를 제외한다)으로서 소방청장이 국가유산청장과 협의하여 정하는 것

**049** **다음 중 자동화재탐지설비를 설치해야 하는 대상에 해당하지 않는 것은?**
① 근린생활시설(목욕장은 제외한다), 의료시설(정신의료기관 또는 요양병원은 제외한다), 숙박시설, 위락시설, 장례시설 및 복합건축물로서 연면적 600㎡ 이상인 것
② 근린생활시설 중 목욕장, 문화 및 집회시설, 종교시설, 판매시설, 운수시설, 운동시설, 업무시설, 공장, 창고시설, 위험물 저장 및 처리시설, 항공기 및 자동차 관련시설, 교정 및 군사시설 중 국방·군사시설, 방송통신시설, 발전시설, 관광 휴게시설, 지하가(터널은 제외한다)로서 연면적 1천㎡ 이상인 것
③ 교육연구시설(교육시설 내에 있는 기숙사 및 합숙소를 포함한다), 수련시설(수련시설 내에 있는 기숙사 및 합숙소를 포함하며, 숙박시설이 있는 수련시설은 제외한다), 동물 및 식물 관련시설(기둥과 지붕만으로 구성되어 외부와 기류가 통하는 장소는 제외한다), 자원순환 관련시설, 교정 및 군사시설(국방·군사시설은 제외한다) 또는 묘지 관련시설로서 연면적 1천500㎡ 이상인 것
④ 지하가 중 터널로서 길이가 1천m 이상인 것

 정답 : 049. ③

**050** 다음 중 단독경보형 감지기를 설치해야 하는 대상으로 옳지 않은 것은?
① 연면적 1천㎡ 미만의 공동주택
② 수련시설 내에 있는 기숙사 또는 합숙소로서 연면적 2천㎡ 미만인 것
③ 교육연구시설 내에 있는 기숙사 또는 합숙소로서 연면적 2천㎡ 미만인 것
④ 연면적 400㎡ 미만의 유치원

[단독경보형감지기 설치대상]
단독경보형 감지기를 설치해야 하는 특정소방대상물은 다음의 어느 하나에 해당하는 것으로 한다. 이 경우 5)의 연립주택 및 다세대주택에 설치하는 단독경보형 감지기는 연동형으로 설치해야 한다.
    1) 교육연구시설 내에 있는 기숙사 또는 합숙소로서 연면적 2천㎡ 미만인 것
    2) 수련시설 내에 있는 기숙사 또는 합숙소로서 연면적 2천㎡ 미만인 것
    3) 다목7)에 해당하지 않는 수련시설(숙박시설이 있는 것만 해당한다)
    4) 연면적 400㎡ 미만의 유치원
    5) 공동주택 중 연립주택 및 다세대주택

**051** 다음 중 비상방송설비의 설치대상에 해당하지 않는 것은?
① 연면적 5천㎡인 특정소방대상물
② 지상 15층 특정소방대상물
③ 지하 3층, 지상 5층 특정소방대상물
④ 지하 2층, 지상 10층 특정소방대상물

[비상방송설비 설치대상]
비상방송설비를 설치해야 하는 특정소방대상물(위험물 저장 및 처리 시설 중 가스시설, 사람이 거주하지 않거나 벽이 없는 축사 등 동물 및 식물 관련 시설, 지하가 중 터널 및 지하구는 제외한다)은 다음의 어느 하나에 해당하는 것으로 한다.
    1) 연면적 3천5백㎡ 이상인 것은 모든 층
    2) 층수가 11층 이상인 것은 모든 층
    3) 지하층의 층수가 3층 이상인 것은 모든 층

**052** 소방시설법령상 비상경보설비를 설치해야 할 특정소방대상물의 기준 중 옳은 것은?
(단, 모래·석재 등 불연재료 공장 및 창고시설, 위험물 저장 및 처리 시설 중 가스시설, 사람이 거주하지 않거나 벽이 없는 축사 등 동물 및 식물 관련 시설 및 지하구는 제외한다)
① 지하층 또는 무창층의 바닥면적이 50㎡ 이상인 것
② 연면적이 400㎡ 이상인 것
③ 지하가 중 터널로서 길이가 300m 이상인 것
④ 30명 이상의 근로자가 작업하는 옥내 작업장

[비상경보설비 설치대상]
비상경보설비를 설치해야 하는 특정소방대상물(모래·석재 등 불연재료 공장 및 창고시설, 위험물 저장 및 처리 시설 중 가스시설, 사람이 거주하지 않거나 벽이 없는 축사 등 동물 및 식물 관련 시설 및 지하구는 제외한다)은 다음의 어느 하나에 해당하는 것으로 한다.

정답 : 050. ①    051. ④    052. ②

1) 연면적 400㎡ 이상인 것은 모든 층
2) 지하층 또는 무창층의 바닥면적이 150㎡(공연장의 경우 100㎡) 이상인 것은 모든 층
3) 지하가 중 터널로서 길이가 500m 이상인 것
4) 50명 이상의 근로자가 작업하는 옥내 작업장

## 053
소방시설법령상 특정소방대상물의 관계인이 특정소방대상물의 규모·용도 및 수용인원 등을 고려하여 갖추어야 하는 소방시설 등의 종류에서 지하가 중 터널에 설치해야 하는 소방시설이 아닌 것은?

① 소화기구
② 자동화재속보설비
③ 비상콘센트설비
④ 연결송수관설비

[도로터널 소방시설]
모든 터널 : 소화기
500m 이상 터널 : 비상경보설비, 비상콘센트설비, 비상조명등설비, 무선통신보조설비
1000m 이상 터널 : 옥내소화전설비, 자동화재탐지설비, 연결송수관설비
위험등급 이상 터널 : 제연설비, 물분무소화설비

## 054
소방시설법령상 무선통신보조설비를 설치해야 하는 특정소방대상물에 해당하지 않는 것은? (단, 위험물 저장 및 처리 시설 중 가스시설은 제외함)

① 공동구
② 지하가(터널은 제외)로서 연면적 1천㎡ 이상인 것
③ 층수가 30층 이상인 것으로서 11층 이상 부분의 모든 층
④ 지하층의 층수가 3층 이상이고 지하층의 바닥면적의 합계가 1천㎡ 이상인 것은 지하층의 모든 층

[무선통신보조설비 설치대상]
무선통신보조설비를 설치해야 하는 특정소방대상물(위험물 저장 및 처리 시설 중 가스시설은 제외한다)은 다음의 어느 하나에 해당하는 것으로 한다.
1) 지하가(터널은 제외한다)로서 연면적 1천㎡ 이상인 것
2) 지하층의 바닥면적의 합계가 3천㎡ 이상인 것 또는 지하층의 층수가 3층 이상이고 지하층의 바닥면적의 합계가 1천㎡ 이상인 것은 지하층의 모든 층
3) 지하가 중 터널로서 길이가 500m 이상인 것
4) 지하구 중 공동구
5) 층수가 30층 이상인 것으로서 16층 이상 부분의 모든 층

정답 : 053. ② 054. ③

## 055
다음은 옥외소화전설비 설치대상 및 행정안전부령으로 정하는 연소우려가 있는 건축물의 구조에 관한 내용이다. 빈칸에 들어갈 내용으로 옳은 것은?

■ 옥외소화전설비를 설치해야 하는 특정소방대상물(아파트등, 위험물 저장 및 처리 시설 중 가스시설, 지하구 및 지하가 중 터널은 제외한다)은 다음의 어느 하나에 해당하는 것으로 한다.
1) 지상 1층 및 2층의 바닥면적의 합계가 ( ㄱ )㎡ 이상인 것. 이 경우 같은 구(區) 내의 둘 이상의 특정소방대상물이 행정안전부령으로 정하는 연소(延燒) 우려가 있는 구조인 경우에는 이를 하나의 특정소방대상물로 본다.
2) 문화유산 중 「문화유산의 보존 및 활용에 관한 법률」 제23조에 따라 보물 또는 국보로 지정된 목조건축물
3) 1)에 해당하지 않는 공장 또는 창고시설로서 「화재의 예방 및 안전관리에 관한 법률 시행령」 별표 2에서 정하는 수량의 ( ㄴ ) 배 이상의 특수가연물을 저장·취급하는 것

■ 시행규칙 제17조(연소 우려가 있는 건축물의 구조) 영 별표 4 제1호사목1) 후단에서 "행정안전부령으로 정하는 연소(延燒) 우려가 있는 구조"란 다음 각 호의 기준에 모두 해당하는 구조를 말한다.
1. 건축물대장의 건축물 현황도에 표시된 대지경계선 안에 둘 이상의 건축물이 있는 경우
2. 각각의 건축물이 다른 건축물의 외벽으로부터 수평거리가 1층의 경우에는 ( ㄷ )미터 이하, 2층 이상의 층의 경우에는 ( ㄹ )미터 이하인 경우
3. 개구부(영 제2조제1호 각 목 외의 부분에 따른 개구부를 말한다)가 다른 건축물을 향하여 설치되어 있는 경우

| | ㄱ | ㄴ | ㄷ | ㄹ |
|---|---|---|---|---|
| ① | 9천 | 500 | 6 | 9 |
| ② | 9천 | 750 | 6 | 10 |
| ③ | 9천 | 500 | 6 | 10 |
| ④ | 8천 | 750 | 6 | 9 |

## 056
소방본부장 또는 소방서장은 대통령령 또는 화재안전기준이 변경되어 그 기준이 강화되는 경우 기존의 특정소방대상물의 소방시설에 대하여는 변경 전의 대통령령 또는 화재안전기준을 적용해야 함에도 불구하고 강화된 기준을 적용해야 하는 경우로 옳은 것을 모두 고른 것은?

ㄱ. 소화기구
ㄴ. 자동화재탐지설비
ㄷ. 노유자(老幼者)시설에 설치하는 스프링클러설비 및 자동화재탐지설비
ㄹ. 의료시설에 설치하는 스프링클러설비, 간이스프링클러설비, 자동화재탐지설비 및 자동화재속보설비

① ㄱ　　② ㄴ, ㄷ　　③ ㄱ, ㄹ　　④ ㄱ, ㄴ, ㄹ

제13조(소방시설기준 적용의 특례) ① 소방본부장이나 소방서장은 제12조제1항 전단에 따른 대통령령 또는 화재안전기준이 변경되어 그 기준이 강화되는 경우 기존의 특정소방대상물(건축물의 신축·개축·재축·이전 및 대수선 중인 특정소방대상물을 포함한다)의 소방시

정답 : 055. ②　　056. ④

설에 대하여는 변경 전의 대통령령 또는 화재안전기준을 적용한다. 다만, 다음 각 호의 어느 하나에 해당하는 소방시설의 경우에는 대통령령 또는 화재안전기준의 변경으로 강화된 기준을 적용할 수 있다.
1. 다음 각 목의 소방시설 중 대통령령 또는 화재안전기준으로 정하는 것
   가. 소화기구
   나. 비상경보설비
   다. 자동화재탐지설비
   라. 자동화재속보설비
   마. 피난구조설비
2. 다음 각 목의 특정소방대상물에 설치하는 소방시설 중 대통령령 또는 화재안전기준으로 정하는 것
   가. 「국토의 계획 및 이용에 관한 법률」 제2조제9호에 따른 공동구
   나. 전력 및 통신사업용 지하구
   다. 노유자(老幼者) 시설
   라. 의료시설

> 시행령 제13조(강화된 소방시설기준의 적용대상) 법 제13조제1항제2호 각 목 외의 부분에서 "대통령령으로 정하는 것"이란 다음 각 호의 소방시설을 말한다.
> 1. 「국토의 계획 및 이용에 관한 법률」 제2조제9호에 따른 공동구에 설치하는 소화기, 자동소화장치, 자동화재탐지설비, 통합감시시설, 유도등 및 연소방지설비
> 2. 전력 및 통신사업용 지하구에 설치하는 소화기, 자동소화장치, 자동화재탐지설비, 통합감시시설, 유도등 및 연소방지설비
> 3. 노유자 시설에 설치하는 간이스프링클러설비, 자동화재탐지설비 및 단독경보형 감지기
> 4. 의료시설에 설치하는 스프링클러설비, 간이스프링클러설비, 자동화재탐지설비 및 자동화재속보설비

**057** 소방시설법령상 화재안전기준의 변경으로 강화된 기준을 적용하는 소방시설이 아닌 것은?
① 소화기구
② 비상경보설비
③ 제연설비
④ 자동화재속보설비

**058** 소방시설법령상 중 강화된 소방시설을 적용해야 하는 공동구의 경우 강화된 기준을 적용해야 하는 소방시설에 해당하지 않는 것은?
① 소화기
② 자동소화장치
③ 유도등
④ 연결송수관설비

정답 : 057. ③    058. ④

**059** 소방시설법령상 화재위험도가 낮은 특정소방대상물 중 석재, 불연성 금속 등의 가공공장에 설치하지 않을 수 있는 소방시설은?

① 옥외소화전 및 연결살수설비
② 옥외소화전 및 연결송수관설비
③ 자동화재탐지설비 및 연결살수설비
④ 연결송수관설비 및 연결살수설비

소방시설을 설치하지 않을 수 있는 특정소방대상물 및 소방시설의 범위
(제16조 관련)

| 구 분 | 특정소방대상물 | 설치하지 않을 수 있는 소방시설 |
|---|---|---|
| 1. 화재 위험도가 낮은 특정소방대상물 | 석재, 불연성금속, 불연성 건축재료 등의 가공공장·기계조립공장 또는 불연성 물품을 저장하는 창고 | 옥외소화전 및 연결살수설비 |
| 2. 화재안전기준을 적용하기 어려운 특정소방대상물 | 펄프공장의 작업장, 음료수 공장의 세정 또는 충전을 하는 작업장, 그 밖에 이와 비슷한 용도로 사용하는 것 | 스프링클러설비, 상수도 소화용수설비 및 연결살수설비 |
| | 정수장, 수영장, 목욕장, 농예·축산·어류양식용 시설, 그 밖에 이와 비슷한 용도로 사용되는 것 | 자동화재탐지설비, 상수도 소화용수설비 및 연결살수설비 |
| 3. 화재안전기준을 달리 적용해야 하는 특수한 용도 또는 구조를 가진 특정소방대상물 | 원자력발전소, 중·저준위 방사성폐기물의 저장시설 | 연결송수관설비 및 연결살수설비 |
| 4. 「위험물 안전관리법」 제19조에 따른 자체소방대가 설치된 특정소방대상물 | 자체소방대가 설치된 제조소등에 부속된 사무실 | 옥내소화전설비, 소화용수설비, 연결살수설비 및 연결송수관설비 |

**060** 소방시설법령상 화재안전기준을 달리 적용해야 하는 특수한 용도 또는 구조를 가진 특정소방대상물 중 원자력발전소에 설치하지 않을 수 있는 소방시설은?

① 소화용수설비
② 옥외소화전설비
③ 물분무등소화설비
④ 연결송수관설비 및 연결살수설비

**061** 소방시설법령상 특정소방대상물의 소방시설 설치의 면제기준 중 자동화재탐지설비의 설치면제기준은?

① 스프링클러설비 또는 물분무등소화설비
② 건식 스프링클러설비
③ 습식 스프링클러설비
④ ESFR 스프링클러설비

| 9. 자동화재탐지설비 | 자동화재탐지설비의 기능(감지·수신·경보기능을 말한다)과 성능을 가진 화재알림설비, 스프링클러설비 또는 물분무등소화설비를 화재안전기준에 적합하게 설치한 경우에는 그 설비의 유효범위에서 설치가 면제된다. |
|---|---|

정답 : 059. ①　　060. ④　　061. ①

## 062
소방시설법령상 제연설비의 설치면제 기준에 대한 설명이다. (   ) 안에 들어갈 말로 올바른 것은?

> 1) 공기조화설비를 화재안전기준의 제연설비기준에 적합하게 설치하고 공기조화설비가 화재 시 제연설비기능으로 자동전환되는 구조로 설치되어 있는 경우
> 2) 직접 외부 공기와 통하는 배출구의 면적의 합계가 해당 제연구역[제연경계(제연설비의 일부인 천장을 포함한다)에 의하여 구획된 건축물 내의 공간을 말한다] 바닥면적의 ( ㉠ ) 이상이고, 배출구부터 각 부분까지의 수평거리가 ( ㉡ )m 이내이며, 공기유입구가 화재안전기준에 적합하게(외부 공기를 직접 자연 유입할 경우에 유입구의 크기는 배출구의 크기 이상이어야 한다) 설치되어 있는 경우

|   | ㉠ | ㉡ |   | ㉠ | ㉡ |
|---|---|---|---|---|---|
| ① | 1/10 | 20 | ② | 1/100 | 30 |
| ③ | 3/100 | 30 | ④ | 5/100 | 20 |

**해설**

| 17. 제연설비 | 가. 제연설비를 설치해야 하는 특정소방대상물[별표 4 제5호가목6)은 제외한다]에 다음의 어느 하나에 해당하는 설비를 설치한 경우에는 설치가 면제된다.<br>　1) 공기조화설비를 화재안전기준의 제연설비기준에 적합하게 설치하고 공기조화설비가 화재 시 제연설비기능으로 자동전환되는 구조로 설치되어 있는 경우<br>　2) 직접 외부 공기와 통하는 배출구의 면적의 합계가 해당 제연구역[제연경계(제연설비의 일부인 천장을 포함한다)에 의하여 구획된 건축물 내의 공간을 말한다] 바닥면적의 100분의 1 이상이고, 배출구부터 각 부분까지의 수평거리가 30m 이내이며, 공기유입구가 화재안전기준에 적합하게(외부 공기를 직접 자연 유입할 경우에 유입구의 크기는 배출구의 크기 이상이어야 한다) 설치되어 있는 경우<br>나. 별표 4 제5호가목6)에 따라 제연설비를 설치해야 하는 특정소방대상물 중 노대(露臺)와 연결된 특별피난계단, 노대가 설치된 비상용 승강기의 승강장 또는 「건축법 시행령」 제91조제5호의 기준에 따라 배연설비가 설치된 피난용 승강기의 승강장에는 설치가 면제된다. |
|---|---|

## 063
소방시설법령상 특정소방대상물의 소방시설 설치의 면제 기준에 대한 설명으로 옳지 않은 것은?

① 스프링클러설비를 설치해야 하는 특정소방대상물에 적응성 있는 자동소화장치 또는 물분무등소화설비를 화재안전기준에 적합하게 설치한 경우에는 그 설비의 유효범위에서 설치가 면제된다.
② 물분무등소화설비를 설치해야 하는 차고·주차장에 스프링클러설비를 화재안전기준에 적합하게 설치한 경우에는 그 설비의 유효범위에서 설치가 면제된다.
③ 간이스프링클러설비를 설치해야 하는 특정소방대상물에 스프링클러설비 및 물분무등소화설비를 화재안전기준에 적합하게 설치한 경우에는 그 설비의 유효범위에서 설치가 면제된다.
④ 비상경보설비 또는 단독경보형 감지기를 설치해야 하는 특정소방대상물에 자동화재탐지설비 또는 화재알림설비를 화재안전기준에 적합하게 설치한 경우에는 그 설비의 유효범위에서 설치가 면제된다.

정답 : 062. ② 　　063. ③

| | | |
|---|---|---|
|  | 4. 간이스프링클러 설비 | 간이스프링클러설비를 설치해야 하는 특정소방대상물에 스프링클러설비, 물분무소화설비 또는 미분무소화설비를 화재안전기준에 적합하게 설치한 경우에는 그 설비의 유효범위에서 설치가 면제된다. |
| | 3. 스프링클러설비 | 가. 스프링클러설비를 설치해야 하는 특정소방대상물(발전시설 중 전기저장시설은 제외한다)에 적응성 있는 자동소화장치 또는 물분무등소화설비를 화재안전기준에 적합하게 설치한 경우에는 그 설비의 유효범위에서 설치가 면제된다.<br>나. 스프링클러설비를 설치해야 하는 전기저장시설에 소화설비를 소방청장이 정하여 고시하는 방법에 따라 설치한 경우에는 그 설비의 유효범위에서 설치가 면제된다. |

**064** 소방시설법령상 소방시설 설치의 면제 기준에 대한 다음 설명 중 옳은 것은?

① 누전경보기를 설치해야 하는 특정소방대상물 또는 그 부분에 아크경보기를 설치한 경우 그 설비의 유효범위에서 설치가 면제된다.
② 상수도소화용수설비를 설치해야 하는 특정소방대상물의 각 부분으로부터 100m 이내에 공공의 소방을 위한 소화전이 화재안전기준에 적합하게 설치된 경우에는 설치가 면제된다.
③ 연소방지설비를 설치해야 하는 특정소방대상물에 물분무등소화설비를 화재안전기준에 적합하게 설치한 경우 그 설비의 유효범위에서 설치가 면제된다.
④ 옥외소화전설비를 설치해야 하는 문화유산인 목조건축물에 옥내소화전설비를 옥외소화전 화재안전기준에서 정하는 방수압력, 방수량, 함, 호스기준에 적합하게 설치한 경우에는 설치가 면제된다.

| | | |
|---|---|---|
|  | 13. 누전경보기 | 누전경보기를 설치해야 하는 특정소방대상물 또는 그 부분에 아크경보기(옥내 배전선로의 단선이나 선로 손상 등으로 인하여 발생하는 아크를 감지하고 경보하는 장치를 말한다) 또는 전기 관련 법령에 따른 지락차단장치를 설치한 경우에는 그 설비의 유효범위에서 설치가 면제된다. |
| | 16. 상수도소화용수 설비 | 가. 상수도소화용수설비를 설치해야 하는 특정소방대상물의 각 부분으로부터 수평거리 140m 이내에 공공의 소방을 위한 소화전이 화재안전기준에 적합하게 설치되어 있는 경우에는 설치가 면제된다.<br>나. 소방본부장 또는 소방서장이 상수도소화용수설비의 설치가 곤란하다고 인정하는 경우로서 화재안전기준에 적합한 소화수조 또는 저수조가 설치되어 있거나 이를 설치하는 경우에는 그 설비의 유효범위에서 설치가 면제된다. |
| | 21. 연소방지설비 | 연소방지설비를 설치해야 하는 특정소방대상물에 스프링클러설비, 물분무소화설비 또는 미분무소화설비를 화재안전기준에 적합하게 설치한 경우에는 그 설비의 유효범위에서 설치가 면제된다. |

정답 : 064. ①

| | |
|---|---|
| 6. 옥외소화전설비 | 옥외소화전설비를 설치해야 하는 문화유산인 목조건축물에 상수도소화용수설비를 화재안전기준에서 정하는 방수압력·방수량·옥외소화전함 및 호스의 기준에 적합하게 설치한 경우에는 설치가 면제된다. |

**065** 다음은 연결살수설비의 설치면제 기준이다. 다음 괄호 안에 들어갈 내용으로 옳은 것은?

> 가. 연결살수설비를 설치해야 하는 특정소방대상물에 송수구를 부설한 ( ㉠ )를 화재안전기준에 적합하게 설치한 경우에는 그 설비의 유효범위에서 설치가 면제된다.
> 나. 가스 관계 법령에 따라 설치되는 물분무장치 등에 소방대가 사용할 수 있는 연결송수구가 설치되거나 물분무장치 등에 ( ㉡ )시간 이상 공급할 수 있는 수원(水源)이 확보된 경우에는 설치가 면제된다.

|  | ㉠ | ㉡ |
|---|---|---|
| ① | 스프링클러설비, 간이스프링클러설비, 물분무소화설비 또는 미분무소화설비 | 6 |
| ② | 스프링클러설비, 간이스프링클러설비, 물분무소화설비 또는 미분무소화설비 | 4 |
| ③ | 스프링클러설비, 간이스프링클러설비, 물분무소화설비 또는 가스계소화설비 | 6 |
| ④ | 스프링클러설비, 간이스프링클러설비, 물분무소화설비등소화설비 | 4 |

| 19. 연결살수설비 | 가. 연결살수설비를 설치해야 하는 특정소방대상물에 송수구를 부설한 스프링클러설비, 간이스프링클러설비, 물분무소화설비 또는 미분무소화설비를 화재안전기준에 적합하게 설치한 경우에는 그 설비의 유효범위에서 설치가 면제된다.<br>나. 가스 관계 법령에 따라 설치되는 물분무장치 등에 소방대가 사용할 수 있는 연결송수구가 설치되거나 물분무장치 등에 6시간 이상 공급할 수 있는 수원(水源)이 확보된 경우에는 설치가 면제된다. |
|---|---|

**066** 소방시설법령상 특정소방대상물이 증축되는 경우에 기존 부분에 대해서는 증축 당시의 소방시설의 설치에 관한 대통령령 또는 화재안전기준을 적용하지 않는 경우가 있다. 이 경우에 해당하지 않는 것은?

① 기존 부분과 증축 부분이 자동방화셔터 또는 60분+방화문으로 구획되어 있는 경우
② 기존 부분과 증축 부분이 내화구조로 된 바닥과 벽으로 구획된 경우
③ 자동차 생산공장 내부에 연면적 50제곱미터의 직원 휴게실을 증축하는 경우
④ 자동차 생산공장 3면 이상에 벽이 없는 구조의 캐노피를 설치하는 경우

시행령 제15조(특정소방대상물의 증축 또는 용도변경 시의 소방시설기준 적용의 특례) ① 법 제13조제3항에 따라 소방본부장 또는 소방서장은 특정소방대상물이 증축되는 경우에는 기존 부분을 포함한 특정소방대상물의 전체에 대하여 증축 당시의 소방시설의 설치에 관한 대통령령 또는 화재안전기준을 적용해야 한다. 다만, 다음 각 호의 어느 하나에 해당하는 경우에는 기존 부분에 대해서는 증축 당시의 소방시설의 설치에 관한 대통령령 또는 화재안전기준을 적용하지 않는다.

 정답 : 065. ①    066. ③

1. 기존 부분과 증축 부분이 내화구조(耐火構造)로 된 바닥과 벽으로 구획된 경우
2. 기존 부분과 증축 부분이 「건축법 시행령」 제46조제1항제2호에 따른 자동방화셔터(이하 "자동방화셔터"라 한다) 또는 같은 영 제64조제1항제1호에 따른 60분+ 방화문(이하 "60분+ 방화문"이라 한다)으로 구획되어 있는 경우
3. 자동차 생산공장 등 화재 위험이 낮은 특정소방대상물 내부에 연면적 33제곱미터 이하의 직원 휴게실을 증축하는 경우
4. 자동차 생산공장 등 화재 위험이 낮은 특정소방대상물에 캐노피(기둥으로 받치거나 매달아 놓은 덮개를 말하며, 3면 이상에 벽이 없는 구조의 것을 말한다)를 설치하는 경우

**067** 소방시설법령상 특정소방대상물의 증축 또는 용도변경 시의 소방시설기준 적용의 특례에 대한 설명 중 옳지 않은 것은?

① 특정소방대상물이 증축되는 경우에는 기존 부분을 포함한 특정소방대상물의 전체에 대하여 증축 당시의 소방시설의 설치에 관한 대통령령 또는 화재안전기준을 적용해야 하는 것이 원칙이다.
② 기존 부분과 증축 부분이 내화구조(耐火耈造)로 된 바닥과 벽으로 구획된 경우 증축된 부분에 대해서만 증축 당시의 소방시설의 설치에 관한 대통령령 또는 화재안전기준을 적용한다.
③ 특정소방대상물이 용도변경되는 경우에는 건물 전체 부분에 대해서 용도변경 당시의 소방시설의 설치에 관한 대통령령 또는 화재안전기준을 적용한다.
④ 용도변경으로 인하여 천장, 바닥, 벽 등에 고정되어 있는 가연성 물질의 양이 줄어드는 경우 전체에 대하여 용도변경 전에 해당 특정소방대상물에 적용되던 소방시설의 설치에 관한 대통령령 또는 화재안전기준을 적용한다.

 시행령 제15조(특정소방대상물의 증축 또는 용도변경 시의 소방시설기준 적용의 특례)
② 법 제13조제3항에 따라 소방본부장 또는 소방서장은 특정소방대상물이 용도변경되는 경우에는 용도변경되는 부분에 대해서만 용도변경 당시의 소방시설의 설치에 관한 대통령령 또는 화재안전기준을 적용한다. 다만, 다음 각 호의 어느 하나에 해당하는 경우에는 특정소방대상물 전체에 대하여 용도변경 전에 해당 특성소방대상물에 석용되넌 소방시설의 설치에 관한 대통령령 또는 화재안전기준을 적용한다.
  1. 특정소방대상물의 구조·설비가 화재연소 확대 요인이 적어지거나 피난 또는 화재진압활동이 쉬워지도록 변경되는 경우
  2. 용도변경으로 인하여 천장·바닥·벽 등에 고정되어 있는 가연성 물질의 양이 줄어드는 경우

**068** 소방시설법령상 구조 및 원리 등에서 공법이 특수한 설계로 인정된 소방시설을 설치하는 경우에는 누구의 심의를 거쳐 화재안전기준을 적용하지 아니할 수 있는가?

① 소방청장  ② 성능위주설계평가단
③ 지방소방기술심의위원회  ④ 중앙소방기술심의위원회

**069** 소방시설법령상 소방청장은 건축환경 및 화재위험특성 변화사항을 효과적으로 반영할 수 있도록 소방시설 규정을 몇 년에 몇 회 이상 정비해야 하는가?

① 2년에 1회 이상  ② 3년에 1회 이상  ③ 5년에 1회 이상  ④ 매년 1회 이상

 정답 : 067. ③   068. ④   069. ②

## 070 소방시설법 시행령[별표7]에 따른 수용인원의 산정방법에 대한 내용이다. 괄호 안에 들어갈 내용으로 알맞은 것은?

**수용인원의 산정 방법(제15조 관련)**

1. 숙박시설이 있는 특정소방대상물
   가. 침대가 있는 숙박시설 : 해당 특정소방물의 종사자 수에 침대 수(2인용 침대는 2개로 산정한다)를 합한 수
   나. 침대가 없는 숙박시설 : 해당 특정소방대상물의 종사자 수에 숙박시설 바닥면적의 합계를 ( ㉠ )m²로 나누어 얻은 수를 합한 수
2. 제1호 외의 특정소방대상물
   가. 강의실·교무실·상담실·실습실·휴게실 용도로 쓰이는 특정소방대상물 : 해당 용도로 사용하는 바닥면적의 합계를 ( ㉡ )m²로 나누어 얻은 수
   나. 강당, 문화 및 집회시설, 운동시설, 종교시설 : 해당 용도로 사용하는 바닥면적의 합계를 ( ㉢ )m²로 나누어 얻은 수(관람석이 있는 경우 고정식 의자를 설치한 부분은 그 부분의 의자 수로 하고, 긴 의자의 경우에는 의자의 정면너비를 ( ㉣ )m로 나누어 얻은 수로 한다)
   다. 그 밖의 특정소방대상물 : 해당 용도로 사용하는 바닥면적의 합계를 ( ㉤ )m²로 나누어 얻은 수

비고
1. 위 표에서 바닥면적을 산정할 때에는 복도(「건축법 시행령」 제2조제11호에 따른 준불연재료 이상의 것을 사용하여 바닥에서 천장까지 벽으로 구획한 것을 말한다), 계단 및 화장실의 바닥면적을 포함하지 않는다.
2. 계산 결과 소수점 이하의 수는 반올림한다.

|   | ㉠ | ㉡ | ㉢ | ㉣ | ㉤ |
|---|---|---|---|---|---|
| ① | 3 | 1.8 | 4.2 | 0.5 | 3 |
| ② | 3 | 1.9 | 4.6 | 0.4 | 3 |
| ③ | 3 | 1.9 | 4.6 | 0.45 | 3 |
| ④ | 3 | 1.8 | 4.6 | 0.45 | 5 |

## 071 다음 중 수용인원이 가장 적은 것은?
① 종사자 3명, 침대 수 110개(2인용 90, 1인용 20)인 숙박시설
② 종사자 3명, 연면적 600m²인 침대가 없는 숙박시설(복도, 화장실의 면적은 60m²이다)
③ 바닥면적의 합계가 600m²인 강의실(복도, 화장실의 면적은 30m²이다)
④ 관람석이 없고 바닥면적의 합계가 920m²인 운동시설

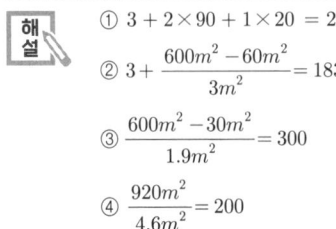

① $3 + 2 \times 90 + 1 \times 20 = 203$
② $3 + \dfrac{600m^2 - 60m^2}{3m^2} = 183$
③ $\dfrac{600m^2 - 30m^2}{1.9m^2} = 300$
④ $\dfrac{920m^2}{4.6m^2} = 200$

정답 : 070. ③   071. ②

## 072 소방시설법령상 임시소방시설에 해당하지 않는 것은?

① 간이소화장치  ② 스프링클러설비
③ 비상경보장치  ④ 간이피난유도선

**해설** 임시소방시설의 종류
  가. 소화기
  나. 간이소화장치: 물을 방사(放射)하여 화재를 진화할 수 있는 장치로서 소방청장이 정하는 성능을 갖추고 있을 것
  다. 비상경보장치: 화재가 발생한 경우 주변에 있는 작업자에게 화재사실을 알릴 수 있는 장치로서 소방청장이 정하는 성능을 갖추고 있을 것
  라. 가스누설경보기: 가연성 가스가 누설되거나 발생된 경우 이를 탐지하여 경보하는 장치로서 법 제37조에 따른 형식승인 및 제품검사를 받은 것[23.7.1시행]
  마. 간이피난유도선: 화재가 발생한 경우 피난구 방향을 안내할 수 있는 장치로서 소방청장이 정하는 성능을 갖추고 있을 것
  바. 비상조명등: 화재가 발생한 경우 안전하고 원활한 피난활동을 할 수 있도록 자동 점등되는 조명장치로서 소방청장이 정하는 성능을 갖추고 있을 것[23.7.1시행]
  사. 방화포: 용접·용단 등의 작업 시 발생하는 불티로부터 가연물이 점화되는 것을 방지해주는 천 또는 불연성 물품으로서 소방청장이 정하는 성능을 갖추고 있을 것[23.7.1시행]

## 073 소방시설법령상 임시소방시설에 대한 설명으로 옳지 않은 것은?

① 간이소화장치를 설치해야 하는 공사작업현장은 연면적이 3천㎡ 이상인 공사현장이다.
② 임시소방시설의 종류는 소화기, 간이소화장치, 비상방송설비, 간이피난유도선 4가지이다.
③ 바닥면적이 150㎡ 이상인 지하층의 경우 간이피난유도선을 설치해야 한다.
④ 옥내소화전을 설치한 경우 간이소화장치를 설치한 것으로 본다.

**해설** 임시소방시설을 설치해야 하는 공사의 종류와 규모
  가. 소화기: 법 제6조제1항에 따라 소방본부장 또는 소방서장의 동의를 받아야 하는 특정소방대상물의 신축·증축·개축·재축·이전·용도변경 또는 대수선 등을 위한 공사 중 법 제15조제1항에 따른 화재위험작업의 현장(이하 이 표에서 "화재위험작업현장"이라 한다)에 설치한다.
  나. 간이소화장치: 다음의 어느 하나에 해당하는 공사의 화재위험작업현장에 설치한다.
    1) 연면적 3천㎡ 이상
    2) 지하층, 무창층 또는 4층 이상의 층. 이 경우 해당 층의 바닥면적이 600㎡ 이상인 경우만 해당한다.
  다. 비상경보장치: 다음의 어느 하나에 해당하는 공사의 화재위험작업현장에 설치한다.
    1) 연면적 400㎡ 이상
    2) 지하층 또는 무창층. 이 경우 해당 층의 바닥면적이 150㎡ 이상인 경우만 해당한다.
  라. 가스누설경보기: 바닥면적이 150㎡ 이상인 지하층 또는 무창층의 화재위험작업현장에 설치한다.[23.7.1시행]
  마. 간이피난유도선: 바닥면적이 150㎡ 이상인 지하층 또는 무창층의 화재위험작업현장에 설치한다.
  바. 비상조명등: 바닥면적이 150㎡ 이상인 지하층 또는 무창층의 화재위험작업현장에 설치한다.[23.7.1시행]
  사. 방화포: 용접·용단 작업이 진행되는 화재위험작업현장에 설치한다.[23.7.1시행]

정답 : 072. ②  073. ②

임시소방시설과 기능 및 성능이 유사한 소방시설로서 임시소방시설을 설치한 것으로 보는 소방시설
    가. 간이소화장치를 설치한 것으로 보는 소방시설: 소방청장이 정하여 고시하는 기준에 맞는 소화기(연결송수관설비의 방수구 인근에 설치한 경우로 한정한다) 또는 옥내소화전설비
    [ "소방청장이 정하여 고시하는 기준에 맞는 소화기"란 "대형소화기를 연결송수관설비의 방수구 인근 장소에 6개 이상을 배치한 경우"를 말한다.]
    나. 비상경보장치를 설치한 것으로 보는 소방시설: 비상방송설비 또는 자동화재탐지설비
    다. 간이피난유도선을 설치한 것으로 보는 소방시설: 피난유도선, 피난구유도등, 통로유도등 또는 비상조명등

## 074 소방시설법 시행령상 임시소방시설을 설치해야 하는 인화성 물품을 취급하는 작업 등 대통령령으로 정하는 작업에 해당하지 않는 것은?

① 인화성 · 가연성 · 폭발성 물질을 취급하거나 가연성 가스를 발생시키는 작업
② 용접 · 용단 등 불꽃을 발생시키거나 화기(火氣)를 취급하는 작업
③ 전열기구, 가열전선 등 열을 발생시키는 기구를 취급하는 작업
④ 팽창질석, 건조사를 취급하여 가연성 부유분진을 발생시킬 수 있는 작업

시행령 제18조(화재위험작업 및 임시소방시설 등) ① 법 제15조제1항에서 "인화성(引火性) 물품을 취급하는 작업 등 대통령령으로 정하는 작업"이란 다음 각 호의 어느 하나에 해당하는 작업을 말한다.
  1. 인화성 · 가연성 · 폭발성 물질을 취급하거나 가연성 가스를 발생시키는 작업
  2. 용접 · 용단(금속 · 유리 · 플라스틱 따위를 녹여서 절단하는 일을 말한다) 등 불꽃을 발생시키거나 화기(火氣)를 취급하는 작업
  3. 전열기구, 가열전선 등 열을 발생시키는 기구를 취급하는 작업
  4. 알루미늄, 마그네슘 등을 취급하여 폭발성 부유분진(공기 중에 떠다니는 미세한 입자를 말한다)을 발생시킬 수 있는 작업
  5. 그 밖에 제1호부터 제4호까지와 비슷한 작업으로 소방청장이 정하여 고시하는 작업

## 075 소방시설법 시행령상 임시소방시설을 설치한 것으로 보는 소방시설에 대한 설명으로 옳지 않은 것은?

① 옥내소화전설비를 설치하는 경우 간이소화장치를 설치한 것으로 본다.
② 자동화재탐지설비를 설치하는 경우 비상경보장치를 설치한 것으로 본다.
③ 피난유도선, 피난구유도등, 통로유도등 또는 휴대용 비상조명등을 설치한 경우 간이피난유도선을 설치한 것으로 본다.
④ 소방청장이 정하여 고시하는 소화기(연결송수관설비와 연결송수관설비의 방수구 인근에 대형소화기를 6개 이상 배치한 경우)를 설치한 경우 간이소화장치를 설치한 것으로 본다.

## 076 임시소방시설을 설치해야 하는 공사의 작업현장에 대한 설명으로 옳지 않은 것은?

① 간이소화장치는 연면적 3천제곱미터 이상의 공사 작업현장에 설치한다.
② 비상경보장치는 연면적 400제곱미터 이상의 공사 작업현장에 설치한다.
③ 간이피난유도선은 바닥면적이 150제곱미터 이상인 지하층 작업현장에 설치한다.
④ 소화기는 완공검사 현장확인을 반드시 해야 하는 특정소방대상물에 설치한다.

정답 : 074. ④    075. ③    076. ④

## 077 소방시설법령상 '분말형태의 소화약제를 사용하는 소화기'의 내용연수로 옳은 것은?

① 10년  ② 15년  ③ 20년  ④ 25년

 제17조(소방용품의 내용연수 등) ① 특정소방대상물의 관계인은 내용연수가 경과한 소방용품을 교체해야 한다. 이 경우 내용연수를 설정해야 하는 소방용품의 종류 및 그 내용연수 연한에 필요한 사항은 대통령령으로 정한다.

> 시행령 제19조(내용연수 설정대상 소방용품) ① 법 제17조제1항 후단에 따라 내용연수를 설정해야 하는 소방용품은 분말형태의 소화약제를 사용하는 소화기로 한다.
> ② 제1항에 따른 소방용품의 내용연수는 10년으로 한다.

②제1항에도 불구하고 행정안전부령으로 정하는 절차 및 방법 등에 따라 소방용품의 성능을 확인받은 경우에는 그 사용기한을 연장할 수 있다.

## 078 소방시설법령상 중앙소방기술심의위원회의 심의 내용에 해당되지 않는 것은?

① 화재안전기준에 관한 사항
② 소방시설의 구조 및 원리 등에서 공법이 특수한 설계 및 시공에 관한 사항
③ 소방시설의 설계 및 공사감리의 방법에 관한 사항
④ 소방시설에 하자가 있는지의 판단에 관한 사항

 제18조(소방기술심의위원회) ① 다음 각 호의 사항을 심의하기 위하여 소방청에 중앙소방기술심의위원회(이하 "중앙위원회"라 한다)를 둔다.
  1. 화재안전기준에 관한 사항
  2. 소방시설의 구조 및 원리 등에서 공법이 특수한 설계 및 시공에 관한 사항
  3. 소방시설의 설계 및 공사감리의 방법에 관한 사항
  4. 소방시설공사의 하자를 판단하는 기준에 관한 사항
  5. 제8조제5항 단서에 따라 신기술·신공법 등 검토·평가에 고도의 기술이 필요한 경우로서 중앙위원회에 심의를 요청한 사항
  6. 그 밖에 소방기술 등에 관하여 대통령령으로 정하는 사항
시행령 제20조(소방기술심의위원회의 심의사항) ① 법 제18조제1항제6호에서 "대통령령으로 정하는 사항"이란 다음 각 호의 사항을 말한다.
  1. 연면적 10만제곱미터 이상의 특정소방대상물에 설치된 소방시설의 설계·시공·감리의 하자 유무에 관한 사항
  2. 새로운 소방시설과 소방용품 등의 도입 여부에 관한 사항
  3. 그 밖에 소방기술과 관련하여 소방청장이 소방기술심의위원회의 심의에 부치는 사항

## 079 소방시설법령상 소방기술심의위원회에 대한 설명 중 옳지 않은 것은?

① 중앙소방기술심의위원회는 위원장을 포함하여 60명 이내로 구성하고, 지방소방기술심의위원회는 위원장을 포함하여 5명 이상 9명 이하의 위원으로 구성한다.
② 중앙위원회의 회의는 위원장과 위원장이 회의마다 지정하는 인원은 6명 이상 12명 이내로 구성하고, 중앙위원회는 분야별 소위원회를 구성·운영할 수 있다.
③ 지방위원회의 위원은 해당 특별시·광역시·특별자치시·도 및 특별자치도 소속 소방공무원과 소방기술사 등 요건을 갖춘 사람 중에서 소방본부장이 임명하거나 성별을 고려하여 위촉한다.
④ 중앙위원회의 위원장은 소방청장이 해당 위원 중에서 위촉하고, 지방위원회의 위원장은 시·도지사가 해당 위원 중에서 위촉한다.

정답 : 077. ①    078. ④    079. ③

시행령 제21조(소방기술심의위원회의 구성 등) ① 법 제18조제1항에 따른 중앙소방기술심의위원회(이하 "중앙위원회"라 한다)는 위원장을 포함하여 60명 이내의 위원으로 성별을 고려하여 구성한다.
② 법 제18조제2항에 따른 지방소방기술심의위원회(이하 "지방위원회"라 한다)는 위원장을 포함하여 5명 이상 9명 이하의 위원으로 구성한다.
③ 중앙위원회의 회의는 위원장과 위원장이 회의마다 지정하는 6명 이상 12명 이하의 위원으로 구성한다.
④ 중앙위원회는 분야별 소위원회를 구성·운영할 수 있다.

시행령 제22조(위원의 임명·위촉) ① 중앙위원회의 위원은 과장급 직위 이상의 소방공무원과 다음 각 호의 어느 하나에 해당하는 사람 중에서 소방청장이 임명하거나 성별을 고려하여 위촉한다.
 1. 소방기술사
 2. 석사 이상의 소방 관련 학위를 소지한 사람
 3. 소방시설관리사
 4. 소방 관련 법인·단체에서 소방 관련 업무에 5년 이상 종사한 사람
 5. 소방공무원 교육기관, 대학교 또는 연구소에서 소방과 관련된 교육이나 연구에 5년 이상 종사한 사람
② 지방위원회의 위원은 해당 시·도 소속 소방공무원과 제1항 각 호의 어느 하나에 해당하는 사람 중에서 시·도지사가 임명하거나 성별을 고려하여 위촉한다.
③ 중앙위원회의 위원장은 소방청장이 해당 위원 중에서 위촉하고, 지방위원회의 위원장은 시·도지사가 해당 위원 중에서 위촉한다.
④ 중앙위원회 및 지방위원회의 위원 중 위촉위원의 임기는 2년으로 하되, 한 차례만 연임할 수 있다.

## 080 지방소방기술심의위원회의 심의사항으로 옳은 것은?
① 화재안전기준에 관한 사항
② 소방시설의 설계 및 공사감리의 방법에 관한 사항
③ 소방시설에 하자가 있는지의 판단에 관한 사항
④ 소방시설공사의 하자를 판단하는 기준에 관한 사항

제18조(소방기술심의위원회)
② 다음 각 호의 사항을 심의하기 위하여 시·도에 지방소방기술심의위원회(이하 "지방위원회"라 한다)를 둔다.
 1. 소방시설에 하자가 있는지의 판단에 관한 사항
 2. 그 밖에 소방기술 등에 관하여 대통령령으로 정하는 사항
③ 중앙위원회 및 지방위원회의 구성·운영 등에 필요한 사항은 대통령령으로 정한다.
시행령 제20조(소방기술심의위원회의 심의사항)
② 법 제18조제2항제2호에서 "대통령령으로 정하는 사항"이란 다음 각 호의 사항을 말한다.
 1. 연면적 10만제곱미터 미만의 특정소방대상물에 설치된 소방시설의 설계·시공·감리의 하자 유무에 관한 사항
 2. 소방본부장 또는 소방서장이 「위험물안전관리법」 제2조제1항제6호에 따른 제조소 등(이하 "제조소등"이라 한다)의 시설기준 또는 화재안전기준의 적용에 관하여 기술검토를 요청하는 사항
 3. 그 밖에 소방기술과 관련하여 특별시장·광역시장·특별자치시장·도지사 또는 특별자치도지사(이하 "시·도지사"라 한다)가 소방기술심의위원회의 심의에 부치는 사항

정답 : 080. ③

**081** 소방시설법령상 방염성능기준 이상의 실내장식물 등을 설치해야 하는 특정소방대상물이 아닌 것은?
① 공항시설
② 숙박시설
③ 의료시설 중 종합병원
④ 노유자시설

시행령 제30조(방염성능기준 이상의 실내장식물 등을 설치해야 하는 특정소방대상물) 법 제20조제1항에서 "대통령령으로 정하는 특정소방대상물"이란 다음 각 호의 것을 말한다.
1. 근린생활시설 중 의원, 조산원, 산후조리원, 체력단련장, 공연장 및 종교집회장
2. 건축물의 옥내에 있는 다음 각 목의 시설
   가. 문화 및 집회시설
   나. 종교시설
   다. 운동시설(수영장은 제외한다)
3. 의료시설
4. 교육연구시설 중 합숙소
5. 노유자 시설
6. 숙박이 가능한 수련시설
7. 숙박시설
8. 방송통신시설 중 방송국 및 촬영소
9. 「다중이용업소의 안전관리에 관한 특별법」 제2조제1항제1호에 따른 다중이용업의 영업소(이하 "다중이용업소"라 한다)
10. 제1호부터 제9호까지의 시설에 해당하지 않는 것으로서 층수가 11층 이상인 것(아파트등은 제외한다)

**082** 다음 중 방염에 대한 설명으로 옳지 않은 것은?
① 대통령령으로 정하는 특정소방대상물에 실내장식 등의 목적으로 설치 또는 부착하는 물품으로서 대통령령으로 정하는 물품(이하 "방염대상물품"이라 한다)은 방염성능기준 이상의 것으로 설치해야 한다.
② 소방본부장이나 소방서장은 방염대상물품이 제1항에 따른 방염성능기준에 미치지 못하거나 제13조제1항에 따른 방염성능검사를 받지 아니한 것이면 소방대상물의 관계인에게 방염대상물품을 제거하도록 하거나 방염성능검사를 받도록 하는 등 필요한 조치를 명할 수 있다.
③ 방염성능기준은 행정안전부령으로 정한다.
④ 특정소방대상물에서 사용하는 방염대상물품은 소방청장(대통령령으로 정하는 방염대상물품의 경우에는 시·도지사를 말한다)이 실시하는 방염성능검사를 받은 것이어야 한다.

대통령령으로 정한다.
시행령 제31조(방염대상물품 및 방염성능기준) ① 법 제20조제1항에서 "대통령령으로 정하는 물품"이란 다음 각 호의 것을 말한다.
1. 제조 또는 가공 공정에서 방염처리를 한 다음 각 목의 물품
   가. 창문에 설치하는 커튼류(블라인드를 포함한다)
   나. 카펫
   다. 벽지류(두께가 2밀리미터 미만인 종이벽지는 제외한다)
   라. 전시용 합판·목재 또는 섬유판, 무대용 합판·목재 또는 섬유판(합판·목재류의

정답 : 081. ① 082. ③

경우 불가피하게 설치 현장에서 방염처리한 것을 포함한다)
  마. 암막·무대막(「영화 및 비디오물의 진흥에 관한 법률」 제2조제10호에 따른 영화상영관에 설치하는 스크린과 「다중이용업소의 안전관리에 관한 특별법 시행령」 제2조제7호의4에 따른 가상체험 체육시설업에 설치하는 스크린을 포함한다)
  바. 섬유류 또는 합성수지류 등을 원료로 하여 제작된 소파·의자(「다중이용업소의 안전관리에 관한 특별법 시행령」 제2조제1호나목 및 같은 조 제6호에 따른 단란주점영업, 유흥주점영업 및 노래연습장업의 영업장에 설치하는 것으로 한정한다)
2. 건축물 내부의 천장이나 벽에 부착하거나 설치하는 다음 각 목의 것. 다만, 가구류(옷장, 찬장, 식탁, 식탁용 의자, 사무용 책상, 사무용 의자, 계산대, 그 밖에 이와 비슷한 것을 말한다. 이하 이 조에서 같다)와 너비 10센티미터 이하인 반자돌림대 등과 「건축법」 제52조에 따른 내부 마감재료는 제외한다.
  가. 종이류(두께 2밀리미터 이상인 것을 말한다)·합성수지류 또는 섬유류를 주원료로 한 물품
  나. 합판이나 목재
  다. 공간을 구획하기 위하여 설치하는 간이 칸막이(접이식 등 이동 가능한 벽체나 천장 또는 반자가 실내에 접하는 부분까지 구획하지 않는 벽체를 말한다)
  라. 흡음(吸音)을 위하여 설치하는 흡음재(흡음용 커튼을 포함한다)
  마. 방음(防音)을 위하여 설치하는 방음재(방음용 커튼을 포함한다)
② 법 제20조제3항에 따른 방염성능기준은 다음 각 호의 기준에 따르되, 제1항에 따른 방염대상물품의 종류에 따른 구체적인 방염성능기준은 다음 각 호의 기준의 범위에서 소방청장이 정하여 고시하는 바에 따른다.
  1. 버너의 불꽃을 제거한 때부터 불꽃을 올리며 연소하는 상태가 그칠 때까지 시간은 20초 이내일 것
  2. 버너의 불꽃을 제거한 때부터 불꽃을 올리지 않고 연소하는 상태가 그칠 때까지 시간은 30초 이내일 것
  3. 탄화(炭化)한 면적은 50제곱센티미터 이내, 탄화한 길이는 20센티미터 이내일 것
  4. 불꽃에 의하여 완전히 녹을 때까지 불꽃의 접촉 횟수는 3회 이상일 것
  5. 소방청장이 정하여 고시한 방법으로 발연량(發煙量)을 측정하는 경우 최대연기밀도는 400 이하일 것

## 083 다음 중 방염대상물품이 아닌 것은?
① 가상체험 체육시설업에 설치하는 스크린
② 건축물내부 벽에 부착하는 종이류(두께 2밀리미터 이상인 것을 말한다)
③ 노래연습장에 설치하는 소파
④ 공간을 구획하기 위하여 설치하는 간이 칸막이(접이식 등 이동 가능한 벽체나 천장 또는 반자가 실내에 접하는 부분까지 구획되는 벽체를 말한다)

82번 문제 해설 참조

정답 : 083. ④   084. ①

## 084 방염성능검사 결과가 방염성능기준에 부합하지 않는 것은?

① 탄화한 길이는 22[cm]이었다.
② 버너의 불꽃을 제거한 때부터 불꽃을 올리며 연소하는 상태가 그칠 때까지 시간이 18초이었다.
③ 버너의 불꽃을 제거한 때부터 불꽃을 올리지 아니하고 연소하는 상태가 그칠 때까지 시간이 27초이었다.
④ 탄화한 면적은 45[cm²]이었다.

**해설** 82번 문제 해설 참조

## 085 소방시설법령상 연소 우려가 있는 건축물의 구조에 대한 조문이다. ( )에 들어갈 내용으로 옳은 것은?

> 시행규칙 제17조(연소 우려가 있는 건축물의 구조) 영 별표 4 제1호사목1) 후단에서 "행정안전부령으로 정하는 연소(延燒) 우려가 있는 구조"란 다음 각 호의 기준에 모두 해당하는 구조를 말한다.
> 1. 건축물대장의 건축물 현황도에 표시된 ( ㉠ ) 안에 둘 이상의 건축물이 있는 경우
> 2. 각각의 건축물이 다른 건축물의 외벽으로부터 수평거리가 1층의 경우에는 ( ㉡ )미터 이하, 2층 이상의 층의 경우에는 ( ㉢ )미터 이하인 경우
> 3. 개구부(영 제2조제1호에 따른 개구부를 말한다)가 다른 건축물을 향하여 설치되어 있는 경우

|   | ㉠ | ㉡ | ㉢ |   |   | ㉠ | ㉡ | ㉢ |
|---|---|---|---|---|---|---|---|---|
| ① | 대지경계선 | 6 | 10 | | ② | 대지경계선 | 10 | 6 |
| ③ | 부지경계선 | 6 | 10 | | ④ | 부지경계선 | 10 | 6 |

## 086 특정소방대상물의 관계인은 해당 특정소방대상물의 소방시설등이 신설된 경우 건축물을 사용할 수 있게 된 날부터 며칠 이내에 최초점검을 실시해야 하는가?

① 10일   ② 30일   ③ 60일   ④ 내년 사용승인일이 속하는 달의 말일

**해설** 제22조(소방시설등의 자체점검) ① 특정소방대상물의 관계인은 그 대상물에 설치되어 있는 소방시설등이 이 법이나 이 법에 따른 명령 등에 적합하게 설치·관리되고 있는지에 대하여 다음 각 호의 구분에 따른 기간 내에 스스로 점검하거나 제34조에 따른 점검능력 평가를 받은 관리업자 또는 행정안전부령으로 정하는 기술자격자(이하 "관리업자등"이라 한다)로 하여금 정기적으로 점검(이하 "자체점검"이라 한다)하게 해야 한다. 이 경우 관리업자등이 점검한 경우에는 그 점검 결과를 행정안전부령으로 정하는 바에 따라 관계인에게 제출해야 한다.
  1. 해당 특정소방대상물의 소방시설등이 신설된 경우: 「건축법」 제22조에 따라 건축물을 사용할 수 있게 된 날부터 60일
  2. 제1호 외의 경우: 행정안전부령으로 정하는 기간

정답 : 085. ①   086. ③

## 087
다음은 소방시설등의 자체점검 결과의 조치등에 관한 내용이다. 괄호 안에 들어갈 내용으로 옳은 것은?

> 시행규칙 제23조(소방시설등의 자체점검 결과의 조치 등) ① 관리업자 또는 소방안전관리자로 선임된 소방시설관리사 및 소방기술사(이하 "관리업자등"이라 한다)는 자체점검을 실시한 경우에는 법 제22조제1항 각 호 외의 부분 후단에 따라 그 점검이 끝난 날부터 ( ㄱ ) 이내에 별지 제9호서식의 소방시설등 자체점검 실시결과 보고서(전자문서로 된 보고서를 포함한다)에 소방청장이 정하여 고시하는 소방시설등점검표를 첨부하여 관계인에게 제출해야 한다.
> ② 제1항에 따른 자체점검 실시결과 보고서를 제출받거나 스스로 자체점검을 실시한 관계인은 법 제23조제3항에 따라 자체점검이 끝난 날부터 ( ㄴ )이내에 별지 제9호서식의 소방시설등 자체점검 실시결과 보고서(전자문서로 된 보고서를 포함한다)에 다음 각 호의 서류를 첨부하여 소방본부장 또는 소방서장에게 서면이나 소방청장이 지정하는 전산망을 통하여 보고해야 한다.
> 1. 점검인력 배치확인서(관리업자가 점검한 경우만 해당한다)
> 2. 별지 제10호서식의 소방시설등의 자체점검 결과 이행계획서
> ③ 제1항 및 제2항에 따른 자체점검 실시결과의 보고기간에는 공휴일 및 토요일은 산입하지 않는다.
> ④ 제2항에 따라 소방본부장 또는 소방서장에게 자체점검 실시결과 보고를 마친 관계인은 소방시설등 자체점검 실시결과 보고서(소방시설등점검표를 포함한다)를 점검이 끝난 날부터 ( ㄷ )간 자체 보관해야 한다.
> ⑤ 제2항에 따라 소방시설등의 자체점검 결과 이행계획서를 보고받은 소방본부장 또는 소방서장은 다음 각 호의 구분에 따라 이행계획의 완료 기간을 정하여 관계인에게 통보해야 한다. 다만, 소방시설등에 대한 수리·교체·정비의 규모 또는 절차가 복잡하여 다음 각 호의 기간 내에 이행을 완료하기가 어려운 경우에는 그 기간을 달리 정할 수 있다.
> 1. 소방시설등을 구성하고 있는 기계·기구를 수리하거나 정비하는 경우: 보고일부터 ( ㄹ ) 이내
> 2. 소방시설등의 전부 또는 일부를 철거하고 새로 교체하는 경우: 보고일부터 ( ㅁ ) 이내
> ⑥ 제5항에 따른 완료기간 내에 이행계획을 완료한 관계인은 이행을 완료한 날부터 10일 이내에 별지 제11호서식의 소방시설등의 자체점검 결과 이행완료 보고서(전자문서로 된 보고서를 포함한다)에 다음 각 호의 서류(전자문서를 포함한다)를 첨부하여 소방본부장 또는 소방서장에게 보고해야 한다.
> 1. 이행계획 건별 전·후 사진 증명자료
> 2. 소방시설공사 계약서

|   | ㄱ | ㄴ | ㄷ | ㄹ | ㅁ |
|---|---|---|---|---|---|
| ① | 10일 | 30일 | 2년 | 30일 | 20일 |
| ② | 10일 | 30일 | 2년 | 10일 | 20일 |
| ③ | 10일 | 15일 | 2년 | 20일 | 10일 |
| ④ | 10일 | 15일 | 2년 | 10일 | 20일 |

정답 : 087. ④

**088** 자체점검에 대한 다음 설명 중 옳은 것은?
① 자체점검 구분에 따른 점검사항, 소방시설등점검표, 점검인원 배치상황 통보 및 세부 점검방법 등 자체점검에 필요한 사항은 행정안전부령으로 정한다
② 소방시설관리업을 등록한 자(이하 "관리업자"라 한다)는 제1항에 따라 자체점검을 실시하는 경우 점검 대상과 점검 인력 배치상황을 점검인력을 배치한 날 이후 자체점검이 끝난 날부터 10일 이내에 법 제50조제5항에 따라 관리업자에 대한 점검능력 평가 등에 관한 업무를 위탁받은 법인 또는 단체(이하 "평가기관"이라 한다)에 통보해야 한다.
③ 작동점검이란 소방시설등을 인위적으로 조작하여 소방시설이 정상적으로 작동하는지를 소방청장이 정하여 고시하는 소방시설등 작동점검표에 따라 점검하는 것을 말한다.
④ 종합점검이란 소방시설등의 작동점검을 제외하고 소방시설등의 설비별 주요 구성 부품의 구조기준이 화재안전기준과 「건축법」 등 관련 법령에서 정하는 기준에 적합한 지 여부를 소방청장이 정하여 고시하는 소방시설등 종합점검표에 따라 점검하는 것을 말한다

① 소방청장이 정하여 고시한다.
② 5일이내에
④ 작동점검을 포함하여

**089** 다음 중 작동점검을 실시해야 하는 건축물은?
① 비상경보설비, 소화기, 유도등이 설치된 공장
② 간이스프링클러설비가 설치된 노유자시설
③ 연면적 120,000m²인 특정소방대상물
④ 위험물저장소

자동점검은 영 제5주에 따른 특정소방대상물을 대상으로 한다. 다만, 다음의 어느 하나에 해당하는 특정소방대상물은 제외한다.
    1) 특정소방대상물 중 「화재의 예방 및 안전관리에 관한 법률」 제24조제1항에 해당하지 않는 특정소방대상물(소방안전관리자를 선임하지 않는 대상을 말한다)
    2) 「위험물안전관리법」 제2조제6호에 따른 제조소등(이하 "제조소등"이라 한다)
    3) 「화재의 예방 및 안전관리에 관한 법률 시행령」 별표 4 제1호가목의 특급소방안전관리대상물

**090** 다음 중 종합점검대상에 해당하지 않는 건축물은?
① 스프링클러설비가 설치된 특정소방대상물
② 물분무등 소화설비가 설치된 연면적 5,000m² 이상인 특정소방대상물(제조소등은 제외한다)
③ 노래연습장업이 설치된 연면적이 2,000m² 이상인 특정소방대상물
④ 물분무소화설비가 설치된 터널

종합점검은 다음의 어느 하나에 해당하는 특정소방대상물을 대상으로 한다.
    1) 법 제22조제1항제1호에 해당하는 특정소방대상물(신축, 최초점검대상)

정답 : 088. ③    089. ②    090. ④

2) 스프링클러설비가 설치된 특정소방대상물
3) 물분무등소화설비[호스릴(hose reel) 방식의 물분무등소화설비만을 설치한 경우는 제외한다]가 설치된 연면적 5,000㎡ 이상인 특정소방대상물(제조소등은 제외한다)
4) 「다중이용업소의 안전관리에 관한 특별법 시행령」 제2조제1호나목, 같은 조 제2호(비디오물소극장업은 제외한다)·제6호·제7호·제7호의2 및 제7호의5의 다중이용업의 영업장이 설치된 특정소방대상물로서 연면적이 2,000㎡ 이상인 것
5) 제연설비가 설치된 터널
6) 「공공기관의 소방안전관리에 관한 규정」 제2조에 따른 공공기관 중 연면적(터널·지하구의 경우 그 길이와 평균 폭을 곱하여 계산된 값을 말한다)이 1,000㎡ 이상인 것으로서 옥내소화전설비 또는 자동화재탐지설비가 설치된 것. 다만, 「소방기본법」 제2조제5호에 따른 소방대가 근무하는 공공기관은 제외한다.

## 091 종합점검의 점검시기에 대한 다음 설명 중 옳지 않은 것은?

① 신축특정소방대상물은 「건축법」 제22조에 따라 건축물을 사용할 수 있게 된 날부터 60일 이내 실시한다.
② 종합점검대상 특정소방대상물은 건축물의 사용승인일이 속하는 달에 실시한다. 다만, 「공공기관의 안전관리에 관한 규정」 제2조제2호 또는 제5호에 따른 학교의 경우에는 해당 건축물의 사용승인일이 1월에서 6월 사이에 있는 경우에는 6월 30일까지 실시할 수 있다.
③ 건축물 사용승인일 이후 다중업소해당 종합점검 대상에 해당하게 된 경우에는 그 다음 해부터 실시한다.
④ 하나의 대지경계선 안에 2개 이상의 자체점검 대상 건축물 등이 있는 경우에는 그 건축물 중 사용승인일이 가장 느린 연도의 건축물의 사용승인일을 기준으로 점검할 수 있다.

가장 빠른

## 092 다음은 공동주택의 세대별 점검 방법에 관한 내용이다. 괄호 안에 들어갈 내용으로 옳은 것은?

> 공동주택(아파트등으로 한정한다) 세대별 점검방법은 다음과 같다.
>   가. 관리자(관리소장, 입주자대표회의 및 소방안전관리자를 포함한다. 이하 같다) 및 입주민(세대 거주자를 말한다)은 ( ㄱ )년 이내 모든 세대에 대하여 점검을 해야 한다.
>   나. 가목에도 불구하고 아날로그감지기 등 특수감지기가 설치되어 있는 경우에는 수신기에서 원격 점검할 수 있으며, 점검할 때마다 모든 세대를 점검해야 한다. 다만, 자동화재탐지설비의 선로 단선이 확인되는 때에는 단선이 난 세대 또는 그 경계구역에 대하여 현장점검을 해야 한다.
>   다. 관리자는 수신기에서 원격 점검이 불가능한 경우 매년 작동점검만 실시하는 공동주택은 1회 점검 시 마다 전체 세대수의 ( ㄴ )퍼센트 이상, 종합점검을 실시하는 공동주택은 1회 점검 시 마다 전체 세대수의 ( ㄷ )퍼센트 이상 점검하도록 자체점검 계획을 수립·시행해야 한다.
>   라. 관리자 또는 해당 공동주택을 점검하는 관리업자는 입주민이 세대 내에 설치된 소방시설 등을 스스로 점검할 수 있도록 소방청 또는 사단법인 한국소방시설관리협회의 홈페이지

정답 : 091. ④    092. ①

에 게시되어 있는 공동주택 세대별 점검 동영상을 입주민이 시청할 수 있도록 안내하고, 점검서식(별지 제36호서식 소방시설 외관점검표를 말한다)을 사전에 배부해야 한다.

마. 입주민은 점검서식에 따라 스스로 점검하거나 관리자 또는 관리업자로 하여금 대신 점검하게 할 수 있다. 입주민이 스스로 점검한 경우에는 그 점검 결과를 관리자에게 제출하고 관리자는 그 결과를 관리업자에게 알려주어야 한다.

바. 관리자는 관리업자로 하여금 세대별 점검을 하고자 하는 경우에는 사전에 점검 일정을 입주민에게 사전에 공지하고 세대별 점검 일자를 파악하여 관리업자에게 알려주어야 한다. 관리업자는 사전 파악된 일정에 따라 세대별 점검을 한 후 관리자에게 점검 현황을 제출해야 한다.

사. 관리자는 관리업자가 점검하기로 한 세대에 대하여 입주민의 사정으로 점검을 하지 못한 경우 입주민이 스스로 점검할 수 있도록 다시 안내해야 한다. 이 경우 입주민이 관리업자로 하여금 다시 점검받기를 원하는 경우 관리업자로 하여금 추가로 점검하게 할 수 있다.

아. 관리자는 세대별 점검현황(입주민 부재 등 불가피한 사유로 점검을 하지 못한 세대 현황을 포함한다)을 작성하여 자체점검이 끝난 날부터 ( ㄹ )년간 자체 보관해야 한다.

|   | ㄱ | ㄴ | ㄷ | ㄹ |
|---|---|---|---|---|
| ① | 2 | 50 | 30 | 2 |
| ② | 3 | 50 | 30 | 2 |
| ③ | 2 | 30 | 50 | 2 |
| ④ | 3 | 50 | 30 | 2 |

**093** 소방시설법 시행규칙[별표3]에 따른 자체점검 점검장비 중 모든 소방시설에 적용되는 점검장비에 해당되지 않는 것은?

① 저울
② 방수압력측정계
③ 절연저항계
④ 전류전압측정계

| 소방시설 | 점검 장비 | 규격 |
|---|---|---|
| 모든 소방시설 | 방수압력측정계, 절연저항계(절연저항측정기), 전류전압측정계 | |
| 소화기구 | 저울 | |
| 옥내소화전설비<br>옥외소화전설비 | 소화전밸브압력계 | |
| 스프링클러설비<br>포소화설비 | 헤드결합렌치(볼트, 너트, 나사 등을 죄거나 푸는 공구) | |
| 이산화탄소소화설비<br>분말소화설비<br>할론소화설비<br>할로겐화합물 및 불활성기체 소화설비 | 검량계, 기동관누설시험기, 그 밖에 소화약제의 저장량을 측정할 수 있는 점검기구 | |
| 자동화재탐지설비<br>시각경보기 | 열감지기시험기, 연(煙)감지기시험기, 공기주입시험기, 감지기시험기연결막대, 음량계 | |

정답 : 093. ①

| 소방시설 | 점검 장비 | 규격 |
|---|---|---|
| 누전경보기 | 누전계 | 누전전류 측정용 |
| 무선통신보조설비 | 무선기 | 통화시험용 |
| 제연설비 | 풍속풍압계, 폐쇄력측정기, 차압계 (압력차 측정기) | |
| 통로유도등 비상조명등 | 조도계(밝기 측정기) | 최소 눈금이 0.1 럭스 이하인 것 |

**094** 다음 중 제연설비의 점검장비에 해당하지 않는 것은?
① 풍속풍압계  ② 공기주입시험기  ③ 폐쇄력측정기  ④ 차압계

**095** 소방시설법 시행규칙[별표4]에 따른 점검인력 1단위에 대한 설명으로 옳지 않은 것은?
① 관리업자가 점검하는 경우에는 소방시설관리사 또는 특급점검자 1명과 영 별표 9에 따른 보조 기술인력 2명을 점검인력 1단위로 하되, 점검인력 1단위에 2명(같은 건축물을 점검할 때는 4명) 이내의 보조 기술인력을 추가할 수 있다.
② 소방안전관리자로 선임된 소방시설관리사 및 소방기술사가 점검하는 경우에는 소방시설관리사 또는 소방기술사 중 1명과 보조 기술인력 2명을 점검인력 1단위로 하되, 점검인력 1단위에 2명 이내의 보조 기술인력을 추가할 수 있다. 다만, 보조 기술인력은 해당 특정소방대상물의 관계인 또는 소방안전관리보조자로 할 수 있다.
③ 관계인이 점검하는 경우에는 관계인 1명과 보조 기술인력 2명을 점검인력 1단위로 하되, 보조 기술인력은 해당 특정소방대상물의 관리자, 점유자 또는 소방안전관리보조자로 할 수 있다.
④ 소방안전관리자가 점검하는 경우에는 소방안전관리자 1명과 보조 기술인력 2명을 점검인력 1단위로 하되, 보조 기술인력은 해당 특정소방대상물의 소유자 또는 점유자로 할 수 있다.

**096** 다음은 소방시설법 시행규칙[별표4]에 따른 점검인력 배치기준 중 일부이다. (    )에 들어갈 내용으로 옳은 것은?

> 1. 점검인력 1단위가 하루 동안 점검할 수 있는 특정소방대상물의 연면적(이하 "점검한도 면적"이라 한다)은 다음 각 목과 같다.
>    가. 종합점검: ( ㄱ )m²
>    나. 작동점검: ( ㄴ )m²
> 2. 점검인력 1단위에 보조 기술인력을 1명씩 추가할 때마다 종합점검의 경우에는 ( ㄷ )m², 작동점검의 경우에는 ( ㄹ )m²씩을 점검한도 면적에 더한다. 다만, 하루에 2개 이상의 특정소방대상물을 배치할 경우 1일 점검 한도면적은 특정소방대상물별로 투입된 점검인력에 따른 점검 한도면적의 평균값으로 적용하여 계산한다.

| | ㄱ | ㄴ | ㄷ | ㄹ |
|---|---|---|---|---|
| ① | 10,000 | 13,000 | 2,000 | 3,500 |
| ② | 8,000 | 10,000 | 2,000 | 2,500 |
| ③ | 10,000 | 12,000 | 2,000 | 3,500 |
| ④ | 8,000 | 13,000 | 2,500 | 3,500 |

정답 : 094. ②    095. ④    096. ②

## 097
소방시설법 시행규칙[별표4] 실제 점검면적에 대한 다음 설명중 ( )에 들어갈 내용으로 옳은 것은?

> 관리업자등이 하루 동안 점검한 면적은 실제 점검면적(지하구는 그 길이에 폭의 길이 ( ㄱ ) m를 곱하여 계산된 값을 말하며, 터널은 3차로 이하인 경우에는 그 길이에 폭의 길이 ( ㄴ ) m를 곱하고, 4차로 이상인 경우에는 그 길이에 폭의 길이 ( ㄷ )m를 곱한 값을 말한다. 다만, 한쪽 측벽에 소방시설이 설치된 4차로 이상인 터널의 경우에는 그 길이와 폭의 길이 3.5m를 곱한 값을 말한다. 이하 같다)에 다음의 각 목의 기준을 적용하여 계산한 면적(이하 "점검면적"이라 한다)으로 하되, 점검면적은 점검한도 면적을 초과해서는 안 된다.

|   | ㄱ | ㄴ | ㄷ |
|---|---|---|---|
| ① | 1.8 | 3.5 | 7 |
| ② | 1.8 | 4.5 | 9 |
| ③ | 2.8 | 3.5 | 7 |
| ④ | 2.8 | 4.5 | 9 |

[참고] 다음 각목
가. 실제 점검면적에 다음의 가감계수를 곱한다.

| 구분 | 대상용도 | 가감 계수 |
|---|---|---|
| 1류 | 문화 및 집회시설, 종교시설, 판매시설, 의료시설, 노유자시설, 수련시설, 숙박시설, 위락시설, 창고시설, 교정시설, 발전시설, 지하가, 복합건축물 | 1.1 |
| 2류 | 공동주택, 근린생활시설, 운수시설, 교육연구시설, 운동시설, 업무시설, 방송통신시설, 공장, 항공기 및 자동차 관련 시설, 군사시설, 관광휴게시설, 장례시설, 지하구 | 1.0 |
| 3류 | 위험물 저장 및 처리시설, 문화유산, 동물 및 식물 관련 시설, 자원순환 관련 시설, 묘지 관련 시설 | 0.9 |

나. 점검한 특정소방대상물이 다음의 어느 하나에 해당할 때에는 다음에 따라 계산된 값을 가목에 따라 계산된 값에서 뺀다.
  1) 영 별표 4 제1호라목에 따라 스프링클러설비가 설치되지 않은 경우: 가목에 따라 계산된 값에 0.1을 곱한 값
  2) 영 별표 4 제1호바목에 따라 물분무등소화설비(호스릴 방식의 물분무등소화설비는 제외한다)가 설치되지 않은 경우: 가목에 따라 계산된 값에 0.1을 곱한 값
  3) 영 별표 4 제5호가목에 따라 제연설비가 설치되지 않은 경우: 가목에 따라 계산된 값에 0.1을 곱한 값
다. 2개 이상의 특정소방대상물을 하루에 점검하는 경우에는 특정소방대상물 상호간의 좌표 최단거리 5km마다 점검 한도면적에 0.02를 곱한 값을 점검 한도면적에서 뺀다.

## 098
아파트를 점검할 때 점검인력 1단위가 하루동안 점검할 수 있는 세대수는 몇 세대인가?
① 200세대　　② 250세대
③ 300세대　　④ 350세대

정답 : 097. ①　　098. ②

아파트등(공용시설, 부대시설 또는 복리시설은 포함하고, 아파트등이 포함된 복합건축물의 아파트등 외의 부분은 제외한다. 이하 이 표에서 같다)를 점검할 때에는 다음 각 목의 기준에 따른다.
가. 점검인력 1단위가 하루 동안 점검할 수 있는 아파트등의 세대수(이하 "점검한도 세대수"라 한다)는 종합점검 및 작동점검에 관계없이 250세대로 한다.
나. 점검인력 1단위에 보조 기술인력을 1명씩 추가할 때마다 60세대씩을 점검한도 세대수에 더한다.

**099** 소방시설법령상 소방시설등의 자체점검 면제 또는 연기 등에 관한 조문 중 일부이다. (    )에 들어갈 내용으로 옳은 것은?

> 자체점검의 면제 또는 연기를 신청하려는 특정소방대상물의 관계인은 자체점검의 실시 만료일 (  ㄱ  )일 전까지 별지 제7호서식의 소방시설등의 자체점검 면제 또는 연기신청서(전자문서로 된 신청서를 포함한다)에 자체점검을 실시하기 곤란함을 증명할 수 있는 서류(전자문서를 포함한다)를 첨부하여 (  ㄴ  )에게 제출해야 한다.

|   | ㄱ | ㄴ |   | ㄱ | ㄴ |
|---|---|---|---|---|---|
| ① | 2 | 소방청장 | ② | 3 | 소방본부장 또는 소방서장 |
| ③ | 5 | 소방본부장 또는 소방서장 | ④ | 7 | 소방본부장 또는 소방서장 |

 시행규칙 제22조(소방시설등의 자체점검 면제 또는 연기 등) ① 법 제22조제6항 및 영 제33조제2항에 따라 자체점검의 면제 또는 연기를 신청하려는 특정소방대상물의 관계인은 자체점검의 실시 만료일 3일 전까지 별지 제7호서식의 소방시설등의 자체점검 면제 또는 연기신청서(전자문서로 된 신청서를 포함한다)에 자체점검을 실시하기 곤란함을 증명할 수 있는 서류(전자문서를 포함한다)를 첨부하여 소방본부장 또는 소방서장에게 제출해야 한다.
② 제1항에 따른 자체점검의 면제 또는 연기 신청서를 제출받은 소방본부장 또는 소방서장은 면제 또는 연기의 신청을 받은 날부터 3일 이내에 자체점검의 면제 또는 연기 여부를 결정하여 별지 제8호서식의 자체점검 면제 또는 연기 신청 결과 통지서를 면제 또는 연기 신청을 한 자에게 통보해야 한다.

**100** 자체점검결과 중대위반 사항에 해당하지 않는 것은?
① 소화펌프(가압송수장치를 포함한다), 동력·감시 제어반 또는 소방시설용 전원(비상전원을 제외한 상용전원을 말한다)의 고장으로 소방시설이 작동되지 않는 경우
② 화재 수신기의 고장으로 화재경보음이 자동으로 울리지 않거나 화재 수신기와 연동된 소방시설의 작동이 불가능 한 경우
③ 소화배관 등이 폐쇄·차단되어 소화수(消火水) 또는 소화약제가 자동 방출되지 않는 경우
④ 방화문 또는 자동방화셔터가 훼손되거나 철거되어 본래의 기능을 못하는 경우

 비상전원을 포함한다.

 정답 : 099. ②    100. ①

## 101
다음은 소방시설법령상 자체점검 결과 공개에 관한 조문이다. ( )에 들어갈 내용으로 옳은 것은?

> 시행령 제36조(자체점검 결과 공개) ① 소방본부장 또는 소방서장은 법 제24조제2항에 따라 자체점검 결과를 공개하는 경우 ( ㄱ ) 이상 법 제48조에 따른 전산시스템 또는 인터넷 홈페이지 등을 통해 공개해야 한다.
> ② 소방본부장 또는 소방서장은 제1항에 따라 자체점검 결과를 공개하려는 경우 공개 기간, 공개 내용 및 공개 방법을 해당 특정소방대상물의 관계인에게 미리 알려야 한다.
> ③ 특정소방대상물의 관계인은 제2항에 따라 공개 내용 등을 통보받은 날부터 ( ㄴ ) 이내에 관할 소방본부장 또는 소방서장에게 이의신청을 할 수 있다.
> ④ 소방본부장 또는 소방서장은 제3항에 따라 이의신청을 받은 날부터 ( ㄷ ) 이내에 심사·결정하여 그 결과를 지체 없이 신청인에게 알려야 한다.
> ⑤ 자체점검 결과의 공개가 제3자의 법익을 침해하는 경우에는 제3자와 관련된 사실을 제외하고 공개해야 한다.

|   | ㄱ | ㄴ | ㄷ |
|---|---|---|---|
| ① | 20일 | 10일 | 20일 |
| ② | 20일 | 10일 | 10일 |
| ③ | 30일 | 10일 | 20일 |
| ④ | 30일 | 10일 | 10일 |

## 102
점검기록표 게시에 대한 다음 설명 중 옳지 않은 것은?
① 자체점검 결과 보고를 마친 관계인은 관리업자등, 점검일시, 점검자 등 자체점검과 관련된 사항을 점검기록표에 기록하여 특정소방대상물의 출입자가 쉽게 볼 수 있는 장소에 게시해야 한다. 이 경우 점검기록표의 기록 등에 필요한 사항은 대통령령으로 정한다.
② 소방본부장 또는 소방서장에게 자체점검 결과 보고를 마친 관계인은 자체점검결과를 보고한 날부터 10일 이내에 별표 5의 소방시설등 자체점검기록표를 작성하여 특정소방대상물의 출입자가 쉽게 볼 수 있는 장소에 30일 이상 게시해야 한다.
③ 자체점검기록표의 규격은 A4 용지(가로 297mm × 세로 210mm) 이다.
④ 점검기록표를 기록하지 아니하거나 특정소방대상물의 출입자가 쉽게 볼 수 있는 장소에 게시하지 아니한 관계인은 300만원이하의 과태료에 처한다.

 행정안전부령으로 정한다.

## 103
소방시설관리사가 되려는 사람은 누가 실시하는 시험에 합격해야 하는가?
① 소방본부장  ② 한국소방안전원장
③ 시·도지사  ④ 소방청장

 정답 : 101. ④  102. ①  103. ④

**104** 소방시설관리사시험에 관한 다음 설명 중 옳지 않은 것은?
① 관리사시험의 응시자격, 시험방법, 시험과목, 시험위원, 그 밖에 관리사시험에 필요한 사항은 대통령령으로 정한다.
② 소방기술사·건축사·건축기계설비기술사는 관리사시험에 응시할 수 있다
③ 관리사시험은 제1차시험과 제2차시험으로 구분하여 시행한다. 이 경우 소방청장은 제1차시험과 제2차시험을 같은 날에 시행할 수 있다.
④ 관리사시험 과목의 세부 항목은 대통령령으로 정한다.

해설 행정안전부령으로 정한다.

**105** 다음은 소방시설법령상 소방시설관리사시험의 시험위원, 시행 및 공고에 관한 조문이다. ( )에 들어갈 수치로 옳게 나열된 것은?

> 시행령 제40조(시험위원의 임명·위촉) ① 소방청장은 법 제25조제2항에 따라 관리사시험의 출제 및 채점을 위하여 다음 각 호의 어느 하나에 해당하는 사람 중에서 시험위원을 임명하거나 위촉해야 한다.
> 　1. 소방 관련 분야의 박사학위를 취득한 사람
> 　2. 대학에서 소방안전 관련 학과 조교수 이상으로 2년 이상 재직한 사람
> 　3. 소방위 이상의 소방공무원
> 　4. 소방시설관리사
> 　5. 소방기술사
> ② 제1항에 따른 시험위원의 수는 다음 각 호의 구분에 따른다.
> 　1. 출제위원: 시험 과목별 ( ㄱ )명
> 　2. 채점위원: 시험 과목별 ( ㄴ )명 이내(제2차시험의 경우로 한정한다)
> ③ 제1항에 따라 시험위원으로 임명되거나 위촉된 사람은 소방청장이 정하는 시험문제 등의 출제 시 유의사항 및 서약서 등에 따른 준수사항을 성실히 이행해야 한다.
> ④ 제1항에 따라 임명되거나 위촉된 시험위원과 시험감독 업무에 종사하는 사람에게는 예산의 범위에서 수당과 여비를 지급할 수 있다.
>
> 시행령 제42조(시험의 시행 및 공고) ① 관리사시험은 매년 1회 시행하는 것을 원칙으로 하되, 소방청장이 필요하다고 인정하는 경우에는 그 횟수를 늘리거나 줄일 수 있다.
> ② 소방청장은 관리사시험을 시행하려면 응시자격, 시험 과목, 일시·장소 및 응시절차 등을 모든 응시 희망자가 알 수 있도록 관리사시험 시행일 ( ㄷ )일 전까지 인터넷 홈페이지에 공고해야 한다.

|   | ㄱ | ㄴ | ㄷ |   | ㄱ | ㄴ | ㄷ |
|---|---|---|---|---|---|---|---|
| ① | 3 | 3 | 60 | ② | 3 | 5 | 90 |
| ③ | 5 | 3 | 60 | ④ | 5 | 5 | 90 |

 정답 : 104. ④　105. ②

**106** 다음 중 관리사의 결격사유에 해당하는 자가 아닌 사람은?
① 피성년후견인
② 이 법,「소방기본법」,「화재의 예방 및 안전관리에 관한 법률」,「소방시설공사업법」 또는 「위험물안전관리법」을 위반하여 금고 이상의 실형을 선고받고 그 집행이 끝나거나(집행이 끝난 것으로 보는 경우를 포함한다) 집행이 면제된 날부터 2년이 지나지 아니한 사람
③ 이 법,「소방기본법」,「화재의 예방 및 안전관리에 관한 법률」,「소방시설공사업법」 또는「위험물안전관리법」을 위반하여 금고 이상의 형의 집행유예를 선고받고 그 유예기간이 지난 사람
④ 제28조에 따라 자격이 취소(이 조 제1호에 해당하여 자격이 취소된 경우는 제외한다)된 날부터 2년이 지나지 아니한 사람

**107** 다음 중 관리사의 자격을 한번에 취소하여야 하는 사유가 아닌 것은?
① 거짓이나 그 밖의 부정한 방법으로 시험에 합격한 경우
② 소방시설관리사증을 다른 사람에게 빌려준 경우
③ 동시에 둘 이상의 업체에 취업한 경우
④ 점검을 하지 아니하거나 거짓으로 한 경우

 제28조(자격의 취소·정지) 소방청장은 관리사가 다음 각 호의 어느 하나에 해당할 때에는 행정안전부령으로 정하는 바에 따라 그 자격을 취소하거나 1년 이내의 기간을 정하여 그 자격의 정지를 명할 수 있다. 다만, 제1호, 제4호, 제5호 또는 제7호에 해당하면 그 자격을 취소해야 한다.
1. 거짓이나 그 밖의 부정한 방법으로 시험에 합격한 경우
2.「화재의 예방 및 안전관리에 관한 법률」제25조제2항에 따른 대행인력의 배치기준·자격·방법 등 준수사항을 지키지 아니한 경우
3. 제22조에 따른 점검을 하지 아니하거나 거짓으로 한 경우
4. 제25조제7항을 위반하여 소방시설관리사증을 다른 사람에게 빌려준 경우
5. 제25조제8항을 위반하여 동시에 둘 이상의 업체에 취업한 경우
6. 제25조제9항을 위반하여 성실하게 자체점검 업무를 수행하지 아니한 경우
7. 제27조 각 호의 어느 하나에 따른 결격사유에 해당하게 된 경우

**108** 다음은 소방시설법상 소방시설관리업의 등록 등에 관한 조문이다. ( )에 들어갈 내용으로 옳은 것은?

> 제30조(소방시설관리업의 등록 등)
> ① 소방시설등의 점검 및 관리를 업으로 하려는 자 또는「화재의 예방 및 안전관리에 관한 법률」제25조에 따른 소방안전관리업무의 대행을 하려는 자는 대통령령으로 정하는 업종별 ( ㄱ )에게 소방시설관리업(이하 "관리업"이라 한다) 등록을 해야 한다.
> ② 제1항에 따른 업종별 기술인력 등 관리업의 등록기준 및 영업범위 등에 필요한 사항은 ( ㄴ )으로 정한다.
> ③ 관리업의 등록신청과 등록증·등록수첩의 발급·재발급 신청, 그 밖에 관리업의 등록에 필요한 사항은 행정안전부령으로 정한다.

|   | ㄱ | ㄴ |   | ㄱ | ㄴ |
|---|---|---|---|---|---|
| ① | 소방청장 | 행정안전부령 | ② | 시·도지사 | 행정안전부령 |
| ③ | 소방청장 | 대통령령 | ④ | 시·도지사 | 대통령령 |

 정답 : 106. ③  107. ④  108. ④

**109** 소방시설관리업의 등록사항의 변경신고 사항 중 행정안전부령으로 정하는 중요사항에 해당하지 않는 것은?

① 회사의 명칭
② 대표자
③ 소속 소방시설관리사
④ 시설 및 장비

 시행규칙 제33조(등록사항의 변경신고 사항) 법 제31조에서 "행정안전부령으로 정하는 중요사항"이란 다음 각 호의 어느 하나에 해당하는 사항을 말한다.
1. 명칭·상호 또는 영업소 소재지
2. 대표자
3. 기술인력

**110** 다음은 소방시설법상 점검능력 평가 및 공시 등에 관한 조문이다. (     )에 들어갈 내용으로 옳은 것은?

> 제34조(점검능력 평가 및 공시 등)
> ① (  ㄱ  )은(는) 특정소방대상물의 관계인이 적정한 관리업자를 선정할 수 있도록 하기 위하여 관리업자의 신청이 있는 경우 해당 관리업자의 점검능력을 종합적으로 평가하여 공시하여야 한다.
> ② 제1항에 따라 점검능력 평가를 신청하려는 관리업자는 소방시설등의 점검실적을 증명하는 서류 등을 행정안전부령으로 정하는 바에 따라 소방청장에게 제출하여야 한다.
> ③ 제1항에 따른 점검능력 평가 및 공시방법, 수수료 등 필요한 사항은 (  ㄴ  )으로 정한다.
> ④ 소방청장은 제1항에 따른 점검능력을 평가하기 위하여 관리업자의 기술인력, 장비 보유현황, 점검 실적 및 행정처분 이력 등 필요한 사항에 대하여 데이터베이스를 구축·운영할 수 있다.

|   | ㄱ | ㄴ |   | ㄱ | ㄴ |
|---|---|---|---|---|---|
| ① | 소방청장 | 소방청고시 | ② | 소방본부장 | 행정안전부령 |
| ③ | 소방청장 | 행정안전부령 | ④ | 소방본부장 | 대통령령 |

**111** 시·도지사는 관리업의 행정처분으로서 영업정지를 명하는 경우 영업정지가 이용자에게 불편을 주거나 그 밖에 공익을 해칠 우려가 있을 때에는 영업정지처분을 갈음하여 무엇을 부과할 수 있는가?

① 3천만원 이하의 과징금을 부과할 수 있다.
② 3천만원 이하의 벌금을 부과할 수 있다.
③ 2억원 이하의 과징금을 부과할 수 있다.
④ 2억원 이하의 벌금을 부과할 수 있다.

 정답 : 109. ④    110. ③    111. ①

## 112. 소방시설법령상 형식승인 대상 소방용품에 해당하지 않는 것은?
① 주거용주방자동소화장치
② 상업용주방자동소화장치
③ 경종
④ 예비전원내장된 비상조명등

시행령 제46조(형식승인 대상 소방용품) 법 제37조제1항 본문에서 "대통령령으로 정하는 소방용품"이란 별표 3의 소방용품(같은 표 제1호나목의 자동소화장치 중 상업용 주방자동소화장치는 제외한다)을 말한다.

## 113. 소방시설법령상 소방용품의 형식승인 등에 관한 내용 중 옳지 않은 것은?
① 형식승인을 받으려는 자는 행정안전부령으로 정하는 기준에 따라 형식승인을 위한 시험시설을 갖추고 소방청장의 심사를 받아야 한다. 다만, 소방용품을 수입하는 자가 판매를 목적으로 하지 아니하고 자신의 건축물에 직접 설치하거나 사용하려는 경우 등 행정안전부령으로 정하는 경우에는 시험시설을 갖추지 아니할 수 있다.
② 형식승인을 받은 자는 그 소방용품에 대하여 소방청장이 실시하는 제품검사를 받아야 한다.
③ 형식승인의 방법·절차 등과 제품검사의 구분·방법·순서·합격표시 등에 필요한 사항은 대통령령으로 정한다.
④ 소방용품의 형상·구조·재질·성분·성능 등(이하 "형상등"이라 한다)의 형식승인 및 제품검사의 기술기준 등에 필요한 사항은 소방청장이 정하여 고시한다.

행정안전부령으로 정한다

## 114. 소방시설법령상 판매목적으로 진열하거나 공사에 사용할 수 없는 소방용품이 아닌 것은?
① 형식승인을 받지 아니한 것
② 형상등을 임의로 변경한 것
③ 제품검사를 받지 아니한 것
④ 인증표시를 하지 아니한 것

제37조(소방용품의 형식승인 등)
⑥ 누구든지 다음 각 호의 어느 하나에 해당하는 소방용품을 판매하거나 판매 목적으로 진열하거나 소방시설공사에 사용할 수 없다.
1. 형식승인을 받지 아니한 것
2. 형상등을 임의로 변경한 것
3. 제품검사를 받지 아니하거나 합격표시를 하지 아니한 것

정답 : 112. ②    113. ③    114. ④

⑦ 소방청장, 소방본부장 또는 소방서장은 제6항을 위반한 소방용품에 대하여는 그 제조자·수입자·판매자 또는 시공자에게 수거·폐기 또는 교체 등 행정안전부령으로 정하는 필요한 조치를 명할 수 있다.
⑧ 소방청장은 소방용품의 작동기능, 제조방법, 부품 등이 제5항에 따라 소방청장이 고시하는 형식승인 및 제품검사의 기술기준에서 정하고 있는 방법이 아닌 새로운 기술이 적용된 제품의 경우에는 관련 전문가의 평가를 거쳐 행정안전부령으로 정하는 바에 따라 제4항에 따른 방법 및 절차와 다른 방법 및 절차로 형식승인을 할 수 있으며, 외국의 공인기관으로부터 인정받은 신기술 제품은 형식승인을 위한 시험 중 일부를 생략하여 형식승인을 할 수 있다.
⑨ 다음 각 호의 어느 하나에 해당하는 소방용품의 형식승인 내용에 대하여 공인기관의 평가 결과가 있는 경우 형식승인 및 제품검사 시험 중 일부만을 적용하여 형식승인 및 제품검사를 할 수 있다.
 1. 「군수품관리법」 제2조에 따른 군수품
 2. 주한외국공관 또는 주한외국군 부대에서 사용되는 소방용품
 3. 외국의 차관이나 국가 간의 협약 등에 따라 건설되는 공사에 사용되는 소방용품으로서 사전에 합의된 것
 4. 그 밖에 특수한 목적으로 사용되는 소방용품으로서 소방청장이 인정하는 것
⑩ 하나의 소방용품에 두 가지 이상의 형식승인 사항 또는 형식승인과 성능인증 사항이 결합된 경우에는 두 가지 이상의 형식승인 또는 형식승인과 성능인증 시험을 함께 실시하고 하나의 형식승인을 할 수 있다.
⑪ 제9항 및 제10항에 따른 형식승인의 방법 및 절차 등에 필요한 사항은 행정안전부령으로 정한다.

## 115 소방용품의 성능인증에 대한 다음 설명 중 옳은 것은?

① 소방본부장 또는 소방서장은 제조자 또는 수입자 등의 요청이 있는 경우 소방용품에 대하여 성능인증을 할 수 있다.
② 성능인증의 대상·신청·방법 및 성능인증서 발급에 관한 사항과 제2항에 따른 제품검사의 구분·대상·절차·방법·합격표시 및 수수료 등에 필요한 사항은 대통령령으로 정한다.
③ 하나의 소방용품에 성능인증 사항이 두 가지 이상 결합된 경우에는 해당 성능인증 시험을 모두 실시하고 하나의 성능인증을 할 수 있다.
④ 소방청장은 소방용품의 성능인증을 받았거나 제품검사를 받은 자가 거짓이나 그 밖의 부정한 방법으로 제40조제2항에 따른 제품검사를 받은 경우 대통령령으로 정하는 바에 따라 해당 소방용품의 성능인증을 취소하거나 6개월 이내의 기간을 정하여 해당 소방용품의 제품검사 중지를 명할 수 있다.

제40조(소방용품의 성능인증 등)
① 소방청장은 제조자 또는 수입자 등의 요청이 있는 경우 소방용품에 대하여 성능인증을 할 수 있다.
② 제1항에 따라 성능인증을 받은 자는 그 소방용품에 대하여 소방청장의 제품검사를 받아야 한다.

정답 : 115. ③

③ 제1항에 따른 성능인증의 대상·신청·방법 및 성능인증서 발급에 관한 사항과 제2항에 따른 제품검사의 구분·대상·절차·방법·합격표시 및 수수료 등에 필요한 사항은 행정안전부령으로 정한다.
④ 제1항에 따른 성능인증 및 제2항에 따른 제품검사의 기술기준 등에 필요한 사항은 소방청장이 정하여 고시한다.
⑤ 제2항에 따른 제품검사에 합격하지 아니한 소방용품에는 성능인증을 받았다는 표시를 하거나 제품검사에 합격하였다는 표시를 하여서는 아니 되며, 제품검사를 받지 아니하거나 합격표시를 하지 아니한 소방용품을 판매 또는 판매 목적으로 진열하거나 소방시설공사에 사용하여서는 아니 된다.
⑥ 하나의 소방용품에 성능인증 사항이 두 가지 이상 결합된 경우에는 해당 성능인증 시험을 모두 실시하고 하나의 성능인증을 할 수 있다.
⑦ 제6항에 따른 성능인증의 방법 및 절차 등에 필요한 사항은 행정안전부령으로 정한다.

제42조(성능인증의 취소 등) ① 소방청장은 소방용품의 성능인증을 받았거나 제품검사를 받은 자가 다음 각 호의 어느 하나에 해당하는 때에는 행정안전부령으로 정하는 바에 따라 해당 소방용품의 성능인증을 취소하거나 6개월 이내의 기간을 정하여 해당 소방용품의 제품검사 중지를 명할 수 있다. 다만, 제1호·제2호 또는 제5호에 해당하는 경우에는 해당 소방용품의 성능인증을 취소해야 한다.
  1. 거짓이나 그 밖의 부정한 방법으로 제40조제1항 및 제6항에 따른 성능인증을 받은 경우
  2. 거짓이나 그 밖의 부정한 방법으로 제40조제2항에 따른 제품검사를 받은 경우
  3. 제품검사 시 제40조제4항에 따른 기술기준에 미달되는 경우
  4. 제40조제5항을 위반한 경우
  5. 제41조에 따라 변경인증을 받지 아니하고 해당 소방용품에 대하여 형상등의 일부를 변경하거나 거짓이나 그 밖의 부정한 방법으로 변경인증을 받은 경우
② 제1항에 따라 소방용품의 성능인증이 취소된 자는 그 취소된 날부터 2년 이내에는 성능인증이 취소된 소방용품과 동일한 품목에 대하여는 성능인증을 받을 수 없다.

**116** 소방시설법령상 소방시설에 폐쇄, 차단 등의 행위를 하여 사람을 상해에 이르게 한 경우의 벌칙으로 옳은 것은?
① 5년이하의 징역 또는 5천만원이하의 벌금
② 7년이하의 징역 또는 7천만원이하의 벌금
③ 3년이하의 징역 또는 3천만원이하의 벌금
④ 5년이하의 징역 또는 1억원이하의 벌금

제56조(벌칙) ① 제12조제3항 본문을 위반하여 소방시설에 폐쇄·차단 등의 행위를 한 자는 5년 이하의 징역 또는 5천만원 이하의 벌금에 처한다.
② 제1항의 죄를 범하여 사람을 상해에 이르게 한 때에는 7년 이하의 징역 또는 7천만원 이하의 벌금에 처하며, 사망에 이르게 한 때에는 10년 이하의 징역 또는 1억원 이하의 벌금에 처한다.

정답 : 116. ②

**117** 소방시설법령상 3년 이하의 징역 또는 3천만원 이하의 벌금에 처해지는 사항이 아닌 것은?
① 관리업의 등록을 하지 아니하고 영업을 한 자
② 소방용품의 형식승인을 받지 아니하고 소방용품을 제조하거나 수입한 자 또는 거짓이나 그 밖의 부정한 방법으로 형식승인을 받은 자
③ 제품검사를 받지 아니한 자 또는 거짓이나 그 밖의 부정한 방법으로 제품검사를 받은 자
④ 소방시설등에 대하여 스스로 점검을 하지 아니하거나 관리업자등으로 하여금 정기적으로 점검하게 하지 아니한 자

■ 3년 이하의 징역 또는 3천만원 이하의 벌금
㉠ 소방시설이 화재안전기준에 따라 설치·관리되고 있지 않을때의 조치명령을 위반한 사람
㉡ 피난·방화시설, 방화구획의 유지관리 조치명령을 위반한 사람
㉢ 방염성능물품 조치명령 위반
㉣ 이행계획 조치명령 위반한 사람
㉤ 임시소방시설 또는 소방시설 등의 조치명령을 위반한 사람
㉥ 소방시설관리업 등록을 하지 아니하고 영업을 한 사람
㉦ 소방용품의 형식승인을 받지 아니하고 소방용품을 제조하거나 수입한 자
㉧ 제품검사를 받지 아니한 자 또는 거짓이나 그밖 부정한 방법으로 성능인증 또는 제품검사 받은 자
㉨ 규정을 위반하여 소방용품을 판매·진열하거나 소방시설공사에 사용한 자
㉩ 소방용품 제조자·수입자에 대한 회수·교환·폐기 및 판매중지 명령을 받은 사실을 구매자에게 알리지 아니하거나 필요한 조치를 하지 아니한 자
㉪ 거짓이나 그 밖의 부정한 방법으로 전문기관으로 지정을 받은 자

■ 1년 이하의 징역 또는 1천만원 이하의 벌금
㉠ 규정을 위반하여 관리업의 등록증이나 등록수첩을 다른 자에게 빌려준 자
㉡ 영업정지처분을 받고 그 영업정지기간 중에 관리업의 업무를 한 자
㉢ 규정을 위반하여 소방시설등에 대한 자체점검을 하지 아니하거나 관리업자 등으로 하여금 정기적으로 점검하게 하지 아니한 자
㉣ 규정을 위반하여 소방시설관리사증을 다른 자에게 빌려주거나 동시에 둘 이상의 업체에 취업한 사람
㉤ 소방용품 형식승인의 변경승인을 받지 아니한 자 또는 위조하거나 변조하여 사용한 자
㉥ 소방용품 성능인증의 변경인증을 받지 아니한 자 또는 위조하거나 변조하여 사용한 자
㉦ 감독업무 수행 시 관계인의 정당한 업무를 방해한 자, 조사·검사 업무를 수행하면서 알게 된 비밀을 제공 또는 누설하거나 목적 외의 용도로 사용한 자

**118** 다음 중 벌금 사항이 아닌 것은?
① 중대한 위반사항에 대하여 필요한 조치를 하지 아니한 관계인 또는 관계인에게 중대위반사항을 알리지 아니한 관리업자등
② 방염성능검사에 합격하지 아니한 물품에 합격표시를 하거나 합격표시를 위조하거나 변조하여 사용한 자
③ 공사 현장에 임시소방시설을 설치·관리하지 아니한 자
④ 방염처리업 등록자가 규정을 위반하여 거짓 시료를 제출한 자

정답 : 117. ④  118. ③

■ 300만원 이하의 벌금
㉠ 중대한 위반사항에 대하여 필요한 조치를 하지 아니한 관계인 또는 관계인에게 중대위반사항을 알리지 아니한 관리업자등
㉡ 방염성능검사에 합격하지 아니한 물품에 합격표시를 하거나 합격표시를 위조하거나 변조하여 사용한 자
㉢ 방염처리업 등록자가 규정을 위반하여 거짓 시료를 제출한 자
㉣ 성능위주설계평가단 업무를 수행하면서 알게 된 비밀 또는 위탁단체에서 업무를 수행하면서 알게된 비밀을 이 법에서 정한 목적 외의 용도로 사용하거나 다른 사람 또는 기관에 제공하거나 누설한 사람

■ 300만원 이하의 과태료
1. 제12조제1항을 위반하여 소방시설을 화재안전기준에 따라 설치·관리하지 아니한 자
2. 제15조제1항을 위반하여 공사 현장에 임시소방시설을 설치·관리하지 아니한 자
3. 제16조제1항을 위반하여 피난시설, 방화구획 또는 방화시설의 폐쇄·훼손·변경 등의 행위를 한 자
4. 제20조제1항을 위반하여 방염대상물품을 방염성능기준 이상으로 설치하지 아니한 자
5. 제22조제1항 전단을 위반하여 점검능력 평가를 받지 아니하고 점검을 한 관리업자
6. 제22조제1항 후단을 위반하여 관계인에게 점검 결과를 제출하지 아니한 관리업자등
7. 제22조제2항에 따른 점검인력의 배치기준 등 자체점검 시 준수사항을 위반한 자
8. 제23조제3항을 위반하여 점검 결과를 보고하지 아니하거나 거짓으로 보고한 자
9. 제23조제4항을 위반하여 이행계획을 기간 내에 완료하지 아니한 자 또는 이행계획 완료 결과를 보고하지 아니하거나 거짓으로 보고한 자
10. 제24조제1항을 위반하여 점검기록표를 기록하지 아니하거나 특정소방대상물의 출입자가 쉽게 볼 수 있는 장소에 게시하지 아니한 관계인
11. 제31조 또는 제32조제3항을 위반하여 신고를 하지 아니하거나 거짓으로 신고한 자
12. 제33조제3항을 위반하여 지위승계, 행정처분 또는 휴업·폐업의 사실을 특정소방대상물의 관계인에게 알리지 아니하거나 거짓으로 알린 관리업자
13. 제33조제4항을 위반하여 소속 기술인력의 참여 없이 자체점검을 한 관리업자
14. 제34조제2항에 따른 점검실적을 증명하는 서류 등을 거짓으로 제출한 자
15. 제52조제1항에 따른 명령을 위반하여 보고 또는 자료제출을 하지 아니하거나 거짓으로 보고 또는 자료제출을 한 자 또는 정당한 사유 없이 관계 공무원의 출입 또는 검사를 거부·방해 또는 기피한 자

**119** **소방시설법령상 200만원의 과태료 부과대상에 해당되지 않는 것은?**
① 소화펌프를 고장 상태로 방치한 경우
② 화재 수신기, 동력·감시 제어반 또는 소방시설용 전원(비상전원을 포함한다)을 차단하거나, 고장난 상태로 방치하거나, 임의로 조작하여 자동으로 작동이 되지 않도록 한 경우
③ 소방시설이 작동할 때 소화배관을 통하여 소화수가 방수되지 않는 상태 또는 소화약제가 방출되지 않는 상태로 방치한 경우
④ 소방시설을 설치하지 않은 경우

정답 : 119. ④

| 위반행위 | 근거<br>법조문 | 과태료 금액<br>(단위: 만원) | | |
|---|---|---|---|---|
| | | 1차<br>위반 | 2차<br>위반 | 3차<br>이상 위반 |
| 가. 법 제12조제1항을 위반한 경우 | 법 제61조<br>제1항제1호 | | | |
| 1) 2) 및 3)의 규정을 제외하고 소방시설을 최근 1년 이내에 2회 이상 화재안전기준에 따라 관리하지 않은 경우 | | | 100 | |
| 2) 소방시설을 다음에 해당하는 고장 상태 등으로 방치한 경우<br>  가) 소화펌프를 고장 상태로 방치한 경우<br>  나) 화재 수신기, 동력·감시 제어반 또는 소방시설용 전원(비상전원을 포함한다)을 차단하거나, 고장난 상태로 방치하거나, 임의로 조작하여 자동으로 작동이 되지 않도록 한 경우<br>  다) 소방시설이 작동할 때 소화배관을 통하여 소화수가 방수되지 않는 상태 또는 소화약제가 방출되지 않는 상태로 방치한 경우 | | | 200 | |
| 3) 소방시설을 설치하지 않은 경우 | | | 300 | |
| 나. 법 제15조제1항을 위반하여 공사 현장에 임시소방시설을 설치·관리하지 않은 경우 | 법 제61조<br>제1항제2호 | | 300 | |
| 다. 법 제16조제1항을 위반하여 피난시설, 방화구획 또는 방화시설을 폐쇄·훼손·변경하는 등의 행위를 한 경우 | 법 제61조<br>제1항제3호 | 100 | 200 | 300 |

**120** **소방시설법령상 200만원의 과태료 부과 대상에 해당되는 것은?**

① 방염대상물품을 방염성능기준 이상으로 설치하지 않은 경우
② 점검능력평가를 받지 않고 점검을 한 경우
③ 관계인에게 점검 결과를 제출하지 않은 경우
④ 점검인력의 배치기준 등 자체점검 시 준수사항을 위반한 경우

| | | |
|---|---|---|
| 라. 법 제20조제1항을 위반하여 방염대상물품을 방염성능기준 이상으로 설치하지 않은 경우 | 법 제61조<br>제1항제4호 | 200 |
| 마. 법 제22조제1항 전단을 위반하여 점검능력평가를 받지 않고 점검을 한 경우 | 법 제61조<br>제1항제5호 | 300 |
| 바. 법 제22조제1항 후단을 위반하여 관계인에게 점검 결과를 제출하지 않은 경우 | 법 제61조<br>제1항제6호 | 300 |
| 사. 법 제22조제2항에 따른 점검인력의 배치기준 등 자체점검 시 준수사항을 위반한 경우 | 법 제61조<br>제1항제7호 | 300 |

정답 : 120. ①

## 121. 작동점검의 점검자의 자격에 관한 설명 중 옳지 않은 것은?

① 자동화재탐지설비가 설치된 특정소방대상물은 관계인이 점검할 수 있다.
② 간이스프링클러설비가 설치된 특정소방대상물은 관계인이 점검할 수 있다.
③ 옥내소화전이 설치된 특정소방대상물은 관계인이 점검할 수 있다.
④ 스프링클러가 설치된 특정소방대상물은 기술사가 있는 소방안전관리자가 점검할 수 있다.

점검대상 및 시기, 점검자자격

| 대상 | | | 횟수·시기 | | 점검자 |
|---|---|---|---|---|---|
| 작동 점검 | | 모든 특정소방대상물 [3급이상에 해당] <제외 대상> 1. 특급소방안전관리대상물 (종합점검만 연 2회) 2. 소방안전관리대상물에 속하지 않는 대상물 3. 위험물 제조소등 | • 원칙 : 연 1회 | | 관계인 (자탐,간이만해당) 소방안전관리자 (기술사,관리사) 관리업자(관리사) (자탐,간이는 특급점검자가능) |
| | | | 종합 점검 대상 × | 안전관리 대상 물의 사용 승인 일이 속하는 달 의 말일까지 | |
| | | | 종합 점검 대상 ○ | 종합실시월로 부터 6개월이 되는 달에 실시 | |
| 종합 점검 | 최초 점검 | 3급이상 대상 중 최초사용승인 건축물 | 사용승인일로부터 60일이 내 | | 소방안전 관리자 (기술사, 관리사) 관리업자 [관리사] |
| | 그밖 점검 | 스프링클러설비가 설치된 특정소방 대상물 | • 원칙 : 연 1회 (최초사용승인해 다음해 부터 사용 승인일이 속하 는 달의 말일까지) 예 학교 : 1~6월이 사용승 인일인 경우 6월 말일까 지 • 특급 소방안전관리대상물 : 연2회 (반기별 1회) | | |
| | | 물분무등소화설비가 설치된 연면적 5,000[㎡] 이상인 특정소방대상물 | | | |
| | | 연면적 2,000[㎡] 이상 다중이용업 소(9종) | | | |
| | | 옥내소화전설비 또는 자동화재탐지 설비가 설치된 연면적 1,000[㎡] 이상 공공기관(소방대 제외) | | | |
| | | 제연설비가 설치된 터널 | | | |

## 122. 우수소방대상물은 누가 선정하며 몇 년간 종합 점검을 면제받을 수 있는가?

① 소방청장, 3년  ② 소방청장, 5년
③ 소방본부장, 3년  ④ 소방본부장, 5년

정답 : 121. ③   122. ①

# MEMO

# 문제 PART

# 위험물안전관리법 예상문제

# 위험물안전관리법 예상문제

## 001 위험물안전관리법령상 용어정의로 옳지 않은 것은?

① "위험물"이라 함은 인화성 또는 발화성 등의 성질을 가지는 것으로서 대통령령이 정하는 물품을 말한다.
② "지정수량"이라 함은 위험물의 종류별로 위험성을 고려하여 대통령령이 정하는 수량으로서 제조소등의 설치허가 등에 있어서 최저의 기준이 되는 수량을 말한다.
③ "제조소"라 함은 위험물을 제조할 목적으로 지정수량 이상의 위험물을 취급하기 위하여 제6조제1항의 규정에 따른 허가(협의로써 허가를 받은 것으로 보는 경우는 제외한다.)를 받은 장소를 말한다.
④ "저장소"라 함은 지정수량 이상의 위험물을 저장하기 위한 대통령령이 정하는 장소로서 제6조제1항의 규정에 따른 허가를 받은 장소를 말한다.

"제조소"라 함은 위험물을 제조할 목적으로 지정수량 이상의 위험물을 취급하기 위하여 제6조제1항의 규정에 따른 허가(동조제3항의 규정에 따라 허가가 면제된 경우 및 제7조제2항의 규정에 따라 협의로써 허가를 받은 것으로 보는 경우를 포함한다. 이하 제4호 및 제5호에서 같다)를 받은 장소를 말한다.

## 002 위험물안전관리법령상 "위험물"의 정의로 옳은 것은?

① 인화성 물질로서 대통령령으로 정하는 물품
② 발화성 물질로서 대통령령으로 정하는 물품
③ 인화성 또는 발화성 등의 성질을 가지는 것으로서 대통령령이 정하는 물품
④ 대통령령이 정하는 위험성 물품

**위험물안전관리법 제2조(정의)**
① 이 법에서 사용하는 용어의 정의는 다음과 같다.
1. "위험물"이라 함은 인화성 또는 발화성 등의 성질을 가지는 것으로서 대통령령이 정하는 물품을 말한다.
2. "지정수량"이라 함은 위험물의 종류별로 위험성을 고려하여 대통령령이 정하는 수량으로서 제6호의 규정에 의한 제조소등의 설치허가 등에 있어서 최저의 기준이 되는 수량을 말한다.
3. "제조소"라 함은 위험물을 제조할 목적으로 지정수량 이상의 위험물을 취급하기 위하여 제6조제1항의 규정에 따른 허가(동조제3항의 규정에 따라 허가가 면제된 경우 및 제7조제2항의 규정에 따라 협의로써 허가를 받은 것으로 보는 경우를 포함한다. 이하 제4호 및 제5호에서 같다)를 받은 장소를 말한다.
4. "저장소"라 함은 지정수량 이상의 위험물을 저장하기 위한 대통령령이 정하는 장소로서 제6조제1항의 규정에 따른 허가를 받은 장소를 말한다.
5. "취급소"라 함은 지정수량 이상의 위험물을 제조 외의 목적으로 취급하기 위한 대통령령이 정하는 장소로서 제6조제1항의 규정에 따른 허가를 받은 장소를 말한다.
6. "제조소등"이라 함은 제3호 내지 제5호의 제조소·저장소 및 취급소를 말한다.

정답 : 001. ③　　002. ③

## 003 위험물안전관리법령상 "제조소등"의 정의로 옳은 것은?

① 제조만을 목적으로 하는 위험물의 제조소
② 제조소, 저장소 및 취급소
③ 위험물의 저장시설을 갖춘 제조소
④ 제조 및 저장시설을 갖춘 판매취급소

## 004 다음 중 위험물안전관리법령상 옳지 않은 것은?

① "도로"라 함은 일반교통에 이용되는 너비 2[m] 이상의 도로로서 자동차의 통행이 가능한 것
② "불연재료"라 함은 건축법시행령에 의한 불연재료 중 유리를 말한다.
③ "탱크의 용량"이라 함은 당해 탱크의 내용적에서 공간용적을 뺀 용적으로 한다.
④ 탱크의 내용적 및 공간용적의 계산방법은 소방청장이 정하여 고시한다.

**위험물안전관리법 시행규칙 제2조(정의)**
이 규칙에서 사용하는 용어의 뜻은 다음과 같다.
1. "고속국도"란 「도로법」 제10조제1호에 따른 고속국도를 말한다.
2. "도로"란 다음 각 목의 어느 하나에 해당하는 것을 말한다.
    가. 「도로법」 제2조제1호에 따른 도로
    나. 「항만법」 제2조제5호에 따른 항만시설 중 임항교통시설에 해당하는 도로
    다. 「사도법」 제2조의 규정에 의한 사도
    라. 그 밖에 일반교통에 이용되는 너비 2미터 이상의 도로로서 자동차의 통행이 가능한 것
3. "하천"이란 「하천법」 제2조제1호에 따른 하천을 말한다.
4. "내화구조"란 「건축법 시행령」 제2조제7호에 따른 내화구조를 말한다.
5. "불연재료"란 「건축법 시행령」 제2조제10호에 따른 불연재료 중 유리 외의 것을 말한다.

## 005 위험물안전관리법령에 따른 위험물 용어에 대한 설명 중 옳지 않은 것은?

① 위험물이라 함은 인화성 또는 발화성 등의 성질을 가지는 것으로서 대통령령이 정하는 물품을 말한다.
② 제조소라 함은 위험물을 제조할 목적으로 지정 수량 이상의 위험물을 취급하기 위하여 허가를 받은 장소를 말한다.
③ 저장소라 함은 지정수량 이상의 위험물을 저장하기 위한 대통령이 정하는 장소로서 규정에 따른 허가를 받은 장소를 말한다.
④ 판매취급소라 함은 점포에서 위험물을 용기에 담아 판매하기 위하여 지정수량의 20배 이하의 위험물을 취급하는 장소를 말한다.

정답 : 003. ②   004. ②   005. ④

[ 취급소의 구분 ]

| 위험물을 제조 외의 목적으로 취급하기 위한 장소 | 취급소의 구분 |
|---|---|
| 1. 고정된 주유설비(항공기에 주유하는 경우에는 차량에 설치된 주유설비를 포함한다)에 의하여 자동차·항공기 또는 선박 등의 연료탱크에 직접 주유하기 위하여 위험물(「석유 및 석유대체연료 사업법」제29조의 규정에 의한 가짜석유제품에 해당하는 물품을 제외한다. 이하 제2호에서 같다)을 취급하는 장소(위험물을 용기에 옮겨 담거나 차량에 고정된 5천리터 이하의 탱크에 주입하기 위하여 고정된 급유설비를 병설한 장소를 포함한다) | 주유취급소 |
| 2. 점포에서 위험물을 용기에 담아 판매하기 위하여 지정수량의 40배 이하의 위험물을 취급하는 장소 | 판매취급소 |
| 3. 배관 및 이에 부속된 설비에 의하여 위험물을 이송하는 장소. 다만, 다음 각목의 1에 해당하는 경우의 장소를 제외한다.<br>가. 「송유관 안전관리법」에 의한 송유관에 의하여 위험물을 이송하는 경우<br>나. 제조소등에 관계된 시설(배관을 제외한다) 및 그 부지가 같은 사업소 안에 있고 당해 사업소 안에서만 위험물을 이송하는 경우<br>다. 사업소와 사업소의 사이에 도로(폭 2미터 이상의 일반교통에 이용되는 도로로서 자동차의 통행이 가능한 것을 말한다)만 있고 사업소와 사업소 사이의 이송배관이 그 도로를 횡단하는 경우<br>라. 사업소와 사업소 사이의 이송배관이 제3자(당해 사업소와 관련이 있거나 유사한 사업을 하는 자에 한한다)의 토지만을 통과하는 경우로서 당해 배관의 길이가 100미터 이하인 경우<br>마. 해상구조물에 설치된 배관(이송되는 위험물이 별표 1의 제4류 위험물중 제1석유류인 경우에는 배관의 안지름이 30센티미터 미만인 것에 한한다)으로서 해당 해상구조물에 설치된 배관이 길이가 30미터 이하인 경우<br>바. 사업소와 사업소 사이의 이송배관이 다목 내지 마목의 규정에 의한 경우 중 2 이상에 해당하는 경우<br>사. 「농어촌 전기공급사업 촉진법」에 따라 설치된 자가발전시설에 사용되는 위험물을 이송하는 경우 | 이송취급소 |
| 4. 제1호 내지 제3호 외의 장소(「석유 및 석유대체연료 사업법」제29조의 규정에 의한 가짜석유제품에 해당하는 위험물을 취급하는 경우의 장소를 제외한다) | 일반취급소 |

## 006 위험물안전관리법에서 정하는 위험물질에 대한 설명으로 옳은 것은?

① 철분이란 철의 분말로서 53[㎛]의 표준체를 통과하는 것이 60[wt%] 미만인 것은 제외한다.
② 인화성 고체란 고형 알코올 그 밖에 1기압에서 인화점이 21[℃] 미만인 고체를 말한다.
③ 황은 순도가 60[wt%] 이상인 것을 말한다.
④ 과산화수소는 그 농도가 36[wt%] 이하인 것에 한한다.

① 철분 : 50[wt%] 미만인 것은 제외
② 인화점이 40[℃] 미만인 고체
④ 농도가 36[wt%] 이상인 것

정답 : 006. ③

## 007 위험물안전관리법령상 도로에 해당하지 않는 것은?

① 사도법에 의한 사도
② 일반교통에 이용되는 너비 1[m] 이상의 도로로서 자동차의 통행이 가능한 것
③ 도로법에 의한 도로
④ 항만법에 의한 항만시설 중 임항교통시설에 해당하는 도로

② 1[m] → 2[m]

## 008 다음 중 위험물 유별 성질로서 옳지 않은 것은?

① 제1류 위험물 : 산화성 고체
② 제2류 위험물 : 가연성 고체
③ 제4류 위험물 : 인화성 액체
④ 제6류 위험물 : 인화성 고체

제6류 위험물 : 산화성 액체

| 종류 | 제1류 위험물 | | 제2류 위험물 | | 제3류 위험물 | | 제4류 위험물 | | 제5류 위험물 | | 제6류 위험물 | |
|---|---|---|---|---|---|---|---|---|---|---|---|---|
| | 산화성고체 | | 가연성고체 | | 금수성·자연발화성 | | 인화성액체 | | 자기연소성 | | 산화성액체 | |
| 위험등급 | 품명 (10) | 지정수량 (kg) | 품명 (7) | 지정수량 (kg) | 품명 (13) | 지정수량 (kg) | 품명 (7) | 지정수량 (L) | 품명 (9) | 지정수량 (kg) | 품명 (3) | 지정수량 (kg) |
| I | 아염소산염류 염소산염류 과염소산염류 무기과산화물 | 50 | – | – | 칼륨 나트륨 알킬알루미늄 알킬리튬 | 10 | 특수인화물 | 50 | 유기과산화물 질산에스터류 | 제1종:10 | 과산화수소 과염소산 질산 | 300 |
| | | | | | 황린 | 20 | | | | | | |
| II | 아이오딘산염류 브로민산염류 질산염류 | 300 | 황화인 적린 황 | 100 | 알칼리금속 알칼리토금속 유기금속화합물 | 50 | 제1석유류 | 비수용성 200 수용성 400 | 하이드록실아민 하이드록실아민염류 나이트로화합물 나이트로소화합물 아조화합물 다이아조화합물 하이드라진 유도체 | 제2종:100 | – | |
| | | | | | | | 알코올류 | 400 | | | | |
| III | 과망가니즈산염류 다이크로뮴산염류 | 1,000 | 철분 마그네슘 금속분류 | 500 | 금속의 수소화물 금속의 인화물 칼슘의 탄화물 알루미늄의 탄화물 염소화규소화합물 | 300 | 제2석유류 | 비수용성 1,000 수용성 2,000 | – | | – | |
| | | | | | | | 제3석유류 | 비수용성 2,000 수용성 4,000 | | | | |
| | 무수크롬산 (삼산화크롬) | 300 | 인화성고체 | 1,000 | | | 제4석유류 | 6,000 | | | | |
| | | | | | | | 동식물유류 | 10,000 | | | | |

정답 : 007. ② 008. ④

## 009  인화성 액체인 제4류 위험물의 품명별 지정수량으로 옳지 않은 것은?

① 특수인화물 50[L]
② 제1석유류 중 비수용성 액체는 200[L], 수용성 액체는 400[L]
③ 알코올류 300[L]
④ 제4석유류 6,000[L]

 ③ 알코올류 400[L]

## 010  위험물에 해당되는 질산은 비중이 얼마 이상인 것을 말하는가?

① 1.39
② 1.49
③ 2.39
④ 2.49

 질산은 비중이 1.49 이상인 것만 해당

## 011  위험물안전관리법령상 제4류 위험물에 관한 설명 중 옳은 것은?

① "특수인화물"이라 함은 이황화탄소, 디에틸에테르 그 밖에 1기압에서 발화점이 섭씨 100도 이하인 것 또는 인화점이 섭씨 영하 10도 이하이고 비점이 섭씨 20도 이하인 것을 말한다.
② "제1석유류"라 함은 아세톤, 휘발유 그 밖에 1기압에서 인화점이 섭씨 20도 미만인 것을 말한다.
③ "제2석유류"라 함은 등유, 경유 그 밖에 1기압에서 인화점이 섭씨 20도 이상 70도 미만인 것을 말한다. 다만, 도료류 그 밖의 물품에 있어서 가연성 액체량이 40중량퍼센트 이하이면서 인화점이 섭씨 40도 이상인 동시에 연소점이 섭씨 60도 이상인 것은 제외한다.
④ "제3석유류"라 함은 중유, 클레오소트유 그 밖에 1기압에서 인화점이 섭씨 70도 이상 섭씨 200도 미만인 것을 말한다. 다만, 도료류 그 밖의 물품은 가연성 액체량이 40중량퍼센트 이하인 것은 제외한다.

① "특수인화물"이라 함은 이황화탄소, 디에틸에테르 그 밖에 1기압에서 발화점이 섭씨 100도 이하인 것 또는 인화점이 섭씨 영하 20도 이하이고 비점이 섭씨 40도 이하인 것을 말한다.
② "제1석유류"라 함은 아세톤, 휘발유 그 밖에 1기압에서 인화점이 섭씨 21도 미만인 것을 말한다.
③ "제2석유류"라 함은 등유, 경유 그 밖에 1기압에서 인화점이 섭씨 21도 이상 70도 미만인 것을 말한다. 다만, 도료류 그 밖의 물품에 있어서 가연성 액체량이 40중량퍼센트 이하이면서 인화점이 섭씨 40도 이상인 동시에 연소점이 섭씨 60도 이상인 것은 제외한다.
④ "제3석유류"라 함은 중유, 클레오소트유 그 밖에 1기압에서 인화점이 섭씨 70도 이상 섭씨 200도 미만인 것을 말한다. 다만, 도료류 그 밖의 물품은 가연성 액체량이 40중량퍼센트 이하인 것은 제외한다.

정답 : 009. ③    010. ②    011. ④

## 012 위험물안전관리법령상 위험물에 대한 설명으로 옳지 않은 것은?

① 황은 순도가 60중량퍼센트 이상인 것을 말하며, 순도측정을 하는 경우 불순물은 활석 등 불연성 물질과 수분으로 한정한다.
② "철분"이라 함은 철의 분말로서 53마이크로미터의 표준체를 통과하는 것이 50중량퍼센트 미만인 것은 제외한다.
③ "금속분"이라 함은 알칼리금속·알칼리토류금속·철 및 마그네슘 외의 금속의 분말을 말하고, 구리분·니켈분 및 150마이크로미터의 체를 통과하는 것이 50중량퍼센트 미만인 것은 제외한다.
④ 마그네슘 및 제2류제8호의 물품 중 마그네슘을 함유한 것에 있어서는 직경 4밀리미터 이상 막대모양의 것을 제외한다.

> **해설** 마그네슘 및 제2류제8호의 물품 중 마그네슘을 함유한 것에 있어서는 다음 각 목의 1에 해당하는 것은 제외한다.
> 가. 2밀리미터의 체를 통과하지 아니하는 덩어리 상태의 것
> 나. 직경 2밀리미터 이상의 막대 모양의 것

## 013 지정수량 미만인 위험물의 저장 또는 취급에 관한 기술상의 기준은 무엇으로 정하는가?

① 대통령령  ② 행정안전부령  ③ 소방청 고시  ④ 시·도의 조례

## 014 위험물안전관리법령상 다음 각 호의 어느 하나에 해당하는 경우에는 제조소등이 아닌 장소에서 지정수량 이상의 위험물을 취급할 수 있다. (    )에 들어갈 내용으로 옳은 것은?

> 1. ( ㉮ )가(이) 정하는 바에 따라 관할소방서장의 ( ㉯ )을(를) 받아 지정수량 이상의 위험물을 ( ㉰ )일 이내의 기간 동안 임시로 저장 또는 취급하는 경우
> 2. 군부대가 지정수량 이상의 위험물을 군사목적으로 임시로 저장 또는 취급하는 경우

|  | ㉮ | ㉯ | ㉰ |  | ㉮ | ㉯ | ㉰ |
|---|---|---|---|---|---|---|---|
| ① | 시·도의 조례 | 승인 | 90일 | ② | 시·도의 조례 | 허가 | 60일 |
| ③ | 대통령령 | 승인 | 90일 | ④ | 대통령령 | 허가 | 60일 |

## 015 위험물안전관리법령상 제조소등의 위치·구조 및 설비의 기술기준은 무엇으로 정하는가?

① 대통령령  ② 행정안전부령
③ 소방청장 고시  ④ 시·도의 조례

## 016 위험물안전관리법령상 위험물의 지정수량은 무엇으로 정하는가?

① 대통령령  ② 행정안전부령
③ 국가화재안전기준  ④ 시·도의 조례

정답 : 012. ④   013. ④   014. ①   015. ②   016. ①

## 017 위험물의 저장·취급 및 운반에 있어서 위험물안전관리법의 적용 제외 대상이 아닌 것은?

① 차량  ② 선박  ③ 항공기  ④ 철도

위험물안전관리법 제3조(적용 제외)
이 법은 항공기·선박(선박법 제1조의2 제1항의 규정에 따른 선박을 말한다)·철도 및 궤도에 의한 위험물의 저장·취급 및 운반에 있어서는 이를 적용하지 아니한다.

## 018 위험물안전관리법령상 행정안전부령으로 정하는 제조소등의 기술기준에 포함되지 않는 것은?

① 제조소등의 위치
② 제조소등의 구조
③ 제조소등의 설비
④ 제조소등의 용도

## 019 제조소등의 설치 및 변경은 누구의 허가를 받아야 하는가?

① 시·도지사
② 시장·군수
③ 행정안전부장관
④ 한국소방안전원장

위험물안전관리법 제6조(위험물시설의 설치 및 변경 등)
① 제조소등을 설치하고자 하는 자는 대통령령이 정하는 바에 따라 그 설치장소를 관할하는 특별시장·광역시장·특별자치시장·도지사 또는 특별자치도지사(이하 "시·도지사"라 한다)의 허가를 받아야 한다. 제조소등의 위치·구조 또는 설비 가운데 행정안전부령이 정하는 사항을 변경하고자 하는 때에도 또한 같다.
② 제조소등의 위치·구조 또는 설비의 변경 없이 당해 제조소등에서 저장하거나 취급하는 위험물의 품명·수량 또는 지정수량의 배수를 변경하고자 하는 자는 변경하고자 하는 날의 1일 전까지 행정안전부령이 정하는 바에 따라 시·도지사에게 신고해야 한다.
③ 제1항 및 제2항의 규정에 불구하고 다음 각 호의 어느 하나에 해당하는 제조소등의 경우에는 허가를 받지 아니하고 당해 제조소등을 설치하거나 그 위치·구조 또는 설비를 변경할 수 있으며, 신고를 하지 아니하고 위험물의 품명·수량 또는 지정수량의 배수를 변경할 수 있다.
  1. 주택의 난방시설(공동주택의 중앙난방시설을 제외한다)을 위한 저장소 또는 취급소
  2. 농예용·축산용 또는 수산용으로 필요한 난방시설 또는 건조시설을 위한 지정수량 20배 이하의 저장소

## 020 위험물제조소등의 위치·구조 또는 설비의 변경허가를 받고자 할 때 변경신고서에 첨부해야 할 서류가 아닌 것은?

① 위치·구조 및 설비에 관한 도면
② 위험물제조소의 기술능력
③ 제조소등의 완공검사합격확인증
④ 구조설비명세표

위험물안전관리법 시행규칙 제7조(제조소등의 변경허가의 신청)
법 제6조제1항 후단 및 영 제6조제1항의 규정에 의하여 제조소등의 위치·구조 또는 설비의 변경허가를 받고자 하는 자는 별지 제16호서식 또는 별지 제17호서식의 신청서(전자문서로 된 신청서를 포함한다)에 다음 각 호의 서류(전자문서를 포함한다)를 첨부하여 설치허가를 한 시·도지사 또는 소방서장에게 제출해야 한다. 다만, 「전자정부법」제36조제1항에 따른 행

정답 : 017. ①   018. ④   019. ①   020. ②

정정보의 공동이용을 통하여 첨부서류에 대한 정보를 확인할 수 있는 경우에는 그 확인으로 첨부서류에 갈음할 수 있다.
1. 제조소등의 완공검사합격확인증
2. 제6조제1호의 규정에 의한 서류(라목 내지 바목의 서류는 변경에 관계된 것에 한한다)
3. 제6조제2호 내지 제10호의 규정에 의한 서류 중 변경에 관계된 서류
4. 법 제9조제1항 단서의 규정에 의한 화재예방에 관한 조치사항을 기재한 서류(변경공사와 관계가 없는 부분을 완공검사 전에 사용하고자 하는 경우에 한한다)

## 021 위험물취급소의 구분에 해당되지 않는 것은?

① 주유취급소  ② 관리취급소  ③ 일반취급소  ④ 판매취급소

> 취급소의 종류
> ① 주유취급소  ② 판매취급소  ③ 이송취급소  ④ 일반취급소

## 022 고정된 주유설비에 의하여 자동차·항공기 또는 선박 등의 연료탱크에 직접 주유하기 위하여 위험물을 취급하는 장소는?

① 판매취급소  ② 주유취급소  ③ 이송취급소  ④ 일반취급소

## 023 다음 중 위험물의 저장·취급 및 운반에 있어 위험물안전관리법의 적용을 받지 않는 것은?

① 차량을 이용하여 위험물을 운반하는 경우
② 군사시설인 항공기에 급유하기 위하여 위험물을 저장·취급하는 경우
③ 항공기, 선박 등에 주유 및 급유하기 위한 위험물제조소
④ 철도 및 궤도에 의한 위험물을 저장·취급 및 운반하는 경우

> 적용제외
> 항공기·선박(선박법 제1조의2제1항의 규정에 따른 선박을 말한다)·철도 및 궤도에 의한 위험물의 저장·취급 및 운반에 있어서는 이를 적용하지 아니한다.

## 024 위험물안전관리법령상 제조소등에서의 위험물의 저장 또는 취급에 있어 따라야하는 중요기준 및 세부기준은 어디에서 정하는가?

① 행정안전부령  ② 대통령령
③ 소방본부장  ④ 시·도 조례

> 제조소등에서의 위험물의 저장 또는 취급에 관하여는 다음 각 호의 중요기준 및 세부기준에 따라야 한다.
> 1. 중요기준 : 화재 등 위해의 예방과 응급조치에 있어서 큰 영향을 미치거나 그 기준을 위반하는 경우 직접적으로 화재를 일으킬 가능성이 큰 기준으로서 행정안전부령이 정하는 기준
> 2. 세부기준 : 화재 등 위해의 예방과 응급조치에 있어서 중요기준보다 상대적으로 적은 영향을 미치거나 그 기준을 위반하는 경우 간접적으로 화재를 일으킬 수 있는 기준 및 위험물의 안전관리에 필요한 표시와 서류·기구 등의 비치에 관한 기준으로서 행정안전부령이 정하는 기준

정답 : 021. ②  022. ②  023. ④  024. ①

## 025
위험물안전관리법령상 둘 이상의 위험물을 같은 장소에서 저장 또는 취급하는 경우 당해 위험물을 지정수량 이상의 위험물로 보는 기준으로 옳은 것은?

① 둘 이상의 위험물 2개를 각각 합으로 하여 1로 한다.
② 둘 이상의 위험물 2개를 각각 합으로 하여 2로 본다.
③ 둘 이상의 위험물을 그 위험물의 지정수량으로 각각 나누어 얻은 수의 합계가 2분의 1 이상인 경우로 한다.
④ 둘 이상의 위험물을 그 위험물의 지정수량으로 각각 나누어 얻은 수의 합계가 1 이상인 경우로 한다.

 둘 이상의 위험물을 같은 장소에서 저장 또는 취급하는 경우에 있어서 당해 장소에서 저장 또는 취급하는 각 위험물의 수량을 그 위험물의 지정수량으로 각각 나누어 얻은 수의 합계가 1 이상인 경우 당해 위험물은 지정수량 이상의 위험물로 본다.

## 026
다음 중 위험물 지정수량의 단위가 다른 것은?

① 제1류 위험물　　② 제3류 위험물
③ 제4류 위험물　　④ 제6류 위험물

 제4류 위험물[L], 나머지[kg]

## 027
제조소등의 위치·구조 또는 설비의 변경 없이 당해 제조소등에서 저장하거나 취급하는 위험물의 품명·수량 또는 지정수량의 배수를 변경하고자 하는 자는 변경하고자 하는 날의 며칠 전까지 행정안전부령이 정하는 바에 따라 시·도지사에게 신고해야 하는가?

① 1일　　② 3일　　③ 5일　　④ 7일

## 028
위험물안전관리법령상 위험물시설의 설치 및 변경 등에 관한 설명으로 옳지 않은 것은?
(단, 권한의 위임들 기타 사항을 고려하지 않음)

① 제조소등을 설치하고자 하는 자는 그 설치장소를 관할하는 시·도지사의 허가를 받아야 한다.
② 제조소등의 위치·구조 등의 변경 없이 당해 제조소등에서 저장하는 위험물의 품명·수량 등을 변경하고자 하는 자는 변경하고자 하는 날까지 시·도지사의 허가를 받아야 한다.
③ 군사목적으로 제조소등을 설치하고자 하는 군부대의 장이 제조소등의 소재지를 관할하는 시·도지사와 협의한 경우에는 허가를 받은 것으로 본다.
④ 군부대의 장은 국가기밀에 속하는 제조소등의 설비를 변경하고자 하는 경우에는 당해 제조소등의 변경공사를 착수하기 전에 그 공사의 설계도와 서류제출을 생략할 수 있다.

 제조소등의 위치·구조 또는 설비의 변경 없이 당해 제조소등에서 저장하거나 취급하는 위험물의 품명·수량 또는 지정수량의 배수를 변경하고자 하는 자는 시·도지사에게 변경하고자 하는 날의 1일 전까지 시·도지사에게 신고해야 한다.

 정답 : 025. ④　　026. ③　　027. ①　　028. ②

## 029 위험물안전관리법령상 허가를 받고 설치해야 하는 제조소등을 모두 고른 것은?

> ㄱ. 공동주택의 중앙난방시설을 위한 취급소
> ㄴ. 농예용으로 필요한 건조시설을 위한 지정수량 20배 이하의 저장소
> ㄷ. 축산용으로 필요한 난방시설을 위한 지정수량 20배 이하의 취급소

① ㄱ, ㄴ  ② ㄱ, ㄷ  ③ ㄴ, ㄷ  ④ ㄱ, ㄴ, ㄷ

 다음 각 호의 어느 하나에 해당하는 제조소등의 경우에는 허가를 받지 아니하고 당해 제조소등을 설치하거나 그 위치·구조 또는 설비를 변경할 수 있으며, 신고를 하지 아니하고 위험물의 품명·수량 또는 지정수량의 배수를 변경할 수 있다.
1. 주택의 난방시설(공동주택의 중앙난방시설을 제외한다)을 위한 저장소 또는 취급소
2. 농예용·축산용 또는 수산용으로 필요한 난방시설 또는 건조시설을 위한 지정수량 20배 이하의 저장소

## 030 위험물 성질과 지정수량이 옳게 연결된 것은?

① 질산에스터류 — 자기반응성 물질 — 20kg
② 황린 — 자연발화성 물질 — 20kg
③ 아염소산염류 — 산화성 고체 — 30kg
④ 칼륨·나트륨 — 금수성 물질 — 20kg

## 031 위험물안전관리법령상 탱크안전성능검사의 종류에 해당하지 않는 것은?

① 수직·수평검사  ② 충수·수압검사
③ 기초·지반검사  ④ 암반탱크검사

 탱크안전성능검사의 종류
㉠ 기초·지반검사  ㉡ 충수·수압검사
㉢ 용접부검사    ㉣ 암반탱크검사

## 032 탱크안전성능검사에 관한 설명 중 옳지 않은 것은?

① 탱크안전성능검사에 있어서 소방본부장 또는 소방서장에게 완공검사를 받는다.
② 탱크안전성능검사에 있어서 암반탱크검사가 포함된다.
③ 탱크안전성능검사의 종류는 기초·지반검사, 충수·수압검사, 용접부검사, 암반탱크검사가 있다.
④ 탱크안전성능검사신청은 완공검사를 받기 전에 시·도지사에게 신청한다.

 탱크안전성능검사
1) 탱크안전성능검사권자 : 시·도지사
   ① 탱크안전성능검사신청 : 완공검사를 받기 전에 시·도지사에게 신청
   ② 탱크안전성능시험을 받고자 하는 자는 기술원 또는 탱크시험자에게 신청서 제출시행규칙(탱크안전성능검사의 신청 등)

 정답 : 029. ②   030. ②   031. ①   032. ①

- 탱크안전성능검사를 받아야 하는 자는 신청서를 해당 위험물탱크의 설치장소를 관할하는 소방서장 또는 기술원에 제출해야 한다.
- 다만, 설치장소에서 제작하지 아니하는 위험물탱크에 대한 탱크안전성능검사(충수·수압검사에 한한다)의 경우에는 신청서에 해당 위험물탱크의 구조명세서 1부를 첨부하여 해당 위험물탱크의 제작지를 관할하는 소방서장에게 신청할 수 있다.
③ 탱크안전성능시험을 받고자 하는 자는 신청서에 해당 위험물탱크의 구조명세서 1부를 첨부하여 기술원 또는 탱크시험자에게 신청할 수 있다.
④ 충수·수압검사를 면제받고자 하는 자는 탱크시험필증에 탱크시험성적서를 첨부하여 소방서장에게 제출해야 한다.

2) 탱크안전성능검사의 종류
  ㉠ 기초·지반검사  ㉡ 충수·수압검사
  ㉢ 용접부검사  ㉣ 암반탱크검사

3) 탱크안전성능검사 종류 및 대상
  ㉠ 기초·지반검사 : 옥외탱크저장소의 액체위험물탱크 중 그 용량이 100만리터 이상인 탱크
  ㉡ 충수(充水)·수압검사 : 액체위험물을 저장 또는 취급하는 탱크. 다만, 다음 각 목의 어느 하나에 해당하는 탱크는 제외한다.
    가. 제조소 또는 일반취급소에 설치된 탱크로서 용량이 지정수량 미만인 것
    나. 「고압가스 안전관리법」에 따른 특정설비에 관한 검사에 합격한 탱크
    다. 「산업안전보건법」에 따른 안전인증을 받은 탱크
  ㉢ 용접부검사 : 옥외탱크저장소의 액체위험물탱크 중 그 용량이 100만리터 이상인 탱크
  ㉣ 암반탱크검사 : 액체위험물을 저장 또는 취급하는 암반 내의 공간을 이용한 탱크

4) 탱크안전성능검사의 전부 또는 일부 면제
  ① 시·도지사는 탱크안전성능시험자 또는 한국소방산업기술원으로부터 탱크안전성능시험을 받은 경우에는 탱크안전성능 검사의 전부 또는 일부 면제할 수 있다.
  ② 시·도지사가 면제할 수 있는 탱크안전성능검사는 충수·수압검사로 한다.
  ③ 위험물탱크에 대한 충수·수압검사를 면제받고자 하는 자는 "탱크시험자" 또는 기술원으로부터 충수·수압검사에 관한 탱크안전성능시험을 받아 완공검사를 받기 전(지하에 매설하는 위험물탱크에 있어서는 지하에 매설하기 전)에 당해 시험에 합격하였음을 증명하는 서류("탱크시험필증")를 시·도지사에게 제출해야 한다.

5) 탱크안전성능검사의 신청시기
  ① 기초·지반검사 : 위험물탱크의 기초 및 지반에 관한 공사의 개시 전
  ② 충수·수압검사 : 위험물을 저장 또는 취급하는 탱크의 배관 그 밖의 부속설비를 부착하기 전
  ③ 용접부검사 : 탱크본체에 관한 공사의 개시 전
  ④ 암반탱크검사 : 암반탱크의 본체에 관한 공사의 개시 전

## 033 위험물안전관리법령에서 규정하고 있는 위험물탱크 안전성능검사에 관한 설명 중 옳은 것은?

① 제조소등에 설치되는 탱크안전성능검사는 완공 검사와 동시에 실시한다.
② 위험물탱크에 대한 충수·수압검사를 하고자 할 경우 당해 탱크에 배관 그 밖의 부속설비를 부착한 후 탱크 안전검사를 신청해야 한다.
③ 용량이 100만 리터 이상인 옥외탱크의 경우에는 기초·지반검사와 용접부 검사를 실시한다.
④ 탱크안전성능검사 중 용접부 검사는 탱크안전성능검사를 받아야 하는 모든 탱크에 있어서 실시해야 한다.

정답 : 033. ③

## 034 탱크안전성능검사의 신청시기로 옳지 않은 것은?

① 기초·지반검사 : 위험물탱크의 기초 및 지반에 관한 공사의 개시 전
② 충수·수압검사 : 위험물을 저장 또는 취급하는 탱크에 배관 그 밖의 부속설비를 부착한 후 충수 전
③ 용접부검사 : 탱크본체에 관한 공사의 개시 전
④ 암반탱크검사 : 암반탱크의 본체에 관한 공사의 개시 전

충수·수압검사
위험물을 저장 또는 취급하는 탱크에 배관 그 밖의 부속설비를 부착하기 전

## 035 탱크안전성능검사의 종류 중 탱크에 배관 그 밖의 부속설비를 부착하기 전에 당해 탱크 본체의 누설 및 변형에 대한 안전성이 행정안전부령으로 정하는 기준에 적합한지 여부를 확인하는 검사는 무엇인가?

① 기초·지반검사
② 용접부검사
③ 충수·수압검사
④ 암반탱크검사

- 위험물안전관리법 시행령 [별표 4]

### 탱크안전성능검사의 내용 (제8조제2항관련)

| 구분 | 검사내용 |
|---|---|
| 1. 기초·지반검사 | 가. 제8조제1항제1호의 규정에 의한 탱크중 나목외의 탱크 : 탱크의 기초 및 지반에 관한 공사에 있어서 당해 탱크의 기초 및 지반이 행정안전부령으로 정하는 기준에 적합한지 여부를 확인함 |
| | 나. 제8조제1항제1호의 규정에 의한 탱크중 행정안전부령으로 정하는 탱크 : 탱크의 기초 및 지반에 관한 공사에 상당한 것으로서 행정안전부령으로 정하는 공사에 있어서 당해 탱크의 기초 및 지반에 상당하는 부분이 행정안전부령으로 정하는 기준에 적합한지 여부를 확인함 |
| 2. 충수·수압검사 | 탱크에 배관 그 밖의 부속설비를 부착하기 전에 당해 탱크 본체의 누설 및 변형에 대한 안전성이 행정안전부령으로 정하는 기준에 적합한지 여부를 확인함 |
| 3. 용접부검사 | 탱크의 배관 그 밖의 부속설비를 부착하기 전에 행하는 당해 탱크의 본체에 관한 공사에 있어서 탱크의 용접부가 행정안전부령으로 정하는 기준에 적합한지 여부를 확인함 |
| 4. 암반탱크검사 | 탱크의 본체에 관한 공사에 있어서 탱크의 구조가 행정안전부령으로 정하는 기준에 적합한지 여부를 확인함 |

정답 : 034. ②     035. ③

## 036  위험물안전관리법령상 탱크시험자로 등록하거나 탱크시험자의 업무에 종사할 수 있는 경우는?

① 피성년후견인
② [소방기본법]에 따른 금고 이상의 형의 집행유예기간 중에 있는 자
③ [소방시설공사업법]에 따른 금고 이상의 실형의 선고를 받고 그 집행이 종료되거나 집행이 면제된 날부터 1년이 된 자
④ 탱크시험자의 등록이 취소된 날부터 3년이 된 자

다음 각 호의 어느 하나에 해당하는 자는 탱크시험자로 등록하거나 탱크시험자의 업무에 종사할 수 없다.
1. 피성년후견인
2. 삭제<2006. 9. 22.>
3. 이 법, 「소방기본법」, 「화재의 예방 및 안전관리에 관한 법률」, 「소방시설 설치 및 관리에 관한 법률」 또는 「소방시설공사업법」에 따른 금고 이상의 실형의 선고를 받고 그 집행이 종료(집행이 종료된 것으로 보는 경우를 포함한다)되거나 집행이 면제된 날부터 2년이 지나지 아니한 자
4. 이 법, 「소방기본법」, 「화재의 예방 및 안전관리에 관한 법률」, 「소방시설 설치 및 관리에 관한 법률」 또는 「소방시설공사업법」에 따른 금고 이상의 형의 집행유예 선고를 받고 그 유예기간 중에 있는 자
5. 제5항의 규정에 따라 탱크시험자의 등록이 취소(제1호에 해당하여 자격이 취소된 경우는 제외한다)된 날부터 2년이 지나지 아니한 자
6. 법인으로서 그 대표자가 제1호 내지 제5호의 1에 해당하는 경우

## 037  다음 중 탱크 시험자에 대한 감독상 필요한 명령권한이 없는 사람은?

① 소방청장    ② 시·도지사    ③ 소방본부장    ④ 소방서장

탱크시험자에 대한 감독상 필요한 명령권자 : 시·도지사, 소방본부장, 소방서장

## 038  위험물탱크 시험자가 갖추어야 할 장비가 아닌 것은?

① 방사선투과시험기            ② 기밀시험장비
③ 수직·수평도 측정기          ④ 절연저항계

위험물안전관리법 시행령[별표 7]
탱크시험자의 기술능력·시설 및 장비(제14조제1항 관련)
1. 기술능력
   가. 필수인력
      1) 위험물기능장·위험물산업기사 또는 위험물기능사 중 1명 이상
      2) 비파괴검사기술사 1명 이상 또는 초음파비파괴검사·자기비파괴검사 및 침투비파괴검사별로 기사 또는 산업기사 각 1명 이상
   나. 필요한 경우에 두는 인력
      1) 충·수압시험, 진공시험, 기밀시험 또는 내압시험의 경우 : 누설비파괴검사 기사, 산업기사 또는 기능사
      2) 수직·수평도시험의 경우 : 측량 및 지형공간정보 기술사, 기사, 산업기사 또는 측량기능사

정답 : 036. ④    037. ①    038. ④

3) 방사선투과시험의 경우 : 방사선비파괴검사 기사 또는 산업기사
4) 필수 인력의 보조 : 방사선비파괴검사·초음파비파괴검사·자기비파괴검사 또는 침투비파괴검사 기능사
2. 시설 : 전용사무실
3. 장비
    가. 필수장비 : 자기탐상시험기, 초음파두께측정기 및 다음 1) 또는 2) 중 어느 하나
        1) 영상초음파탐상시험기
        2) 방사선투과시험기 및 초음파시험기
    나. 필요한 경우에 두는 장비
        1) 충·수압시험, 진공시험, 기밀시험 또는 내압시험의 경우
            가) 진공능력 53[kPa] 이상의 진공누설시험기
            나) 기밀시험장치(안전장치가 부착된 것으로서 가압능력 200[kPa] 이상, 감압의 경우에는 감압능력10[kPa] 이상·감도 10[Pa] 이하의 것으로서 각각의 압력 변화를 스스로 기록할 수 있는 것)
        2) 수직·수평도 시험의 경우 : 수직·수평도 측정기

[비고]
둘 이상의 기능을 함께 가지고 있는 장비를 갖춘 경우에는 각각의 장비를 갖춘 것으로 본다.

**039** 탱크안전성능시험자가 되고자 하는 사람은 대통령령이 정하는 기술능력, 시설 및 장비를 갖추어 시·도지사에게 등록해야 한다. 이 경우 행정안전부령이 정하는 중요사항을 변경한 경우에는 그 날로부터 며칠 이내에 변경 신고를 해야 하는가?

① 10  ② 20  ③ 30  ④ 40

**040** 다량의 위험물을 저장·취급하는 제조소등으로서 대통령령이 정하는 제조소등이 있는 동일한 사업소에서 대통령령이 정하는 수량 이상의 위험물을 저장 또는 취급하는 경우 당해 사업소의 관계인은 대통령령이 정하는 바에 따라 당해 사업소에 자체소방대를 설치해야 하는데, 다음 중 자체소방대를 설치해야 하는 사업소에 해당하지 않는 것은?

① 지정수량의 3천배 이상의 위험물을 취급하는 제조소
② 지정수량의 3천배 이상의 위험물을 취급하는 일반취급소
③ 지정수량의 4천배 이상의 위험물을 취급하는 제조소
④ 지정수량의 4천배 이상의 위험물을 취급하는 저장소

자체소방대
① 자체소방대 설치자: 당해 제조소등의 관계인
② 자체소방대를 설치해야 하는 제조소등
    ㉠ 제4류 위험물을 취급하는 지정수량 3천배 이상의 제조소 또는 일반취급소
    ㉡ 제4류 위험물을 저장하는 옥외탱크저장소
③ 자체소방대 조직구성
    ㉠ 자체소방대를 설치하는 사업소의 관계인은 자체소방대에 화학소방자동차 및 자체소방대원을 두어야 한다.

 정답 : 039. ③   040. ④

## [ 자체소방대에 두는 화학소방자동차 및 인원 ]

| 사업소의 구분 | 화학소방 자동차 | 자체소방 대원의 수 |
|---|---|---|
| 1. 제조소 또는 일반취급소에서 취급하는 제4류 위험물의 최대 수량의 합이 지정수량의 3천배 이상 12만배 미만인 사업소 | 1대 | 5인 |
| 2. 제조소 또는 일반취급소에서 취급하는 제4류 위험물의 최대 수량의 합이 지정수량의 12만배 이상 24만배 미만인 사업소 | 2대 | 10인 |
| 3. 제조소 또는 일반취급소에서 취급하는 제4류 위험물의 최대 수량의 합이 지정수량의 24만배 이상 48만배 미만인 사업소 | 3대 | 15인 |
| 4. 제조소 또는 일반취급소에서 취급하는 제4류 위험물의 최대 수량의 합이 지정수량의 48만배 이상인 사업소 | 4대 | 20인 |
| 5. 옥외탱크저장소에 저장하는 제4류 위험물의 최대 수량이 지정수량의 50만배 이상인 사업소 | 2대 | 10인 |

ⓒ 다만, 화재 그 밖의 재난발생시 다른 사업소 등과 상호응원에 관한 협정을 체결하고 있는 사업소에 있어서는 행정안전부령이 정하는 바에 따라 화학소방자동차 및 인원의 수를 달리할 수 있다.
  ⇨ 2 이상의 사업소가 상호응원에 관한 협정을 체결하고 있는 경우에는 당해 모든 사업소를 하나의 사업소로 보고 제조소 또는 취급소에서 취급하는 제4류 위험물을 합산한 양을 하나의 사업소에서 취급하는 제4류 위험물의 최대수량으로 간주하여 화학소방자동차의 대수 및 자체소방대원을 정할 수 있다. 이 경우 상호응원에 관한 협정을 체결하고 있는 각 사업소의 자체소방대에는 화학소방차 대수의 2분의 1 이상의 대수와 화학소방자동차마다 5인 이상의 자체소방대원을 두어야 한다.
④ 자체소방대의 설치 제외대상인 일반취급소
  ㉠ 보일러, 버너 그 밖에 이와 유사한 장치로 위험물을 소비하는 일반취급소
  ㉡ 이동저장탱크 그 밖에 이와 유사한 것에 위험물을 주입하는 일반취급소
  ㉢ 용기에 위험물을 옮겨 담는 일반취급소
  ㉣ 유압장치, 윤활유순환장치 그 밖에 이와 유사한 장치로 위험물을 취급하는 일반취급소
  ㉤ 「광산안전법」의 적용을 받는 일반취급소

## 041

위험물안전관리법령에 의하여 자체소방대를 두는 제조소로서 제4류 위험물의 최대 수량의 합이 지정수량 24만 배 이상 48만 배 미만인 경우 보유해야 할 화학소방차와 자체 소방대원의 기준으로 옳은 것은?

① 2대, 10인    ② 3대, 10인    ③ 3대, 15인    ④ 4대, 20인

---

**해설** 위험물안전관리법 시행령[별표 8]
자체소방대에 두는 화학소방자동차 및 인원(제18조제3항 관련)

| 사업소의 구분 | 화학소방 자동차 | 자체소방 대원의 수 |
|---|---|---|
| 1. 제조소 또는 일반취급소에서 취급하는 제4류 위험물의 최대 수량의 합이 지정수량의 3천배 이상 12만배 미만인 사업소 | 1대 | 5인 |

정답 : 041. ③

| 2. 제조소 또는 일반취급소에서 취급하는 제4류 위험물의 최대 수량의 합이 지정수량의 12만배 이상 24만배 미만인 사업소 | 2대 | 10인 |
|---|---|---|
| 3. 제조소 또는 일반취급소에서 취급하는 제4류 위험물의 최대 수량의 합이 지정수량의 24만배 이상 48만배 미만인 사업소 | 3대 | 15인 |
| 4. 제조소 또는 일반취급소에서 취급하는 제4류 위험물의 최대 수량의 합이 지정수량의 48만배 이상인 사업소 | 4대 | 20인 |
| 5. 옥외탱크저장소에 저장하는 제4류 위험물의 최대 수량이 지정수량의 50만배 이상인 사업소 | 2대 | 10인 |

[비고]
화학소방자동차에는 행정안전부령으로 정하는 소화능력 및 설비를 갖추어야 하고, 소화활동에 필요한 소화약제 및 기구(방열복 등 개인장구를 포함한다)를 비치해야 한다.

## 042 위험물안전관리법령상 관계인이 예방규정을 정하여야 하는 제조소등의 기준으로 옳지 않은 것은?

① 지정수량 10배 이상의 제조소
② 지정수량 50배 이상의 옥외저장소
③ 지정수량 150배 이상의 옥내저장소
④ 지정수량 200배 이상의 옥외탱크저장소

 예방규정을 작성, 제출해야 하는 대상
① 지정수량의 10배 이상의 위험물을 취급하는 제조소
② 지정수량의 100배 이상의 위험물을 저장하는 옥외저장소
③ 지정수량의 150배 이상의 위험물을 저장하는 옥내저장소
④ 지정수량의 200배 이상의 위험물을 저장하는 옥외탱크저장소
⑤ 암반탱크저장소
⑥ 이송취급소
⑦ 지정수량의 10배 이상의 위험물을 취급하는 일반취급소

## 043 다음 중 위험물안전관리법령상 관계인이 예방규정을 정해야 하는 제조소등에 해당되지 않는 것은?

① 이송취급소
② 보일러에 사용되는 경유 5,000리터를 취급하는 일반취급소
③ 지정수량의 150배 이상의 위험물을 저장하는 옥내저장소
④ 지정수량의 200배 이상의 위험물을 저장하는 옥외탱크저장소

 예방규정을 작성, 제출해야 하는 대상
① 지정수량의 10배 이상의 위험물을 취급하는 제조소
② 지정수량의 100배 이상의 위험물을 저장하는 옥외저장소
③ 지정수량의 150배 이상의 위험물을 저장하는 옥내저장소
④ 지정수량의 200배 이상의 위험물을 저장하는 옥외탱크저장소
⑤ 암반탱크저장소
⑥ 이송취급소
⑦ 지정수량의 10배 이상의 위험물을 취급하는 일반취급소

 정답 : 042. ②    043. ②

## 044 위험물안전관리법령상 과징금에 관한 설명으로 옳지 않은 것은?

① 시·도지사는 제조소등에 대한 사용의 취소가 공익을 해칠 우려가 있는 때에는 사용취소처분에 갈음하여 1억 원 이하의 과징금을 부과할 수 있다.
② 과징금의 징수절차에 관하여는 [국고금 관리법 시행규칙]을 준용한다.
③ 1일당 과징금의 금액은 당해 제조소등의 연간 매출액을 기준으로 하여 산정한다.
④ 시·도지사는 과징금을 납부해야 하는 자가 납부기한까지 이를 납부하지 아니한 때에는 [지방세외수입금의 징수 등에 관한 법률]에 따라 징수한다.

과징금 : 2억 원 이하

## 045 다음 위험물안전관리법령에 관한 설명 중 옳지 않은 것은?

① 제조소등의 영업정지 및 취소 시 과징금은 모두 2억 원 이하로 한다.
② 탱크시험자의 등록기준은 기술능력, 시설 및 장비이다.
③ 자체소방대를 두어야 하는 위험물은 4류 위험물에 한정하고 있다.
④ 위험물탱크에 대한 충수·수압검사를 하고자 할 경우에는 당해 탱크에 배관 및 그 밖의 부속설비를 부착하기 전에 탱크안전성능검사를 신청해야 한다.

과징금 처분
시·도지사는 제12조 각 호의 어느 하나에 해당하는 경우로서 제조소등에 대한 사용의 정지가 그 이용자에게 심한 불편을 주거나 그 밖에 공익을 해칠 우려가 있는 때에는 사용정지처분에 갈음하여 2억 원 이하의 과징금을 부과할 수 있다.
① 과징금 처분
  1) 과징금 부과권자 : 시·도지사
  2) 최대 2억 원
② 탱크시험자가 되고자 하는 자는 기술능력, 시설, 장비를 갖추어 시·도지사에게 등록해야 한다.

## 046 다음은 위험물안전관리법 제11조(제조소등의 폐지)에 관한 조문이다. (       )에 들어갈 내용으로 옳은 것은?

> 제조소등의 관계인(소유자·점유자 또는 관리자를 말한다. 이하 같다)은 당해 제조소등의 용도를 폐지(장래에 대하여 위험물시설로서의 기능을 완전히 상실시키는 것을 말한다)한 때에는 행정안전부령이 정하는 바에 따라 제조소등의 용도를 폐지한 날부터 ( ㄱ )일 이내에 ( ㄴ )에게 신고해야 한다.

|   | ㄱ | ㄴ |   | ㄱ | ㄴ |
|---|---|---|---|---|---|
| ① | 7 | 소방본부장 또는 소방서장 | ② | 10 | 소방본부장 또는 소방서장 |
| ③ | 14 | 시·도지사 | ④ | 30 | 시·도지사 |

정답 : 044. ①    045. ①    046. ③

제조소등의 폐지
제조소등의 관계인은 제조소등의 용도를 폐지한 경우 폐지한 날부터 14일 이내에 시·도지사에게 신고해야 한다.

## 047 위험물안전관리법령에 관한 설명 중 옳지 않은 것은?

① 제조소등의 설치자의 지위를 승계한 자는 승계한 날로부터 30일 이내에 시·도지사에게 신고해야 한다.
② 제조소등의 용도를 폐지한 때에는 폐지한 날부터 30일 이내에 시·도지사에게 신고해야 한다.
③ 위험물안전관리자가 퇴직한 때에는 퇴직한 날부터 30일 이내에 다시 위험물안전관리자를 선임해야 한다.
④ 위험물안전관리자를 선임한 때에는 선임한 날부터 14일 이내에 소방본부장 또는 소방서장에게 신고해야 한다.

- 지위승계 : 30일 이내
- 용도폐지 : 14일 이내
- 해임(퇴직) : 30일 이내
- 선임 : 14일 이내

## 048 위험물안전관리법령상 예방규정에 작성되어야 하는 사항이 아닌 것은?

① 위험물안전관리 업무를 담당하는 자의 직무 및 조직에 관한사항
② 위험물시설의 운전 또는 조작에 관한 사항
③ 자체소방대의 편성과 화학소방자동차의 배치에 관한 사항
④ 이동탱크저장소에 있어서 배관공사 현장책임자의 조건등 배관의 안전확보에 관한 사항

예방규정 작성사항
㉠ 위험물의 안전관리업무를 담당하는 자의 직무 및 조직에 관한 사항
㉡ 안전관리자가 여행·질병 등으로 인하여 그 직무를 수행할 수 없을 경우 그 직무의 대리자에 관한 사항
㉢ 영 제18조의 규정에 의하여 자체소방대를 설치해야 하는 경우에는 자체소방대의 편성과 화학소방자동차의배치에 관한 사항
㉣ 위험물의 안전에 관계된 작업에 종사하는 자에 대한 안전교육 및 훈련에 관한 사항
㉤ 위험물시설 및 작업장에 대한 안전순찰에 관한 사항
㉥ 위험물시설·소방시설 그 밖의 관련시설에 대한 점검 및 정비에 관한 사항
㉦ 위험물시설의 운전 또는 조작에 관한 사항
㉧ 위험물 취급작업의 기준에 관한 사항
㉨ 이송취급소에 있어서는 배관공사 현장책임자의 조건 등 배관공사 현장에 대한 감독체제에 관한 사항과 배관주위에 있는 이송취급소 시설 외의 공사를 하는 경우 배관의 안전확보에 관한 사항
㉩ 재난 그 밖의 비상시의 경우에 취해야 하는 조치에 관한 사항
㉪ 위험물의 안전에 관한 기록에 관한 사항
㉫ 제조소등의 위치·구조 및 설비를 명시한 서류와 도면의 정비에 관한 사항
㉬ 그 밖에 위험물의 안전관리에 관하여 필요한 사항

 정답 : 047. ②  048. ④

## 049 위험물제조소등의 정기점검의 점검자에 해당하지 않는 것은?

① 위험물운송자(이동탱크저장소에 한함)
② 위험물안전관리자
③ 탱크시험자
④ 안전관리대행기관(특정옥외탱크저장소 포함)

정기점검자
　ⓐ 원칙 : 제조소등의 관계인
　ⓑ 실시자
　　㉮ 위험물운송자(이동탱크저장소의 경우에 한함)
　　㉯ 위험물안전관리자
　　㉰ 탱크시험자
　　㉱ 안전관리대행기관(특정옥외탱크저장소의 정기점검은 제외)

## 050 제조소등의 정기점검의 내용, 방법등에 관한 기술상의 기준과 그밖 점검에 관하여 필요한 사항은 무엇으로 정하는가?

① 대통령령
② 행정안전부령
③ 소방청장 고시
④ 시도의 조례

시행규칙 제66조(정기점검의 내용 등) 제조소등의 위치·구조 및 설비가 법 제5조제4항의 기술기준에 적합한지를 점검하는데 필요한 정기점검의 내용·방법 등에 관한 기술상의 기준과 그 밖의 점검에 관하여 필요한 사항은 소방청장이 정하여 고시한다.

## 051 위험물안전관리법령상 정기점검 대상인 제조소등에 해당되는 것은?

① 주유취급소
② 옥외탱크저장소
③ 위험물 취급탱크로서 지하에 매설된 탱크가 있는 제조소, 주유취급소 또는 일반취급소
④ 지정수량 이상의 제조소

정기점검의 대상인 제조소등
법 제18조제1항에서 "대통령령이 정하는 제조소등"이라 함은 다음 각 호의 1에 해당하는 제조소등을 말한다.
1. 제15조제1항 각 호의 1에 해당하는 제조소등[예방규정 적용대상]
2. 지하탱크저장소
3. 이동탱크저장소
4. 위험물을 취급하는 탱크로서 지하에 매설된 탱크가 있는 제조소·주유취급소 또는 일반취급소

정답 : 049. ④　　050. ③　　051. ③

## 052
위험물안전관리법령상 특정·준특정 옥외탱크저장소의 설치허가에 따른 완공검사합격확인증을 발급받은 날부터 몇 년 이내에 정밀정기검사를 받아야 하는가?

① 3년 ② 5년 ③ 11년 ④ 12년

정기검사
㉠ 정기검사자 : 소방본부장 또는 소방서장
㉡ 정기검사의 대상 : 액체위험물을 저장 또는 취급하는 50만리터 이상의 옥외탱크저장소
[준특정옥외탱크저장소 - 50만리터 이상, 특정옥외탱크저장소 - 100만리터이상]
㉢ 정기검사의 시기
　ⓐ 정밀정기검사 : 다음 각 목의 어느 하나에 해당하는 기간 내에 1회
　　㉮ 특정·준특정옥외탱크저장소의 설치허가에 따른 완공검사합격확인증을 발급받은 날부터 12년
　　㉯ 최근의 정밀정기검사를 받은 날부터 11년
　ⓑ 중간정기검사 : 다음 각 목의 어느 하나에 해당하는 기간 내에 1회
　　㉮ 특정·준특정옥외탱크저장소의 설치허가에 따른 완공검사합격확인증을 발급받은 날부터 4년
　　㉯ 최근의 정밀정기검사 또는 중간정기검사를 받은 날부터 4년
㉣ 정밀정기검사를 받아야 하는 특정·준특정옥외탱크저장소의 관계인은 정밀정기검사를 제65조제1항에 따른 구조안전점검을 실시하는 때에 함께 받을 수 있다.
㉤ 정기검사의 기록보관
정기검사를 받은 제조소등의 관계인과 정기검사를 실시한 기술원은 정기검사합격확인증 등 정기검사에 관한 서류를 해당 제조소등에 대한 차기 정기검사시까지 보관해야 한다.

## 053
위험물안전관리법령상 위험물의 운송에 관한 다음 설명 중 옳지 않은 것은?

① 이동탱크저장소에 의하여 위험물을 운송하는 자는 당해 위험물을 취급할 수 있는 국가기술자격자 또는 안전교육을 받은 자이어야 한다.
② 대통령이 정하는 위험물의 운송에 있어서는 운송책임자의 감독 또는 지원을 받아 이를 운송해야 한다.
③ 운송책임자의 범위, 감독 또는 지원의 방법 등에 관한 구체적인 기준은 대통령령으로 정한다.
④ 위험물운송자는 이동탱크저장소에 의하여 위험물을 운송하는 때에는 행정안전부령으로 정하는 기준을 준수하는 등 당해 위험물의 안전확보를 위하여 세심한 주의를 기울여야 한다.

구체적인 기준은 행정안전부령으로 정한다.

## 054
위험물의 누출, 화재, 폭발 등의 사고가 발생한 경우 사고의 원인 및 피해 등에 대한 조사를 실시하는 자에 해당되지 않는 것은?

① 소방청장　　　　　　　　② 소방본부장
③ 소방서장　　　　　　　　④ 시·도지사

정답 : 052. ④　　053. ③　　054. ④

제22조의2(위험물 누출 등의 사고 조사)
① 소방청장, 소방본부장 또는 소방서장은 위험물의 누출·화재·폭발 등의 사고가 발생한 경우 사고의 원인 및 피해 등을 조사해야 한다.
② 제1항에 따른 조사에 관하여는 제22조제1항·제3항·제4항 및 제6항을 준용한다.
③ 소방청장, 소방본부장 또는 소방서장은 제1항에 따른 사고 조사에 필요한 경우 자문을 하기 위하여 관련 분야에 전문지식이 있는 사람으로 구성된 사고조사위원회를 둘 수 있다.
④ 제3항에 따른 사고조사위원회의 구성과 운영 등에 필요한 사항은 대통령령으로 정한다.

## 055 위험물의 지정수량에 대한 설명으로 옳은 것은?

① 제조소등에서 최저수량의 위험물은 위험물관리법령에 따른다.
② 지정수량은 클수록 위험하다.
③ 군사목적으로 임시로 저장·취급하는 경우는 대통령령으로 한다.
④ 지정수량 미만이더라도 위험물은 위험물관리법령에 따른다.

 "지정수량"이라 함은 위험물의 종류별로 위험성을 고려하여 대통령령이 정하는 수량으로서 제6호의 규정에 의한 제조소등의 설치허가 등에 있어서 최저의 기준이 되는 수량을 말한다.
③ 제조소등이 아닌 장소에서 지정수량 이상의 위험물을 취급할 수 있는 경우
→ 임시로 저장 또는 취급하는 장소에서의 저장 또는 취급의 기준과 임시로 저장 또는 취급하는 장소의 위치·구조 및 설비의 기준은 시·도의 조례로 정한다.
  1) 시·도의 조례가 정하는 바에 따라 관할소방서장의 승인을 받아 지정수량 이상의 위험물을 90일 이내의 기간 동안 임시로 저장 또는 취급하는 경우
  2) 군부대가 지정수량 이상의 위험물을 군사목적으로 임시로 저장 또는 취급하는 경우
④ 지정수량 미만인 위험물의 저장, 취급 : 지정수량 미만인 위험물의 저장 또는 취급에 관한 기술상의 기준은 시·도의 조례로 정한다.

## 056 다음 중 위험물관리법령상 시·도 조례가 아닌 것은?

① 위험물제조소등의 위치·구조·설비의 기준
② 관할 소방서장 승인을 받아 지정수량 이상의 위험물을 임시로 저장·취급하는 경우
③ 임시로 저장·취급하는 장소에서의 저장 또는 취급의 기준
④ 지정수량 미만인 위험물의 저장 또는 취급에 관한 기술상의 기준

 ① 행정안전부령
②, ③, ④ : 시·도의 조례

## 057 자체소방대의 설치 제외대상인 일반취급소가 아닌 것은?

① 보일러, 버너 그 밖에 이와 유사한 장치로 위험물을 소비하는 일반취급소
② 이동저장탱크 그 밖에 이와 유사한 것에 위험물을 주입하는 일반취급소
③ 용기에 위험물을 보관하는 일반취급소
④ 유압장치, 윤활유순환장치 그 밖에 이와 유사한 장치로 위험물을 취급하는 일반취급소

 정답 : 055. ①   056. ①   057. ③

시행규칙 제73조(자체소방대의 설치 제외대상인 일반취급소)
① 보일러, 버너 그 밖에 이와 유사한 장치로 위험물을 소비하는 일반취급소
② 이동저장탱크 그 밖에 이와 유사한 것에 위험물을 주입하는 일반취급소
③ 용기에 위험물을 옮겨 담는 일반취급소
④ 유압장치, 윤활유순환장치 그 밖에 이와 유사한 장치로 위험물을 취급하는 일반취급소
⑤ 「광산안전법」의 적용을 받는 일반취급소

## 058 위험물안전관리법령상 지정수량 이상의 위험물을 저장하기 위한 저장소의 구분에 해당되지 않는 것은?
① 간이탱크저장소 ② 암벽탱크저장소
③ 지하탱크저장소 ④ 옥외탱크저장소

## 059 지정수량의 몇 배 이하의 판매취급소를 제1종 판매취급소라고 하는가?
① 10배 ② 20배 ③ 40배 ④ 60배

## 060 위험물안전관리법령상 1인의 위험물안전관리자를 중복하여 선임할 수 있는 경우가 아닌 것은?
① 보일러·버너 또는 이와 비슷한 것으로서 위험물을 소비하는 장치로 이루어진 7개 이하의 일반취급소와 그 일반취급소에 공급하기 위한 위험물을 저장하는 저장소를 동일인이 설치한 경우
② 위험물을 차량에 고정된 탱크 또는 운반용기에 옮겨 담기 위한 5개 이하의 일반취급소와 그 일반취급소에 공급하기 위한 위험물을 저장하는 저장소를 동일인이 설치한 경우
③ 동일구 내에 있거나 상호 100미터 이내의 거리에 있는 저장소로서 10개 이하의 옥내저장소를 동일인이 설치한 경우
④ 동일구 내에 있거나 상호 100미터 이내의 거리에 있는 저장소로서 20개 이하의 옥외탱크저장소를 동일인이 설치한 경우

1인의 안전관리자를 중복하여 선임할 수 있는 경우
1. 보일러·버너 또는 이와 비슷한 것으로서 위험물을 소비하는 장치로 이루어진 7개 이하의 일반취급소와 그 일반취급소에 공급하기 위한 위험물을 저장하는 저장소[일반취급소 및 저장소가 모두 동일구내에 있는 경우에 한한다.]를 동일인이 설치한 경우
2. 위험물을 차량에 고정된 탱크 또는 운반용기에 옮겨 담기 위한 5개 이하의 일반취급소[일반취급소 간의 거리(보행거리)가 300미터 이내인 경우에 한한다]와 그 일반취급소에 공급하기 위한 위험물을 저장하는 저장소를 동일인이 설치한 경우
3. 동일구내에 있거나 상호 100미터 이내의 거리에 있는 저장소로서 저장소의 규모, 저장하는 위험물의 종류 등을 고려하여 행정안전부령이 정하는 저장소를 동일인이 설치한 경우

정답 : 058. ② 059. ② 060. ④

> [행정안전부령으로 정하는 저장소]
> 1. 10개 이하의 옥내저장소
> 2. 30개 이하의 옥외탱크저장소
> 3. 옥내탱크저장소
> 4. 지하탱크저장소
> 5. 간이탱크저장소
> 6. 10개 이하의 옥외저장소
> 7. 10개 이하의 암반탱크저장소

4. 다음 각 목의 기준에 모두 적합한 5개 이하의 제조소등을 동일인이 설치한 경우
   ① 각 제조소등이 동일 구내에 위치하거나 상호 100미터 이내의 거리에 있을 것
   ② 각 제조소등에서 저장 또는 취급하는 위험물의 최대수량이 지정수량의 3천배 미만일 것. 다만, 저장소의 경우에는 그러하지 아니하다.
5. 선박주유취급소의 고정주유설비에 공급하기 위한 위험물을 저장하는 저장소와 당해 선박주유취급소

## 061 위험물안전관리법령상 다수의 제조소등을 동일인이 설치한 경우 관계인은 1인의 안전관리자를 중복하여 선임할 수 있다. 다음 중 1인의 안전관리자를 중복하여 선임할 수 있는 경우를 모두 고른 것은?

> ㄱ. 보일러를 이용하여 위험물을 소비하는 장치로 이루어진 5개 이하의 일반취급소
> ㄴ. 동일구 내에 있는 11개 이하의 옥내저장소
> ㄷ. 동일구 내에 있는 11개 이하의 옥외저장소
> ㄹ. 동일구 내에 있는 31개 이하의 옥외탱크저장소

① ㄱ      ② ㄱ, ㄴ      ③ ㄱ, ㄴ, ㄷ      ④ ㄱ, ㄴ, ㄷ, ㄹ

## 062 소방공무원으로서 근무한 경력이 5년인 사람이 위험물취급자격자로서 취급할 수 있는 위험물의 종류로 옳은 것은?

① 1류 위험물     ② 2류 위험물     ③ 3류 위험물     ④ 4류 위험물

 위험물안전관리법 시행령[별표 5] 위험물 취급자격자의 자격

[ 위험물취급자격자의 자격(제11조제1항 관련) ]

| 위험물취급자격자의 구분 | 취급할 수 있는 위험물 |
| --- | --- |
| 1. 「국가기술자격법」에 따라 위험물기능장, 위험물산업기사, 위험물기능사의 자격을 취득한 사람 | 별표 1의 모든 위험물 |
| 2. 안전관리자교육이수자(법 28조제1항에 따라 소방청장이 실시하는 안전관리자교육을 이수한자를 말한다. 이하 별표 6에서 같다) | 별표 1의 위험물 중 제4류 위험물 |
| 3. 소방공무원 경력자(소방공무원으로 근무한 경력이 3년 이상인 자를 말한다. 이하 별표 6에서 같다) | 별표 1의 위험물 중 제4류 위험물 |

 정답 : 061. ①    062. ④

## 063 다음 중 화학소방차의 소화능력에 해당하는 설명으로 옳지 않은 것은?

① 포수용액방사차는 포수용액의 방사능력이 매분 2000L 이상일 것
② 분말방사차는 분말의 방사능력이 매초 35kg 이상일 것
③ 할로겐화합물방사차는 방사능력이 매초 40kg 이상일 것
④ 이산화탄소 방사차는 방사능력이 매초 45kg 이상일 것

[ 화학소방자동차에 갖추어야 하는 소화능력 및 설비의 기준 ]

| 화학소방자동차의 구분 | 소화능력 및 설비의 기준 |
|---|---|
| 포수용액 방사차 | 포수용액의 방사능력이 매분 2,000[L] 이상일 것 |
| | 소화약액탱크 및 소화약액혼합장치를 비치할 것 |
| | 10만[L] 이상의 포수용액을 방사할 수 있는 양의 소화약제를 비치할 것 |
| 분말 방사차 | 분말의 방사능력이 매초 35[kg] 이상일 것 |
| | 분말탱크 및 가압용가스설비를 비치할 것 |
| | 1,400[kg] 이상의 분말을 비치할 것 |
| 할로겐화합물 방사차 | 할로겐화합물의 방사능력이 매초 40[kg] 이상일 것 |
| | 할로겐화합물탱크 및 가압용가스설비를 비치할 것 |
| | 1,000[kg] 이상의 할로겐화합물을 비치할 것 |
| 이산화탄소 방사차 | 이산화탄소의 방사능력이 매초 40[kg] 이상일 것 |
| | 이산화탄소저장용기를 비치할 것 |
| | 3,000[kg] 이상의 이산화탄소를 비치할 것 |
| 제독차 | 가성소다 및 규조토를 각각 50[kg] 이상 비치할 것 |

## 064 다음 중 제조소등의 전부 또는 일부의 사용정지를 명할 수 없는 경우는?

① 변경허가를 받지 아니하고 제조소등의 위치·구조 또는 설비를 변경할 때
② 완공검사를 받지 아니하고 제조소등을 사용한 때
③ 제조소등의 정기점검을 하지 아니한 때
④ 제조소등에 위험물시설 안전원을 선임하지 아니한 때

[제조소등 설치허가의 취소와 사용정지 등]
1) 제조소등 설치허가의 취소와 사용정지권자 : 시·도지사
2) 허가를 취소하거나 6월 이내의 기간을 정하여 제조소등의 전부 또는 일부의 사용정지를 명할 수 있는 사유
   ① 규정에 따른 변경허가를 받지 아니하고 제조소등의 위치·구조 또는 설비를 변경한 때
   ② 완공검사를 받지 아니하고 제조소등을 사용한 때
   ③ 규정에 따른 안전조치 이행명령을 따르지 아니한 때
   ④ 규정에 따른 수리·개조 또는 이전의 명령을 위반한 때
   ⑤ 위험물안전관리자를 선임하지 아니한 때
   ⑥ 규정을 위반하여 대리자를 지정하지 아니한 때

정답 : 063. ④   064. ④

⑦ 정기점검을 하지 아니한 때
⑧ 정기검사를 받지 아니한 때
⑨ 규정에 따른 저장·취급기준 준수명령을 위반한 때

## 065 다음의 경우 지정수량 배수를 환산하면?

- 1석유류(비수용성) 400리터
- 2석유류(비수용성) 2,000리터
- 3석유류(비수용성) 4,000리터

① 2배   ② 4배   ③ 6배   ④ 8배

- 1석유류(비수용성) 지정수량 : 200리터, 2석유류(비수용성) 지정수량 : 1,000리터
- 3석유류(비수용성) 지정수량 : 2,000리터 따라서 6배

## 066 위험물안전관리법령상 위험물 운송 시에 운송 책임자의 감독·지원 하에 운송해야 하는 위험물에 해당되는 것은?

① 알킬리튬, 알킬알루미늄   ② 휘발유
③ 금속분                  ④ 니트로글리세린

위험물의 운송에 있어서 운송책임자의 감독 또는 지원을 받아 운송해야 할 위험물
㉠ 알킬알루미늄
㉡ 알킬리튬
㉢ 알킬알루미늄 또는 알킬리튬의 물질을 함유하는 위험물

## 067 다음 중 위험물안전관리법령에서 규정한 내용과 기간이 옳은 것은?

① 제조소등의 지위승계 신고—30일 이내   ② 위험물의 임시 저장기간—60일 이내
③ 탱크시험자의 등록신고—20일 이내     ④ 제조소등의 용도폐지 신고기간—7일 이내

① 지위를 승계한 자는 승계한 날부터 30일 이내에 시·도지사에게 지위승계신고를 해야 한다.
② 제조소등이 아닌 장소에서 지정수량 이상의 위험물을 취급할 수 있는 경우
  → 임시로 저장 또는 취급하는 장소에서의 저장 또는 취급의 기준과 임시로 저장 또는 취급하는 장소의 위치·구조 및 설비의 기준은 시·도의 조례로 정한다.
  1) 시·도의 조례가 정하는 바에 따라 관할소방서장의 승인을 받아 지정수량 이상의 위험물을 90일 이내의 기간 동안 임시로 저장 또는 취급하는 경우
  2) 군부대가 지정수량 이상의 위험물을 군사목적으로 임시로 저장 또는 취급하는 경우
③ 탱크시험자 등록의 경우 며칠 이내 등록기준은 없고, 최초 등록신청 시 15일 이내에 발급은 있음
④ 제조소등의 폐지 : 제조소등의 관계인은 제조소등의 용도를 폐지한 경우 폐지한 날부터 14일 이내에 시·도지사에게 신고해야 한다.

정답 : 065. ③   066. ①   067. ①

## 068
지정수량 이상의 위험물을 저장하기 위한 장소와 그에 따른 저장소의 구분에서 옥내탱크저장소에 대한 설명으로 옳은 것은?

① 위험물을 옥내에 보관하는 장소
② 간이탱크에 위험물을 저장하는 장소
③ 옥내에 있는 탱크에 위험물을 저장하는 장소
④ 옥외에 있는 탱크에 위험물을 저장하는 장소

- 위험물안전관리법 시행령 [별표2]

**[지정수량 이상의 위험물을 저장하기 위한 장소와 그에 따른 저장소의 구분]**

| 지정수량 이상의 위험물을 저장하기 위한 장소 | 저장소의 구분 |
| --- | --- |
| 1. 옥내(지붕과 기둥 또는 벽 등에 의하여 둘러싸인 곳을 말한다. 이하 같다)에 저장(위험물을 저장하는데 따르는 취급을 포함한다. 이하 이 표에서 같다)하는 장소. 다만, 제3호의 장소를 제외한다. | 옥내저장소 |
| 2. 옥외에 있는 탱크(제4호 내지 제6호 및 제8호에 규정된 탱크를 제외한다. 이하 제3호에서 같다)에 위험물을 저장하는 장소 | 옥외탱크저장소 |
| 3. 옥내에 있는 탱크에 위험물을 저장하는 장소 | 옥내탱크저장소 |
| 4. 지하에 매설한 탱크에 위험물을 저장하는 장소 | 지하탱크저장소 |
| 5. 간이탱크에 위험물을 저장하는 장소 | 간이탱크저장소 |
| 6. 차량(피견인자동차에 있어서는 앞차축을 갖지 아니하는 것으로서 당해 피견인자동차의 일부가 견인자동차에 적재되고 당해 피견인자동차와 그 적재물의 중량의 상당부분이 견인자동차에 의하여 지탱되는 구조의 것에 한한다)에 고정된 탱크에 위험물을 저장하는 장소 | 이동탱크저장소 |
| 7. 옥외에 다음 각목의 1에 해당하는 위험물을 저장하는 장소. 다만, 제2호의 장소를 제외한다.<br>가. 제2류 위험물 중 황 또는 인화성고체(인화점이 섭씨 0도 이상인 것에 한한다)<br>나. 제4류 위험물 중 제1석유류(인화점이 섭씨 0도 이상인 것에 한한다)·알코올류·제2석유류·제3석유류·제4석유류 및 동식물유류<br>다. 제6류 위험물<br>라. 제2류 위험물 및 제4류 위험물 중 특별시·광역시·특별자치시·도 또는 특별자치도의 조례로 정하는 위험물(「관세법」제154조의 규정에 의한 보세구역안에 저장하는 경우로 한정한다)<br>마. 「국제해사기구에 관한 협약」에 의하여 설치된 국제해사기구가 채택한 「국제해상위험물규칙」(IMDG Code)에 적합한 용기에 수납된 위험물 | 옥외저장소 |
| 8. 암반 내의 공간을 이용한 탱크에 액체의 위험물을 저장하는 장소 | 암반탱크저장소 |

## 069
위험물안전관리법령상 위험물의 안전관리와 관련된 업무를 수행하는 자로서 소방청장이 실시하는 안전교육대상자가 아닌 것은?

① 안전관리자로 선임된 자
② 탱크시험자의 기술인력으로 종사하는 자
③ 위험물운송자로 종사하는 자
④ 제조소등의 관계인

정답 : 068. ③   069. ④

안전교육
1) 안전관리자·탱크시험자·위험물운반자·위험물운송자 등 위험물의 안전관리와 관련된 업무를 수행하는 자로서 대통령령이 정하는 자는 해당 업무에 관한 능력의 습득 또는 향상을 위하여 소방청장이 실시하는 교육을 받아야 한다.
2) 안전교육대상자
   ① 안전관리자로 선임된 자
   ② 탱크시험자의 기술인력으로 종사하는 자
   ③ 위험물운송자로 종사하는 자
   ④ 위험물운반자로 종사하는 자
3) 안전교육실시자 : 소방청장
4) 제조소등의 관계인은 교육대상자에 대하여 필요한 안전교육을 받게 해야 한다.
5) 안전교육의 과정 및 기간과 그 밖에 교육의 실시에 관하여 필요한 사항은 별표24와 같다.(행정안전부령)
6) 시·도지사, 소방본부장 또는 소방서장은 안전교육대상자가 교육을 받지 아니한 때에는 그 교육대상자가 교육을 받을 때까지 이 법의 규정에 따라 그 자격으로 행하는 행위를 제한할 수 있다.
7) 안전교육의 구분 : 소방청장은 안전교육을 강습교육과 실무교육으로 구분하여 실시한다.
8) 기술원 또는 한국소방안전원은 매년 교육실시계획을 수립하여 교육을 실시하는 해의 전년도 말까지 소방청장의 승인을 받아야 하고, 해당 연도 교육실시결과를 교육을 실시한 해의 다음 연도 1월 31일까지 소방청장에게 보고해야 한다.
9) 소방본부장은 매년 10월말까지 관할구역 안의 실무교육대상자 현황을 협회에 통보하고 관할구역 안에서 협회가 실시하는 안전교육에 관하여 지도·감독해야 한다.

## 070 다음 위험물의 분류로 옳지 않은 것은?

① 제1류—산화성 고체—무기과산화물, 알킬알루미늄
② 제2류—가연성 고체—황화인, 적린
③ 제3류—자연발화성 및 금수성 물질—칼륨, 나트륨
④ 제4류—인화성 액체—제4석유류, 농식물유류

알킬알루미늄 : 3류 위험물

## 071 위험물제조소등의 허가취소 또는 사용정지 사유가 아닌 것은?

① 변경허가를 받지 아니하고 제조소등의 위치·구조 또는 설비를 변경한 때
② 위험물 시설안전원을 두지 않았을 때
③ 완공검사를 받지 아니하고 제조소등을 사용한 때
④ 위험물안전관리자를 선임하지 아니한 때

 정답 : 070. ①   071. ②

위험물안전관리법 제12조(제조소등 설치허가의 취소와 사용정지 등)
시·도지사는 제조소등의 관계인이 다음 각 호의 어느 하나에 해당하는 때에는 행정안전부령이 정하는 바에 따라 제6조제1항의 규정에 따른 허가를 취소하거나 6월 이내의 기간을 정하여 제조소등의 전부 또는 일부의 사용정지를 명할 수 있다.
1. 제6조제1항 후단의 규정에 따른 변경허가를 받지 아니하고 제조소등의 위치·구조 또는 설비를 변경한 때
2. 제9조의 규정에 따른 완공검사를 받지 아니하고 제조소등을 사용한 때
2의2. 제11조의2제3항에 따른 안전조치 이행명령을 따르지 아니한 때
3. 제14조제2항의 규정에 따른 수리·개조 또는 이전의 명령을 위반한 때
4. 제15조제1항 및 제2항의 규정에 따른 위험물안전관리자를 선임하지 아니한 때
5. 제15조제5항을 위반하여 대리자를 지정하지 아니한 때
6. 제18조제1항의 규정에 따른 정기점검을 하지 아니한 때
7. 제18조제2항의 규정에 따른 정기검사를 받지 아니한 때
8. 제26조의 규정에 따른 저장·취급기준 준수명령을 위반한 때

**072** 안전관리자가 여행·질병 등으로 인하여 일시적으로 직무를 수행할 수 없는 경우에 지정된 대리자의 직무대행 기간은?

① 7일  ② 14일  ③ 30일  ④ 60일

**073** 위험물운송책임자는 당해 위험물의 취급에 관한 기술자격을 취득하고 관련 업무에 몇 년 이상 종사한 경력이 있는 자이어야 하는가?

① 1  ② 2  ③ 3  ④ 5

- 위험물안전관리법 시행규칙 제52조(위험물의 운송기준)
① 법 제21조제2항의 규정에 의한 위험물 운송책임자는 다음 각 호의 1에 해당하는 자로 한다.
 1. 당해 위험물의 취급에 관한 국가기술자격을 취득하고 관련 업무에 1년 이상 종사한 경력이 있는 자
 2. 법 제28조제1항의 규정에 의한 위험물의 운송에 관한 안전교육을 수료하고 관련 업무에 2년 이상 종사한 경력이 있는 자
② 법 제21조제2항의 규정에 의한 위험물 운송책임자의 감독 또는 지원의 방법과 법 제21조제3항의 규정에 의한 위험물의 운송 시에 준수해야 하는 사항은 별표 21과 같다.

**074** 다음 중 제조소등의 완공검사 신청시기로 옳지 않은 것은?
① 지하탱크가 있는 제조소등의 경우 : 당해 지하탱크를 매설하기 전
② 이동탱크저장소의 경우 : 이동저장탱크를 완공하고 상치장소를 확보한 후
③ 이송취급소의 경우 : 이송배관 공사의 전체 또는 일부를 완료한 후. 다만, 지하·하천 등에 매설하는 이송배관의 공사의 경우에는 이송배관을 매설하기 전
④ 전체 공사가 완료된 후에는 완공검사를 실시하기 곤란한 경우 : 배관을 지하에 설치하는 경우에는 소방청장이 지정하는 부분을 매몰하기 직전

 위험물안전관리법 시행규칙 제20조(완공검사의 신청시기)
법 제9조제1항의 규정에 의한 제조소등의 완공검사 신청시기는 다음 각 호의 구분에 의한다.

 정답 : 072. ③   073. ①   074. ④

1. 지하탱크가 있는 제조소등의 경우 : 당해 지하탱크를 매설하기 전
2. 이동탱크저장소의 경우 : 이동저장탱크를 완공하고 상치장소를 확보한 후
3. 이송취급소의 경우 : 이송배관 공사의 전체 또는 일부를 완료한 후. 다만, 지하·하천 등에 매설하는 이송배관의 공사의 경우에는 이송배관을 매설하기 전
4. 전체 공사가 완료된 후에는 완공검사를 실시하기 곤란한 경우 : 다음 각 목에서 정하는 시기
   가. 위험물설비 또는 배관의 설치가 완료되어 기밀시험 또는 내압시험을 실시하는 시기
   나. 배관을 지하에 설치하는 경우에는 시·도지사, 소방서장 또는 기술원이 지정하는 부분을 매몰하기 직전
   다. 기술원이 지정하는 부분의 비파괴시험을 실시하는 시기
5. 제1호 내지 제4호에 해당하지 아니하는 제조소등의 경우 : 제조소등의 공사를 완료한 후

**075** 다음은 위험물안전관리법령상 특정·준특정옥외탱크저장소의 정기점검에 관한 조문 중 일부이다. (    )에 들어갈 내용으로 옳은 것은?

> 옥외탱크저장소 중 저장 또는 취급하는 액체위험물의 최대수량이 50만리터 이상인 것(이하 "특정·준특정옥외탱크저장소"라 한다)에 대해서는 제64조에 따른 정기점검 외에 다음 각 호의 어느 하나에 해당하는 기간 이내에 1회 이상 특정·준특정옥외저장탱크(특정·준특정옥외탱크저장소의 탱크)의 구조 등에 관한 안전점검(이하 "구조안전점검"이라 한다)을 해야 한다.
> 1. 특정·준특정옥외탱크저장소의 설치허가에 따른 완공검사합격확인증을 발급받은 날부터 ( ㉠ )년
> 2. 제70조제1항제1호에 따른 최근의 정밀정기검사를 받은 날부터 ( ㉡ )년
> 3. 제2항에 따라 특정·준특정옥외저장탱크에 안전조치를 한 후 제71조제2항에 따라 구조안전점검시기 연장신청을 하여 해당 안전조치가 적정한 것으로 인정받은 경우에는 제70조제1항제1호에 따른 최근의 정밀정기검사를 받은 날부터 13년

|   | ㉠ | ㉡ |   | ㉠ | ㉡ |
|---|---|---|---|---|---|
| ① | 11 | 12 | ② | 12 | 11 |
| ③ | 10 | 20 | ④ | 10 | 15 |

- 위험물안전관리법 시행규칙 제65조(특정·준특정옥외탱크저장소의 정기점검)
  ① 법 제18조제1항에 따라 옥외탱크저장소 중 저장 또는 취급하는 액체위험물의 최대수량이 50만리터 이상인 것(이하 "특정·준특정옥외탱크저장소"라 한다)에 대해서는 제64조에 따른 정기점검 외에 다음 각 호의 어느 하나에 해당하는 기간 이내에 1회 이상 특정·준특정옥외저장탱크(특정·준특정옥외탱크저장소의 탱크)의 구조 등에 관한 안전점검(이하 "구조안전점검"이라 한다)을 해야 한다. 다만, 해당 기간 이내에 특정·준특정옥외저장탱크의 사용중단 등으로 구조안전점검을 실시하기가 곤란한 경우에는 별지 제39호의2서식에 따라 관할소방서장에게 구조안전점검의 실시기간 연장신청(전자문서에 의한 신청을 포함한다)을 할 수 있으며, 그 신청을 받은 소방서장은 1년(특정·준특정옥외저장탱크의 사용을 중지한 경우에는 사용중지기간)의 범위에서 실시기간을 연장할 수 있다.
  1. 특정·준특정옥외탱크저장소의 설치허가에 따른 완공검사합격확인증을 발급받은 날부터 12년
  2. 제70조제1항제1호에 따른 최근의 정밀정기검사를 받은 날부터 11년
  3. 제2항에 따라 특정·준특정옥외저장탱크에 안전조치를 한 후 제71조제2항에 따라 구조안전점검시기 연장 신청을 하여 해당 안전조치가 적정한 것으로 인정받은 경우에는 제70조제1항제1호에 따른 최근의 정밀정기검사를 받은 날부터 13년

정답 : 075. ②

## 076 구조안전점검의 기록은 몇 년간 보관해야 하는가?

① 10년　② 20년　③ 25년　④ 30년

## 077 위험물안전관리법령상 업무상 과실로 제조소등에서 위험물을 유출·방출 또는 확산시켜 사람의 생명·신체 또는 재산에 대하여 위험을 발생시킨 자에 대한 벌칙 기준으로 옳은 것은?

① 10년 이하의 징역 또는 금고나 1억 원 이하의 벌금
② 7년 이하의 금고 또는 7천만 원 이하의 벌금
③ 5년 이하의 징역 또는 1억 원 이하의 벌금
④ 3년 이하의 징역 또는 3천만 원 이하의 벌금

[위험물안전관리법]
• 업무상 과실로 제조소등에서 위험물을 유출·방출 또는 확산시켜 사람의 생명·신체 또는 재산에 대하여 위험을 발생시킨 자 → 7년 이하의 금고 또는 7천만 원 이하의 벌금
• 사람을 사상에 이르게 한 자 → 10년 이하의 징역 또는 금고나 1억 원 이하의 벌금

[소방시설 설치 및 안전관리에 관한 법률]
• 소방시설에 폐쇄·차단 등의 행위를 한 자 → 5년 이하의 징역 또는 5,000만 원 이하의 벌금
• 사람을 상해에 이르게 한 때 → 7년 이하의 징역 또는 7,000만 원 이하의 벌금
• 사망에 이르게 한 때 → 10년 이하의 징역 또는 1억 원 이하의 벌금

## 078 위험물안전관리법령상 제조소등의 설치허가를 받지 아니하고 제조소등을 설치한 자는 어떠한 벌칙에 처하는가?

① 10년 이하의 징역 또는 금고나 1억 원 이하의 벌금
② 5년 이하의 징역 또는 1억 원 이하의 벌금
③ 3년 이하의 징역 또는 3천만 원 이하의 벌금
④ 1년 이하의 징역 또는 1천만 원 이하의 벌금

제33조(벌칙)
① 제조소등 또는 제6조1항에 따른 허가를 받지 않고 지정수량 이상의 위험물을 유출·방출 또는 확산시켜 사람의 생명·신체 또는 재산에 대하여 위험을 발생시킨 자는 1년 이상 10년 이하의 징역에 처한다.
② 제1항의 규정에 따른 죄를 범하여 사람을 상해(傷害)에 이르게 한 때에는 무기 또는 3년 이상의 징역에 처하며, 사망에 이르게 한 때에는 무기 또는 5년 이상의 징역에 처한다.

제34조(벌칙)
① 업무상 과실로 제33조제1항의 죄를 범한 자는 7년 이하의 금고 또는 7천만 원 이하의 벌금에 처한다.
② 제1항의 죄를 범하여 사람을 사상(死傷)에 이르게 한 자는 10년 이하의 징역 또는 금고나 1억 원 이하의 벌금에 처한다.

제34조의2(벌칙)
제6조제1항 전단을 위반하여 제조소등의 설치허가를 받지 아니하고 제조소등을 설치한

정답 : 076. ③　077. ②　078. ②

자는 5년 이하의 징역 또는 1억 원 이하의 벌금에 처한다.

제34조의3(벌칙)
제5조제1항을 위반하여 저장소 또는 제조소등이 아닌 장소에서 지정수량 이상의 위험물을 저장 또는 취급한 자는 3년 이하의 징역 또는 3천만 원 이하의 벌금에 처한다.

| 벌 칙 | 사유 및 대상자 |
| --- | --- |
| 5년 이하의 징역 또는 1억원 이하의 벌금 | 제조소등의 설치허가를 받지 아니하고 제조소등을 설치한 자 |
| 1년 이하의 징역 또는 1,000만원 이하의 벌금 | • 탱크시험자로 등록하지 아니하고 탱크시험자의 업무를 한 자<br>• 정기점검을 하지 아니하거나 점검기록을 허위로 작성한 관계인으로서 제조소등의 허가를 받은 자<br>• 정기검사를 받지 아니한 관계인으로서 제조소등의 허가를 받은 자<br>• 자체소방대를 두지 아니한 관계인으로서 제조소등의 허가를 받은 자<br>• 운반용기 검사를 받지 않고 운반용기를 사용·유통한 자<br>• 관계공무원에 대하여 필요한 보고 또는 자료제출을 하지 아니하거나 허위로 보고 또는 자료 제출을 한 자 또는 관계공무원의 출입·검사 또는 수거를 거부·방해 또는 기피한 자<br>• 제조소등에 대한 긴급 사용정지·제한명령을 위반한 자 |
| 1,500만원 이하의 벌금 | • 위험물의 저장 또는 취급에 관한 중요기준에 따르지 아니한 자<br>• 변경허가를 받지 아니하고 제조소등을 변경한 자<br>• 제조소등의 완공검사를 받지 아니하고 위험물을 저장·취급한 자<br>• 안전조치이행명령을 따르지 아니한 자<br>• 제조소등의 사용정지명령을 위반한 자<br>• 수리·개조 또는 이전의 명령에 따르지 아니한 자<br>• 안전관리자를 선임하지 아니한 관계인으로서 제조소등의 허가를 받은 자<br>• 대리자를 지정하지 아니한 관계인으로서 제조소등의 허가를 받은 자<br>• 업무정지명령을 위반한 자<br>• 탱크안전성능시험 또는 점검에 관한 업무를 허위로 하거나 그 결과를 증명하는 서류를 허위로 교부한 자<br>• 예방규정을 제출하지 아니하거나 변경명령을 위반한 관계인으로서 제조소등의 허가를 받은 자<br>• 정지지시를 거부하거나 국가기술자격증 또는 교육수료증의 제시를 거부 또는 기피한 자<br>• 탱크시험자에 대하여 필요한 보고 또는 자료 제출을 하지 아니하거나 허위의 보고 또는 자료제출을 한 자 및 관계공무원의 출입 또는 조사·검사를 거부·방해 또는 기피한 자<br>• 탱크시험자에 대한 감독상 명령에 따르지 아니한 자<br>• 무허가 장소의 위험물에 대한 조치명령에 따르지 아니한 자<br>• 저장·취급기준 준수명령 또는 응급조치명령을 위반한 자 |
| 1,000만원 이하의 벌금 | • 위험물의 취급에 관한 안전관리와 감독을 하지 아니한 자<br>• 안전관리자 또는 그 대리자가 참여하지 아니한 상태에서 위험물을 취급한 자<br>• 변경한 예방규정을 제출하지 아니한 관계인으로서 허가를 받은 자<br>• 위험물의 운반에 관한 중요기준에 따르지 아니한 자<br>• 위험물운반자 요건을 갖추지 아니한 위험물운반자<br>• 국가기술자격자 또는 안전교육을 받지 않고 위험물을 운송하는 자<br>• 관계인의 정당한 업무를 방해하거나 출입·검사 등을 수행하면서 알게 된 비밀을 누설한 자 |

## 079 다음 중 벌금이 가장 무거운 것은?

① 제조소등이 아닌 장소에서 지정수량 이상의 위험물을 저장·취급한 자
② 무허가 장소에서 위험물에 대한 조치명령을 위반한 자
③ 제조소등의 사용정지 명령을 위반한 자
④ 제조소등의 위치·구조·설비의 수리, 개조, 이전 명령을 위반한 자

**해설** 벌칙
① : 3년 이하의 징역 또는 3천만 원 이하의 벌금

| 벌 칙 | 사유 및 대상자 |
|---|---|
| 1년 이상 10년 이하의 징역 | 제조소등에서 위험물을 유출·방출 또는 확산시켜 사람의 생명·신체 또는 재산에 대하여 위험을 발생시킨 자 |
| 무기 또는 5년 이하의 징역 | 제조소등에서 위험물을 유출·방출 또는 확산시켜 사람을 사망에 이르게 한 때 |
| 무기 또는 3년 이하의 징역 | 제조소등에서 위험물을 유출·방출 또는 확산시켜 사람을 상해(傷害)에 이르게 한 때 |
| 10년 이하의 징역 또는 금고나 1억원 이하의 벌금 | 업무상 과실로 제조소등에서 위험물을 유출·방출 또는 확산시켜 사람을 사상(死傷)에 이르게 한 자 |
| 7년 이하의 금고 또는 7,000만 원 이하의 벌금 | 업무상 과실로 제조소등에서 위험물을 유출·방출 또는 확산시켜 사람의 생명·신체 또는 재산에 대하여 위험을 발생시킨 자 |
| 3년 이하의 징역 또는 3,000만 원 이하의 벌금 | 저장소 또는 제조소등이 아닌 장소에서 지정수량 이상의 위험물을 저장 또는 취급한 자 |

②, ③, ④ : 1천500만 원 이하의 벌금

## 080 위험물안전관리자를 선임하지 않고 위험물제조소등의 허가를 받은 자에 대한 벌칙은?

① 500만 원 이하의 벌금
② 1년 이하의 징역 또는 500만 원 이하의 벌금
③ 1년 이하의 징역 또는 1,000만 원 이하의 벌금
④ 1,500만 원 이하의 벌금

**해설** 1,500만 원 이하의 벌금

## 081 다음 중 위험물탱크 안전성능검사의 검사내용이 아닌 것은?

① 기초검사   ② 지반검사
③ 비파괴검사   ④ 용접부검사

정답 : 079. ①　　080. ④　　081. ③

위험물탱크의 탱크안전성능 검사(위험물안전관리법 시행령 제8조)
(1) 기초·지반검사
(2) 충수·수압검사
(3) 용접부검사
(4) 암반탱크검사

**082** 위험물안전관리법령상 제1류 위험물의 지정수량으로 옳지 않은 것은?

① 과염소산염류 - 50킬로그램  ② 브로민산염류 - 200킬로그램
③ 아이오딘산염류 - 300킬로그램  ④ 다이크로뮴산염류 - 1,000킬로그램

 브로민산염류 - 300킬로그램

**083** 위험물안전관리법령상 위험물시설의 설치 및 변경 등에 관한 조문의 일부이다. ( )에 들어갈 말을 바르게 나열한 것은?

> 제조소등의 위치·구조 또는 설비의 변경 없이 당해 제조소등에서 저장하거나 취급하는 위험물의 품명·수량 또는 지정수량의 배수를 변경하고자 하는 자는 변경하고자 하는 날의 ( ㄱ ) 전까지 ( ㄴ )이 정하는 바에 따라 ( ㄷ )에게 신고해야 한다.

① ㄱ : 1일, ㄴ : 대통령령, ㄷ : 소방서장
② ㄱ : 1일, ㄴ : 행정안전부령, ㄷ : 시·도지사
③ ㄱ : 3일, ㄴ : 대통령령, ㄷ : 소방서장
④ ㄱ : 3일, ㄴ : 행정안전부령, ㄷ : 시·도지사

 위험물안전관리법 제6조(위험물시설의 설치 및 변경 등)
① 제조소등을 설치하고자 하는 자는 대통령령이 정하는 바에 따라 그 설치장소를 관할하는 특별시장·광역시장·특별자치시장·도지사 또는 특별자치도지사(이하 "시·도지사"라 한다)의 허가를 받아야 한다. 제조소등의 위치·구조 또는 설비 가운데 행정안전부령이 정하는 사항을 변경하고자 하는 때에도 또한 같다.
② 제조소등의 위치·구조 또는 설비의 변경 없이 당해 제조소등에서 저장하거나 취급하는 위험물의 품명·수량 또는 지정수량의 배수를 변경하고자 하는 자는 변경하고자 하는 날의 1일 전까지 행정안전부령이 정하는 바에 따라 시·도지사에게 신고해야 한다.
③ 제1항 및 제2항의 규정에 불구하고 다음 각 호의 어느 하나에 해당하는 제조소등의 경우에는 허가를 받지 아니하고 당해 제조소등을 설치하거나 그 위치·구조 또는 설비를 변경할 수 있으며, 신고를 하지 아니하고 위험물의 품명·수량 또는 지정수량의 배수를 변경할 수 있다.
1. 주택의 난방시설(공동주택의 중앙난방시설을 제외한다)을 위한 저장소 또는 취급소
2. 농예용·축산용 또는 수산용으로 필요한 난방시설 또는 건조시설을 위한 지정수량 20배 이하의 저장소

정답 : 082. ② 083. ②

## 084 위험물안전관리법령상 안전교육의 교육대상자와 교육시기의 연결이 옳지 않은 것은?

① 안전관리자 — 선임된 날부터 6개월 이내 첫 교육 후 3년마다 1회
② 위험물운송자 — 선임된 날부터 6개월 이내 첫 교육 후 3년마다 1회
③ 탱크시험자의 기술인력 — 기술인력 등록된 날부터 6개월 이내 첫 교육 후 2년마다 1회
④ 위험물운송자가 되려는 사람 — 최초 종사하기 전

- 위험물안전관리법 시행규칙 [별표 24] <개정 2024. 5. 20.>

### 안전교육의 과정·기간과 그 밖의 교육의 실시에 관한 사항 등(제78조제2항 관련)

1. 교육과정·교육대상자·교육시간·교육시기 및 교육기관

| 교육과정 | 교육대상자 | 교육시간 | 교육시기 | 교육기관 |
|---|---|---|---|---|
| 강습교육 | 안전관리자가 되려는 사람 | 24시간 | 최초 선임되기 전 | 안전원 |
| | 위험물운반자가 되려는 사람 | 8시간 | 최초 종사하기 전 | 안전원 |
| | 위험물운송자가 되려는 사람 | 16시간 | 최초 종사하기 전 | 안전원 |
| 실무교육 | 안전관리자 | 8시간 | 가. 제조소등의 안전관리자로 선임된 날부터 6개월 이내<br>나. 가목에 따른 교육을 받은 후 2년마다 1회 | 안전원 |
| | 위험물운반자 | 4시간 | 가. 위험물운반자로 종사한 날부터 6개월 이내<br>나. 가목에 따른 교육을 받은 후 3년마다 1회 | 안전원 |
| | 위험물운송자 | 8시간 | 가. 이동탱크저장소의 위험물운송자로 종사한 날부터 6개월 이내<br>나. 가목에 따른 교육을 받은 후 3년마다 1회 | 안전원 |
| | 탱크시험자의 기술인력 | 8시간 | 가. 탱크시험자의 기술인력으로 등록한 날부터 6개월 이내<br>나. 가목에 따른 교육을 받은 후 2년마다 1회 | 기술원 |

[비고]
1. 안전관리자, 위험물운반자 및 위험물운송자 강습교육의 공통과목에 대하여 어느 하나의 강습교육 과정에서 교육을 받은 경우에는 나머지 강습교육 과정에서도 교육을 받은 것으로 본다.
2. 안전관리자, 위험물운반자 및 위험물운송자 실무교육의 공통과목에 대하여 어느 하나의 실무교육 과정에서 교육을 받은 경우에는 나머지 실무교육 과정에서도 교육을 받은 것으로 본다.
3. 안전관리자 및 위험물운송자의 실무교육 시간 중 일부(4시간 이내)를 사이버교육의 방법으로 실시할 수 있다. 다만, 교육대상자가 사이버교육의 방법으로 수강하는 것에 동의하는 경우에 한정한다.

2. 교육계획의 공고 등
  가. 안전원의 원장은 강습교육을 하고자 하는 때에는 매년 1월 5일까지 일시, 장소, 그 밖에 강습의 실시에 관한 사항을 공고할 것

정답 : 084. ①

나. 기술원 또는 안전원은 실무교육을 하고자 하는 때에는 교육실시 10일 전까지 교육대상자에게 그 내용을 통보할 것
3. 교육신청
   가. 강습교육을 받고자 하는 자는 안전원이 지정하는 교육일정 전에 교육수강을 신청할 것
   나. 실무교육 대상자는 교육일정 전까지 교육수강을 신청할 것
4. 교육일시 통보
   기술원 또는 안전원은 제3호에 따라 교육신청이 있는 때에는 교육실시 전까지 교육대상자에게 교육장소와 교육일시를 통보해야 한다.
5. 기 타
   기술원 또는 안전원은 교육대상자별 교육의 과목시간실습 및 평가, 강사의 자격, 교육의 신청, 교육수료증의 교부재교부, 교육수료증의 기재사항, 교육수료자명부의 작성보관 등 교육의 실시에 관하여 필요한 세부사항을 정하여 소방청장의 승인을 받아야 한다. 이 경우 안전관리자, 위험물운반자 및 위험물운송자 강습교육의 과목에는 각 강습교육별로 다음 표에 정한 사항을 포함해야 한다.

| 교육과정 | 교육내용 | |
|---|---|---|
| 안전관리자 강습 교육 | • 제4류 위험물의 품명별 일반성질, 화재예방 및 소화의 방법 | • 연소 및 소화에 관한 기초이론<br>• 모든 위험물의 유별 공통성질과 화재예방 및 소화의 방법<br>• 위험물안전관리법령 및 위험물의 안전관리에 관계된 법령 |
| 위험물운반자 강습 교육 | • 위험물운반에 관한 안전기준 | |
| 위험물운송자 강습 교육 | • 이동탱크저장소의 구조 및 설비작동법<br>• 위험물운송에 관한 안전기준 | |

**085** 위험물안전관리법령상 허가를 받지 아니하고 지정수량 이상의 위험물을 저장 또는 취급하는 자에 대한 조치명령에 관한 설명으로 옳은 것은?

① 소방서장은 수산용으로 필요한 난방시설을 위한 지정수량 20배의 저장소를 설치한 자에 대하여 세서 등 필요한 조지를 명길 수 있다.
② 소방본부장은 주택의 난방시설(공동주택의 중앙난방시설은 제외한다)을 위한 취급소를 설치한 자에 대하여 제거 등 필요한 조치를 명할 수 있다.
③ 시·도지사는 축산용으로 필요한 난방시설을 위한 지정수량 20배의 저장소를 설치한 자에 대하여 제거 등 필요한 조치를 명할 수 있다.
④ 소방서장은 농예용으로 필요한 건조시설을 위한 지정수량 30배의 저장소를 설치한 자에 대하여 제거 등 필요한 조치를 명할 수 있다.

83번 문제 해설 참조

**086** 위험물안전관리법령상 정기점검의 대상인 제조소등에 해당되지 않는 것은?

① 판매취급소  ② 이동탱크저장소
③ 이송취급소  ④ 지하탱크저장소

정답 : 085. ④    086. ①

정기점검의 대상인 제조소등
㉠ 예방규정을 작성해야 하는 제조소등(7가지)
　① 지정수량의 10배 이상의 위험물을 취급하는 제조소
　② 지정수량의 100배 이상의 위험물을 저장하는 옥외저장소
　③ 지정수량의 150배 이상의 위험물을 저장하는 옥내저장소
　④ 지정수량의 200배 이상의 위험물을 저장하는 옥외탱크저장소
　⑤ 암반탱크저장소
　⑥ 이송취급소
　⑦ 지정수량의 10배 이상의 위험물을 취급하는 일반취급소
㉡ 지하탱크저장소
㉢ 이동탱크저장소
㉣ 위험물을 취급하는 탱크로서 지하에 매설된 탱크가 있는 제조소·주유취급소 또는 일반취급소

## 087 위험물안전관리법령상 과태료 처분에 해당하는 경우는?

① 정기점검 결과를 기록·보존하지 아니한 자
② 제조소등의 설치허가를 받지 아니하고 제조소등을 설치한 자
③ 안전관리자 또는 그 대리자가 참여하지 아니한 상태에서 위험물을 취급한 자
④ 위험물의 운반에 관한 중요기준에 따르지 아니한 자

 ① 500만 원 이하 과태료
② 5년 이하의 징역 또는 1억 원 이하의 벌금
③ 1천만 원 이하의 벌금
④ 1천만 원 이하의 벌금

## 088 위험물안전관리법령상 제조소등의 위험물안전관리자(이하 "안전관리자"라 함)에 관한 설명으로 옳은 것은?

① 제조소등의 관계인이 안전관리자가 질병 등의 사유로 일시적으로 직무를 수행할 수 없어 대리자를 지정하는 경우, 대리자가 안전관리자의 직무를 대행하는 기간은 15일을 초과할 수 없다.
② 제조소등의 관계인이 안전관리자를 해임한 경우 그 관계인 또는 안전관리자는 소방본부장이나 소방서장에게 그 사실을 알려 해임된 사실을 확인받을 수 있다.
③ 제조소등의 관계인이 안전관리자를 선임한 경우에는 선임한 날부터 30일 이내에 소방본부장 또는 소방서장에게 신고해야 한다.
④ 안전관리자를 선임한 제조소등의 관계인은 안전관리자가 퇴직한 경우 퇴직한 날부터 60일 이내에 다시 안전관리자를 선임해야 한다.

 ① 직무 대리자의 직무 대행기간 : 30일을 초과할 수 없다.
③ 선임한 날부터 14일 이내에 신고
④ 퇴직한 날부터 30일 이내에 재선임

 정답 : 087. ①　　088. ②

## 089. 위험물안전관리법령상 탱크안전성능검사의 대상이 되는 탱크 등에 관한 내용이다. ( )에 들어갈 숫자로 옳은 것은?

| 기초·지반검사 : 옥외탱크저장소의 액체위험물탱크 중 그 용량이 ( )만 리터 이상인 탱크 |
|---|

① 20   ② 50   ③ 70   ④ 100

탱크안전성능검사 종류 및 대상
㉠ 기초·지반검사 : 옥외탱크저장소의 액체위험물탱크 중 그 용량이 100만리터 이상인 탱크
㉡ 충수(充水)·수압검사 : 액체위험물을 저장 또는 취급하는 탱크. 다만, 다음 각 목의 어느 하나에 해당하는 탱크는 제외한다.
　가. 제조소 또는 일반취급소에 설치된 탱크로서 용량이 지정수량 미만인 것
　나. 「고압가스 안전관리법」에 따른 특정설비에 관한 검사에 합격한 탱크
　다. 「산업안전보건법」에 따른 안전인증을 받은 탱크
㉢ 용접부검사 : 옥외탱크저장소의 액체위험물탱크 중 그 용량이 100만 리터 이상인 탱크
㉣ 암반탱크검사 : 액체위험물을 저장 또는 취급하는 암반 내의 공간을 이용한 탱크

## 090. 위험물안전관리법령상 시·도지사의 허가를 받아야 설치할 수 있는 제조소등에 해당되는 것은?

① 주택의 난방시설을 위한 취급소
② 축산용으로 필요한 건조시설을 위한 지정수량 20배 이하의 저장소
③ 공동주택의 중앙난방시설을 위한 저장소
④ 농예용으로 필요한 난방시설을 위한 지정수량 20배 이하의 저장소

제조소등이 아닌 경우에 허가를 받지 아니하고 당해 제조소등을 설치하거나 그 위치 구조 또는 설비를 변경할 수 있는 경우, 신고를 하지 아니하고 위험물의 품명, 수량 또는 지정수량의 배수를 변경할 수 있는 경우
① 주택의 난방시설(공동주택의 중앙난방시설을 제외한다)을 위한 저장소 또는 취급소
② 농예용·축산용 또는 수산용으로 필요한 난방시설 또는 건조시설을 위한 지정수량 20배 이하의 저장소

## 091. 위험물안전관리법령상 탱크시험자로 등록하거나 탱크시험자의 업무에 종사할 수 있는 경우는?

① 피성년후견인 또는 피한정후견인
② [소방기본법]에 따른 금고 이상의 형의 집행유예 선고를 받고 그 유예기간 중에 있는 자
③ [소방시설공사업법]에 따른 금고 이상의 실형의 선고를 받고 그 집행이 종료되거나 집행이 면제된 날부터 1년이 된 자
④ 탱크시험자의 등록이 취소된 날부터 3년이 된 자

위험물법 제16조(탱크시험자의 등록 등) 중 4항
④ 다음 각 호의 어느 하나에 해당하는 자는 탱크시험자로 등록하거나 탱크시험자의 업무에 종사할 수 없다.

정답 : 089. ④　　090. ③　　091. ④

1. 피성년후견인
2. 이 법, 「소방기본법」, 「화재예방 및 안전관리에 관한 법률」, 「소방시설 설치 및 관리에 관한 법률」 또는 「소방시설공사업법」에 따른 금고 이상의 실형의 선고를 받고 그 집행이 종료(집행이 종료된 것으로 보는 경우를 포함한다)되거나 집행이 면제된 날부터 2년이 지나지 아니한 자
3. 이 법, 「소방기본법」, 「화재예방 및 안전관리에 관한 법률」, 「소방시설 설치 및 관리에 관한 법률」 또는 「소방시설공사업법」에 따른 금고 이상의 형의 집행유예 선고를 받고 그 유예기간 중에 있는 자
4. 제5항의 규정에 따라 탱크시험자의 등록이 취소(제1호에 해당하여 자격이 취소된 경우는 제외한다)된 날부터 2년이 지나지 아니한 자
5. 법인으로서 그 대표자가 제1호 내지 제5호의 1에 해당하는 경우

## 092 「위험물안전관리법」상 신고를 하지 아니하고 위험물의 품명·수량 또는 지정수량의 배수를 변경할 수 있는 경우로 옳은 것은?

① 농예용으로 필요한 건조시설을 위한 지정수량 20배 이하의 취급소
② 축산용으로 필요한 난방시설을 위한 지정수량 20배 이하의 저장소
③ 수산용으로 필요한 건조시설을 위한 지정수량 30배 이하의 저장소
④ 공동주택의 중앙난방시설을 위한 지정수량 30배 이하의 취급소

29번 문제 해설 참조

## 093 관계인은 정기점검 후 점검사항을 기록해야 하는데 기록사항에 해당하지 않는 것은?

① 이전 점검결과 조치사항
② 점검의 방법 및 결과
③ 점검연월일
④ 점검을 한 안전관리자 또는 점검을 한 탱크시험자와 점검에 참관한 안전관리자의 성명

시행규칙 제68조(정기점검의 기록·유지)
① 법 제18조제1항에 따라 제조소등의 관계인은 정기점검 후 다음 각 호의 사항을 기록해야 한다. <개정 2021. 7. 13.>
  1. 점검을 실시한 제조소등의 명칭
  2. 점검의 방법 및 결과
  3. 점검연월일
  4. 점검을 한 안전관리자 또는 점검을 한 탱크시험자와 점검에 참관한 안전관리자의 성명
② 제1항의 규정에 의한 정기점검기록은 다음 각호의 구분에 의한 기간 동안 이를 보존해야 한다.
  1. 제65조제1항의 규정에 의한 옥외저장탱크의 구조안전점검에 관한 기록 : 25년(동항제3호에 규정한 기간의 적용을 받는 경우에는 30년)
  2. 제1호에 해당하지 아니하는 정기점검의 기록 : 3년

정답 : 092. ②    093. ①

## 094. 위험물안전관리법령상 정기점검대상으로 옳지 않은 것은?

① 지정수량의 80배의 위험물을 저장하는 옥외저장소
② 암반탱크저장소
③ 이동탱크저장소
④ 지정수량의 210배의 위험물을 저장하는 옥외탱크저장소

정기점검의 대상인 제조소등
법 제18조제1항에서 "대통령령이 정하는 제조소등"이라 함은 다음 각 호의 1에 해당하는 제조소등을 말한다.
1. 제15조 각 호의 어느 하나에 해당하는 제조소등
2. 지하탱크저장소
3. 이동탱크저장소
4. 위험물을 취급하는 탱크로서 지하에 매설된 탱크가 있는 제조소 · 주유취급소 또는 일반취급소

시행령 제15조(예방규정)
1. 지정수량의 10배 이상의 위험물을 취급하는 제조소
2. 지정수량의 100배 이상의 위험물을 저장하는 옥외저장소
3. 지정수량의 150배 이상의 위험물을 저장하는 옥내저장소
4. 지정수량의 200배 이상의 위험물을 저장하는 옥외탱크저장소
5. 암반탱크저장소
6. 이송취급소
7. 지정수량의 10배 이상의 위험물을 취급하는 일반취급소. 다만, 제4류 위험물(특수인화물을 제외한다)만을 지정수량의 50배 이하로 취급하는 일반취급소(제1석유류 · 알코올류의 취급량이 지정수량의 10배 이하인 경우에 한한다)로서 다음 각 목의 어느 하나에 해당하는 것을 제외한다.
   가. 보일러 · 버너 또는 이와 비슷한 것으로서 위험물을 소비하는 장치로 이루어진 일반취급소
   나. 위험물을 용기에 옮겨 담거나 차량에 고정된 탱크에 주입하는 일반취급소

## 095. 다음은 위험물안전관리법의 목적에 대한 조문이다. (    )에 들어갈 단어로 옳은 것은?

> 이 법은 위험물의 ( 가 ) · ( 나 ) 및 ( 다 )과 이에 따른 안전관리에 관한 사항을 규정함으로써 위험물로 인한 위해를 방지하여 공공의 안전을 확보함을 목적으로 한다.

| (가) (나) (다) | (가) (나) (다) |
|---|---|
| ① 저장-취급-운반 | ② 제조-취급-운반 |
| ③ 제조-저장-이송 | ④ 저장-취급-이송 |

위험물안전관리법의 목적
이 법은 위험물의 저장 · 취급 및 운반과 이에 따른 안전관리에 관한 사항을 규정함으로써 위험물로 인한 위해를 방지하여 공공의 안전을 확보함을 목적으로 한다.

정답 : 094. ①    095. ①

## 096 위험물안전관리자에 대한 설명 중 옳지 않은 것은?

① 안전관리자를 선임한 경우에는 소방본부장 또는 소방서장에게 신고해야 한다.
② 위험물의 취급에 관한 자격취득자는 경력이 없어도 대리자로 지정할 수 있다.
③ 대리자가 위험물의 취급에 관한 자격증을 취득하지 못했을 경우 전기·기계자격증으로 대체하면 된다.
④ 위험물안전관리자가 일시적으로 직무를 수행할 수 없어 대리자(代理者)를 지정하였을 경우에는 소방본부장·소방서장에게 신고하지 않아도 된다.

---

위험물안전관리자
① 위험물안전관리자 선임권자 : 제조소등의 관계인

**[ 위험물취급자격자의 자격(제11조제1항 관련) ]**

| 위험물취급자격자의 구분 | 취급할 수 있는 위험물 |
| --- | --- |
| 1. 「국가기술자격법」에 따라 위험물기능장, 위험물산업기사, 위험물 기능사의 자격을 취득한 사람 | 별표 1의 모든 위험물 |
| 2. 안전관리자교육이수자(법 28조제1항에 따라 소방청장이 실시하는 안전관리자교육을 이수한 자를 말한다. 이하 별표 6에서 같다) | 별표 1의 위험물 중 제4류 위험물 |
| 3. 소방공무원 경력자(소방공무원으로 근무한 경력이 3년 이상인 자를 말한다. 이하 별표 6에서 같다) | 별표 1의 위험물 중 제4류 위험물 |

② 위험물의 취급에 관한 자격이 있는 자
③ 제조소등에서 저장·취급하는 위험물이 「화학물질관리법」에 따른 유독물질에 해당하는 경우 당해 제조소등을 설치한 자는 다른 법률에 의하여 안전관리업무를 하는 자로 선임된 자 가운데 대통령령이 정하는 자를 안전관리자로 선임할 수 있다.
④ 제조소등의 관계인은 안전관리자가 해임, 퇴직한 날부터 30일 이내에 선임하여 선임한 날부터 14일 이내에 소방본부장 또는 소방서장에게 신고해야 한다.
⑤ 안전관리자 선임신고 시 제출해야 할 서류
  1. 위험물안전관리업무대행계약서(안전관리대행기관에 한한다)
  2. 위험물안전관리교육 수료증(안전관리자 강습교육을 받은 자에 한한다)
  3. 위험물안전관리자를 겸직할 수 있는 관련 안전관리자로 선임된 사실을 증명할 수 있는 서류
  4. 소방공무원 경력증명서(소방공무원 경력자에 한한다)
⑥ 제조소등의 관계인은 안전관리자의 해임, 퇴직한 사실을 소방본부장 또는 소방서장에게 확인받을 수 있다.
⑦ 위험물안전관리 직무 대리자 지정
  ㉠ 위험물안전관리 직무 대리자 지정권자 : 제조소등의 관계인
  ㉡ 직무 대리자 지정사유
    가. 선임된 안전관리자가 여행·질병 그 밖의 사유로 인하여 일시적으로 직무를 수행할 수 없는 경우
    나. 안전관리자의 해임 또는 퇴직과 동시에 다른 안전관리자를 선임하지 못하는 경우
  ㉢ 직무 대리자 자격조건
    가. 국가기술자격법에 따른 위험물의 취급에 관한 자격취득자
    나. 안전교육을 받은 자

정답 : 096. ③

다. 제조소등의 위험물 안전관리업무에 있어서 안전관리자를 지휘·감독하는 직위에 있는 자
ㄹ. 직무 대리자의 직무 대행기간 : 30일을 초과할 수 없다.
⑧ 안전관리자의 업무와 의무
㉠ 위험물을 취급하는 작업을 하는 때에는 작업자에게 안전관리에 관한 필요한 지시
㉡ 위험물의 취급에 관한 안전관리와 감독
㉢ 제조소등의 관계인과 그 종사자는 안전관리자의 위험물 안전관리에 관한 의견을 존중하고 그 권고에 따라야 한다.

## 097 시·도지사가 제조소등의 설치허가를 해주어야 하는 경우가 아닌 것은?

① 지정수량의 3천배 이상의 위험물을 취급하는 제조소의 구조설비에 관한 사항을 한국소방산업기술원의 기술검토를 받고 그 결과 행정안전부령으로 정하는 기준에 적합한 것으로 인정된 경우
② 제조소등의 위치·구조 및 설비가 법 제5조제4항의 규정에 의한 기술기준에 적합한 경우
③ 제조소등에서의 위험물의 저장 또는 취급이 공공의 안전유지 또는 재해의 발생방지에 지장을 줄 우려가 없다고 인정되는 경우
④ 옥외탱크저장소(저장용량이 50만 리터 이상인 것만 해당한다) 또는 암반탱크저장소 : 위험물탱크의 기초·지반, 탱크본체 및 소화설비에 관한 사항을 한국소방산업기술원의 기술검토를 받고 그 결과 행정안전부령으로 정하는 기준에 적합한 것으로 인정된 경우

시행령 제6조(제조소등의 설치 및 변경의 허가)
① 법 제6조제1항에 따라 제조소등의 설치허가 또는 변경허가를 받으려는 자는 설치허가 또는 변경허가신청서에 행정안전부령으로 정하는 서류를 첨부하여 특별시장·광역시장·특별자치시장·도지사 또는 특별자치도지사(이하 "시·도지사"라 한다)에게 제출해야 한다.
② 시·도지사는 제1항에 따른 제조소등의 설치허가 또는 변경허가 신청 내용이 다음 각 호의 기준에 적합하다고 인정하는 경우에는 허가를 해야 한다.
1. 제조소등의 위치·구조 및 설비가 법 제5조제4항의 규정에 의한 기술기준에 적합할 것
2. 제조소등에서의 위험물의 저장 또는 취급이 공공의 안전유지 또는 재해의 발생방지에 지장을 줄 우려가 없다고 인정될 것
3. 다음 각 목의 제조소등은 해당 목에서 정한 사항에 대하여 「소방산업의 진흥에 관한 법률」 제14조에 따른 한국소방산업기술원(이하 "기술원"이라 한다)의 기술검토를 받고 그 결과가 행정안전부령으로 정하는 기준에 적합한 것으로 인정될 것. 다만, 보수 등을 위한 부분적인 변경으로서 소방청장이 정하여 고시하는 사항에 대해서는 기술원의 기술검토를 받지 않을 수 있으나 행정안전부령으로 정하는 기준에는 적합해야 한다.
가. 지정수량의 1천배 이상의 위험물을 취급하는 제조소 또는 일반취급소 : 구조·설비에 관한 사항
나. 옥외탱크저장소(저장용량이 50만 리터 이상인 것만 해당한다) 또는 암반탱크저장소 : 위험물탱크의 기초·지반, 탱크본체 및 소화설비에 관한 사항
③ 제2항제3호 각 목의 어느 하나에 해당하는 제조소등에 관한 설치허가 또는 변경허가를 신청하는 자는 그 시설의 설치계획에 관하여 미리 기술원의 기술검토를 받아 그 결과를 설치허가 또는 변경허가신청서류와 함께 제출할 수 있다.

정답 : 097. ①

## 098. 위험물안전관리법령상 업무상 과실로 제조소등에서 위험물을 유출·방출 또는 확산시켜 사람의 생명·신체 또는 재산에 대하여 위험을 발생시킨 자에 대한 벌칙 기준으로 옳은 것은?

① 5년 이하의 금고 또는 2,000만 원 이하의 벌금
② 5년 이하의 금고 또는 7,000만 원 이하의 벌금
③ 7년 이하의 금고 또는 2,000만 원 이하의 벌금
④ 7년 이하의 금고 또는 7,000만 원 이하의 벌금

78번 문제 해설 참조

## 099. 위험물안전관리법령상 제조소등의 완공검사 신청 시기 기준으로 옳지 않은 것은?

① 지하탱크가 있는 제조소등의 경우에는 당해 지하탱크를 매설하기 전
② 이동탱크저장소의 경우에는 이동저장탱크를 완공하고 상치장소를 확보한 후
③ 이송취급소의 경우에는 이송배관 공사의 전체 또는 일부 완료한 후
④ 배관을 지하에 설치하는 경우에는 소방서장이 지정하는 부분을 매몰하고 난 직후

시행규칙 제20조(완공검사의 신청시기)
법 제9조제1항의 규정에 의한 제조소등의 완공검사 신청시기는 다음 각 호의 구분에 의한다.
1. 지하탱크가 있는 제조소등의 경우 : 당해 지하탱크를 매설하기 전
2. 이동탱크저장소의 경우 : 이동저장탱크를 완공하고 상치장소를 확보한 후
3. 이송취급소의 경우 : 이송배관 공사의 전체 또는 일부를 완료한 후. 다만, 지하·하천 등에 매설하는 이송배관의 공사의 경우에는 이송배관을 매설하기 전
4. 전체 공사가 완료된 후에는 완공검사를 실시하기 곤란한 경우 : 다음 각 목에서 정하는 시기
   가. 위험물설비 또는 배관의 설치가 완료되어 기밀시험 또는 내압시험을 실시하는 시기
   나. 배관을 지하에 설치하는 경우에는 시·도지사, 소방서장 또는 기술원이 지정하는 부분을 매몰하기 직전
   다. 기술원이 지정하는 부분의 비파괴시험을 실시하는 시기
5. 제1호 내지 제4호에 해당하지 아니하는 제조소등의 경우 : 제조소등의 공사를 완료한 후

## 100. 위험물 누출사고시 사고조사위원회의 구성에 대한 설명 중 옳지 않은 것은?

① 법 제22조의2제3항에 따른 사고조사위원회(이하 이 조에서 "위원회"라 한다)는 위원장 1명을 포함하여 7명 이내의 위원으로 구성한다.
② 위원회의 위원은 다음 각 호의 어느 하나에 해당하는 사람 중에서 소방청장, 소방본부장 또는 소방서장이 임명하거나 위촉하고, 위원장은 위원 중에서 소방청장, 소방본부장 또는 소방서장이 임명하거나 위촉한다.
③ 기술원의 임직원 중 위험물 안전관리 관련 업무에 4년 이상 종사한 사람은 위원이 될 수 있다.
④ 위촉되는 민간위원의 임기는 2년으로 하며, 한 차례만 연임할 수 있다.

정답 : 098. ④   099. ④   100. ③

 시행령 제19조의2(사고조사위원회의 구성 등) ① 법 제22조의2제3항에 따른 사고조사위원회(이하 이 조에서 "위원회"라 한다)는 위원장 1명을 포함하여 7명 이내의 위원으로 구성한다.
② 위원회의 위원은 다음 각 호의 어느 하나에 해당하는 사람 중에서 소방청장, 소방본부장 또는 소방서장이 임명하거나 위촉하고, 위원장은 위원 중에서 소방청장, 소방본부장 또는 소방서장이 임명하거나 위촉한다. <개정 2021. 6. 8.>
  1. 소속 소방공무원
  2. 기술원의 임직원 중 위험물 안전관리 관련 업무에 5년 이상 종사한 사람
  3. 「소방기본법」 제40조에 따른 한국소방안전원(이하 "안전원"이라 한다)의 임직원 중 위험물 안전관리 관련 업무에 5년 이상 종사한 사람
  4. 위험물로 인한 사고의 원인·피해 조사 및 위험물 안전관리 관련 업무 등에 관한 학식과 경험이 풍부한 사람
③ 제2항제2호부터 제4호까지의 규정에 따라 위촉되는 민간위원의 임기는 2년으로 하며, 한 차례만 연임할 수 있다.
④ 위원회에 출석한 위원에게는 예산의 범위에서 수당, 여비, 그 밖에 필요한 경비를 지급할 수 있다. 다만, 공무원인 위원이 그 소관 업무와 직접적으로 관련되어 위원회에 출석하는 경우에는 지급하지 않는다.
⑤ 제1항부터 제4항까지에서 규정한 사항 외에 위원회의 구성 및 운영에 필요한 사항은 소방청장이 정하여 고시할 수 있다.

# MEMO

# 문제 PART

## 다중이용업소법 예상문제

다중이용업소법 예상문제

## 001 다중이용업소법령에 따른 다중이용업에 해당되지 않는 것은?

① 목욕장업  ② 수면방업
③ 콜라텍업  ④ 놀이방업

다중이용업소법 시행령 제2조(다중이용업)
「다중이용업소의 안전관리에 관한 특별법」(이하 "법"이라 한다) 제2조제1항제1호에서 "대통령령으로 정하는 영업"이란 다음 각 호의 어느 하나에 해당하는 영업을 말한다. 다만, 영업을 옥외 시설 또는 옥외 장소에서 하는 경우 그 영업은 제외한다.

1. 「식품위생법 시행령」제21조제8호에 따른 식품접객업 중 다음 각 목의 어느 하나에 해당하는 것
   가. 휴게음식점영업·제과점영업 또는 일반음식점영업으로서 영업장으로 사용하는 바닥면적(「건축법 시행령」제119조제1항제3호에 따라 산정한 면적을 말한다. 이하 같다)의 합계가 100[m²](영업장이 지하층에 설치된 경우에는 그 영업장의 바닥면적 합계가 66[m²]) 이상인 것. 다만, 영업장(내부계단으로 연결된 복층구조의 영업장을 제외한다)이 다음의 어느 하나에 해당하는 층에 설치되고 그 영업장의 주된 출입구가 건축물 외부의 지면과 직접 연결되는 곳에서 하는 영업을 제외한다.
      1) 지상 1층
      2) 지상과 직접 접하는 층
   나. 단란주점영업과 유흥주점영업
1의2. 「식품위생법 시행령」제21조제9호에 따른 공유주방 운영업 중 휴게음식점영업·제과점영업 또는 일반음식점영업에 사용되는 공유주방을 운영하는 영업으로서 영업장 바닥면적의 합계가 100제곱미터(영업장이 지하층에 설치된 경우에는 그 바닥면적 합계가 66제곱미터) 이상인 것. 다만, 영업장(내부계단으로 연결된 복층구조의 영업장은 제외한다)이 다음 각 목의 어느 하나에 해당하는 층에 설치되고 그 영업장의 주된 출입구가 건축물 외부의 지면과 직접 연결되는 곳에서 하는 영업은 제외한다.
   가. 지상 1층
   나. 지상과 직접 접하는 층
2. 「영화 및 비디오물의 진흥에 관한 법률」제2조제10호, 같은 조 제16호가목·나목 및 라목에 따른 영화상영관·비디오물감상실업·비디오물소극장업 및 복합영상물제공업
3. 「학원의 설립·운영 및 과외교습에 관한 법률」제2조제1호에 따른 학원(이하 "학원"이라 한다)으로서 다음 각 목의 어느 하나에 해당하는 것
   가. 「소방시설 설치 및 관리에 관한 법률 시행령」별표 7에 따라 산정된 수용인원(이하 "수용인원"이라 한다)이 300명 이상인 것
   나. 수용인원 100명 이상 300명 미만으로서 다음의 어느 하나에 해당하는 것. 다만, 학원으로 사용하는 부분과 다른 용도로 사용하는 부분(학원의 운영권자를 달리하는 학원과 학원을 포함한다)이 「건축법 시행령」제46조에 따른 방화구획으로 나누어진 경우는 제외한다.
      (1) 하나의 건축물에 학원과 기숙사가 함께 있는 학원
      (2) 하나의 건축물에 학원이 둘 이상 있는 경우로서 학원의 수용인원이 300명 이상인 학원
      (3) 하나의 건축물에 제1호, 제2호, 제4호부터 제7호까지, 제7호의2부터 제7호의5까지 및 제8호의 다중이용업 중 어느 하나 이상의 다중이용업과 학원이 함께 있는 경우
4. 목욕장업으로서 다음 각 목에 해당하는 것
   가. 하나의 영업장에서 「공중위생관리법」제2조제1항제3호 가목에 따른 목욕장업 중 맥반석·황토·옥 등을 직접 또는 간접 가열하여 발생하는 열기나 원적외선 등을 이용하여 땀을 배출하게 할 수 있는 시설 및 설비를 갖춘 것으로서 수용인원(물로 목욕을 할 수 있는 시설부분의 수용인원은 제외한다)이 100명 이상인 것

정답 : 001. ④

나. 「공중위생관리법」 제2조제1항제3호나목의 시설 및 설비를 갖춘 목욕장업
   ["목욕장업"이라 함은 다음 각 목의 어느 하나에 해당하는 서비스를 손님에게 제공하는 영업을 말한다. 다만, 숙박업 영업소에 부설된 욕실 등 대통령령이 정하는 경우를 제외한다.
    가. 물로 목욕을 할 수 있는 시설 및 설비 등의 서비스
    나. 맥반석·황토·옥 등을 직접 또는 간접 가열하여 발생되는 열기 또는 원적외선 등을 이용하여 땀을 낼 수 있는 시설 및 설비 등의 서비스]
5. 「게임산업진흥에 관한 법률」 제2조제6호·제6호의2·제7호 및 제8호의 게임제공업·인터넷컴퓨터게임시설제공업 및 복합유통게임제공업. 다만, 게임제공업 및 인터넷컴퓨터게임 시설제공업의 경우에는 영업장(내부계단으로 연결된 복층구조의 영업장은 제외한다)이 다음 각 목의 어느 하나에 해당하는 층에 설치되고 그 영업장의 주된 출입구가 건축물 외부의 지면과 직접 연결된 구조에 해당하는 경우는 제외한다.
   가. 지상 1층
   나. 지상과 직접 접하는 층
6. 「음악산업진흥에 관한 법률」 제2조제13호에 따른 노래연습장업
7. 「모자보건법」 제2조제10호에 따른 산후조리업
7의2. 고시원업[구획된 실(室) 안에 학습자가 공부할 수 있는 시설을 갖추고 숙박 또는 숙식을 제공하는 형태의 영업]
7의3. 「사격 및 사격장 안전관리에 관한 법률 시행령」 제2조제1항 및 별표 1에 따른 권총사격장(실내사격장에 한정하며, 같은 조 제1항에 따른 종합사격장에 설치된 경우를 포함한다)
7의4. 「체육시설의 설치·이용에 관한 법률」 제10조제1항제2호에 따른 가상체험 체육시설업(실내에 1개 이상의 별도의 구획된 실을 만들어 골프 종목의 운동이 가능한 시설을 경영하는 영업으로 한정한다)
7의5. 「의료법」 제82조제4항에 따른 안마시술소
8. 법 제15조제2항에 따른 화재안전등급이 제11조제1항에 해당하거나 화재발생 시 인명피해가 발생할 우려가 높은 불특정다수인이 출입하는 영업으로서 행정안전부령으로 정하는 영업. 이 경우 소방청장은 관계 중앙행정기관의 장과 미리 협의해야 한다.

[행정안전부령으로 정하는 영업]
1. 전화방업·화상대화방업 : 구획된 실(室) 안에 전화기·텔레비전·모니터 또는 카메라 등 상대방과 대화할 수 있는 시설을 갖춘 형태의 영업
2. 수면방업 : 구획된 실(室) 안에 침대·간이침대 그 밖에 휴식을 취할 수 있는 시설을 갖춘 형태의 영업
3. 콜라텍업 : 손님이 춤을 추는 시설 등을 갖춘 형태의 영업으로서 주류판매가 허용되지 아니하는 영업
4. 방탈출카페업 : 제한된 시간 내에 방을 탈출하는 놀이 형태의 영업
5. 키즈카페업 : 다음 각 목의 영업
   가. 「관광진흥법 시행령」 제2조제1항제5호다목에 따른 기타유원시설업으로서 실내공간에서 어린이(「어린이안전관리에 관한 법률」 제3조제1호에 따른 어린이를 말한다. 이하 같다)에게 놀이를 제공하는 영업
   나. 실내에 「어린이놀이시설 안전관리법」 제2조제2호 및 같은 법 시행령 별표 2 제13호에 해당하는 어린이놀이시설을 갖춘 영업
   다. 「식품위생법 시행령」 제21조제8호가목에 따른 휴게음식점영업으로서 실내공간에서 어린이에게 놀이를 제공하고 부수적으로 음식류를 판매·제공하는 영업
6. 만화카페업 : 만화책 등 다수의 도서를 갖춘 다음 각 목의 영업. 다만, 도서를 대여·판매만 하는 영업인 경우와 영업장으로 사용하는 바닥면적의 합계가 50제곱미터 미만인 경우는 제외한다.
   가. 「식품위생법 시행령」 제21조제8호가목에 따른 휴게음식점영업
   나. 도서의 열람, 휴식공간 등을 제공할 목적으로 실내에 다수의 구획된 실(室)을 만들거나 입체 형태의 구조물을 설치한 영업

## 002. 다중이용업소법령상 화재발생 시 인명피해가 발생할 우려가 높은 불특정다수인이 출입하는 영업으로서 행정안전부령으로 정하는 영업에 해당되지 않는 것은?

① 수면방업
② 노래연습장업
③ 산후조리원업
④ 백화점

**해설**
1번 문제 해설 참조
④ 백화점 : 판매시설

## 003. 다중이용업소법령상 다중이용업주와 종업원이 받아야 하는 소방안전교육의 교과과정으로 옳지 않은 것은?

① 심폐소생술 등 응급처치 요령
② 소방시설 및 방화시설의 유지·관리 및 사용방법
③ 소방시설설계 도면의 작성 요령
④ 화재안전과 관련된 법령 및 제도

**해설**
다중이용업소법 시행규칙 제7조(소방안전교육의 교과과정 등)
① 법 제8조제1항에 따른 소방안전교육의 교과과정은 다음 각 호와 같다.
  1. 화재안전과 관련된 법령 및 제도
  2. 다중이용업소에서 화재가 발생한 경우 초기대응 및 대피요령
  3. 소방시설 및 방화시설(防火施設)의 유지·관리 및 사용방법
  4. 심폐소생술 등 응급처치 요령
② 그 밖에 다중이용업소의 안전관리에 관한 교육내용과 관련된 세부사항은 소방청장이 정한다.

## 004. 다중이용업소법령상 다중이용업주의 화재배상책임보험의 의무가입 등에 관한 설명으로 옳은 것은?

① 보험회사는 화재배상책임보험 외에 다른 보험의 가입을 다중이용업주에게 강요할 수 있다.
② 보험회사는 화재배상책임보험의 보험금 청구를 받은 때에는 지체 없이 지급할 보험금을 결정하고 보험금 결정 후 30일 이내에 피해자에게 보험금을 지급해야 한다.
③ 다중이용업주가 화재배상책임보험 청약 당시 보험회사가 요청한 화재 발생 위험에 관한 중요한 사항을 거짓으로 알린 경우 보험회사는 그 계약의 체결을 거부할 수 있다.
④ 소방서장은 다중이용업주가 화재배상책임보험에 가입하지 아니하였을 때에는 다중이용업주에 대한 인가·허가의 취소를 해야 한다.

**해설**
다중이용업소법 시행령 제9조의5(화재배상책임보험 계약의 체결 거부)
법 제13조의5제1항 단서에서 "대통령령으로 정하는 경우"란 다중이용업주가 화재배상책임보험 청약 당시 보험회사가 요청한 안전시설 등의 유지·관리에 관한 사항 등 화재 발생 위험에 관한 중요한 사항을 알리지 아니하거나 거짓으로 알린 경우를 말한다.

정답 : 002. ④    003. ③    004. ③

다중이용업소법 제13조의5(화재배상책임보험 계약의 체결의무 및 가입강요 금지)
① 보험회사는 다중이용업주가 화재배상책임보험에 가입할 때에는 계약의 체결을 거부할 수 없다. 다만, 대통령령으로 정하는 경우에는 그러하지 아니하다.
② 다중이용업소에서 화재가 발생할 개연성이 높은 경우 등 행정안전부령으로 정하는 사유가 있으면 다수의 보험회사가 공동으로 화재배상책임보험 계약을 체결할 수 있다. 이 경우 보험회사는 다중이용업주에게 공동계약체결의 절차 및 보험료에 대한 안내를 해야 한다.
③ 보험회사는 화재배상책임보험 외에 다른 보험의 가입을 다중이용업주에게 강요할 수 없다.

## 005 다중이용업소의 안전관리 기본계획 수립지침에 포함해야 할 사항이 아닌 것은?

① 화재 등 재난 발생 경감대책
② 화재피해 원인조사 및 분석
③ 다중이용업소 안전시설 등의 관리 및 유지계획
④ 안전관리실태평가 및 개선계획

다중이용업소법 제5조(안전관리기본계획의 수립·시행 등)
① 소방청장은 다중이용업소의 화재 등 재난이나 그 밖의 위급한 상황으로 인한 인적·물적 피해의 감소, 안전기준의 개발, 자율적인 안전관리능력의 향상, 화재배상책임보험제도의 정착 등을 위하여 5년마다 다중이용업소의 안전관리기본계획(이하 "기본계획"이라 한다)을 수립·시행해야 한다.
② 기본계획에는 다음 각 호의 사항이 포함되어야 한다.
  1. 다중이용업소의 안전관리에 관한 기본 방향
  2. 다중이용업소의 자율적인 안전관리 촉진에 관한 사항
  3. 다중이용업소의 화재안전에 관한 정보체계의 구축 및 관리
  4. 다중이용업소의 안전 관련 법령 정비 등 제도 개선에 관한 사항
  5. 다중이용업소의 적정한 유지·관리에 필요한 교육과 기술 연구·개발
  5의2. 다중이용업소의 화재배상책임보험에 관한 기본 방향
  5의3. 다중이용업소의 화재배상책임보험 가입관리전산망(이하 "책임보험전산망"이라 한다)의 구축·운영
  5의4. 다중이용업소의 화재배상책임보험제도의 정비 및 개선에 관한 사항
  6. 다중이용업소의 화재위험평가의 연구·개발에 관한 사항
  7. 그 밖에 다중이용업소의 안전관리에 관하여 대통령령으로 정하는 사항
③ 소방청장은 기본계획에 따라 매년 연도별 안전관리계획(이하 "연도별계획"이라 한다)을 수립·시행해야 한다.
④ 소방청장은 제1항 및 제3항에 따라 수립된 기본계획 및 연도별계획을 관계 중앙행정기관의 장과 특별시장·광역시장·도지사 또는 특별자치도지사(이하 "시·도지사"라 한다)에게 통보해야 한다.
⑤ 소방청장은 기본계획 및 연도별계획을 수립하기 위하여 필요하면 관계 중앙행정기관의 장 및 시·도지사에게 관련된 자료의 제출을 요구할 수 있다. 이 경우 자료 제출을 요구받은 관계 중앙행정기관의 장 또는 시·도지사는 특별한 사유가 없으면 요구에 따라야 한다.

시행령 제4조(안전관리기본계획의 수립절차 등)
① 소방청장은 법 제5조제1항에 따라 다중이용업소의 안전관리기본계획(이하 "기본계획"이라 한다)을 관계 중앙행정기관의 장과 협의를 거쳐 5년마다 수립해야 한다.

정답 : 005. ④

② 소방청장은 관계 중앙행정기관의 장과 협의를 거쳐 기본계획 수립지침을 작성하고 이를 관계 중앙행정기관의 장에게 통보해야 한다.
③ 소방청장은 기본계획을 수립하면 국무총리에게 보고하고 관계 중앙행정기관의 장과 특별시장·광역시장·도지사 또는 특별자치도지사(이하 "시·도지사"라 한다)에게 통보한 후 이를 공고해야 한다.

시행령 제5조(안전관리기본계획 수립지침)
제4조제2항에 따른 기본계획 수립지침에는 다음 각 호의 내용을 포함시켜야 한다.
1. 화재 등 재난 발생 경감대책
   가. 화재피해 원인조사 및 분석
   나. 안전관리정보의 전달·관리체계 구축
   다. 화재 등 재난 발생에 대비한 교육·훈련과 예방에 관한 홍보
2. 화재 등 재난 발생을 줄이기 위한 중·장기 대책
   가. 다중이용업소 안전시설 등의 관리 및 유지계획
   나. 소관법령 및 관련기준의 정비

## 006 다중이용업소에 설치해야 할 안전시설등이 아닌 것은?

① 소화설비  ② 무선통신보조설비
③ 피난설비  ④ 비상벨설비

시행령 [별표 1의2] 다중이용업소에 설치·유지해야 하는 안전시설등(제9조 관련)
1. 소방시설
   가. 소화설비
      1) 소화기 또는 자동확산소화기
      2) 간이스프링클러설비(캐비닛형 간이스프링클러설비를 포함한다). 다만, 다음의 영업장에만 설치한다.
         가) 지하층에 설치된 영업장
         나) 법 제9조제1항제1호에 따른 숙박을 제공하는 형태의 다중이용업소의 영업장 중 다음에 해당하는 영업상. 다만, 지상 1층에 있거나 지상과 직접 맞닿아 있는 층(영업장의 주된 출입구가 건축물 외부의 지면과 직접 연결된 경우를 포함한다)에 설치된 영업장은 제외한다.
            (1) 제2조제7호에 따른 산후조리업의 영업장
            (2) 제2조제7호의2에 따른 고시원업(이하 이 표에서 "고시원업"이라 한다)의 영업장
         다) 법 제9조제1항제2호에 따른 밀폐구조의 영업장
         라) 제2조제7호의3에 따른 권총사격장의 영업장
   나. 경보설비
      1) 비상벨설비 또는 자동화재탐지설비. 다만, 노래반주기 등 영상음향장치를 사용하는 영업장에는 자동화재탐지설비를 설치해야 한다.
      2) 가스누설경보기. 다만, 가스시설을 사용하는 주방이나 난방시설이 있는 영업장에만 설치한다.
   다. 피난설비
      1) 피난기구
         가) 미끄럼대
         나) 피난사다리
         다) 구조대

정답 : 006. ②

　　　　　라) 완강기
　　　　　마) 다수인 피난장비
　　　　　바) 승강식 피난기
　　　2) 피난유도선. 다만, 영업장 내부 피난통로 또는 복도가 있는 영업장에만 설치한다.
　　　3) 유도등, 유도표지 또는 비상조명등
　　　4) 휴대용 비상조명등
2. 비상구. 다만, 다음 각 목의 어느 하나에 해당하는 영업장에는 비상구를 설치하지 않을 수 있다.
　　가. 주된 출입구 외에 해당 영업장 내부에서 피난층 또는 지상으로 통하는 직통계단이 주된 출입구 중심선으로부터 수평거리로 영업장의 긴 변 길이의 2분의 1 이상 떨어진 위치에 별도로 설치된 경우
　　나. 피난층에 설치된 영업장[영업장으로 사용하는 바닥면적이 33제곱미터 이하인 경우로서 영업장 내부에 구획된 실(室)이 없고, 영업장 전체가 개방된 구조의 영업장을 말한다]으로서 그 영업장의 각 부분으로부터 출입구까지의 수평거리가 10미터 이하인 경우
3. 영업장 내부 피난통로. 다만 구획된 실(室)이 있는 영업장에만 설치한다.
4. 삭제 <2014. 12. 23.>
5. 그 밖의 안전시설
　　가. 영상음향차단장치. 다만, 노래반주기 등 영상음향장치를 사용하는 영업장에만 설치한다.
　　나. 누전차단기
　　다. 창문. 다만, 고시원업의 영업장에만 설치한다.

## 007 다중이용업소에 설치해야 할 안전시설이 아닌 것은?

① 영상음향차단장치　　② 피난유도선
③ 비상조명등　　　　　④ 자동화재속보설비

6번 문제 해설 참조

## 008 다중이용업소에 설치해야 할 경보설비에 해당되지 않는 것은?

① 비상벨설비　　　　　② 가스누설경보기
③ 자동화재탐지설비　　④ 자동화재속보설비

6번 문제 해설 참조

## 009 산후조리원의 영업장에 설치해야 할 소방시설이 아닌 것은?

① 영상음향차단장치　　② 휴대용 비상조명등
③ 자동확산소화기　　　④ 간이스프링클러설비

6번 문제 해설 참조

정답 : 007. ④　　008. ④　　009. ①

**010** 다음 중 불특정다수인이 이용하는 다중이용업소에서 설치해야 하는 소방시설로 맞는 것은?

① 스프링클러설비, 공기안전매트, 비상조명등
② 자동확산소화기, 공기호흡기, 누전차단기
③ 소화기, 유도등, 비상방송설비
④ 자동화재탐지설비, 피난기구, 휴대용비상조명등

6번 문제 해설 참조

**011** 다중이용업소에 설치해야 할 소방시설이 아닌 것은?

① 소화기　　② 소화활동설비
③ 피난기구　　④ 비상벨설비 또는 자동화재탐지설비

6번 문제 해설 참조

**012** 다중이용업소에 설치하는 비상구는 영업장마다 몇 개 이상을 설치해야 하는가?

① 1개 이상　　② 2개 이상
③ 3개 이상　　④ 규정이 없다.

영업장마다 1개 이상

**013** 다중이용업소에 설치해야 할 60분 방화문의 비차열시간은 얼마 이상이어야 하는가?

① 30분　　② 1시간
③ 2시간　　④ 3시간

방화문의 구분
① 방화문은 다음 각 호와 같이 구분한다.
　1. 60분+ 방화문 : 연기 및 불꽃을 차단할 수 있는 시간이 60분 이상이고, 열을 차단할 수 있는 시간이 30분 이상인 방화문
　2. 60분 방화문 : 연기 및 불꽃을 차단할 수 있는 시간이 60분 이상인 방화문
　3. 30분 방화문 : 연기 및 불꽃을 차단할 수 있는 시간이 30분 이상 60분 미만인 방화문
② 제1항 각 호의 구분에 따른 방화문 인정 기준은 국토교통부령으로 정한다.

정답 : 010. ④　　011. ②　　012. ①　　013. ②

## 014 다중이용업소에 설치하는 비상구의 규격은?

① 가로 70[cm] 이상, 세로 100[cm] 이상
② 가로 70[cm] 이상, 세로 150[cm] 이상
③ 가로 75[cm] 이상, 세로 100[cm] 이상
④ 가로 75[cm] 이상, 세로 150[cm] 이상

시행규칙 [별표 2] 안전시설등의 설치·유지 기준(제9조 관련)

| 안전시설등 종류 | 설치·유지 기준 |
|---|---|
| 1. 소방시설 | |
| 가. 소화설비 | |
| 1) 소화기 또는 자동확산 소화기 | 영업장 안의 구획된 실마다 설치할 것 |
| 2) 간이스프링클러설비 | 「소방시설 설치 및 관리에 관한 법률」 제2조제6호에 따른 화재안전기준(이하 이 표에서 "화재안전기준"이라 한다)에 따라 설치할 것. 다만, 영업장의 구획된 실마다 간이스프링클러헤드 또는 스프링클러헤드가 설치된 경우에는 그 설비의 유효범위 부분에는 간이스프링클러설비를 설치하지 않을 수 있다. |
| 나. 비상벨설비 또는 자동화재탐지설비 | 가) 영업장의 구획된 실마다 비상벨설비 또는 자동화재탐지설비 중 하나 이상을 화재안전기준에 따라 설치할 것<br>나) 자동화재탐지설비를 설치하는 경우에는 감지기와 지구음향장치는 영업장의 구획된 실마다 설치할 것. 다만, 영업장의 구획된 실에 비상방송설비의 음향장치가 설치된 경우 해당 실에는 지구음향장치를 설치하지 않을 수 있다.<br>다) 영상음향차단장치가 설치된 영업장에 자동화재탐지설비의 수신기를 별도로 설치할 것 |
| 다. 피난설비 | |
| 1) 피난기구 | 2층 이상 4층 이하에 위치하는 영업장의 발코니 또는 부속실과 연결되는 비상구에는 피난기구를 화재안전기준에 따라 설치할 것 |
| 2) 피난유도선 | 가) 영업장 내부 피난통로 또는 복도에 「소방시설 설치 및 관리에 관한 법률」 제12조제1항에 따라 소방청장이 정하여 고시하는 유도등 및 유도표지의 화재안전기준에 따라 설치할 것<br>나) 전류에 의하여 빛을 내는 방식으로 할 것 |
| 3) 유도등, 유도표지 또는 비상조명등 | 영업장의 구획된 실마다 유도등, 유도표지 또는 비상조명등 중 하나 이상을 화재안전기준에 따라 설치할 것 |
| 4) 휴대용 비상조명등 | 영업장안의 구획된 실마다 휴대용 비상조명등을 화재안전기준에 따라 설치할 것 |

정답 : 014. ④

| 안전시설등 종류 | 설치·유지 기준 |
|---|---|
| 2. 주된 출입구 및 비상구 (이하 이 표에서 "비상구등"이라 한다) | 가. 공통 기준<br>　1) 설치 위치 : 비상구는 영업장(2개 이상의 층이 있는 경우에는 각각의 층별 영업장을 말한다. 이하 이 표에서 같다) 주된 출입구의 반대방향에 설치하되, 주된 출입구 중심선으로부터의 수평거리가 영업장의 가장 긴 대각선 길이, 가로 또는 세로 길이 중 가장 긴 길이의 2분의 1 이상 떨어진 위치에 설치할 것. 다만, 건물구조로 인하여 주된 출입구의 반대방향에 설치할 수 없는 경우에는 주된 출입구 중심선으로부터의 수평거리가 영업장의 가장 긴 대각선 길이, 가로 또는 세로 길이 중 가장 긴 길이의 2분의 1 이상 떨어진 위치에 설치할 수 있다.<br>　2) 비상구등 규격 : 가로 75센티미터 이상, 세로 150센티미터 이상(문틀을 제외한 가로길이 및 세로길이를 말한다)으로 할 것<br>　3) 구조<br>　　가) 비상구등은 구획된 실 또는 천장으로 통하는 구조가 아닌 것으로 할 것. 다만, 영업장 바닥에서 천장까지 불연재료(不燃材料)로 구획된 부속실(전실), 「모자보건법」 제2조제10호에 따른 산후조리원에 설치하는 방풍실 또는 「녹색건축물 조성 지원법」에 따라 설계된 방풍구조는 그렇지 않다.<br>　　나) 비상구등은 다른 영업장 또는 다른 용도의 시설(주차장은 제외한다)을 경유하는 구조가 아닌 것이어야 할 것<br>　4) 문<br>　　가) 문이 열리는 방향 : 피난방향으로 열리는 구조로 할 것<br>　　나) 문의 재질 : 주요 구조부(영업장의 벽, 천장 및 바닥을 말한다. 이하 이 표에서 같다)가 내화구조(耐火構造)인 경우 비상구등의 문은 방화문(防火門)으로 설치할 것. 다만, 다음의 어느 하나에 해당하는 경우에는 불연재료로 설치할 수 있다.<br>　　　(1) 주요 구조부가 내화구조가 아닌 경우<br>　　　(2) 건물의 구조상 비상구등의 문이 지표면과 접하는 경우로서 화재의 연소 확대 우려가 없는 경우<br>　　　(3) 비상구등의 문이 「건축법 시행령」 제35조에 따른 피난계단 또는 특별피난계단의 설치 기준에 따라 설치해야 하는 문이 아니거나 같은 영 제46조에 따라 설치되는 방화구획이 아닌 곳에 위치한 경우<br>　　다) 주된 출입구의 문이 나)(3)에 해당하고, 다음의 기준을 모두 충족하는 경우에는 주된 출입구의 문을 자동문[미서기(슬라이딩)문을 말한다]으로 설치할 수 있다.<br>　　　(1) 화재감지기와 연동하여 개방되는 구조<br>　　　(2) 정전 시 자동으로 개방되는 구조<br>　　　(3) 정전 시 수동으로 개방되는 구조<br>나. 복층구조(複層構造) 영업장(2개 이상의 층에 내부계단 또는 통로가 각각 설치되어 하나의 층의 내부에서 다른 층의 내부로 출입할 수 있도록 되어 있는 구조의 영업장을 말한다)의 기준<br>　1) 각 층마다 영업장 외부의 계단 등으로 피난할 수 있는 비상구를 설치할 것<br>　2) 비상구등의 문이 열리는 방향은 실내에서 외부로 열리는 구조로 할 것<br>　3) 비상구등의 문의 재질은 가목4)나)의 기준을 따를 것<br>　4) 영업장의 위치 및 구조가 다음의 어느 하나에 해당하는 경우에는 1)에도 불구하고 그 영업장으로 사용하는 어느 하나의 층에 비상구를 설치할 것<br>　　가) 건축물 주요 구조부를 훼손하는 경우<br>　　나) 옹벽 또는 외벽이 유리로 설치된 경우 등 |

| 안전시설등 종류 | 설치·유지 기준 |
|---|---|
| 2. 주된 출입구 및 비상구 (이하 이 표에서 "비상구 등"이라 한다) | 다. 2층이상 4층이하에 위치하는 영업장의 발코니 또는 부속실과 연결되는 비상구를 설치하는 경우의 기준<br>　1) 피난 시에 유효한 발코니[활하중 5킬로뉴턴/제곱미터(5kN/㎡) 이상, 가로 75센티미터 이상, 세로 150센티미터 이상, 면적 1.12제곱미터 이상, 난간의 높이 100센티미터 이상인 것을 말한다. 이하 이 목에서 같다] 또는 부속실(불연재료로 바닥에서 천장까지 구획된 실로서 가로 75센티미터 이상, 세로 150센티미터 이상, 면적 1.12제곱미터 이상인 것을 말한다. 이하 이 목에서 같다)을 설치하고, 그 장소에 적합한 피난기구를 설치할 것<br>　2) 부속실을 설치하는 경우 부속실 입구의 문과 건물 외부로 나가는 문의 규격은 가목2)에 따른 비상구등의 규격으로 할 것. 다만, 120센티미터 이상의 난간이 있는 경우에는 발판 등을 설치하고 건축물 외부로 나가는 문의 규격과 재질을 가로 75센티미터 이상, 세로 100센티미터 이상의 창호로 설치할 수 있다.<br>　3) 추락 등의 방지를 위하여 다음 사항을 갖추도록 할 것<br>　　가) 발코니 및 부속실 입구의 문을 개방하면 경보음이 울리도록 경보음 발생 장치를 설치하고, 추락위험을 알리는 표지를 문(부속실의 경우 외부로 나가는 문도 포함한다)에 부착할 것<br>　　나) 부속실에서 건물 외부로 나가는 문 안쪽에는 기둥·바닥·벽 등의 견고한 부분에 탈착이 가능한 쇠사슬 또는 안전로프 등을 바닥에서부터 120센티미터 이상의 높이에 가로로 설치할 것. 다만, 120센티미터 이상의 난간이 설치된 경우에는 쇠사슬 또는 안전로프 등을 설치하지 않을 수 있다. |
| 2의2. 영업장 구획 등 | 층별 영업장은 다른 영업장 또는 다른 용도의 시설과 불연재료·준불연재료로 된 차단벽이나 칸막이로 분리되도록 할 것. 다만, 가목부터 다목까지의 경우에는 분리 또는 구획하는 별도의 차단벽이나 칸막이 등을 설치하지 않을 수 있다.<br>가. 둘 이상의 영업소가 주방 외에 객실부분을 공동으로 사용하는 등의 구조인 경우<br>나.「식품위생법 시행규칙」별표 14 제8호가목5)다)에 해당되는 경우<br>다. 영 제9조에 따른 안전시설등을 갖춘 경우로서 실내에 설치한 유원시설업의 허가 면적 내에「관광진흥법 시행규칙」별표 1의2 제1호가목에 따라 청소년게임제공업 또는 인터넷컴퓨터게임시설제공업이 설치된 경우 |
| 3. 영업장 내부 피난통로 | 가. 내부 피난통로의 폭은 120센티미터 이상으로 할 것. 다만, 양 옆에 구획된 실이 있는 영업장으로서 구획된 실의 출입문 열리는 방향이 피난통로 방향인 경우에는 150센티미터 이상으로 설치해야 한다.<br>나. 구획된 실부터 주된 출입구 또는 비상구까지의 내부 피난통로의 구조는 세 번 이상 구부러지는 형태로 설치하지 말 것 |
| 4. 창문 | 가. 영업장 층별로 가로 50센티미터 이상, 세로 50센티미터 이상 열리는 창문을 1개 이상 설치할 것<br>나. 영업장 내부 피난통로 또는 복도에 바깥 공기와 접하는 부분에 설치할 것(구획된 실에 설치하는 것을 제외한다) |
| 5. 영상음향차단장치 | 가. 화재 시 자동화재탐지설비의 감지기에 의하여 자동으로 음향 및 영상이 정지될 수 있는 구조로 설치하되, 수동(하나의 스위치로 전체의 음향 및 영상장치를 제어할 수 있는 구조를 말한다)으로도 조작할 수 있도록 설치할 것<br>나. 영상음향차단장치의 수동차단스위치를 설치하는 경우에는 관계인이 일정하게 거주하거나 일정하게 근무하는 장소에 설치할 것. 이 경우 수동차단스위치와 가장 가까운 곳에 "영상음향차단스위치"라는 표지를 부착해야 한다.<br>다. 전기로 인한 화재발생 위험을 예방하기 위하여 부하용량에 알맞은 누전차단기(과전류차단기를 포함한다)를 설치할 것<br>라. 영상음향차단장치의 작동으로 실내 등의 전원이 차단되지 않는 구조로 설치할 것 |
| 6. 보일러실과 영업장 사이의 방화구획 | 보일러실과 영업장 사이의 출입문은 방화문으로 설치하고, 개구부(開口部)에는 방화댐퍼(화재 시 연기 등을 차단하는 장치)를 설치할 것 |

비고
1. "방화문(防火門)"이란 「건축법 시행령」 제64조에 따른 60분+ 방화문, 60분 방화문, 30분 방화문으로서 언제나 닫힌 상태를 유지하거나 화재로 인한 연기의 발생 또는 온도의 상승에 따라 자동적으로 닫히는 구조를 말한다. 다만, 자동으로 닫히는 구조 중 열에 의하여 녹는 퓨즈[도화선(導火線)을 말한다]타입 구조의 방화문은 제외한다.
2. 법 제15조제4항에 따라 소방청장·소방본부장 또는 소방서장은 해당 영업장에 대해 화재위험평가를 실시한 결과 화재안전등급이 영 제13조에 따른 기준 이상인 업종에 대해서는 소방시설·비상구 또는 그 밖의 안전시설등의 설치를 면제한다.
3. 소방본부장 또는 소방서장은 비상구의 크기, 비상구의 설치 거리, 간이스프링클러설비의 배관 구경(口徑) 등 소방청장이 정하여 고시하는 안전시설등에 대해서는 소방청장이 고시하는 바에 따라 안전시설등의 설치·유지 기준의 일부를 적용하지 않을 수 있다.

## 015 다중이용업소에 설치하는 비상구의 기준에 맞지 않는 것은?

① 비상구는 다중이용업소의 영업장마다 1개 이상 설치할 것
② 비상구는 영업장의 주 출입구 반대방향에 설치할 것
③ 피난방향으로 열리는 구조로 하고, 비상구는 구획된 실 또는 천장으로 통하는 구조가 아닐 것
④ 문의 재질은 주요 구조부(영업장의 벽, 천장, 바닥을 제외)가 내화구조(耐火構造)인 경우 비상구 및 주 출입구의 문은 방화문으로 설치할 것

 14번 문제 해설 참조

## 016 다중이용업소법령상 2층 이상 4층 이하에 위치하는 영업장의 발코니 또는 부속실과 연결되는 비상구 설치기준 따라 설치해야 하는 피난시에 유효한 발코니의 규격으로 옳은 것은?

① 가로 75[cm] 이상, 세로 150[cm] 이상, 난간의 높이 100[cm] 이상
② 가로 75[cm] 이상, 세로 100[cm] 이상, 난간의 높이 100[cm] 이상
③ 가로 55[cm] 이상, 세로 100[cm] 이상, 난간의 높이 100[cm] 이상
④ 가로 55[cm] 이상, 세로 150[cm] 이상, 난간의 높이 100[cm] 이상

 14번 문제 해설 참조

## 017 다중이용업소법령상 복층구조(複層構造) 영업장의 비상구 설치기준으로 옳지 않은 것은?

① 각층마다 영업장 외부의 계단 등으로 피난할 수 있는 비상구를 설치할 것
② 비상구등의 문은 방화문으로 설치할 것
③ 비상구는 다중이용업소의 영업장마다 2개 이상 설치할 것
④ 비상구등의 문이 열리는 방향은 실내에서 외부로 열리는 구조로 할 것

 14번 문제 해설 참조

 정답 : 015. ④   016. ①   017. ③

## 다중이용업소법 예상문제

**018** 다중이용업소에 대한 화재위험평가에 대한 설명으로 옳지 않은 것은?
① 건축물에 대하여 화재예방과 화재로 인한 생명·신체·재산상의 피해를 방지하기 위하여 필요하다고 인정되는 경우에는 화재위험평가를 실시할 수 있다.
② 화재위험평가는 소방본부장, 소방서장, 시·도지사가 실시할 수 있다.
③ 2,000[m²] 지역 안에 다중이용업소가 50개 이상 밀집하여 있는 경우에 화재위험평가를 실시해야 한다.
④ 5층 이상인 건축물로서 다중이용업소가 10개 이상 있는 경우에 화재위험평가를 실시해야 한다.

제15조(다중이용업소에 대한 화재위험평가 등) ① 소방청장, 소방본부장 또는 소방서장은 다음 각 호의 어느 하나에 해당하는 지역 또는 건축물에 대하여 화재를 예방하고 화재로 인한 생명·신체·재산상의 피해를 방지하기 위하여 필요하다고 인정하는 경우에는 화재위험평가를 할 수 있다.
  1. 2천제곱미터 지역 안에 다중이용업소가 50개 이상 밀집하여 있는 경우
  2. 5층 이상인 건축물로서 다중이용업소가 10개 이상 있는 경우
  3. 하나의 건축물에 다중이용업소로 사용하는 영업장 바닥면적의 합계가 1천제곱미터 이상인 경우
② 소방청장, 소방본부장 또는 소방서장은 화재위험평가 결과 다중이용업소에 부여된 등급(이하 "화재안전등급"이라 한다)이 대통령령으로 정하는 기준 미만인 경우에는 해당 다중이용업주 또는 관계인에게「화재의 예방 및 안전관리에 관한 법률」제14조에 따른 조치를 명할 수 있다.
③ 소방청장, 소방본부장 또는 소방서장은 제2항에 따른 명령으로 인하여 손실을 입은 자가 있으면 대통령령으로 정하는 바에 따라 이를 보상해야 한다. 다만, 법령을 위반하여 건축되거나 설비된 다중이용업소에 대하여는 그러하지 아니하다.
④ 소방청장, 소방본부장 또는 소방서장은 화재안전등급이 대통령령으로 정하는 기준 이상인 다중이용업소에 대해서는 안전시설등의 일부를 설치하지 아니하게 할 수 있다.
⑤ 소방청장, 소방본부장 또는 소방서장은 화재안전등급이 대통령령으로 정하는 기준 이상인 다중이용업소에 대해서는 행정안전부령으로 정하는 기간 동안 제8조에 따른 소방안전교육 및「화재의 예방 및 안전관리에 관한 법률」제7조에 따른 화재안전조사를 면제할 수 있다.
⑥ 소방청장, 소방본부장 또는 소방서장은 화재위험평가를 제16조제1항에 따른 화재위험평가 대행자로 하여금 대행하게 할 수 있다.

[ 화재안전등급 ]

| 등급 | 평가점수 |
|---|---|
| A | 80 이상 |
| B | 60 이상 79 이하 |
| C | 40 이상 59 이하 |
| D | 20 이상 39 이하 |
| E | 20 미만 |

비고
"평가점수"란 다중이용업소에 대하여 화재예방, 화재감지·경보, 피난, 소화설비, 건축방재 등의 항목별로 소방청장이 정하여 고시하는 기준을 갖추었는지에 대하여 평가한 점수를 말한다.

정답 : 018. ②

## 예상문제

**019** 다중이용업소에 대한 화재위험평가를 실시권자가 아닌 자는?
① 행정안전부장관
② 소방청장
③ 소방본부장
④ 소방서장

해설: 18번 문제 해설 참조

**020** 다중이용업소에 대한 화재위험평가 실시 대상이 아닌 것은?
① 100인 이상을 수용할 수 있는 다중이용업소가 밀집한 경우
② 2,000[m²] 지역 안에 다중이용업소가 50개 이상 밀집하여 있는 경우
③ 5층 이상인 건축물로서 다중이용업소가 10개 이상 있는 경우
④ 하나의 건축물에 다중이용업소로 사용하는 영업장 바닥면적의 합계가 1,000[m²] 이상인 경우

해설: 18번 문제 해설 참조

**021** 다중이용업소법령상 용어 정의로 옳지 않은 것은?
① "다중이용업"이란 불특정 다수인이 이용하는 영업 중 화재 등 재난 발생 시 생명·신체·재산상의 피해가 발생할 우려가 높은 것으로서 행정안전부령으로 정하는 영업을 말한다.
② "안전시설등"이란 소방시설, 비상구, 영업장 내부 피난통로, 그 밖의 안전시설로서 대통령령으로 정하는 것을 말한다.
③ "실내장식물"이란 건축물 내부의 천장 또는 벽에 설치하는 것으로서 대통령령으로 정하는 것을 말한다.
④ "화재위험평가"란 다중이용업소가 밀집한 지역 또는 건축물에 대하여 화재의 가능성과 화재로 인한 불특정 다수인의 생명·신체·재산상의 피해 및 주변에 미치는 영향을 예측·분석하고 이에 대한 대책을 강구하는 것을 말한다.

해설: 다중이용업소법 제2조(정의)
① 이 법에서 사용하는 용어의 뜻은 다음과 같다.
1. "다중이용업"이란 불특정 다수인이 이용하는 영업 중 화재 등 재난 발생 시 생명·신체·재산상의 피해가 발생할 우려가 높은 것으로서 대통령령으로 정하는 영업을 말한다.
2. "안전시설등"이란 소방시설, 비상구, 영업장 내부 피난통로, 그 밖의 안전시설로서 대통령령으로 정하는 것을 말한다.
3. "실내장식물"이란 건축물 내부의 천장 또는 벽에 설치하는 것으로서 대통령령으로 정하는 것을 말한다.
4. "화재위험평가"란 다중이용업의 영업소(이하 "다중이용업소"라 한다)가 밀집한 지역 또는 건축물에 대하여 화재 발생 가능성과 화재로 인한 불특정 다수인의 생명·신체·재산상의 피해 및 주변에 미치는 영향을 예측·분석하고 이에 대한 대책을 마련하는 것을 말한다.

정답 : 019. ①   020. ①   021. ①

5. "밀폐구조의 영업장"이란 지상층에 있는 다중이용업소의 영업장 중 채광·환기·통풍 및 피난 등이 용이하지 못한 구조로 되어 있으면서 대통령령으로 정하는 기준에 해당하는 영업장을 말한다.
6. "영업장의 내부구획"이란 다중이용업소의 영업장 내부를 이용객들이 사용할 수 있도록 벽 또는 칸막이 등을 사용하여 구획된 실(室)을 만드는 것을 말한다.

② 이 법에서 사용하는 용어의 뜻은 제1항에서 규정하는 것을 제외하고는 「소방기본법」, 「소방시설공사업법」, 「화재예방 및 안전관리에 관한 법률」, 「소방시설 설치 및 관리에 관한 법률」 및 「건축법」에서 정하는 바에 따른다.

## 022 다중이용업소법령에 따른 다중이용업에 해당되지 않는 것은?

① 영업장으로 사용하는 바닥면적의 합계가 100[m²](지하층에 설치된 경우는 60[m²]) 이상인 휴게음식점영업·제과점영업·일반음식점영업 또는 단란주점영업
② 영화상영관·비디오물감상실업·비디오물소극장업
③ 수용인원이 300명 이상인 학원
④ 산후조리업·노래연습장업 및 고시원업·콜라텍업

1번 문제 해설 참조

## 023 건축물 내부의 천장이나 벽에 붙이는 것으로서 대통령령으로 정하는 실내장식물이 아닌 것은?

① 종이류(두께 2[mm] 이상인 것)·합성수지류 또는 섬유류가 주원료인 물품
② 너비 10[cm] 이하의 반자돌림대
③ 공간을 구획하기 위하여 설치하는 간이 칸막이
④ 흡음(吸音)이나 방음(防音)을 위하여 설치하는 흡음재 또는 방음재

다중이용업소법 시행령 제3조(실내장식물)
법 제2조제1항제3호에서 "대통령령으로 정하는 것"이란 건축물 내부의 천장이나 벽에 붙이는(설치하는) 것으로서 다음 각 호의 어느 하나에 해당하는 것을 말한다. 다만, 가구류(옷장, 찬장, 식탁, 식탁용 의자, 사무용 책상, 사무용 의자 및 계산대, 그 밖에 이와 비슷한 것을 말한다)와 너비 10[cm] 이하인 반자돌림대 등과 「건축법」 제52조에 따른 내부마감재료는 제외한다.
1. 종이류(두께 2[mm] 이상인 것을 말한다)·합성수지류 또는 섬유류를 주원료로 한 물품
2. 합판이나 목재
3. 공간을 구획하기 위하여 설치하는 간이 칸막이(접이식 등 이동 가능한 벽체나 천장 또는 반자가 실내에 접하는 부분까지 구획하지 아니하는 벽체를 말한다)
4. 흡음(吸音)이나 방음(防音)을 위하여 설치하는 흡음재(흡음용 커튼을 포함한다) 또는 방음재(방음용 커튼을 포함한다)

정답 : 022. ①　　023. ②

## 024 화재위험평가 대행자에 관한 사항으로 옳지 않은 것은?

① 화재위험평가대행자로 등록하기 위해서는 기술인력·시설 및 장비를 갖추어야 한다.
② 화재위험평가대행자의 등록은 관할 시·도지사에게 한다.
③ 평가대행자는 평가서를 허위로 작성하거나 다른 평가서 내용을 복제하여서는 아니 된다.
④ 평가대행자의 휴지·폐지 신고에 대한 사항은 행정안전부령으로 정한다.

다중이용업소법 제16조(화재위험평가 대행자의 등록 등)
① 제15조제6항에 따라 화재위험평가를 대행하려는 자는 대통령령으로 정하는 기술인력, 시설 및 장비를 갖추고 행정안전부령으로 정하는 바에 따라 소방청장에게 화재위험평가대행자(이하 "평가대행자"라 한다)로 등록해야 한다. 등록 사항 중 대통령령으로 정하는 중요 사항을 변경할 때에도 또한 같다.
② 다음 각 호의 어느 하나에 해당하는 자는 평가대행자로 등록할 수 없다.
  1. 피성년후견인
  2. 삭제 <2015. 1. 20.>
  3. 심신상실자, 알코올 중독자 등 대통령령으로 정하는 정신적 제약이 있는 자
  4. 제17조제1항에 따라 등록이 취소(이 항 제1호에 해당하여 등록이 취소된 경우는 제외한다)된 후 2년이 지나지 아니한 자
  5. 이 법, 「소방기본법」, 「소방시설공사업법」, 「화재예방 및 안전관리에 관한 법률」, 「소방시설 설치 및 관리에 관한 법률」, 「위험물 안전관리법」을 위반하여 징역 이상의 실형을 선고받고 그 형의 집행이 끝나거나 집행을 받지 아니하기로 확정된 후 2년이 지나지 아니한 사람
  6. 임원 중 제1호부터 제5호까지의 어느 하나에 해당하는 사람이 있는 법인
③ 평가대행자는 다음 각 호의 사항을 준수해야 한다.
  1. 평가서를 거짓으로 작성하지 아니할 것
  2. 다른 평가서의 내용을 복제(複製)하지 아니할 것
  3. 평가서를 행정안전부령으로 정하는 기간 동안 보존할 것
  4. 등록증이나 명의를 다른 사람에게 대여하거나 도급받은 화재위험평가 업무를 하도급 하지 아니할 것
④ 평가대행자는 업무를 휴업하거나 폐업하려면 소방청장에게 신고해야 한다.
⑤ 제4항에 따른 휴업 또는 폐업 신고에 필요한 사항은 행정안전부령으로 정한다.

제17조(평가대행자의 등록취소 등)
① 소방청장은 평가대행자가 다음 각 호의 어느 하나에 해당하는 경우에는 그 등록을 취소하거나 6개월 이내의 기간을 정하여 업무의 정지를 명할 수 있다. 다만, 제1호부터 제4호까지의 어느 하나에 해당하는 경우에는 그 등록을 취소해야 한다.
  1. 제16조제2항 각 호의 어느 하나에 해당하는 경우. 다만, 제16조제2항제6호에 해당하는 경우 6개월 이내에 그 임원을 바꾸어 임명한 경우는 제외한다.
  2. 거짓이나 그 밖의 부정한 방법으로 등록한 경우
  3. 최근 1년 이내에 2회의 업무정지처분을 받고 다시 업무정지처분 사유에 해당하는 행위를 한 경우
  4. 다른 사람에게 등록증이나 명의를 대여한 경우
  5. 제16조제1항 전단에 따른 등록기준에 미치지 못하게 된 경우
  6. 제16조제3항제2호를 위반하여 다른 평가서의 내용을 복제한 경우
  7. 제16조제3항제3호를 위반하여 평가서를 행정안전부령으로 정하는 기간(화재위험평가 결과보고서를 소방청장·소방본부장 또는 소방서장 등에게 제출한 날부터 2년) 동안 보존하지 아니한 경우

정답 : 024. ②

8. 제16조제3항제4호를 위반하여 도급받은 화재위험평가 업무를 하도급한 경우
9. 평가서를 거짓으로 작성하거나 고의 또는 중대한 과실로 평가서를 부실하게 작성한 경우
10. 등록 후 2년 이내에 화재위험평가 대행 업무를 시작하지 아니하거나 계속하여 2년 이상 화재위험평가 대행 실적이 없는 경우

② 제1항에 따라 등록취소 또는 업무정지 처분을 받은 자는 그 처분을 받은 날부터 화재위험평가 대행 업무를 수행할 수 없다.
③ 제1항에 따른 행정처분의 기준과 그 밖에 필요한 사항은 행정안전부령으로 정한다.

제17조의2(청문) 소방청장은 제17조제1항에 따라 평가대행자의 등록을 취소하거나 업무를 정지하려면 청문을 해야 한다.

## 025 다중이용업소의 안전관리 기본계획 수립·시행 등에 관한 사항으로 옳지 않은 것은?

① 다중이용업소의 화재 등 재난 그 밖의 위급한 상황으로 인한 인적·물적 피해의 감소, 안전기준의 개발, 자율적인 안전관리능력의 향상 등을 위하여 5년마다 소방청장이 수립·시행한다.
② 기본계획에는 다중이용업소의 자율적인 안전관리의 촉진, 안전관련 법령의 정비 등 제도개선 및 유지·관리에 필요한 교육과 기술 연구·개발 등이 포함된다.
③ 소방청장·소방본부장은 기본계획에 따라 매년 연도별 안전관리계획(연도별계획)을 수립·시행해야 한다.
④ 소방청장은 기본계획 및 연도별계획을 수립하기 위하여 필요한 경우에는 관계 중앙행정기관의 장 및 시·도지사에게 관련된 자료의 제출을 요구할 수 있다.

5번 문제 해설 참조

## 026 다중이용업소법령상 소방안전교육에 관한 설명으로 옳지 않은 것은?

① 다중이용업주와 종업원은 소방청장·소방본부장 또는 소방서장이 실시하는 소방안전교육을 받아야 한다.
② 다중이용업주는 해당 종업원(다중이용업주를 대리하여 영업장을 관리하는 종업원 또는 국민연금 가입의무 대상자인 종업원)에 대하여 소방안전교육을 받도록 해야 한다.
③ 소방청장·소방본부장 또는 소방서장은 소방안전교육을 받은 자에게는 교육 이수를 증명하는 소방안전교육이수증명서를 발급해야 한다.
④ 소방안전교육의 대상자, 교육의 횟수 및 시간, 그 밖에 교육에 관하여 필요한 사항은 소방청장의 고시로 정한다.

다중이용업소법 제8조(소방안전교육)
① 다중이용업주와 그 종업원 및 다중이용업을 하려는 자는 소방청장, 소방본부장 또는 소방서장이 실시하는 소방안전교육을 받아야 한다. 다만, 다중이용업주나 종업원이 그 해당연도에 다음 각 호의 어느 하나에 해당하는 교육을 받은 경우에는 그러하지 아니하다.
  1. 「화재의 예방 및 안전관리에 관한 법률」 제34조에 따른 소방안전관리자 강습 또는 실무교육
  2. 「위험물안전관리법」 제28조에 따른 위험물안전관리자 교육
② 다중이용업주는 소방안전교육 대상자인 종업원이 소방안전교육을 받도록 해야 한다.

정답 : 025. ③   026. ④

③ 소방청장, 소방본부장 또는 소방서장은 제1항에 따라 소방안전교육을 받은 사람에게는 교육 이수를 증명하는 서류를 발급해야 한다.
④ 제1항에 따른 소방안전교육의 대상자, 횟수, 시기, 교육시간, 그 밖에 교육에 필요한 사항은 행정안전부령으로 정한다.

[행정안전부령으로 정하는 사항]
1) 대상자, 횟수, 시기, 교육시간(시행규칙 제5조)
　①법 제8조제1항에 따라 소방청장·소방본부장 또는 소방서장이 실시하는 소방안전교육(이하 "소방안전교육"이라 한다)을 받아야 하는 대상자(이하 "교육대상자"라 한다)는 다음 각 호와 같다.
　　1. 다중이용업을 운영하는 자(이하 "다중이용업주"라 한다)
　　2. 다중이용업주 외에 해당 영업장(다중이용업주가 둘 이상의 영업장을 운영하는 경우에는 각각의 영업장을 말한다)을 관리하는 종업원 1명 이상 또는 「국민연금법」 제8조제1항에 따라 국민연금 가입의무대상자인 종업원 1명 이상
　　3. 다중이용업을 하려는 자
　②제1항제1호에도 불구하고 다중이용업주가 직접 소방안전교육을 받기 곤란한 경우로서 소방청장이 정하는 경우에는 영업장의 종업원 중 소방청장이 정하는 자로 하여금 다중이용업주를 대신하여 소방안전교육을 받게 할 수 있다.
　③교육대상자는 다음 각 호의 구분에 따른 시기에 소방안전교육을 받아야 한다. 다만, 교육대상자가 국외에 체류하고 있거나, 질병·부상 등으로 입원해 있는 등 정해진 기간 안에 소방안전교육을 받을 수 없는 사유가 있는 때에는 소방청장이 정하는 바에 따라 3개월의 범위에서 소방안전교육을 연기할 수 있다.
　　1. 신규 교육
　　　가. 다중이용업을 하려는 자 : 다중이용업을 시작하기 전. 다만, 다음의 경우에는 1) 또는 2)에서 정한 시기에 소방안전교육을 받아야 한다.
　　　　　1) 다른 법률에 따라 다중이용업주의 변경신고 또는 다중이용업주의 지위승계 신고를 하는 경우 : 허가관청이 해당 신고를 수리하기 전까지
　　　　　2) 법 제9조제3항에 따라 안전시설 등의 설치신고 또는 영업장 내부구조 변경신고를 한 경우 : 법 제9조제3항제3호에 따른 완공신고를 하기 전까지
　　　나. 교육대상 종업원: 다중이용업에 종사하기 전
　　2. 수시 교육 : 법 제8조제1항 및 제2항, 법 제9조제1항·제10조·제11조·제12조제1항·제13조제1항 또는 법 제14조를 위반한 다중이용업주와 교육대상 종업원은 위반행위가 적발된 날부터 3개월 이내. 다만, 법 제9조제1항의 위반행위의 경우에는 과태료 부과대상이 되는 위반행위인 경우에만 해당한다.
　　3. 보수 교육: 제1호의 신규 교육 또는 직전의 보수 교육을 받은 날이 속하는 달의 마지막 날부터 2년 이내에 1회 이상
　④소방청장·소방본부장 또는 소방서장은 소방안전교육을 실시하려는 때에는 교육 일시 및 장소 등 소방안전교육에 필요한 사항을 교육일 30일 전까지 소방청·소방본부 또는 소방서의 홈페이지에 게재해야 한다. 이 경우 다음 각 호에서 정하는 시기에 교육대상자에게 알려야 한다.
　　1. 신규 교육 대상자 중 법 제9조제3항에 따라 안전시설 등의 설치신고 또는 영업장 내부구조 변경신고를 하는 자 : 신고 접수 시
　　2. 수시 교육 및 보수 교육 대상자 : 교육일 10일 전
　⑤소방청장·소방본부장 또는 소방서장이 소방안전교육을 하려는 때에는 다중이용업과 관련된 「직능인 경제활동지원에 관한 법률」 제2조에 따른 직능단체 및 민법상의 비영리법인과 협의하여 다른 법령에서 정하는 다중이용업 관련 교육과 병행하여 실시할 수 있다.
　⑥소방안전교육 시간은 4시간 이내로 한다.
　⑦제3항에 따라 소방안전교육을 받은 사람이 교육받은 날부터 2년 이내에 다중이용업을

하려는 경우 또는 다중이용업에 종사하려는 경우에는 제3항제1호에 따른 신규 교육을 받은 것으로 본다.

⑧ 소방청장・소방본부장 또는 소방서장은 소방안전교육을 이수한 사람에게 별지 제3호서식의 소방안전교육 이수증명서를 발급하고, 그 내용을 별지 제4호 서식의 소방안전교육 이수증명서 발급(재발급)대장에 적어 관리해야 한다.

⑨ 제8항에 따라 소방안전교육 이수증명서를 발급받은 사람은 소방안전교육 이수증명서를 잃어버렸거나 헐어서 쓸 수 없게 되어 소방안전교육 이수증명서를 재발급받으려면 별지 제5호 서식의 소방안전교육 이수증명서 재발급 신청서에 이전에 발급받은 소방안전교육 이수증명서를 첨부(잃어버린 경우는 제외한다)하여 소방본부장 또는 소방서장에게 제출해야 한다. 이 경우 재발급 신청을 받은 소방본부장 또는 소방서장은 소방안전교육 이수증명서를 즉시 재발급하고, 별지 제4호서식의 소방안전교육 이수증명서 발급(재발급) 대장에 그 사실을 적어 관리해야 한다.

⑩ 제1항부터 제9항까지에서 정한 사항 외에 소방안전교육을 위하여 필요한 사항은 소방청장이 정한다.

2) 교육과정(시행규칙 제7조)

① 법 제8조제1항에 따른 소방안전교육의 교과과정은 다음 각 호와 같다.
1. 화재안전과 관련된 법령 및 제도
2. 다중이용업소에서 화재가 발생한 경우 초기대응 및 대피요령
3. 소방시설 및 방화시설(防火施設)의 유지・관리 및 사용방법
4. 심폐소생술 등 응급처치 요령

② 그 밖에 다중이용업소의 안전관리에 관한 교육내용과 관련된 세부사항은 소방청장이 정한다.

## 027 소방청장・소방본부장 또는 소방서장이 화재예방과 화재로 인한 생명・신체・재산상의 피해를 방지하기 위하여 필요하다고 인정되는 경우 화재위험평가를 실시할 수 있는 지역 또는 건축물이 아닌 것은?

① 2,000[$m^2$] 지역 안에 다중이용업소가 50개 이상 밀집하여 있는 경우
② 5층 이상인 건축물로서 다중이용업소가 10개 이상 있는 경우
③ 11층 이상의 고층건축물로서 다중이용업소가 5개 이상 있는 경우
④ 동일 건축물에 다중이용업소로 사용하는 영업장 바닥면적의 합계가 1,000[$m^2$] 이상인 경우

18번 문제 해설 참조

## 028 화재위험평가 대행자로 등록할 수 있는 사람은?

① 피성년후견인
② 소방법에 따른 금고 이상의 형의 집행유예 선고를 받고 그 유예기간 중에 있는 자
③ 등록이 취소된 후 1년이 경과된 자
④ 소방법에 위반하여 징역 이상의 실형의 선고를 받고 그 형의 집행이 종료되거나 집행을 받지 아니하기로 확정된 후 2년이 경과된 자

24번 문제 해설 참조

정답 : 027. ③    028. ④

## 029
화재위험평가 대행자는 대통령령으로 정하는 중요사항이 변경되는 경우 며칠 이내에 소방청장에게 변경등록을 해야 하는가?

① 10일　　② 15일
③ 30일　　④ 60일

시행령 제15조(평가대행자의 등록사항 변경신청) ①법 제16조제1항 후단에서 "대통령령으로 정하는 중요 사항"이라 함은 다음 각 호의 사항을 말한다.
1. 대표자
2. 사무소의 소재지
3. 평가대행자의 명칭이나 상호
4. 기술인력의 보유현황
② 평가대행자는 제1항 각 호의 어느 하나에 해당하는 변경사유가 발생하면 변경사유가 발생한 날부터 30일 이내에 행정안전부령으로 정하는 서류를 첨부하여 행정안전부령으로 정하는 바에 따라 소방청장에게 변경등록을 해야 한다.

## 030
다중이용업소법령상 법령위반업소의 공개 및 안전관리우수업소표지 등에 대한 사항으로 옳지 않은 것은?

① 소방본부장 또는 소방서장은 다중이용업소의 안전관리업무 이행실태가 우수하다고 인정하는 때에는 그 사실을 해당 다중이용업주에게 통보하고 이를 공표할 수 있다.
② 안전관리우수업소로 통보받은 다중이용업주는 당해 사실을 나타내는 표지를 영업소의 명칭과 함께 영업소의 출입구에 부착할 수 있다.
③ 소방청장·소방본부장 또는 소방서장은 다중이용업주가 규정에 의한 조치 명령을 2회 이상 받고도 이를 이행 않은 경우 그 조치내용을 인터넷 등에 공개할 수 있다.
④ 안전관리우수업소표지에 관한 사항 및 위반업소 공개에 대한 내용·기간 및 방법 등에 관하여 필요한 사항은 대통령령으로 정하나.

다중이용업소법 제20조(법령위반업소의 공개)
① 소방청장, 소방본부장 또는 소방서장은 다중이용업주가 제9조제2항 및 제15조제2항에 따른 조치 명령을 2회 이상 받고도 이행하지 아니하였을 때에는 그 조치 내용(그 위반사항에 대하여 수사기관에 고발된 경우에는 그 고발된 사실을 포함한다)을 인터넷 등에 공개할 수 있다.
② 제1항에 따라 위반업소를 공개하는 경우 그 내용·기간 및 방법 등에 필요한 사항은 대통령령으로 정한다.

다중이용업소법 제21조(안전관리우수업소표지 등)
① 소방본부장이나 소방서장은 다중이용업소의 안전관리업무 이행 실태가 우수하여 대통령령으로 정하는 요건을 갖추었다고 인정할 때에는 그 사실을 해당 다중이용업주에게 통보하고 이를 공표할 수 있다.
② 제1항에 따라 통보받은 다중이용업주는 그 사실을 나타내는 표지(이하 "안전관리우수업소표지"라 한다)를 영업소의 명칭과 함께 영업소의 출입구에 부착할 수 있다.
③ 소방본부장이나 소방서장은 제1항에 해당하는 다중이용업소에 대하여는 행정안전부령으로 정하는 기간 동안 제8조에 따른 소방안전교육 및 「화재예방 및 안전관리에 관한 법률」 제7조에 따른 화재안전조사를 면제할 수 있다.
④ 안전관리우수업소표지에 필요한 사항은 행정안전부령으로 정한다.

정답 : 029. ③　　030. ④

## 031. 다중이용업소법령상 피난안내도의 비치 및 피난안내 영상물 상영에 관한 설명 중 옳지 않은 것은?

① 피난안내도 비치 대상은 예외없이 모든 다중이용업소로 한다.
② 피난안내도는 영업장 주출입구 부분 또는 구획된 실의 벽, 탁자 등 손님이 쉽게 볼 수 있는 위치에 비치한다.
③ 피난안내 영상물 상영시간은 영업장의 내부구조 등을 고려하여 정한다.
④ 피난안내 영상물은 영화상영관 및 비디오물소극장업의 경우 매회 영화상영 또는 비디오물 상영 시작 전, 노래연습장업은 매회 새로운 이용객이 입장하여 노래방기기등을 작동할 때 상영한다.

다중이용업소법 제12조(피난안내도의 비치 또는 피난안내 영상물의 상영)
① 다중이용업주는 화재 등 재난이나 그 밖의 위급한 상황의 발생 시 이용객들이 안전하게 피난할 수 있도록 피난계단·피난통로, 피난설비 등이 표시되어 있는 피난안내도를 갖추어 두거나 피난안내에 관한 영상물을 상영해야 한다.
② 제1항에 따라 피난안내도를 갖추어 두거나 피난안내에 관한 영상물을 상영해야 하는 대상, 피난안내도를 갖추어 두어야 하는 위치, 피난안내에 관한 영상물의 상영시간, 피난안내도 및 피난안내에 관한 영상물에 포함되어야 할 내용과 그 밖에 필요한 사항은 행정안전부령으로 정한다.

[행정안전부령으로 정하는 사항 : 시행규칙 별표 2의2]

피난안내도 비치 대상 등(제12조제1항 관련)
1. 피난안내도 비치 대상 : 영 제2조에 따른 다중이용업의 영업장. 다만, 다음 각 목의 어느 하나에 해당하는 경우에는 비치하지 않을 수 있다.
   가. 영업장으로 사용하는 바닥면적의 합계가 33[$m^2$] 이하인 경우
   나. 영업장내 구획된 실이 없고, 영업장 어느 부분에서도 출입구 및 비상구를 확인할 수 있는 경우
2. 피난안내 영상물 상영 대상
   가. 「영화 및 비디오물 진흥에 관한 법률」 제2조제10호 및 제16호나목의 영화상영관 및 비디오물소극장업의 영업장
   나. 「음악산업 진흥에 관한 법률」 제2조제13호의 노래연습장업의 영업장
   다. 「식품위생법 시행령」 제21조제8호다목 및 라목의 단란주점영업 및 유흥주점영업의 영업장. 다만, 피난안내 영상물을 상영할 수 있는 시설이 설치된 경우만 해당한다.
   라. 삭제 <2015. 1. 7.>
   마. 영 제2조제8호에 해당하는 영업으로서 피난안내 영상물을 상영할 수 있는 시설을 갖춘 영업장
3. 피난안내도 비치 위치 : 다음 각 목의 어느 하나에 해당하는 위치에 모두 설치할 것
   가. 영업장 주 출입구 부분의 손님이 쉽게 볼 수 있는 위치
   나. 구획된 실의 벽, 탁자 등 손님이 쉽게 볼 수 있는 위치
   다. 「게임산업진흥에 관한 법률」 제2조제7호의 인터넷컴퓨터게임시설제공업 영업장의 인터넷컴퓨터게임시설이 설치된 책상. 다만, 책상 위에 비치된 컴퓨터에 피난안내도를 내장하여 새로운 이용객이 컴퓨터를 작동할 때마다 피난안내도가 모니터에 나오는 경우에는 책상에 피난안내도가 비치된 것으로 본다.
4. 피난안내 영상물 상영 시간: 영업장의 내부구조 등을 고려하여 정하되, 상영 시기(時期)는 다음 각 목과 같다.
   가. 영화상영관 및 비디오물소극장업 : 매 회 영화상영 또는 비디오물 상영 시작 전

정답 : 031. ①

나. 노래연습장업 등 그 밖의 영업 : 매 회 새로운 이용객이 입장하여 노래방 기기(機器) 등을 작동할 때
5. 피난안내도 및 피난안내 영상물에 포함되어야 할 내용: 다음 각 호의 내용을 모두 포함할 것. 이 경우 광고 등 피난안내에 혼선을 초래하는 내용을 포함해서는 안 된다.
    가. 화재 시 대피할 수 있는 비상구 위치
    나. 구획된 실 등에서 비상구 및 출입구까지의 피난 동선
    다. 소화기, 옥내소화전 등 소방시설의 위치 및 사용방법
    라. 피난 및 대처방법
6. 피난안내도의 크기 및 재질
    가. 크기 : B4(257[mm]×364[mm]) 이상의 크기로 할 것. 다만, 각 층별 영업장의 면적 또는 영업장이 위치한 층의 바닥면적이 각각 400[m$^2$] 이상인 경우에는 A3(297[mm]×420[mm]) 이상의 크기로 해야 한다.
    나. 재질 : 종이(코팅처리한 것을 말한다), 아크릴, 강판 등 쉽게 훼손 또는 변형되지 않는 것으로 할 것
7. 피난안내도 및 피난안내 영상물에 사용하는 언어 : 피난안내도 및 피난안내영상물은 한글 및 1개 이상의 외국어를 사용하여 작성해야 한다.
8. 장애인을 위한 피난안내 영상물 상영 : 「영화 및 비디오물의 진흥에 관한 법률」 제2조제10호에 따른 영화상영관 중 전체 객석 수의 합계가 300석 이상인 영화상영관의 경우 피난안내 영상물은 장애인을 위한 한국수어·폐쇄자막·화면해설 등을 이용하여 상영해야 한다.

## 032 다중이용업소법령상 피난안내도 및 피난안내 영상물에 포함될 내용이 아닌 것은?

① 화재 시 대피할 수 있는 비상구 위치
② 구획된 실(室) 등에서 비상구 및 출입구까지의 피난동선
③ 소화기, 옥내소화전 등 소방시설의 위치 및 사용방법
④ 피난 및 대처방법, 보관열쇠의 위치

31번 문제 해설 참조

## 033 화재안전등급에 관한 설명으로 옳지 않은 것은?

① 화재안전등급은 A에서 E까지 5개의 등급으로 나뉜다.
② 화재안전등급이 대통령령이 정하는 기준 미만이라 함은 D등급 또는 E등급을 말하고, 대통령령이 정하는 기준 이상이라 함은 A등급을 말한다.
③ 화재안전등급의 산정기준·방법 등은 행정안전부장관이 정하여 고시한다.
④ 위험수준은 영업소 등에 사용 또는 설치된 가연물의 양, 화기취급의 종류 등을 고려하여 정하며, 평가점수가 낮을수록 커진다.

다중이용업소법 시행령 제11조(화재안전등급)
① 법 제15조제2항에서 "대통령령으로 정하는 기준 미만인 경우"란 별표 4의 디(D) 등급 또는 이(E) 등급인 경우를 말한다.
② 제1항에 따른 화재안전등급의 산정기준·방법 등은 소방청장이 정하여 고시한다.

정답 : 032. ④    033. ③

다중이용업소법 시행령 제13조(안전시설등의 설치 일부 면제 등)
법 제15조제4항 및 제5항에서 "대통령령으로 정하는 기준 이상인 다중이용업소"란 각각 별표4의 에이(A)등급인 다중이용업소를 말한다.

시행령 [별표 4]
화재안전등급(제11조제1항 및 제13조 관련)

| 등급 | 평가점수 |
|---|---|
| A | 80 이상 |
| B | 60 이상 79 이하 |
| C | 40 이상 59 이하 |
| D | 20 이상 39 이하 |
| E | 20 미만 |

비고
"평가점수"란 다중이용업소에 대하여 화재예방, 화재감지·경보, 피난, 소화설비, 건축방재 등의 항목별로 소방청장이 정하여 고시하는 기준을 갖추었는지에 대하여 평가한 점수를 말한다.

## 034 다중이용업소의 안전관리 특별법 위반에 대한 벌칙사항으로 옳은 것은?

① 화재위험평가대행자로 등록하지 아니하고 화재위험평가 업무를 대행한 자는 3년 이하의 징역 또는 1,500만 원 이하의 벌금에 처한다.
② 소방안전교육을 받지 아니하거나 종업원에 대하여 소방안전교육을 받도록 하지 아니한 다중이용업주에게는 300만 원 이하의 과태료가 부과된다.
③ 과태료 처분에 불복이 있는 자는 그 처분의 고지를 받은 날부터 30일 이내에 시·도지사에게 이의를 제기할 수 있다.
④ 화재위험평가의 결과 그 위험유발지수가 대통령령이 정하는 기준 이상(D등급 또는 E등급)인 경우 관련 조치명령을 받은 후 그 정한 기간 이내에 당해 명령을 이행하지 아니한 자에 대하여는 2,000만 원 이하의 이행 강제금이 부과된다.

---

다중이용업소법 제23조(벌칙)
다음 각 호의 어느 하나에 해당하는 자는 1년 이하의 징역 또는 1천만 원 이하의 벌금에 처한다.
　1. 제16조제1항을 위반하여 평가대행자로 등록하지 아니하고 화재위험평가 업무를 대행한 자
　2. 제22조제5항을 위반하여 다른 사람에게 정보를 제공하거나 부당한 목적으로 이용한 자

제25조(과태료)
①다음 각 호의 어느 하나에 해당하는 자에게는 300만 원 이하의 과태료를 부과한다.
　1. 제8조제1항 및 제2항을 위반하여 소방안전교육을 받지 아니하거나 종업원이 소방안전교육을 받도록 하지 아니한 다중이용업주
　2. 제9조제1항을 위반하여 안전시설 등을 기준에 따라 설치·유지하지 아니한 자

정답 : 034. ②

2의2. 제9조제3항을 위반하여 설치신고를 하지 아니하고 안전시설 등을 설치하거나 영업장 내부구조를 변경한 자 또는 안전시설 등의 공사를 마친 후 신고를 하지 아니한 자
2의3. 제9조의2를 위반하여 비상구에 추락 등의 방지를 위한 장치를 기준에 따라 갖추지 아니한 자
3. 제10조제1항 및 제2항을 위반하여 실내장식물을 기준에 따라 설치·유지하지 아니한 자
3의2. 제10조의2제1항 및 제2항을 위반하여 영업장의 내부구획을 기준에 따라 설치·유지하지 아니한 자
4. 제11조를 위반하여 피난시설, 방화구획 또는 방화시설에 대하여 폐쇄·훼손·변경 등의 행위를 한 자
5. 제12조제1항을 위반하여 피난안내도를 갖추어 두지 아니하거나 피난안내에 관한 영상물을 상영하지 아니한 자
6. 제13조제1항 전단을 위반하여 정기점검결과서를 보관하지 아니한 자
6의2. 제13조의2제1항을 위반하여 화재배상책임보험에 가입하지 아니한 다중이용업주
6의3. 제13조의3제3항 또는 제4항을 위반하여 통지를 하지 아니한 보험회사
6의4. 제13조의5제1항을 위반하여 다중이용업주와의 화재배상책임보험 계약 체결을 거부하거나 제13조의6을 위반하여 임의로 계약을 해제 또는 해지한 보험회사
7. 제14조를 위반하여 소방안전관리업무를 하지 아니한 자
8. 제14조의2제1항을 위반하여 보고 또는 즉시보고를 하지 아니하거나 거짓으로 한 자
② 제1항에 따른 과태료는 대통령령으로 정하는 바에 따라 소방청장, 소방본부장 또는 소방서장이 부과·징수한다.

제26조(이행강제금)
① 소방청장, 소방본부장 또는 소방서장은 제9조제2항, 제10조제3항, 제10조의2제3항 또는 제15조제2항에 따라 조치 명령을 받은 후 그 정한 기간 이내에 그 명령을 이행하지 아니하는 자에게는 1천만 원 이하의 이행강제금을 부과한다.
② 소방청장, 소방본부장 또는 소방서장은 제1항에 따른 이행강제금을 부과하기 전에 제1항에 따른 이행강제금을 부과·징수한다는 것을 미리 문서로 알려 주어야 한다.
③ 소방청장, 소방본부장 또는 소방서장은 제1항에 따라 이행강제금을 부과할 때에는 이행강제금의 금액, 이행강제금의 부과 사유, 납부기한, 수납기관, 이의 제기 방법 및 이의 제기 기관 등을 적은 문서로 해야 한다.
④ 소방청장, 소방본부장 또는 소방서장은 최초의 조치 명령을 한 날을 기준으로 매년 2회의 범위에서 그 조치 명령이 이행될 때까지 반복하여 제1항에 따른 이행강제금을 부과·징수할 수 있다.
⑤ 소방청장, 소방본부장 또는 소방서장은 조치 명령을 받은 자가 명령을 이행하면 새로운 이행강제금의 부과를 즉시 중지하되, 이미 부과된 이행강제금은 징수해야 한다.
⑥ 소방청장, 소방본부장 또는 소방서장은 제1항에 따라 이행강제금 부과처분을 받은 자가 이행강제금을 기한까지 납부하시 아니하먼 국세 세납 처분의 예 또는 「지방행정제재·부과금의 징수 등에 관한 법률」에 따라 징수한다.
⑦ 제1항에 따라 이행강제금을 부과하는 위반행위의 종류와 위반 정도에 따른 금액과 이의 제기 절차, 그 밖에 필요한 사항은 대통령령으로 정한다.

- 시행령 [별표 6]
과태료의 부과기준(제23조 관련)

1. 일반기준
   가. 위반행위의 횟수에 따른 과태료의 가중된 부과기준은 최근 1년간 같은 위반행위로 과태료 부과처분을 받은 경우에 적용한다. 이 경우 기간의 계산은 위반행위에 대하여 과태료 부과처분을 받은 날과 그 처분 후 다시 같은 위반행위를 하여 적발된 날을 기준으로 한다.
   나. 가목에 따라 가중된 부과처분을 하는 경우 가중처분의 적용 차수는 그 위반행위 전 부과처분 차수(가목에 따른 기간 내에 과태료 부과처분이 둘 이상 있었던 경우에는 높은 차수를 말한다)의 다음 차수로 한다. 다만, 적발된 날부터 소급하여 3년이 되는 날 전에 한 부과처분은 가중처분의 차수 산정 대상에서 제외한다.
   다. 과태료 부과권자는 위반행위자가 다음의 어느 하나에 해당하는 경우에는 제2호에 따른 과태료 금액의 2분의 1의 범위에서 그 금액을 감경하여 부과할 수 있다. 다만, 과태료를 체납하고 있는 위반행위자의 경우에는 그러하지 아니하다.
      1) 위반행위자가 「질서위반행위규제법 시행령」 제2조의2제1항 각 호의 어느 하나에 해당하는 경우
      2) 위반행위자가 처음 위반행위를 한 경우로서, 3년 이상 해당 업종을 모범적으로 영위한 사실이 인정되는 경우

3) 위반행위자가 화재 등 재난으로 재산에 현저한 손실이 발생하거나 사업여건의 악화로 사업이 중대한 위기에 처하는 등의 사정이 있는 경우
4) 위반행위가 고의나 중대한 과실이 아닌 사소한 부주의나 오류로 인한 것으로 인정되는 경우
5) 위반행위자가 같은 위반행위로 다른 법률에 따라 과태료·벌금·영업정지 등의 제재를 받은 경우
6) 위반행위자가 위법행위로 인한 결과를 시정하거나 해소한 경우
7) 그 밖에 위반행위의 정도, 위반행위의 동기와 그 결과 등을 고려하여 감경할 필요가 있다고 인정되는 경우

2. 개별기준

| 위반행위 | 근거 법조문 | 과태료 금액(단위: 만원) | | |
|---|---|---|---|---|
| | | 1회 | 2회 | 3회 이상 |
| 가. 다중이용업주가 법 제8조제1항 및 제2항을 위반하여 소방안전교육을 받지 않거나 종업원이 소방안전교육을 받도록 하지 않은 경우 | 법 제25조제1항 제1호 | 100 | 200 | 300 |
| 나. 법 제9조제1항을 위반하여 안전시설등을 기준에 따라 설치·유지하지 않은 경우 | | | | |
| 1) 안전시설등의 작동·기능에 지장을 주지 않는 경미한 사항을 2회 이상 위반한 경우 | | | 100 | |
| 2) 안전시설등을 다음에 해당하는 고장상태 등으로 방치한 경우<br>가) 소화펌프를 고장상태로 방치한 경우<br>나) 수신반(受信盤)의 전원을 차단한 상태로 방치한 경우<br>다) 동력(감시)제어반을 고장상태로 방치하거나 전원을 차단한 경우<br>라) 소방시설용 비상전원을 차단한 경우<br>마) 소화배관의 밸브를 잠금상태로 두어 소방시설이 작동할 때 소화수가 나오지 않거나 소화약제(消火藥劑)가 방출되지 않는 상태로 방치한 경우 | 법 제25조제1항 제2호 | | 200 | |
| 3) 안전시설등을 설치하지 않은 경우 | | | 300 | |
| 4) 비상구를 폐쇄·훼손·변경하는 등의 행위를 한 경우 | | 100 | 200 | 300 |
| 5) 영업장 내부 피난통로에 피난에 지장을 주는 물건 등을 쌓아 놓은 경우 | | 100 | 200 | 300 |
| 다. 법 제9조제3항을 위반한 경우 | | | | |
| 1) 안전시설등 설치신고를 하지 않고 안전시설등을 설치한 경우 | 법 제25조제1항 제2호의2 | | 100 | |
| 2) 안전시설등 설치신고를 하지 않고 영업장 내부구조를 변경한 경우 | | | 100 | |
| 3) 안전시설등의 공사를 마친 후 신고를 하지 않은 경우 | | 100 | 200 | 300 |
| 라. 법 제9조의2를 위반하여 비상구에 추락 등의 방지를 위한 장치를 기준에 따라 갖추지 않은 경우 | 법 제25조제1항 제2호의3 | | 300 | |

| 위반행위 | 근거 법조문 | 과태료 금액(단위: 만원) | | |
|---|---|---|---|---|
| | | 1회 | 2회 | 3회 이상 |
| 마. 법 제10조제1항 및 제2항을 위반하여 실내장식물을 기준에 따라 설치·유지하지 않은 경우 | 법 제25조제1항제3호 | 300 | | |
| 바. 법 제10조의2제1항 및 제2항을 위반하여 영업장의 내부구획 기준에 따라 내부구획을 설치·유지하지 않은 경우 | 법 제25조제1항 제3호의2 | 100 | 200 | 300 |
| 사. 법 제11조를 위반하여 피난시설, 방화구획 또는 방화시설을 폐쇄·훼손·변경하는 등의 행위를 한 경우 | 법 제25조제1항 제4호 | 100 | 200 | 300 |
| 아. 법 제12조제1항을 위반하여 피난안내도를 갖추어 두지 않거나 피난안내에 관한 영상물을 상영하지 않은 경우 | 법 제25조제1항 제5호 | 100 | 200 | 300 |
| 자. 법 제13조제1항 전단을 위반하여 다음의 어느 하나에 해당하는 경우<br>1) 안전시설등을 점검(법 제13조제2항에 따라 위탁하여 실시하는 경우를 포함한다)하지 않은 경우<br>2) 정기점검결과서를 작성하지 않거나 거짓으로 작성한 경우<br>3) 정기점검결과를 보관하지 않은 경우 | 법 제25조제1항 제6호 | 100 | 200 | 300 |
| 차. 다중이용업주가 법 제13조의2제1항을 위반하여 화재배상책임보험에 가입하지 않은 경우 | 법 제25조제1항 제6호의2 | | | |
| 1) 가입하지 않은 기간이 10일 이하인 경우 | | 100 | | |
| 2) 가입하지 않은 기간이 10일 초과 30일 이하인 경우 | | 100만원에 11일째부터 계산하여 1일마다 1만원을 더한 금액 | | |
| 3) 가입하지 않은 기간이 30일 초과 60일 이하인 경우 | | 120만원에 31일째부터 계산하여 1일마다 3만원을 더한 금액 | | |
| 4) 가입하지 않은 기간이 60일 초과인 경우 | | 180만원에 61일째부터 계산하여 1일마다 3만원을 더한 금액. 다만, 과태료의 총액은 300만원을 넘지 못한다. | | |
| 카. 보험회사가 법 제13조의3제3항 또는 제4항을 위반하여 통지를 하지 않은 경우 | 법 제25조제1항 제6호의3 | 300 | | |
| 타. 보험회사가 법 제13조의5제1항을 위반하여 다중이용업주와의 화재배상책임보험 계약 체결을 거부한 경우 | 법 제25조제1항 제6호의4 | 300 | | |
| 파. 보험회사가 법 제13조의6을 위반하여 임의로 계약을 해제 또는 해지한 경우 | 법 제25조제1항 제6호의4 | 300 | | |
| 하. 법 제14조에 따른 소방안전관리 업무를 하지 않은 경우 | 법 제25조제1항 제7호 | 100 | 200 | 300 |
| 거. 법 제14조의2제1항을 위반하여 보고 또는 즉시보고를 하지 않거나 거짓으로 한 경우 | 법 제25조제1항 제8호 | 200 | | |

## 035 다중이용업소법령상 다중이용업주의 안전시설 등에 대한 정기점검 등에 대한 설명으로 옳지 않은 것은?

① 다중이용업주는 다중이용업소의 안전관리를 위하여 정기적으로 안전시설 등을 점검하고 그 점검결과서를 1년간 보관해야 한다.
② 점검자격자는 해당 다중이용업주 또는 다중이용업소가 위치한 특정소방대상물의 선임 소방안전관리자, 해당 업소의 종업원 중 소방안전관리자·소방기술사·소방설비기사 또는 소방설비산업기사 자격을 취득한 자, 소방시설관리업자 등이 있다.
③ 점검주기는 매 분기별 1회 이상 점검하되, 소방 자체점검을 실시한 경우에는 자체점검을 실시한 그 분기에는 점검이 면제된다.
④ 점검방법으로 소방시설등의 종합점검 및 작동여부를 점검한다.

다중이용업소법 제13조(다중이용업주의 안전시설 등에 대한 정기점검 등)
① 다중이용업주는 다중이용업소의 안전관리를 위하여 정기적으로 안전시설등을 점검하고 그 점검결과서를 1년간 보관해야 한다. 이 경우 다중이용업소에 설치된 안전시설등이 건축물의 다른 시설·장비와 연계되어 작동되는 경우에는 해당 건축물의 관계인(「소방기본법」제2조제3호에 따른 관계인을 말한다. 이하 같다) 및 소방안전관리자는 다중이용업주의 안전점검에 협조해야 한다.
② 다중이용업주는 제1항에 따른 정기점검을 행정안전부령으로 정하는 바에 따라「소방시설 설치 및 관리에 관한 법률」제29조에 따른 소방시설관리업자에게 위탁할 수 있다.
③ 제1항에 따른 안전점검의 대상, 점검자의 자격, 점검주기, 점검방법, 그 밖에 필요한 사항은 행정안전부령으로 정한다.

다중이용업소법 시행규칙 제13조(다중이용업소 안전시설 등 세부점검표)
법 제13조제1항 및 제2항에 따라 안전시설 등을 점검하는 경우에는 별지 제10호 서식의 안전시설 등 세부점검표를 사용하여 점검한다.

시행규칙 제14조(안전점검의 대상, 점검자의 자격 등)
법 제13조제3항에 따른 안전점검의 대상, 점검자의 자격, 점검주기, 점검방법은 다음 각 호와 같다.
1. 안전점검 대상 : 다중이용업소의 영업장에 설치된 영 제9조의 안전시설 등
2. 안전점검자의 자격은 다음 각 목과 같다.
　가. 해당 영업장의 다중이용업주 또는 다중이용업소가 위치한 특정소방대상물의 소방안전관리자(소방안전관리자가 선임된 경우에 한한다)
　나. 해당 업소의 종업원 중「화재예방 및 안전관리에 관한 법률 시행령」별표6 제2호마목 또는 제3호자목에 따라 소방안전관리자 자격을 취득한 자,「국가기술자격법」에 따라 소방기술사·소방설비기사 또는 소방설비산업기사 자격을 취득한 자,「소방시설법」에 따른 소방시설관리사 자격을 취득한 자
　다.「소방시설 설치 및 관리에 관한 법률」제29조에 따른 소방시설관리업자
3. 점검주기 : 매 분기별 1회 이상 점검. 다만,「화재예방 및 안전관리에 관한 법률」제22조제1항에 따라 자체점검을 실시한 경우에는 자체점검을 실시한 그 분기에는 점검을 실시하지 아니할 수 있다.
4. 점검방법 : 안전시설등의 작동 및 유지·관리 상태를 점검한다.

정답 : 035. ④

예상문제

■ 시행규칙 [별지 제10호 서식]

## 안전시설 등 세부점검표

### 1. 점검대상

| 대 상 명 | | | 전화번호 | |
|---|---|---|---|---|
| 소 재 지 | | | 주 용 도 | |
| 건물구조 | | 대표자 | 소방안전관리자 | |

### 2. 점검사항

| 점검사항 | 점검결과 | 조치사항 |
|---|---|---|
| ① 소화기 또는 자동확산소화기의 외관점검<br>　- 구획된 실마다 설치되어 있는지 확인<br>　- 약제 응고상태 및 압력게이지 지시침 확인 | | |
| ② 간이스프링클러설비 작동기능점검<br>　- 시험밸브 개방 시 펌프기동, 음향경보 확인<br>　- 헤드의 누수·변형·손상·장애 등 확인 | | |
| ③ 경보설비 작동기능점검<br>　- 비상벨설비의 누름스위치, 표시등, 수신기 확인<br>　- 자동화재탐지설비의 감지기, 발신기, 수신기 확인<br>　- 가스누설경보기 정상작동여부 확인 | | |
| ④ 피난설비 작동기능점검 및 외관점검<br>　- 유도등·유도표지 등 부착상태 및 점등상태 확인<br>　- 구획된 실마다 휴대용비상조명등 비치 여부<br>　- 화재신호 시 피난유도선 점등상태 확인<br>　- 피난기구(완강기, 피난사다리 등) 설치상태 확인 | | |
| ⑤ 비상구 관리상태 확인<br>　- 비상구 폐쇄·훼손, 주변 물건 적치 등 관리상태<br>　- 구조변형, 금속표면 부식·균열, 용접부·접합부 손상 등 확인<br>　　(건축물 외벽에 발코니 형태의 비상구를 설치한 경우만 해당) | | |
| ⑥ 영업장 내부 피난통로 관리상태 확인<br>　- 영업장 내부 피난통로 상 물건 적치 등 관리상태 | | |
| ⑦ 창문(고시원) 관리상태 확인 | | |
| ⑧ 영상음향차단장치 작동기능점검<br>　- 경보설비와 연동 및 수동작동 여부 점검<br>　　(화재신호 시 영상음향이 차단되는 지 확인) | | |
| ⑨ 누전차단기 작동 여부 확인 | | |
| ⑩ 피난안내도 설치 위치 확인 | | |
| ⑪ 피난안내영상물 상영 여부 확인 | | |
| ⑫ 실내장식물·내부구획 재료 교체 여부 확인<br>　- 커튼, 카페트 등 방염선처리제품 사용 여부<br>　- 합판·목재 방염성능 확보 여부<br>　- 내부구획재료 불연재료 사용 여부 | | |
| ⑬ 방염 소파·의자 사용 여부 확인 | | |
| ⑭ 안전시설등 세부점검표 분기별 작성 및 1년간 보관 여부 | | |
| ⑮ 화재배상책임보험 가입여부 및 계약기간 확인 | | |

점검일자 :　　　.　　　.　　　.　　　점검자 :　　　　　(서명 또는 인)

210mm×297mm[백상지 (80g/㎡) 또는 중질지 (80g/㎡)]

## 036 다중이용업소법령상 과태료의 부과 및 징수에 관한 내용으로 옳지 않은?

① 과태료 부과권자인 시·도지사는 위반행위를 조사, 확인 후 서면으로 과태료처분 대상자에게 통지해야 하며, 이에 대한 의견진술기간을 처분 대상자에게 10일 이상 준다.
② 위반행위의 동기와 그 결과를 참작하여 부과기준액의 1/2까지 경감할 수 있다.
③ 안전시설등을 기준에 따라 설치·유지하지 않은 자에게는 최고 200만 원의 과태료가 부과된다.
④ 과태료의 부과·징수절차 등에 관한 세부기준은 행정안전부령으로 정한다.

34번 문제 해설 참조

## 037 다중이용업소에 설치·유지하는 안전시설등의 설치기준에 대한 설명으로 옳지 않은 것은?

① 자동확산소화기를 영업장 안의 구획된 실마다 설치하였다.
② 가스누설경보기를 모든 영업장에 화재안전기준에 맞게 설치하였다.
③ 피난기구를 영업장에 화재안전기준에 맞게 설치하였다.
④ 영업장의 구획된 실마다 스프링클러헤드가 설치되어 있어 간이스프링클러설비의 설치를 생략하였다.

14번 문제 해설 참조

## 038 다중이용업소에 설치하는 안전시설등과 설치장소의 연결이 옳지 않은 것은?

① 가스누설경보기 - 가스 난방기가 설치된 장소에 설치
② 방화문 - 보일러실과 영업장 사이에 설치
③ 피난유도선 - 영업장의 통로 또는 복도에 설치
④ 창문 - 고시원업 또는 산후조리업의 영업장에 설치

6번 문제 해설 참조

## 039 다중이용업소법령상 용어의 정의로 옳지 않은 것은?

① "다중이용업"이란 불특정 다수인이 이용하는 영업 중 화재 등 재난 발생 시 생명·신체·재산상의 피해가 발생할 우려가 높은 것으로서 대통령령으로 정하는 영업을 말한다.
② "실내장식물"이란 건축물 내부의 천장 또는 벽에 설치하는 것으로서 대통령령으로 정하는 것을 말한다.
③ "화재위험평가"란 다중이용업의 영업소(이하 "다중이용업소"라 한다)가 밀집한 지역 또는 건축물에 대하여 화재발생 가능성과 화재로 인한 불특정 다수인의 생명·신체·재산상의 피해 및 주변에 미치는 영향을 예측·분석하고 이에 대한 대책을 마련하는 것을 말한다.
④ "밀폐구조의 영업장"이란 무창층에 있는 다중이용업소의 영업장 중 채광·환기·통풍 및 피난 등이 용이하지 못한 구조로 되어 있으면서 대통령령으로 정하는 기준에 해당하는 영업장을 말한다.

정답 : 036. ③   037. ②   038. ④   039. ④

"밀폐구조의 영업장"이란 지상층에 있는 다중이용업소의 영업장 중 채광·환기·통풍 및 피난 등이 용이하지 못한 구조로 되어 있으면서 대통령령으로 정하는 기준에 해당하는 영업장을 말한다.

## 040 소방청장은 다중이용업소의 안전관리기본계획을 몇 년마다 수립·시행해야 하는가?

① 1년
② 3년
③ 5년
④ 10년

 다중이용업소법 제5조(안전관리기본계획의 수립·시행 등)
① 소방청장은 다중이용업소의 화재 등 재난이나 그 밖의 위급한 상황으로 인한 인적·물적 피해의 감소, 안전기준의 개발, 자율적인 안전관리능력의 향상, 화재배상책임보험제도의 정착 등을 위하여 5년마다 다중이용업소의 안전관리기본계획(이하 "기본계획"이라 한다)을 수립·시행해야 한다.
② 기본계획에는 다음 각 호의 사항이 포함되어야 한다.
  1. 다중이용업소의 안전관리에 관한 기본 방향
  2. 다중이용업소의 자율적인 안전관리 촉진에 관한 사항
  3. 다중이용업소의 화재안전에 관한 정보체계의 구축 및 관리
  4. 다중이용업소의 안전 관련 법령 정비 등 제도 개선에 관한 사항
  5. 다중이용업소의 적정한 유지·관리에 필요한 교육과 기술 연구·개발
  5의2. 다중이용업소의 화재배상책임보험에 관한 기본 방향
  5의3. 다중이용업소의 화재배상책임보험 가입관리전산망(이하 "책임보험전산망"이라 한다)의 구축·운영
  5의4. 다중이용업소의 화재배상책임보험제도의 정비 및 개선에 관한 사항
  6. 다중이용업소의 화재위험평가의 연구·개발에 관한 사항
  7. 그 밖에 다중이용업소의 안전관리에 관하여 대통령령으로 정하는 사항
③ 소방청장은 기본계획에 따라 매년 연도별 안전관리계획(이하 "연도별계획"이라 한다)을 수립·시행해야 한다.
④ 소방청장은 제1항 및 제3항에 따라 수립된 기본계획 및 연도별계획을 관계 중앙행정기관의 장과 특별시장·광역시장·도지사 또는 특별자치도지사(이하 "시·도지사"라 한다)에게 통보해야 한다.
⑤ 소방청장은 기본계획 및 연도별계획을 수립하기 위하여 필요하면 관계 중앙행정기관의 장 및 시·도지사에게 관련된 자료의 제출을 요구할 수 있다. 이 경우 자료 제출을 요구받은 관계 중앙행정기관의 장 또는 시·도지사는 특별한 사유가 없으면 요구에 따라야 한다.

## 041 안전관리기본계획에 포함되는 사항이 아닌 것은?

① 다중이용업소의 안전관리에 관한 기본 방향
② 다중이용업소의 정책적인 안전관리 촉진에 관한 사항
③ 다중이용업소의 화재안전에 관한 정보체계의 구축 및 관리
④ 다중이용업소의 안전 관련 법령 정비 등 제도 개선에 관한 사항

40번 문제 해설 참조

 정답 : 040. ③    041. ②

## 042
허가관청은 다중이용업소가 변경 등 어떠한 행위를 한 경우 그 신고를 수리한 날부터 30일 이내에 소방본부장 또는 소방서장에게 통보해야 한다. 그 행위에 해당하지 않는 것은?

① 휴업·폐업 또는 휴업 후 영업의 재개(再開)
② 영업장내 담당 직원의 변경
③ 다중이용업주의 변경 또는 다중이용업주 주소의 변경
④ 다중이용업소 상호 또는 주소의 변경

다중이용업소법 제7조(관련 행정기관의 통보사항)
① 다른 법률에 따라 다중이용업의 허가·인가·등록·신고수리(이하 "허가 등"이라 한다)를 하는 행정기관(이하 "허가관청"이라 한다)은 허가 등을 한 날부터 14일 이내에 행정안전부령으로 정하는 바에 따라 다중이용업소의 소재지를 관할하는 소방본부장 또는 소방서장에게 다음 각 호의 사항을 통보해야 한다.
  1. 다중이용업주의 성명 및 주소
  2. 다중이용업소의 상호 및 주소
  3. 다중이용업의 업종 및 영업장 면적
② 허가관청은 다중이용업주가 다음 각 호의 어느 하나에 해당하는 행위를 하였을 때에는 그 신고를 수리(受理)한 날부터 30일 이내에 소방본부장 또는 소방서장에게 통보해야 한다.
  1. 휴업·폐업 또는 휴업 후 영업의 재개(再開)
  2. 영업 내용의 변경
  3. 다중이용업주의 변경 또는 다중이용업주 주소의 변경
  4. 다중이용업소 상호 또는 주소의 변경

## 043
다중이용업을 하려는 자는 안전시설 등을 설치하기 전에 미리 소방본부장이나 소방서장에게 안전시설등의 설계도서를 첨부하여 신고해야 하는데, 이 경우에 해당하지 않는 것은?

① 안전시설등을 설치하려는 경우
② 영업장 내부구조를 변경하려는 경우로서 영업장 면적의 증가가 되는 경우
③ 영업장 내부구조를 변경하려는 경우로서 영업장의 구획된 실의 감소가 되는 경우
④ 안전시설등의 공사를 마친 경우

다중이용업소법 제9조(다중이용업소의 안전관리기준 등)
① 다중이용업주 및 다중이용업을 하려는 자는 영업장에 대통령령으로 정하는 안전시설 등을 행정안전부령으로 정하는 기준에 따라 설치·유지해야 한다. 이 경우 다음 각 호의 어느 하나에 해당하는 영업장 중 대통령령으로 정하는 영업장에는 소방시설 중 간이스프링클러설비를 행정안전부령으로 정하는 기준에 따라 설치해야 한다.
  1. 숙박을 제공하는 형태의 다중이용업소의 영업장
  2. 밀폐구조의 영업장
② 소방본부장이나 소방서장은 안전시설 등이 행정안전부령으로 정하는 기준에 맞게 설치 또는 유지되어 있지 아니한 경우에는 그 다중이용업주에게 안전시설 등의 보완 등 필요한 조치를 명하거나 허가관청에 관계 법령에 따른 영업정지 처분 또는 허가 등의 취소를 요청할 수 있다.
③ 다중이용업을 하려는 자(다중이용업을 하고 있는 자를 포함한다)는 다음 각 호의 어느 하나에 해당하는 경우에는 안전시설 등을 설치하기 전에 미리 소방본부장이나 소방서장에게 행정안전부령으로 정하는 안전시설 등의 설계도서를 첨부하여 행정안전부령으로 정하는 바에 따라 신고해야 한다.

정답 : 042. ②　　043. ③

1. 안전시설등을 설치하려는 경우
2. 영업장 내부구조를 변경하려는 경우로서 다음 각 목의 어느 하나에 해당하는 경우
   가. 영업장 면적의 증가
   나. 영업장의 구획된 실의 증가
   다. 내부통로 구조의 변경
3. 안전시설등의 공사를 마친 경우

④ 소방본부장이나 소방서장은 제3항제1호 및 제2호에 따라 신고를 받았을 때에는 설계도서가 행정안전부령으로 정하는 기준에 맞는지를 확인하고, 그에 맞도록 지도해야 한다.

⑤ 소방본부장이나 소방서장은 제3항제3호에 따라 공사완료의 신고를 받았을 때에는 안전시설 등이 행정안전부령으로 정하는 기준에 맞게 설치되었다고 인정하는 경우에는 행정안전부령으로 정하는 바에 따라 안전시설 등 완비증명서를 발급해야 하며, 그 기준에 맞지 아니한 경우에는 시정될 때까지 안전시설 등 완비증명서를 발급하여서는 아니 된다.

⑥ 법률 제9330호 다중이용업소의 안전관리에 관한 특별법 일부개정법률 부칙 제3항에 따라 대통령령으로 정하는 숙박을 제공하는 형태의 다중이용업소의 영업장으로서 2009년 7월 8일 전에 영업을 개시한 후 영업장의 내부구조·실내장식물·안전시설등 또는 영업주를 변경한 사실이 없는 영업장을 운영하는 다중이용업주가 제1항 후단에 따라 해당 영업장에 간이스프링클러설비를 설치하는 경우 국가와 지방자치단체는 필요한 비용의 일부를 대통령령으로 정하는 바에 따라 지원할 수 있다.

## 044. 다중이용업소에 설치하거나 교체하는 실내장식물은 어떠한 재료로 설치해야 하는가?

① 불연재료 또는 준불연재료
② 난연재료 또는 준불연재료
③ 불연재료 또는 방염재료
④ 내화구조 또는 불연재료

다중이용업소법 제10조(다중이용업의 실내장식물)
① 다중이용업소에 설치하거나 교체하는 실내장식물(반자돌림대 등의 너비가 10[cm] 이하인 것은 제외한다)은 불연재료(不燃材料) 또는 준불연재료로 설치해야 한다.
② 제1항에도 불구하고 합판 또는 목재로 실내장식물을 설치하는 경우로서 그 면적이 영업장 천장과 벽을 합한 면적의 10분의 3(스프링클러설비 또는 간이스프링클러설비가 설치된 경우에는 10분의 5) 이하인 부분은 「소방시설 설치 및 관리에 관한 법률」 제20조제3항에 따른 방염성능기준 이상의 것으로 설치할 수 있다.
③ 소방본부장이나 소방서장은 다중이용업소의 실내장식물이 제1항 및 제2항에 따른 실내장식물의 기준에 맞지 아니하는 경우에는 그 다중이용업주에게 해당 부분의 실내장식물을 교체하거나 제거하게 하는 등 필요한 조치를 명하거나 허가관청에 관계 법령에 따른 영업정지 처분 또는 허가 등의 취소를 요청할 수 있다.

## 045. 합판 또는 목재로 실내장식물을 설치하는 경우로서 그 면적이 영업장 천장과 벽을 합한 면적의 몇 분의 몇 이하인 부분은 방염성능기준 이상의 것으로 설치할 수 있는가?

① 3/10
② 5/10
③ 3/100
④ 5/100

44번 문제 해설 참조

정답 : 044. ①   045. ①

## 046
다중이용업소의 영업장 내부를 구획하고자 하는 경우에는 불연재료로 구획해야 하는데 이 경우 천장(반자속)까지 구획해야 하는 영업장의 종류에 해당하지 않는 것은?

① 단란주점영업  ② 유흥주점영업
③ 노래연습장업  ④ 고시원업

다중이용업소법 제10조의2(영업장의 내부구획)
①다중이용업소의 영업장 내부를 구획하고자 할 때에는 불연재료로 구획해야 한다. 이 경우 다음 각 호의 어느 하나에 해당하는 다중이용업소의 영업장은 천장(반자속)까지 구획해야 한다.
1. 단란주점 및 유흥주점 영업
2. 노래연습장업
②제1항에 따른 영업장의 내부구획 기준은 행정안전부령으로 정한다.
③소방본부장이나 소방서장은 영업장의 내부구획이 제1항 및 제2항에 따른 기준에 맞지 아니하는 경우에는 그 다중이용업주에게 보완 등 필요한 조치를 명하거나 허가관청에 관계 법령에 따른 영업정지 처분 또는 허가 등의 취소를 요청할 수 있다.

## 047
다중이용업소의 안전점검의 대상, 점검자의 자격, 점검주기, 점검방법, 그 밖에 필요한 사항은 무엇으로 정하는가?

① 대통령령  ② 행정안전부령
③ 소방청장령  ④ 시·도의 조례

35번 문제 해설 참조

## 048
다음은 다중이용업소법령상 화재배상책임보험 가입 촉진 및 관리에 관한 조문의 일부이다. ( )에 들어갈 수치로 옳은 것은?

> 보험회사는 화재배상책임보험의 계약을 체결하고 있는 다중이용업주에게 그 계약 종료일의 ( ㉠ )일 전부터 ( ㉡ )일 전까지의 기간 및 ( ㉢ )일 전부터 ( ㉣ )일 전까지의 기간에 각각 그 계약이 끝난다는 사실을 알려야 한다.

|   | ㉠ | ㉡ | ㉢ | ㉣ |
|---|---|---|---|---|
| ① | 60 | 10 | 30 | 10 |
| ② | 75 | 30 | 30 | 10 |
| ③ | 90 | 30 | 30 | 10 |
| ④ | 90 | 15 | 30 | 15 |

다중이용업소법 제13조의3(화재배상책임보험 가입 촉진 및 관리)
①다중이용업주는 다음 각 호의 어느 하나에 해당하는 경우에는 화재배상책임보험에 가입한 후 그 증명서(보험증권을 포함한다)를 소방본부장 또는 소방서장에게 제출해야 한다.
1. 제7조제2항제3호 중 다중이용업주를 변경한 경우
2. 제9조제3항 각 호에 따른 신고를 할 경우

정답 : 046. ④   047. ②   048. ②

②화재배상책임보험에 가입한 다중이용업주는 행정안전부령으로 정하는 바에 따라 화재배상책임보험에 가입한 영업소임을 표시하는 표지를 부착할 수 있다.
③보험회사는 화재배상책임보험의 계약을 체결하고 있는 다중이용업주에게 그 계약 종료일의 75일 전부터 30일 전까지의 기간 및 30일 전부터 10일 전까지의 기간에 각각 그 계약이 끝난다는 사실을 알려야 한다. 다만, 다음 각 호의 어느 하나에 해당하는 경우에는 그러하지 아니하다.
　1. 보험기간이 1개월 이내인 계약의 경우
　2. 다중이용업주가 자기와 다시 계약을 체결한 경우
　3. 다중이용업주가 다른 보험회사와 새로운 계약을 체결한 사실을 안 경우
④보험회사는 화재배상책임보험에 가입해야 할 자가 다음 각 호의 어느 하나에 해당하면 그 사실을 행정안전부령으로 정하는 기간 내에 소방청장, 소방본부장 또는 소방서장에게 알려야 한다.
　1. 화재배상책임보험 계약을 체결한 경우
　2. 화재배상책임보험 계약을 체결한 후 계약 기간이 끝나기 전에 그 계약을 해지한 경우
　3. 화재배상책임보험 계약을 체결한 자가 그 계약 기간이 끝난 후 자기와 다시 계약을 체결하지 아니한 경우
⑤소방본부장 또는 소방서장은 다중이용업주가 화재배상책임보험에 가입하지 아니하였을 때에는 허가관청에 다중이용업주에 대한 인가·허가의 취소, 영업의 정지 등 필요한 조치를 취할 것을 요청할 수 있다.
⑥소방청장, 소방본부장 또는 소방서장은 다중이용업주의 화재배상책임보험 가입을 관리하기 위하여 필요한 경우에는 사업자등록번호를 기재하여 관할 세무서의 장에게 과세정보 제공을 요청할 수 있고, 해당 과세정보에 관하여는 제7조제3항을 준용한다.

## 049 다음 중 화재위험평가를 할 수 있는 지역으로 옳은 것은?

① 2천[m²] 지역 안에 다중이용업소가 50개 이상 밀집하여 있는 경우
② 3천[m²] 지역 안에 다중이용업소가 50개 이상 밀집하여 있는 경우
③ 5층 이상인 건축물로서 다중이용업소가 5개 이상 있는 경우
④ 10층 이상인 건축물로서 다중이용업소가 20개 이상 있는 경우

 18번 문제 해설 참조

## 050 다중이용업소법령상 다중이용업의 종류에 포함되지 않는 것은?

① 휴게음식점영업·제과점영업 또는 일반음식점영업으로서 영업장으로 사용하는 바닥면적(「건축법 시행령」 제119조제1항제3호에 따라 산정한 면적을 말한다. 이하 같다)의 합계가 100[m²](영업장이 지하층에 설치된 경우에는 그 영업장의 바닥면적 합계가 66[m²]) 이상인 것
② 단란주점영업과 유흥주점영업
③ 수용인원이 300명 이상인 학원
④ 하나의 영업장에서 맥반석이나 대리석 등 돌을 가열하여 발생하는 열기나 원적외선 등을 이용하여 땀을 배출하게 할 수 있는 시설을 갖춘 것으로서 수용인원(물로 목욕을 할 수 있는 시설부분의 수용인원은 제외한다)이 200명 이상인 목욕장업

 1번 문제 해설 참조

 정답 : 049. ① 　　050. ④

### 051  밀폐구조의 영업장은 개구부의 면적의 합계가 영업장으로 사용하는 바닥면적의 몇 분의 몇 이하가 되는 것을 말하는가?

① 1/10  
② 1/20  
③ 1/30  
④ 1/50  

 다중이용업소법 시행령 제3조의2(밀폐구조의 영업장)
법 제2조제1항제5호에서 "대통령령으로 정하는 기준"이란 「소방시설 설치 및 관리에 관한 법률 시행령」 제2조제1호 각 목에 따른 요건을 모두 갖춘 개구부의 면적의 합계가 영업장으로 사용하는 바닥면적의 30분의 1 이하가 되는 것을 말한다.

### 052  다중이용업소에 설치하는 안전시설등의 종류 중 경보설비에 속하지 않는 것은?

① 비상벨설비  
② 자동화재탐지설비  
③ 가스누설경보기  
④ 누전경보기  

 6번 문제 해설 참조

### 053  다중이용업소에 설치하는 안전시설등의 종류 중 피난기구의 종류에 속하지 않는 것은?

① 미끄럼대  
② 피난사다리  
③ 구조대  
④ 피난용트랩  

 6번 문제 해설 참조

### 054  간이스프링클러를 설치해야 하는 다중이용업소의 종류로 옳지 않은 것은?

① 지하층에 설치되는 영업장  
② 밀폐구조의 영업장  
③ 산후조리업 및 고시원업(지상1층에 있거나 지상과 직접 맞닿아 있는 층은 제외)  
④ 권총사격장 영업장(지상1층에 있거나 지상과 직접 맞닿아 있는 층은 제외)  

 6번 문제 해설 참조

 정답 : 051. ③    052. ④    053. ④    054. ④

## 055
비상구를 제외할 수 있는 경우는 주된 출입구 외에 해당 영업장 내부에서 피난층 또는 지상으로 통하는 직통계단이 주된 출입구로부터 영업장의 긴변 길이의 ( ㉠ ) 이상 떨어진 위치에 별도로 설치된 경우, 피난층에 설치된 영업장(바닥면적이 ( ㉡ )[m²] 이하)으로서 각 부분으로부터 출입구까지의 수평거리가 ( ㉢ )[m] 이하인 경우이다. (       )에 들어갈 수치로 옳은 것은?

|   | ㉠ | ㉡ | ㉢ |
|---|---|---|---|
| ① | 1/10 | 66 | 20 |
| ② | 1/5 | 33 | 20 |
| ③ | 1/2 | 33 | 10 |
| ④ | 1/2 | 66 | 10 |

**해설** 6번 문제 해설 참조

> **Reference**
>
> 기존다중이용업소(옥내권총사격장·골프연습장·안마시술소) 건축물의 구조상 비상구를 설치할 수 없는 경우에 관한 기준 제2조(건축물의 구조상 비상구를 설치할 수 없는 경우)
> 건축물의 구조상 비상구를 설치할 수 없는 경우라 함은 다음 각 호의 어느 하나에 해당하는 경우를 말한다.
> 1. 비상구 설치를 위하여 「건축법」 제2조제1항제7호 규정의 주요 구조부를 관통해야 하는 경우
> 2. 비상구를 설치해야 하는 영업장이 인접건축물과의 이격거리(건축물 외벽과 외벽 사이의 거리를 말한다)가 100[cm] 이하인 경우
> 3. 다음 각 목의 어느 하나에 해당하는 경우
>    가. 비상구 설치를 위하여 당해 영업장 또는 다른 영업장의 공조설비, 냉·난방설비, 수도설비 등 고정설비를 철거 또는 이전해야 하는 등 그 설비의 기능과 성능에 지장을 초래하는 경우
>    나. 비상구 설치를 위하여 인접건물 또는 다른 사람 소유의 대지경계선을 침범하는 등 재산권분쟁의 우려가 있는 경우
>    다. 영업장이 도시미관지구에 위치하여 비상구를 설치하는 경우 건축물 미관을 훼손한다고 인정되는 경우
>    라. 당해 영업장으로 사용부분의 바닥면적 합계가 33[m²] 이하인 경우
> 4. 그 밖에 관할 소방서장이 현장여건 등을 고려하여 비상구를 설치할 수 없다고 인정하는 경우

## 056
화재안전등급에서 B등급에 대한 평가점수로 옳은 것은?

① 평가점수 60 이상 79 이하
② 평가점수 60 이상 80 이하
③ 평가점수 61 이상 80 이하
④ 평가점수 60 이상 80 미만

**해설** 33번 문제 해설 참조

정답 : 055. ③    056. ①

## 057
다중이용업의 허가, 인가, 등록, 신고수리를 하는 행정기관은 허가등을 한 날부터 며칠 이내에 관할 소방본부장 또는 소방서장에게 통보해야 하는가?

① 5일
② 10일
③ 14일
④ 15일

다중이용업소법 시행규칙 제4조(관련 행정기관의 허가 등의 통보)
① 「다중이용업소의 안전관리에 관한 특별법」(이하 "법"이라 한다) 제7조제1항에 따른 다중이용업의 허가·인가·등록·신고수리(이하 "허가 등"이라 한다)를 하는 행정기관(이하 "허가관청"이라 한다)은 허가등을 한 날부터 14일 이내에 다음 각 호의 사항을 별지 제1호 서식의 다중이용업 허가등 사항(변경사항)통보서에 따라 관할 소방본부장 또는 소방서장에게 통보해야 한다.
 1. 영업주의 성명·주소
 2. 다중이용업소의 상호·소재지
 3. 다중이용업의 종류·영업장 면적
 4. 허가등 일자
② 허가관청은 법 제7조제2항제1호에 따른 휴·폐업과 휴업 후 영업재개신고를 수리한 때에는 별지 제1호 서식의 다중이용업 허가등 사항(변경사항)통보서에 따라 30일 이내에 소방본부장 또는 소방서장에게 통보해야 한다.
③ 허가관청은 법 제7조제2항제2호부터 제4호까지의 규정에 따른 변경사항의 신고를 수리한 때에는 수리한 날부터 30일 이내에 별지 제1호 서식의 다중이용업 허가등 사항(변경사항)통보서에 따라 그 변경내용을 관할 소방본부장 또는 소방서장에게 통보해야 한다.
④ 소방본부장 또는 소방서장은 허가관청으로부터 제1항부터 제3항까지에 따른 통보를 받은 경우에는 별지 제2호 서식의 다중이용업 허가등 사항 처리 접수대장에 그 사실을 기록하여 관리해야 한다.
⑤ 허가관청은 제1항부터 제3항까지에 따른 통보를 할 때에는 법 제19조제1항에 따른 전산시스템을 이용하여 통보할 수 있다.

## 058
위 57번 문제에서 말하는 통보사항의 종류가 아닌 것은?

① 영업주의 성명·주소
② 다중이용업소의 상호·소재지
③ 다중이용업의 직원명부
④ 허가등 일자

57번 문제 해설 참조

## 059
다중이용업소의 업주 등에 대한 소방안전교육의 실시권자가 아닌 자는?

① 시·도지사
② 소방청장
③ 소방본부장
④ 소방서장

다중이용업소법 시행규칙 제5조(소방안전교육의 대상자 등)
① 법 제8조제1항에 따라 소방청장·소방본부장 또는 소방서장이 실시하는 소방안전교육(이하 "소방안전교육"이라 한다)을 받아야 하는 대상자(이하 "교육대상자"라 한다)는 다음 각 호와 같다.

정답 : 057. ③    058. ③    059. ①

1. 다중이용업을 운영하는 자(이하 "다중이용업주"라 한다)
2. 다중이용업주 외에 해당 영업장(다중이용업주가 둘 이상의 영업장을 운영하는 경우에는 각각의 영업장을 말한다)을 관리하는 종업원 1명 이상 또는 「국민연금법」 제8조제1항에 따라 국민연금 가입의무대상자인 종업원 1명 이상
3. 다중이용업을 하려는 자

② 제1항제1호에도 불구하고 다중이용업주가 직접 소방안전교육을 받기 곤란한 경우로서 소방청장이 정하는 경우에는 영업장의 종업원 중 소방청장이 정하는 자로 하여금 다중이용업주를 대신하여 소방안전교육을 받게 할 수 있다.

③ 교육대상자는 다음 각 호의 구분에 따른 시기에 소방안전교육을 받아야 한다. 다만, 교육대상자가 국외에 체류하고 있거나, 질병·부상 등으로 입원해 있는 등 정해진 기간 안에 소방안전교육을 받을 수 없는 사유가 있는 때에는 소방청장이 정하는 바에 따라 3개월의 범위에서 소방안전교육을 연기할 수 있다.
  1. 신규 교육
     가. 다중이용업을 하려는 자 : 다중이용업을 시작하기 전. 다만, 다음의 경우에는 1) 또는 2)에서 정한 시기에 소방안전교육을 받아야 한다.
         1) 다른 법률에 따라 다중이용업주의 변경신고 또는 다중이용업주의 지위승계 신고를 하는 경우 : 허가관청이 해당 신고를 수리하기 전까지
         2) 법 제9조제3항에 따라 안전시설 등의 설치신고 또는 영업장 내부구조 변경신고를 한 경우 : 법 제9조제3항제3호에 따른 완공신고를 하기 전까지
     나. 교육대상 종업원: 다중이용업에 종사하기 전
  2. 수시 교육 : 법 제8조제1항 및 제2항, 법 제9조제1항·제10조·제11조·제12조제1항·제13조제1항 또는 법 제14조를 위반한 다중이용업주와 교육대상 종업원은 위반행위가 적발된 날부터 3개월 이내. 다만, 법 제9조제1항의 위반행위의 경우에는 과태료 부과 대상이 되는 위반행위인 경우에만 해당한다.
  3. 보수 교육 : 제1호의 신규 교육 또는 직전의 보수 교육을 받은 날이 속하는 달의 마지막 날부터 2년 이내에 1회 이상

④ 소방청장·소방본부장 또는 소방서장은 소방안전교육을 실시하려는 때에는 교육 일시 및 장소 등 소방안전교육에 필요한 사항을 교육일 30일 전까지 소방청·소방본부 또는 소방서의 홈페이지에 게재해야 한다. 이 경우 다음 각 호에서 정하는 시기에 교육대상자에게 알려야 한다.
  1. 신규 교육 대상자 중 법 제9조제3항에 따라 안전시설 등의 설치신고 또는 영업장 내부구조 변경신고를 하는 자 : 신고 접수 시
  2. 수시 교육 및 보수 교육 대상자 : 교육일 10일 전

⑤ 소방청장·소방본부장 또는 소방서장이 소방안전교육을 하려는 때에는 다중이용업과 관련된 「직능인 경제활동지원에 관한 법률」 제2조에 따른 직능단체 및 민법상의 비영리법인과 협의하여 다른 법령에서 정하는 다중이용업 관련 교육과 병행하여 실시할 수 있다.

⑥ 소방안전교육 시간은 4시간 이내로 한다.

⑦ 제3항에 따라 소방안전교육을 받은 사람이 교육받은 날부터 2년 이내에 다중이용업을 하려는 경우 또는 다중이용업에 종사하려는 경우에는 제3항제1호에 따른 신규 교육을 받은 것으로 본다.

⑧ 소방청장·소방본부장 또는 소방서장은 소방안전교육을 이수한 사람에게 별지 제3호 서식의 소방안전교육 이수증명서를 발급하고, 그 내용을 별지 제4호 서식의 소방안전교육 이수증명서 발급(재발급)대장에 적어 관리해야 한다.

⑨ 제8항에 따라 소방안전교육 이수증명서를 발급받은 사람은 소방안전교육 이수증명서를 잃어버렸거나 헐어서 쓸 수 없게 되어 소방안전교육 이수증명서를 재발급받으려면 별지 제5호 서식의 소방안전교육 이수증명서 재발급 신청서에 이전에 발급받은 소방안전교육 이수증명서를 첨부(잃어버린 경우는 제외한다)하여 소방본부장 또는 소방서장에게 제출해야 한다. 이 경우 재발급 신청을 받은 소방본부장 또는 소방서장은 소방안전교육 이수증명서를 즉시 재발급하고, 별지 제4호서식의 소방안전교육 이수증명서 발급(재발급) 대장에 그 사실을 적어 관리해야 한다.

⑩ 제1항부터 제9항까지에서 정한 사항 외에 소방안전교육을 위하여 필요한 사항은 소방청장이 정한다.

**060** 다중이용업소법령상 소방안전교육을 받아야 하는 대상자에 속하지 않는 자는?
① 다중이용업주
② 다중이용업주외에 해당 영업장(다중이용업주가 둘 이상의 영업장을 운영하는 경우에는 각각의 영업장을 말한다)을 관리하는 종업원 1명 이상
③ 다중이용업주가 교육을 받기 곤란한 경우 영업장의 종업원 중 행정안전부령으로 정하는 자
④ 다중이용업주외에 해당 영업장(다중이용업주가 둘 이상의 영업장을 운영하는 경우에는 각각의 영업장을 말한다)을 관리하는 국민연금 가입의무대상자인 종업원 1명 이상

59번 문제 해설 참조

**061** 다중이용업소법령상 소방청장·소방본부장 또는 소방서장은 소방안전교육을 실시하려는 때에는 교육 일시 및 장소 등 소방안전교육에 필요한 사항을 교육일 며칠 전까지 소방청·소방본부 또는 소방서의 홈페이지에 게재하고, 교육대상자에게 알려야 하는가?
① 10일   ② 20일
③ 30일   ④ 60일

59번 문제 해설 참조

**062** 다중이용업소법령상 소방안전교육은 몇 시간 이내로 하는가?
① 2시간   ② 4시간
③ 10시간   ④ 20시간

59번 문제 해설 참조

**063** 다중이용업소법령상 안전점검을 할 수 있는 자격자가 아닌 자는?
① 해당 영업장의 다중이용업주 또는 다중이용업소가 위치한 특정소방대상물의 소방안전관리자(소방안전관리자가 선임된 경우에 한한다)
② 해당 업소의 종업원 중 소방안전관리자 자격을 취득한 자
③ 해당 업소의 종업원 중 위험물기능장, 위험물산업기사 자격을 취득한 자
④ 소방시설관리업자

35번 문제 해설 참조

정답 : 060. ③   061. ③   062. ②   063. ③

## 예상문제

**064** 다중이용업소법령상 안전점검의 점검주기로 옳은 것은?

① 1년에 1회   ② 2년마다 1회
③ 매 분기별 1회   ④ 매 반기별 1회

**해설** 35번 문제 해설 참조

**065** 몇 층 이상 몇 층 이하 영업장의 비상구설치위치(노대설치)에 피난기구를 설치 시 비상구로 간주할 수 있는가?

① 1층 이상 3층 이하   ② 2층 이상 3층 이하
③ 2층 이상 4층 이하   ④ 10층 이하

**해설**
2층이상 4층이하에 위치하는 영업장의 발코니 또는 부속실과 연결되는 비상구를 설치하는 경우의 기준
1) 피난 시에 유효한 발코니[활하중 5킬로뉴턴/제곱미터(5kN/㎡) 이상, 가로 75센티미터 이상, 세로 150센티미터 이상, 면적 1.12제곱미터 이상, 난간의 높이 100센티미터 이상인 것을 말한다. 이하 이 목에서 같다] 또는 부속실(불연재료로 바닥에서 천장까지 구획된 실로서 가로 75센티미터 이상, 세로 150센티미터 이상, 면적 1.12제곱미터 이상인 것을 말한다. 이하 이 목에서 같다)을 설치하고, 그 장소에 적합한 피난기구를 설치할 것
2) 부속실을 설치하는 경우 부속실 입구의 문과 건물 외부로 나가는 문의 규격은 가목2)에 따른 비상구등의 규격으로 할 것. 다만, 120센티미터 이상의 난간이 있는 경우에는 발판 등을 설치하고 건축물 외부로 나가는 문의 규격과 재질을 가로 75센티미터 이상, 세로 100센티미터 이상의 창호로 설치할 수 있다.
3) 추락 등의 방지를 위하여 다음 사항을 갖추도록 할 것
  가) 발코니 및 부속실 입구의 문을 개방하면 경보음이 울리도록 경보음 발생 장치를 설치하고, 추락위험을 알리는 표지를 문(부속실의 경우 외부로 나가는 문도 포함한다)에 부착할 것
  나) 부속실에서 건물 외부로 나가는 문 안쪽에는 기둥·바닥·벽 등의 견고한 부분에 탈착이 가능한 쇠사슬 또는 안전로프 등을 바닥에서부터 120센티미터 이상의 높이에 가로로 설치할 것. 다만, 120센티미터 이상의 난간이 설치된 경우에는 쇠사슬 또는 안전로프 등을 설치하지 않을 수 있다.

**066** 다중이용업소에 설치하는 비상구의 규격으로 옳은 것은?

① 가로 50[cm] 이상, 세로 100[cm] 이상   ② 가로 75[cm] 이상, 세로 150[cm] 이상
③ 가로 50[cm] 이상, 세로 150[cm] 이상   ④ 가로 75[cm] 이상, 세로 200[cm] 이상

**해설** 14번 문제 해설 참조

정답 : 064. ③   065. ③   066. ②

**067** 다중이용업소법령상 방화구획이 아닌 곳에 위치한 주된 출입구의 문을 자동문으로 설치하기위해 충족해야 하는 기준에 해당되지 않는 것은?

① 화재감지기와 연동하여 개방되는 구조
② 정전 시 자동으로 개방되는 구조
③ 정전 시 수동으로 개방되는 구조
④ 화재 시 수동으로 개방되는 구조

 14번 문제 해설 참조

**068** 다중이용업소법령상 양 옆에 구획된 실이 있는 영업장으로서 구획된 실의 출입문 열리는 방향이 피난통로 방향인 경우 내부 피난통로의 폭은 얼마 이상이어야 하는가?

① 100[cm]
② 120[cm]
③ 150[cm]
④ 200[cm]

 14번 문제 해설 참조

**069** 다중이용업소법령상 영업장에 설치하는 창문의 규격으로 옳은 것은?

① 가로 50[cm] 이상, 세로 50[cm] 이상
② 가로 75[cm] 이상, 세로 75[cm] 이상
③ 가로 50[cm] 이상, 세로 80[cm] 이상
④ 가로 50[cm] 이상, 세로 100[cm] 이상

14번 문제 해설 참조

**070** 영상음향차단장치의 구조로 옳지 않은 것은?

① 화재 시 자동화재탐지설비의 감지기에 의하여 자동으로 음향 및 영상이 정지될 수 있는 구조로 설치하되, 수동(하나의 스위치로 전체의 음향 및 영상장치를 제어할 수 있는 구조를 말한다)으로도 조작할 수 있도록 설치할 것
② 영상음향차단장치의 수동차단스위치를 설치하는 경우에는 관계인이 일정하게 거주하거나 일정하게 근무하는 장소에 설치할 것. 이 경우 수동차단스위치와 가장 가까운 곳에 "영상음향차단스위치"라는 표지를 부착해야 한다.
③ 전기로 인한 화재발생 위험을 예방하기 위하여 부하용량에 알맞은 누전차단기(과전류차단기를 제외)를 설치할 것
④ 영상음향차단장치의 작동으로 실내 등의 전원이 차단되지 않는 구조로 설치할 것

14번 문제 해설 참조

 정답 : 067. ④  068. ③  069. ①  070. ③

## 071 다중이용업소법령상 피난안내 영상물 상영대상이 아닌 것은?

① 영화상영관 및 비디오물소극장업의 영업장
② 노래연습장업의 영업장
③ 단란주점영업 및 유흥주점영업의 영업장. 다만, 피난안내 영상물을 상영할 수 있는 시설이 설치된 경우만 해당한다.
④ 인터넷컴퓨터게임시설제공업

해설  다중이용업소법 시행규칙 [별표 2의2] 피난안내도 비치 대상 등
피난안내 영상물 상영 대상
가. 「영화 및 비디오물 진흥에 관한 법률」제2조제10호 및 제16호나목의 영화상영관 및 비디오물소극장업의 영업장
나. 「음악산업 진흥에 관한 법률」제2조제13호의 노래연습장업의 영업장
다. 「식품위생법 시행령」제21조제8호다목 및 라목의 단란주점영업 및 유흥주점영업의 영업장. 다만, 피난안내 영상물을 상영할 수 있는 시설이 설치된 경우만 해당한다.
라. 삭제 <2015. 1. 7.>
마. 영 제2조제8호에 해당하는 영업으로서 피난안내 영상물을 상영할 수 있는 시설을 갖춘 영업장

## 072 다중이용업소의 안전관리에 관한 특별법령상 소방본부장이 관할지역 다중이용업소의 안전관리를 위하여 수립하는 안전관리집행계획에 포함되는 사항이 아닌 것은?

① 다중이용업소 밀집 지역의 소방시설 설치, 유지·관리와 개선계획
② 다중이용업소의 화재안전에 관한 정보체계의 구축
③ 다중이용업주와 종업원에 대한 소방안전교육·훈련계획
④ 다중이용업주와 종업원에 대한 자체지도 계획

해설  다중이용업소법 시행령 제8조(집행계획의 내용 등)
① 소방본부장은 제4조제3항에 따라 공고된 기본계획과 제7조제2항에 따라 통보된 연도별 계획에 따라 안전관리집행계획(이하 "집행계획"이라 한다)을 수립해야 하며, 수립된 집행계획과 전년도 추진실적을 매년 1월 31일까지 소방청장에게 제출해야 한다.
② 소방본부장은 법 제6조제1항에 따라 관할지역의 다중이용업소에 대한 집행계획을 수립할 때에는 다음 각 호의 사항을 포함시켜야 한다.
  1. 다중이용업소 밀집 지역의 소방시설 설치, 유지·관리와 개선계획
  2. 다중이용업주와 종업원에 대한 소방안전교육·훈련계획
  3. 다중이용업주와 종업원에 대한 자체지도 계획
  4. 법 제15조제1항 각 호의 어느 하나에 해당하는 다중이용업소의 화재위험평가의 실시 및 평가
  5. 제4호에 따른 평가결과에 따른 조치계획(화재위험지역이나 건축물에 대한 안전관리와 시설정비 등에 관한 사항을 포함한다)
③ 법 제6조제3항에 따른 집행계획의 수립시기는 해당 연도 전년 12월 31일까지로 하며, 그 수립대상은 제2조의 다중이용업으로 한다.

정답 : 071. ④    072. ②

## 073 다중이용업소의 영업장에 설치·유지해야 하는 안전시설등에 관한 설명으로 옳지 않은 것은?

① 지하층에 설치된 영업장에는 간이스프링클러설비를 설치해야 한다.
② 노래반주기 등 영상음향장치를 사용하는 영업장에는 비상벨설비를 설치해야 한다.
③ 가스시설을 사용하는 주방이나 난방시설이 있는 영업장에는 가스누설경보기를 설치해야 한다.
④ 단란주점영업과 유흥주점영업의 영업장에는 피난유도선을 설치해야 한다.

다중이용업소법 시행규칙 [별표 2]
안전시설등의 설치·유지기준에 의하여 노래반주기 등 영상음향장치를 사용하는 영업장에는 자동화재탐지설비를 설치해야 한다.

## 074 다중이용업소의 안전관리기본계획 등에 관한 설명으로 옳지 않은 것은?

① 소방청장은 다중이용업소의 안전관리기본계획을 5년마다 수립·시행해야 한다.
② 소방청장은 기본계획에 따라 매년 연도별 안전관리계획을 수립·시행해야 한다.
③ 다중이용업소의 안전관리를 위하여 시·도지사는 매년 안전관리집행계획을 수립하여 소방청장에게 제출해야 한다.
④ 다중이용업소의 안전관리집행계획은 해당 연도 전년 12월 31일까지 수립해야 한다.

다중이용업소법
제5조(안전관리기본계획의 수립·시행 등)
① 소방청장은 다중이용업소의 화재 등 재난이나 그 밖의 위급한 상황으로 인한 인적·물적 피해의 감소, 안전기준의 개발, 자율적인 안전관리능력의 향상, 화재배상책임보험제도의 정착 등을 위하여 5년마다 다중이용업소의 안전관리기본계획(이하 "기본계획"이라 한다)을 수립·시행해야 한다.
② 기본계획에는 다음 각 호의 사항이 포함되어야 한다.
　1. 다중이용업소의 안전관리에 관한 기본 방향
　2. 다중이용업소의 자율적인 안전관리 촉진에 관한 사항
　3. 다중이용업소의 화재안전에 관한 정보체계의 구축 및 관리
　4. 다중이용업소의 안전 관련 법령 정비 등 제도 개선에 관한 사항
　5. 다중이용업소의 적정한 유지·관리에 필요한 교육과 기술 연구·개발
　5의2. 다중이용업소의 화재배상책임보험에 관한 기본 방향
　5의3. 다중이용업소의 화재배상책임보험 가입관리전산망(이하 "책임보험전산망"이라 한다)의 구축·운영
　5의4. 다중이용업소의 화재배상책임보험제도의 정비 및 개선에 관한 사항
　6. 다중이용업소의 화재위험평가의 연구·개발에 관한 사항
　7. 그 밖에 다중이용업소의 안전관리에 관하여 대통령령으로 정하는 사항
③ 소방청장은 기본계획에 따라 매년 연도별 안전관리계획(이하 "연도별계획"이라 한다)을 수립·시행해야 한다.
④ 소방청장은 제1항 및 제3항에 따라 수립된 기본계획 및 연도별계획을 관계 중앙행정기관의 장과 특별시장·광역시장·도지사 또는 특별자치도지사(이하 "시·도지사"라 한다)에게 통보해야 한다.

정답 : 073. ②　　074. ③

⑤ 소방청장은 기본계획 및 연도별계획을 수립하기 위하여 필요하면 관계 중앙행정기관의 장 및 시·도지사에게 관련된 자료의 제출을 요구할 수 있다. 이 경우 자료 제출을 요구받은 관계 중앙행정기관의 장 또는 시·도지사는 특별한 사유가 없으면 요구에 따라야 한다.

제6조(집행계획의 수립·시행 등)
① 소방본부장은 기본계획 및 연도별계획에 따라 관할 지역 다중이용업소의 안전관리를 위하여 매년 안전관리집행계획(이하 "집행계획"이라 한다)을 수립하여 소방청장에게 제출해야 한다.
② 소방본부장은 집행계획을 수립하기 위하여 필요하면 해당 시장·군수·구청장(자치구의 구청장을 말한다. 이하 같다)에게 관련된 자료의 제출을 요구할 수 있다. 이 경우 자료 제출을 요구받은 해당 시장·군수·구청장은 특별한 사유가 없으면 요구에 따라야 한다.
③ 집행계획의 수립 시기, 대상, 내용 등에 관하여 필요한 사항은 대통령령으로 정한다.

## 075 다중이용업소의 화재배상책임보험에 관한 설명으로 옳지 않은 것은?

① 사망의 경우 피해자 1명당 1억5천만 원의 범위에서 피해자에게 발생한 손해액을 지급한다.
② 척추체 분쇄성 골절 부상의 경우 1천만 원 범위에서 피해자에게 발생한 손해액을 지급한다.
③ 안전시설등을 설치하려는 경우 다중이용업주는 화재배상책임보험에 가입한 후 그 증명서를 소방본부장 또는 소방서장에게 제출해야 한다.
④ 보험회사는 화재배상책임보험에 가입해야 할 자와 계약을 체결한 경우 그 사실을 보험회사의 전산시스템에 입력한 날부터 5일 이내에 소방서장에게 알려야 한다.

---

② 1천만 원 범위 → 3천만 원 범위

다중이용업소법 시행령 제9조의3(화재배상책임보험의 보험금액)
① 법 제13조의2제1항에 따라 다중이용업주 및 다중이용업을 하려는 자가 가입해야 하는 화재배상책임보험은 다음 각 호의 기준을 충족하는 것이어야 한다.
  1. 사망의 경우 : 피해자 1명당 1억5천만 원의 범위에서 피해자에게 발생한 손해액을 지급할 것. 다만, 그 손해액이 2천만 원 미만인 경우에는 2천만 원으로 한다.
  2. 부상의 경우 : 피해자 1명당 별표 2에서 정하는 금액의 범위에서 피해자에게 발생한 손해액을 지급할 것
  3. 부상에 대한 치료를 마친 후 더 이상의 치료효과를 기대할 수 없고 그 증상이 고정된 상태에서 그 부상이 원인이 되어 신체의 장애(이하 "후유장애"라 한다)가 생긴 경우: 피해자 1명당 별표 3에서 정하는 금액의 범위에서 피해자에게 발생한 손해액을 지급할 것
  4. 재산상 손해의 경우 : 사고 1건당 10억 원의 범위에서 피해자에게 발생한 손해액을 지급할 것
② 제1항에 따른 화재배상책임보험은 하나의 사고로 제1항제1호부터 제3호까지 중 둘 이상에 해당하게 된 경우 다음 각 호의 기준을 충족하는 것이어야 한다.
  1. 부상당한 사람이 치료 중 그 부상이 원인이 되어 사망한 경우 : 피해자 1명당 제1항제1호에 따른 금액과 제1항제2호에 따른 금액을 더한 금액을 지급할 것
  2. 부상당한 사람에게 후유장애가 생긴 경우: 피해자 1명당 제1항제2호에 따른 금액과 제1항제3호에 따른 금액을 더한 금액을 지급할 것
  3. 제1항제3호에 따른 금액을 지급한 후 그 부상이 원인이 되어 사망한 경우 : 피해자 1명당 제1항제1호에 따른 금액에서 제1항제3호에 따른 금액 중 사망한 날 이후에 해당하는 손해액을 뺀 금액을 지급할 것

정답 : 075. ②

### 시행령 [별표 2] 부상 등급별 화재배상책임보험 보험금액의 한도(제9조의2제1항제2호 관련)

| 부상 등급 | 한도 금액 | 부상 내용 |
|---|---|---|
| 1급 | 3천만 원 | 1. 엉덩관절의 골절 또는 골절성 탈구<br>2. 척추체 분쇄성 골절<br>3. 척추체 골절 또는 탈구로 인한 각종 신경증상으로 수술을 시행한 부상<br>4. 외상성 머리뼈안(두개강)의 출혈로 머리뼈 절개술을 시행한 부상<br>5. 머리뼈의 함몰골절로 신경학적 증상이 심한 부상 또는 경막밑 수종, 수활액 낭종, 거미막밑 출혈 등으로 머리뼈 절개술을 시행한 부상<br>6. 고도의 뇌타박상(소량의 출혈이 뇌 전체에 퍼져 있는 손상을 포함한다)으로 생명이 위독한 부상(48시간 이상 혼수상태가 지속되는 경우만 해당한다)<br>7. 넓적다리뼈 몸통의 분쇄성 골절<br>8. 정강뼈 아래 3분의 1 이상의 분쇄성 골절<br>9. 화상·좌창(겉으로는 상처가 없으나 속의 피하 조직이나 장기가 손상된 부상을 말한다. 이하 같다)·괴사상처 등으로 연부조직의 손상이 심한 부상(몸 표면의 9퍼센트 이상의 부상을 말한다)<br>10. 사지와 몸통의 연부조직에 손상이 심하여 유경식피술을 시행한 부상<br>11. 위팔뼈 목 부위 골절과 몸통 분쇄골절이 중복된 경우 또는 위팔뼈 삼각골절<br>12. 그 밖에 1급에 해당한다고 인정되는 부상 |
| 2급 | 1,500만 원 | 1. 위팔뼈 분쇄성 골절<br>2. 척추체의 압박골절이 있으나 각종 신경증상이 없는 부상 또는 목뼈 탈구[불완전탈구(아탈구)를 포함한다], 골절 등으로 목뼈고정기(할로베스트) 등 고정술을 시행한 부상<br>3. 머리뼈 골절로 신경학적 증상이 현저한 부상(48시간 미만의 혼수상태 또는 반혼수상태가 지속되는 경우를 말한다)<br>4. 내부장기 파열과 골반뼈 골절이 동반된 부상 또는 골반뼈 골절과 요도 파열이 동반된 부상<br>5. 무릎관절 탈구<br>6. 발목관절 부위 골절과 골절성 탈구가 동반된 부상<br>7. 자뼈 몸통 골절과 노뼈머리 탈구가 동반된 부상<br>8. 엉치엉덩관절 탈구<br>9. 무릎관절 앞·뒤 십자인대 및 내측부 인대 파열과 내외측 반달모양 물렁뼈가 전부 파열된 부상<br>10. 그 밖에 2급에 해당한다고 인정되는 부상 |
| 3급 | 1,200만 원 | 1. 위팔뼈목 골절<br>2. 위팔뼈 관절융기(위팔뼈의 둥근부분으로 팔꿈치관절에 닿는 부분을 말한다) 골절과 팔꿈치관절 탈구가 동반된 부상<br>3. 노뼈와 자뼈의 몸통 골절이 동반된 부상<br>4. 손목 손배뼈(손목 관절에서 엄지쪽에 위치하는 손목뼈의 하나를 말한다) 골절<br>5. 노뼈 신경손상을 동반한 위팔뼈 몸통 골절<br>6. 넓적다리뼈 몸통 골절(소아의 경우에는 수술을 시행한 경우만 해당하며, 그 외의 사람의 경우에는 수술의 시행 여부를 불문한다)<br>7. 무릎뼈(슬개골을 말한다. 이하 같다) 분쇄 골절과 탈구로 인하여 무릎뼈 완전 제거 수술을 시행한 부상<br>8. 정강뼈 관절융기 골절로 인하여 관절면이 손상되는 부상[정강뼈 융기사이결절 골절로 개방정복(피부와 근육 절개 후 골절된 뼈를 바로잡는 시술을 말한다. 이하 같다)을 시행한 경우를 포함한다]<br>9. 발목뼈·자뼈 간 관절 탈구와 골절이 동반된 부상 또는 발목발허리관절(Lisfranc joint: 발등뼈와 발목을 이어주는 관절을 말한다. 이하 같다)의 골절 및 탈구<br>10. 앞·뒤 십자인대 또는 내외측 반달모양 물렁뼈 파열과 정강뼈 융기사이결절 골절 등이 복합된 속무릎장애(슬내장) |

| 부상<br>등급 | 한도 금액 | 부상 내용 |
|---|---|---|
| 3급 | 1,200만 원 | 11. 복부 내장 파열로 수술이 불가피한 부상 또는 복강 내 출혈로 수술한 부상<br>12. 뇌손상으로 뇌신경 마비를 동반한 부상<br>13. 중증도의 뇌타박상(소량의 출혈이 뇌 전체에 퍼져 있는 손상을 포함한다)으로 신경학적 증상이 심한 부상(48시간 미만의 혼수상태 또는 반혼수상태가 지속되는 경우를 말한다)<br>14. 개방성 공막(각막을 제외한 안구의 대부분을 싸고 있는 흰색의 막을 말한다. 이하 같다) 찢김상처로 양쪽 안구가 파열되어 두 눈 적출술을 시행한 부상<br>15. 목뼈고리(목뼈의 추골 뒷부분인 추궁을 말한다)의 선모양 골절<br>16. 항문 파열로 인공항문 조성술 또는 요도 파열로 요도성형술을 시행한 부상<br>17. 넓적다리뼈 관절융기 분쇄 골절로 인하여 관절면이 손상되는 부상<br>18. 그 밖에 3급에 해당한다고 인정되는 부상 |

## 076  다중이용업소의 화재위험평가 등에 관한 설명으로 옳지 않은 것은?

① 5층 이상인 건축물로서 다중이용업소가 10개 이상인 경우 화재위험평가를 할 수 있다.
② 화재안전등급의 산정기준, 방법 등은 소방청장이 고시한다.
③ 소방서장은 화재안전등급이 C등급인 경우 조치를 명할 수 있다.
④ 화재위험평가 대행자가 화재위험평가서를 허위로 작성한 경우 1차 행정처분기준은 업무정지 6월이다.

다중이용업소법 제15조(다중이용업소에 대한 화재위험평가 등) 제2항
소방청장, 소방본부장 또는 소방서장은 화재위험평가 결과 그 화재안전등급이 대통령령으로 정하는 기준 미만인 경우에는 해당 다중이용업주에게 「화재예방 및 안전관리에 관한 법률」 제14조에 따른 조치를 명할 수 있다.

다중이용업소법 시행령 제11조(화재안전등급)
① 법 제15조제2항에서 "대통령령으로 정하는 기준 미만인 경우"란 별표 4의 디(D) 등급 또는 이(E) 등급인 경우를 말한다.
② 제1항에 따른 화재안전등급의 산정기준·방법 등은 소방청장이 정하여 고시한다.
(24.1.이후 개정예정)

[ 화재안전등급 ]

| 등급 | 평가점수 |
|---|---|
| A | 80 이상 |
| B | 60 이상 79 이하 |
| C | 40 이상 59 이하 |
| D | 20 이상 39 이하 |
| E | 20 미만 |

비고
"평가점수"란 다중이용업소에 대하여 화재예방, 화재감지·경보, 피난, 소화설비, 건축방재 등의 항목별로 소방청장이 정하여 고시하는 기준을 갖추었는지에 대하여 평가한 점수를 말한다.

정답 : 076. ③

## 077 다중이용업주의 안전시설등에 대한 정기점검에 관한 설명으로 옳은 것은?

① 다중이용업주는 다중이용업소의 안전관리를 위하여 정기적으로 안전시설 등을 점검하고 그 점검결과서를 1년간 보관해야 한다.
② 자체점검을 한 경우 이외에는 매년 1회 이상 점검해야 한다.
③ 다중이용업주는 정기점검을 직접 수행할 수 없다.
④ 다중이용업소의 종업원인 경우에는 국가기술자격법에 따라 소방기술사의 자격을 보유하였더라도 안전점검자의 자격은 없다.

(1) 점검주기 : 매 분기별 1회 이상 점검. 다만, 자체점검을 실시한 경우에는 자체점검을 실시한 그 분기에는 점검을 실시하지 아니할 수 있다.
(2) 안전점검자의 자격
  ㉠ 해당 영업장의 다중이용업주 또는 다중이용업소가 위치한 특정소방대상물의 소방안전관리자(소방안전관리자가 선임된 경우에 한한다)
  ㉡ 해당 업소의 종업원 중 소방안전관리자 자격을 취득한 자, 소방기술사·소방시설관리사·소방설비기사 또는 소방설비산업기사 자격을 취득한 자
  ㉢ 소방시설관리업자

## 078 다중이용업소법령상 다중이용업소의 안전관리기본계획의 수립권자는?

① 행정안전부장관    ② 소방청장
③ 시·도지사         ④ 소방본부장

소방청장은 다중이용업소의 화재 등 재난이나 그 밖의 위급한 상황으로 인한 인적·물적 피해의 감소, 안전기준의 개발, 자율적인 안전관리능력의 향상, 화재배상책임보험제도의 정착 등을 위하여 5년마다 다중이용업소의 안전관리기본계획을 수립·시행해야 한다.

## 079 다중이용업소법령상 이행강제금을 부과하는 경우는?

① 다중이용업소의 사용금지 또는 제한 명령을 위반한 경우
② 소방안전교육을 받지 않거나 종업원이 소방안전교육을 받도록 하지 않은 경우
③ 정기점검결과서를 보관하지 않은 경우
④ 화재배상책임보험에 가입하지 않은 경우

다중이용업소의 사용금지 또는 제한 명령을 위반한 경우 600만 원의 이행강제금을 부과한다.

시행령 [별표 7] 이행강제금 부과기준(제24조제1항 관련)
1. 일반기준
   이행강제금 부과권자는 위반행위의 동기와 그 결과를 고려하여 제2호의 이행강제금 부과기준액의 2분의 1까지 경감하여 부과할 수 있다.

정답 : 077. ①   078. ②   079. ①

2. 개별기준

(단위: 만 원)

| 위반행위 | 근거 법조문 | 이행강제금 금액 |
|---|---|---|
| 가. 법 제9조제2항에 따른 안전시설 등에 대하여 보완 등 필요한 조치명령을 위반한 경우<br>　1) 안전시설 등의 작동·기능에 지장을 주지 않는 경미한 사항인 경우<br>　2) 안전시설 등을 고장상태로 방치한 경우<br>　3) 안전시설 등을 설치하지 않은 경우 | 법 제26조제1항 | <br><br>200<br><br>600<br>1,000 |
| 나. 법 제10조제3항에 따른 실내장식물에 대한 교체 또는 제거 등 필요한 조치명령을 위반한 경우 | 법 제26조제1항 | 1,000 |
| 다. 법 제10조의2제3항에 따른 영업장의 내부구획에 대한 보완 등 필요한 조치명령을 위반한 경우 | 법 제26조제1항 | 1,000 |
| 라. 법 제15조제2항에 따른 소방특별조사 조치명령을 위반한 경우<br>　1) 다중이용업소의 공사의 정지 또는 중지 명령을 위반한 경우<br>　2) 다중이용업소의 사용금지 또는 제한 명령을 위반한 경우<br>　3) 다중이용업소의 개수·이전 또는 제거 명령을 위반한 경우 | 법 제26조제1항 | <br><br>200<br><br>600<br><br>1,000 |

## 080 다중이용업소법령상 다중이용업주의 화재배상책임보험가입 등에 관한 설명으로 옳지 않은 것은?

① 다중이용업주는 다중이용업주의 성명을 변경한 경우에는 화재배상책임보험에 가입한 후 그 증명서를 소방본부장 또는 소방서장에게 제출해야 한다.
② 보험회사는 화재배상책임보험의 보험금 청구를 받은 때에는 청구 받은 날로부터 14일 이내에 피해자에게 보험금을 지급해야 한다.
③ 다중이용업주가 화재배상책임보험 청약 당시 보험회사가 요청한 안전시설 등의 유지·관리에 관한 사항 등을 거짓으로 알리는 경우 보험회사는 계약을 거절할 수 있다.
④ 소방서장은 다중이용업주가 화재배상책임보험에 가입하지 아니하였을 때에는 허가관청에 다중이용업주에 대한 영업의 정지 등 필요한 조치를 취할 것을 요청할 수 있다.

 보험회사는 화재배상책임보험의 보험금 청구를 받은 때에는 지체 없이 지급할 보험금을 결정하고 보험금 결정 후 14일 이내에 피해자에게 보험금을 지급해야 한다.

 정답 : 080. ②

## 081
다중이용업소법령상 다중이용업소의 영업장에 설치·유지해야 하는 안전시설 등에 관한 설명으로 옳지 않은 것은?

① 밀폐구조의 영업장에는 간이스프링클러설비를 설치해야 한다.
② 노래반주기 등 영상음향장치를 사용하는 영업장에는 자동화재탐지설비를 설치해야 한다.
③ 구획된 실이 있는 노래연습장업의 영업장에는 영업장 내부 피난통로를 설치해야 한다.
④ 피난유도선은 모든 다중이용업소의 영업장에 설치해야 한다.

피난유도선 : 영업장 내부 피난통로 또는 복도가 있는 영업장에만 설치한다.

## 082
다중이용업소법령상 소방본부장이 관할지역 다중이용업소의 안전관리를 위하여 수립하는 안전관리집행계획에 포함되는 사항이 아닌 것은?

① 다중이용업소 밀집 지역의 소방시설 설치, 유지·관리와 개선계획
② 다중이용업소의 화재안전에 관한 정보체계의 구축
③ 다중이용업주와 종업원에 대한 소방안전교육·훈련계획
④ 다중이용업주와 종업원에 대한 자체지도 계획

다중이용업소법 시행령 제8조(집행계획의 내용 등)
① 소방본부장은 제4조제3항에 따라 공고된 기본계획과 제7조제2항에 따라 통보된 연도별 계획에 따라 안전관리집행계획(이하 "집행계획"이라 한다)을 수립해야 하며, 수립된 집행계획과 전년도 추진실적을 매년 1월 31일까지 소방청장에게 제출해야 한다.
② 소방본부장은 법 제6조제1항에 따라 관할지역의 다중이용업소에 대한 집행계획을 수립할 때에는 다음 각 호의 사항을 포함시켜야 한다.
 1. 다중이용업소 밀집 지역의 소방시설 설치, 유지·관리와 개선계획
 2. 다중이용업주와 종업원에 대한 소방안전교육·훈련계획
 3. 다중이용업주와 종업원에 대한 자체지도 계획
 4. 법 제15조제1항 각 호의 어느 하나에 해당하는 다중이용업소의 화재위험평가의 실시 및 평가
 5. 제4호에 따른 평가결과에 따른 조치계획(화재위험지역이나 건축물에 대한 안전관리와 시설정비 등에 관한 사항을 포함한다)
③ 법 제6조제3항에 따른 집행계획의 수립시기는 해당 연도 전년 12월 31일까지로 하며, 그 수립대상은 제2조의 다중이용업으로 한다.

## 083
다중이용업소법령상 다중이용업주는 화재배상 책임보험에 가입할 의무가 있다. 이 화재배상 책임보험에서 부상등급과 보험금액의 한도가 바르게 연결되지 않은 것은?

① 1급 - 3천만 원
② 2급 - 1천5백만 원
③ 3급 - 1천2백만 원
④ 4급 - 9백만 원

정답 : 081.④　082.②　083.④

**시행령 [별표 2] 부상 등급별 화재배상책임보험 보험금액의 한도(제9조의2제1항제2호 관련)**

| 부상 등급 | 한도 금액 | 부상 내용 |
|---|---|---|
| 1급 | 3천만 원 | 1. 엉덩관절의 골절 또는 골절성 탈구<br>2. 척추체 분쇄성 골절<br>3. 척추체 골절 또는 탈구로 인한 각종 신경증상으로 수술을 시행한 부상<br>4. 외상성 머리뼈안(두개강)의 출혈로 머리뼈 절개술을 시행한 부상<br>5. 머리뼈의 함몰골절로 신경학적 증상이 심한 부상 또는 경막밑 수종, 수활액 낭종, 거미막밑 출혈 등으로 머리뼈 절개술을 시행한 부상<br>6. 고도의 뇌타박상(소량의 출혈이 뇌 전체에 퍼져 있는 손상을 포함한다)으로 생명이 위독한 부상(48시간 이상 혼수상태가 지속되는 경우만 해당한다)<br>7. 넓적다리뼈 몸통의 분쇄성 골절<br>8. 정강뼈 아래 3분의 1 이상의 분쇄성 골절<br>9. 화상·좌창(겉으로는 상처가 없으나 속의 피하 조직이나 장기가 손상된 부상을 말한다. 이하 같다)·괴사상처 등으로 연부조직의 손상이 심한 부상(몸 표면의 9퍼센트 이상의 부상을 말한다)<br>10. 사지와 몸통의 연부조직에 손상이 심하여 유경식피술을 시행한 부상<br>11. 위팔뼈 목 부위 골절과 몸통 분쇄골절이 중복된 경우 또는 위팔뼈 삼각골절<br>12. 그 밖에 1급에 해당한다고 인정되는 부상 |
| 2급 | 1,500만 원 | 1. 위팔뼈 분쇄성 골절<br>2. 척추체의 압박골절이 있으나 각종 신경증상이 없는 부상 또는 목뼈 탈구[불완전 탈구(아탈구)를 포함한다], 골절 등으로 목뼈고정기(할로베스트) 등 고정술을 시행한 부상<br>3. 머리뼈 골절로 신경학적 증상이 현저한 부상(48시간 미만의 혼수상태 또는 반혼수상태가 지속되는 경우를 말한다)<br>4. 내부장기 파열과 골반뼈 골절이 동반된 부상 또는 골반뼈 골절과 요도 파열이 동반된 부상<br>5. 무릎관절 탈구<br>6. 발목관절 부위 골절과 골절성 탈구가 동반된 부상<br>7. 자뼈 몸통 골절과 노뼈머리 탈구가 동반된 부상<br>8. 엉치엉덩관절 탈구<br>9. 무릎관절 앞·뒤 십자인대 및 내측부 인대 파열과 내외측 반달모양 물렁뼈가 전부 파열된 부상<br>10. 그 밖에 2급에 해당한다고 인정되는 부상 |
| 3급 | 1,200만 원 | 1. 위팔뼈목 골절<br>2. 위팔뼈 관절융기(위팔뼈의 둥근부분으로 팔꿈치관절에 닿는 부분을 말한다) 골절과 팔꿈치관절 탈구가 동반된 부상<br>3. 노뼈와 자뼈의 몸통 골절이 동반된 부상<br>4. 손목 손배뼈(손목 관절에서 엄지쪽에 위치하는 손목뼈의 하나를 말한다) 골절<br>5. 노뼈 신경손상을 동반한 위팔뼈 몸통 골절<br>6. 넓적다리뼈 몸통 골절(소아의 경우에는 수술을 시행한 경우만 해당하며, 그 외의 사람의 경우에는 수술의 시행 여부를 불문한다)<br>7. 무릎뼈(슬개골을 말한다. 이하 같다) 분쇄 골절과 탈구로 인하여 무릎뼈 완전 제거 수술을 시행한 부상<br>8. 정강뼈 관절융기 골절로 인하여 관절면이 손상되는 부상[정강뼈 융기사이결절 골절로 개방정복(피부와 근육 절개 후 골절된 뼈를 바로잡는 시술을 말한다. 이하 같다)을 시행한 경우를 포함한다]<br>9. 발목뼈·자뼈 간 관절 탈구와 골절이 동반된 부상 또는 발목발허리관절(Lisfranc joint: 발등뼈와 발목을 이어주는 관절을 말한다. 이하 같다)의 골절 및 탈구 |

| 부상등급 | 한도 금액 | 부상 내용 |
|---|---|---|
| 3급 | 1,200만 원 | 10. 앞·뒤 십자인대 또는 내외측 반달모양 물렁뼈 파열과 정강뼈 융기사이결절 골절 등이 복합된 속무릎장애(슬내장)<br>11. 복부 내장 파열로 수술이 불가피한 부상 또는 복강 내 출혈로 수술한 부상<br>12. 뇌손상으로 뇌신경 마비를 동반한 부상<br>13. 중증도의 뇌타박상(소량의 출혈이 뇌 전체에 퍼져 있는 손상을 포함한다)으로 신경학적 증상이 심한 부상(48시간 미만의 혼수상태 또는 반혼수상태가 지속되는 경우를 말한다)<br>14. 개방성 공막(각막을 제외한 안구의 대부분을 싸고 있는 흰색의 막을 말한다. 이하 같다) 찢김상처로 양쪽 안구가 파열되어 두 눈 적출술을 시행한 부상<br>15. 목뼈고리(목뼈의 추골 뒷부분인 추궁을 말한다)의 선모양 골절<br>16. 항문 파열로 인공항문 조성술 또는 요도 파열로 요도성형술을 시행한 부상<br>17. 넓적다리뼈 관절융기 분쇄 골절로 인하여 관절면이 손상되는 부상<br>18. 그 밖에 3급에 해당한다고 인정되는 부상 |
| 4급 | 1천만 원 | 1. 넓적다리뼈 관절융기(먼쪽부위, 위관절융기 및 융기사이오목을 포함한다) 골절<br>2. 정강뼈 몸통 골절, 관절면 침범이 없는 정강뼈 관절융기 골절<br>3. 목말뼈목 골절<br>4. 슬개 인대 파열<br>5. 어깨 관절부위의 돌림근띠(회전근개라고도 하며, 어깨관절을 감싸면서, 어깨관절을 돌리는 네 근육을 말한다) 골절<br>6. 위팔뼈 가쪽위관절융기 전위 골절<br>7. 팔꿈치관절부위 골절과 탈구가 동반된 부상<br>8. 화상, 좌창, 괴사상처 등으로 연부조직의 손상이 몸 표면의 약 4.5퍼센트 이상인 부상<br>9. 안구 파열로 적출술이 불가피한 부상 또는 개방성 공막 찢김상처로 안구 적출술, 각막 이식술을 시행한 부상<br>10. 넓적다리 네 갈래근, 넓적다리 두 갈래근 파열로 개방정복을 시행한 부상<br>11. 무릎관절의 안쪽·바깥쪽 인대, 앞·뒤 십자인대, 안쪽·바깥쪽 반달모양 물렁뼈 완전 파열(부분 파열로 수술을 시행한 경우를 포함한다)<br>12. 개방정복을 시행한 소아의 정강뼈·종아리뼈 아래 3분의 1 이상의 분쇄성 골절<br>13. 그 밖에 4급에 해당한다고 인정되는 부상 |
| 5급 | 900만 원 | 1. 골반뼈의 중복 골절(말게뉴 골절 등을 포함한다)<br>2. 발목관절부위의 안쪽·바깥쪽 복사 골절이 동반된 부상<br>3. 발뒤꿈치뼈 골절<br>4. 위팔뼈 몸통 골절<br>5. 노뼈 먼쪽부위[콜리스골절(팔목 바로 위 노뼈가 부러져 손바닥이 등쪽이나 바깥쪽으로 돌아간 상태를 말한다), 스미스골절(콜리스 골절의 반대로서 팔목 바로 위 노뼈가 부러져 뼛조각이 손바닥쪽으로 어긋난 상태를 말한다), 수근 관절면, 노뼈 먼쪽뼈끝골절을 포함한다] 골절<br>6. 자뼈 몸쪽부위 골절<br>7. 다발성 갈비뼈 골절로 혈액가슴증(혈흉), 공기가슴증(기흉)이 동반된 부상 또는 단순 갈비뼈 골절과 혈액가슴증, 공기가슴증이 동반되어 흉관 삽관술을 시행한 부상<br>8. 발등 근육힘줄 파열상처<br>9. 손바닥 근육힘줄 파열상처[위팔의 깊게 찢긴 상처(심부 열창)로 삼각근, 이두근 근육힘줄 파열을 포함한다]<br>10. 아킬레스힘줄 파열<br>11. 소아의 위팔뼈 몸통 골절(분쇄 골절을 포함한다)로 수술한 부상<br>12. 결막, 공막, 망막 등의 자체 파열로 봉합술을 시행한 부상<br>13. 목말뼈 골절(목은 제외한다)<br>14. 개방정복을 시행하지 않은 소아의 정강뼈·종아리뼈 아래의 3분의 1 이상의 분쇄 골절<br>15. 개방정복을 시행한 소아의 정강뼈 분쇄 골절<br>16. 23개 이상의 치아에 보철이 필요한 부상<br>17. 그 밖에 5급에 해당된다고 인정되는 부상 |

## 084 다음은 다중이용업소법령상 안전관리기본계획의 수립 및 시행 등에 관한 조문 중 일부이다. ( )에 들어갈 내용으로 옳은 것은?

> 소방청장은 다중이용업소의 화재 등 재난이나 그 밖의 위급한 상황으로 인한 인적·물적 피해의 감소, 안전기준의 개발, 자율적인 안전관리 능력의 향상, 화재배상책임보험제도의 정착 등을 위하여 ( )마다 다중이용업소의 안전관리기본계획을 수립·시행해야 한다.

① 1년  ② 3년
③ 5년  ④ 7년

40번 문제 해설 참조

## 085 다중이용업소법령상 안전시설등에 해당하지 않는 것은?

① 옥내소화전설비  ② 구조대
③ 영업장 내부 피난통로  ④ 창문

다중이용업소법 제2조(정의)
2. "안전시설등"이란 소방시설, 비상구, 영업장 내부 피난통로, 그 밖의 안전시설로서 대통령령으로 정하는 것을 말한다.
다중이용업소법 시행령 [별표 1] 안전시설등(제2조의2 관련)
1. 소방시설
  가. 소화설비
    1) 소화기 또는 자동확산소화기
    2) 간이스프링클러설비(캐비닛형 간이스프링클러설비를 포함한다)
  나. 경보설비
    1) 비상벨설비 또는 자동화재탐지설비
    2) 가스누설경보기
  다. 피난설비
    1) 피난기구
      가) 미끄럼대
      나) 피난사다리
      다) 구조대
      라) 완강기
      마) 다수인 피난장비
      바) 승강식 피난기
    2) 피난유도선
    3) 유도등, 유도표지 또는 비상조명등
    4) 휴대용비상조명등
2. 비상구
3. 영업장 내부 피난통로
4. 그 밖의 안전시설
  가. 영상음향차단장치
  나. 누전차단기
  다. 창문

정답: 084. ③  085. ①

## 086 「다중이용업소법」상 다중이용업소의 안전관리기본계획 등에 관한 설명으로 옳은 것은?

① 소방청장은 5년마다 다중이용업소의 안전관리기본계획을 수립·시행해야 한다.
② 소방본부장은 기본계획에 따라 매년 연도별 안전관리계획을 수립·시행해야 한다.
③ 소방서장은 기본계획 및 연도별 계획에 따라 매년 안전관리집행계획을 수립한다.
④ 국무총리는 기본계획을 수립하면 대통령에게 보고하고 관계 중앙행정기관의 장과 시·도지사에게 통보한 후 이를 공고해야 한다.

다중이용업소법 제5조(안전관리기본계획의 수립·시행 등)
① 소방청장은 다중이용업소의 화재 등 재난이나 그 밖의 위급한 상황으로 인한 인적·물적 피해의 감소, 안전기준의 개발, 자율적인 안전관리능력의 향상, 화재배상책임보험제도의 정착 등을 위하여 5년마다 다중이용업소의 안전관리기본계획(이하 "기본계획"이라 한다)을 수립·시행해야 한다.
② 기본계획에는 다음 각 호의 사항이 포함되어야 한다.
  1. 다중이용업소의 안전관리에 관한 기본 방향
  2. 다중이용업소의 자율적인 안전관리 촉진에 관한 사항
  3. 다중이용업소의 화재안전에 관한 정보체계의 구축 및 관리
  4. 다중이용업소의 안전 관련 법령 정비 등 제도 개선에 관한 사항
  5. 다중이용업소의 적정한 유지·관리에 필요한 교육과 기술 연구·개발
  5의2. 다중이용업소의 화재배상책임보험에 관한 기본 방향
  5의3. 다중이용업소의 화재배상책임보험 가입관리전산망(이하 "책임보험전산망"이라 한다)의 구축·운영
  5의4. 다중이용업소의 화재배상책임보험제도의 정비 및 개선에 관한 사항
  6. 다중이용업소의 화재위험평가의 연구·개발에 관한 사항
  7. 그 밖에 다중이용업소의 안전관리에 관하여 대통령령으로 정하는 사항
③ 소방청장은 기본계획에 따라 매년 연도별 안전관리계획(이하 "연도별계획"이라 한다)을 수립·시행해야 한다.
④ 소방청장은 제1항 및 제3항에 따라 수립된 기본계획 및 연도별계획을 관계 중앙행정기관의 장과 특별시장·광역시장·도지사 또는 특별자치도지사(이하 "시·도지사"라 한다)에게 통보해야 한다.
⑤ 소방청장은 기본계획 및 연도별계획을 수립하기 위하여 필요하면 관계 중앙행정기관의 장 및 시·도지사에게 관련된 자료의 제출을 요구할 수 있다. 이 경우 자료 제출을 요구받은 관계 중앙행정기관의 장 또는 시·도지사는 특별한 사유가 없으면 요구에 따라야 한다.

제6조(집행계획의 수립·시행 등)
① 소방본부장은 기본계획 및 연도별계획에 따라 관할 지역 다중이용업소의 안전관리를 위하여 매년 안전관리집행계획(이하 "집행계획"이라 한다)을 수립하여 소방청장에게 제출해야 한다.
② 소방본부장은 집행계획을 수립하기 위하여 필요하면 해당 시장·군수·구청장(자치구의 구청장을 말한다. 이하 같다)에게 관련된 자료의 제출을 요구할 수 있다. 이 경우 자료 제출을 요구받은 해당 시장·군수·구청장은 특별한 사유가 없으면 요구에 따라야 한다.
③ 집행계획의 수립 시기, 대상, 내용 등에 관하여 필요한 사항은 대통령령으로 정한다.

정답 : 086. ①

## 087  다중이용업소법령상 다중이용업소의 안전관리기준 등에 대한 설명 중 옳지 않은 것은?

① 밀폐구조의 영업장으로서 대통령으로 정하는 영업장에는 소방시설 중 간이스프링클러설비를 행정안전부령으로 정하는 기준에 따라 설치해야 한다
② 소방본부장이나 소방서장은 안전시설등이 행정안전부령으로 정하는 기준에 맞게 설치 또는 유지되어 있지 아니한 경우에는 그 다중이용업주에게 안전시설등의 보완 등 필요한 조치를 명하거나 허가관청에 관계 법령에 따른 영업정지 처분 또는 허가등의 취소를 요청할 수 있다
③ 업장 내부구조를 변경하려는 경우로서 내부통로 구조가 변경되는 경우 소방본부장이나 소방서장에게 행정안전부령으로 정하는 안전시설등의 설계도서를 첨부하여 행정안전부령으로 정하는 바에 따라 신고해야 한다.
④ 소방청장은 변경신고를 받았을 때에는 설계도서가 행정안전부령으로 정하는 기준에 맞는지를 확인하고, 그에 맞도록 지도해야 한다

다중이용업법 제9조(다중이용업소의 안전관리기준 등) ① 다중이용업주 및 다중이용업을 하려는 자는 영업장에 대통령으로 정하는 안전시설등을 행정안전부령으로 정하는 기준에 따라 설치·유지해야 한다. 이 경우 다음 각 호의 어느 하나에 해당하는 영업장 중 대통령령으로 정하는 영업장에는 소방시설 중 간이스프링클러설비를 행정안전부령으로 정하는 기준에 따라 설치해야 한다.
  1. 숙박을 제공하는 형태의 다중이용업소의 영업장
  2. 밀폐구조의 영업장
② 소방본부장이나 소방서장은 안전시설등이 행정안전부령으로 정하는 기준에 맞게 설치 또는 유지되어 있지 아니한 경우에는 그 다중이용업주에게 안전시설등의 보완 등 필요한 조치를 명하거나 허가관청에 관계 법령에 따른 영업정지 처분 또는 허가등의 취소를 요청할 수 있다.
③ 다중이용업을 하려는 자(다중이용업을 하고 있는 자를 포함한다)는 다음 각 호의 어느 하나에 해당하는 경우에는 안전시설등을 설치하기 전에 미리 소방본부장이나 소방서장에게 행정안전부령으로 정하는 안전시설등의 설계도서를 첨부하여 행정안전부령으로 정하는 바에 따라 신고해야 한다.
  1. 안전시설등을 설치하려는 경우
  2. 영업장 내부구조를 변경하려는 경우로서 다음 각 목의 어느 하나에 해당하는 경우
    가. 영업장 면적의 증가
    나. 영업장의 구획된 실의 증가
    다. 내부통로 구조의 변경
  3. 안전시설등의 공사를 마친 경우
④ 소방본부장이나 소방서장은 제3항제1호 및 제2호에 따라 신고를 받았을 때에는 설계도서가 행정안전부령으로 정하는 기준에 맞는지를 확인하고, 그에 맞도록 지도해야 한다.
⑤ 소방본부장이나 소방서장은 제3항제3호에 따라 공사완료의 신고를 받았을 때에는 안전시설등이 행정안전부령으로 정하는 기준에 맞게 설치되었다고 인정하는 경우에는 행정안전부령으로 정하는 바에 따라 안전시설등 완비증명서를 발급해야 하며, 그 기준에 맞지 아니한 경우에는 시정될 때까지 안전시설등 완비증명서를 발급하여서는 아니 된다.
⑥ 법률 제9330호 다중이용업소의 안전관리에 관한 특별법 일부개정법률 부칙 제3항에 따라 대통령령으로 정하는 숙박을 제공하는 형태의 다중이용업소의 영업장으로서 2009년 7월 8일 전에 영업을 개시한 후 영업장의 내부구조·실내장식물·안전시설등 또는 영업주를 변경한 사실이 없는 영업장을 운영하는 다중이용업주가 제1항 후단에 따라 해당 영업장에 간이스프링클러설비를 설치하는 경우 국가와 지방자치단체는 필요한 비용의 일부를 대통령령으로 정하는 바에 따라 지원할 수 있다.

정답 : 087. ②

**088** 다중이용업소법령상 다중이용업소의 안전관리기본계획(이하 "기본계획"이라 한다)의 수립·시행에 관한 설명으로 옳지 않은 것은?

① 기본계획에는 다중이용업소의 안전관리에 관한 기본방향이 포함되어야 한다.
② 소방청장은 수립된 기본계획을 시·도지사에게 통보해야 한다.
③ 시·도지사는 기본계획에 따라 연도별 계획을 수립·시행해야 한다.
④ 소방청장은 5년마다 다중이용업소의 기본계획을 수립·시행해야 한다.

86번 문제 해설 참조

**089** 다중이용업소법령상 화재위험평가대행자의 등록을 반드시 취소해야 하는 사유에 해당하지 않는 것은?

① 평가서를 거짓으로 작성하거나 고의 또는 중대한 과실로 평가서를 부실하게 작성한 경우
② 다른 사람에게 등록증이나 명의 대여한 경우
③ 거짓이나 그 밖의 부정한 방법으로 등록한 경우
④ 최근 1년 이내에 2회의 업무정지처분을 받고 다시 업무정지처분 사유에 해당하는 행위를 한 경우

다중이용업소법 제17조(평가대행자의 등록취소 등) 제1항
소방청장은 평가대행자가 다음 각 호의 어느 하나에 해당하는 경우에는 그 등록을 취소하거나 6개월 이내의 기간을 정하여 업무의 정지를 명할 수 있다. 다만, 제1호부터 제4호까지의 어느 하나에 해당하는 경우에는 그 등록을 취소해야 한다.
1. 제16조제2항 각 호의 어느 하나에 해당하는 경우. 다만, 제16조제2항제6호에 해당하는 경우 6개월 이내에 그 임원을 바꾸어 임명한 경우는 제외한다.
2. 거짓이나 그 밖의 부정한 방법으로 등록한 경우
3. 최근 1년 이내에 2회의 업무정지처분을 받고 다시 업무정지처분 사유에 해당하는 행위를 한 경우
4. 다른 사람에게 등록증이나 명의를 대여한 경우
5. 제16조제1항 전단에 따른 등록기준에 미치지 못하게 된 경우
6. 제16조제3항제2호를 위반하여 다른 평가서의 내용을 복제한 경우
7. 제16조제3항제3호를 위반하여 평가서를 행정안전부령으로 정하는 기간(화재위험평가결과보고서를 소방청장·소방본부장 또는 소방서장 등에게 제출한 날부터 2년) 동안 보존하지 아니한 경우
8. 제16조제3항제4호를 위반하여 도급받은 화재위험평가 업무를 하도급한 경우
9. 평가서를 거짓으로 작성하거나 고의 또는 중대한 과실로 평가서를 부실하게 작성한 경우
10. 등록 후 2년 이내에 화재위험평가 대행 업무를 시작하지 아니하거나 계속하여 2년 이상 화재위험평가 대행 실적이 없는 경우

정답 : 088. ③   089. ①

예상문제

## 090. 다중이용업소법령상 화재배상책임보험의 가입 촉진 및 관리에 관한 설명으로 옳지 않은 것은?

① 다중이용업주는 다중이용업주를 변경한 경우 화재배상책임보험에 가입한 후 그 증명서를 소방서장에게 제출해야 한다.
② 화재배상책임보험에 가입한 다중이용업주는 화재배상책임보험에 가입한 영업소임을 표시하는 표지를 부착할 수 있다.
③ 보험회사는 화재배상책임보험에 가입해야 할 자와 계약을 체결한 경우 소방서장에게 알려야 한다.
④ 소방서장은 다중이용업주가 화재배상책임보험에 가입하지 아니한 경우 허가취소를 하거나 영업정지를 할 수 있다.

 제13조의3(화재배상책임보험 가입 촉진 및 관리)
① 다중이용업주는 다음 각 호의 어느 하나에 해당하는 경우에는 화재배상책임보험에 가입한 후 그 증명서(보험증권을 포함한다)를 소방본부장 또는 소방서장에게 제출해야 한다.
  1. 제7조제2항제3호 중 다중이용업주를 변경한 경우
  2. 제9조제3항 각 호에 따른 신고를 할 경우
② 화재배상책임보험에 가입한 다중이용업주는 행정안전부령으로 정하는 바에 따라 화재배상책임보험에 가입한 영업소임을 표시하는 표지를 부착할 수 있다. [부착표지 생략]
③ 보험회사는 화재배상책임보험의 계약을 체결하고 있는 다중이용업주에게 그 계약 종료일의 75일 전부터 30일 전까지의 기간 및 30일 전부터 10일 전까지의 기간에 각각 그 계약이 끝난다는 사실을 알려야 한다. 다만, 다음 각 호의 어느 하나에 해당하는 경우에는 그러하지 아니하다.
  1. 보험기간이 1개월 이내인 계약의 경우
  2. 다중이용업주가 자기와 다시 계약을 체결한 경우
  3. 다중이용업주가 다른 보험회사와 새로운 계약을 체결한 사실을 안 경우
④ 보험회사는 화재배상책임보험에 가입해야 할 자가 다음 각 호의 어느 하나에 해당하면 그 사실을 행정안전부령으로 정하는 기간 내에 소방청장, 소방본부장 또는 소방서장에게 알려야 한다.
  1. 화재배상책임보험 계약을 체결한 경우
  2. 화재배상책임보험 계약을 체결한 후 계약 기간이 끝나기 전에 그 계약을 해지한 경우
  3. 화재배상책임보험 계약을 체결한 자가 그 계약 기간이 끝난 후 자기와 다시 계약을 체결하지 아니한 경우
⑤ 소방본부장 또는 소방서장은 다중이용업주가 화재배상책임보험에 가입하지 아니하였을 때에는 허가관청에 다중이용업주에 대한 인가·허가의 취소, 영업의 정지 등 필요한 조치를 취할 것을 요청할 수 있다.
⑥ 소방청장, 소방본부장 또는 소방서장은 다중이용업주의 화재배상책임보험 가입을 관리하기 위하여 필요한 경우에는 사업자등록번호를 기재하여 관할 세무서장의 장에게 과세정보 제공을 요청할 수 있고, 해당 과세정보에 관하여는 제7조제3항을 준용한다.

## 091. 다중이용업소법령상 용어의 정의로 옳지 않은 것은?

① "안전시설등"이란 소방시설, 비상구, 영업장 내부 피난통로 그 밖의 안전시설을 말한다.
② "영업장의 내부구획"이란 다중이용업소의 영업장 내부를 이용객들이 사용할 수 있도록 벽 또는 칸막이 등을 사용하여 구획된 실을 만드는 것을 말한다.
③ "실내장식물"이란 건축물 내부의 천장 또는 벽·바닥 등에 설치하는 것으로 옷장, 찬장 등 가구류가 포함된다.
④ "다중이용업"이란 불특정 다수인이 이용하는 영업 중 화재 등 재난 발생 시 생명·신체·재산상의 피해가 발생할 우려가 높은 영업을 말한다.

 정답 : 090. ④    091. ③

다중이용업소법 제2조(정의)
① 이 법에서 사용하는 용어의 뜻은 다음과 같다.
   1. "다중이용업"이란 불특정 다수인이 이용하는 영업 중 화재 등 재난 발생 시 생명·신체·재산상의 피해가 발생할 우려가 높은 것으로서 대통령령으로 정하는 영업을 말한다.
   2. "안전시설등"이란 소방시설, 비상구, 영업장 내부 피난통로, 그 밖의 안전시설로서 대통령령으로 정하는 것을 말한다.
   3. "실내장식물"이란 건축물 내부의 천장 또는 벽에 설치하는 것으로서 대통령령으로 정하는 것을 말한다.
   4. "화재위험평가"란 다중이용업의 영업소(이하 "다중이용업소"라 한다)가 밀집한 지역 또는 건축물에 대하여 화재 발생 가능성과 화재로 인한 불특정 다수인의 생명·신체·재산상의 피해 및 주변에 미치는 영향을 예측·분석하고 이에 대한 대책을 마련하는 것을 말한다.
   5. "밀폐구조의 영업장"이란 지상층에 있는 다중이용업소의 영업장 중 채광·환기·통풍 및 피난 등이 용이하지 못한 구조로 되어 있으면서 대통령령으로 정하는 기준에 해당하는 영업장을 말한다.
   6. "영업장의 내부구획"이란 다중이용업소의 영업장 내부를 이용객들이 사용할 수 있도록 벽 또는 칸막이 등을 사용하여 구획된 실(室)을 만드는 것을 말한다.
② 이 법에서 사용하는 용어의 뜻은 제1항에서 규정하는 것을 제외하고는 「소방기본법」, 「소방시설공사업법」, 「화재의 예방 및 안전관리에 관한 법률」, 「소방시설 설치 및 관리에 관한 법률」 및 「건축법」에서 정하는 바에 따른다.

**092** 다중이용업소법령상 화재를 예방하고 화재로 인한 생명·신체·재산상의 피해를 방지하기 위하여 필요하다고 인정하는 경우 화재위험평가를 할 수 있는 지역 또는 건축물에 해당하는 것은?

① 3천[m²] 지역 안에 있는 다중이용업소가 40개 이상 밀집하여 있는 경우
② 하나의 건축물에 다중이용업소로 사용하는 영업장 바닥면적의 합계가 5백[m²] 이상인 경우
③ 5층 이상인 건축물로서 다중이용업소가 10개 이상 있는 경우
④ 4천[m²] 지역 안에 4층 이하인 건축물로서 다중이용업소가 20개 이상 밀집하여 있는 경우

 다중이용업소법 제15조(다중이용업소에 대한 화재위험평가 등)
① 소방청장, 소방본부장 또는 소방서장은 다음 각 호의 어느 하나에 해당하는 지역 또는 건축물에 대하여 화재를 예방하고 화재로 인한 생명·신체·재산상의 피해를 방지하기 위하여 필요하다고 인정하는 경우에는 화재위험평가를 할 수 있다.
   1. 2천[m²] 지역 안에 다중이용업소가 50개 이상 밀집하여 있는 경우
   2. 5층 이상인 건축물로서 다중이용업소가 10개 이상 있는 경우
   3. 하나의 건축물에 다중이용업소로 사용하는 영업장 바닥면적의 합계가 1천[m²] 이상인 경우
② 소방청장, 소방본부장 또는 소방서장은 화재위험평가 결과 그 위험유발지수가 대통령령으로 정하는 기준 이상인 경우에는 해당 다중이용업주 또는 관계인에게 「화재예방 및 안전관리에 관한 법률」 제5조에 따른 조치를 명할 수 있다.
③ 소방청장, 소방본부장 또는 소방서장은 제2항에 따른 명령으로 인하여 손실을 입은 자가 있으면 대통령령으로 정하는 바에 따라 이를 보상해야 한다. 다만, 법령을 위반하여 건축되거나 설비된 다중이용업소에 대하여는 그러하지 아니하다.
④ 소방청장, 소방본부장 또는 소방서장은 화재위험평가의 결과 그 위험유발지수가 대통령령으로 정하는 기준 미만인 다중이용업소에 대하여는 안전시설 등의 일부를 설치하지 아니하게 할 수 있다.
   [참고: "대통령령으로 정하는 기준 미만인 다중이용업소"란 별표 4의 에이(A) 등급인 다중이용업소를 말한다]
⑤ 소방청장, 소방본부장 또는 소방서장은 화재위험평가를 제16조제1항에 따른 화재위험평가 대행자로 하여금 대행하게 할 수 있다.

 정답 : 092. ③

**093** 다중이용업소법령상 관련 행정기관의 통보사항에 관한 조문 중 일부이다. ( )에 들어갈 내용을 바르게 나열한 것은?

> 허가관청은 다중이용업주가 휴업 후 영업을 재개(再開)하였을 때에는 그 신고를 수리한 날부터 ( ㉠ )이내에 ( ㉡ )에게 통보해야 한다.

|  | ㉠ | ㉡ |
|---|---|---|
| ① | 14일 | 시·도지사 |
| ② | 30일 | 시·도지사 |
| ③ | 14일 | 소방본부장 또는 소방서장 |
| ④ | 30일 | 소방본부장 또는 소방서장 |

다중이용업소법 제7조(관련 행정기관의 통보사항)
① 다른 법률에 따라 다중이용업의 허가·인가·등록·신고수리(이하 "허가 등"이라 한다)를 하는 행정기관(이하 "허가관청"이라 한다)은 허가 등을 한 날부터 14일 이내에 행정안전부령으로 정하는 바에 따라 다중이용업소의 소재지를 관할하는 소방본부장 또는 소방서장에게 다음 각 호의 사항을 통보해야 한다.
  1. 다중이용업주의 성명 및 주소
  2. 다중이용업소의 상호 및 주소
  3. 다중이용업의 업종 및 영업장 면적
② 허가관청은 다중이용업주가 다음 각 호의 어느 하나에 해당하는 행위를 하였을 때에는 그 신고를 수리(受理)한 날부터 30일 이내에 소방본부장 또는 소방서장에게 통보해야 한다.
  1. 휴업·폐업 또는 휴업 후 영업의 재개(再開)
  2. 영업 내용의 변경
  3. 다중이용업주의 변경 또는 다중이용업주 주소의 변경
  4. 다중이용업소 상호 또는 주소의 변경

**094** 다중이용업소법령상 다중이용업소의 안전관리기본계획에 포함되어야 할 사항으로 옳지 않은 것은?
① 다중이용업소의 자율적인 안전관리 촉진에 관한 사항
② 다중이용업소의 화재안전에 관한 정보체계의 구축 및 관리
③ 다중이용업소의 적정한 유지·관리에 필요한 교육과 기술 연구·개발
④ 다중이용업주와 종업원에 대한 자체지도 계획

86번 문제 해설 참조

정답 : 093. ④   094. ④

## 095. 다중이용업소법령상 다중이용업소의 안전관리기준등에 관한 설명이다. (    )에 들어갈 내용으로 옳은 것은?

> 숙박을 제공하는 형태의 다중이용업소의 영업장 또는 밀폐구조의 영업장 중 대통령령으로 정하는 영업장에는 소방시설 중 (   )를(을) 행정안전부령으로 정하는 기준에 따라 설치해야 한다.

① 간이스프링클러설비  
② 비상조명등  
③ 자동화재탐지설비  
④ 가스누설경보기

다중이용업소법 제9조(다중이용업소의 안전관리기준등)의 제1항
다중이용업주 및 다중이용업을 하려는 자는 영업장에 대통령령으로 정하는 안전시설 등을 행정안전부령으로 정하는 기준에 따라 설치·유지해야 한다. 이 경우 다음 각 호의 어느 하나에 해당하는 영업장 중 대통령령으로 정하는 영업장에는 소방시설 중 간이스프링클러설비를 행정안전부령으로 정하는 기준에 따라 설치해야 한다.
1. 숙박을 제공하는 형태의 다중이용업소의 영업장
2. 밀폐구조의 영업장

## 096. 다중이용업소법령상 화재배상책임보험의 가입과 관련하여 과태료 부과 대상에 해당하지 않는 것은?

① 화재배상책임보험에 가입하지 않은 다중이용업주
② 정당한 사유 없이 계약 체결을 거부한 보험회사
③ 화재배상책임보험 외의 보험 가입을 권유한 보험회사
④ 임의로 계약을 해제 또는 해지한 보험회사

다중이용업소법 제25조(과태료)
① 다음 각 호의 어느 하나에 해당하는 자에게는 300만 원 이하의 과태료를 부과한다.
  1. 제8조제1항 및 제2항을 위반하여 소방안전교육을 받지 아니하거나 종업원이 소방안전교육을 받도록 하지 아니한 다중이용업주
  2. 제9조제1항을 위반하여 안전시설 등을 기준에 따라 설치·유지하지 아니한 자
  2의2. 제9조제3항을 위반하여 설치신고를 하지 아니하고 안전시설 등을 설치하거나 영업장 내부구조를 변경한 자 또는 안전시설 등의 공사를 마친 후 신고를 하지 아니한 자
  2의3. 제9조의2를 위반하여 비상구에 추락 등의 방지를 위한 장치를 기준에 따라 갖추지 아니한 자
  3. 제10조제1항 및 제2항을 위반하여 실내장식물을 기준에 따라 설치·유지하지 아니한 자
  3의2. 제10조의2제1항 및 제2항을 위반하여 영업장의 내부구획을 기준에 따라 설치·유지하지 아니한 자
  4. 제11조를 위반하여 피난시설, 방화구획 또는 방화시설에 대하여 폐쇄·훼손·변경 등의 행위를 한 자
  5. 제12조제1항을 위반하여 피난안내도를 갖추어 두지 아니하거나 피난안내에 관한 영상물을 상영하지 아니한 자
  6. 제13조제1항 전단을 위반하여 정기점검결과서를 보관하지 아니한 자
  6의2. 제13조의2제1항을 위반하여 화재배상책임보험에 가입하지 아니한 다중이용업주
  6의3. 제13조의3제3항 또는 제4항을 위반하여 통지를 하지 아니한 보험회사

정답 : 095. ①    096. ③

6의4. 제13조의5제1항을 위반하여 다중이용업주와의 화재배상책임보험 계약 체결을 거부하거나 제13조의6을 위반하여 임의로 계약을 해제 또는 해지한 보험회사
7. 제14조를 위반하여 소방안전관리업무를 하지 아니한 자
8. 제14조의2제1항을 위반하여 보고 또는 즉시보고를 하지 아니하거나 거짓으로 한 자
② 제1항에 따른 과태료는 대통령령으로 정하는 바에 따라 소방청장, 소방본부장 또는 소방서장이 부과·징수한다.

## 097 다중이용업소법령상 다중이용업에 해당하지 않는 것은?

① 비디오물감상실업
② 노래연습장업
③ 산후조리업
④ 노인의료복지업

1번 문제 해설 참조

## 098 다중이용업소법령상 이행강제금에 대한 설명으로 옳지 않은 것은?

① 이행강제금의 1회 부과 한도는 1천만 원 이하이다.
② 조치 명령을 받은 자가 조치 명령을 이행하면, 이미 부과된 이행강제금도 징수할 수 없다.
③ 이행강제금을 부과하기 전에 이행강제금을 부과·징수한다는 것을 미리 문서로 알려주어야 한다.
④ 최초의 조치 명령을 한 날을 기준으로 매년 2회의 범위에서 그 조치 명령이 이행될 때까지 반복하여 이행강제금을 부과·징수할 수 있다.

다중이용업소법 제26조(이행강제금) 제1항
소방청장, 소방본부장 또는 소방서장은 제9조제2항, 제10조제3항, 제10조의2제3항 또는 제15조제2항에 따라 조치 명령을 받은 후 그 정한 기간 이내에 그 명령을 이행하지 아니하는 자에게는 1천만 원 이하의 이행강제금을 부과한다.

## 099 다중이용업소법령상 영업장 내부를 구획하고자 할 때 천장(반자 속)까지 불연재료로 구획해야 하는 업종에 해당하는 것은?

① 산후조리업
② 게임제공업
③ 단란주점 영업
④ 고시원업

다중이용업소법 제10조의2(영업장의 내부구획)
① 다중이용업소의 영업장 내부를 구획하고자 할 때에는 불연재료로 구획해야 한다. 이 경우 다음 각 호의 어느 하나에 해당하는 다중이용업소의 영업장은 천장(반자속)까지 구획해야 한다.
  1. 단란주점 및 유흥주점 영업
  2. 노래연습장업
② 제1항에 따른 영업장의 내부구획 기준은 행정안전부령으로 정한다.

정답 : 097. ④    098. ②    99. ③

## 100. 다중이용업소법령상 용어의 정의로 옳지 않은 것은?

① 다중이용업이란 불특정 다수인이 이용하는 영업 중 화재 등 재난 발생 시 생명·신체·재산상의 피해가 발생할 우려가 높은 것으로서 대통령령으로 정하는 영업을 말한다.
② 안전시설등이란 소방시설, 비상구, 영업장 내부 피난통로, 그 밖의 안전시설로서 대통령령으로 정하는 것을 말한다.
③ 실내장식물이란 건축물 내부의 천장 또는 벽에 설치하는 것으로서 대통령령으로 정하는 것을 말한다.
④ 밀폐구조의 영업장이란 지상층에 있는 다중이용업소의 영업장 중 채광·환기·통풍 및 피난 등이 용이하지 못한 구조로 되어 있으면서 행정안전부령으로 정하는 기준에 해당하는 영업장을 말한다.

"밀폐구조의 영업장"이란 지상층에 있는 다중이용업소의 영업장 중 채광·환기·통풍 및 피난 등이 용이하지 못한 구조로 되어 있으면서 대통령령으로 정하는 기준에 해당하는 영업장을 말한다.

## 101. 다중이용업소법령상 다중이용업소의 영업장에 설치·유지해야 하는 안전시설등의 설치·유지 기준으로 옳지 않은 것은?

① 소화기 또는 자동확산소화기는 영업장 안의 구획된 실마다 설치할 것
② 비상구 규격은 가로 75[cm] 이상, 세로 150[cm] 이상(비상구 문틀을 제외한 비상구의 가로길이 및 세로길이를 말한다)으로 할 것
③ 영업장 내부 피난통로의 폭은 100[cm] 이상으로 할 것. 다만, 양 옆에 구획된 실이 있는 영업장으로서 구획된 실의 출입문 열리는 방향이 피난통로 방향인 경우에는 120[cm] 이상으로 설치해야 한다.
④ 창문은 영업장 층별로 가로 50[cm] 이상, 세로 50[cm] 이상 열리는 창문을 1개 이상 설치할 것

영업장 내부 피난통로의 폭은 120[cm] 이상으로 할 것. 다만, 양 옆에 구획된 실이 있는 영업장으로서 구획된 실의 출입문 열리는 방향이 피난통로 방향인 경우에는 150[cm] 이상으로 설치해야 한다.

## 102. 다중이용업소법령상 다중이용업소의 실내장식물에 관한 조문 중 일부이다. (　　)에 들어갈 내용으로 옳은 것은?

> 합판 또는 목재로 실내장식물을 설치하는 경우로서 그 면적이 영업장 천장과 벽을 합한 면적의 ( ㉠ )[스프링클러설비 또는 간이스프링클러설비가 설치된 경우에는 ( ㉡ )] 이하인 부분은 방염성능기준 이상의 것으로 할 수 있다.

|   | ㉠ | ㉡ |
|---|---|---|
| ① | 10분의 5 | 10분의 3 |
| ② | 10분의 3 | 10분의 5 |
| ③ | 10분의 1 | 10분의 2 |
| ④ | 10분의 2 | 10분의 1 |

정답 : 100. ④　　101. ③　　102. ②

다중이용업소법 제10조(다중이용업의 실내장식물)
① 다중이용업소에 설치하거나 교체하는 실내장식물(반자돌림대 등의 너비가 10[cm] 이하인 것은 제외한다)은 불연재료(不燃材料) 또는 준불연재료로 설치해야 한다.
② 제1항에도 불구하고 합판 또는 목재로 실내장식물을 설치하는 경우로서 그 면적이 영업장 천장과 벽을 합한 면적의 10분의 3(스프링클러설비 또는 간이스프링클러설비가 설치된 경우에는 10분의 5) 이하인 부분은 「소방시설 설치 및 관리에 관한 법률」 제20조제3항에 따른 방염성능기준 이상의 것으로 설치할 수 있다.
③ 소방본부장이나 소방서장은 다중이용업소의 실내장식물이 제1항 및 제2항에 따른 실내장식물의 기준에 맞지 아니하는 경우에는 그 다중이용업주에게 해당 부분의 실내장식물을 교체하거나 제거하게 하는 등 필요한 조치를 명하거나 허가관청에 관계 법령에 따른 영업정지 처분 또는 허가 등의 취소를 요청할 수 있다.

**103** 다중이용업소법령상 다중이용업소의 비상구 추락방지 기준에서 행정안전부령으로 정하는 비상구란 영업장의 위치가 몇 층 이하인 영업장을 말하는가?

① 1층  ② 4층
③ 10층  ④ 11층

 다중이용업소법 시행규칙 제11조의2(다중이용업소의 비상구 추락방지 기준)
① 법 제9조의2에서 "행정안전부령으로 정하는 비상구"란 영업장의 위치가 4층 이하(지하층인 경우는 제외한다)인 경우 그 영업장에 설치하는 비상구를 말한다.
② 제1항에 따른 비상구의 설치 기준과 법 제9조의2에 따른 추락 등의 방지를 위한 장치의 설치 기준은 별표 2 제2호 다목과 같다.

**104** 다중이용업소법 시행규칙 [별표 2]에 따른 추락방지조치에 대한 다음 설명 중 (     ) 안에 공통으로 들어갈 말로 알맞은 것은?

> 가) 발코니 및 부속실 입구의 문을 개방하면 경보음이 울리도록 경보음발생장치를 설치하고, 추락위험을 알리는 표지를 문(부속실의 경우 외부로 나가는 문도 포함한다)에 부착할 것
> 나) 부속실에서 건물외부로 나가는 문 안쪽에는 기둥, 바닥, 벽 등의 견고한 부분에 탈착이 가능한 쇠사슬 또는 안전로프 등을 바닥에서부터 (     )[cm] 이상의 높이에 가로로 설치할 것. 다만, (     )[cm] 이상의 난간이 설치된 경우에는 쇠사슬 또는 안전로프 등을 설치하지 않을 수 있다.

① 100  ② 120
③ 150  ④ 200

 추락 등의 방지를 위하여 다음 사항을 갖추도록 할 것
가) 발코니 및 부속실 입구의 문을 개방하면 경보음이 울리도록 경보음발생장치를 설치하고, 추락위험을 알리는 표지를 문(부속실의 경우 외부로 나가는 문도 포함한다)에 부착할 것
나) 부속실에서 건물외부로 나가는 문 안쪽에는 기둥, 바닥, 벽 등의 견고한 부분에 탈착이 가능한 쇠사슬 또는 안전로프 등을 바닥에서부터 120[cm] 이상의 높이게 가로로 설치할 것. 다만, 120[cm] 이상의 난간이 설치된 경우에는 쇠사슬 또는 안전로프 등을 설치하지 않을 수 있다.

 정답 : 103. ②　　104. ②

### 105. 다중이용업소법 시행규칙 [별표 2] 안전시설등의 설치·유지기준에 대한 다음 설명 중 옳지 않은 것은?

① 간이스프링클러설비를 설치하는 경우 화재안전기준에 따라 설치할 것. 다만, 영업장의 구획된 실마다 간이스프링클러헤드 또는 스프링클러헤드가 설치된 경우에는 그 설비의 유효범위 부분에는 간이스프링클러설비를 설치하지 않을 수 있다.
② 영업장의 구획된 실마다 비상벨설비 또는 자동화재탐지설비 중 하나 이상을 화재안전기준에 따라 설치할 것.
③ 피난기구는 10층 이하 영업장의 비상구에 화재안전기준에 따라 설치할 것.
④ 피난유도선은 전류에 의하여 빛을 내는 방식으로 설치할 것.

피난기구는 4층 이하 영업장의 비상구(발코니 또는 부속실)에는 피난기구를 화재안전기준에 따라 설치할 것

### 106. 다중이용업소법령상 다중이용업소에 설치하는 비상구에 대한 설치기준 중 옳은 것은?

① 비상구는 영업장(2개 이상의 층이 있는 경우에는 각각의 층별 영업장을 말한다. 이하 이 표에서 같다) 주된 출입구의 반대방향에 설치하되, 주된 출입구 중심선으로부터의 보행거리가 영업장의 긴 변 길이의 2분의 1 이상 떨어진 위치에 설치할 것.
② 비상구 규격은 가로 100[cm] 이상, 세로 150[cm] 이상(비상구 문틀을 제외한 비상구의 가로길이 및 세로길이를 말한다)으로 할 것.
③ 비상구는 구획된 실 또는 천장으로 통하는 구조가 아닌 것으로 할 것[영업장 바닥에서 천장까지 불연재료(不燃材料)로 구획된 부속실(전실) 포함].
④ 문이 열리는 방향은 피난방향으로 열리는 구조로 할 것.

① 보행거리 → 수평거리, 영업장의 가장 긴 대각선길이, 가로 또는 세로 길이 중 가장 긴 길이의 1/2 이상
② 가로 100[cm] → 가로 75[cm]
③ 비상구는 구획된 실 또는 천장으로 통하는 구조가 아닌 것으로 할 것. 다만, 영업장 바닥에서 천장까지 불연재료(不燃材料)로 구획된 부속실(전실)은 그러하지 아니하다.

### 107. 비상구와 주된 출입구 문의 재질은 방화문으로 설치해야 한다. 하지만 불연재료로 설치할 수 있는 경우의 기준에 해당하는 것이 아닌 것은?

① 주요 구조부가 내화구조가 아닌 경우
② 건물의 구조상 비상구 또는 주된 출입구의 문이 지표면과 접하는 경우로서 화재의 연소 확대 우려가 없는 경우
③ 비상구 또는 주 출입구의 문이 「건축법 시행령」 제35조에 따른 피난계단 또는 특별피난계단의 설치 기준에 따라 설치해야 하는 문이 아니거나 같은 법 시행령 제46조에 따라 설치되는 방화구획이 아닌 곳에 위치한 경우
④ 영업장내에 자동소화설비가 설치된 경우

정답 : 105. ③  106. ④  107. ④

문의 재질
주요 구조부(영업장의 벽, 천장 및 바닥을 말한다. 이하 이 표에서 같다)가 내화구조(耐火構造)인 경우 비상구와 주된 출입구의 문은 방화문(防火門)으로 설치할 것. 다만, 다음의 어느 하나에 해당하는 경우에는 불연재료로 설치할 수 있다.
가) 주요 구조부가 내화구조가 아닌 경우
나) 건물의 구조상 비상구 또는 주된 출입구의 문이 지표면과 접하는 경우로서 화재의 연소 확대 우려가 없는 경우
다) 비상구 또는 주 출입구의 문이 「건축법 시행령」 제35조에 따른 피난계단 또는 특별피난계단의 설치 기준에 따라 설치해야 하는 문이 아니거나 같은 법 시행령 제46조에 따라 설치되는 방화구획이 아닌 곳에 위치한 경우

## 108 다중이용업소법령상 복층구조 영업장에 설치되는 비상구의 설치기준으로 옳지 않은 것은?

① 각 층마다 영업장 외부의 계단 등으로 피난할 수 있는 비상구를 설치할 것.
② 비상구의 문은 반드시 방화문으로 설치할 것.
③ 비상구의 문이 열리는 방향은 실내에서 외부로 열리는 구조로 할 것.
④ 영업장의 위치 및 구조가 건축물 주요 구조부를 훼손하는 경우 그 영업장으로 사용하는 어느 하나의 층에만 비상구를 설치할 수 있다.

1) 각 층마다 영업장 외부의 계단 등으로 피난할 수 있는 비상구를 설치할 것
2) 비상구의 문은 가목 4)나)에 따른 재질로 설치할 것

> 가목 4)나) 문의 재질 : 주요 구조부(영업장의 벽, 천장 및 바닥을 말한다. 이하 이 표에서 같다)가 내화구조(耐火構造)인 경우 비상구와 주된 출입구의 문은 방화문(防火門)으로 설치할 것. 다만, 다음의 어느 하나에 해당하는 경우에는 불연재료로 설치할 수 있다.
> 가) 주요 구조부가 내화구조가 아닌 경우
> 나) 건물의 구조상 비상구 또는 주된 출입구의 문이 지표면과 접하는 경우로서 화재의 연소 확대 우려가 없는 경우
> 다) 비상구 또는 주 출입구의 문이 「건축법 시행령」 제35조에 따른 피난계단 또는 특별피난계단의 설치 기준에 따라 설치해야 하는 문이 아니거나 같은 법 시행령 제46조에 따라 설치되는 방화구획이 아닌 곳에 위치한 경우

3) 비상구의 문이 열리는 방향은 실내에서 외부로 열리는 구조로 할 것
4) 영업장의 위치 및 구조가 다음의 어느 하나에 해당하는 경우에는 1)에도 불구하고 그 영업장으로 사용하는 어느 하나의 층에 비상구를 설치할 것
　가) 건축물 주요 구조부를 훼손하는 경우
　나) 옹벽 또는 외벽이 유리로 설치된 경우 등

정답 : 108. ②

## 다중이용업소법 예상문제

**109** 다중이용업소법령상 영상음향차단장치의 설치기준으로 옳지 않은 것은?

① 화재 시 비상벨설비의 발신기동작에 의해 자동으로 음향 및 영상이 정지될 수 있는 구조로 설치하되, 수동(하나의 스위치로 전체의 음향 및 영상장치를 제어할 수 있는 구조를 말한다)으로도 조작할 수 있도록 설치할 것
② 영상음향차단장치의 수동차단스위치를 설치하는 경우에는 관계인이 일정하게 거주하거나 일정하게 근무하는 장소에 설치할 것. 이 경우 수동차단스위치와 가장 가까운 곳에 "영상음향차단스위치"라는 표지를 부착해야 한다.
③ 전기로 인한 화재발생 위험을 예방하기 위하여 부하용량에 알맞은 누전차단기(과전류차단기를 포함한다)를 설치할 것
④ 영상음향차단장치의 작동으로 실내 등의 전원이 차단되지 않는 구조로 설치할 것

영상음향차단장치 설치기준
가. 화재 시 자동화재탐지설비의 감지기에 의하여 자동으로 음향 및 영상이 정지될 수 있는 구조로 설치하되, 수동(하나의 스위치로 전체의 음향 및 영상장치를 제어할 수 있는 구조를 말한다)으로도 조작할 수 있도록 설치할 것
나. 영상음향차단장치의 수동차단스위치를 설치하는 경우에는 관계인이 일정하게 거주하거나 일정하게 근무하는 장소에 설치할 것. 이 경우 수동차단스위치와 가장 가까운 곳에 "영상음향차단스위치"라는 표지를 부착해야 한다.
다. 전기로 인한 화재발생 위험을 예방하기 위하여 부하용량에 알맞은 누전차단기(과전류차단기를 포함한다)를 설치할 것
라. 영상음향차단장치의 작동으로 실내 등의 전원이 차단되지 않는 구조로 설치할 것

**110** 다중이용업소법령상 화재위험평가대행자의 등록사항 변경신청 시 중요사항에 해당하는 것이 아닌 것은?

① 대표자
② 사무소의 소재지
③ 평가대행자의 명칭
④ 기술등록장비

다중이용업소법 시행령 제15조(화재위험평가대행자의 등록사항 변경신청)
① 법 제16조제1항에서 "대통령령이 정하는 중요사항"이라 함은 다음 각 호의 사항을 말한다.
  1. 대표자
  2. 사무소의 소재지
  3. 평가대행자의 명칭이나 상호
  4. 기술인력의 보유현황
② 평가대행자는 제1항 각 호의 어느 하나에 해당하는 변경사유가 발생하면 변경사유가 발생한 날부터 30일 이내에 행정안전부령으로 정하는 서류를 첨부하여 행정안전부령으로 정하는 바에 따라 소방청장에게 변경 등록을 해야 한다.

**111** 다중이용업소의 안전관리업무 이행실태가 우수하다고 인정될 때 이 사실을 다중이용업주에게 통보하고 이를 공표할 수 있는 사람은?

① 소방청장
② 소방본부장
③ 시·도지사
④ 한국소방안전원장

정답 : 109.① 110.④ 111.②

다중이용업소법 제21조(안전관리우수업소표지 등)
① 소방본부장이나 소방서장은 다중이용업소의 안전관리업무 이행 실태가 우수하여 대통령령으로 정하는 요건을 갖추었다고 인정할 때에는 그 사실을 해당 다중이용업주에게 통보하고 이를 공표할 수 있다.
② 제1항에 따라 통보받은 다중이용업주는 그 사실을 나타내는 표지(이하 "안전관리우수업소표지"라 한다)를 영업소의 명칭과 함께 영업소의 출입구에 부착할 수 있다.
③ 소방본부장이나 소방서장은 제1항에 해당하는 다중이용업소에 대하여는 행정안전부령으로 정하는 기간 동안 제8조에 따른 소방안전교육 및 「화재예방 및 안전관리에 관한 법률」 제4조에 따른 화재안전조사를 면제할 수 있다.
④ 안전관리우수업소표지에 필요한 사항은 행정안전부령으로 정한다.

## 112 다중이용업소법령상 1년 이하의 징역 또는 1천만 원 이하의 벌금에 처해지는 자는?

① 평가대행자로 등록하지 아니하고 화재위험평가업무를 대행한 자
② 안전시설등을 설치기준에 따라 설치유지하지 아니한 업주
③ 실내장식물을 기준에 따라 설치유지하지 아니한 업주
④ 화재배상책임보험에 가입하지 아니한 업주

 다중이용업소법 제23조(벌칙)
다음 각 호의 어느 하나에 해당하는 자는 1년 이하의 징역 또는 1천만 원 이하의 벌금에 처한다.
1. 제16조제1항을 위반하여 평가대행자로 등록하지 아니하고 화재위험평가 업무를 대행한 자
2. 제22조제5항을 위반하여 다른 사람에게 정보를 제공하거나 부당한 목적으로 이용한 자

## 113 다중이용업소법령상 이행강제금 부과처분을 받은 자가 이행강제금을 기한까지 납부하지 아니한 경우 징수할 수 있는 권한자가 아닌 자는?

① 소방청장  ② 소방본부장
③ 소방서장  ④ 시·도지사

 소방청장, 소방본부장 또는 소방서장은 제1항에 따라 이행강제금 부과처분을 받은 자가 이행강제금을 기한까지 납부하지 아니하면 국세 체납처분의 예 또는 「지방행정제재·부과금의 징수 등에 관한 법률」에 따라 징수한다.

## 114 다중이용업소법령상 안전관리우수업소의 요건에 대한 설명으로 옳지 않은 것은?

① 공표일 기준으로 최근 3년 동안 「소방시설 설치 및 관리에 관한 법률」 제16조제1항 각 호의 위반행위가 없을 것
② 공표일 기준으로 최근 3년 동안 소방·건축·전기 및 가스 관련 법령 위반 사실이 없을 것
③ 공표일 기준으로 최근 5년 동안 화재 발생 사실이 없을 것
④ 자체계획을 수립하여 종업원의 소방교육 또는 소방훈련을 정기적으로 실시하고 공표일 기준으로 최근 3년 동안 그 기록을 보관하고 있을 것

정답 : 112. ①  113. ④  114. ③

다중이용업소법 시행령 제19조(안전관리우수업소)
법 제21조제1항에 따른 안전관리우수업소(이하 "안전관리우수업소"라 한다)의 요건은 다음 각 호와 같다.
1. 공표일 기준으로 최근 3년 동안 「소방시설 설치 및 관리에 관한 법률」 제16조제1항 각 호의 위반행위가 없을 것
2. 공표일 기준으로 최근 3년 동안 소방·건축·전기 및 가스 관련 법령 위반 사실이 없을 것
3. 공표일 기준으로 최근 3년 동안 화재 발생 사실이 없을 것
4. 자체계획을 수립하여 종업원의 소방교육 또는 소방훈련을 정기적으로 실시하고 공표일 기준으로 최근 3년 동안 그 기록을 보관하고 있을 것

**115** 다음은 다중이용업소법령상 안전관리우수업소의 표지 등에 관한 조문이다. ( )에 들어갈 내용으로 옳은 것은??

> 시행령 제21조(안전관리우수업소표지 등)
> ① 소방본부장이나 소방서장은 안전관리우수업소에 대하여 안전관리우수업소 표지를 내준 날부터 ( ㉠ )년마다 정기적으로 심사를 하여 위반사항이 없는 경우에는 안전관리우수업소표지를 갱신하여 내줘야 한다.
> ② 제1항에 따른 정기심사와 안전관리우수업소표지 갱신절차에 관하여 필요한 사항은 ( ㉡ )으로 정한다.

|   | ㉠ | ㉡ |
|---|---|---|
| ① | 3 | 행정안전부령 |
| ② | 2 | 행정안전부령 |
| ③ | 3 | 대통령령 |
| ④ | 2 | 대통령령 |

 다중이용업소법 시행령 제21조(안전관리우수업소의 표지 등)
① 소방본부장이나 소방서장은 안전관리우수업소에 대하여 안전관리우수업소 표지를 내준 날부터 2년마다 정기적으로 심사를 하여 위반사항이 없는 경우에는 안전관리우수업소표지를 갱신하여 내줘야 한다.
② 제1항에 따른 정기심사와 안전관리우수업소표지 갱신절차에 관하여 필요한 사항은 행정안전부령으로 정한다.

**116** 다중이용업소 평가대행자가 갖추어야 하는 조건으로 옳지 않은 것은?

① 소방기술사 1명 이상
② 소방설비기사 또는 산업기사 3명 이상
③ 화재모의시험이 가능한 컴퓨터 1대 이상
④ 화재모의시험을 위한 프로그램

 다중이용업소법 시행령 [별표 5] 평가대행자 갖추어야 할 기술인력·시설·장비 기준(제14조 관련)
1. 기술인력 기준 : 다음 각 목의 기술인력을 보유할 것
   가. 소방기술사 자격을 취득한 사람 1명 이상

 정답 : 115. ②  116. ②

나. 다음 1) 또는 2)의 어느 하나에 해당하는 사람 2명 이상
　　　　1) 소방기술사, 소방설비기사 또는 소방설비산업기사 자격을 가진 사람
　　　　2) 「소방시설공사업법」 제28조제1항에 따라 소방기술과 관련된 자격·학력 및 경력을 인정받은 사람으로서 같은 조 제2항에 따른 자격수첩을 발급받은 사람
　　다. 삭제 <2016. 12. 30.>
2. 시설 및 장비 기준 : 다음 각 목의 시설 및 장비를 갖출 것
　　가. 화재 모의시험이 가능한 컴퓨터 1대 이상
　　나. 화재 모의시험을 위한 프로그램
　　다. 삭제 <2014. 12. 23.>

[비고]
1. 두 종류 이상의 자격을 가진 기술인력은 그 중 한 종류의 자격을 가진 기술인력으로 본다.
2. 평가대행자가 화재위험평가 대행업무와 「소방시설공사업법」 및 같은 법 시행령에 따른 전문 소방시설설계업 또는 전문 소방공사감리업을 함께 하는 경우에는 전문 소방시설설계업 또는 전문 소방공사감리업 보유 기술인력으로 등록된 소방기술사는 제1호 가목에 따라 갖추어야 하는 소방기술사로 볼 수 있다.

# MEMO